完全掌握 Windows 8 使用与维护超级手册

卞诚君 等编著

机械工业出版社
China Machine Press

图书在版编目（CIP）数据

完全掌握Windows 8使用与维护超级手册 / 卞诚君等编著. —北京：机械工业出版社，2013.10

ISBN 978-7-111-43503-7

Ⅰ. ①完…　Ⅱ. ①卞…　Ⅲ. ①Windows操作系统－手册　Ⅳ. ①TP316.7-62

中国版本图书馆CIP数据核字（2013）第176569号

本书由资深微软Windows培训师根据十多年教学经验精心编写，从使用与维护两方面循序渐进地介绍了Windows 8操作系统的操控要领、磁盘文件管理、个性化设置、多账户设置、网络设置、资源共享、网络应用、多媒体应用、安全防护、备份维护等常用内容，以指导普通用户高效地使用Windows完成日常工作，并对初学者在使用Windows 8时经常遇到的问题进行了专家级的指导，以免初学者在起步的过程中走弯路。

本书可作为Windows XP/7升级用户、Windows 8新手及新购电脑者的入门教材，也可作为想了解、学习Windows 8的学生及办公人员的使用手册。

机械工业出版社（北京市西城区百万庄大街22号　邮政编码　100037）

责任编辑：夏非彼　迟振春

中国电影出版社印刷厂印刷

2013年10月第1版第1次印刷

188mm×260mm・29.5印张（含0.25印张彩插）

标准书号：ISBN 978-7-111-43503-7

ISBN 978-7-89405-031-1（光盘）

定价：69.00元（附1DVD）

凡购本书，如有缺页、倒页、脱页，由本社发行部调换

客服热线：（010）88378991　82728184　投稿热线：（010）82728184　88379603

购书热线：（010）68326294　88379649　68995259　读者信箱：booksaga@126.com

光盘使用说明

10小时

多媒体视频教学

完全掌握

Windows 8使用与维护超级手册

本光盘与书配套使用，读者只需将光盘放入光驱中，就可以在Windows操作系统环境下直接播放。如果光盘不能自行启动，请从光盘根目录下找到Windows.exe，双击该文件即可启动教学光盘。

一、光盘操作界面

光盘启动后，可以看到操作界面（图1），在该界面中包括了三个选项：内容说明、浏览光盘和视频教程。分别单击相关按钮即可查看指定内容，如单击视频教程按钮，则打开章节视频选择菜单（图2），在此选择章节，进入课程选择界面，并在该界面中选择要学习的课程，即可开始播放（图3）。

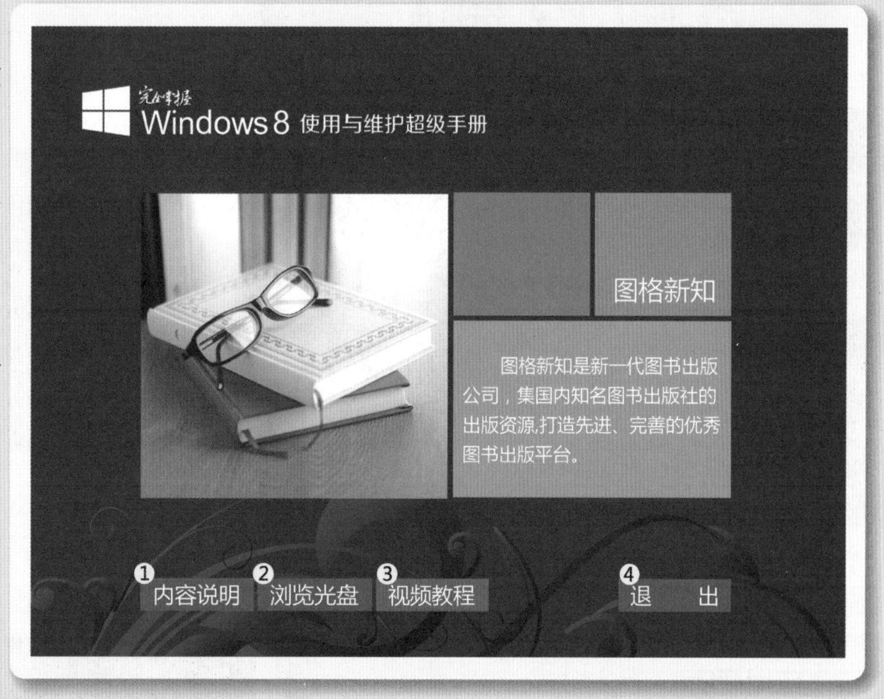

图 1

❶ 单击可查看光盘说明

❷ 单击可浏览光盘内容

❸ 单击可打开视频教程主菜单

❹ 单击可退出光盘主界面

❺ 视频教程主菜单（单击可显示下一级菜单）

❻ 下一级菜单（单击可打开对应的播放文件）

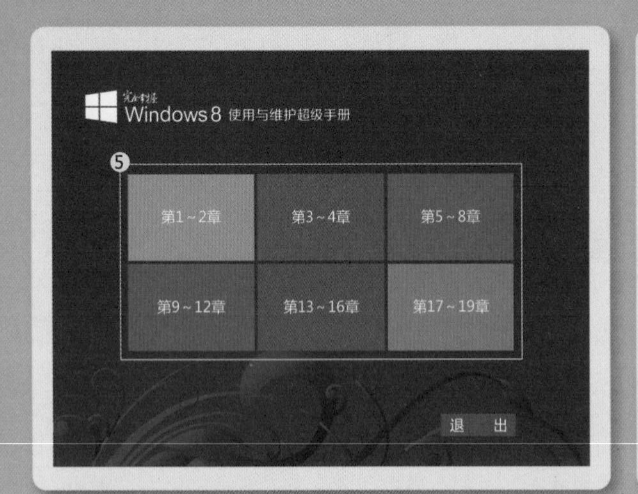

图 2

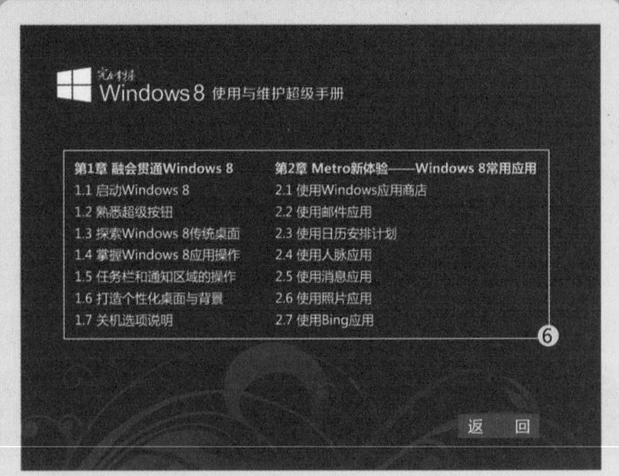

图 3

二、部分视频教学演示画面

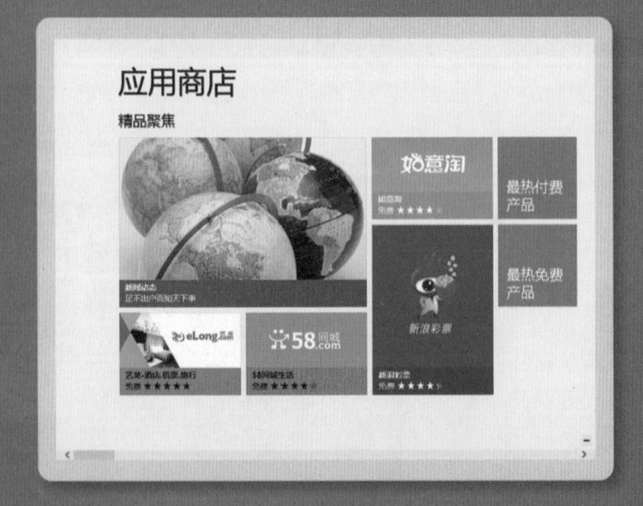

前　言 Preface

Windows 8是一款具有革命性变化的操作系统，与之前所有的Windows系统相比，它不再单一地支持普通电脑，而且可以作为平板电脑的操作系统，即兼容移动终端。Windows 8的出现，将会让微软在平板电脑界占据一席之地，它与苹果的iOS系统和谷歌的Android系统形成三足鼎立之势。

面对Windows有史以来最重大的变革，你准备好了吗？

Windows 8具备了焕然一新的Metro界面，不仅用缤纷亮丽的“开始屏幕”取代了传统的“开始”按钮，各项功能的操作设置也完全不同，更直观、更人性化。此外，旧版的Windows界面是针对鼠标、键盘的用户设计，而Windows 8顺应当今潮流，让用户可以通过电脑或配置的触摸屏，以手指点、按的方式来操作。如果用户原本就是Windows系统的爱好者，一定会为这些改变感到惊喜；如果初次购买和使用电脑，则可以花更短的时间适应和上手。总之，Windows 8让电脑使用几乎没有门槛，真正成为家中所有成员都能够轻易上手的工具。

由于新的Window 8界面颠覆了许多旧的操作习惯，用户刚开始使用时，一定会有许多不适应，“开始菜单怎么不见了”、“控制面板在哪里”、“如何关机啊”等，针对这些问题，本书都会特别讲解，让用户面对新界面不至于茫然失措。只要跟着本书操作，相信用户一定能够轻松掌握，并享受Windows 8给工作、娱乐等方面带来的全新体验。

本书涵盖了Windows 8从入门到进阶的方方面面，从全新的Metro界面开始介绍，如“开始屏幕”的使用，磁贴的功能：消息、邮件、天气、财经等内置的应用程序，当然也会讲解切换到传统的桌面环境进行文件管理或多媒体娱乐。另外，还介绍网络相关设置、Internet Explorer 10的使用、注册表与组策略、系统安全设置、系统维护与优化等，用户可以根据自己的水平选择所需的内容。对于之前较少接触电脑的用户，建议先让熟悉电脑的朋友代为安装Windows 8操作系统，然后从第1章开始熟悉操作界面，逐渐完成第2章～第11章的学习，让自己熟练使用Windows 8。接着可以继续第二阶段的学习，跟随第12章和第13章学习安装Windows 8、使用电脑设备，然后根据自己的兴趣和实际需要，进一步学习Windows 8的个性化设置、多人共享一台电脑、系统优化与维护、网络安全防护、系统备份与还原等内容。

本书集作者团队数个月以来对Windows 8的测试、使用心得，以清晰的逻辑、深入浅出的讲解，认真体验用户的环境和心情，希望能让读者以最高效率掌握到Windows 8的精髓，并将它的各项功能发挥到极致！

除署名作者外，参与本书编写人员还有施妍然、王国春、朱阔成、郭丹阳、李相兰、张楠、郎亚妹、闫秀华、冯秀娟、孟宗斌、魏忠波、王翔等。

如果读者在学习过程中遇到无法解决的问题或对本书持有意见和建议，可以直接通过电子邮箱（bcj_tx@126.com）与作者联系。由于水平有限，错误和疏漏之处在所难免，恳请广大读者批评指正。

编 者

2013年8月

C o n t e n t s

目 录

第1章 融会贯通Windows 8

第2章 Metro新体验——Windows 8常用应用

第3章 Windows 8传统桌面的基本操作

第4章　实用高效的文件管理

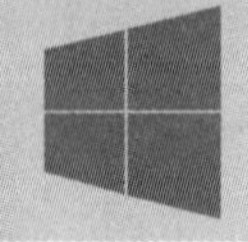

第5章 在Windows 8中输入汉字

第6章 Windows 8自带的实用小工具

第7章 让电脑连接上网——创建网络连接

第8章 让多台电脑共享文件与打印机

第9章 使用全新IE 10浏览网页

第10章 Windows 8多媒体应用

第11章 使用Windows Live服务

第12章 安装Windows 8不求人

第13章 使用电脑外接设备

第14章 Windows 8个性化设置

第15章　多人共享一台电脑与家长监控功能

第16章 善用注册表与组策略

第17章 系统优化与维护

第18章 网络安全与防黑

第19章 系统备份与还原

Windows 8是微软推出的继Windows 7后新一代操作系统。微软表示Windows 8进行了“Windows 95以来的最大创新”。除了沿承传统 PC操作系统功能外，还增加了多点触控操作模式及支持ARM 架构以适配平板电脑，未来还与Windows Phone 8共享部分内核，甚至Xbox都将使用Windows 8。另外，与Windows 8共同面世的还有Windows应用商店、SkyDrive、Xbox Live Store（音乐、电影、游戏）等多生态的链接。微软在试图用Windows 8构建一个跨PC、手机、平板、游戏机甚至电视机的统一系统。

第 1 章

融会贯通 Windows 8

学习提要

- 掌握正确开机与 Windows 8 锁屏
- 了解 Windows 8 新的开始屏幕
- 熟悉 Windows 8 的超级按钮
- 探索 Windows 8 传统桌面
- 掌握 Windows 8 应用操作
- 熟悉任务栏和通知区域的操作
- 打造个性化的桌面与背景
- 掌握正确关机的方法

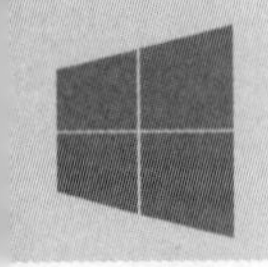

1.1 启动 Windows 8

不少用户可能还在使用Windows XP或Windows 7操作系统，看来要与时俱进了。本节将介绍启动Windows 8以及相关操作，用户是否准备好了开始使用Windows 8呢？

1.1.1 正确开机与 Windows 8 锁屏

电脑设备分为主机与外部设备两部分，外部设备是指外接于机箱的设备，如显示器、打印机、扫描仪等。启动电脑时，最正确的方法就是先打开具有独立电源供电的外部设备，如打印机的电源等，再按下电脑机箱上的电源开关启动主机，这样可以避免外部设备打开时因不稳定的电流通过数据线等冲击主机。

Windows 8启动之后，用户最先看到的就是锁屏画面，之后才是登录。以后每次系统启动、注销、切换用户及登录时都会出现这个锁屏画面，如图1.1所示。如果是PC用户的话，直接单击鼠标或按空格键即可，如果是触摸屏设备直接手指一扫即可。

图1.1 锁屏画面

小提示

锁屏是在锁定计算机时，以及重新启动设备或从睡眠状态唤醒它时显示的屏幕。在Windows 8中锁屏主要具有三种基本用途：防止触控设备上的意外登录尝试、为用户提供个性化的界面、向用户显示精简的信息（日期、时间、网络状态、电池状态及部分应用通知）。

单击鼠标或按空格键后，进入用户界面，输入密码并按下Enter键即可登录系统，如图1.2所示。

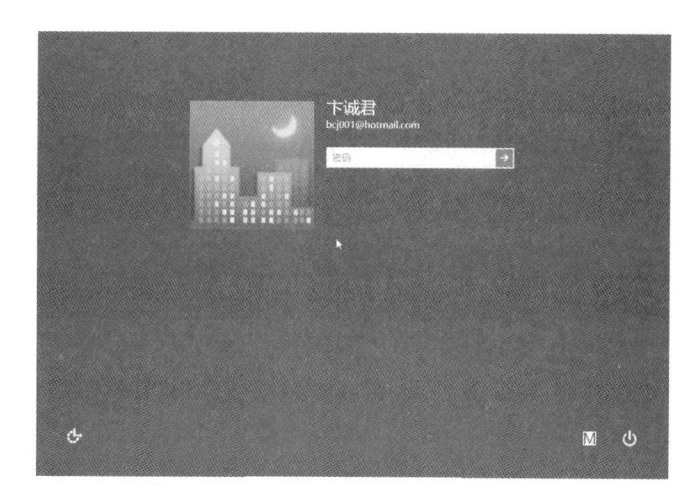

图1.2 输入密码登录系统

1.1.2 Windows 8 新的开始屏幕

初次接触Windows 8时，发现最大的变化就是开始屏幕，它取代了原来的“开始”菜单，如图1.3所示。这是全新的Metro界面，Metro界面之前已经在Zune音乐播放器、Windows Phone手机中被使用了，因此微软大胆地把Metro界面带到桌面版Windows操作系统中。现在智能手机、平板电脑市场如火如荼，其他系统占据着很大的份额，微软也不可能放弃此市场，及时推出了Windows 8操作系统。虽然现在的台式电脑还没有普及使用触摸屏幕，但是微软已经提前考虑未来硬件的发展趋势而及早地在Windows操作系统中做出改变。

图1.3 从“开始”菜单转变为开始屏幕

Windows 8 中开始屏幕不仅仅是开始菜单的替代品，它占据了整个屏幕，取代了以前的桌面和开始菜单，成为一个强大的应用程序启动和切换工具，一个提供通知、可自定义、功能强大且充满动态的界面。

在开始屏幕中一个个图块不再是简单的静态图标，而是实时动态更新的磁贴，开始屏幕使用单个进程从Windows通知服务获取通知，并保持图块的最新状态。因此，很多时候不用单击打开应用，就可以直接从实时图块上获取如天气情况、股票报价、头条新闻、好友微博、更新等信息。

磁贴是什么？

磁贴是Windows 8开始屏幕上的表示形式，磁贴具有两种形式：正方形磁贴和宽磁贴。它可以是文字、图像或图文组合。磁贴除了静态展示外还可以是动态的，它可以通过通知来更新显示。此外，磁贴还可以显示状态锁屏提醒，此时它是一个数字或字形。

如果是使用触摸屏幕的用户，可以向右滑动浏览其他的应用程序；如果是使用鼠标，可以通过移动屏幕下方的长条查看屏幕右边的应用程序或向下滚动鼠标的滑轮，如图1.4所示。

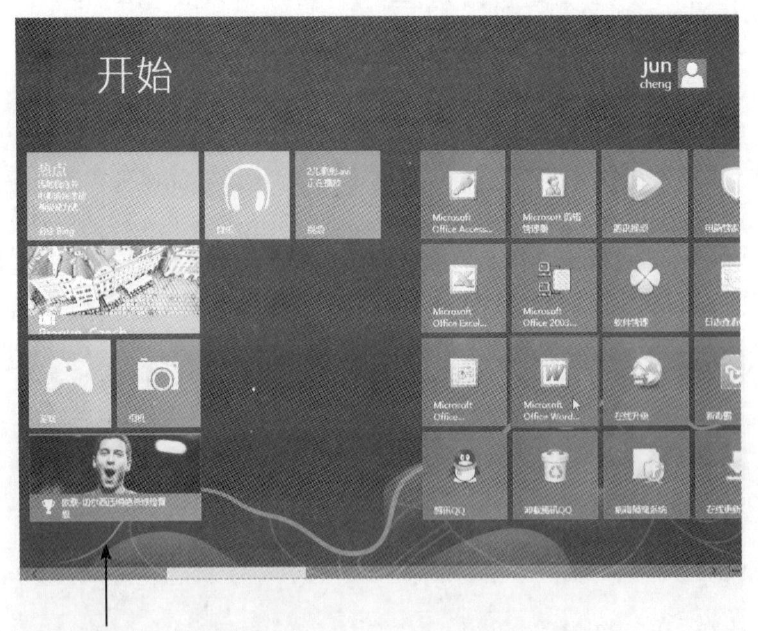

图1.4 向右滑动查看开始屏幕的其他应用程序

1.1.3 将常用的应用程序固定到开始屏幕

鉴于屏幕在大小方面有一定的局限性，不能显示全部的应用程序。如果开始屏幕中没有要用的应用程序，则可以在开始屏幕空白处单击鼠标右键，将在开始屏幕右下方显示“所有应用”按钮，单击此按钮，就可以在开始屏幕上显示全部的应用程序，如图1.5所示。

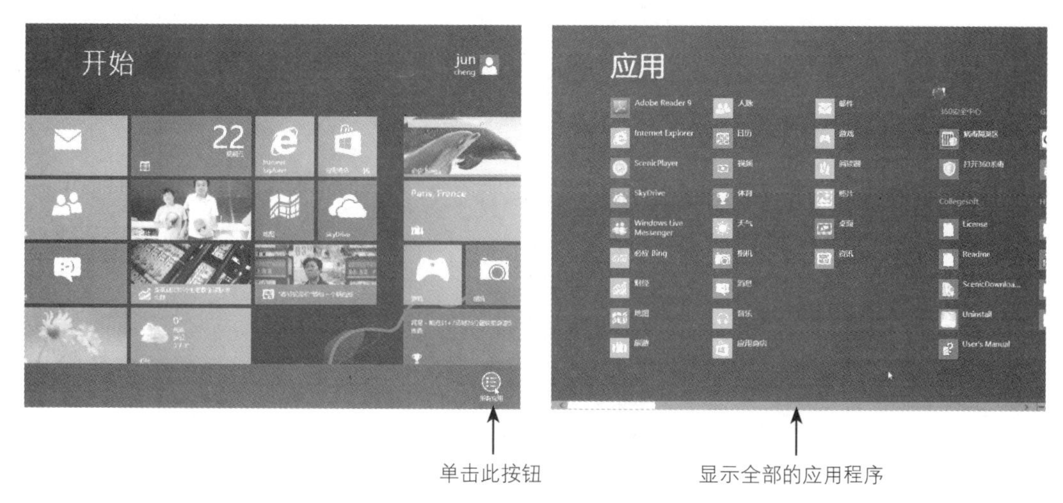

图1.5 显示全部的应用程序

这时，可以选择一些常用的应用程序固定到开始屏幕上，具体操作方法是：利用鼠标右键选择需要的应用程序，并在屏幕下方的操作选项中选择“固定到‘开始’屏幕”，如图1.6所示。

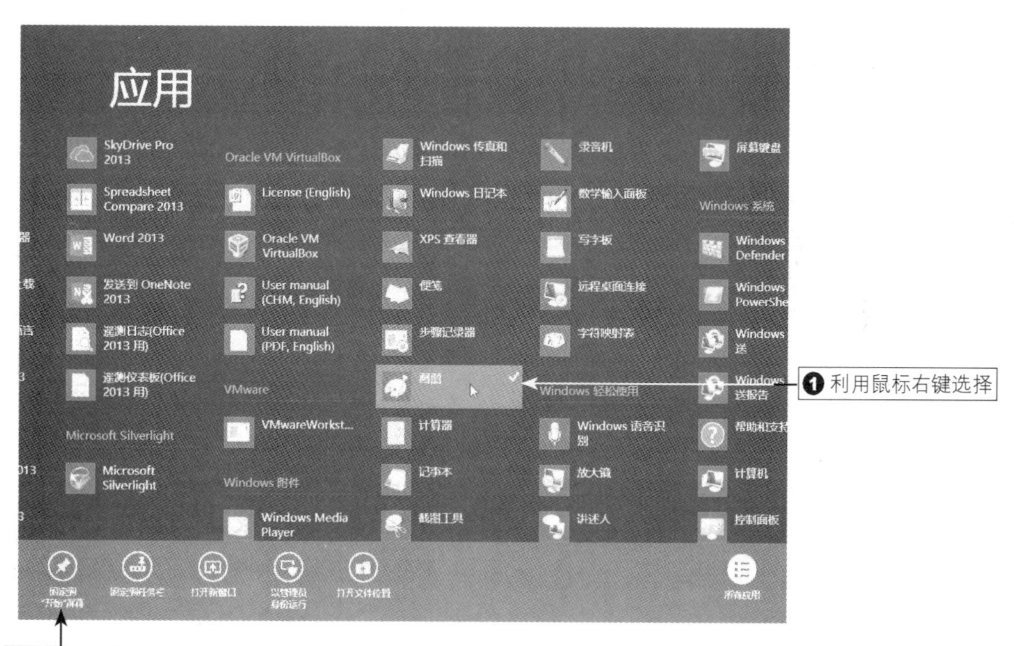

图1.6 将常用的应用程序固定到开始屏幕

如果要将常用的文件夹固定到开始屏幕上，可以在“文件资源管理器”窗口中右击该文件夹，在弹出的快捷菜单中选择“固定到‘开始’屏幕”命令，如图1.7所示。

从开始屏幕取消固定

如果有不使用的应用，则可以将其从开始屏幕上取消固定。在开始屏幕上右击一个应用以打开其命令，然后选择“从‘开始’屏幕取消固定”。

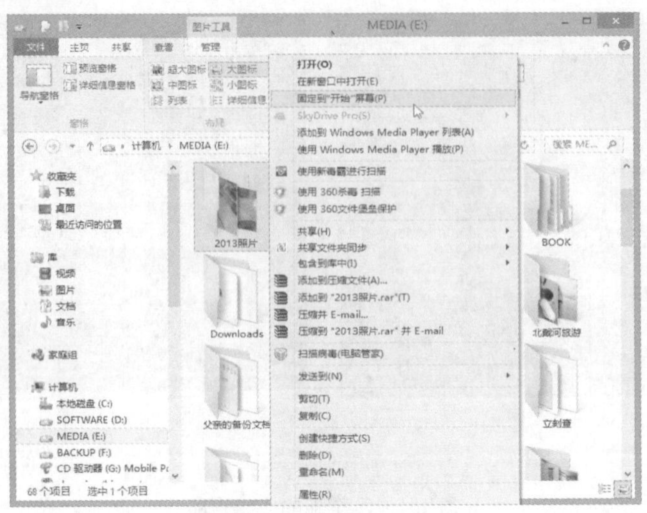

图1.7 将文件夹固定到开始屏幕

1.1.4 重新排列磁贴并调整其大小

如果要移动开始屏幕上的磁贴，可以利用鼠标单击并拖动，直至拖动到所需的位置。如果开始屏幕上的磁贴是大图标，对于触摸屏的用户而言，可以用两根手指触摸此磁贴，然后将手指捏合以进行缩小；如果用户使用的是鼠标，则可以利用鼠标右键选择该磁贴，然后从下方的操作选项中选择“缩小”，如图1.8所示。

图1.8 缩小磁贴

对于一些具有动态信息更新的应用程序，也可以通过鼠标右键选择该磁贴，从下方的操作选项中选择“关闭动态磁贴”，从而停止自动更新动态信息。

1.1.5 开始屏幕放大 / 缩小

在开始屏幕中每个磁贴显得比较大，有没有一种方法缩小这些磁贴以便快速找到所要的应用呢？有以下几种方法。

- 单击右下角的“摘要视图”按钮▬，即可使磁贴缩小，如图 1.9 所示。
- 按 Ctrl+ 鼠标滚轮。
- 按 Ctrl+ 加号（+）/ 减号（-）。

单击此按钮

图1.9 缩小开始屏幕

1.1.6 关闭开始屏幕

当用户单击开始屏幕上的某个应用磁贴，即可关闭开始屏幕，进入Windows桌面并运行相应的程序；单击开始屏幕上的“桌面”磁贴，即可进入到Windows桌面。另外，用户还可以按键盘上的Windows徽标键，即可快速在Windows桌面与开始屏幕之间进行切换。

快速返回到开始屏幕

如果用户已经运行了某个Windows应用程序，又想返回开始屏幕运行其他的程序，可以利用以下几种方法快速返回到开始屏幕。

- 如果是使用触控功能，则在屏幕右侧边缘轻扫（触控），然后点击超级按钮中的“开始”按钮。
- 如果是使用鼠标，则将鼠标指针移到屏幕右上角或右下角以显示超级按钮，然后将鼠标向上或向下移动并单击“开始”按钮。
- 按键盘上的Windows徽标键。
- 将鼠标指针移到屏幕左下角，将会显示开始屏幕的缩略图，如图1.10所示，单击它可返回开始屏幕。

图1.10 开始屏幕缩略图

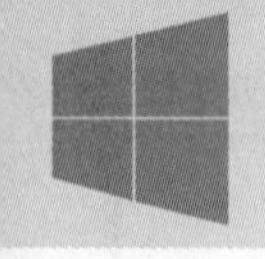

1.2 熟悉超级按钮

在Windows 8中，将鼠标移至屏幕右上角或右下角会显示一个功能强大的菜单，此菜单就是Charm菜单，中文名称为“超级按钮”。如果是触摸屏用户，可以在屏幕的右边缘轻扫，即可显示超级按钮，如图1.11所示。超级按钮可执行的操作会因为当前是位于开始屏幕上还是在使用应用而有所不同。

图1.11 超级按钮

这个超级按钮是Windows 8中连接传统PC桌面和新的Windows 8平板界面的桥梁。超级按钮上有5个按钮：“搜索”、“共享”、“开始”、“设备”和“设置”。

- 搜索：允许用户搜索任何内容。可以仅搜索所在的应用（如查找邮件中的特定邮件）、搜索其他应用（在 Internet 上查找内容）或搜索整个电脑（应用、设置或文件）。
- 共享：允许用户与其他人或应用共享应用中的内容，并且接收共享的内容。
- 开始：返回开始屏幕。如果当前已位于开始屏幕，则可以使用此超级按钮返回到你使用的上一个应用。
- 设备：使用连接到用户电脑的所有有线及无线设备。用户可以从应用打印、与手机同步或将最新的家庭电影流媒体传送到电视。
- 设置：更改应用和电脑的设置。用户将找到正在使用的应用设置、帮助和信息，以及常用的电脑设置（网络连接、音量、亮度、通知、电源和键盘）。

如果在Windows 8桌面中单击超级按钮中的“设置”按钮，则显示的是关于系统和桌面的设置及属性（如控制面板、个性化、电脑信息等），如图1.12所示。如果当前已经位于其他应用窗口中，单击超级按钮中的“设置”按钮，出现的是关于当前应用的设置，如图1.13所示就是在新浪微博下看到的设置窗口。

图1.12 Windows 8桌面下的设置窗口

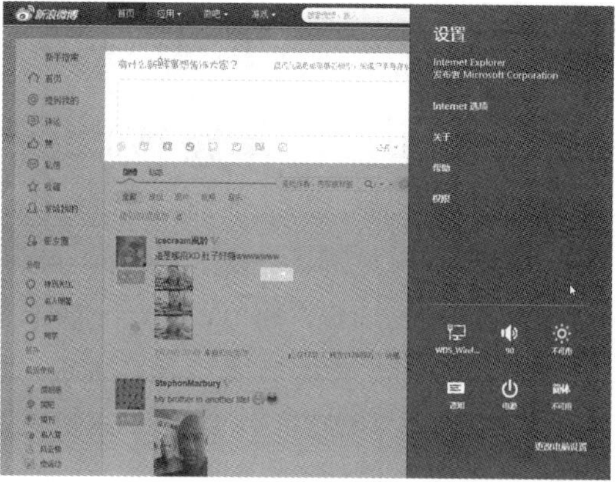

图1.13 当前应用的设置窗口

1.3 探索 Windows 8 传统桌面

Windows 8桌面分为两个：一个为传统桌面：另一个是前面介绍的开始屏幕。当用户单击开始屏幕上的“桌面”磁贴或者按Windows徽标键+D，即可进入到如图1.14所示的Windows 8传统桌面。Windows 8桌面和任务栏采用了清晰而明快的颜色，去除了Windows 7的玻璃和反射效果，并将窗口和任务栏的边缘做成了方形，还删除了镶边中所有按钮上的发光和渐变效果。通过去除这些不必要的阴影和透明，新的传统桌面的窗口外观更明快、简洁，整体风格显得更加现代。

图1.14 Windows 8传统桌面

默认情况下，Windows 8桌面上只有一个“回收站”图标。随着安装的应用程序以及桌面文件或文件夹的增多，桌面图标就会越来越多。当然，用户还可以根据自己的需要添加所需的图标。

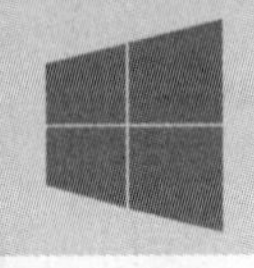

1.4 掌握 Windows 8 应用操作

Windows 8开始屏幕上设计了众多程序和应用，给人眼前一亮，在功能操作方面也有不少便捷的技巧设计。下面介绍由Windows 8桌面切换应用程序的方法和快捷技巧。

1.4.1 Windows 8 应用程序切换

当用户同时启动两个以上的Windows 8应用或应用程序时，需要学会如何切换这些应用。

- 按 Windows 徽标键 +Tab 键，可以在 Windows 8 应用之间切换，如图 1.15 所示。在 Vista 和 Windows 7 操作系统中按 Windows 徽标键 +Tab 键，会看到 Aero Flip 3D 立体切换效果。而到了 Windows 8，这个 3D 切换特效就被去除了，取而代之的是 Windows 8 全新的应用切换系统，它主要针对 Windows 8 应用之间的切换，无论运行了多少个传统桌面程序（如 Word、Excel 等），它始终只显示一个桌面缩图，剩下的都是 Windows 8 应用。每按一次 Tab 键，就能够循环切换 Windows 8 应用，当选中某个应用缩图时再放开按键，即可将其切换为使用窗口了。

图1.15 在Windows 8应用之间切换

- 按 Alt+ Tab 快捷键，弹出一个窗口显示所有的应用，如图 1.16 所示。按住 Alt 键，然后每按一次 Tab 键即可切换一次应用程序，可以快速切换至需要的程序，也可以在按下 Alt+Tab 快捷键后，用鼠标直接单击需要的应用程序，这样更简单、快捷。

图1.16 按Alt+Tab快捷键切换所有的应用

- 将鼠标移到桌面的左上角，即可显示最近在开始屏幕上打开的应用程序缩图，单击即可实现快速切换到该应用程序窗口。还可以将鼠标沿着该应用程序缩图左侧向下移动，在屏幕左侧显示切换边栏。在左侧边栏中显示其他已打开的应用程序缩图，单击即可快速切换至该应用程序，如图 1.17 所示。

图1.17 快速切换应用程序

并排显示两个全屏Metro应用程序

如果用户使用的是宽屏显示器（屏幕分辨率要在1366×768以上），则在Windows 8中允许用户并排显示两个全屏应用。只需从屏幕的左上角拖动Metro应用程序的缩图到屏幕的两侧即可并排显示，或者移动鼠标到屏幕左上角，当出现Metro缩图时，向下移动鼠标，在屏幕左侧显示切换边栏，然后在想要并排显示的应用上单击鼠标右键，选择“贴靠在左侧”或“贴靠在右侧”命令即可完成操作。两个Metro应用程序的显示比例只能为4:1或1:4。

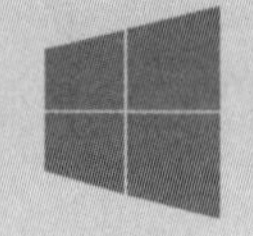

1.4.2 关闭 Windows 8 应用程序

由于Metro应用程序都是采用沉浸式的设计，所以Windows 8应用程序本身的界面中没有关闭按钮，当系统从一个应用切换到另一个应用时，Windows 8会将其自动“挂起”。虽然挂起状态除了少许的内存占用，对于CPU和网络带宽毫无消耗，但是很多用户还是不习惯“悬挂”过多的进程。

在Windows 8中先切换到该应用下，然后进行如下的操作。

- 如果使用鼠标，则单击应用程序顶部并将其拖到屏幕底部。当鼠标指向应用程序顶部时，鼠标呈手形，向下拖动时窗口缩小，然后继续将其拖到屏幕底部。
- 如果使用平板触摸，则直接用手将应用程序拖到屏幕底部即可。

另一种关闭Windows应用的方法是：将鼠标指向屏幕的左上角，显示最近打开的应用程序缩图，沿着该应用程序缩图左侧向下移动，在屏幕左侧显示切换边栏。在要关闭的应用程序缩图上单击鼠标右键，然后选择“关闭”命令，如图1.18所示。

图1.18 关闭Windows 8应用

用户也可以在切换到某个Windows 8应用后，直接按Alt+F4快捷键来关闭此应用。

1.5 任务栏和通知区域的操作

在传统桌面最下面有一条长长的水平区域，这就是任务栏。任务栏会显示常用的程序图标，也会显示当前打开的程序，以便让用户在不同程序之间进行切换。此外，任务栏的最右边有一个通知区域，可以让用户随时了解电脑的运行情况。

1.5.1 认识任务栏

在任务栏的左侧显示两个固定的应用程序，分别是Internet Explorer和文件资源管理器。中间会显示已打开的应用程序图标，最右边是通知区域，包含时钟和几个小图标（显示特定的程序状态及电脑设置），如图1.19所示。

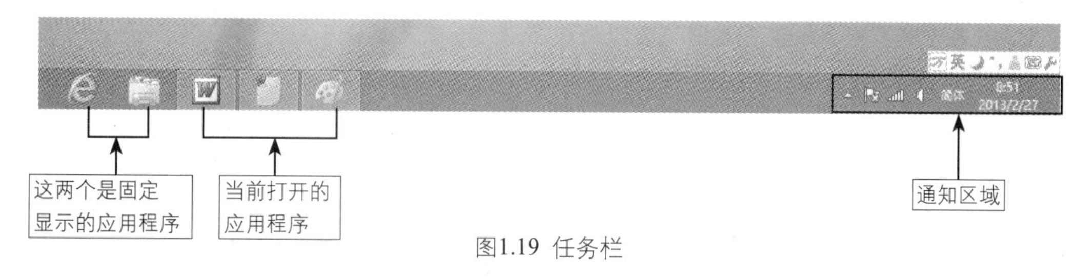

图1.19 任务栏

1.5.2 使用任务按钮切换窗口

每当执行一项工作，如启动程序或打开文件夹，任务栏上将会出现一个对应的任务按钮，如图1.20所示。

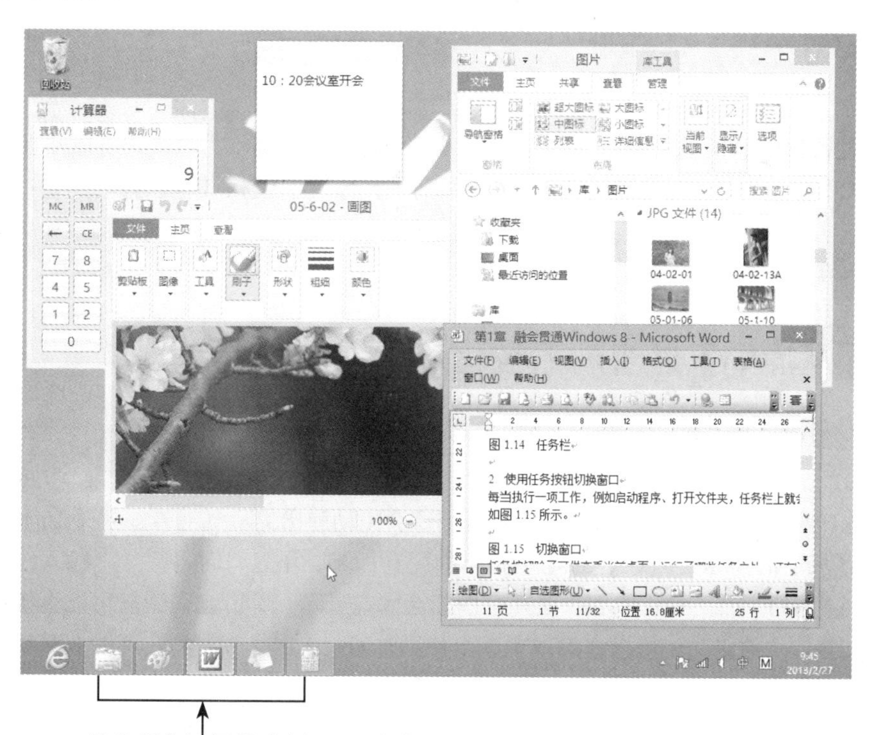

图1.20 切换窗口

任务按钮除了可供查看当前桌面上运行了哪些任务之外，还有以下用途。

- 切换窗口：假如想要操作的窗口被其他窗口盖住了，只要在任务栏上单击此窗口所属的任务按钮，就可以把该窗口提到画面的最上层。
- 预览窗口内容以便切换：当用户打开多个相同的程序，Windows 会将使用同一程序的任务按钮合并成一个组任务按钮（组任务按钮的图标会呈现堆叠效果，如 IE 的组任务按钮图标即为），当鼠标移到组任务按钮上（不要按下），即可预览窗口内容，方便选择要打开的窗口。例如，在浏览网页时，不知不觉就会打开多个窗口，想要回头浏览某个网页内容，就可从预览窗口的缩图进行切换，如图 1.21 所示。

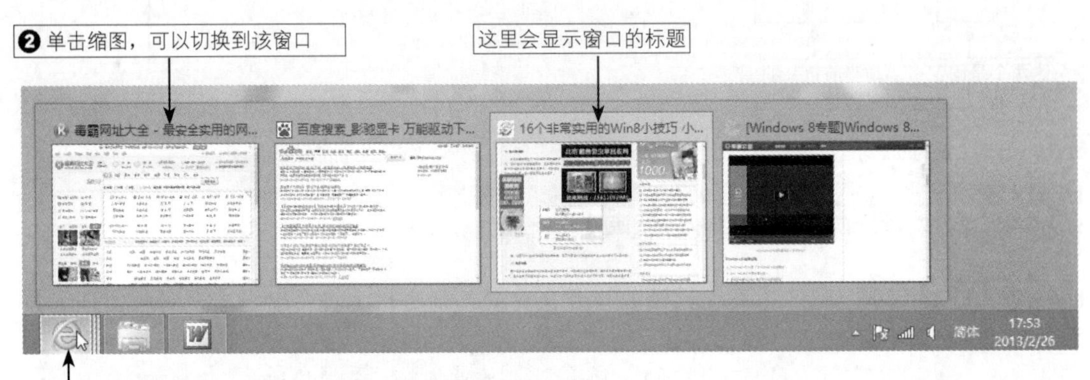

图1.21 利用组任务按钮

如果觉得窗口的预览缩图不够清楚（尤其窗口内容是以文字为主），可以将鼠标指针移到缩图上（不要按下），即可使用窗口原来的大小进行浏览。此时其他已打开的窗口会隐藏起来并变成透明的框架。当用户将鼠标指针从缩图移开，就会恢复为原来的画面；如果确定要浏览该窗口内容，单击缩图即可切换到该窗口。

1.5.3 从通知区域查看系统信息

通知区域位于任务栏的最右侧，Windows在此区域利用许多小图标告知用户当前系统、外围设备或程序的运行状况。如果Windows有什么重要信息（如安全方面的警告）或系统有异动（如插入U盘、连接数码相机等），通知区域还会主动弹出提示气泡告知要采取什么行动。

通知区域中的图标会因运行的程序和电脑配置而异，不过“时钟”、“输入法切换”、“音量”、“网络”及“操作中心”这几个图标会固定显示。单击这些图标可以直接调整它们的设置，如单击“时钟”，可以查看或更改日期、时间；单击“音量”，可以调整喇叭的音量大小。

为了保持任务栏的简洁，通知区域除了刚才提到的固定显示图标外，其他的通知或信息都会收在“显示隐藏的图标”按钮中，如图1.22所示。

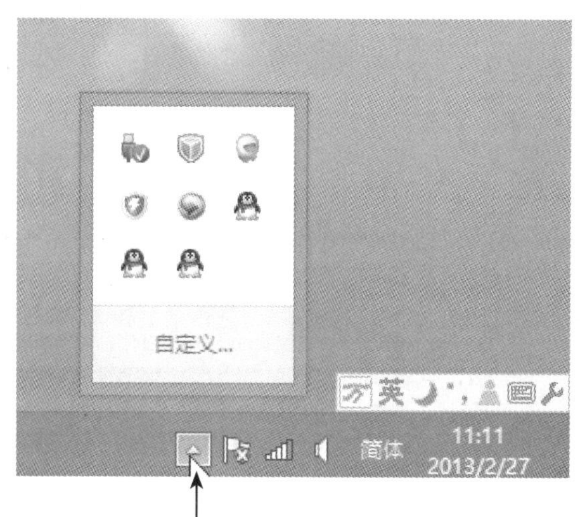

单击此按钮，即可显示其他图标

图1.22 显示其他图标

1.6 打造个性化桌面与背景

桌面是我们工作的场所，但总是盯着一成不变的图片实在很枯燥，所以体贴的Windows 8系统内置了许多精美的图片让用户随时更换。当然，还可以换上自己得意的照片来当桌面。仅是换桌面还不过瘾，还可以变换不同的背景主题来打造个性化的工作环境。

1.6.1 套用现成的背景主题

Windows 8提供多组现成的背景主题，如地球和鲜花等，它是一组桌面背景（俗称桌布），具体套用步骤如下：

1. 在桌面的空白处单击鼠标右键，在弹出的快捷菜单中选择“个性化”命令，打开如图1.23所示的“个性化”窗口。用户还可以指向屏幕的右下角，在超级按钮中单击“设置”按钮，在弹出的“设置”窗口中选择“个性化”命令，同样可以打开“个性化”窗口。
2. 单击主题缩图即可套用，如选择“地球”主题。此时，桌面图案立即进行更换。
3. 套用主题后，单击“个性化”窗口右上角的“关闭”按钮关闭窗口。

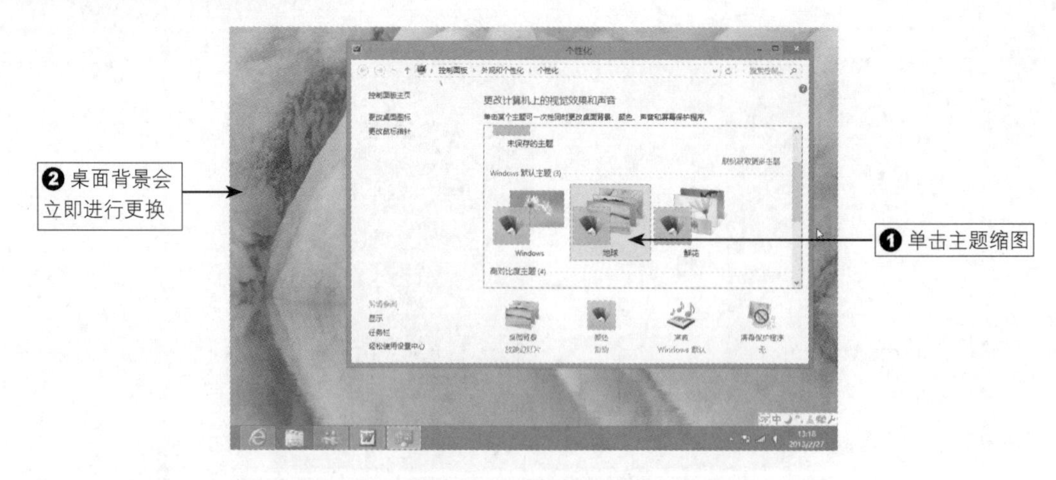

图1.23 “个性化”窗口

1.6.2 定时更换桌面背景

刚才套用背景主题时，桌面背景的图片也会随时进行更换。如果选择的是“地球”或“鲜花”的背景主题，那么一次会有多张桌面背景可以变换；如果选择的是“基本和高对比度主题”类的背景主题，就只有单张或单色的桌面背景。

当用户套用了“地球”或“鲜花”的背景主题，将每隔30分钟自动更换一次图片。如果觉得每张图片的播放间隔太久，或者想跳过几张不喜欢的图片等，都可以自行设置。具体操作步骤如下：

1 在桌面的空白处单击鼠标右键，在弹出的快捷菜单中选择“个性化”命令，打开“个性化”窗口。在“Windows默认主题”类单击套用一种主题，如单击“鲜花”主题。

2 单击“桌面背景”按钮，弹出如图1.24所示的“桌面背景”窗口，选中要轮流播放的图片。

3 图片的位置建议选择“填充”，让图片填满整个画面，除非图片的尺寸太小，才需要改选为“平铺”或“居中”。

4 在“更改图片时间间隔”下拉列表框中选择每张图片的播放时间，如选择“15分钟”更换一张图片。

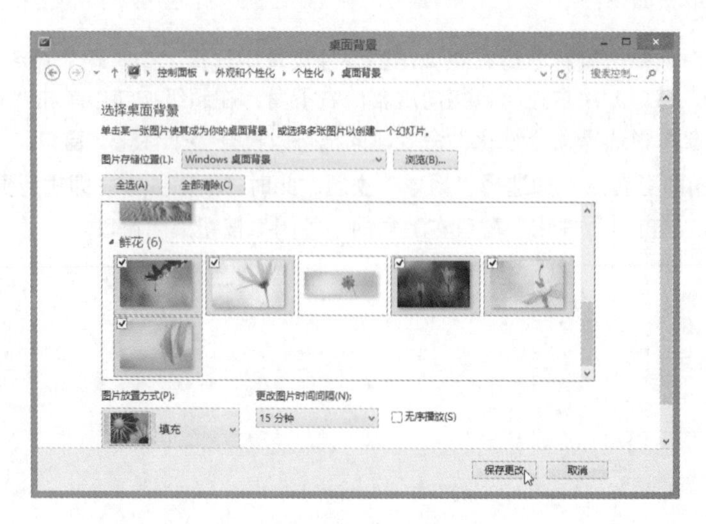

图1.24 设置更改图片时间间隔

5 设置完成后，单击“保存更改”按钮，再关闭“桌面背景”窗口。

1.6.3 调整窗口边框和任务栏的颜色

Windows 8在新的窗口和任务栏采用了“清晰而明快”的颜色，去除了Windows 7的玻璃和反射效果。用户还可以根据自己的习惯，调整窗口边框和任务栏的颜色。具体操作步骤如下：

1 打开“个性化”窗口，单击底部的“颜色”图标，打开如图1.25所示的“颜色和外观”对话框。

2 选择一种颜色，然后拖动颜色浓度的滑块调整颜色浓度，单击“保存修改”按钮。

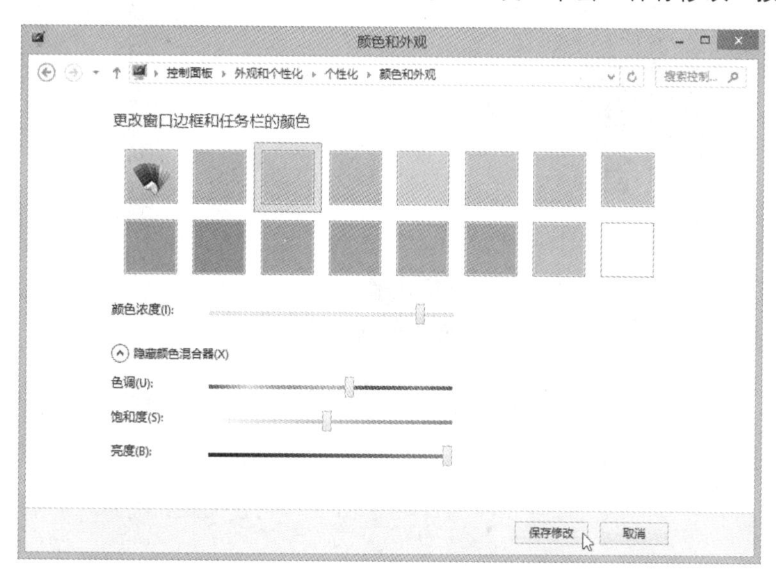

图1.25 “颜色和外观”对话框

1.6.4 将自己的照片设置为桌面幻灯片

虽然系统提供的图片都很精美，但有时我们也想将自己收藏的照片设置为桌面。例如，喜欢拍照的人就会想将自己的得意之作展示在桌面上；有宝宝的父母，也想将桌面换成小孩的生活照等。

1 单击“个性化”窗口中的“桌面背景”图标，打开如图1.26所示的“桌面背景”窗口。

2 要将自己喜欢的图片作为背景，可以单击“图片位置”右侧的“浏览”按钮，然后找到要作为桌面图片文件的存储位置并单击该文件夹，单击“确定”按钮返回“桌面背景”窗口，如图1.27所示。

3 该文件夹的图片文件已经显示在列表中，并且会选择所有的图片。用户可以单击“全部清除”按钮，然后直接在照片缩略图左上角逐一挑选要播放的照片。

4 在“图片位置”列表框中可以设置图片的位置及每张照片轮播的时间。

5 单击“保存更改”按钮，结果如图1.28所示。此时，就可以在桌面上看到漂亮的图片了。

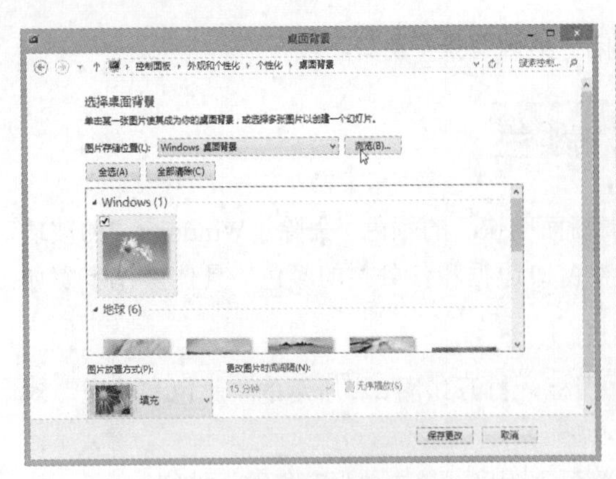

图1.26 “桌面背景”窗口

图1.27 选择背景图片

图1.28 改变了桌面背景

1.7 关机选项说明

对Windows 8有初步的认识后，接着学习如何结束Windows 8。别以为结束Windows 8就是把电源关掉就成功了，因为Windows在运行时会将许多资料暂时存储在内存中。如果关机前不事先通知Windows把这些资料存入硬盘，就有可能会造成这些资料的丢失或残缺不全。

1.7.1 关机的方法

对于没有传统“开始”菜单的Windows 8系统，关机成为了一个问题，很多用户很不习惯这种感觉，下面介绍几种关机的方法。

方法1：将鼠标移动到屏幕的右上角或右下角，会显示超级按钮（或者按Win+C快捷键），然后向上或向下移动以单击“设置”按钮，接着在弹出的窗口中单击最下面的“电源”，在弹出的列表中就有“睡眠”、“关机”和“重启”选项，选择“关机”选项，如图1.29所示。Windows将会关闭所有正在运行的程序并保存系统设置，并且自动断开电脑的电源。

图1.29 选择“关机”选项

方法2：如果想使用键盘来关机，可以按Windows+I快捷键直接弹出如图1.29所示的“设置”窗口，然后利用向下或向上箭头键选中“电源”按钮后按回车键，再选择“关机”选项。

方法3：在Windows桌面上，按Alt+F4快捷键调出“关闭Windows”对话框，在下拉列表中选择“关机”选项，然后单击“确定”按钮，如图1.30所示。

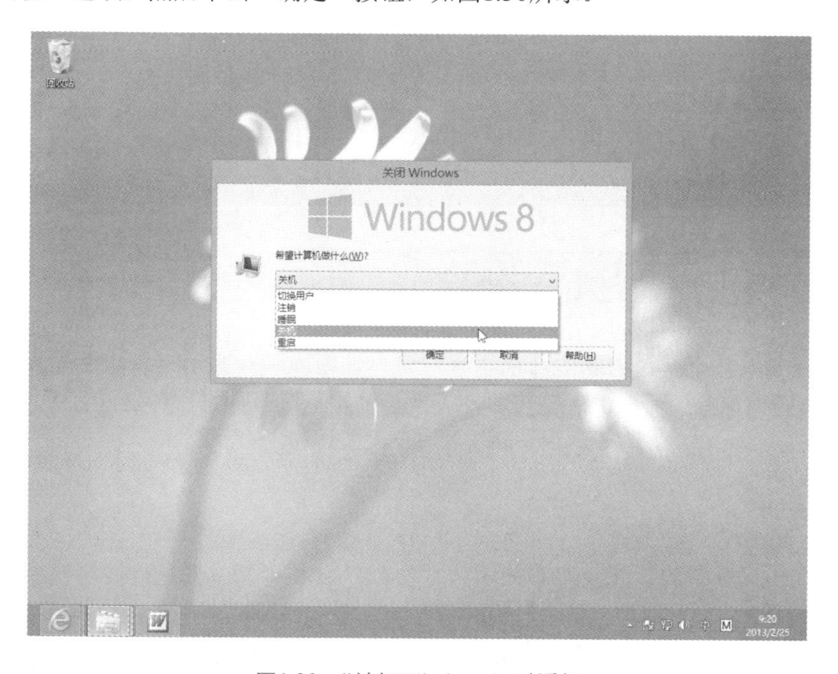

图1.30 “关闭Windows”对话框

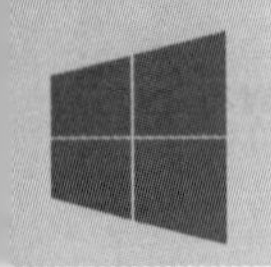

1.7.2 快速开 / 关机：睡眠

“睡眠”是加速开/关机速度的关机法。其实，“睡眠”是一种省电状态，当执行“睡眠”命令时，Windows会将当前打开的文档、程序保存到“内存”中，然后停止运行并关闭屏幕和硬盘，只剩下主机的电源指示灯仍不停闪烁。只要按一下鼠标键、任意一个键盘的按键或主机的电源按钮，即可迅速启动电脑，屏幕将会恢复到睡眠之前的工作状态，如图1.31所示。

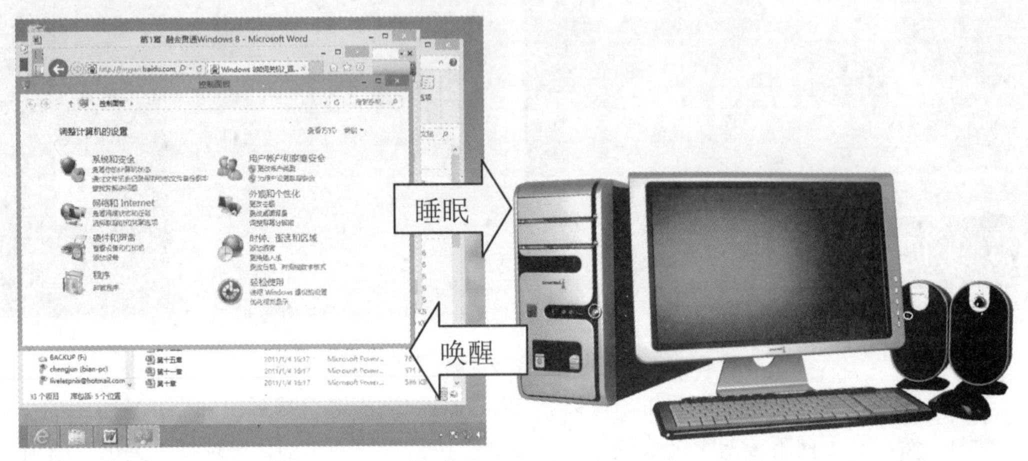

睡眠前的工作状态　　睡眠中的屏幕和硬盘都会关闭，只剩主机的电源信号灯在闪烁

图1.31 利用睡眠快速开/关机

小提示

如果使用的是笔记本电脑，通常“盖上盖子”电脑就会进入睡眠状态，而“掀开盖子”就可以立即启动电脑继续工作。

1.7.3 切换用户、注销与锁定

如果是在多人共享一台电脑的环境下（如哥哥、姐姐和你共用一台电脑），由于别人可能会在你之后使用电脑，你也可能会接在别人之后使用电脑，针对这种情况，Windows也提供了几种让用户暂时离开，方便其他用户进入的方法。

1. 切换用户

维持当前用户登录的状态，即不关闭运行中程序也不存储文件，直接切换到用户登录画面以供其他用户登录。当你在使用电脑时，假如有人要临时插队，这是最快的切换方法。但是要注意，此时你的数据很不安全，因为如果别人一不小心，将电脑电源关掉了，也就是关机，那你处理到一半的数据就不见了；优点是切换回来后可以迅速恢复先前的工作状态。

在如图1.30所示的“关闭Windows”对话框中选择“切换用户”选项，然后单击“确定”按钮，即可进入锁屏画面，单击或按空格键进入用户登录画面，单击要切换的用户名，如图1.32所示。

图1.32 切换用户能够让之前的用户仍维持登录状态，并允许其他用户登录

小提示

用户还可以在开始屏幕中单击右上角的用户名头像，从下拉列表中选择要切换的用户名，然后根据需要输入密码等，如图1.33所示。

图1.33 选择要切换的用户名

2. 注销

执行“注销”命令要求用户先保存当前打开的文件并关闭程序，然后才切换到用户登录画面以便让其他用户登录。当用户任务处理完毕，想要空出电脑供别人使用时，可以采用这个方式，其优点是即使别人将电脑关闭，你的数据也不会丢失，如图1.34所示。

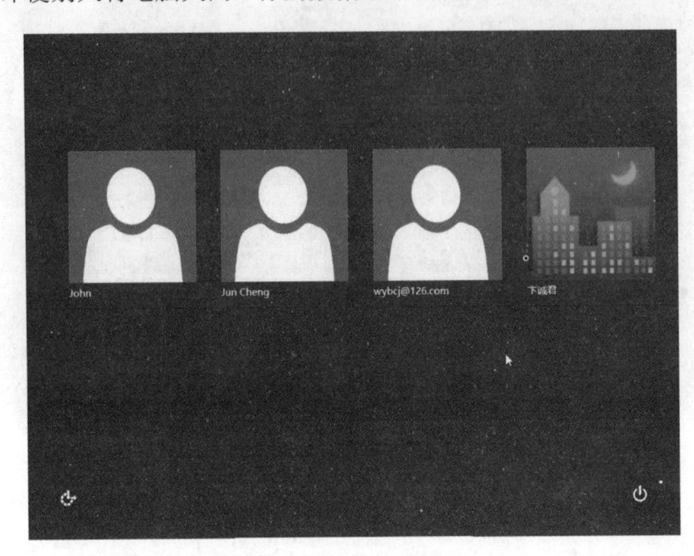

图1.34 执行“注销”命令，Windows会先将数据存储妥当才切换到用户登录画面

3. 锁定

锁定电脑是维持当前用户登录的状态，然后切换到等待当前用户登录画面，待用户输入正确密码才能解除锁定，恢复之前的工作状态。因此，锁定电脑的前提是用户一定要设置密码，否则这项功能就没有意义了。假如工作处理到一半，需要暂时离开电脑，又怕他人误入更改数据时，便可执行“锁定”命令，暂时锁定电脑，如图1.35所示。

图1.35 锁定电脑时，若有其他用户想要使用电脑，可单击“切换用户”按钮来登录

用户还可以按Windows+L快捷键切换到锁屏画面，单击鼠标或按空格键，即可到锁定画面，只要输入正确的密码才能进入电脑。

为了让用户更清晰地了解本节讲解的三个选项的功能，下表总结了“切换用户”、“注销”和“锁定”三者的差异和使用时机。

表 “切换用户”、“注销”和“锁定”三者的差异和使用时机

	使用时机	Windows将进行的处理	是否能保留登录者的原工作状态	是否需要输入密码
切换用户	将电脑让给临时有急用、使用时间不长的用户	不关闭程序也不存储文件，在原用户登录的状态下切换到用户登录画面	○	○
注销	结束自己的工作阶段，需要将电脑让给其他用户使用	要求用户保存文件、关闭程序，才会切换到用户登录画面	×	○
锁定	如果工作尚未完成，但必须离开座位，为避免他人误入可选择此项	保持原用户的登录状态，再切换到等待当前登录画面	○	○

1.7.4 重新启动电脑

执行“重新启动”命令会进行和“关机”命令一样的善后过程，但它并不会就此关机，而是紧接着进行关机过程，重新启动Windows。通常安装新软件或Windows重大更新之后，都需要重新启动，整个安装过程才算完成。

1.8 高级应用的技巧点拨

技巧1：将常用的网站添加到开始屏幕

如果用户经常浏览某个网站，想将其添加到开始屏幕中，具体操作步骤如下：

1 在开始屏幕中单击IE浏览器磁贴图标（见图1.36），进入IE浏览器。

图1.36 单击IE浏览器磁贴

2 访问喜欢的网站，然后单击鼠标右键，屏幕底部将会出现操控菜单，单击“固定网站”图标，在弹出的列表中选择“固定到‘开始’屏幕”选项，弹出小窗口要求输入磁贴名时，再次单击“固定到‘开始’屏幕”按钮，如图1.37所示。

图1.37 将网站固定到开始屏幕

这样，我们当前浏览的网站就被固定到Windows 8开始屏幕了，如图1.38所示。以后我们启动Windows 8进入开始屏幕，直接单击开始屏幕中的对应磁贴即可直接访问该网站，非常方便。

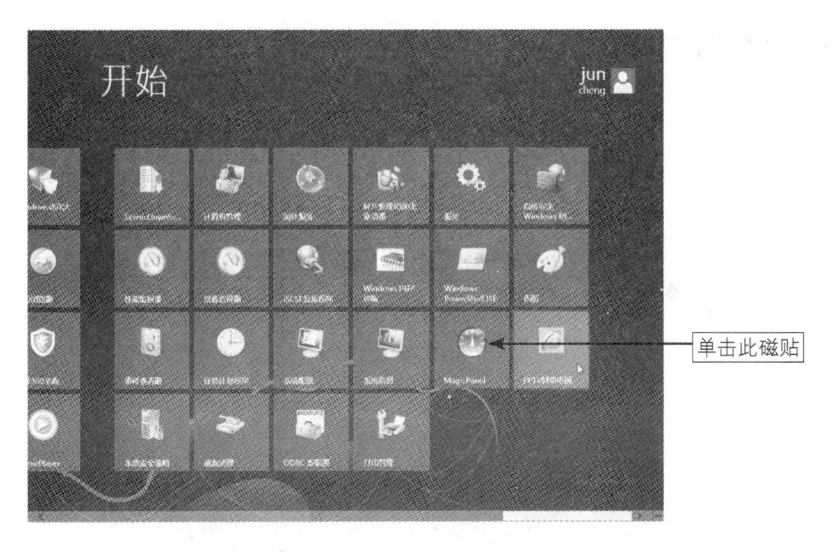

图1.38 单击网站磁贴即可快速打开网站

技巧2：快速打开常用的程序和文件

如果经常需要打开某些程序，每次都从开始屏幕上选择，显得有些麻烦。现在可以将常用的程序直接放在任务栏上，这样不但方便取用，还能够快速打开最近使用过的文件。这里将“画图”程序固定到任务栏上，具体操作步骤如下：

1 按Windows徽标键进入开始屏幕，通过在开始屏幕空白处单击鼠标右键，就可以在开始屏幕右下方显示“所有应用”。单击“所有应用”显示全部的应用程序。

2 在“Windows附件”组中的“画图”磁贴上单击鼠标右键，在开始屏幕下方显示一排按钮，单击“固定到任务栏”按钮，如图1.39所示。

图1.39 单击“固定到任务栏”按钮

3 将“画图”程序固定到任务栏后，会看到此图标，单击即可打开，如图1.40所示。

图1.40 将“画图”固定到任务栏中

4 如果想将画图从任务栏上取消固定，可以在其图标上单击鼠标右键，在弹出的快捷菜单中选择“从任务栏取消固定此程序”命令。

技巧3：放大画面中的文字和图标

现在大尺寸的显示器很普及，但是由于大屏幕的分辨率很高，画面中的文字或图标就会很小。如果用户觉得看起来很吃力，可以自行调整，将文字和图标再放大一点，这样长时间使用计算机会比较舒适。

这里要介绍一个小秘技，让用户能够快速缩放桌面上的图标。先在桌面上单击，接着按住Ctrl键不放，将鼠标滚轮向前滚动，即可放大桌面图标；如果要缩小图标，同样先按住Ctrl键不放，再将鼠标滚轮向后滚动就行了。

技巧4：关闭自动睡眠设置

许多用户晚上开机下载资料，下载进度却很慢。事实上，Windows 8默认闲置30分钟自动进入睡眠状态。当用户离开电脑30分钟后，系统已经自动进入睡眠状态，从而影响下载速度。解决的方法是关闭自动睡眠设置。

1 如果用户使用的触摸显示器，可以在屏幕的右边缘向内滑动，会显示超级按钮（Charm菜单），然后点击“设置”按钮，如图1.41所示；如果使用鼠标，则将鼠标移动屏幕的右上角或右下角，会显示超级按钮（或者按Win+C快捷键），然后向上或向下移动以单击“设置”按钮。此时，会显示“设置”菜单，选择其中的“控制面板”命令，如图1.42所示。

图1.41 超级按钮

图1.42 “设置”菜单

2 打开“控制面板”窗口，单击“硬件和声音”文字链接，如图1.43所示。打开“硬件和声音”窗口，单击“更改计算机睡眠时间”文字链接，如图1.44所示。

图1.43 单击“硬件和声音”文字链接

图1.44 单击“更改计算机睡眠时间”文字链接

3 打开“编辑计划设置”对话框，将“使计算机进入睡眠状态”设置为“从不”，然后单击“确定”按钮，如图1.45所示。

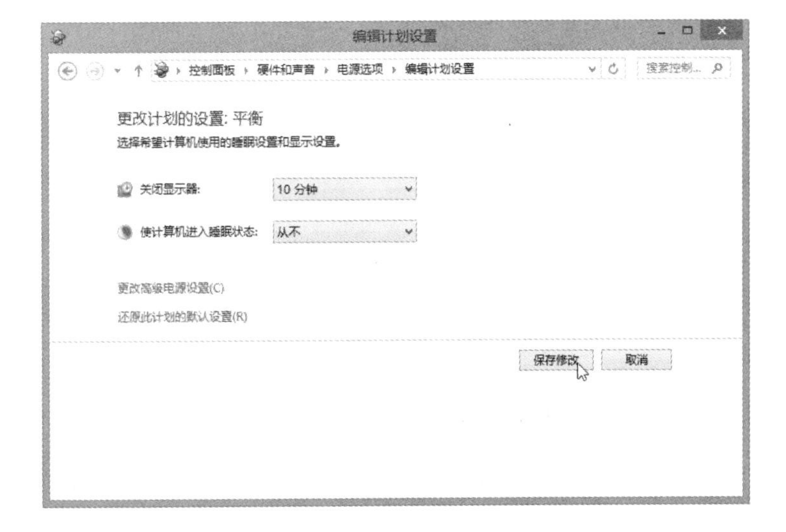

图1.45 关闭自动睡眠

02

第 2 章

Metro新体验——Windows 8常用应用

用户进入Windows 8系统后，首先看到的是开始屏幕和上面一个个应用程序磁贴，其中Metro风格应用是一类新的应用程序，它在Windows 8设备上运行。Metro风格应用与传统桌面应用不同，它具有单个的无边框窗口，默认情况下会充满整个屏幕，因而不会产生干扰。Windows 8中的Metro应用分为两类：一类是微软官方自己开发的应用；另一类是第三方开发的应用。本章将介绍微软官方提供的一些常用应用。

学习提要

- 使用 Windows 应用商店安装购买应用
- 使用邮件应用收发电子邮件
- 使用日历安排日常计划
- 使用人脉应用快速添加联系人
- 使用消息应用发送即时信息
- 使用照片应用添加与共享照片
- 使用 Bing 应用快速查找信息

2.1 使用 Windows 应用商店

用户进入Windows 8系统后看到的是开始屏幕和一些应用程序是从哪儿来的呢？就是Windows应用商店（如图2.1所示）。如果使用Microsoft账户（邮件地址和密码）登录电脑，则可以从Windows应用商店下载应用并在线同步设置，这种方式适合你拥有多台电脑可以获得同样的观感体验。

图2.1 开始屏幕和Windows应用

Windows应用商店是向用户提供Metro应用程序的商城，用户可以在Windows商店下载和购买喜欢的应用程序。

2.1.1 进入 Windows 应用商店

单击开始屏幕上的“应用商店”磁贴，进入如图2.2所示的应用商店界面，其采用了和开始屏幕相似的风格，以磁贴形式展示各款应用，只需左右滚动即可查看其他应用。对于平板用户来说，一些操作更是直接用手指轻点、向左或向右平移即可。

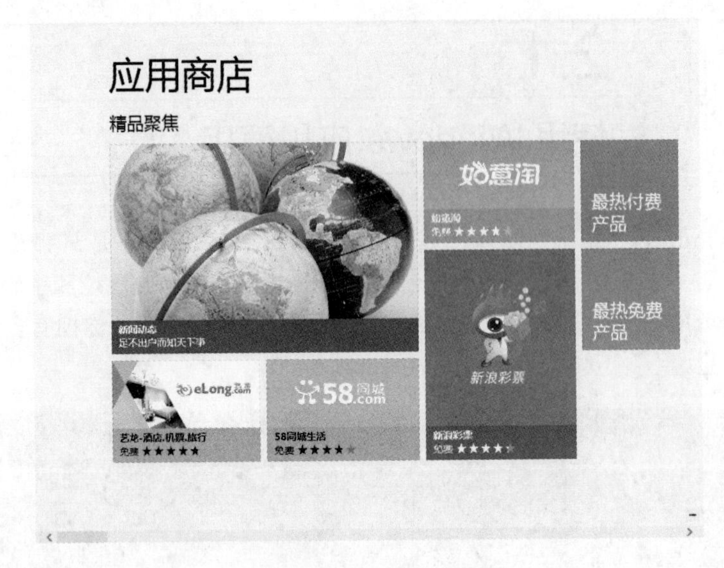

图2.2 Windows应用商店

Windows应用商店的分类有“精品聚焦、游戏、社交、娱乐、照片、音乐和视频、运动、图书和思考、新闻和天气、健康和健身、饮食和烹饪、生活、购物、旅行、金融、高效工作、工具、安全、商业和教育和政府”21个大类。每个类别下有“最热免费商品”和“新品推荐”两个分类，每个分类下还有子分类、价格（免费、付费）和关注度（最新发布、最高评分、最低价格、最高价格）类别筛选器来帮助用户快速找到想要的应用程序。

2.1.2 安装和购买 Windows 应用

Windows应用商店的主体就是一个个应用程序，每个应用程序都有其应用主页。在这个应用主页里展示着关于此应用的概述（描述、功能）、详细信息（发行说明、支持的语言和应用需要的权限）和来自于其他用户的评论。例如，单击“社交”分类下的“人人网”，如图2.3所示。

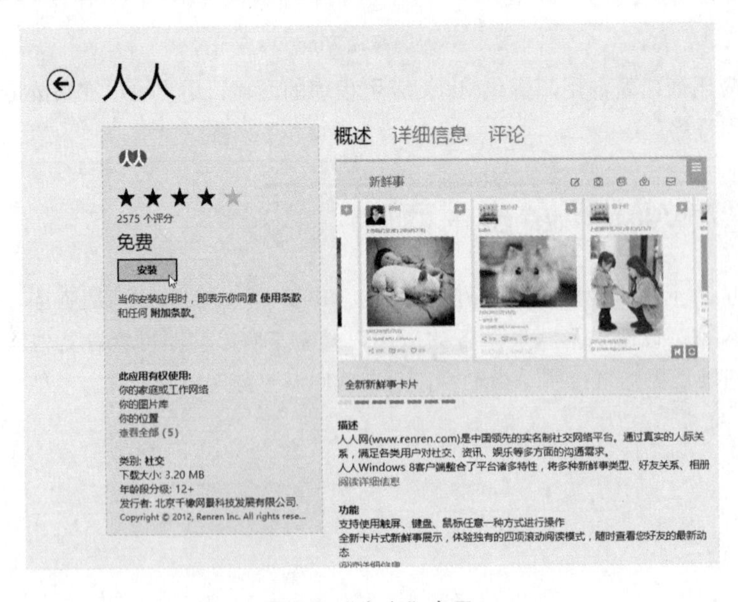

图2.3 “人人”应用

单击左侧的“安装”按钮，即可开始安装。安装过程是在后台进行的，因此可以继续安装其他的应用。

对于需要购买的应用而言，一般是单击“购买”按钮、确认、输入密码和付款4个步骤。具体操作步骤如下：

1 选择一款要付费的游戏，单击“购买”按钮，如图2.4所示。

2 在弹出的窗口中单击“确认”按钮，如图2.5所示。

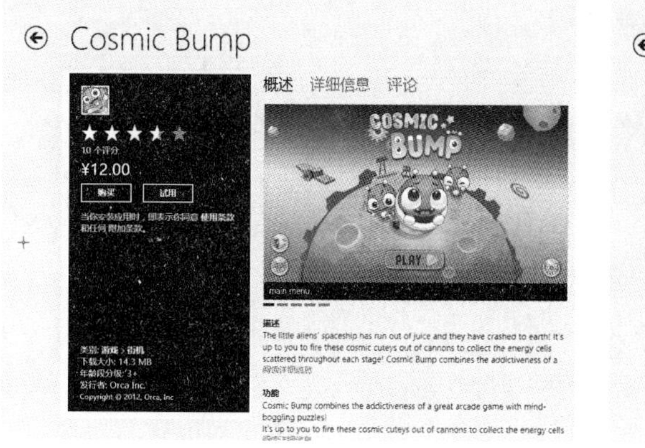

图2.4 单击“购买”按钮

图2.5 单击“确认”按钮

3 接着输入账户密码并单击“确定”按钮，如图2.6所示。

4 接着选择付款方式并填写相关的选项，最后单击“提交”按钮，如图2.7所示。

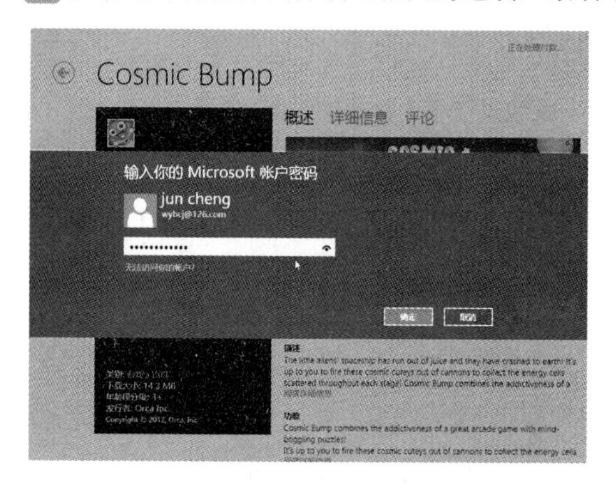

图2.6 输入账户密码

图2.7 添加付款信息

Windows应用试用

Windows应用商店除了支持直接购买外还支持试用购买，即在付款前可以在一定时限内（一般为7天）免费试用该付费应用，这在吸引用户及应用程序试用转化方面有着很大的优势。应用的试用分两种：一种是基于时间的试用；一种是基于功能的试用。不管哪种方式，试用结束后应用将被关闭。

2.1.3 Windows 应用管理和同步

在Windows应用商店中单击鼠标右键，然后选择“你的应用”选项，即可进入“你的应用”页面，在此页面中可以查看当前登录账户所购买的所有应用程序，并将此账户在其他电脑购买的应用或因为重装系统丢失的应用重新安装回来，如图2.8所示。

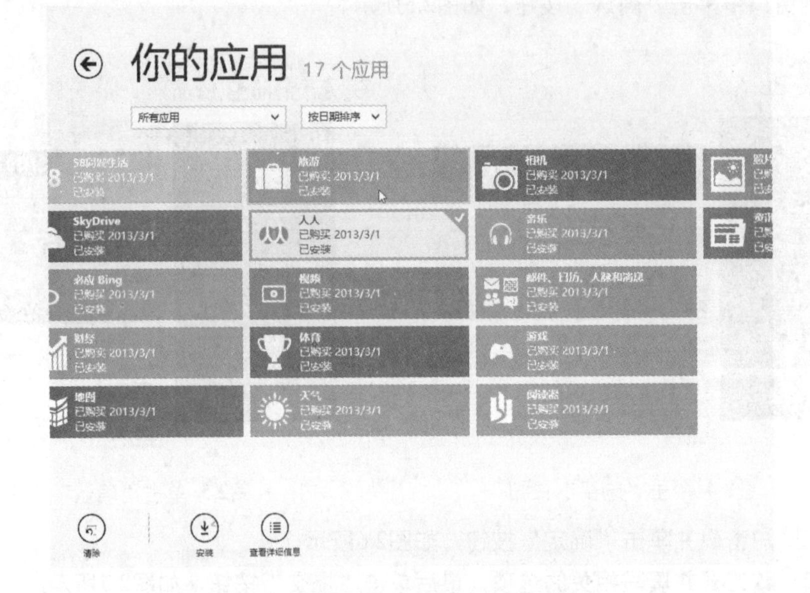

图2.8 查看你的应用

如果已经安装的应用程序有新版本，系统会在应用商店的右上角自动提示有更新（包括要更新的数量），单击“更新”进入“应用更新”页面，选中要更新的应用后单击“安装”即可。如果有多个应用需要更新，也只需单击一个按钮即可一键更新全部应用，如图2.9所示。

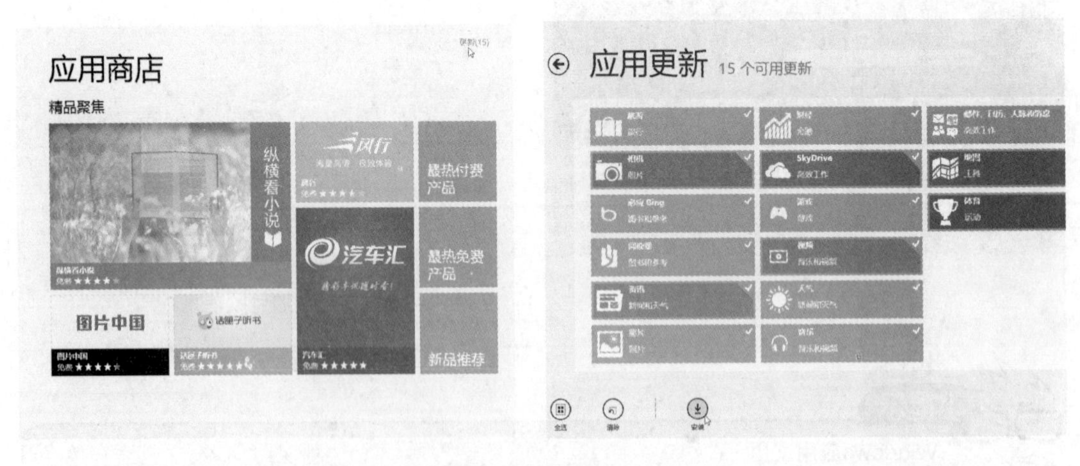

图2.9 应用更新

如果要卸载某个应用，可以在该应用上单击鼠标右键，然后单击下方的“卸载”按钮，如图2.10所示。

图2.10 卸载应用

在Windows 8中，如果用户有登录Microsoft ID的话，系统会默认将当前账户购买的应用以及所有应用当前的设置和状态同步到账户中去。当用户在其他电脑登录此账户时，可以将曾经购买过的应用同步过去。单击超级按钮中的“设置”按钮，然后单击“更改电脑设置”，在“电脑设置”窗口中单击“同步你的设置”，只要确认“应用设置”为“开”状态即可，如图2.11所示。

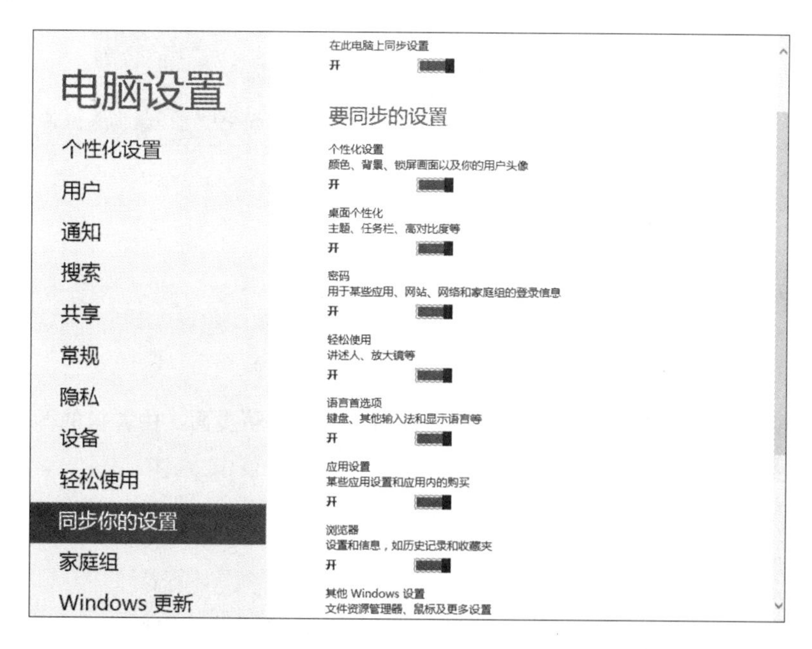

图2.11 确认同步应用

2.2 使用邮件应用

如果用户使用过Windows Live功能，那对它的电子邮件、即时交流功能就不会陌生。Windows 8的开始屏幕上提供了“邮件”、“日历”、“人脉”和“消息”等相关功能。

当用户使用Microsoft账户登录电脑时，则可以在开始屏幕使用邮件。其操作方法非常简单，单击开始屏幕上的“邮件”磁贴，即可显示当前Microsoft账户的收件箱，如图2.12所示。

图2.12 当前Microsoft账户的收件箱

2.2.1 发送邮件

如果要给其他人发送邮件，可以按照下述步骤进行操作：

1 单击收件箱页面上方的“新建”按钮⊕，即可进入发件箱页面，由并排的两个窗格组成，适合平板用户触控操作，如图2.13所示。

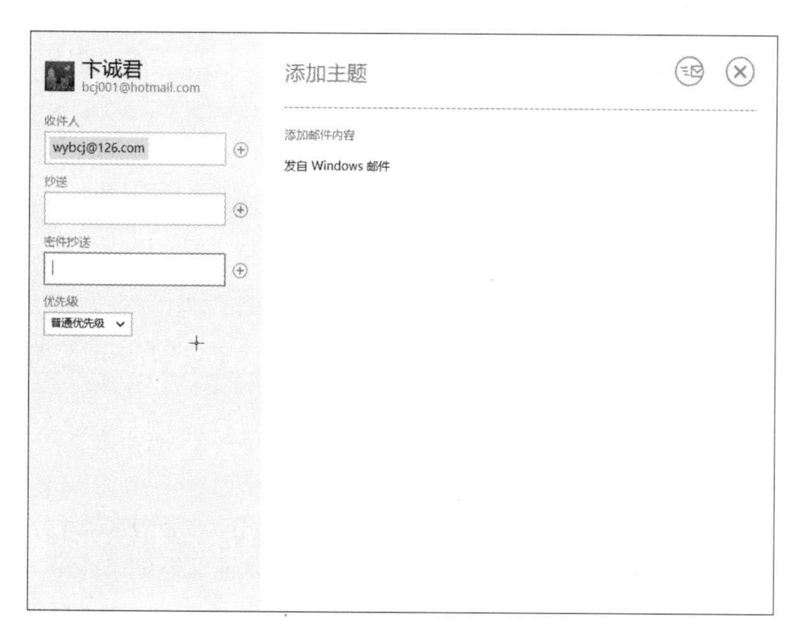

图2.13 创建新邮件

2 用户可以输入收件人信息，并且可以指定优先级，然后在右侧添加邮件的主题并输入邮件的正文，如图2.14所示。如果要插入表情之类的符号，可以单击鼠标右键，在屏幕下方弹出一排按钮，单击“表情”按钮即可选择一个符号。

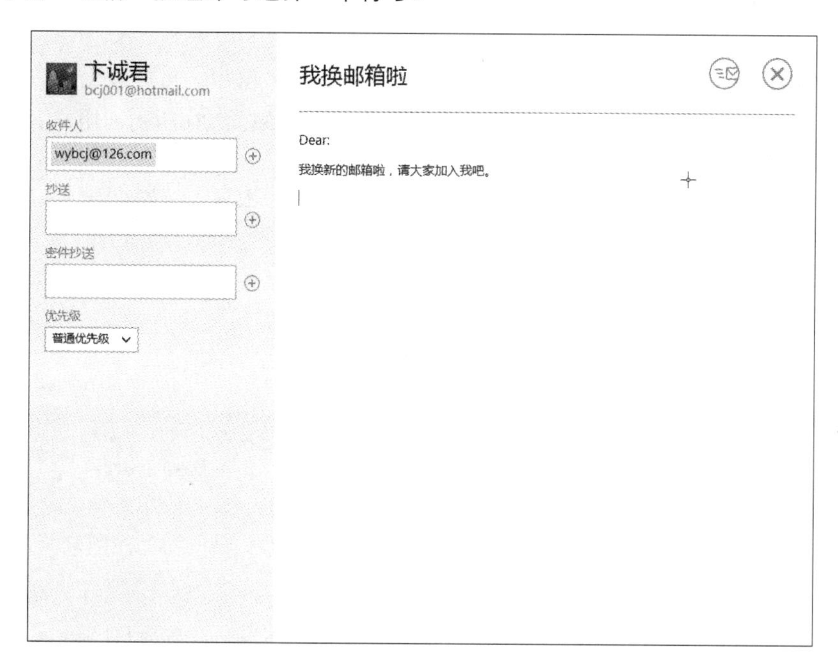

图2.14 输入邮件的内容

3 如果要为正文设置一些格式，可以选择这些文字，在下方会弹出按钮，供用户设置字体、字形等，如图2.15所示。

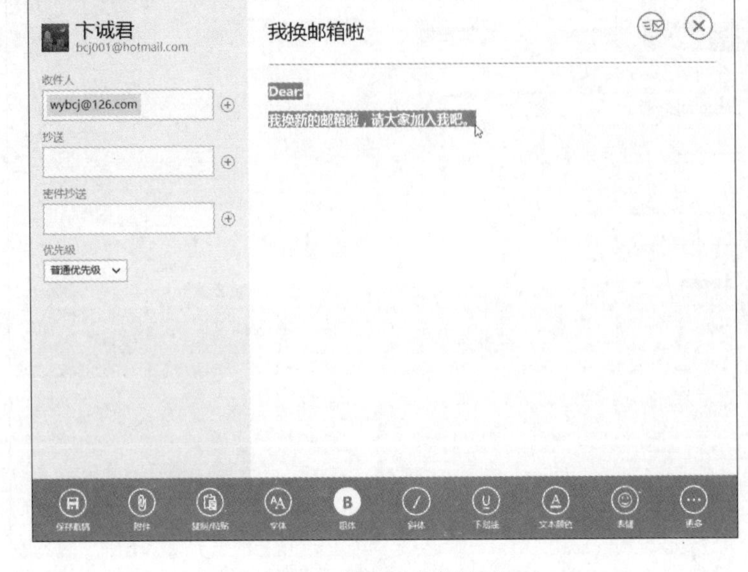

图2.15 设置正文的格式

4 如果要发送照片或写作文档之类的文件，可以单击“附件”按钮，然后选择所需的文件。

5 邮件创建完毕后，单击“发送”按钮，即可将邮件发送出去。

2.2.2 接收邮件

别人寄给我们的邮件，其实是保存在网络上的邮件服务器中。想要收信时，只需再次单击开始屏幕上的“邮件”磁贴，即可看到最近收到的邮件，如图2.16所示。用户只需单击左侧的某个主题，右侧就会显示邮件的详细内容。

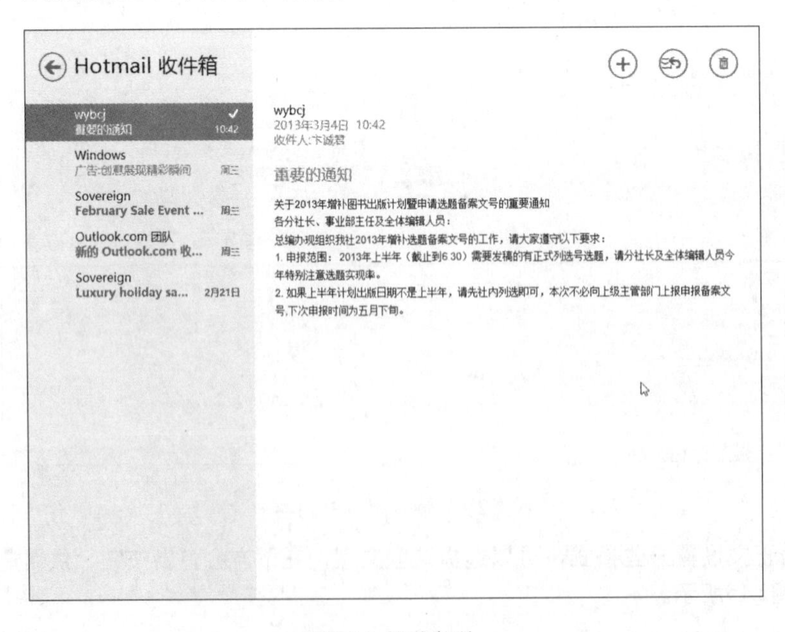

图2.16 接收邮件

小提示

在邮件的空白位置单击鼠标右键，再单击屏幕下方显示的“同步”按钮，可以即时刷新看是否有新邮件。

2.2.3 答复邮件

当阅读某封邮件后，觉得有必要给发件人回复的话，可以使用回复功能。只需在选择此邮件后，单击右上方的“答复”按钮，在弹出的下拉列表中选择“答复”选项，出现答复邮件窗口。在该窗口的“收件人”文本框中自动列出了回复邮件的地址，原邮件的主题前加有Re：字样，原邮件的发件人、发送时间、收件人、抄送和主题被自动加入回复邮件的正文编辑区内供用户编写时参照，如图2.17所示。写好回信内容后，单击“发送”按钮，将回复邮件发送到收件人的邮箱中。

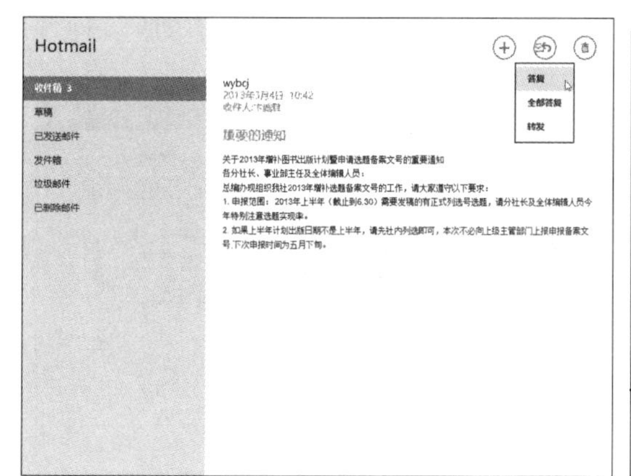

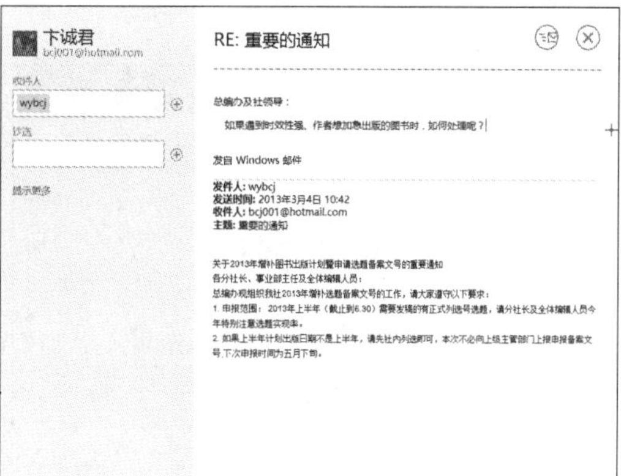

图2.17 答复邮件窗口

2.2.4 添加其他邮件账户

如果用户有多个邮箱，还想添加其他的账户，应该如何操作呢？

1 打开邮件窗口后，将鼠标指向屏幕的右下角以显示超级按钮，单击“设置”按钮，即可显示有关邮件的设置窗口，如图2.18所示。

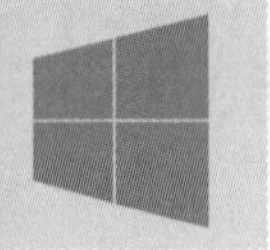

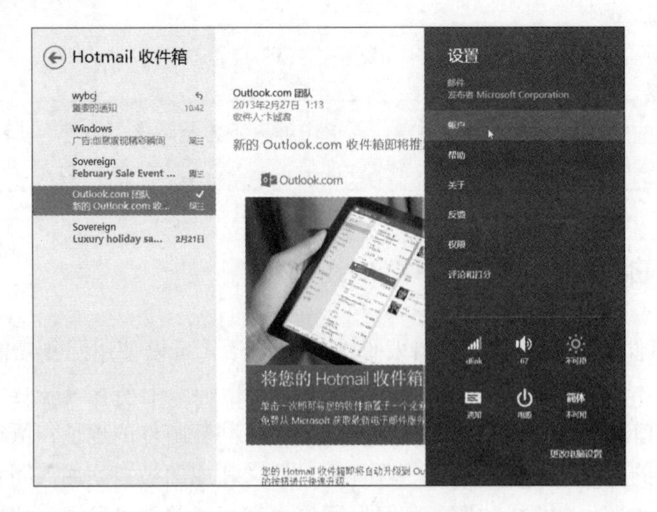

图2.18 有关邮件的设置窗口

2 单击“账户”按钮，再单击“添加账户”按钮，然后选择要添加的邮箱类型。例如，有个QQ邮箱，可以单击QQ，如图2.19所示。

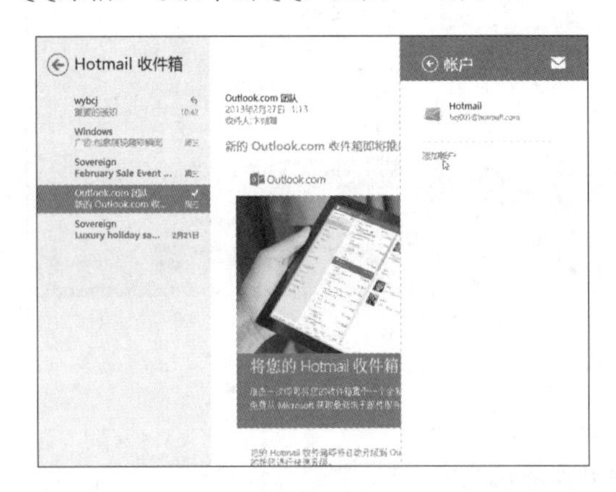

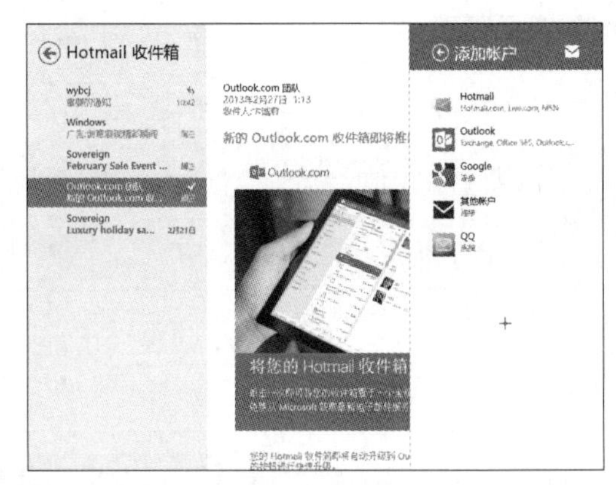

图2.19 添加账户

3 输入电子邮件地址和密码，然后单击“连接”按钮，如图2.20所示。

4 添加完毕后，即可看到此邮件的收件箱，开始阅读邮件，如图2.21所示。

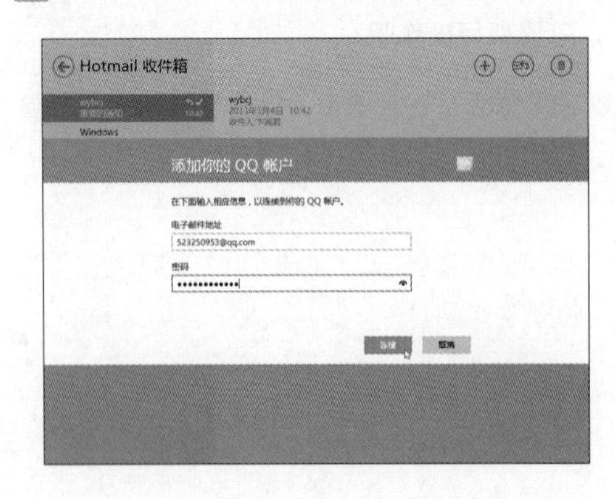

图2.20 添加邮件账户

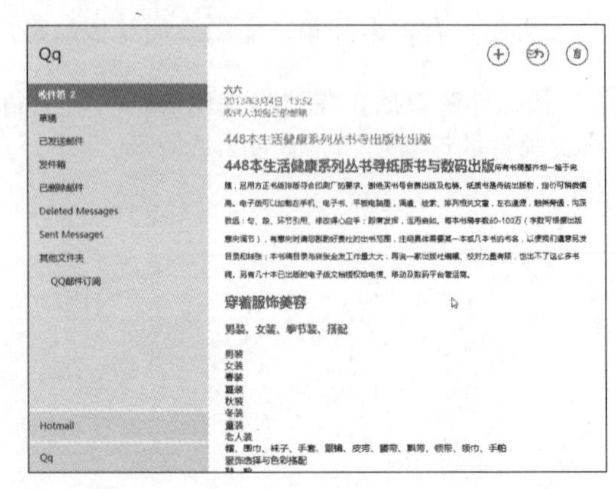

图2.21 阅读新邮件账户的邮件

2.2.5 设置与切换电子邮件账户

当用户拥有多个电子邮件账户时，如何从一个账户切换到另一个账户呢？另外，默认情况下，系统仅接收当前账户最近两周的邮件，如何延长到一个月呢？

1 打开邮件窗口后，将鼠标指向屏幕的右下角以显示超级按钮，单击“设置”按钮，即可显示有关邮件的设置窗口。

2 单击“账户”按钮，此时列出当前已创建的邮件账户，如图2.22所示。

3 要设置哪个邮件账户，只需单击此账户名，即可修改此账户的相关设置，如下载多长时间内的电子邮件、要同步的内容等，如图2.23所示。

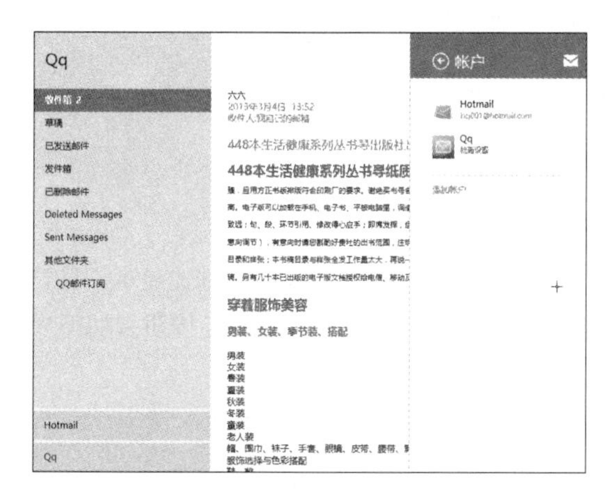

图2.22 当前已创建的邮件账户

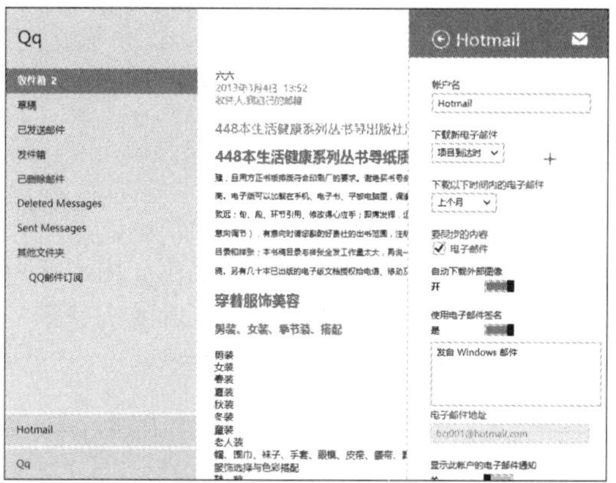

图2.23 设置账户

4 要进入某个账户查看是否有新的电子邮件，只需在左侧下方单击相应的账户名即可。

2.3 使用日历安排计划

要安排计划，可以使用Windows 8的日历应用。在这里不但能记录待办事项，还可以标示重要约会。

2.3.1 切换日历视图

单击开始屏幕上的“日历”磁贴，即可打开日历，如图2.24所示。如果用户的联系人有在Windows Live账户的个人资料中输入生日，就会显示在日历中。

图2.24 打开日历

默认情况下，该应用按月显示。用户还可以更改日历视图，如按日或按周方式显示。只要在日历上单击鼠标右键，屏幕下方就会显示一排按钮，可以单击“日”或“周”按钮来切换视图，如图2.25所示。

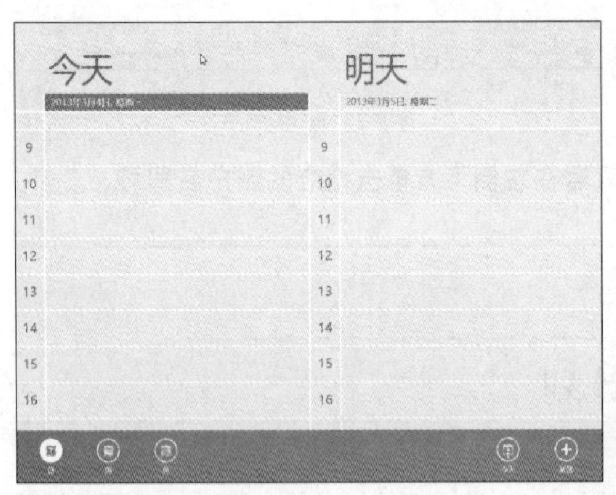

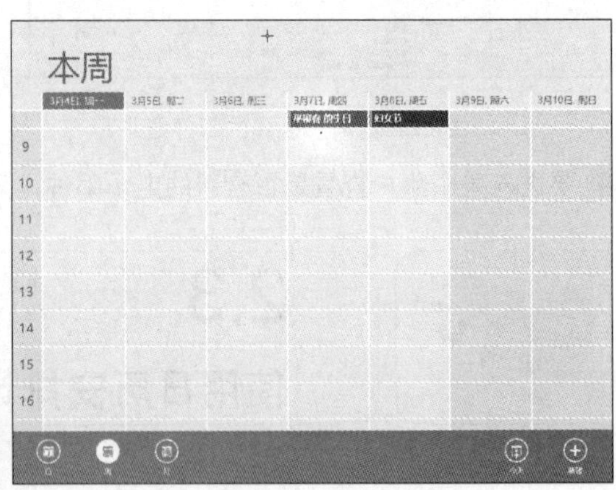

图2.25 切换日历视图

2.3.2 新建活动

日历最主要的功能就是记录待办事项，用户可以在日历中新建活动来提醒自己某一时间应该做什么事情。

在日历的某一天上单击，即可显示详情页面，如图2.26所示。在其中输入活动的主题、地址和一些简要的说明，并选择活动的开始和持续时间等。设置完毕后单击“保存此活动”按钮，在日历页面中可以看到添加的活动，如图2.27所示。

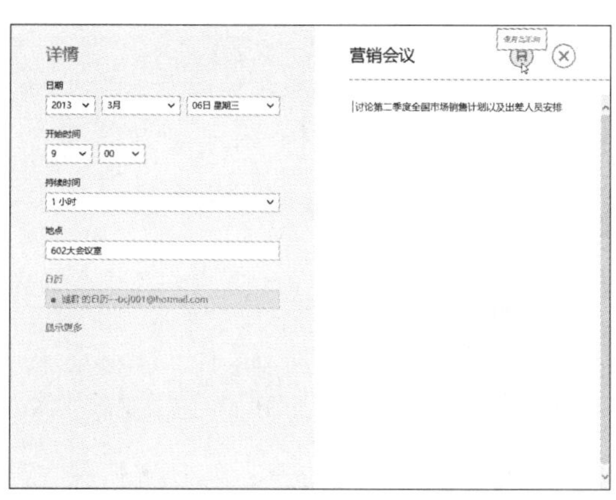

图2.26 详情页面

图2.27 新建的活动

2.3.3 创建周期性活动

除了单日的活动安排外，用户还能够安排周期性的活动计划，并设置提醒功能，以免错过时间。例如，要新建一个活动来安排每周五的会议。

在日历上单击本月第一个星期五所在的天，即可显示详情页面，如图2.28所示。输入相关信息后，单击左侧的“显示更多”文字链接，可以指定频率（如每周）、设置提醒时间（如在前1小时提醒）、设置状态（可方便好友了解你当天是否有时间再接受其他活动）。

图2.28 指定活动的频率

单击“保存此活动”按钮，即可看到从本周的周五开始，每周五下午4点有例行会议，如图2.29所示。

图2.29 指定周期性活动

2.4 使用人脉应用

人脉就是人际关系、人际网络的意思。使用过Windows Phone手机的用户对这个应该会很熟悉，人脉功能是微软的一次创新。人脉应用能够关联新浪微博、Hotmail账户、Google账户等，将所有联系人集中到一起查看好友动态及联系。此外，该应用会自动检测出所有这些联系人都是同一个人（根据邮箱等判断），并将他们作为一个“关联的”联系人呈现给用户，而不是不同账户有不同的版本造成重复。

2.4.1 添加账户

单击开始屏幕上的“人脉”磁贴，即可打开如图2.30所示的“人脉”页面。其中列出的是原来Windows Live Messenger中的联系人信息。

图2.30 “人脉”页面

如果要添加新的账户，以便将该账户中的联系人都添加到人脉中，则可按照下面的步骤进行操作。

1 在打开人脉页面的情况下，将鼠标指向屏幕的右下角弹出超级按钮，单击“设置”按钮，再单击“账户”按钮。

2 进入“账户”页面，单击“添加账户”按钮，进入“添加账户”页面，如图2.31所示。

图2.31 “添加账户”页面

3 选择自己的一个账户，如用户有两个MSN账户，有一个MSN账户登录Windows 8时已启动，现在需要添加另一个账户，因此选择Hotmail选项，让用户添加电子邮件地址和密码，然后单击“连接”按钮，如图2.32所示。

4 连接成功后，即可将此账户的联系人也添加到人脉中，如图2.33所示。

图2.32 添加Hotmail账户

图2.33 添加另一个账户

2.4.2 添加联系人

如果要向人脉中添加新的联系人，可以按照下面的步骤进行操作。

1 在人脉页面的空白位置单击鼠标右键，然后在屏幕底部单击“新建”按钮，如图2.34所示。

2 在“新建联系人”页面中输入新联系人的姓名、电子邮件及更详细的个人信息，然后单击“保存”按钮，如图2.35所示。

图2.34 单击“新建”按钮

图2.35 新建联系人

删除联系人

如果要删除人脉中的联系人，只需在人脉页面中选择相应的联系人，然后在页面的空白位置单击鼠标右键，在屏幕下方单击“删除”按钮。

2.5 使用消息应用

如果用过MSN Messenger，对它的即时信息等功能应该不陌生。消息应用相当于Metro版本的MSN，可以与好友实时聊天。

单击开始屏幕上的“消息”磁贴，即可打开“消息”页面，如图2.36所示。

图2.36 “消息”页面

2.5.1 发送即时信息

如果用户和朋友都同时在网上，那么双方就可以相互发送信息了。相信不少用户都使用过QQ与好友聊天，所以使用消息也可以与朋友即时沟通。

1 单击消息页面的“新消息”按钮，进入“人脉”页面，选择要相互发送信息的联系人，然后单击“选择”按钮，如图2.37所示。

图2.37 选择联系人

2 在“消息”页面中，在消息框中输入信息并按回车键。对方收到你发来的信息后，可能会立即给你回复，如图2.38所示。

图2.38 与朋友即时交流

3 就这样一来一往，即可在网上进行交流了。最后要结束交谈时，只要彼此打声招呼，然后关闭消息页面即可。

2.5.2 从消息应用中注销

如果想把自己从消息应用中注销，可以按照下面的步骤进行操作。

1 打开“消息”页面，将鼠标指向屏幕的右下角，在弹出的超级按钮中单击“设置”按钮。

2 单击“选项”按钮，然后关闭“发送/接收消息”选项，如图2.39所示。此时，如果你在Windows中还用Messenger登录，也会一起注销。

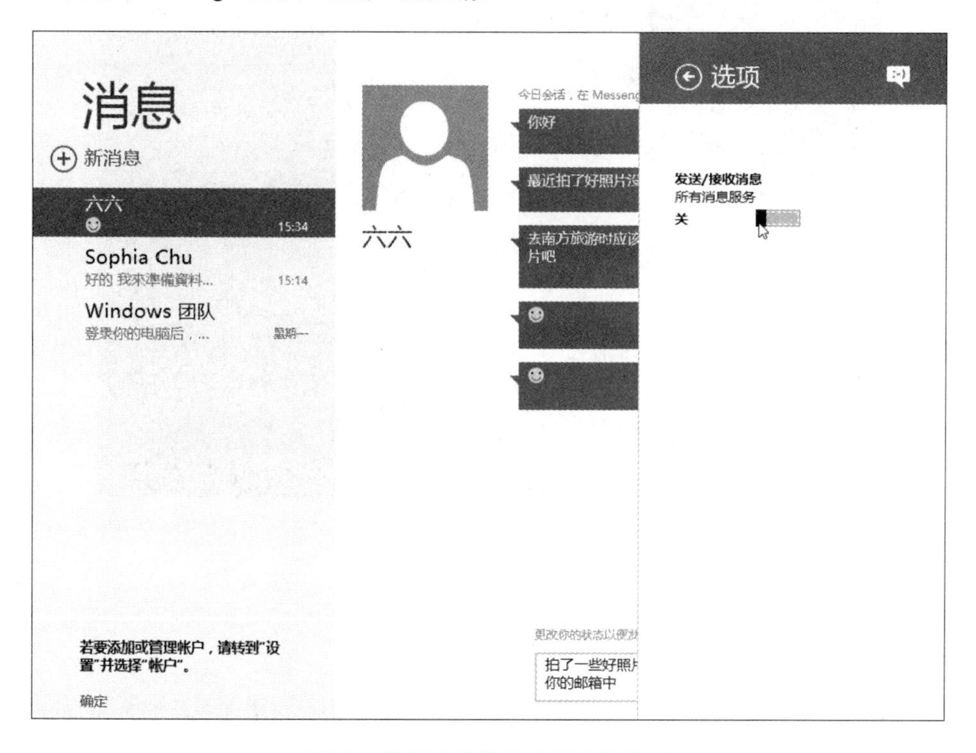

图2.39 关闭“发送/接收消息”选项

如果想重新开始聊天，可以打开“消息”页面，在空白位置处单击鼠标右键，单击屏幕下方弹出的“状态”按钮，选择“有空”选项。

2.6 使用照片应用

随着数码相机的普及，人们平时旅游、聚会时都喜欢拍一些照片，然后放到电脑中查看，甚至还可以上传到网上让更多的人欣赏。记得iPad刚出来时，大家经常将照片复制到其中欣赏，由于新颖的平板触摸技术使得在播放照片时可以很方便地旋转、缩放等。

Windows 8的“照片”应用相比其他应用更偏向于未来的产品模式，支持多设备、多平台、多服务，可以将其他地方的照片统一集中到一个地方查看，并可以在应用内直接分享，对平板适合的触控模式支持较好。

在开始屏幕上单击“照片”磁贴，进入如图2.40所示的“照片”页面。

图2.40 “照片”页面

2.6.1 向图片库中添加照片

默认情况下，“照片”应用中会显示图片库中的图片。因此，需要先将照片添加到图片库中，具体操作步骤如下：

1 将鼠标指向屏幕的右上角，在弹出的超级按钮中单击“搜索”按钮，在搜索框中输入“资源管理器”，然后依次单击“应用”和“文件资源管理器”，即可打开文件资源管理器。

2 单击左侧导航窗格中的“图片”，切换到图片库中。

3 在图片库中单击“文件”菜单，然后选择“打开新窗口”命令，即可打开第二个“文件资源管理器”窗口。

4 在新的“文件资源管理器”窗口中浏览包含照片的文件夹，选择要添加到图片库中的照片，然后将它们拖到图片库窗口中。

2.6.2 从相机中导入照片或视频

用户可以直接在“照片”应用中将相机保存的照片或视频导入进来。具体操作步骤如下：

1 将相机或存储卡与电脑连接。

2 在“照片”应用中，用鼠标右键单击任意位置，然后单击屏幕下方的“导入”按钮，从弹出的列表中选择存放照片的相机或存储卡，如图2.41所示。

3 用鼠标右键单击要导入的照片以将其选中，在下方的文本框中输入要放入文件的文件夹名称，然后单击“导入”按钮，如图2.42所示。

图2.41 选择导入的相机或存储卡

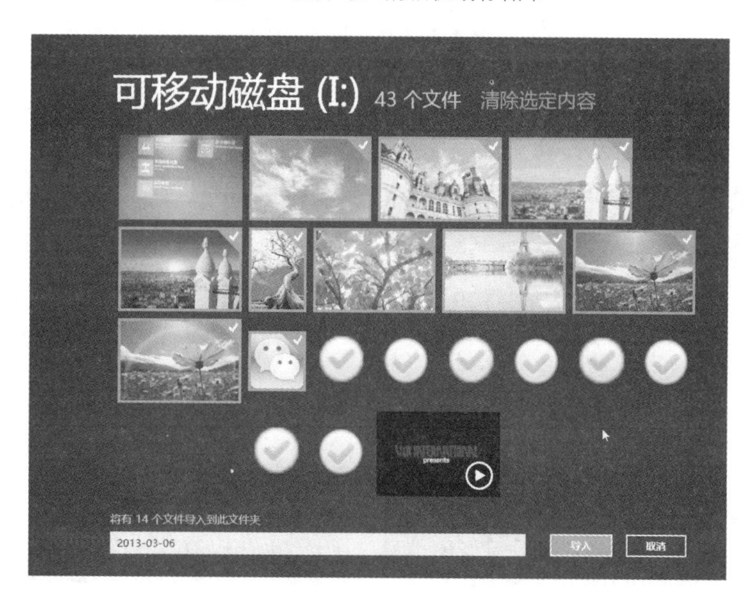

图2.42 选中要导入的文件

4 导入完成时，单击“打开文件夹”按钮，即可在“照片”应用中看到这些文件。

2.6.3 查看本地照片

当用户向图片库中添加文件后，就可以查看本地图片库中的文件了。具体操作步骤如下：

1 打开“照片”页面，单击“图片库”进入图片库中，如图2.43所示。

图2.43 进入图片库

2 单击图片库中的某个文件夹，即可看到其中的照片，如图2.44所示。要翻阅查看其他的照片，可以拨动鼠标滑轮进行快速前后查看；要放大全屏显示某张照片，只需单击此照片，如图2.45所示；要缩小照片显示，可以单击右下角的 ▬ 按钮，可以连续单击以查看此文件夹中照片缩略图。

图2.44 查看照片

图2.45 全屏显示照片

3 如果用户不想手动逐张来翻看照片，还有一种偷懒的方法就是使用幻灯片播放，也就是每隔几秒就可以自动播放下一张照片。在全屏显示照片的任意位置单击鼠标右键，然后在屏幕底部单击“幻灯片放映”按钮，如图2.46所示。现在就可以边喝茶边欣赏精美的照片了。

此处讲解有关照片的操作方法都是在台式电脑中使用鼠标进行操作，如果用户是使用摸触屏操作，只需用手指滑动来查看其他的照片，或者用两根手指向内收缩来缩小图片、用两根手指向外展开来放大图片。

图2.46 单击“幻灯片放映”按钮

2.6.4 自定义照片应用

用户可以将某张好看的照片设置为“照片”应用的背景，并且还可以选择在开始屏幕上的“照片”应用磁贴上显示哪张照片。具体操作步骤如下：

1 如果要更改应用背景的照片，则在“照片”应用中浏览到要使用的照片，然后单击以便全屏显示它，在该照片上单击鼠标右键，单击“设置为”按钮，在弹出的列表中选择“应用背景”选项，如图2.47所示。

图2.47 自定义照片应用

2 如果要更改应用磁贴的照片，则在“照片”应用中浏览到要使用的照片，然后单击以便全屏显示它，在该照片上单击鼠标右键，单击“设置为”按钮，在弹出的列表中选择“应用磁贴”选项。

如果要将当前全屏显示的照片设置为锁屏照片，只需在如图2.47所示的页面中选择“锁屏”选项。

2.6.5 与别人共享照片

当用户在欣赏到某张不错的照片时，希望与亲朋好友共同分享，可以使用“共享”超级按钮来完成此任务，具体操作步骤如下：

1 在“照片”应用中显示要共享的照片。

2 在要共享的每个照片上单击鼠标右键，以将其选中。

3 将鼠标指向屏幕的右上角，然后将指针向下移动，再单击“共享”按钮，如图2.48所示。

4 单击要与其进行共享的应用，如想把照片上传到SkyDrive中，可以选择SkyDrive选项，然后选择一个文件夹，再单击“上载”按钮，如图2.49所示。不过，照片文档要尽可能小。

图2.48 共享照片

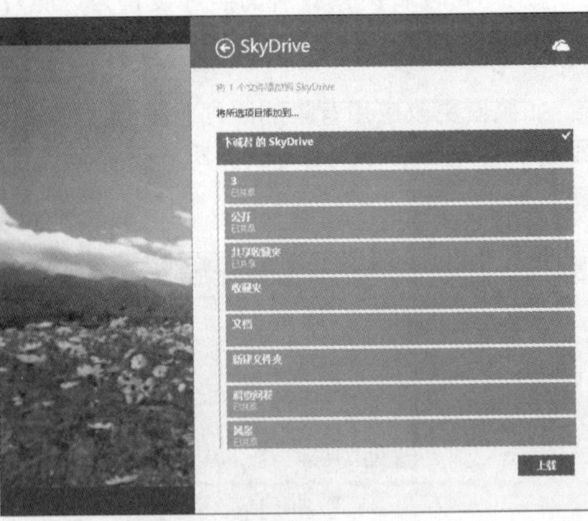

图2.49 将照片上传到SkyDrive

2.7 使用 Bing 应用

Windows 8自带的应用中还有“天气”、“地图”、“财经”、“体育”、“资讯”、“旅游”、和Bing应用，每个应用都是由Bing搜索驱动的。由于这些应用的使用相对比较简单，下面主要介绍Bing的使用。

1 在开始屏幕上单击“必应Bing”磁贴将其打开，Bing应用的初始界面保持着和网页版一致的体验，每天更换一张精美的“壁纸”，整个界面看起来简洁大方，如图2.50所示。

图2.50 Bing应用页面

2 当处于输入状态时（鼠标键入或触摸下去）会有6条当前热点提示，输入过程中会根据关键词提示搜索建议，如图2.51所示。

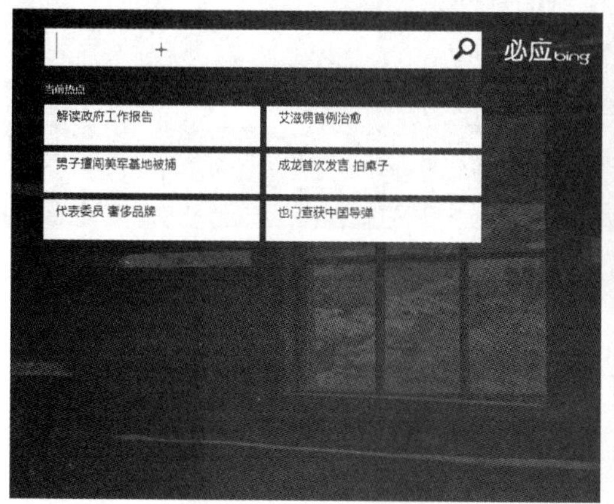

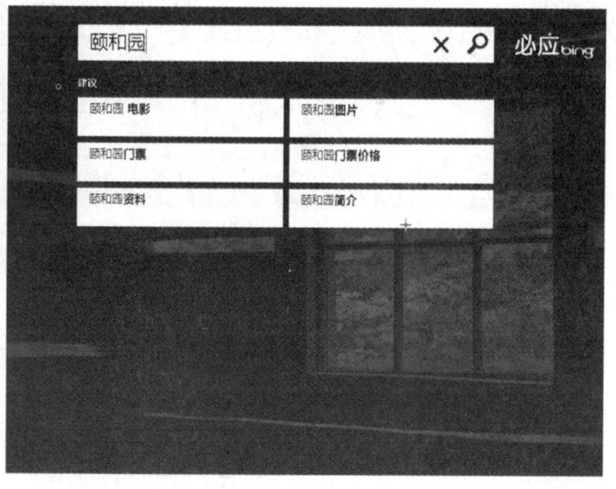

图2.51 在Bing中输入关键词

3 选择一个搜索内容后，即可显示此搜索的相关信息，网页搜索结果以拼贴视图形式显示，用户可以使用鼠标滑轮来快速查看其他的搜索结果。单击一个搜索结果，即可打开相关的网页，如图2.52所示。

图2.52 使用Bing搜索网页

4 如果单击搜索结果页面中的“图片”，也将以拼图的方式显示，单击其中的一张图片，即可以全屏方式的显示，如图2.53所示。

图2.53 显示搜索的图片

2.8 高效应用的技巧点拨

技巧1：Windows 8自带的阅读器

相信很多用户为了查看PDF文件而去安装Adobe Reader之类的软件，现在有了Windows 8之后，用户就不需要再去下载并安装Adobe Reader了，因为微软已经在系统中内置了可以支持PDF格式的“阅读器”应用。

在开始屏幕的空白处单击鼠标右键，然后单击屏幕下方的“所有应用”按钮，在“应用”中单击“阅读器”磁贴，即可打开如图2.54所示的“阅读器”页面。

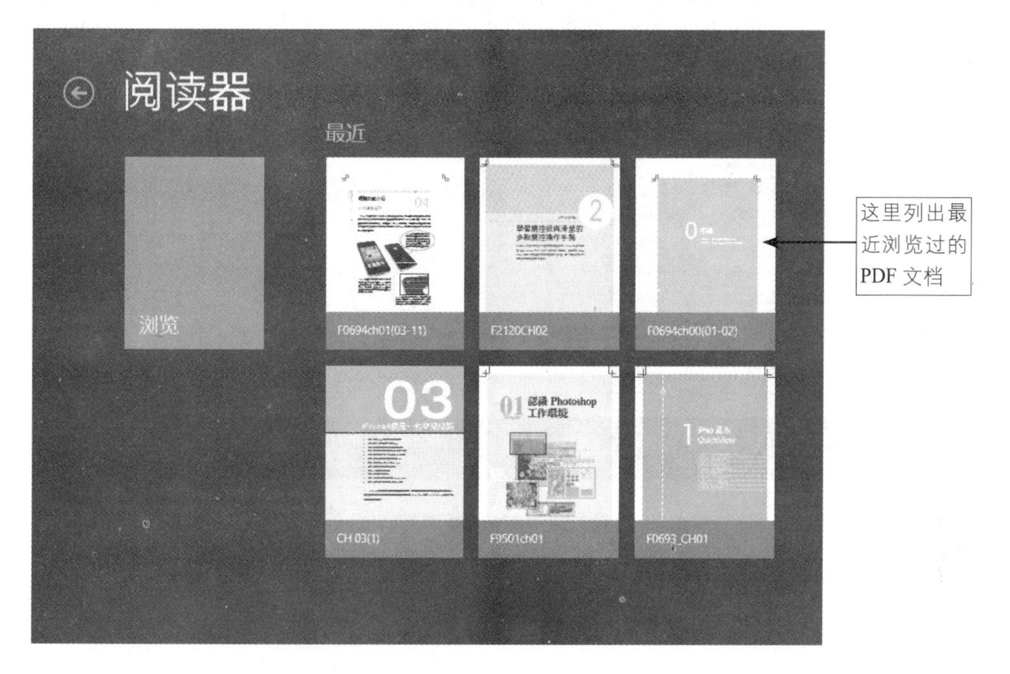

图2.54 “阅读器”页面

单击“浏览”按钮，然后从计算机中找到要打开的PDF文档，如图2.55所示。选择要打开的文档后，单击“打开”按钮，即可开始阅读，如图2.56所示。

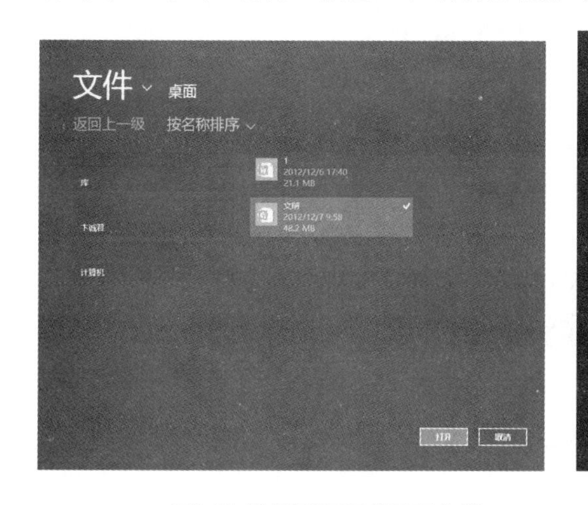

图2.55 选择要打开的PDF文档

图2.56 开始阅读PDF文档

阅读PDF文档的过程中单击鼠标右键，在屏幕下方显示一排按钮，可以选择多种模式查看，如两页、一页或连续，如图2.57所示的就是查看两页的效果。另外，还可以单击“查找”按钮，查找文档中的词语，如图2.58所示。

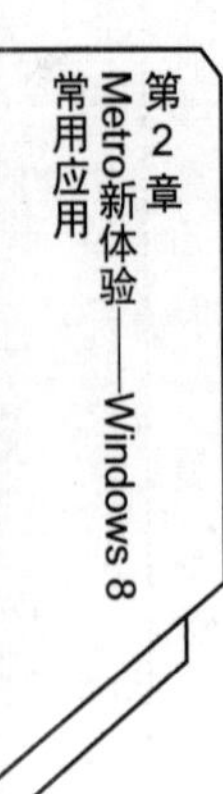

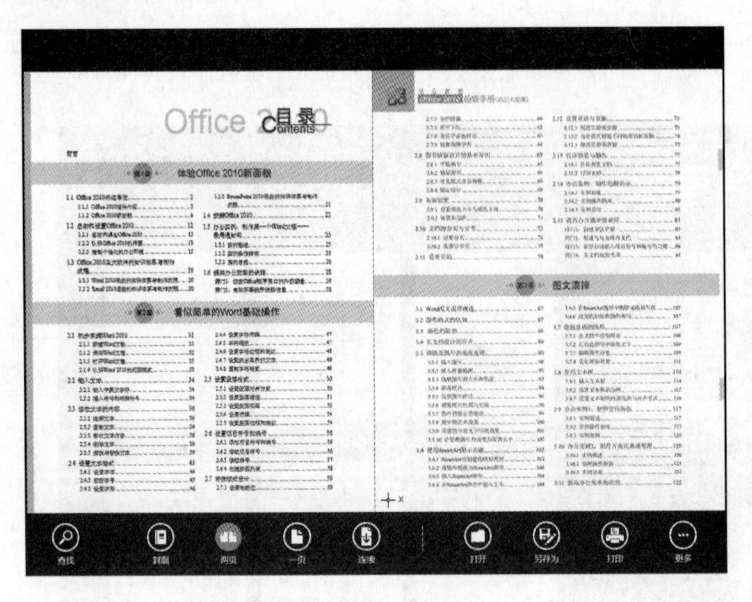

图2.57 同时查看两页

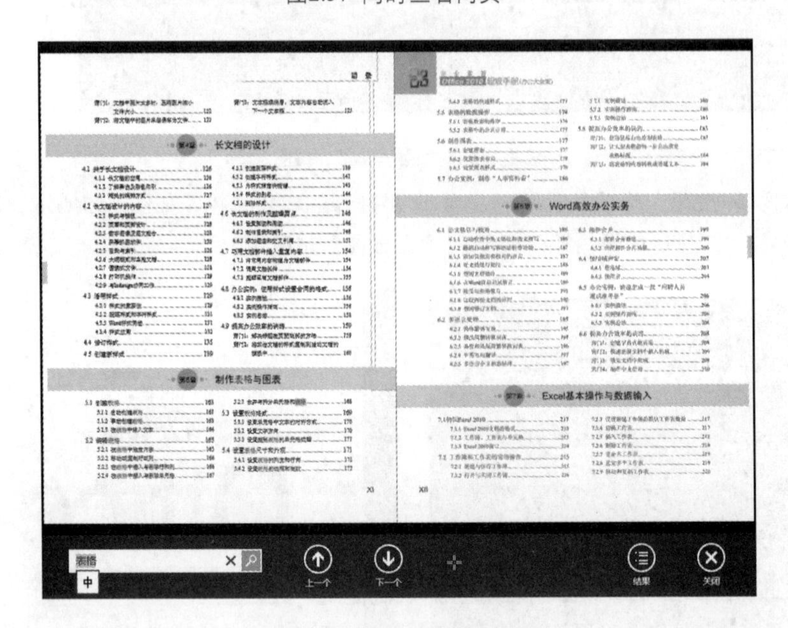

图2.58 查找文档中的词语

单击“打印”按钮，可以在弹出的菜单中选择已安装的打印机，将PDF文档打印出来。

技巧2：Windows 8应用商店游戏

用户可能发现，原来Windows附件中的游戏程序找不到了，应该从哪儿玩游戏呢？

其实，Windows的附件小游戏转变为Metro应用，用户可以单击开始屏幕中的“应用商店”磁贴，再从“游戏”分类中选择要应用的游戏。如果要玩一些热门的免费游戏，可以单击“最热免费游戏”，找到游戏后单击“安装”按钮开始下载并安装游戏。

03

第 3 章 Windows 8 传统桌面的基本操作

俗话说：“磨刀不误砍柴工”，不论你想用电脑来完成日常事务还是创建丰功伟业，首要的就是熟练掌握操作系统的使用方法，这是学习电脑的第一步。

本章将学习Windows 8的基本操作，包括整理桌面的窗口、了解窗口内的各组件并设置自己习惯的操作环境、选择不同的视图方式来浏览文件、将文件有条理地排序和分组、探索电脑的文件夹与文件等。

学习提要

- 快速整理桌面的窗口使其有条理排列
- 了解窗口的组成并设置自己习惯的操作环境
- 选择不同的视图方式来浏览文件
- 将文件有条理地排序和分组
- 探索电脑中的文件夹和文件

3.1 整理桌面的窗口

很多人都会同时打开好几个窗口做不同的事情，如果没有好好整理桌面上的窗口，相信不久“桌面”就会被窗口占满，变得不易操作。本节将介绍一些Windows 8特有的窗口操作技巧，让你的桌面更加有条不紊。

3.1.1 Windows 8 的窗口最大化、最小化及还原操作

窗口的最大化、最小化和还原等基本操作，相信用户已经用得很熟练。下面就来介绍在Windows 8下使用更直观的方式操作窗口。

1. 将窗口最大化

当用户要专注在某个窗口中编写报告、画图、看DVD、玩游戏等，为了避免其他窗口的干扰，可以将窗口最上面的标题栏拖到屏幕的最上方（鼠标指针要靠近屏幕的边线上），窗口会最大化，并且填满整个桌面，如图3.1所示。

将窗口拖动到屏幕上方的边线，此时屏幕四周会出现一个边框，表示窗口放大后的范围

将窗口最大化后，按住标题栏向下拖动，即可恢复成原来的窗口排列

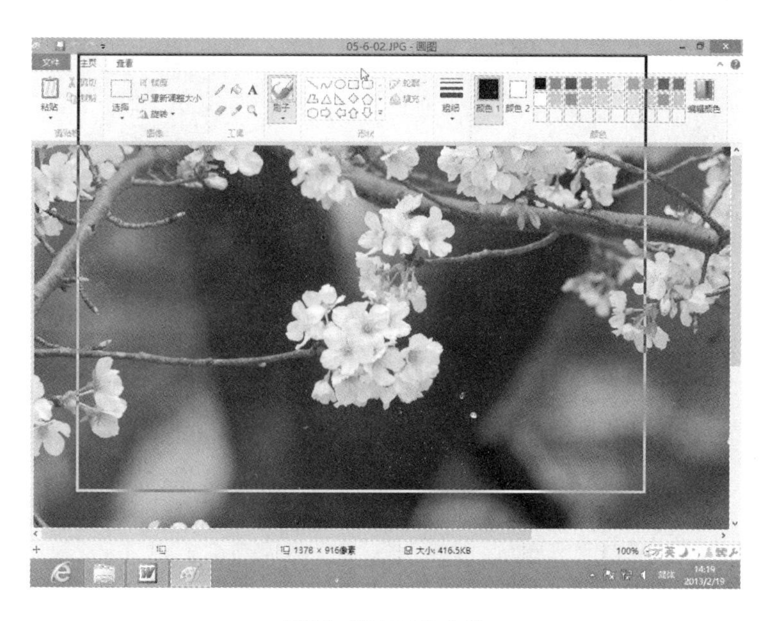

图3.1 将窗口最大化

2. 一次将多个不用的窗口最小化

如果要专注在某个窗口中工作，暂时用不到其他窗口，可以单击窗口右上角的“最小化”按钮，将窗口最小化。不过，一次要缩小多个窗口，逐一单击“最小化”按钮显得比较麻烦。在Windows 8下，只要切换到当前要用的窗口，然后按住标题栏左右或上下摇晃窗口，就可以将其他不用的窗口全部最小化；如果要还原成刚才的画面，只需按住标题栏再摇晃几下即可，如图3.2所示。

图3.2 一次将多个不用的窗口最小化

3.1.2 并排窗口来对比内容

当用户要比较两个商品的价钱、规格或者想查看内存中的文件与电脑中的文件一致等，通常会打开两个窗口进行对比，以往需要手动调整窗口的大小和位置。现在只要分别将两个窗口拖动到屏幕的左、右两侧，Windows会自动帮助用户将窗口的宽度展为成屏幕的一半，并且将窗口高度放到最大，方便用户进行对比。下面对比两个窗口中的文件数是否一致，以确定内存中的文件已经完全复制到硬盘中。

1 将窗口的标题栏拖动到屏幕的最左侧，会出现一个透明的边框线，表示窗口的显示范围，如图3.3所示。

图3.3 边框线确定窗口的显示范围

2 将此窗口的标题栏拖动到屏幕的最右侧，如图3.4所示。

窗口的宽度展开为屏幕的一半

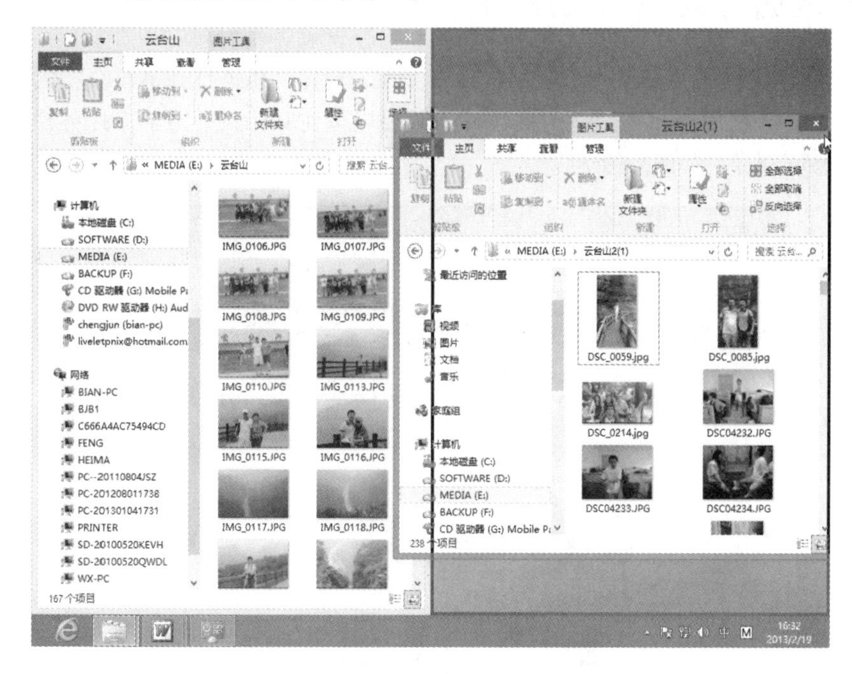

图3.4 调整窗口的位置

3 这里会显示选择的文件夹中的文件数量，如图3.5所示。

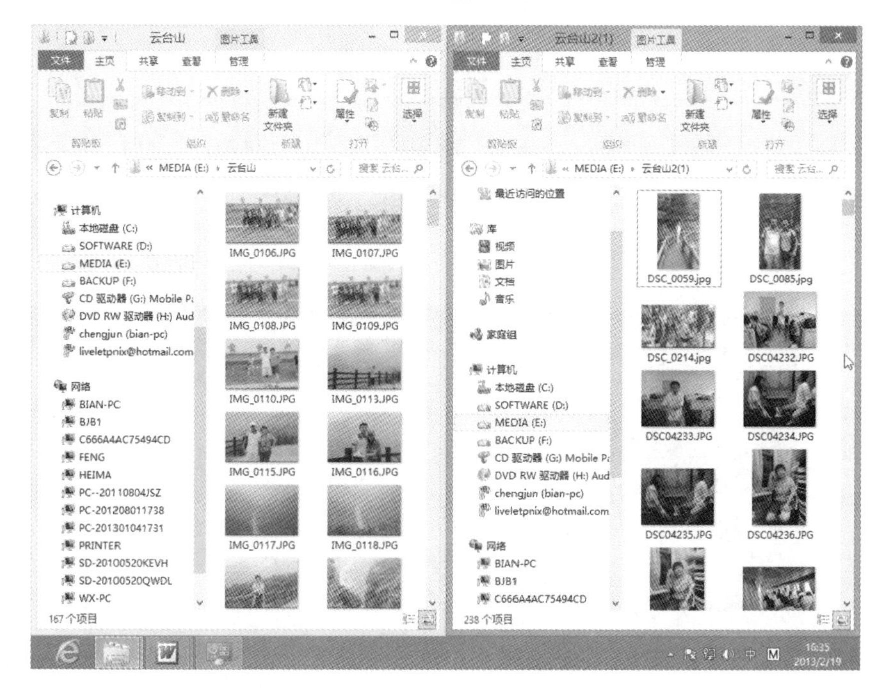

图3.5 显示文件夹的文件数量

之后，只要将窗口的标题栏稍微向下拖动就可以还原成原来的样式。

3.1.3 快速打开相同的应用程序窗口

如果已经在桌面上打开了一个应用程序（如IE）窗口，想再打开另一个相同的应用程序窗口进行对照，不必每次单击要运行的程序，只要先按住Shift键，再单击任务栏上的应用程序任务按钮就可以了，如图3.6所示。

按住Shift键，再单击任务按钮（也可以在任务按钮上按鼠标滚轮）

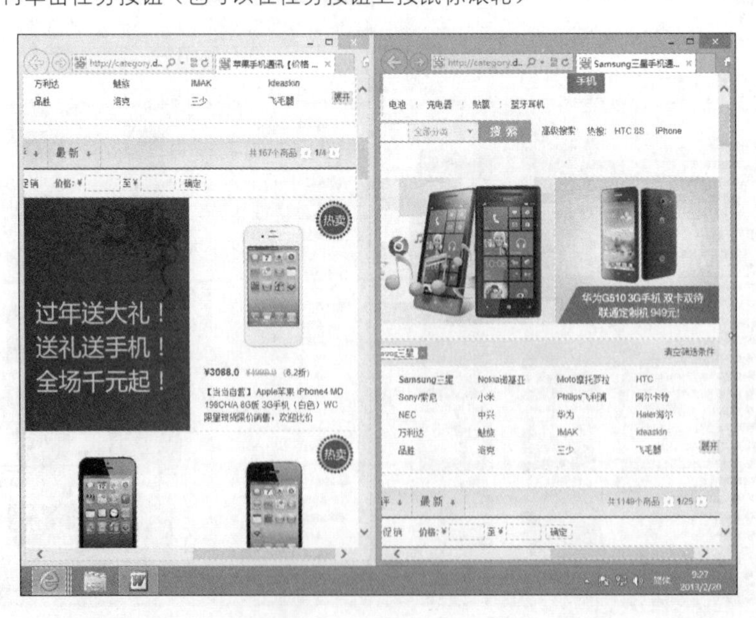

打开两个IE窗口对比两项商品的价格与规格

图3.6 快速打开相同的应用程序窗口

3.1.4 切换到同一应用程序中的各个文件

将鼠标指针移到任务栏上的任务按钮上，会出现已打开的窗口缩图，方便用户切换窗口。除此之外，还有一个切换窗口的技巧，专门用来切换到已打开的窗口。

例如，想从3张照片中挑选一张作为桌面背景，使用“Windows照片查看器”分别打开这3张照片进行观看和比较。要切换到不同的窗口，可以先按住Ctrl键，再单击“Windows照片查看器”的任务按钮，每次单击任务按钮，就会按顺序切换一个窗口，如图3.7所示。

图3.7 切换到同一应用程序中的各个文件

3.2 了解窗口的组成并设置自己习惯的操作环境

在学习如何管理文件之前，先认识窗口中的各部分功能，并学习设置自己最习惯的操作环境，方便以后浏览和管理文件。

3.2.1 认识窗口的组成

Windows 8的窗口在外观上看起来和之前的版本很不一样，不过只要看了下面的说明，相信用户很快就能上手了。单击任务栏上的“文件资源管理器”按钮，再单击左侧的“文档”图标，我们将借助此窗口来熟悉各项功能，如图3.8所示。如果使用过Office 2007或Office 2010的用户，对此窗口并不陌生，采用了全新的Ribbon界面，利用功能区取代之前包括下拉菜单在内的传统功能列，它将最常用命名按照操作情景分组，并放置在用户最容易看到、单击到的地方，可以极大地方便用户的操作。

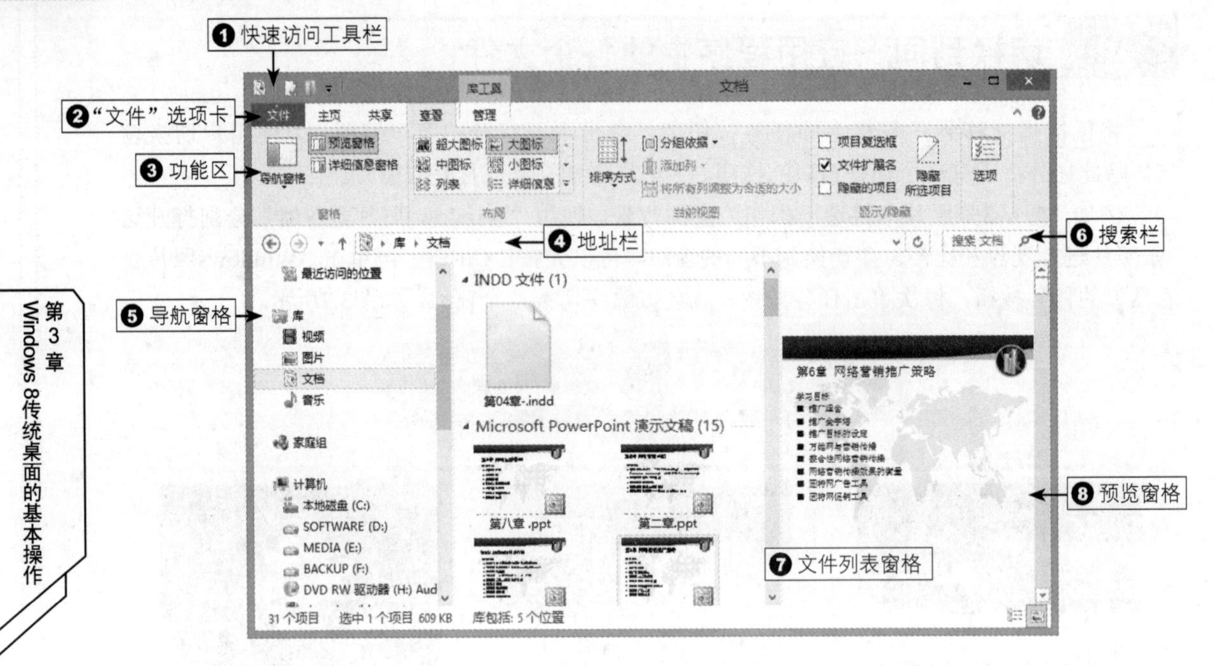

图3.8 “文档”窗口

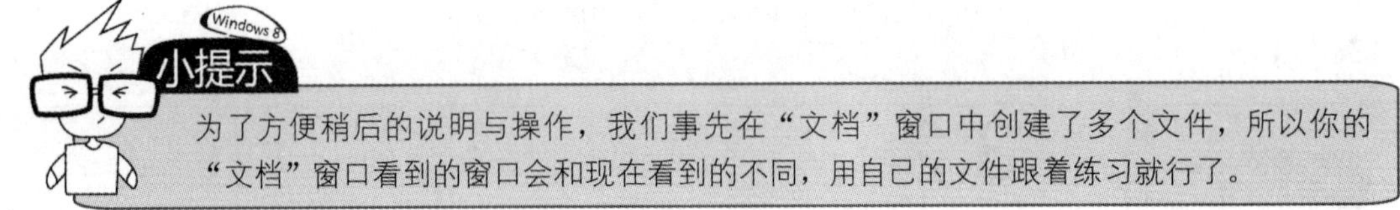

为了方便稍后的说明与操作，我们事先在“文档”窗口中创建了多个文件，所以你的“文档”窗口看到的窗口会和现在看到的不同，用自己的文件跟着练习就行了。

① 快速访问工具栏：快速访问频繁使用的命令，如查看文档属性或新建文件夹。在快速访问工具栏的右侧，可以通过单击下拉按钮，在弹出的菜单中选择已经定义好的命令，即可将选择的命令以按钮的形式添加到快速访问工具栏中。

② “文件”选项卡：单击“文件”选项卡，用户能够获得与文件有关的操作选项，如“打开新窗口”、“关闭”或“打开”常用的位置等。

③ 功能区：单击相应的标签，可以切换到相应的选项卡，不同的选项卡中提供了多种不同的操作设置选项。如图3.9所示，每个选项卡按照功能将其中的命令进行更详细地分类，并划分到不同的组中。例如，“主页”选项卡的功能区中收集了对文件的移动、复制、重命名等常见操作的命令按钮。

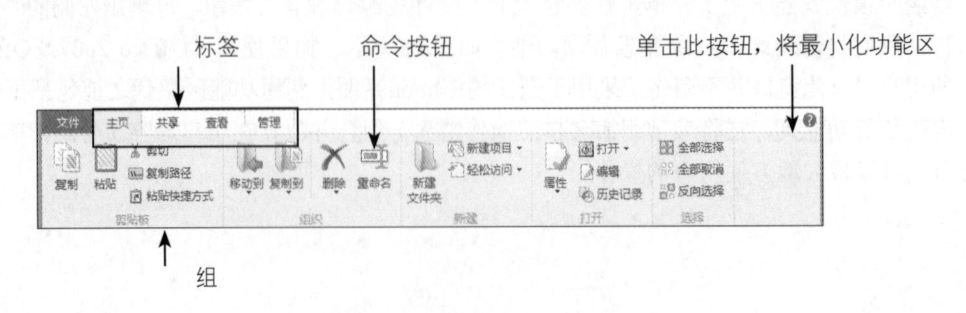

图3.9 功能区的组成

小提示

有些选项卡只有在特定操作时才会显示出来，如选择“库”中的“视频”、“图片”或“音乐”时，会显示“库工具管理”选项卡或“图片工具管理”选项卡等。

④ 地址栏：让用户切换到不同的文件夹浏览文件。

⑤ 导航窗格：包含了“收藏夹”、“库”、“计算机”和“网络”这几个项目，可以让用户从这几个项目来浏览文件夹和文件。

⑥ 搜索栏：在此输入字符串，可以查找当前文件夹中的文件或子文件夹。例如，输入“蓝牙”，就会找到文件名中有“蓝牙”的文件或文件夹。

⑦ 文件列表窗格：显示当前所在的文件夹内容，包括子文件夹和文件。

⑧ 预览窗格：可以在此窗格查看大部分的文件内容。当用户安装了某些应用程序（如Office等），也可以在此预览文件。

3.2.2 设置适合自己习惯的操作环境

通过刚才的介绍，相信用户已经了解窗口中各个窗格的功能，接下来我们讲解设置适合自己习惯的窗口环境。例如，不经常使用预览窗格来查看文件内容，就可以将此窗格隐藏起来，让窗口空出右侧的空间，以便显示更多的文件。

如果要调整为自己习惯的窗口布局，可单击“查看”选项卡，在“窗格”组中单击要显示或隐藏的窗格名称即可，如图3.10所示。

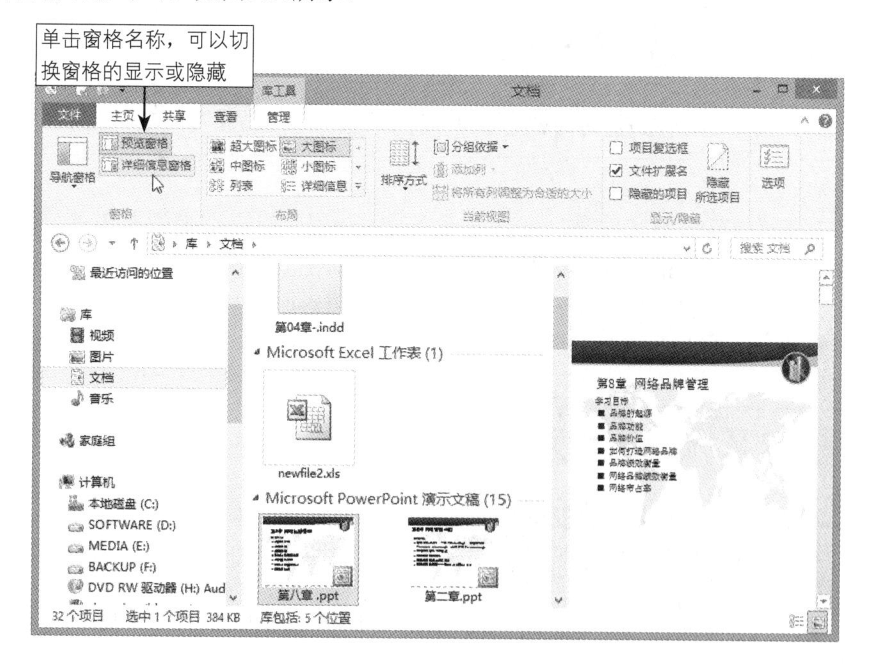

隐藏了预览窗格，同时显示了详细信息窗格

图3.10 调整窗口的布局

可视热键

新版文件资源管理器增加了快捷键提示，只需按下Alt键就会显示浮动提示，然后按提示的快捷键选择选项卡，再按提示的快捷键选择相应的命令。

3.3 选择不同的视图方式来浏览文件

当用户在浏览电脑中的文件时，可以根据不同的使用时机来切换视图模式，以便更顺利的完成工作。例如，在Windows下想查找照片，由于缩图很小不容易看清楚，现在可以使用“超大图标”或“大图标”模式看清楚。另外，如果想根据照片的拍摄日期来排序，则可以切换到“详细信息”模式。

3.3.1 切换文件视图模式

Windows 8提供了8种文件的视图模式，包括超大图标、大图标、中图标、小图标、列表、详细信息、平铺及内容。单击“查看”选项卡，在“布局”组中单击相应的按钮可以快速切换视图模式，如图3.11所示。

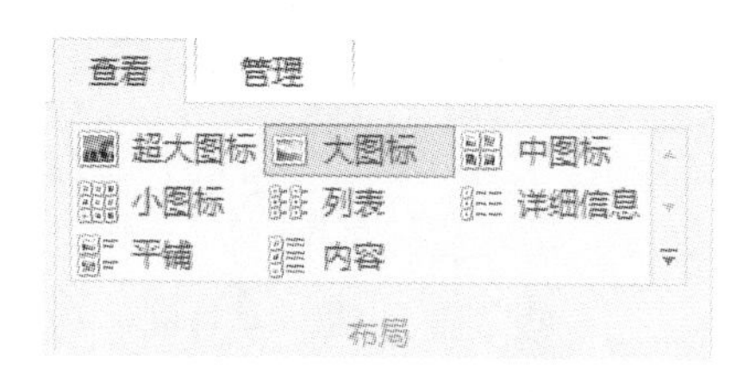

图3.11 切换视图模式

如果缩小了窗口，可能“布局”组中仅显示部分视图按钮，需要单击右侧的向上或向下箭头来翻滚查看，还可以单击“详细信息”按钮 来查看所有的视图按钮。

3.3.2 可预览内容的缩图类视图模式

“超大图标”、“大图标”、“中图标”和“小图标”这4种模式，将其归类为“缩图类”视图模式，其特色是会显示文件的“内容缩图”，可让用户直接查看文件内容。不过“小图标”模式例外，“小图标”模式是显示该文件类型的代表图标（其他3种缩图类视图模式若遇到Windows无法解读的文件，也会改显示该文件类型的代表图标）。

“超大图标”、“大图标”和“中图标”这3种视图模式的差别仅在于缩图的大小而已。例如，文件夹中以存放多媒体文件为主，如图片、音乐、影片等就很适合选择这3种视图模式，直接从缩图来得知文件内容，如图3.12所示。

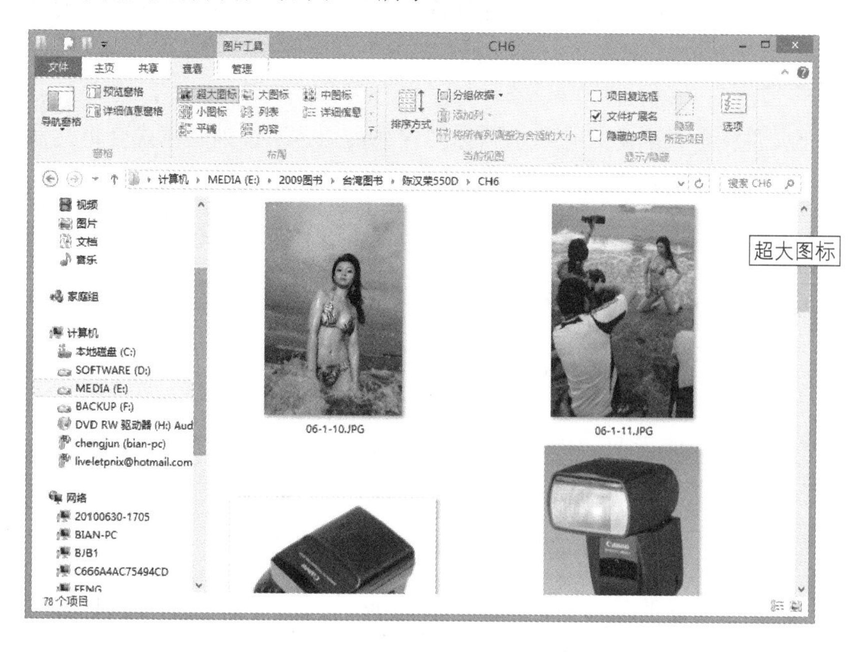

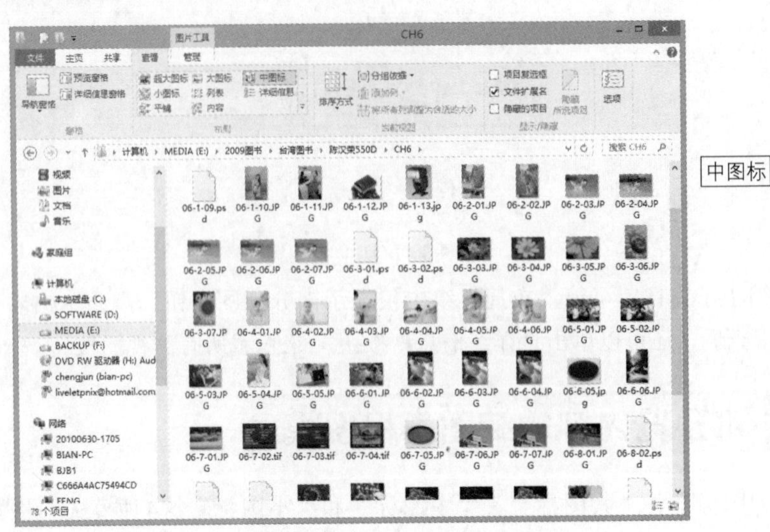

图3.12 超大图标和中图标的视图方式

3.3.3 一目了然的文件列表和详细信息模式

当用户想要查看文件夹内有多少文件，或者想了解文件的详细信息，或者要进行文件的复制、移动等操作，就很适合以列表、详细信息、平铺或内容这几个模式来查看文件。

1. 列表模式

只会显示文件图标及名称，它和小图标模式很类似，不过列表模式会将文件接续排列在一起，想了解文件夹内到底有多少文件，切换到此模式最为方便，如图3.13所示。

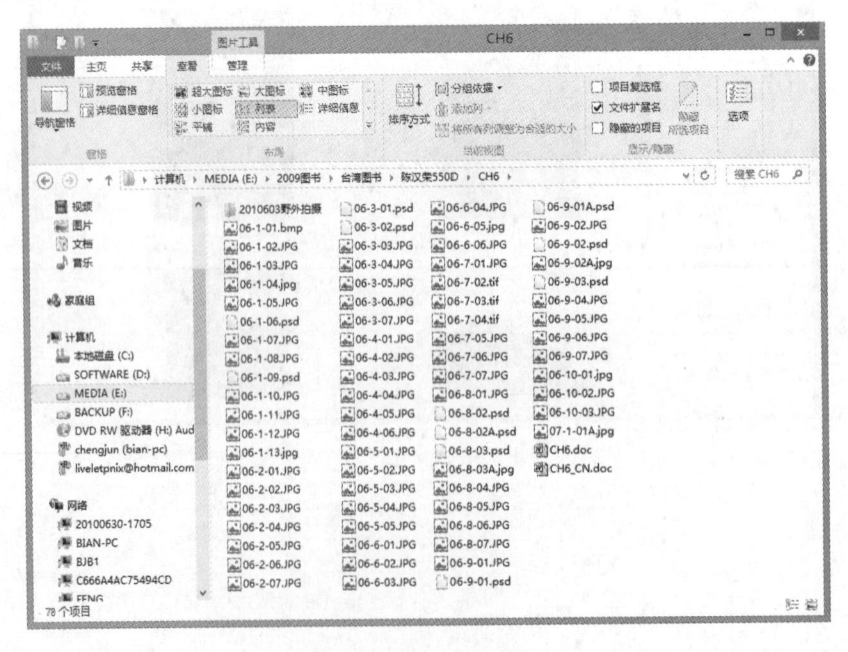

图3.13 列表模式

2. 详细信息模式

除了显示文件图标、名称外，还会显示其他相关信息，包括文件的大小、类型、日期、标记等。想要直接在文件列表窗格中查看文件的详细信息或进行排序，可切换到“详细信息”模式，如图3.14所示。

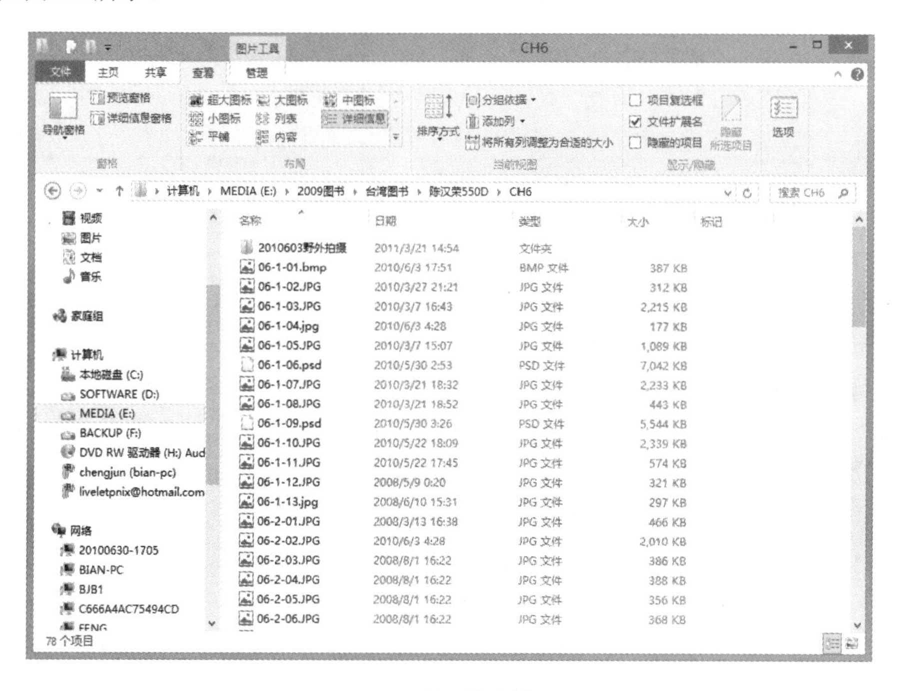

图3.14 详细信息模式

Windows 8 小提示

将隐藏的文件信息显示出来

目前“详细信息”模式，只显示了“名称”、“修改日期”、“类型”等列。如果想将隐藏的文件信息显示出来（如拍摄日期），或者将不常用的列隐藏起来，可以进行如下操作：

1 在列名称上单击鼠标右键，在弹出的快捷菜单中选择要显示或隐藏的列名称（打勾表示显示，反之表示隐藏），如图3.15所示。

2 选择快捷菜单中的“其他”命令，出现如图3.16所示 的“选择详细信息”对话框，如勾选“曝光时间”复选框。

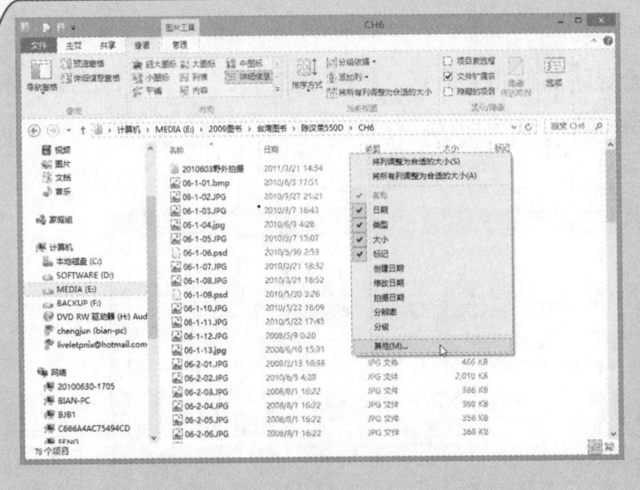

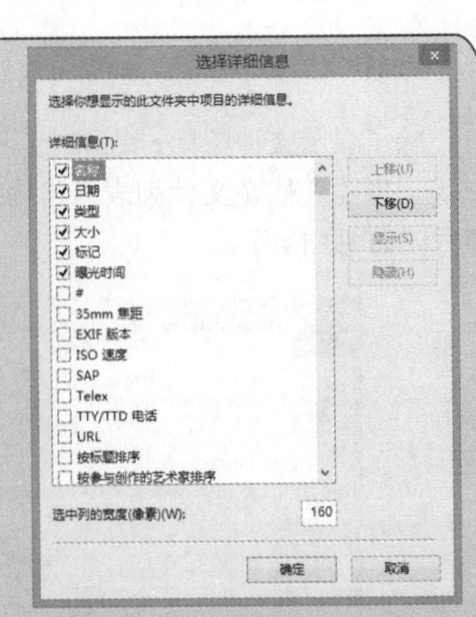

图3.15 选择要显示或隐藏的列名称

图3.16 “选择详细信息”对话框

3 单击“确定”按钮，即可在文件列表窗格中显示“曝光时间”列，如图3.17所示。

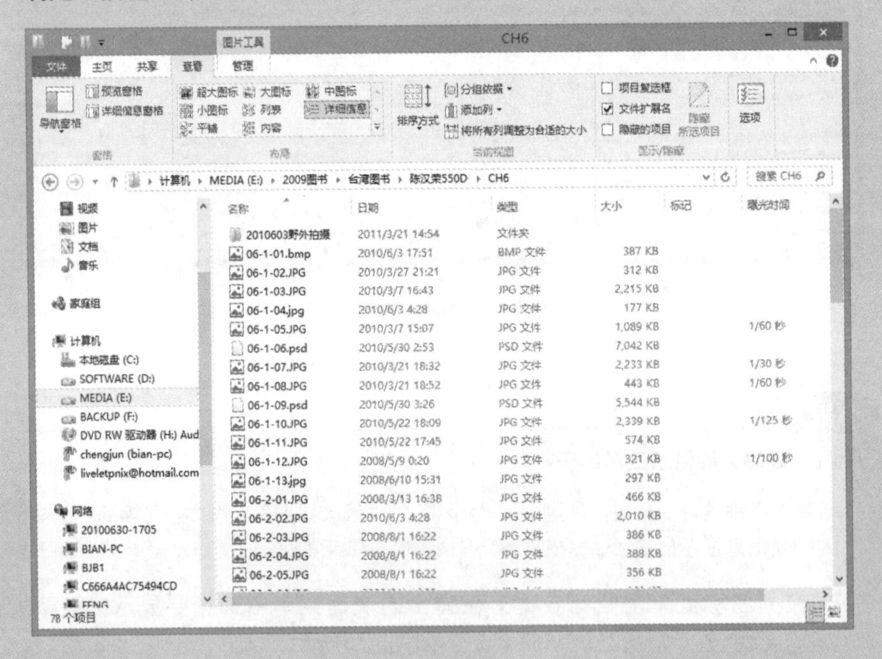

图3.17 显示“曝光时间”列

3. 平铺模式

会显示中等缩图，让用户浏览文件内容。在缩图旁还会显示文件名、文件类型及大小等信息。只要文件列表窗格的宽度足够，它会自动将文件排成多排，以显示更多的文件。因此，当要进行文件管理的相关操作时，就可以选择此模式来操作，如图3.18所示。

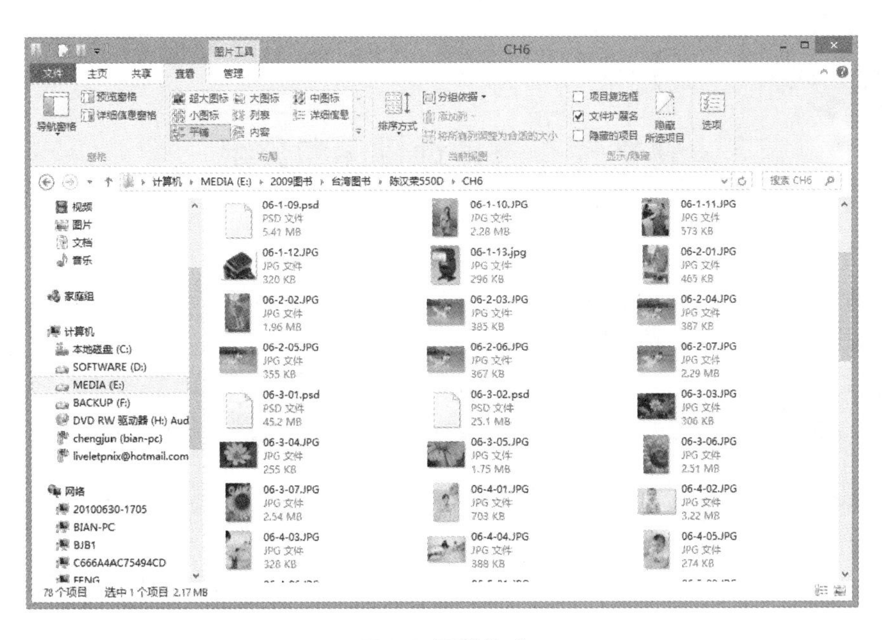

图3.18 平铺模式

4. 内容模式

会显示文件的缩图、名称、类型、大小、拍摄日期等信息。这个模式和详细信息模式类似，可以让你了解文件的详细信息，不同的是此模式会以中等图标让你查看文件内容，而且文件之间的间隔也比较大，并以淡色线条来划分，在浏览文件时比较舒适，如图3.19所示。

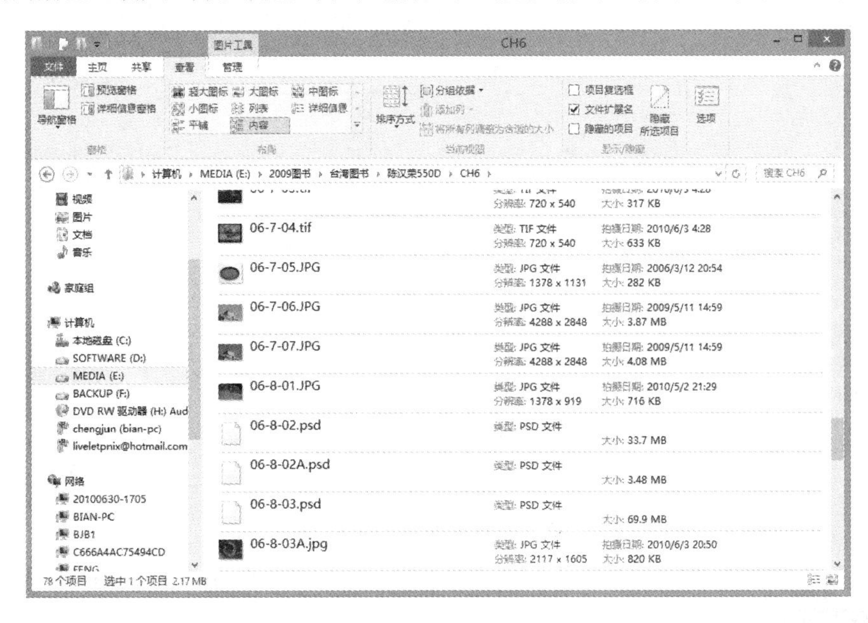

图3.19 内容模式

了解各种视图模式的特色及使用时机后，可以利用下面将要介绍的排序与分组功能来管理文件。

3.4 将文件有条理地排序和分组

当文件夹中包含许多各种各样的文件时，要查找某一类或某个文件，仅仅切换到不同视图模式来浏览是不够的，此时搭配“排序”与“分组”功能，将文件夹内的文件进行整理，这样不论是浏览或者查找文件都会更加便捷。

3.4.1 根据文件名、类型、大小和日期来排序文件

排序就是按照设置的条件，如名称、大小、日期、标记、类型等，按递增（由小到大）或递减（由大到小）顺序来排列文件。例如，旅游外出想必一定拍了不少好的照片，将文件全部复制到电脑后，可以先按拍摄日期进行排序，然后分别创建新文件夹，将同一天的照片归纳在一起。

现在就来进行文件的排序，先切换到“详细信息”视图模式，然后单击要排序的列名称，即可快速排列文件，如图3.20所示。

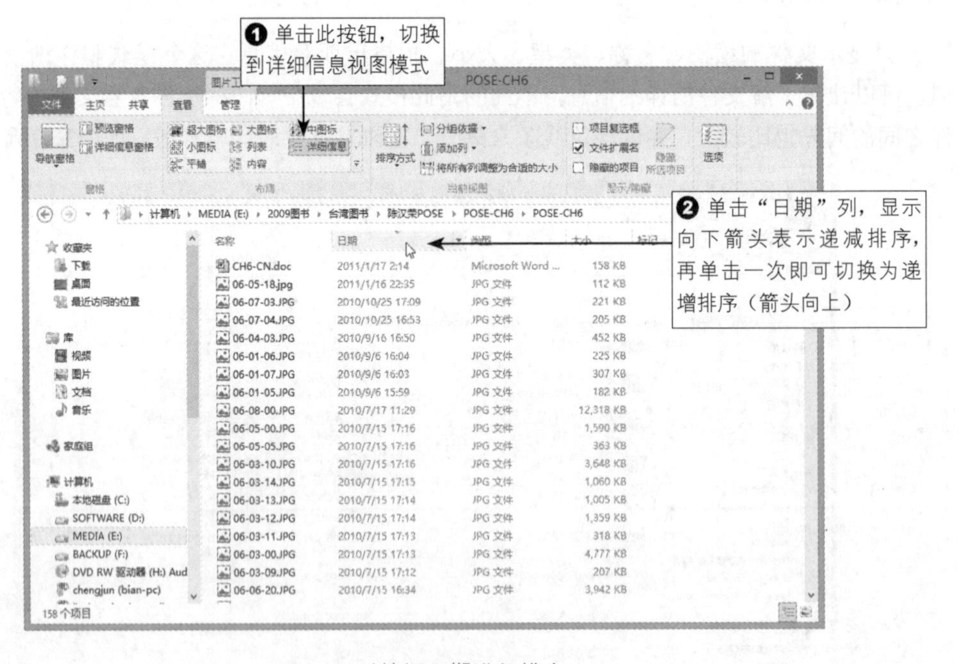

图3.20 对拍摄日期进行排序

小提示

用户还可以对其他的列进行排序，只需单击“查看”选项卡中的“当前视图”组的“排序方式”按钮，在弹出的下拉列表中先选择某个列，再选择按照“递增”或“递减”进行排序。

将文件按照日期排序后，就可以根据日期来创建文件夹，然后将同一天拍摄的照片全部移到同一个文件夹中，以便管理。下面简单介绍其操作，具体操作步骤如下：

1 单击“主页”选项卡中“新建”组的“新建文件夹”按钮，创建新文件夹并自行输入文件夹名称，如图3.21所示。

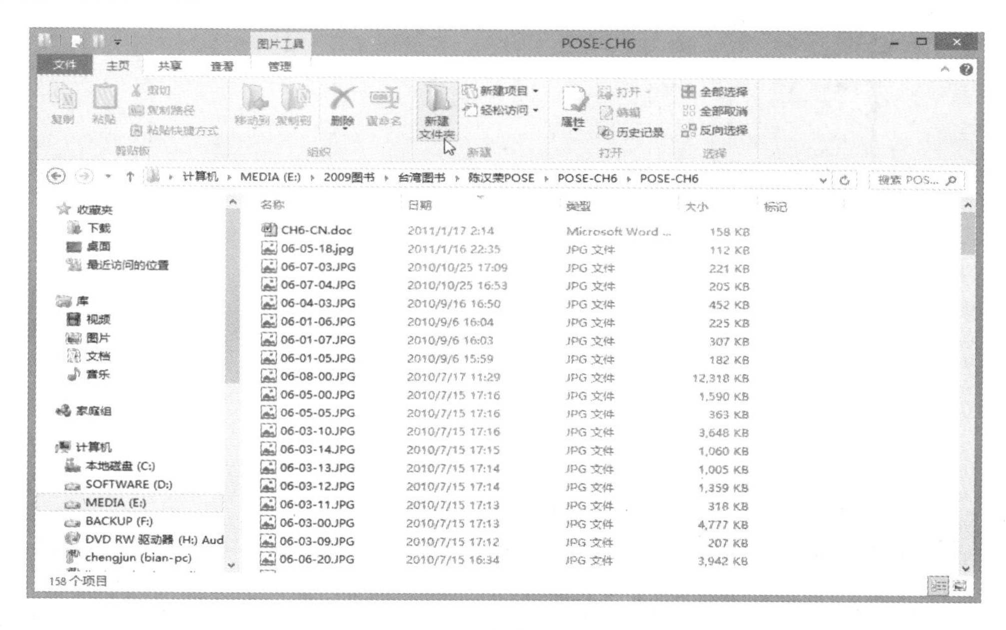

图3.21 新建文件夹

2 将同一天拍摄的照片全部移动到此文件夹中，如图3.22所示。

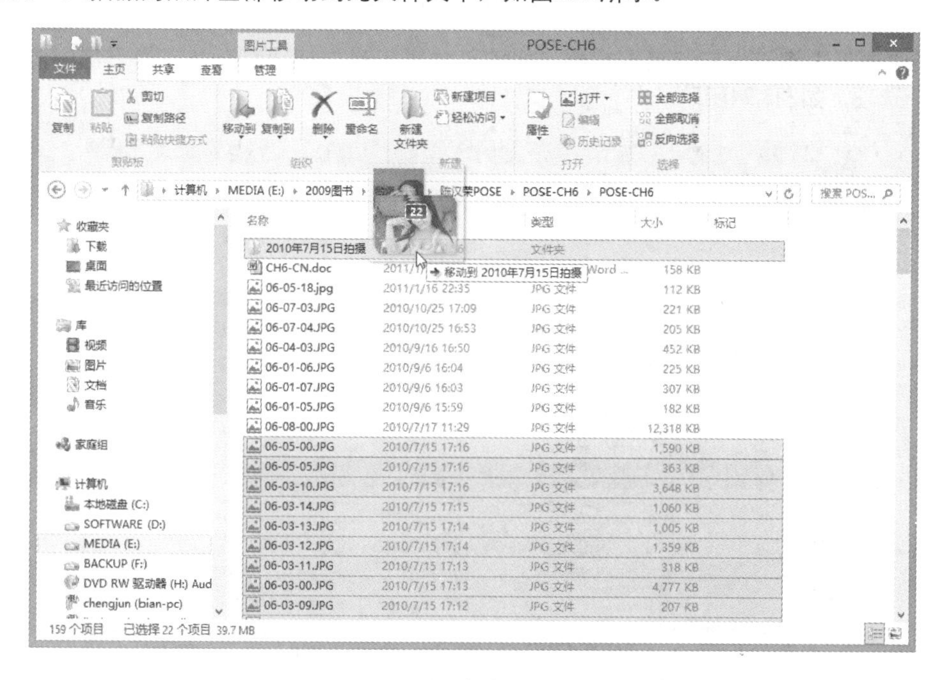

图3.22 移动文件夹

3 双击刚刚新建的文件夹，这样同一天的照片就全部放在一起，如图3.23所示。

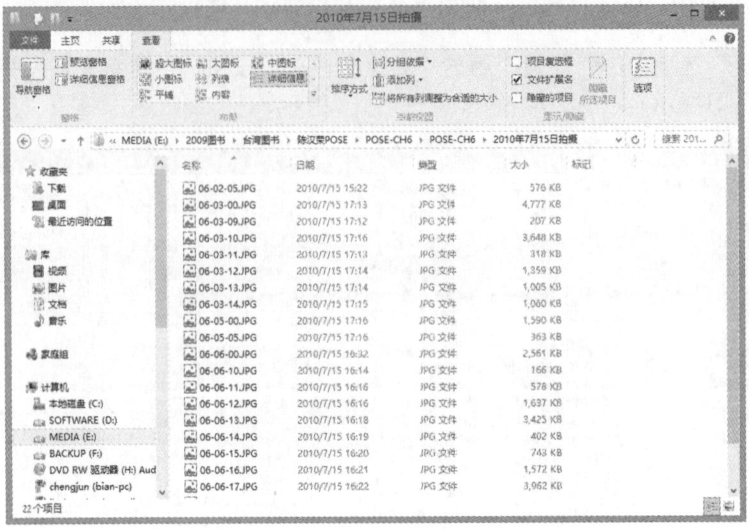

图3.23 存放同一天的照片

3.4.2 将文件分组排列

如果文件夹中包含了多个文档、图片、影片等文件，虽然可以利用刚才所学的“排序”功能进行整理，不过排列过的文件仍然会紧邻地排放在一起，不太容易区分。这个时候可以利用更清爽的“分组排列”方式，让文件有明显的分隔。具体操作步骤如下：

1 单击“查看”选项卡中“当前视图”组的“分组依据”按钮，在弹出的下拉列表中选择“类型”选项，如图3.24所示。

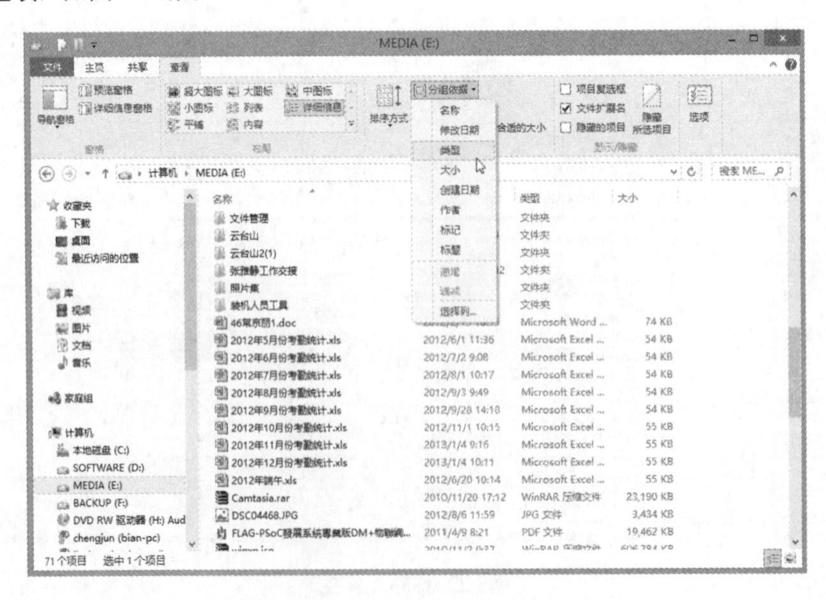

图3.24 选择“分组依据/类型”选项

2 此时，会清楚标示文件类型和数量，并且每个文件类型之间还会用线条来分隔，如图3.25所示。

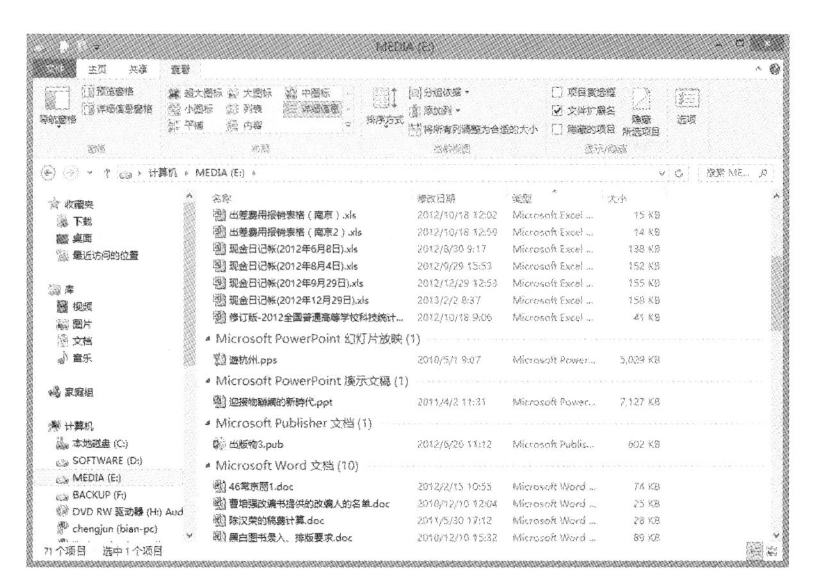

图3.25 按类型进行分组

3.5 探索电脑中的文件夹和文件

要进行文件与文件夹的管理操作，除了由导航窗格来切换到目的地，还有其他更快速的方法。本节将告诉你浏览文件夹与文件的技巧，并带你深入电脑的每个地方，探索电脑中的文件夹与文件。

3.5.1 浏览文件夹和文件

在介绍浏览技巧之前，我们首先要了解Windows的阶层和路径概念。建立这些基本概念，日后在浏览电脑中的文件时，就不会分不清目前所在的位置。

Windows是以树状结构来显示计算机中所有的文件夹，借助一层层打开的文件夹的方式，就能浏览计算机内所在的文件夹和文件。在“导航窗格”中，当文件夹名称前显示 ▷ 标记，表示文件夹内还有下一层文件夹，在 ▷ 标记上单击可以展开下一层文件夹，这样就能一直探究下去，直到文件夹中只显示文件为止，如图3.26所示。

图3.26 导航窗格

在导航窗格的文件夹名称上单击，表示切换到该文件夹中，此时右边的文件列表窗格就会显示该文件夹的内容，如图3.27所示。

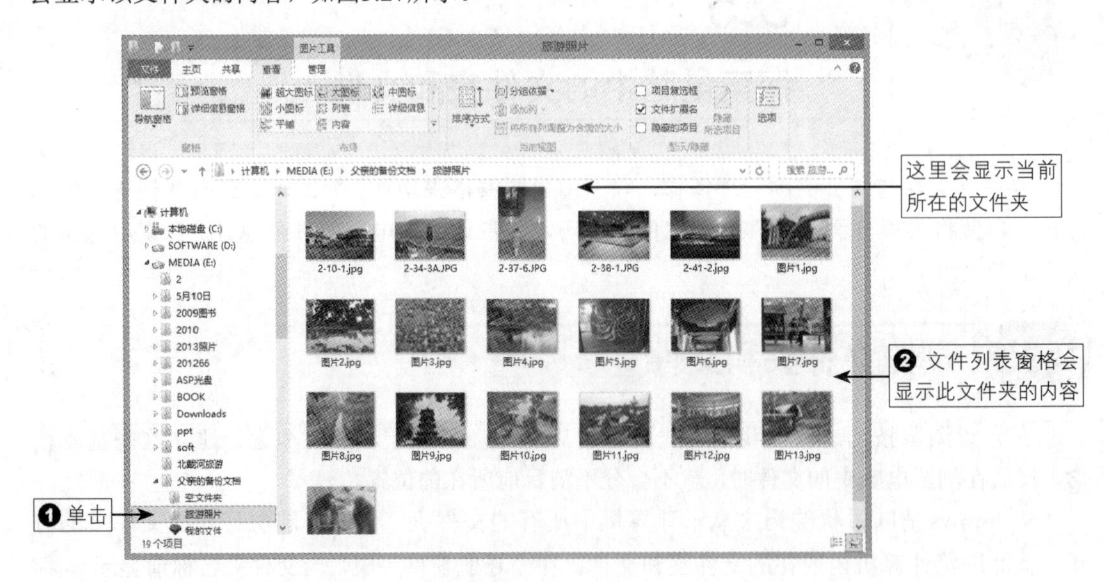

图3.27 切换文件夹

3.5.2 文件与文件夹的路径

所谓路径是指文件或文件夹的地址，通过路径可以知道要到哪里去找所要的文件（或文件夹）。路径的表示法如图3.28所示。

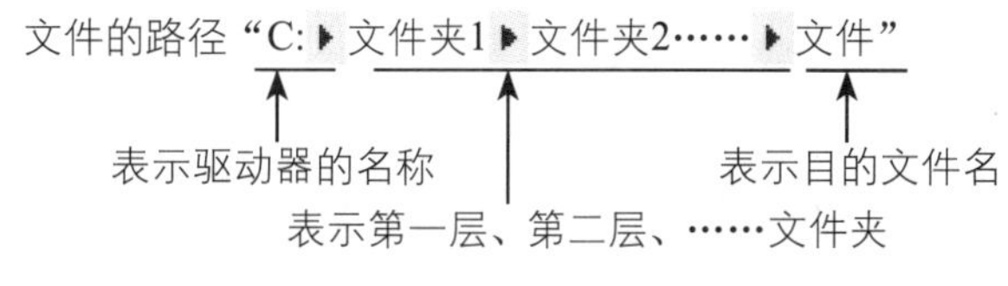

图3.28 路径的表示法

我们可以通过如图3.27所示窗口左侧的“导航窗格”和“地址栏”上，看出当前所在的文件夹或文件的路径。

另一种路径的表示法

路径除了以刚才的文件夹来表示，也可以以“E:\父亲的备份文档\旅游照片”来表示。只需将鼠标移到地址栏上的空白处单击，就会出现这样的路径表示。

这样的表示法的好处在于，当用户明确知道某个文件夹的名称及所在的位置时，可以直接在地址栏输入路径来切换文件夹，而且在输入时，Windows会比较以前浏览过的路径。如果发现有重复，就会在地址栏下显示列表，让用户直接选择；如果列表中没有要切换的路径，可继续输入完整的路径。

另外，在地址栏中输入网址（如http://www.sina.com.cn），还可以立即打开Internet Explorer浏览网页。

3.5.3 快速切换文件夹

如果要切换到经常浏览的位置，可单击地址栏右边的▾按钮，可以从下拉列表中选择，如图3.29所示。

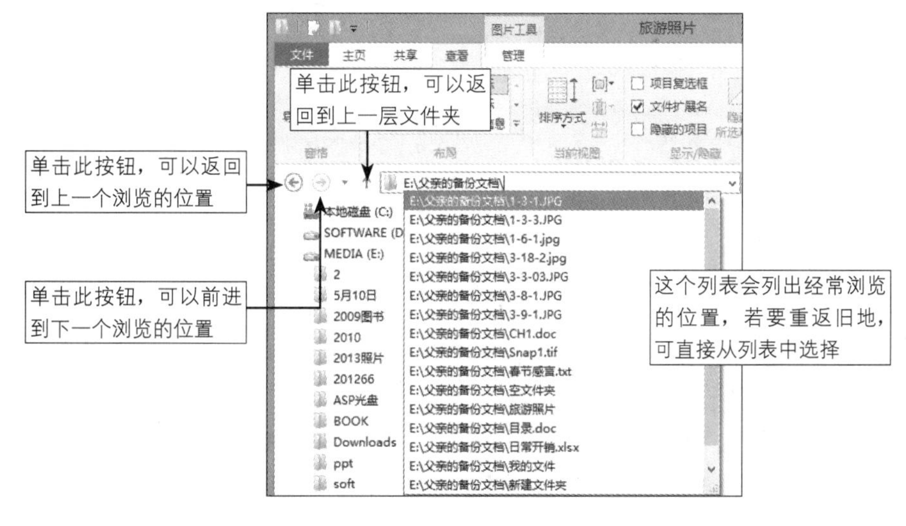

图3.29 快速切换文件夹

在地址栏中单击▾按钮，也会出现同一层级的文件夹列表，让用户快速选择要切换的文件夹，如图3.30所示。

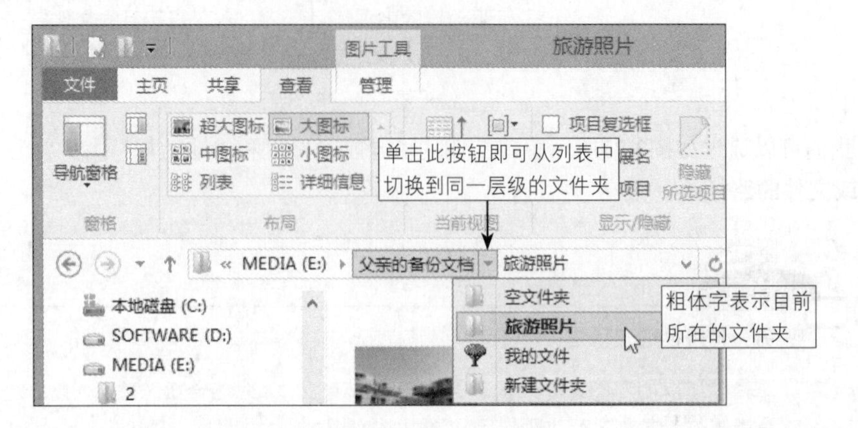

图3.30 切换到同一层级的文件夹

3.6 高级应用的技巧点拨

技巧1：找回传统桌面的几个常用图标

用户首次进入Windows 8的传统桌面后发现只有一个“回收站”图标。如果用户想在传统桌面上显示“计算机”、用户的文件、“网络”等图标，可以按照下述步骤进行操作：

1 在传统桌面的空白处单击鼠标右键，在弹出的快捷菜单中选择“个性化”命令，打开“个性化”窗口。

2 单击窗口左侧的“更改桌面图标”文字链接，打开如图3.31所示的“桌面图标设置”对话框。

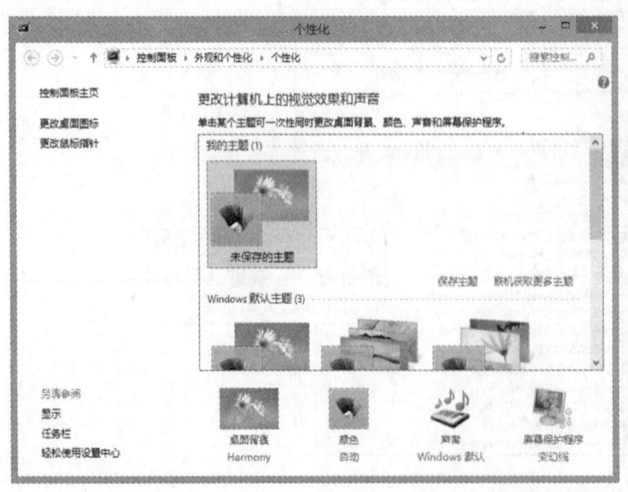

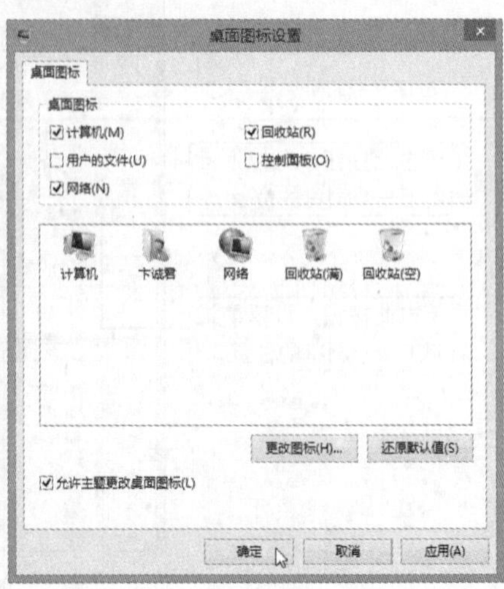

图3.31 “桌面图标设置”对话框

3 在“桌面图标”选项区域中选中相应的复选框，然后单击“确定”按钮，即可在桌面上显示对应的图标。

技巧2：将“关机”按钮放在任务栏上以便快速关机

Windows 8下关闭计算机，需要单击超级按钮中的“设置”按钮，再单击“电源”按钮，最后选择“关机”选项，Windows才能关机。如果要缩短关机的操作，可以自己创建一个“关机”按钮并放在任务栏上，这样关机时就非常方便。具体操作步骤如下：

1 在桌面上单击鼠标右键，在弹出的快捷菜单中选择“添加”｜“快捷方式”命令，打开“创建快捷方式”对话框后，输入“Shutdown -s -t 0”，然后单击“下一步”按钮，如图3.32所示。

2 为这个快捷方式输入一个容易辨认的名称，再单击“完成”按钮，如图3.33所示。

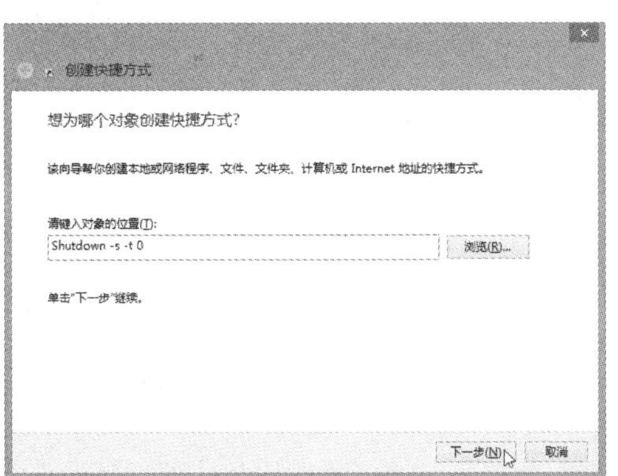

图3.32 “创建快捷方式”对话框

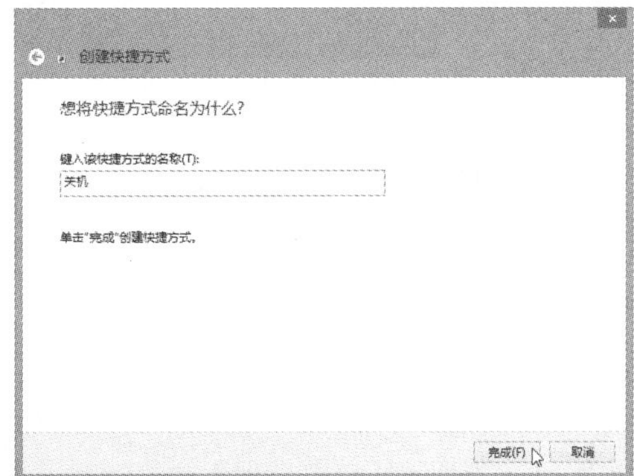

图3.33 为快捷方式命名

3 创建“关机”的快捷方式后，还需要改变快捷方式的图标，这样比较容易辨识。可在快捷方式上单击鼠标右键，在弹出的快捷菜单中选择“属性”命令，打开如图3.34所示的对话框，并单击“更改图标”按钮。

图3.34 “关机 属性”对话框

4 弹出如图3.35所示的对话框，表明此程序没有图标，单击“确定”按钮。弹出如图3.36所示的“更改图标”对话框，拖动滚动条来浏览图标，可以选用关机按钮图标（或自己喜爱的图标），提醒自己这是“关机”按钮，最后单击“确定”按钮。

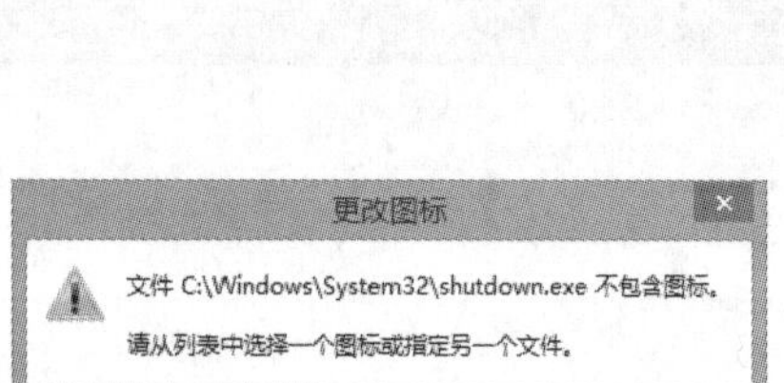
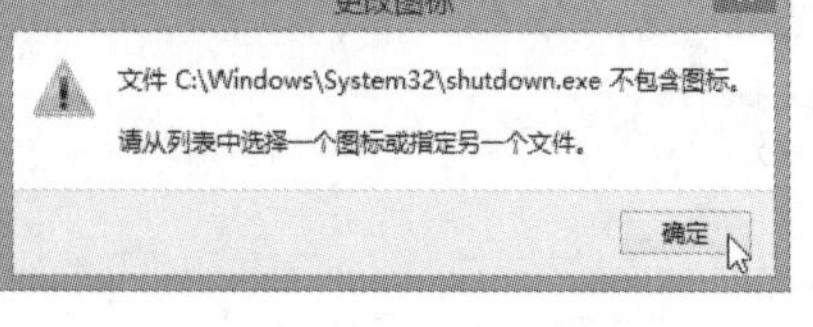

图3.35 提示对话框

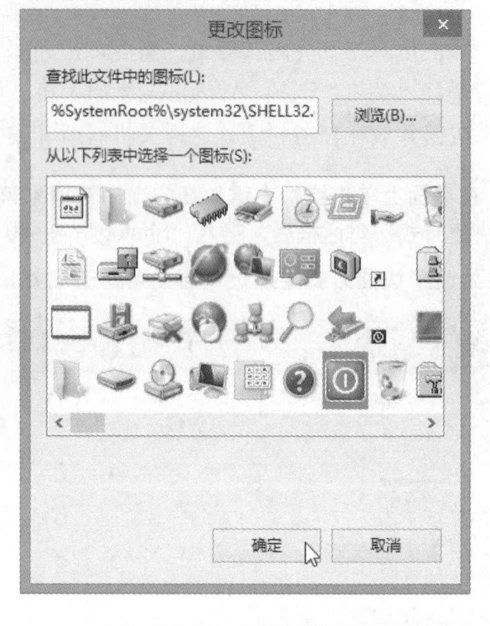

图3.36 “更改图标”对话框

5 现在将桌面的“关机”快捷方式拖动并锁定到任务栏上，以后就可以从任务栏关机了，如图3.37所示。最后将桌面上的“关机”快捷方式图标删除。

图3.37 将“关机”按钮固定到任务栏

技巧3：如何实现定时自动关机

Windows 8虽然没有提供定时关机功能，但是可以通过添加关机计划任务来达到这个目的。Windows 8的计划任务设置有点复杂，可以按照下述步骤进行操作：

1 将鼠标指针移到桌面的左下角，出现“开始”按钮时单击鼠标右键，在弹出的快捷菜单中选择“计算机管理”命令，或者同时按住键盘上“Windows徽标”键和X键选择“计算机管理”命令，打开“计算机管理”窗口，如图3.38所示。

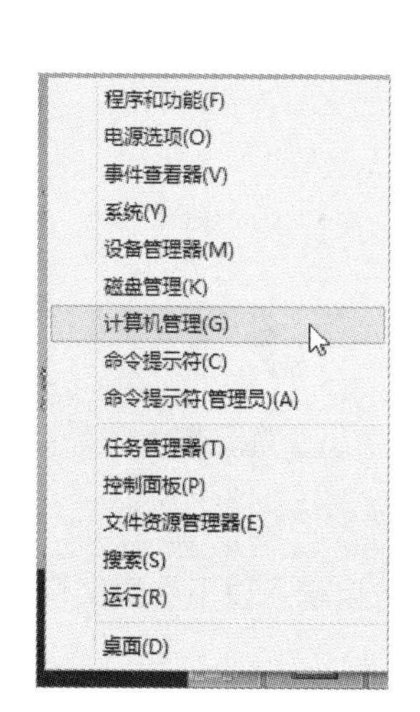

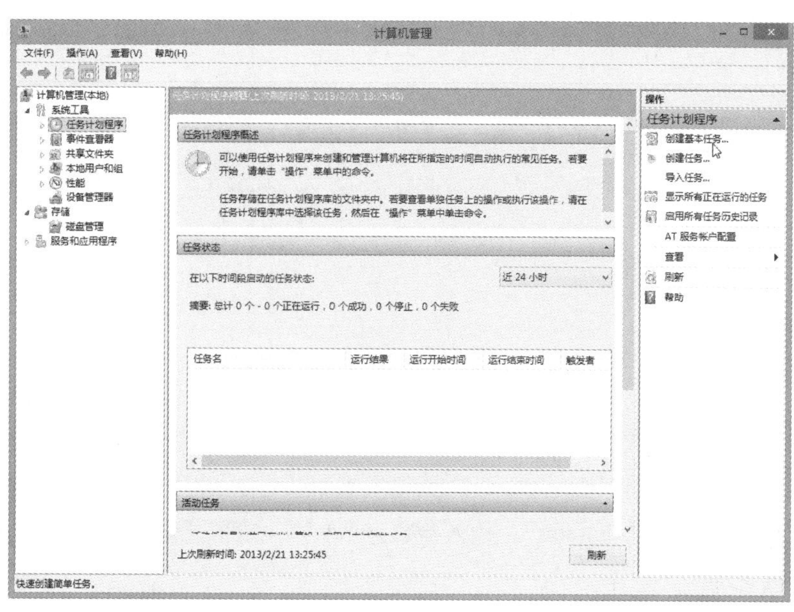

图3.38 “计算机管理”窗口

2 选择左侧窗格中的“任务计划程序”分类，然后单击右侧“操作”窗格中的“创建基本任务”文字链接，弹出如图3.39所示的“创建基本任务向导”对话框，为该任务命名后单击“下一步”按钮。

3 弹出“任务触发器”对话框，为定时关机进行频率的设置。例如，选中“一次”单选按钮，然后单击“下一步”按钮，如图3.40所示。

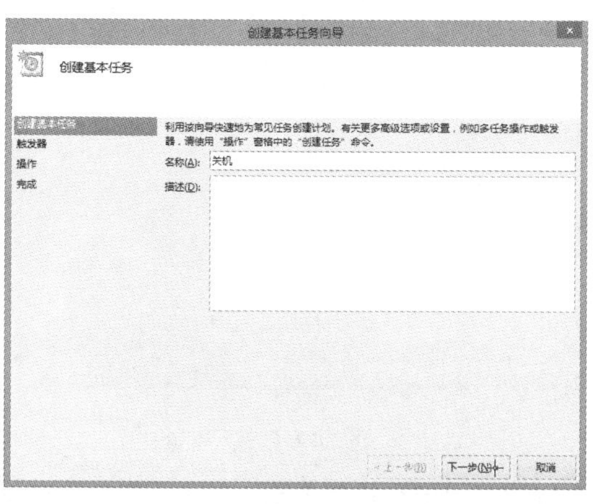

图3.39 “创建基本任务向导”对话框

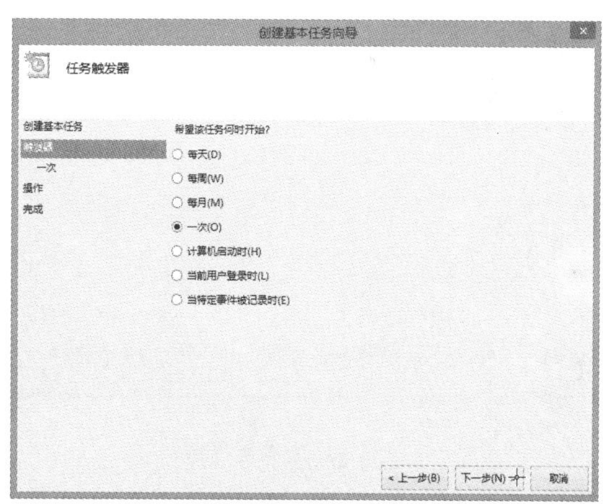

图3.40 “任务触发器”对话框

4 设置定时关机的时间，然后单击“下一步”按钮，如图3.41所示。

5 选中“启动程序”单选按钮，然后单击“下一步”按钮，如图3.42所示。

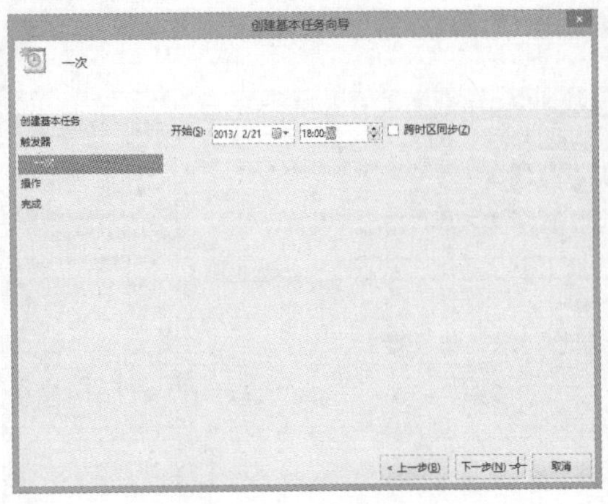

图3.41 设置定时关机的时间

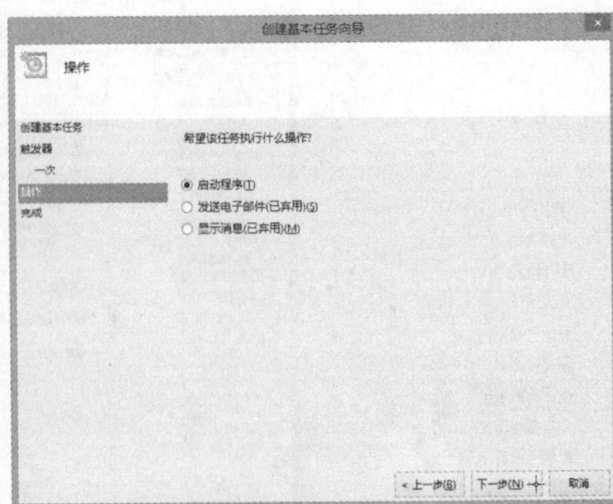

图3.42 “操作”对话框

6 输入脚本为shutdown，输入参数为“/s”，如图3.43所示。另外，还可以输入以下参数实现其他功能。

- -l：注销
- -s：关闭此计算机
- -r：关闭并重启动此计算机
- -a：放弃系统关机

7 弹出“摘要”对话框后，单击“完成”按钮，如图3.44所示。

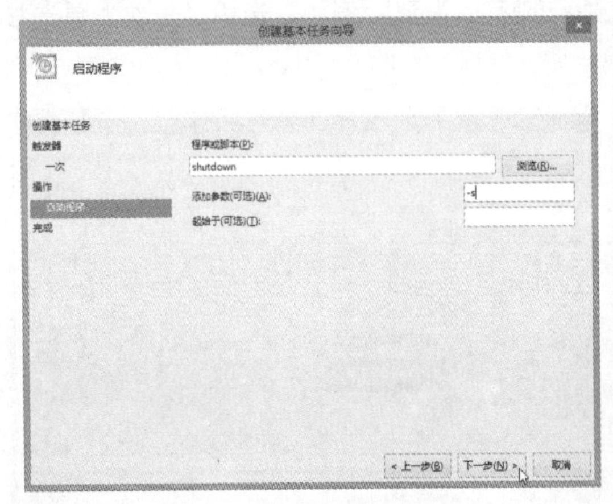

图3.43 输入程序或脚本

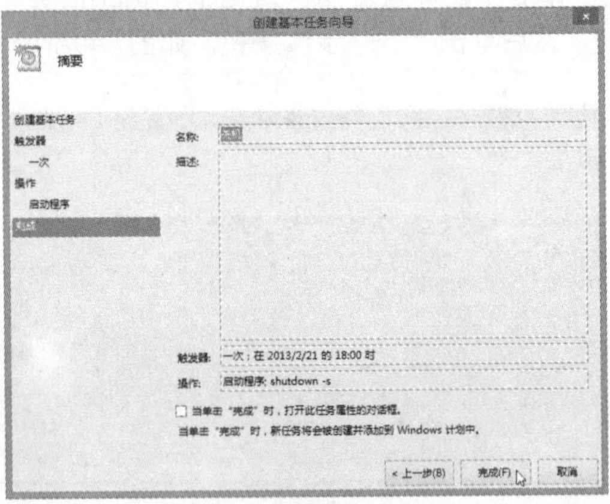

图3.44 创建了任务

8 出现提醒被关闭计算机的消息，单击“关闭”按钮可以继续操作电脑，到了预定时间电脑会被自动关闭。

04

第 4 章 实用高效的文件管理

电脑中往往有各种各样的文件，如照片文件、MP3音乐文件、影片文件、程序文件等。当用户使用一段时间的电脑后，不知不觉就会累积上千甚至数万个文件，如果将文件到处乱放，待需要用时就不易找到，因此要学习如何做好文件管理。

在以前版本中，人们谈到文件管理就想到“Windows资源管理器”，在Windows 8中微软将它改称“文件资源管理器”，其功能和使用方法都有很大的变化。本章将详细介绍文件管理的技巧。

学习提要

- 日常文件管理涵盖的知识体系与流程
- 了解文件与文件夹的关系
- 快速新建文件或文件夹
- 快速批量重命名文件或文件夹
- 掌握移动文件与文件夹的技巧
- 掌握复制文件与文件夹的技巧
- 删除与恢复文件或文件夹
- 压缩文件以便发送与管理
- 善用“收藏夹”快速打开文件夹
- 使用“库”管理文件
- 搜索文件的技巧

4.1 文件管理涵盖的知识体系与流程

如何有效创建个人文件管理流程，并按部就班，持之以恒，进而产生个人最大的效益。如果创建个人文件管理的流程过于复杂，有时反而会忘记流程，导致随意处理文件。其实，诀窍在于简单与标准：简单就是容易清楚记忆；标准就是单一、规范化的处理方法。这样，就能够快速用于平常的信息处理，一点一滴积累，进而产生功效。下面特别归纳出6个规划步骤，分别为创建、整理、查找、活用、备份与共享，然而重点在于“如何简单应用”。

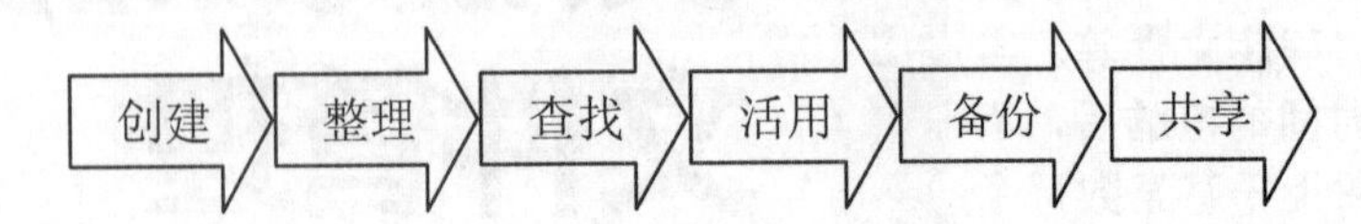

4.1.1 创建：创建文件、收集资料及将传统资料数字化

首先要了解文件夹与文件的基本关系，以及有哪些常见的文件类型，接着建立个人命名规范，对文件进行命名。如果需要修改大量文件名时，可以善用批量修改软件，从而快速达到目的。

收集资料到底是为了什么？必须了解收集信息的理由，明确目的，才能设置收集目标。设置完成后，就可以开始查找资料来源，一般可分别从Internet、印刷媒体、视听媒体与人际网络等加以收集。由于目标清楚，几乎很容易收集到所需的资料，最后将资料加工与整理，活用转换成智慧，发挥资料收集的最大效益。

数字化的好处在于提高资料检索的效率，花费较少的心力却能在最短时间内获得所需的资料。此外，如何将传统的纸本与声音有效数字化，也是非常注重的一个环节。

4.1.2 整理：资料的筛选、整理与分类

无论从任何来源收集来的各种各样的数字资料，虽然不占容量，但是散乱存放在电脑中同样会造成困扰。电脑中资料整理的概念与现实生活相似，可以建立文件夹进行资料的分类，这是使用电脑的基本常识。不过，如何有效地利用文件夹将资料分类，则是一门大学问。相信大家刚学会使用电脑的时候，都会遇到同样的经历：文件夹太多，经常忘记文件存放在哪个文件夹中。因此，才逐渐了解建立文件夹分类的重要性。通过系统地命名方式，可以轻松整理文件夹。

系统地建立文件夹进行分类后，接下来要整理手上的数字资料。一般来说，我们经常接触到的数字文件有Office文档、数码照片、网页、电子邮件和MP3文件等。每种数字文件都有不同的整理方法与重点，可以按照各种资料的用途与特性进行数字文件的　管理。

4.1.3 查找：轻松查找收集与创建的文件

查找是整个规划步骤中非常重要的一环，如果需要，马上就能找到。一般最常用的查找

功能就是系统内置的搜索功能，或者借助系统帮助记录曾经打开过的文件。

一般Windows内置的搜索功能是不错的选择，但是速度比较缓慢，能够找到的文件类型也有限，如电子邮件、即时信息等无法查找。除非打开相关的软件，才能对应找出所需的文件类型，使用起来不是很方便，加上个人电脑硬盘容量越来越大。因此，如何快速找出准确的资料，也就变成用户需要面临的新挑战。

“桌面搜索工具”能够提供用户在自己的电脑中，跨格式、跨文件的全文搜索电子邮件、文件、音乐、照片、聊天内容、查看过的网页等。借助创建“索引”的方式，能够加快搜索速度，并且完成后会将结果加以“排序”，提高下次搜索的准确性。

4.1.4 活用：数字文件的编修、保护及相关应用

大家都有共同的经验，编写文件时不可能一次完成，需要经过不断地修改，才能够获得最后正式的版本。不过，多次修改后，往往不清楚当初写的内容与最后的版本有什么差别？如果我们能够知道各种版本的差异并加以比较，可以清楚地知道当初论述内容的思考方向与重点，修改时才有足够的依据。数字文件的好处就是能够对于之前的版本进行详细地记录，一目了然。

当数字文件必须共享传递给其他人时，如何有效地保护内容，让文件不会被轻易修改或复制呢？其实有很多种方法，可以直接将文件转换成图片，或者另存为具有互通性的PDF文件格式，让其他人无法轻易修改。

除此之外，还可以对数字文件加密。Office软件都内置简易的加密功能，可以设置文件的保护密码，提供了对于文件在流通时的保护。当然，如果收到的文件有加密保护，忘记密码无法打开时，可以按照各种文件的特性，找出相对应的解密方法。

4.1.5 备份：养成定时备份数字文件的良好习惯

随着电脑硬盘的存储容量越来越大，存放在电脑中的文件也越来越多，随之而来的就是备份的问题。如何备份重要的文件呢？

很多人经常忽略备份的重要性，等到电脑硬盘损坏，数据不见的时候才后悔莫及。其实，为了安全起见，应该养成每隔一段时间就要进行一次备份的操作。

一般最需要备份的资料为我的文档、收藏的网址、电子邮件与MSN即时信息等文件夹，但是默认的文件分别存放在不同的文件夹，备份起来实在是令人倍感艰辛。因此，需要一些备份技巧。

如果经常外出工作，要在不同的电脑中编修文件，通过U盘备份让资料具有更高的安全性。

4.1.6 共享：善用免费网络服务，快速共享数字文件

当用户有数码照片、声音、影片等文件要发送给朋友时，应该如何处理？大部分用户是通过电子邮件在发送，一旦附件文件过大，除了可能被对方邮件服务器阻挡，还可能被对方抱怨文件过大拖慢收信速度，反而费力不讨好。其实，可以使用更有效的方法，就是利用免费网络空间服务，轻松上传数字文件，不但能增加专业性，还可以缩短发送时间，提高效率，快速完成共享。

除此之外，还可以借助申请免费网络传真服务，将传统的传真通过网络传真应用、将原本的传统纸样直接转换成数字文件来接收与传真，大大提高了易用性，并且更容易做好传真文件的备份与保存。

4.2 文件与文件夹的关系

电脑中文件夹是用来存放文件的地方。两者关系就如同生活中实际的文件和文件夹、抽屉或者文件柜的关系。然而，要新增一个文件夹或者文件时，必须加以命名，以方便识辨与管理，如图4.1所示。

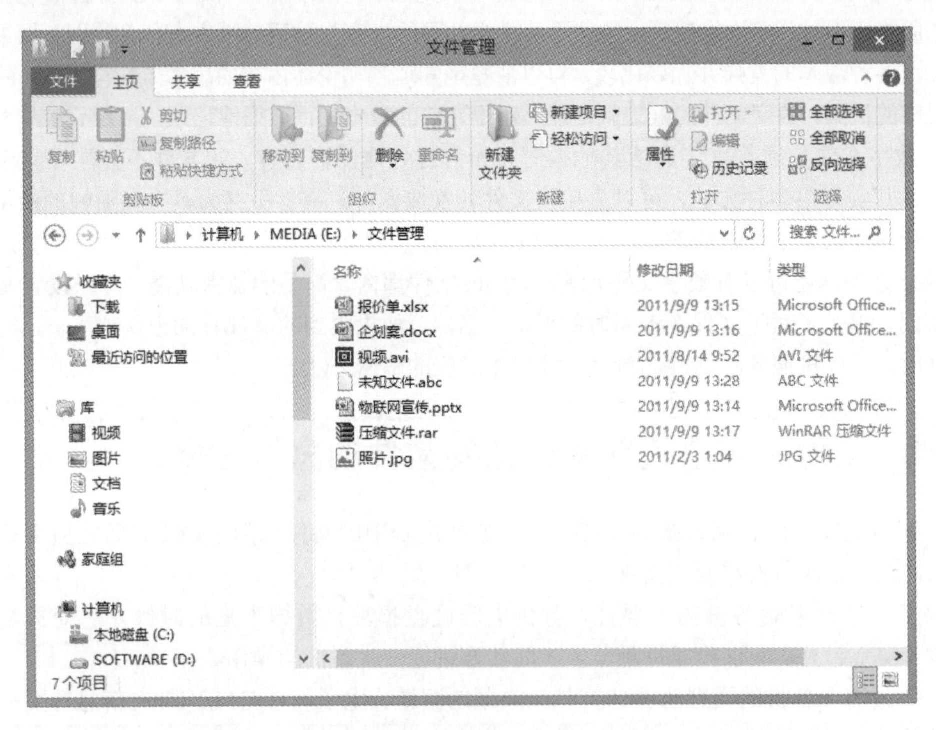

图4.1 文件与文件夹的关系

其中，文件命名结构主要分为“主文件名”与“扩展名”两部分，中间以“.”分隔开来。

- 主文件名：通常使用有意义的文字命名，为了分辨与说明。
- 扩展名：主要是用来区别不同的文件类型。

一般常见的文件都是以文件名为主，打开“文件资源管理器”可以看到右侧文件列表窗格中的文件类型。如果系统能够识别扩展名的文件类型，将显示对应的图标；如果无法识别，将显示扩展名，如图4.2所示。

图4.2 不同的文件类型有不同的图标

默认情况下，系统会将已知文件“扩展名”隐藏起来，主要是系统为了保护扩展名不遭受任意窜改，防范文件无法打开操作。如果要显示文件扩展名，可以单击“查看”选项卡，选中“显示/隐藏”组内的“文件扩展名”复选框，如图4.3所示。

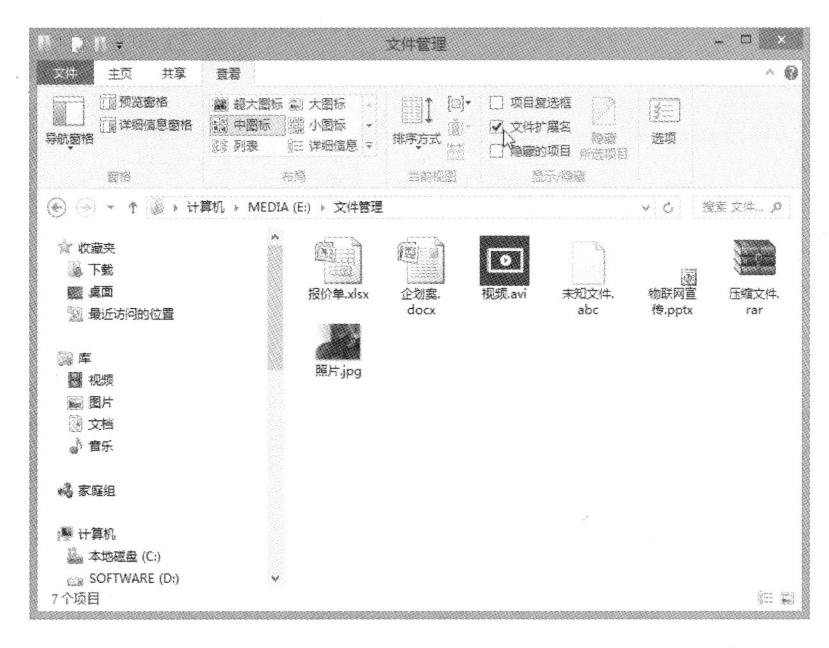

图4.3 选中“文件扩展名”复选框可以显示扩展名

如果没有更改扩展名，电脑却仍然出现未知文件的图标，不要担心，可能是系统没有安装对应的应用程序，只要安装软件，就会出现正确的图标。以常用的PDF文件来说，需要安装PDF阅读器，才会出现PDF文件对应的图标。

4.3 新建文件或文件夹

Windows提供了多种新建文件与文件夹的操作，其中最为常用的是，在文件资源管理器的文件列表窗格中的空白区域单击鼠标右键，在弹出的快捷菜单中选择“新建”命令（见图4.4），从其级联菜单中选择一个要新建的项目，然后为新文件或文件夹命名即可。

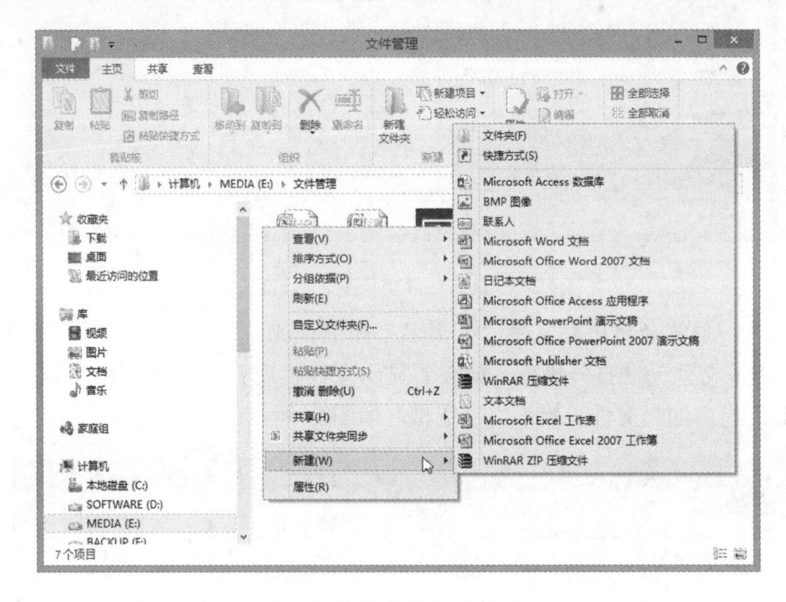

图4.4 新建文件或文件夹

另一种快速新建文件夹的方法是：切换到要新建文件夹的驱动器或文件夹中，利用Windows 8全新的Ribbon界面功能，单击“主页”选项卡，然后单击“新建”组中的“新建文件夹”按钮。

4.4 重命名文件或文件夹

如果觉得文件或文件夹的名称不合适，还可以对其进行重命名。具体操作步骤如下：

1 在“文件资源管理器”窗口中选择要重命名的文件或文件夹。

2 单击“主页”选项卡的“组织”组中的“重命名”按钮，这时被选择的文件或文件夹的名称将高亮显示，并且在名称的末尾出现闪烁的插入点。

3 直接输入新的名字，或者按←、→键将插入点定位到需要修改的位置，按Backspace键删除插入点左边的字符，然后输入新的字符。

4 按Enter（回车）键确认，如图4.5所示。

图4.5 重命名文件夹

另一种重命名文件或文件夹的具体操作方法如下：

1 选择要重命名的文件或文件夹。

2 单击文件或文件夹的名称（不要单击图标），这时被选择的文件或文件夹的名称将高亮显示，并且在名称的末尾出现闪烁的插入点。

3 直接输入新的名字，然后按Enter（回车）键确认。

小提示

选择要重命名的文件或文件夹，然后按F2键进入编辑状态，直接输入要修改的文件名即可。

4.4.1 快速批量重命名文件

如果同时要修改大量文件名，除了使用F2键来修改外，还可以配合Ctrl键选择要修改的文件，从而大幅度降低修改时间。具体操作步骤如下：

1 选择要重命名的文件，可以按Ctrl+A快捷键全选，或者按住Ctrl键并单击要选择的文件，如图4.6所示。

2 按F2键，针对排列顺序第一的文件，直接输入要修改的文件名，如图4.7所示。

图4.6 选择要重命名的文件　　　　图4.7 重命名第一个文件

3 按Enter键完成后，将发现所有文件名以修改文件名为开头，加上括号数字，依序排列，如图4.8所示。

图4.8 快速重命名多个文件

4.4.2 命名技巧与原则

人人都会命名文件，但是要更方便的管理与搜索，就需要掌握一些文件命名技巧与原则了。一般人在命名时，大部分都是随意给予名称，如2012年7月1日到北戴河出游拍了许多数码照片，可能取名为“北戴河旅游”、“20120701”、“出游照片”等，如图4.9所示。其实，命名最重要的就是以自己看得懂为原则。

很多人随意命名后，短时间内都能理解当初命名的逻辑，但经过一段时间后再看所命名的名称，是否还看得懂？搞不好，还会笑自己怎么会取这么“奇怪”的名字。

最好的方式就是创建自己的命名标准，不再让自己搞乱。一般数码照片的命名标准可以“拍照时间”加上“照片内容”，最后加上“编号”区别。命名顺序建议将“拍照时间”放在前面，这样将有助于排列。因此，就可以将数码照片命名为“20120701北戴河之旅”，后面接续“编号1，2，3……”标示，如图4.10所示。

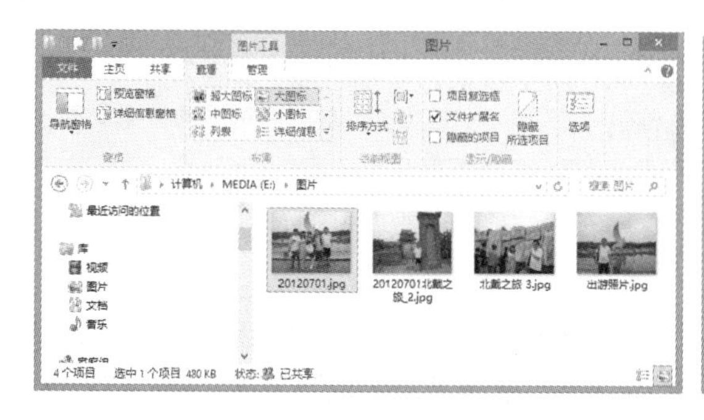

图4.9 随意命名的文件

图4.10 重命名的文件

文件的命名技巧，尽量以简单、标示清楚、易于编排而又便于记忆为原则，有以下几个大方向可以考虑。

- 简单明了：一般人看到文件名就大概知道内容。
- 方便记忆：易于记忆且方便记录。
- 配合数字：文件名前加上数字，有助于排列。
- 容易扩展：考虑到扩展性，以便后续文件的增加或调整。

1. 命名的注意事项

命名文件时，需要特别注意以下几点：

- 名字长度不可超过 255 个字符。
- 在同一位置中不可以有相同名称的文件夹或文件。
- 名称之中不可含有 \ / : * ? " < > | 等半角特殊字符。
- 为了正确显示文件的排列顺序，可以在文件名前加上数字如“1”、“2”、“3”等，如果超过 10 个数据，最好补上“0”成为“01”、“02”、“03”等，排序时才不至于错乱。
- 文件名尽量使用半角数字及半角英文字母，尽量不要使用全角数字以及全角英文字母。
- 使用英文命名时，英文没有大小写区别，只有全角与半角。例如，“aaa”与“AAA”是一样的。

2. 善用特殊字符

文件名在电脑中有一定排列规则，是以第一个字符进行对比，然后加以排列。排列顺序以“特殊字符”为优先，接着是“数字”、“英文字母”，最后是“中文汉字”排列。如果第一个字符完全相同，会对比第二个字符，并以此类推下去。通常可以把最常用的文件或文件夹搭配字符使用，排列在最上层，方便数字文件的获取与查找。表4.1所示为字符的排列顺序。

表4.1 字符的排列顺序

项目	字符
特殊字符	@ # ^ _ 【】「」《》
数字	01、02、03、04……11……78……按数字大小排列，数字最小在最前面
英文	A、B、C、D……按英文字母排列
中文汉字	按字首笔画排列

3. 编号的设计

为了方便整理，对于各种名称（人的姓名、单位名称等）经常利用编号进行管理。虽然各种编号能作为分类、判断之用，但是有些编号不是分类过于简单，就是过于复杂，导致不利于后续的文件处理与整理。也就是说，如果编号名称未能有效标准化，将导致文件名更加混乱。

如果编号不能清楚传达内容与分类功能，将影响今后的工作效率，达不到数字文件管理的真正功效。编号设计的方法种类繁多，下面介绍几种常用的方式。

（1）顺序编号

完全按照顺序进行编号，因为大部分为流水号码，也是一般人最常用的方法。

时间顺序：

2006→2007→2008→2009→2010→2011

数字编号：

01→02→03→04→05→06

（2）分组编号

“分组编号”与“顺序编号”相似，但是区别在于某段连续编号后，再给予保留编号，紧接着又是一段连续性编号。也就是在适当区段加以保留，可以作为后续追加新编号之用。在不同区段中，可以进行延续编号。

01→02→03→03_1→03_2→04→05

（3）分类编号

在编号中加以分组，区分为大分类、中分类、小分类，通常最后的小分类为流水号。每组数字都有其设置类别的特殊含义，在处理大量的文件时便于辨别，但需要记住每个编号代表的意思，才不会发生错误。例如，

学生学号：

A-75-010-42

级别+科系+入学年级+流水号

客户编号：

A001-B1234-0001

产品类别+客户编号+流水号

4. 使用分隔符

有时命名的名称过长，不易识别，此时可以配合分隔符使用，如在原名称的中间

使用“-”、“_”、“空格”等分隔符，更为有效地分隔识别文件名。例如，将原学号“A7501042”借助分隔符“-”的使用，重新改名为“A-75-010-42”，更加容易分隔每个编号所代表的意思。

5. 建立命名规范

只要生成一个新文件，就避免不了遇到命名的问题。上述这么多种命名技巧，哪一种最为方便好用呢？其实并无定论，命名文件最重要的是让自己容易识别与记忆。因此，按照自己的习惯与想法，建立个人命名规范。建立完成后以此为标准，持续使用，就不会发生找不到文件夹或文件的情况。

4.5 移动文件与文件夹

如果前面已经创建（或下载）了很多文件，并且没有好好整理与分类，现在就可以用“移动”的方法进行分类。

4.5.1 利用鼠标移动文件与文件夹

下面将示范用鼠标拖动的方式来移动文件。如果要移动的对象是文件夹，也是同样的做法。

1 单击第一个图片文件，按住Shift键再单击最后一个图片文件，将它们全部选中，如图4.11所示。

图4.11 选中要移动的图片

2 在任意一个选中的文件上，按住鼠标左键不放，然后拖动到“摄影”文件夹图标上。移到“摄影”文件夹时，会出现一个提示框，告诉用户文件将移动到此文件夹，如图4.12所示。

图4.12 移动文件

3 释放鼠标左键后，原本在“文档”文件夹中的几个图片文件就会被移动到“摄影”文件夹。接着双击“摄影”文件夹，会看到刚刚移进来的文件，如图4.13所示。

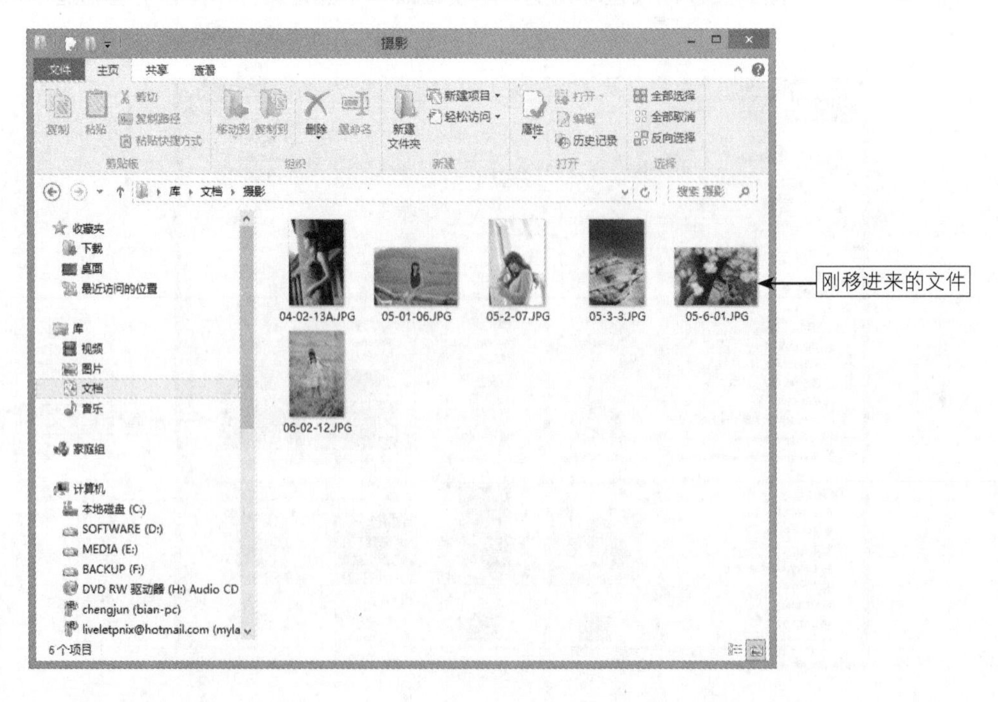

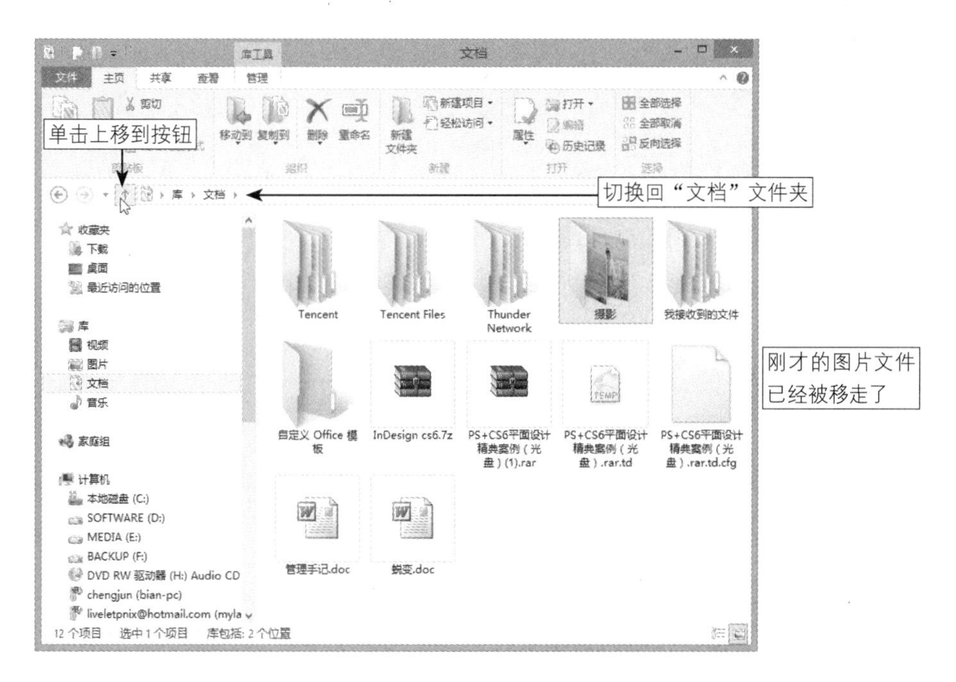

图4.13 查看移动后的文件

小提示

当用户拖动文件时，若是在同一个驱动器的不同文件夹之间拖动，文件会进行“移动”的操作；但是将文件拖动到不同的驱动器中，文件仍然会保留一份在原来的文件夹，变成“复制”的操作。

4.5.2 利用快捷键移动文件与文件夹

虽然使用鼠标拖动的方法来移动文件比较方便，但是有时手一滑不小心会释放鼠标，文件就会被移动到别的地方，尤其是将文件移到其他驱动器中的某个文件夹。建议在选中文件后，按Ctrl+X快捷键来剪切文件，切换到目的文件夹后，再按Ctrl+V快捷键来粘贴文件。

4.5.3 利用“移动到”按钮移动文件与文件夹

在Windows 8中可以使用“移动到”按钮移动文件与文件夹，此种方法适合跨不同分区的文件夹。具体操作步骤如下：

1 选择要移动的文件或文件夹，单击“主页”选项卡中的“移动到”按钮，在弹出的下拉列表中选择最近常用的文件夹，如图4.14所示。

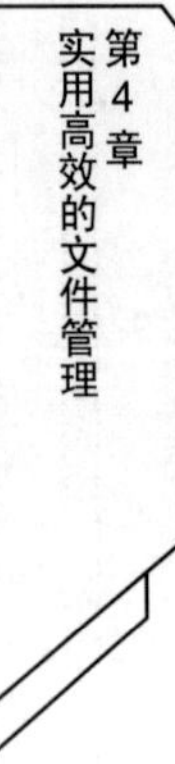

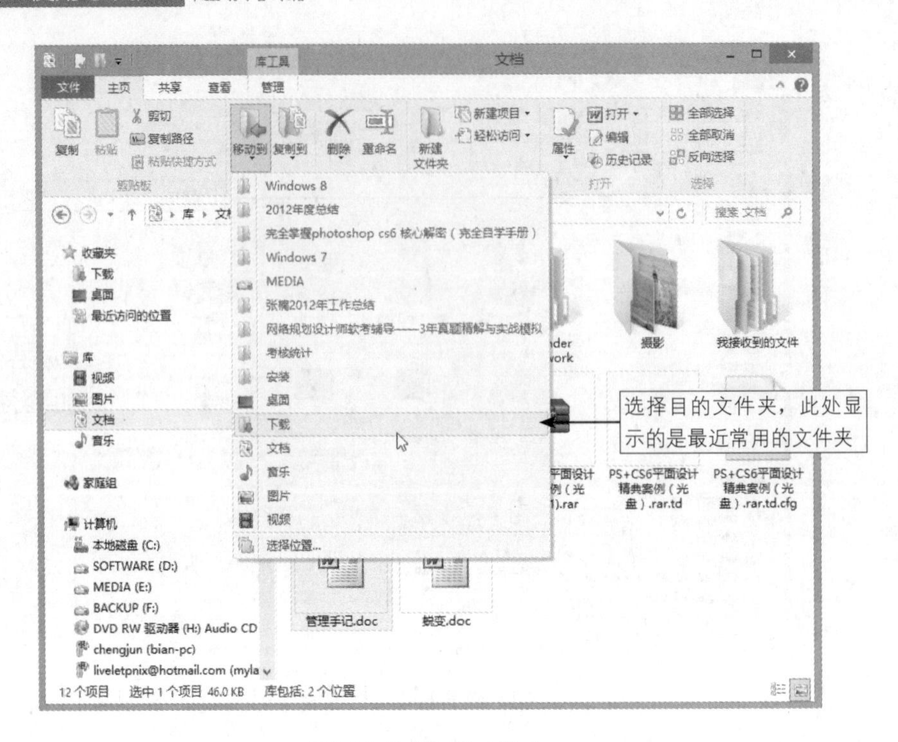

图4.14 选择目的文件夹

2 如果要移到其他的文件夹，可以从“移动到”下拉列表中选择“选择位置”选项，打开如图4.15所示的“移动项目”对话框，逐层选择驱动器和目的文件夹，然后单击“移动”按钮。

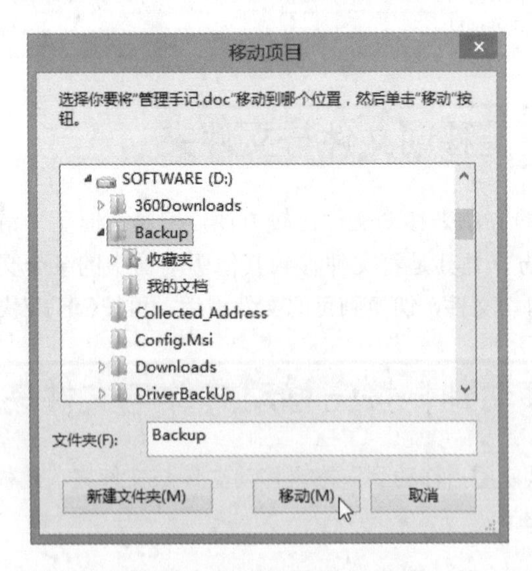

图4.15 “移动项目”对话框

不论要进行移动文件或复制文件，都需要先选择文件。下面将选择文件的技巧整理成表4.2所示的内容，供用户参考。

表4.2 选择文本的技巧

选择对象		方法	示范
选择单一文件（或文件夹）		在文件（或文件夹）上单击，就会出现蓝色的透明框，表示已选中	Tencent Files 工作 摄影
选择多个文件（或文件夹）	连续多个文件的位置正好排在一起	方法1：直接拖动鼠标进行框选 方法2：先选择第一个文件，然后按住Shift键再选择最后一个文件	Tencent Files 工作 摄影
	要选择的文件其位置没有排在一起	先按住Ctrl键，再逐一单击想选择的文件	Tencent Files 工作 摄影
选择文件夹中的所有文件		方法1：单击窗口中的“组织”按钮，再选择“全选”命令 方法2：按Ctrl+A快捷键来选择	Tencent Files 工作 摄影

如果将某个文件移走后才发现不妥，先别着急把文件移回来，这里告诉用户一个小技巧，可在窗口中的文件列表窗格中单击鼠标右键，在弹出的快捷菜单中选择“撤销移动”命令，就可以撤销刚才的移动操作。

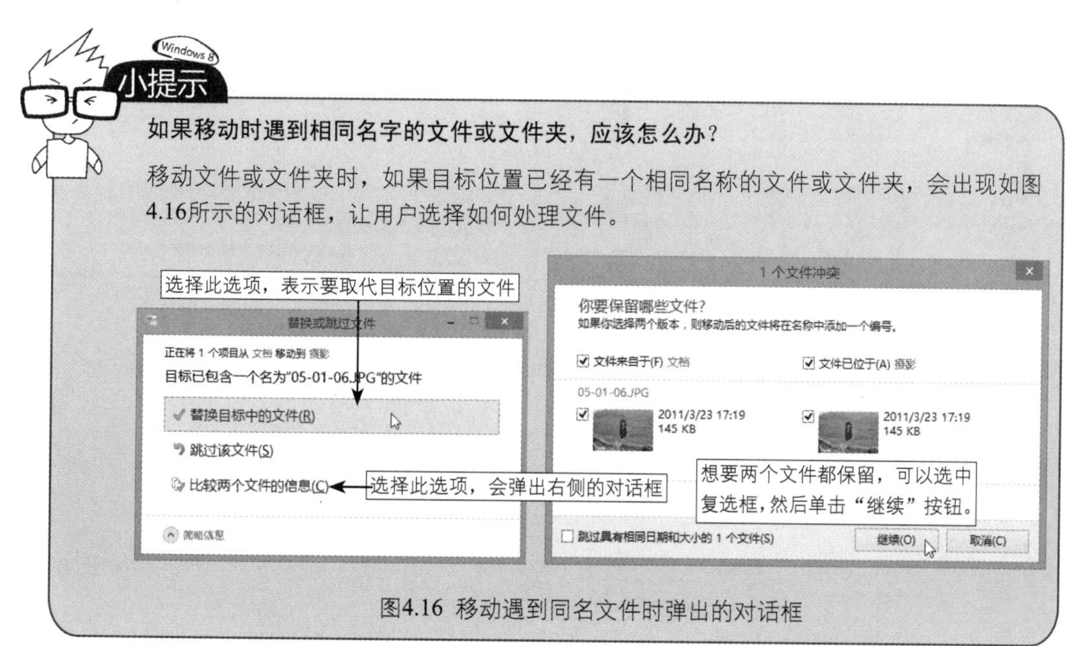

图4.16 移动遇到同名文件时弹出的对话框

4.6 复制文件与文件夹

在操作过程中，为了防止原有的文件夹内容或文件内容被破坏或意外丢失，经常把原有的文件夹或文件复制到另一个地方进行备份。

4.6.1 快速复制文件

复制文件的方法很简单，下面举例说明如何将“文档”下的“A01.txt”文件（用户可以利用“记事本”程序创建一个文件，并且将其保存到“文档”文件夹中）复制到E盘的“BOOK”文件夹下。

1 在“资源管理器”窗口中，选择文件夹列表窗格中的“文档”文件夹，在右边窗格中显示该文件夹中包含的子文件夹和文件。

2 选择“A01.txt”文件。

3 单击“主页”选项卡中的“剪贴板”组的“复制”按钮（快捷键为Ctrl+C），将选择的文件复制到Windows剪贴板中。

4 打开目标文件夹。例如，打开E盘的BOOK文件夹。

5 单击“主页”选项卡中的“剪贴板”组的“粘贴”按钮（快捷键为Ctrl+V），即可将“A01.txt”文件从“文档”文件夹复制到E盘的“BOOK”文件夹下，如图4.17所示。

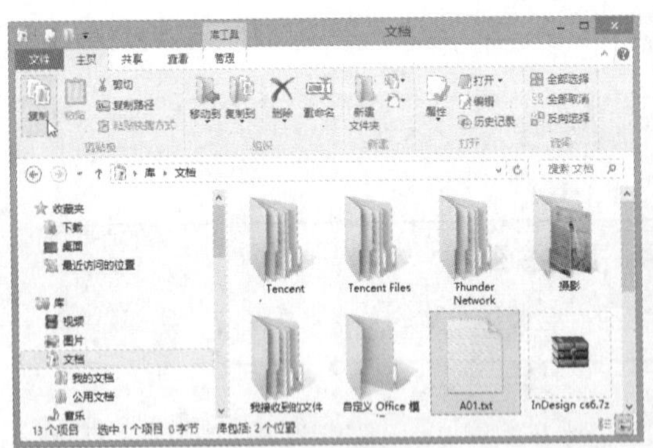

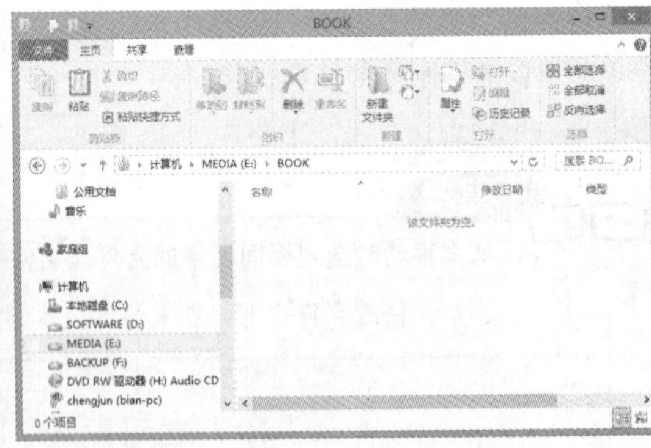

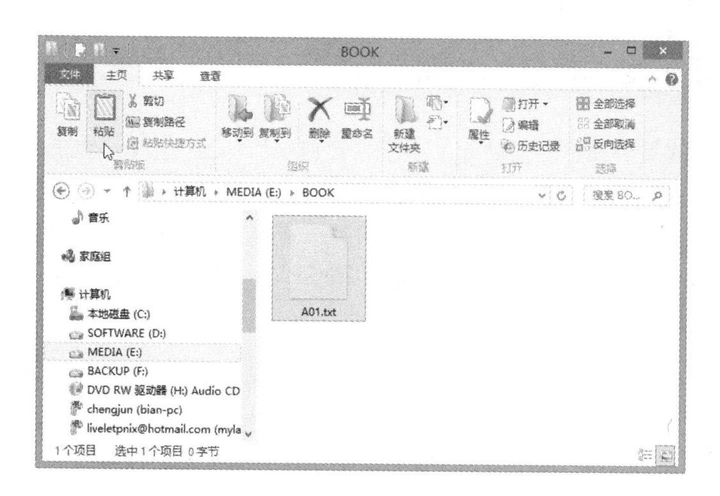

图4.17 使用复制和粘贴按钮

另外，也可以同时打开两个窗口，选择要复制的一个或几个文件，利用鼠标拖动到另一个指定的文件夹中，如图4.18所示。另外，用户可以在复制一个文件后，继续复制另一处的文件。

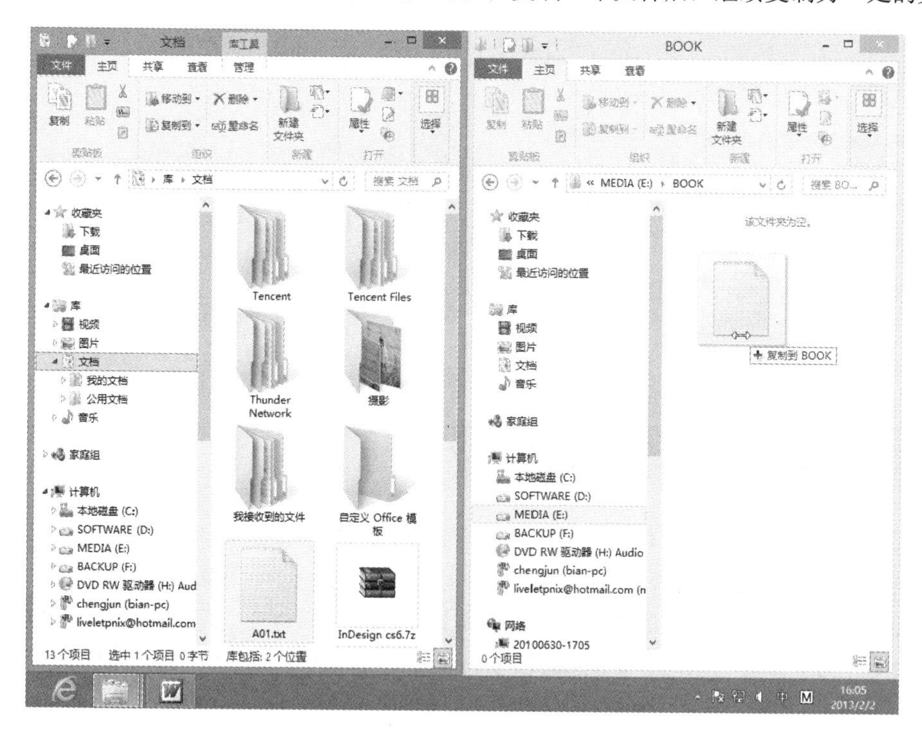

图4.18 鼠标拖动复制文件

Windows 8 小提示

复制文件夹的方法与复制文件的方法类似。不过，复制文件夹时，该文件夹中包含的子文件夹和文件也会被同时复制，读者可以自行练习。

4.6.2 全新的复制预览界面

Windows 8中的复制预览界面是除了“任务管理器”外又一个让人眼前一亮的改进，详细信息视图中的实时吞吐量可以一目了然的显示每项复制作业中的数据传输速度、传输速度趋势以及要传输的剩余数据量。如图4.19所示，用户只需在复制文件的任务管理器中单击“详细信息”，即可看到直观的可视化效果，并且可以随时单击“暂停”按钮 II 或“取消”按钮 × 来暂停或取消当前的复制操作。

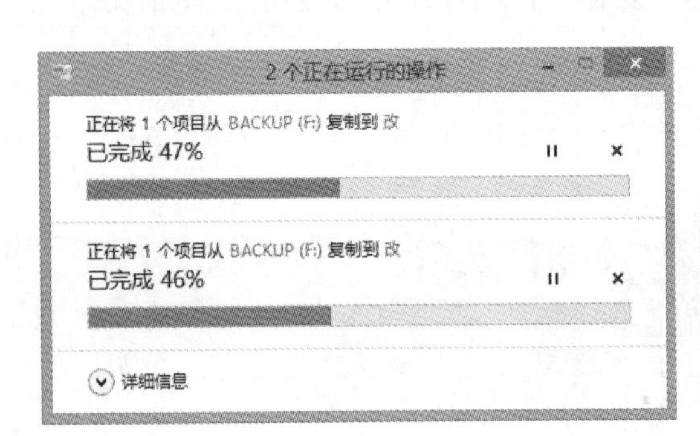

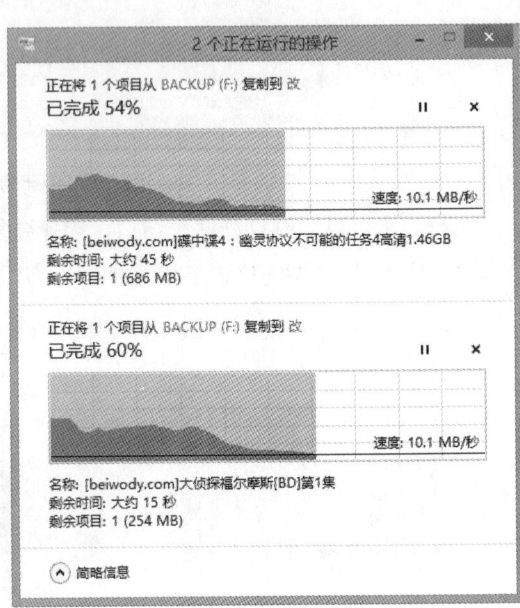

图4.19 可视化的任务操作

4.6.3 快速将文件复制到指定的地方

Windows有个“发送到”功能，可以将文件或文件夹快速发送到指定的目的地，这个功能其实就是在进行文件的复制操作，不过一般的复制是可以将文件任意贴到想要的目的地，但“发送到”功能有个固定的目的地。在文件或文件夹上单击鼠标右键，可以在快捷菜单的“发送到”命令中看到发送目的地，如图4.20所示。

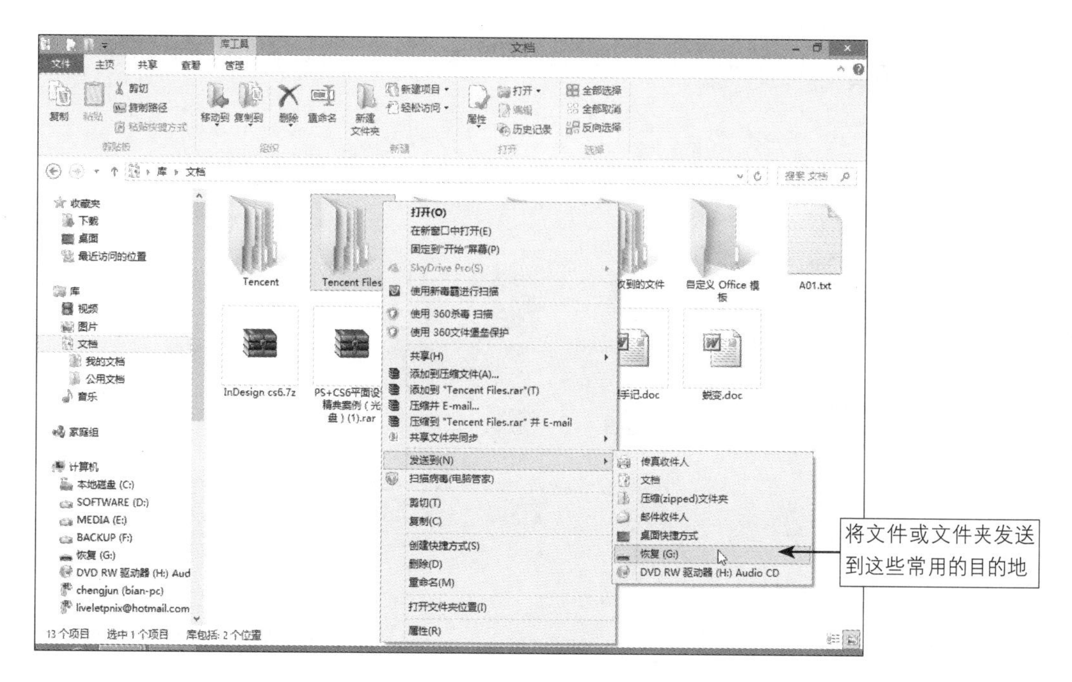

图4.20 发送到目的地

Windows事先替用户创建的发送目的地有6个，但实际上文件发送的目的地不只这几个，它会根据计算机所安装的应用程序及硬件设备而有所不同。例如，接上U盘或读卡器，就会出现U盘对应的驱动器，提示用户可将文件复制一份到U盘中。

4.7 删除与恢复文件或文件夹

删除文件也是文件管理的一部分，一些过时或不需要的文件、文件夹，留着会占用硬盘空间，及时将它们删除可以节省硬盘空间。

4.7.1 删除文件或文件夹

不管是文件还是文件夹，删除它们的操作步骤都是一样的，只是删除文件夹时，会连同其中的文件一起删除而已。

如果要删除文件或文件夹，可以按照下述步骤进行操作：

1 在“资源管理器”窗口中，选择要删除的一个或多个对象。

2 单击“主页”选项卡中“组织”组的“删除”按钮向下箭头，从弹出的下拉列表中选择“回收”选项，将选择的文件暂存到回收站中；从弹出的下拉列表中选择“永久删除”选项，将选择的文件直接删除，如图4.21所示。

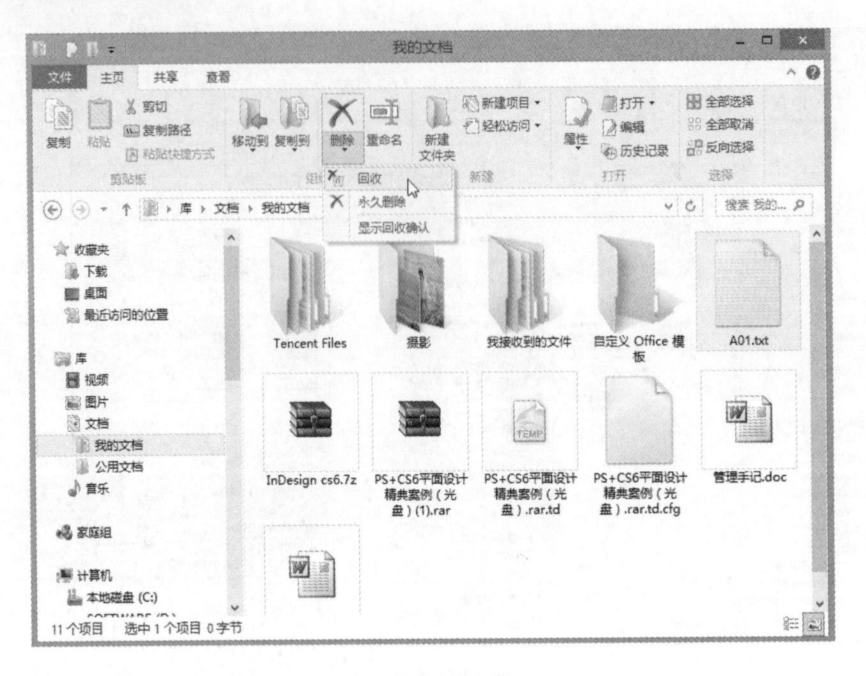

图4.21 删除文件

3 如果在“删除”下拉列表中选择“显示回收确认”选项，则单击“删除”按钮时，会弹出如图4.22所示的“删除文件”对话框，单击“是”按钮。此时文件被暂时存放在回收站中，打开“回收站”可以看到被删除的文件。

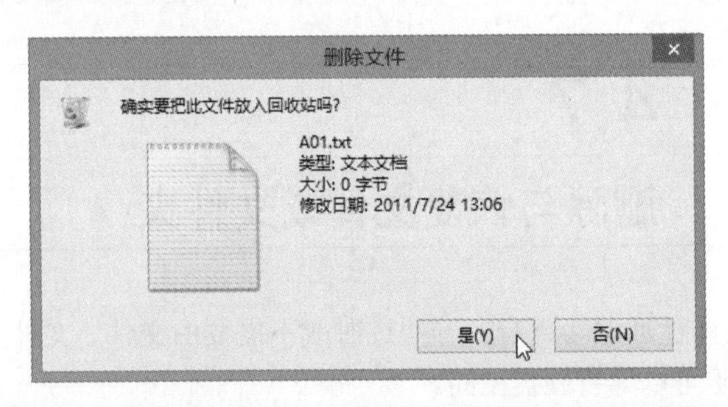

图4.22 “删除文件”对话框

另外，如果想快速删除这些文件，只需用鼠标选中要删除的文件，将其拖到回收站窗口中即可。

双击桌面上的“回收站”图标，打开“回收站”窗口，如果要彻底删除其中的某个文件，首先在要删除的项目上单击鼠标右键，然后在弹出的快捷菜单中选择“删除”命令。如果要清除“回收站”中的所有内容，可单击“管理”选项卡中的“清空回收站”按钮，一旦清空“回收站”，删除的文件或文件夹将无法恢复。

4.7.2 恢复被删除的对象

如果要恢复被误删除的对象，可以按照下述步骤进行操作：

1 双击桌面上的“回收站”图标，打开“回收站”窗口。

2 在“回收站”窗口中选择要恢复的对象。

3 单击“管理”选项卡上的“还原选定的项目”按钮，可以将文件还原到原来的位置，如图4.23所示。单击“管理”选项卡上的“还原所有项目”按钮，可以将回收站的所有文件还原到原来的位置。

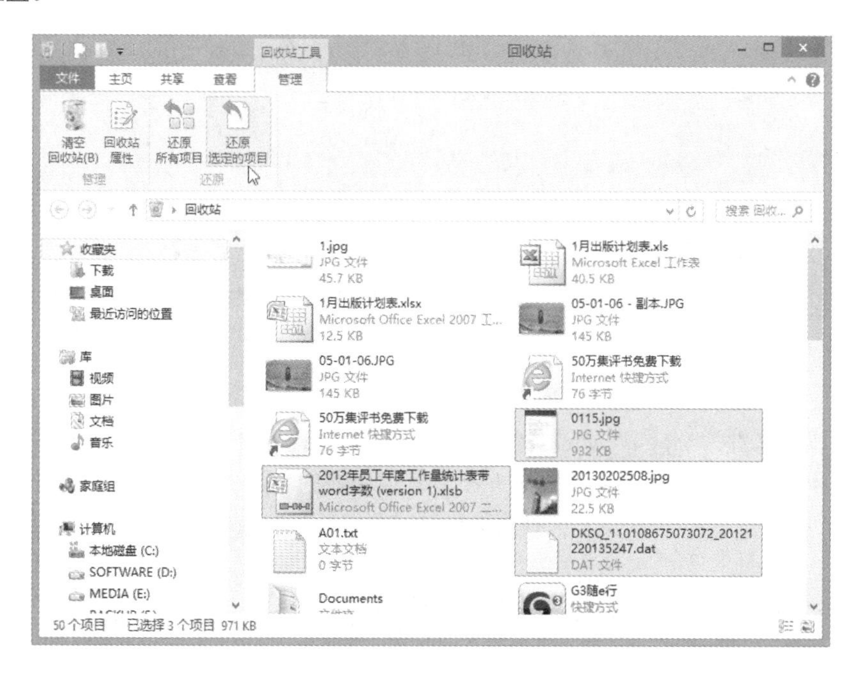

图4.23 还原被删除的文件

4.8 压缩文件以便发送与管理

当用户要将多个文件附加在电子邮件中发送给其他人时，先将文件全部压缩后再发送。这样，既减少传输时间，还省去逐个选择文件的时间。另外，电脑中有些不常用但又不想删除的文件，也可以将这些文件压缩起来，以免占用太多的硬盘空间。

4.8.1 压缩文件或文件夹

如果要压缩文件或文件夹，最快捷的做法就是直接在文件或文件夹上单击鼠标右键，然后在弹出的快捷菜单中选择“发送到”→“压缩（zipped）文件夹”命令。下面以压缩文件为例进行说明。

1 选择要压缩的文件并单击鼠标右键，在弹出的快捷菜单中选择“发送到”→“压缩（zipped）文件夹”命令，如图4.24所示。另外，还可以选择要压缩的文件后，单击“共享”选项卡中的“压缩”按钮。

2 此时，开始压缩选择的文件。稍待几秒就会出现图标，表示文件已经压缩完成，用户还可以为压缩的文件重命名，如图4.25所示。

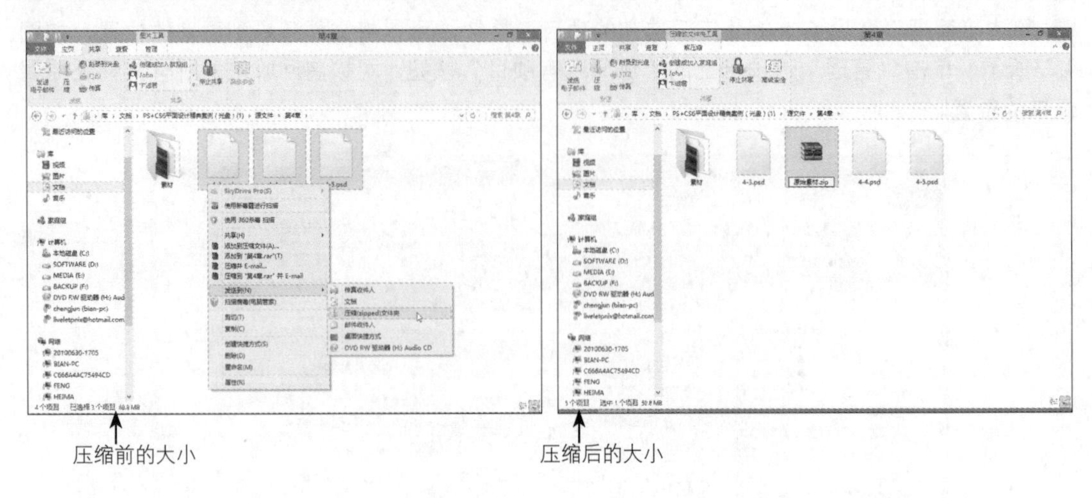

图4.24 单击“压缩（zipped）文件夹”命令　　图4.25 压缩文件

如果压缩的文件为*.jpg、*.wma、*.mp3、*.mpg等格式，由于这类的文件格式原本已经压缩过，因此压缩前和压缩后的文件大小并不会有很明显的差别。不过，可以使用这种方法将多个文件打包成一个文件，以便发送到其他电脑或网络等。

4.8.2 解开被压缩的文件或文件夹

如果要解开被压缩的文件或文件夹，可以按照下述步骤进行操作：

1 双击压缩的文件夹，就可以看到所包含的文件内容，如图4.26所示。

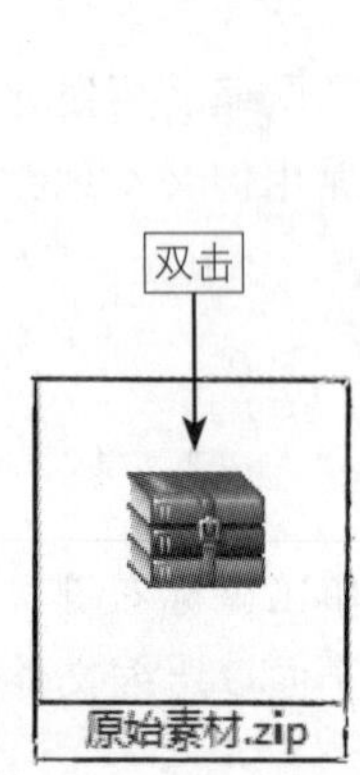

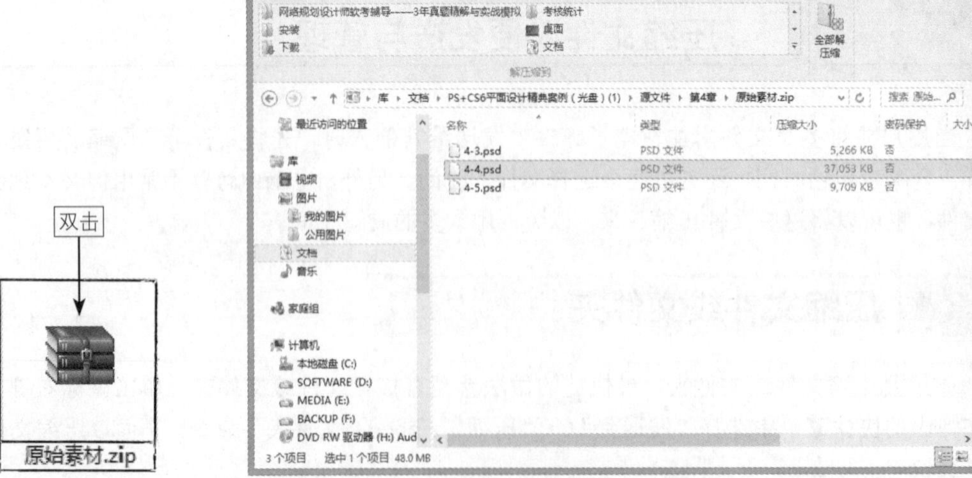

图4.26 进入压缩的文件夹，查看文件内容

2 如果仅想解压缩部分的文件，先选择要解压缩的文件，然后从“解压缩”选项卡的“解压缩到”组中选择要存放解压后的目的文件夹，即可快速解压缩。

3 如果要解压缩当前压缩包中的所有的文件，则单击“解压缩”选项卡中的“全部解压缩”按钮，打开“提取压缩（zipped）文件夹”对话框，选择要存放解压后的文件夹，再单击“提取”按钮，如图4.27所示。

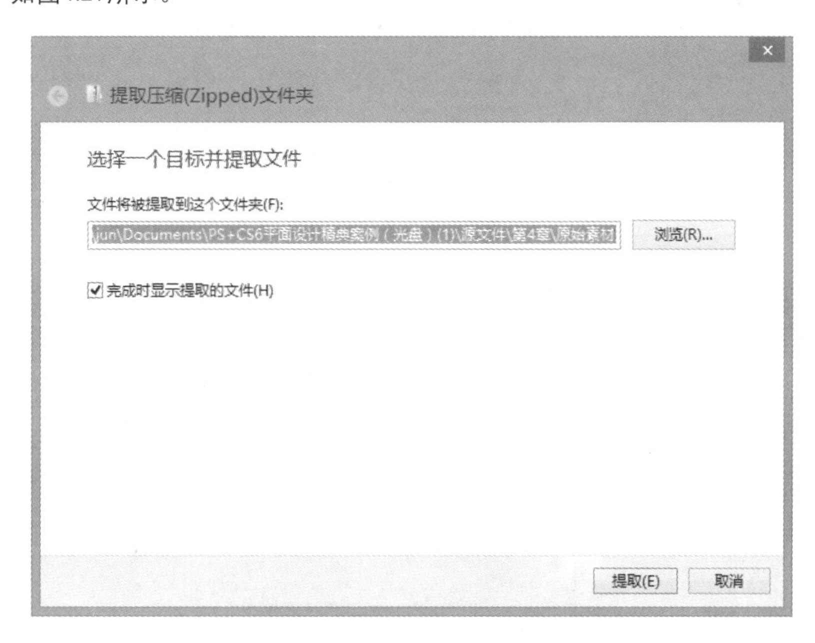

图4.27 “提取压缩（Zipped）文件夹”对话框

4.8.3 使用 WinRAR 压缩与解压缩文件

除了使用Windows 8自带的压缩功能外，还可以使用比较流行的压缩/解压缩工具——WinRAR，它使用简单方便，支持几乎所有类型的压缩文件，压缩率相当高，而且资源占用相对较少。WinRAR的官方网址为：http://www.winrar.com.cn/，用户可以登录网站获取更多相关信息。WinRAR的安装程序是可以从网络下载得到，双击该安装程序就可以进行WinRAR的安装。

1. 压缩文件

为了方便文件传输，用户需要将整个文件夹打包成一个压缩文件。这个工作是WinRAR的强项，用户可以方便的创建压缩包，并对压缩包进行相关的设置。具体操作步骤如下：

1 在要压缩的文件夹上单击鼠标右键，在弹出的快捷菜单中选择“添加到压缩文件”命令，如图4.28所示。

2 打开如图4.29所示的“压缩文件名和参数”对话框。用户可以进行压缩文件名、文件格式等选项的设置（保持程序的默认设置即可）。

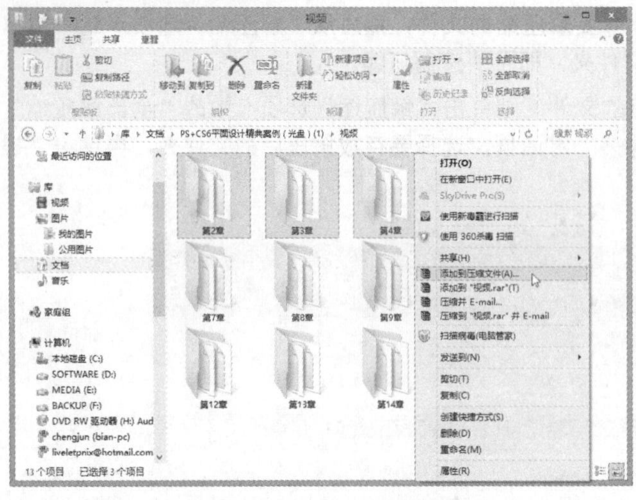

图4.28 选择“添加到压缩文件”命令

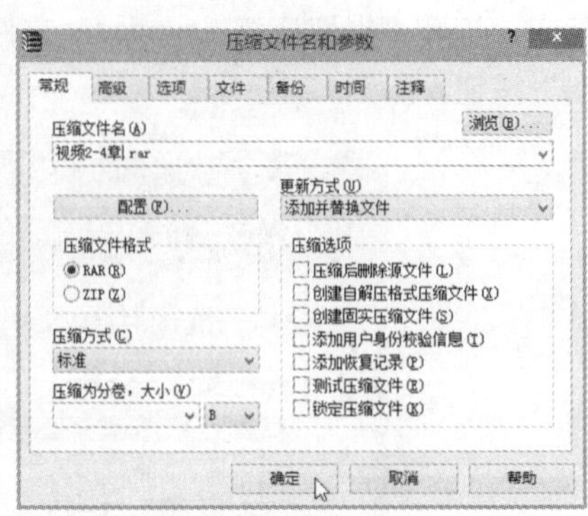

图4.29 “压缩文件名和参数”对话框

3 单击“确定”按钮，打开如图4.30所示的“正在创建压缩文件”对话框，显示压缩进度及时间信息，压缩完成后该对话框将自动关闭。被压缩后的文件如图4.31所示。

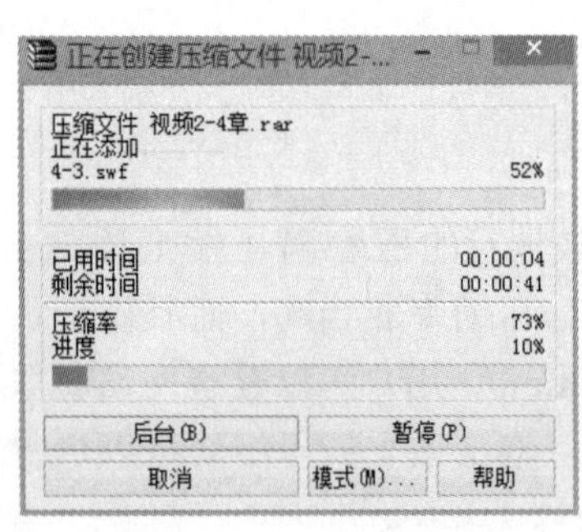

图4.30 “正在创建压缩文件”对话框

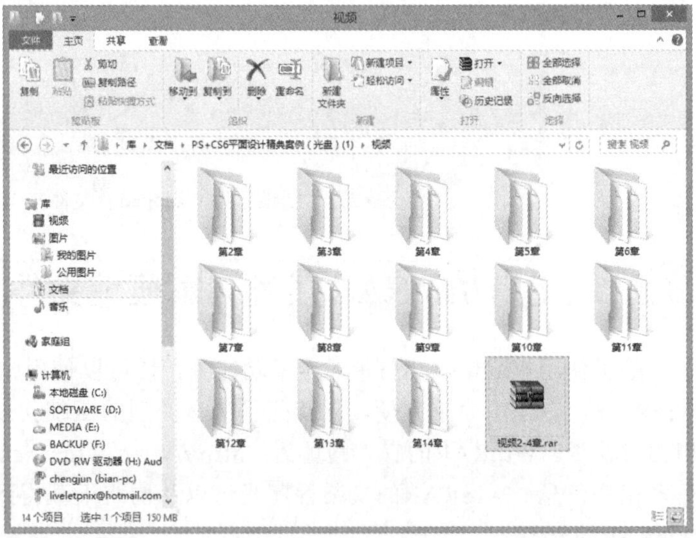

图4.31 生成的压缩文件

2. 解压缩文件

WinRAR可以直接打开相关联的文件类型。用户只需双击显示为WinRAR特有的图标的压缩文件，就可以使用WinRAR将其打开。具体操作步骤如下：

1 双击压缩文件，启动WinRAR的解压缩界面，如图4.32所示。

2 在WinRAR的解压缩界面中选择压缩文件中需要释放的文件，然后单击“解压到”按钮，打开如图4.33所示的“解压路径和选项”对话框。

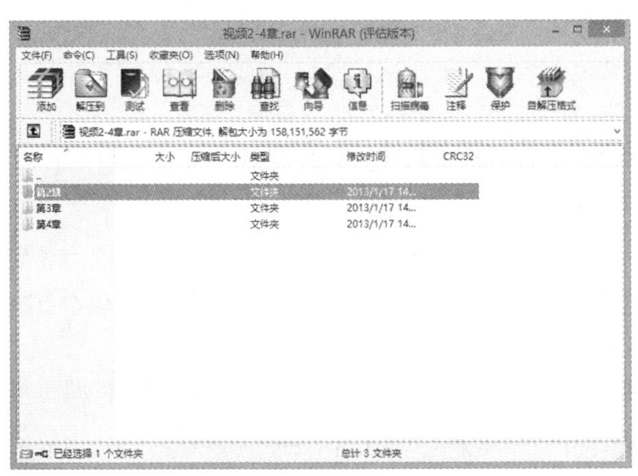

图4.32 打开WinRAR解压缩界面

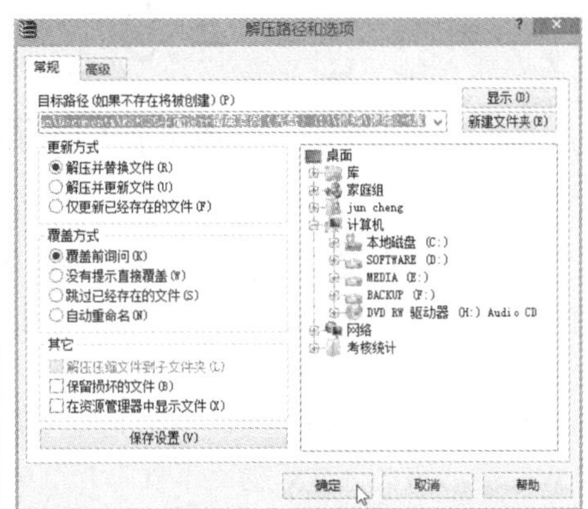

图4.33 “解压路径和选项”对话框

3 在“解压路径和选项”对话框右侧的列表框中选择解压后文件存放的位置，单击“确定”按钮即可执行解压缩操作。

3. 分卷压缩文件

WinRAR提供了分卷压缩功能。在文件比较大、不易在网上传输或携带的时候，可以将文件压缩为多个文件，这就是分卷压缩。这里讲解以WinRAR将一个83MB的文件分卷压缩，每个压缩包不超过20MB，具体操作步骤如下：

1 在要压缩的文件夹上单击鼠标右键，在弹出的快捷菜单中选择“添加到压缩文件”命令，打开如图4.34所示的“压缩文件名和参数”对话框，用户可以进行压缩文件名、文件格式等选项的设置。

2 在“压缩分卷大小”文本框中输入20MB，单击“确定”按钮，打开“正在创建压缩文件”对话框，显示压缩进度及时间信息，压缩完成后该对话框将自动关闭。用户可以看到在被压缩的文件夹所在目录中生成了5个文件，如图4.35所示。

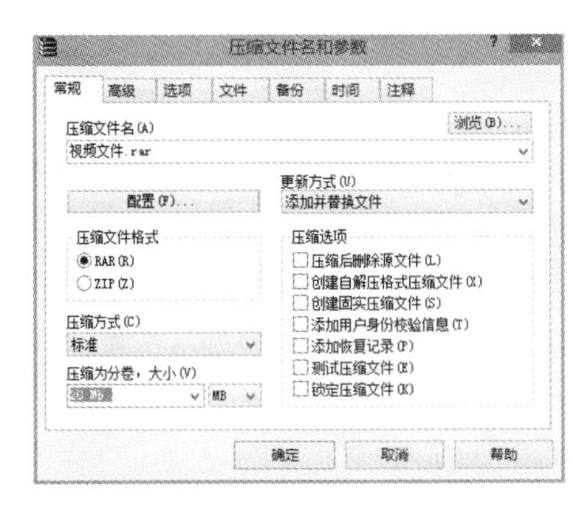

图4.34 “压缩文件名和参数”对话框

图4.35 创建完成的压缩包

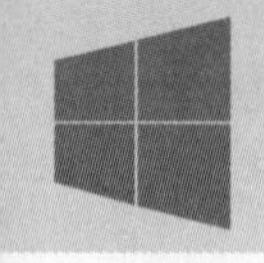

4.9 善用“收藏夹”快速打开文件夹

前面在进行文件的复制、移动等操作时，相信已经在“文件资源管理器”窗口的“导航窗格”中多次看到“收藏夹”选项了，此选项能够帮助用户迅速打开想浏览的文件夹，本节将介绍“收藏夹”的使用。

“收藏夹”可以方便快速到达想要浏览的文件夹，单击“收藏夹”左侧的按钮，即可展开Windows事先创建好的“下载”、“桌面”和“最近访问的位置”这3个文件夹，让用户进行各种操作，如图4.36所示。

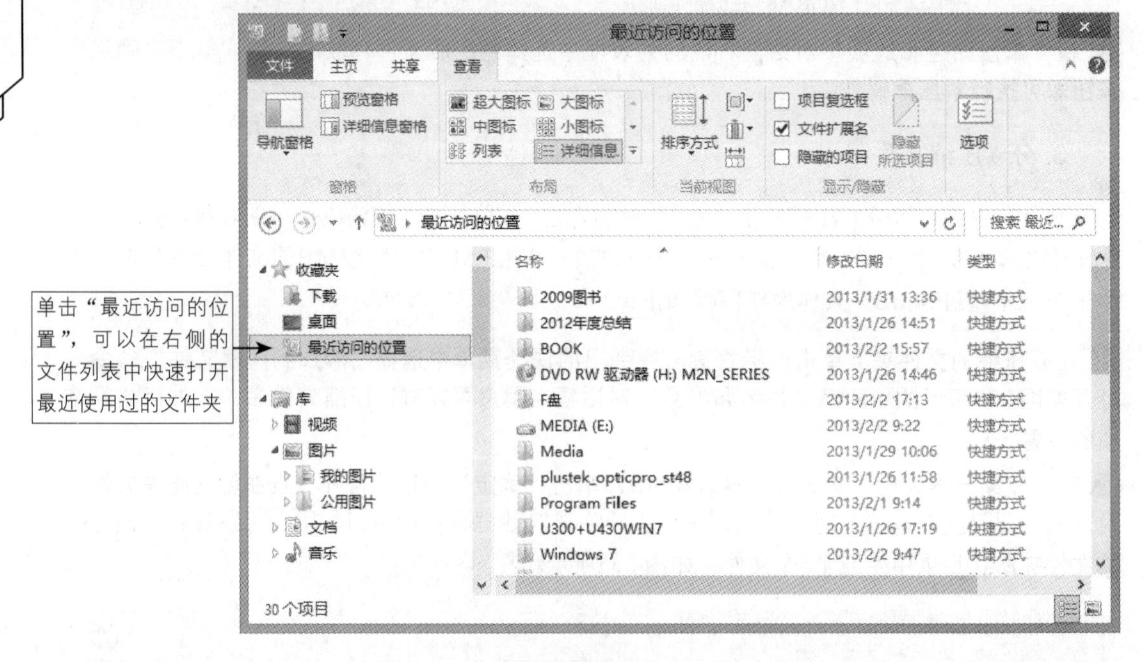

图4.36 收藏夹

除了Windows事先帮助创建的文件夹外，也能够将自己常用的文件夹添加到“收藏夹”中。下次使用时，就可以快速打开该文件夹，不必再从磁盘开始层层选择文件夹。

例如，在E盘下创建一个“照片集”文件夹，在该文件夹下还创建了各个地区、景点等文件夹，但是最近经常要使用到其中的“编修照片”文件夹，可以按照下述步骤将“编修照片”文件夹添加到“收藏夹”中。

1 将文件夹拖到“收藏夹”中，拖动时会出现提示，如图4.37所示。

图4.37 将文件夹拖放到收藏夹中

2 现在，从“收藏夹”中选择“编修照片”文件夹，就可以立即浏览其中的文件，如图4.38所示。

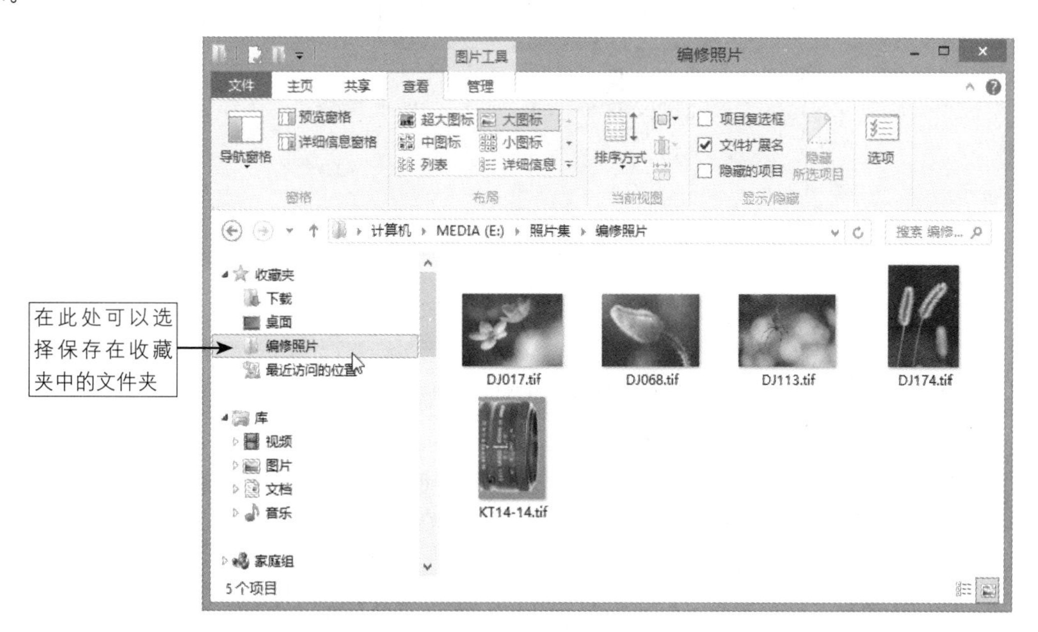

图4.38 从收藏夹中快速浏览文件

将文件夹添加到“收藏夹”的操作，其实就是在“收藏夹”中创建该文件夹的快捷方式，让用户利用此快捷方式迅速打开文件夹。

当该文件夹不常用时，可以在该文件夹上单击鼠标右键，在弹出的快捷菜单中选择“删除”命令，将此文件夹的快捷方式从“收藏夹”中清除，此操作对原始的文件夹不会产生影响。

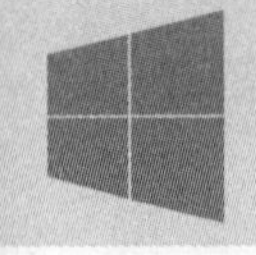

4.10 使用“库”管理文件

随着大容量硬盘越来越普及，计算机中有多个磁盘分区或多个硬盘已经不稀奇。如果平常没有做好文件的分类与管理，就会经常发生找不到文件的情况。因此，Windows 8利用库来帮助将分散各处的文件集中管理。

4.10.1 认识“库”

用户打开“文件资源管理器”窗口时，可以在左侧的导航窗格中看到“库”。打开库会看到创建的“文档”、“音乐”、“视频”及“图片”4大类文件夹，如图4.39所示。

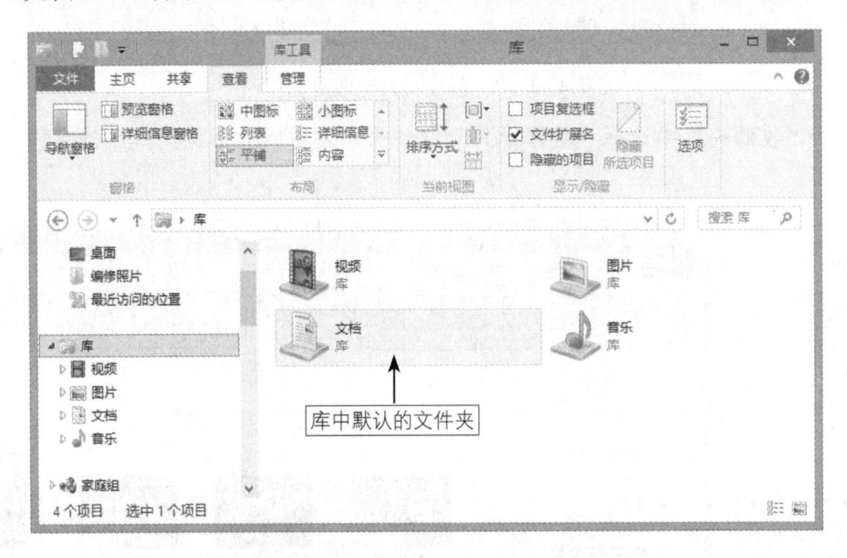

图4.39 Windows事先创建不同类别的库

在这4个内置的库中，分别包含了用户文件夹和公用文件夹。对“文档”库而言，这里包含了“我的文档”和“公用文档”；而“音乐”库包含了“我的音乐”、“公用音乐”文件夹，以此类推，如图4.40所示。用户只需在左侧导航窗格中单击展开相应的文件夹，即可看到子文件夹。

表面上“库”看起来与文件夹的作用相同，可以保存数据。不过，实际上“库”只是一个“虚拟文件夹”，它会汇集来自不同位置的数据，并且让用户采用各种方法来访问或排列文件。只要先有个概念，下面将以实际的例子进行说明，就能够更加了解“库”的操作与应用。

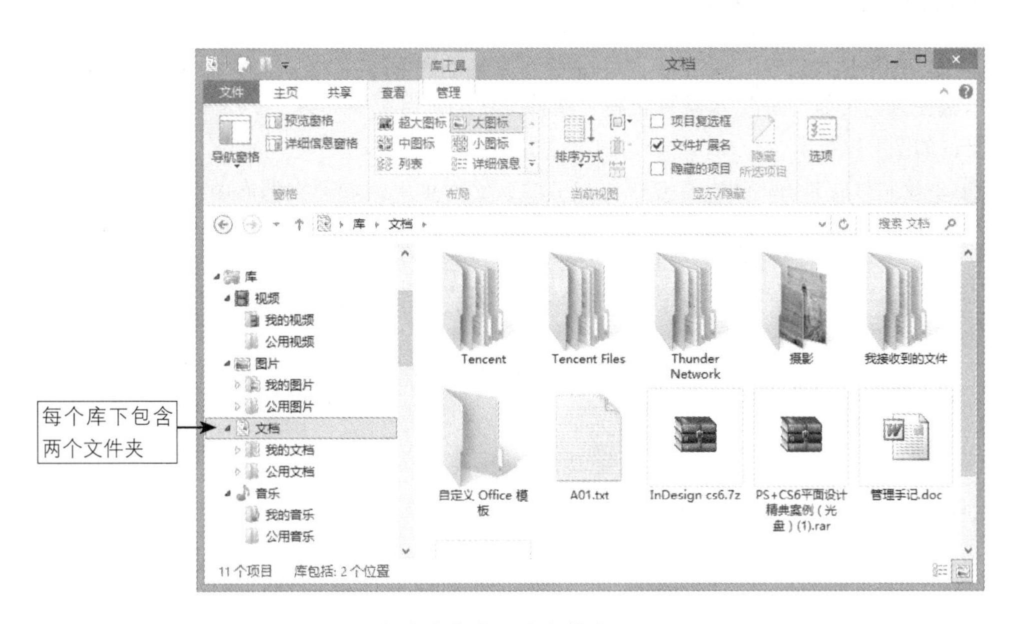

图4.40 每个库包含两个文件夹

4.10.2 将文件夹加入到“库”

现在就以“文档”库为例，带领用户将分散各处的文档类文件集结起来。例如，在E盘中有个“网络营销”文件夹，在D盘中有“快盘”以及“王码五笔”文件夹，这些都是经常会用到的文档类文件，需要将这3个文件夹加入到库以便管理。具体操作步骤如下：

1 切换到目标驱动器，选择要加入库的文件夹，然后单击“主页”选项卡的“新建”组中的“轻松访问”按钮，在下拉列表中选择“包含到库中”选项，并选择库类别，如图4.41所示。

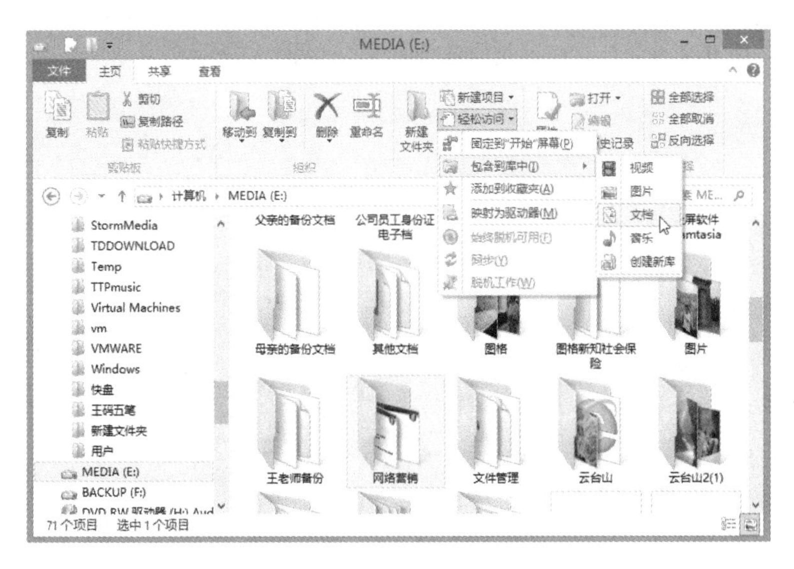

图4.41 添加到库

2 现在单击“文档”库，除了可以看到原来的“我的文档”及“公用文档”外，还会看到“稿件”，但是“库”没有真正将“稿件”中的内容复制过来，只是记录文件夹的存放路径而已，如图4.42所示。

3 继续将D盘下的“快盘”及“王码五笔”文件夹也添加到文档库中。

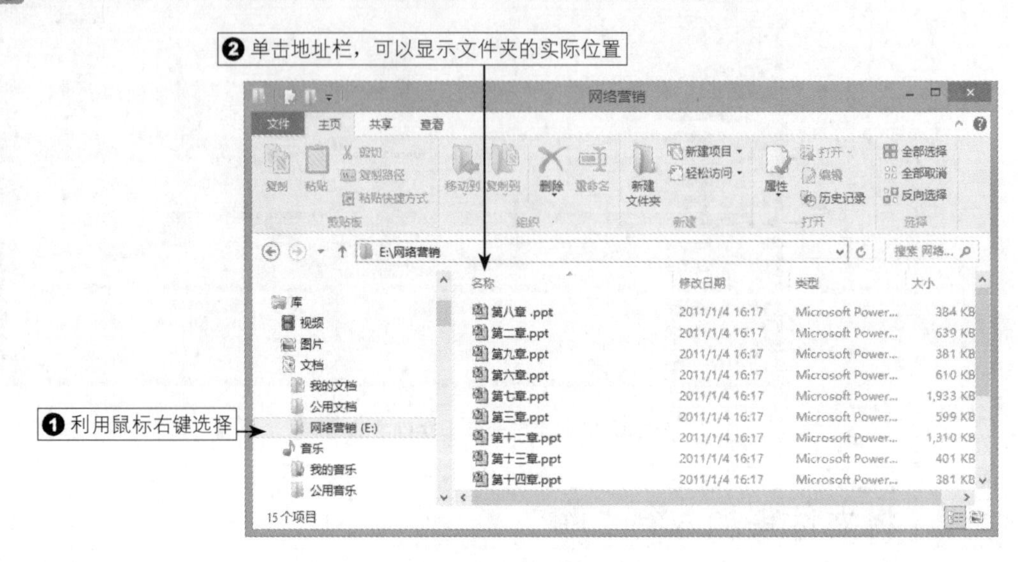

图4.42 文件夹已经包含到库

4.10.3 使用“库”管理文件

将文档类的文件夹加入到库后，接下来讲解如何使用库进行分类与管理。

1 在左侧导航窗格中选择“文档”库，在“排列方式”下拉列表中选择以“类型”排列。“文档”库中的所有文件会自动按照类型进行归类，如图4.43所示。

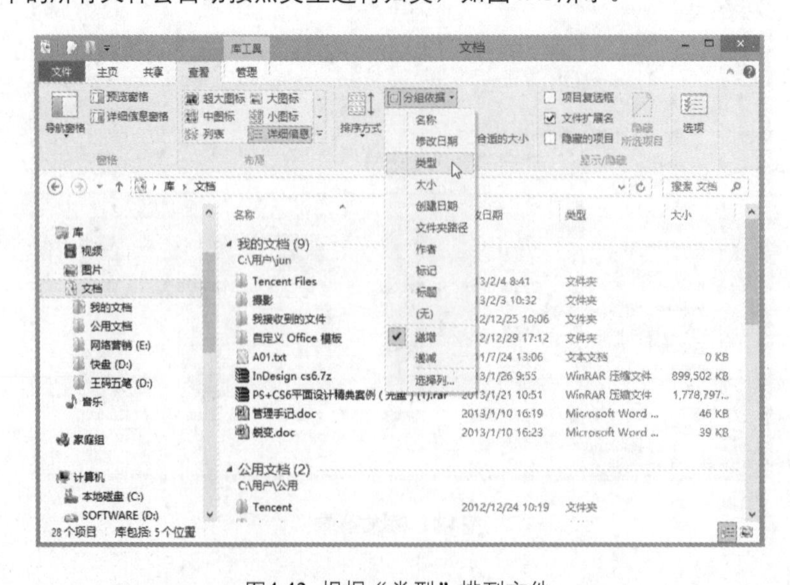

图4.43 根据“类型”排列文件

2 将“文档”库中的所有文件依照类型归类后，就可以浏览或打开文件，如图4.44所示。

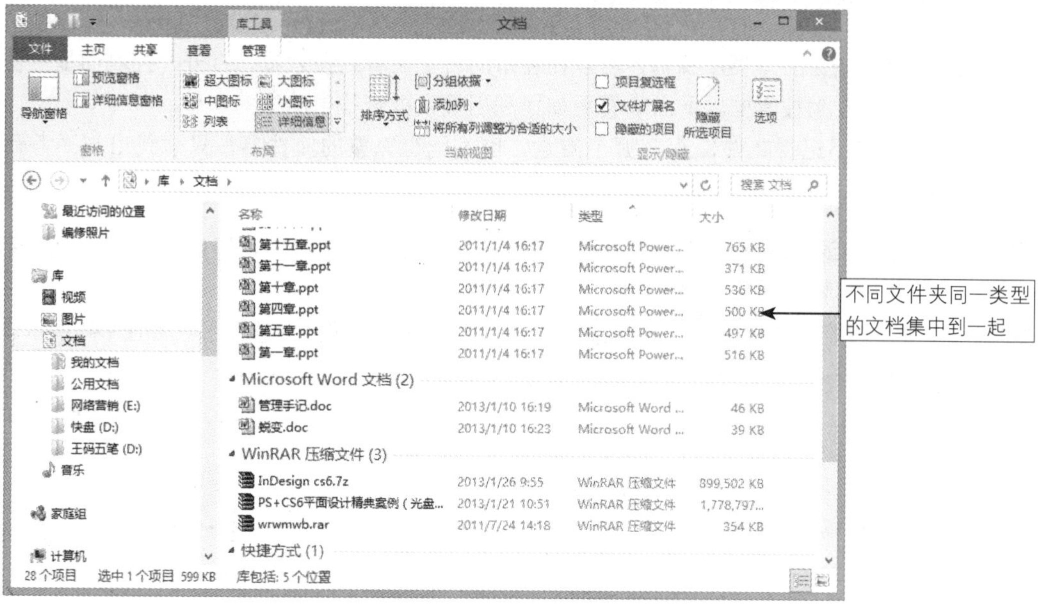

图4.44 展开某个类别图标，可以使用文件

3 将文件依据类型归类在一起后，对于文件的复制操作非常方便。用户不用个别展开文件夹再进行复制，只要打开同类型的图标，就可以复制来自不同位置的文件了。

4.10.4 创建及优化库

Windows 8默认仅创建了图片、音乐、文档和视频这4类库，用户还可以根据需要创建其他库，如常用软件库，然后在库中增加需要管理的文件夹。具体操作步骤如下：

1 打开“文件资源管理器”窗口，在导航窗格中选择“库”选项，在右窗格中单击鼠标右键，在弹出的快捷菜单中选择“新建”｜“库”命令，然后输入库名称。

2 新建常用软件库后，按照前面介绍的方法将保存软件的文件夹添加到这个库中，然后就可以进入常用软件库访问这些文件夹中保存的软件了。

如果要优化库，可以选择此库，在“管理”选项卡中单击“为以下对象优化库”按钮，在弹出的下拉列表中选择优化的项目，包括常规项目、文档、图片、音乐和视频。如果常用软件库中显示的是程序，可以选择“常规项目”为优化目标。

4.11 搜索文件的技巧

“刚才用Word编辑的文档保存到哪里去了呢？”、“昨天从网络上下载的图片存到哪里，怎么找不到了？”、“前几天从U盘复制的文件放到哪里呢？”，用户是否偶尔会遇到这种情况呢？还好Windows内置了一个强大的搜索功能，可以帮助用户快速找到想要的文件。

4.11.1 查找符合条件的文件

打开“文件资源管理器”窗口，可以在窗口的右上角看到搜索框，打开“控制面板”窗口也可以在右上角看到搜索框。下面来看看如何利用搜索框查找电脑中的文件。

例如，用户不记得文件保存在哪个磁盘，也不记得完整的文件名，只想找出与“考勤统计”有关的文件。具体操作步骤如下：

1 打开“文件资源管理器”窗口，由于不知道文件放在哪个磁盘中，所以在左侧的导航窗格中选择“计算机”以搜索整个计算机。

2 在右上角的搜索框中输入要搜索的条件。输入文字后就立即开始查找了，如图4.45所示。

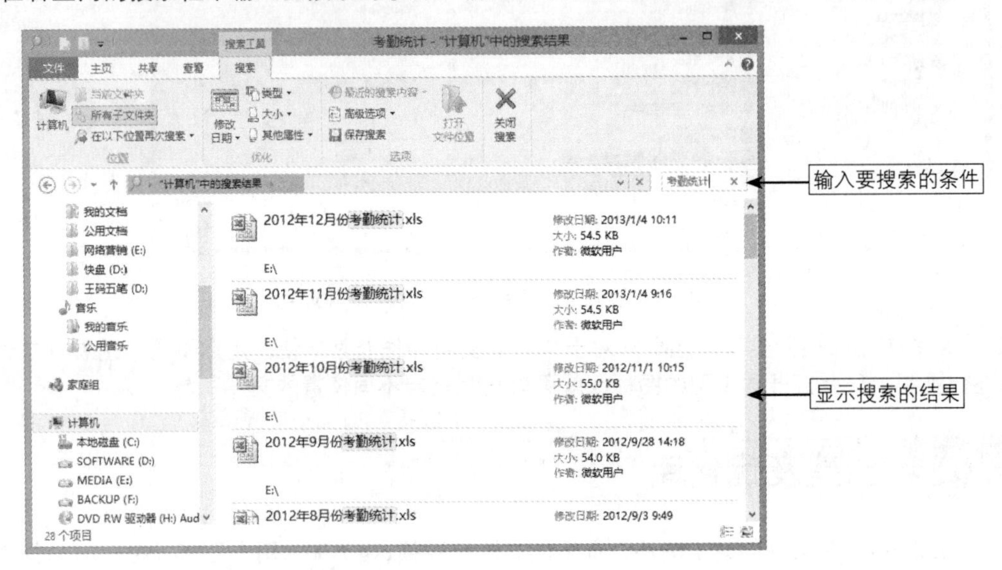

图4.45 搜索文件

在输入搜索条件时，如果只记得部分文件名，那么可用*来代表0至多个字符；用？代表1个字符。如果只想找出同一类别的文件，还可以输入文件的扩展名（*.txt、*.jpg等）。

例如，在搜索框中输入“张家界*信息”，则Windows会找出文件名同时包含“张家界”和“信息”的所有文件。

4.11.2 根据文件内容搜索

如果不记得要查找的文件在哪个磁盘，也不记得文件名，只记得文件中的部分内容，Windows也能通过文件的内容进行搜索，不过搜索时间会比较久一些。例如，只记得文件中有“旅游”这两个字，可以按照下述步骤进行操作：

1 在“文件资源管理器”窗口的左侧选择“计算机”选项，以搜索整个计算机，在搜索框中输入搜索条件，将立即显示搜索结果，如图4.46所示。

2 单击“搜索”选项卡的“选项”组中的“高级选项”按钮，在弹出的下拉列表中选择“文件内容”选项，进一步从文件的内容中进行查找，如图4.47所示。

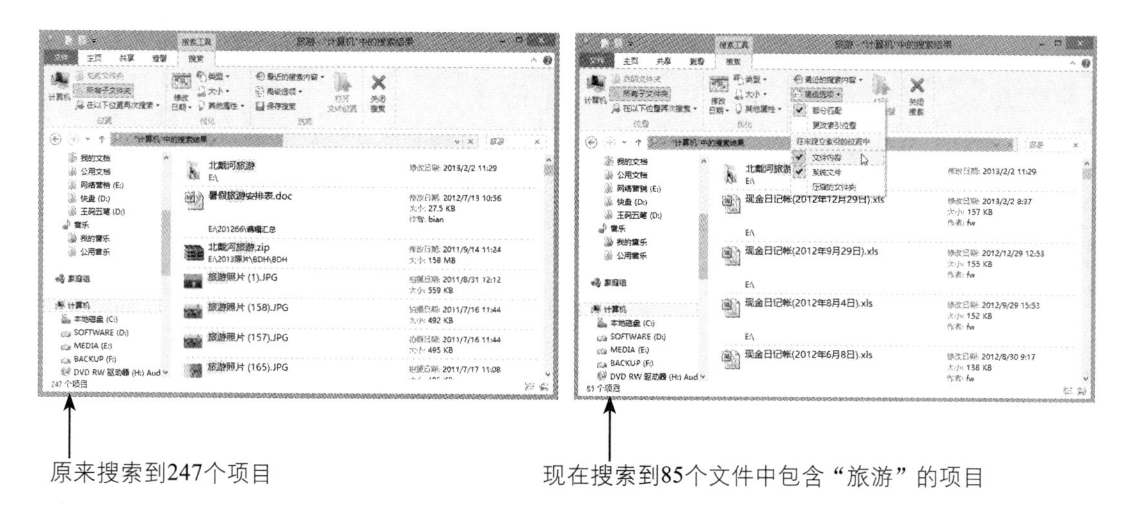

图4.46 显示搜索结果　　图4.47 搜索文件的内容

4.11.3 通过日期或文件大小搜索

在搜索的时候，如果符合关键词的搜索结果太多，用户可以进一步指定所需文件的最后修改日期和大小，达到快速筛选搜索结果的目的。

1 打开“文件资源管理器”窗口，在搜索框中输入关键词，然后单击“搜索”选项卡的“修改日期”按钮，在弹出的下拉列表中选择一个日期，如选择“去年”。

2 此时，即可搜索出去年有关旅游的文件，如图4.48所示。

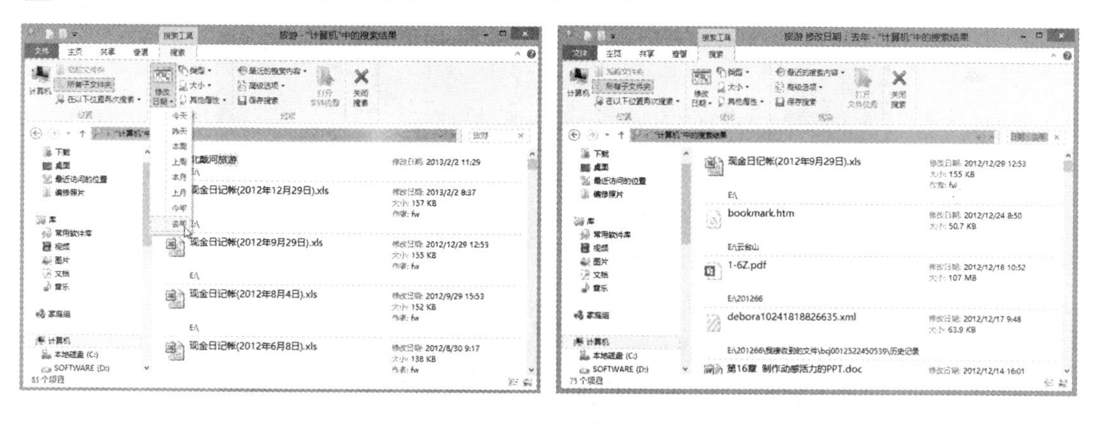

图4.48 通过日期搜索

3 为了加快搜索速度，接着使用大小筛选，单击“搜索”选项卡中的“大小”按钮，在弹出的下拉列表中选择文件的大小范围，即可快速显示符合条件的搜索结果，如图4.49所示。

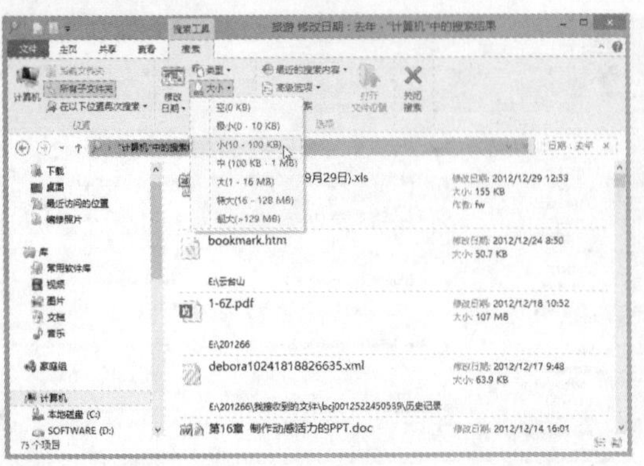

图4.49 按文件大小筛选搜索结果

4.12 体验 Windows 8 一站式搜索

Windows 8中的搜索功能最大的特色是一站式搜索，用户在一个页面就能完成对应用、设置、文件以及邮件、应用商店在内的所有应用的搜索，搜索结果也显示在一个页面中，有很明显的搜索结果分类、预览和数字提示。

用户只需在开始屏幕直接输入即可自动搜索，或者调出超级按钮并单击“搜索”按钮，输入关键词后，即可开始查找，如图4.50所示。

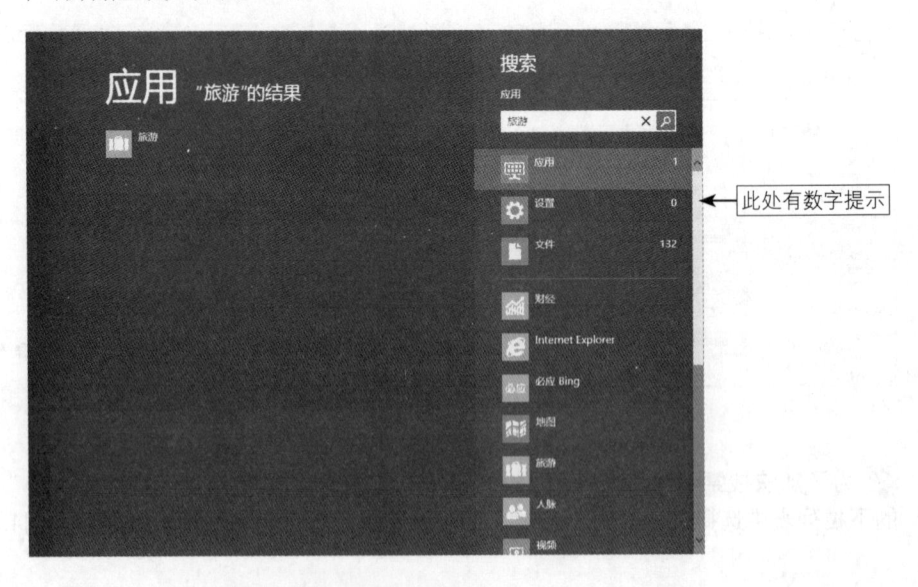

图4.50 利用“搜索”按钮查找

单击“文件”，即可切换到有关文件的搜索，其中包括“文档”、“图片”和“其他”分类（后面的数字为文件数），如图4.51所示。

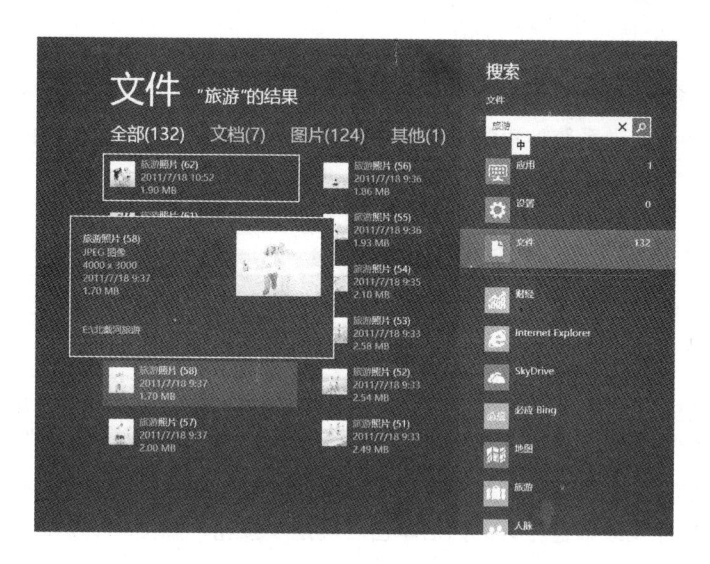

图4.51 显示搜索结果

Windows 8中搜索并非仅限于系统文件、设置和应用，其无缝集成了自带和第三方应用搜索。当前用户在哪个界面唤出搜索功能，就会默认搜索目前所在位置的应用。例如，单击开始屏幕中的地图磁贴，然后搜索地名，即可显示该地区的地图，如图4.52所示。

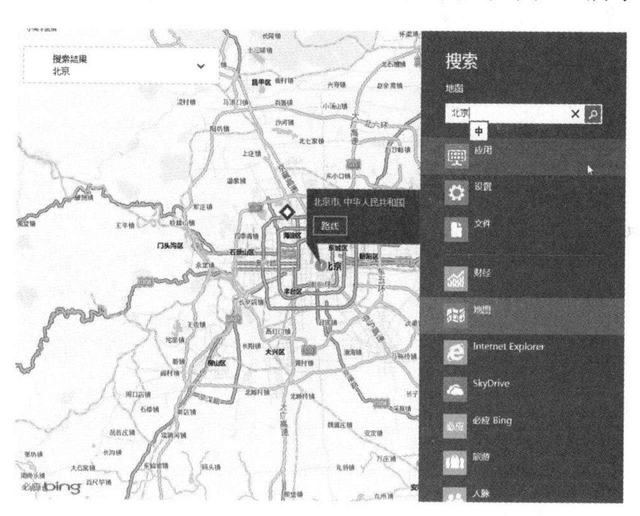

图4.52 搜索某个应用中的信息

4.13 高级应用的技巧点拨

技巧1：认识Windows的文件索引服务

在没有索引功能之前，如果要搜索一个文件，Windows需要扫描指定驱动器内的所有文件夹，花费的时间比较长。

使用索引功能后，系统预先将文件的基本信息（如文件名、修改日期、作者、标记和分级等）存入索引文件中。当系统搜索添加了索引的文件时，无需扫描硬盘中的全部文件，仅查找索引中的内容就可以快速找到文件，大大提高了搜索效率。

技巧2：扩展索引范围以加速搜索

Windows 8默认的索引包含一些常用的文件夹，如个人文件夹、脱机文件等。如果用户想使用索引功能搜索其他文件夹中的内容，则需要自行手动扩展索引范围。

1 打开“控制面板”窗口，在“查看方式”下拉列表中选择“大图标”选项，然后单击“索引选项”链接文字。

2 弹出“索引选项”对话框，单击“修改”按钮，就可以在弹出的“索引位置”对话框中选择要建立索引的文件夹或磁盘分区，然后单击“确定”按钮，如图4.53所示。

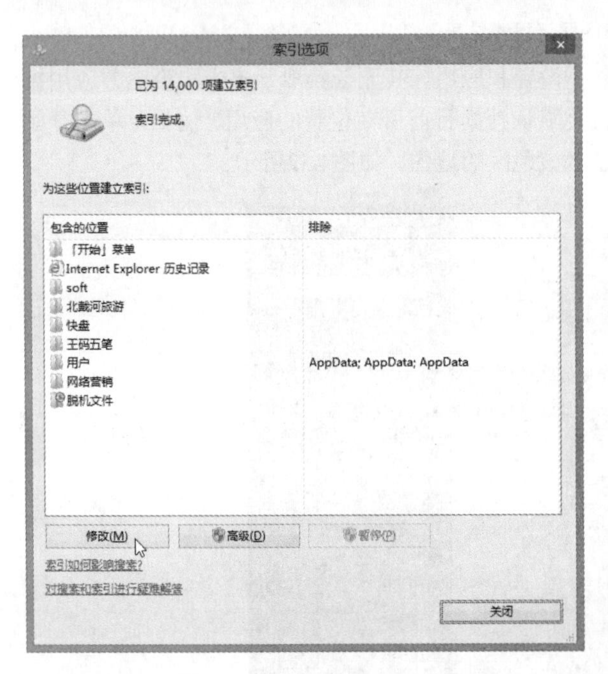

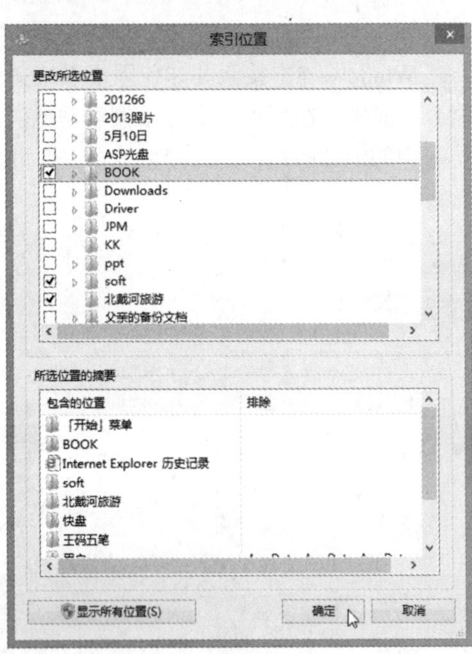

图4.53 指定索引位置

技巧3：遇到无法删除的文件怎么办

当用户删除文件或文件夹时，有时会遇到删除不掉的情况，这是因为文件或文件夹被某个程序正在使用，如图4.54所示。以前要重新启动或另外安装小软件来结束正在使用文件的程序才行，现在只要利用Windows任务管理器就能轻松解决问题了。

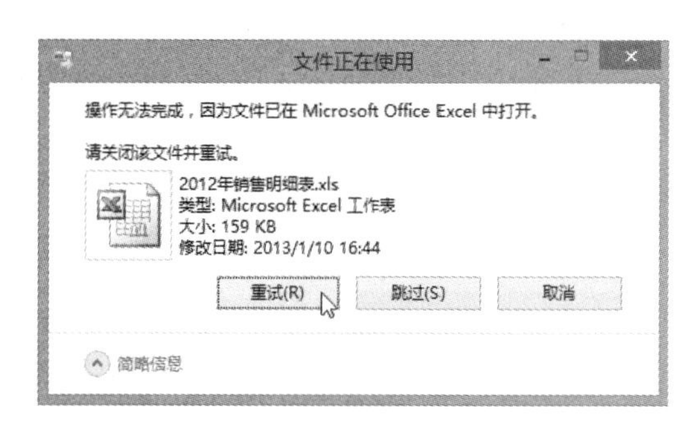

图4.54 文件或文件夹删除不掉

1 在任务栏上单击鼠标右键，在弹出的快捷菜单中选择“任务管理器”命令，在出现的对话框中切换到“性能”选项卡，然后单击“打开资源监视器”按钮，如图4.55所示。

2 切换到“CPU”选项卡，输入删除不掉的文件名或文件夹，即可开始查找正在使用的程序。逐个在程序上单击鼠标右键，在弹出的快捷菜单中选择“结束进程”命令，以关闭该程序，如图4.56所示。

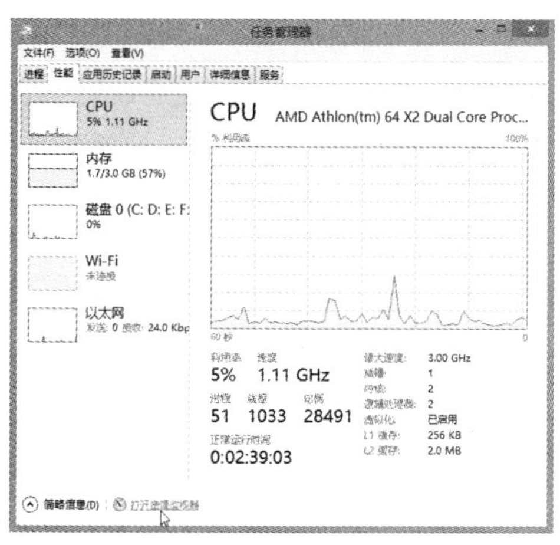

图4.55 “性能”选项卡

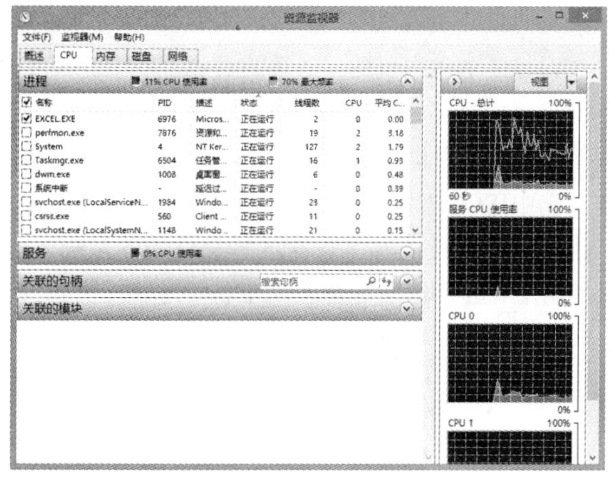

图4.56 “CPU”选项卡

3 关闭正在使用的文件程序后，即可将文件删除。

技巧4：如何安装ISO文件或VHD文件

以前安装ISO文件或VHD文件需要先刻录成安装光盘，或者安装虚拟光驱来加载文件，现在Windows 8支持浏览ISO和VHD文件中的数据。用户只需在“文件资源管理器”中选择ISO或VHD文件，就会自动显示“光盘映像工具管理”选项卡，如图4.57所示。

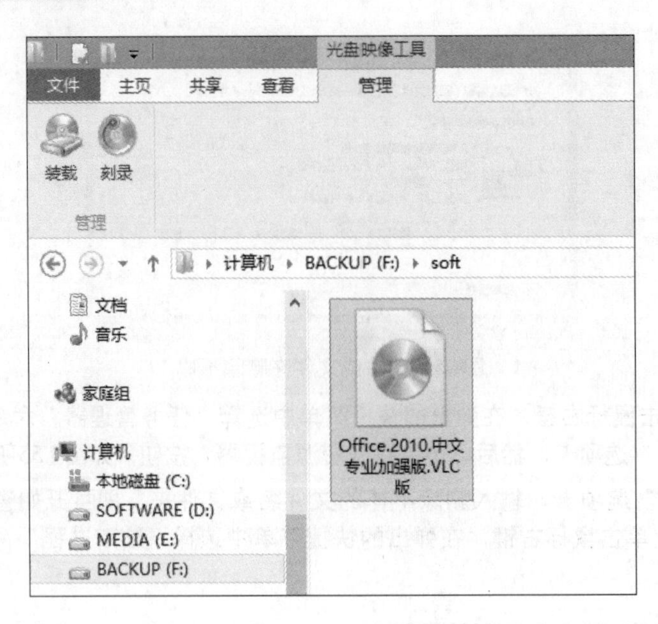

图4.57 光盘映像工具

Windows 8浏览ISO文件的数据是虚拟一个CDROM或DVD驱动器，然后把ISO中的数据加载到虚拟光驱中，读取虚拟光驱中的数据速度和读取硬盘中的数据速度相同。而浏览VHD文件是以硬盘分区的方式实现。

选中ISO或VHD文件，在出现的“光盘映像工具”选项卡中单击“装载”按钮，用户就可以在文件资源管理器中查看这些文件中的数据了。对于ISO文件，用户还可以单击“刻录”按钮，调用Windows自带的“Windows光盘映像刻录机”将ISO文件刻录到DVD或CD中。

05

第 5 章 在Windows 8中输入汉字

为了利用电脑处理文字，必须先将要处理的文字输入到电脑中。有很多方法可以将文字输入电脑，目前键盘录入是最主要的方法。除此之外，还有手写识别录入、语音识别录入、扫描识别录入等方式。目前这些方法还存在着许多不足，需要进一步改进。

Windows 8的输入法切换方式与Windows 7系统有较大的区别，同时有些输入法对于Windows 8的兼容性尚不完善，有时会出现无法切换输入法的情况，需要进行适当的调整。本章除了介绍输入法的基础操作外，还将介绍最常用的微软拼音输入法和搜狗输入法的使用技巧。

学习提要

- 掌握 Windows 8 下语言栏的操作
- 安装非 Windows 8 自带的输入法
- 删除不想使用的输入法
- 将常用输入法设置为默认输入法
- 学会使用常用中文输入法

5.1 输入法基础

一般通过键盘向电脑中输入英文和数字比较容易，但在键盘上找不到一个汉字，而且与英文相比较，汉字的字型复杂，数量繁多，直接用一个键来代替一个汉字是不可能的，怎样向电脑中输入汉字呢？

汉字输入的基本原理就是利用键盘上的字母、数字或符号按一定规律组合编码来代表一个汉字。通过键盘输入编码，计算机就会根据编码在计算机内部的字库中把对应的汉字或符号找出来。目前已经研究出许多输入汉字的方法。下表简单介绍了常用输入法的特点。

表 常用输入法的特点

输入法名称	特点
区位码	顺序码输入法，没有重码，很难记，一般用于各种信息卡的填写，普通用户很少用
五笔字型	字形输入法，重码少，记忆量较大，但经过专门训练后，输入速度很快，一般用于专职文员
搜狗拼音输入法	拼音输入法，记忆量小，容易学习，通过提供非常丰富的词组及较多特殊功能，可以有较高的输入速度
手写输入	用特殊的笔在手写板上直接书写汉字，易于学习，但存在要增加辅助设备、识别率不太高、速度有限等问题
语音识别输入	通过语音识别进行录入，是非常理想的事，目前有不少产品，虽然对普通语句的识别率较高，但离实用还有一段距离

5.1.1 语言栏的操作

在Windows 8的传统桌面上，我们可在右下角或任务栏的右侧看到控制Windows输入法的语言栏，本节将详细介绍语言栏上各个按钮的功能和作用。

1. 调整语言栏的位置

首先在桌面上找到语言栏，通常语言栏浮动在桌面上，可以通过鼠标将它拖动到桌面的任何位置，或者单击语言栏上的最小化按钮，将其最小化到任务栏上，避免遮挡桌面上的窗口，如图5.1所示。

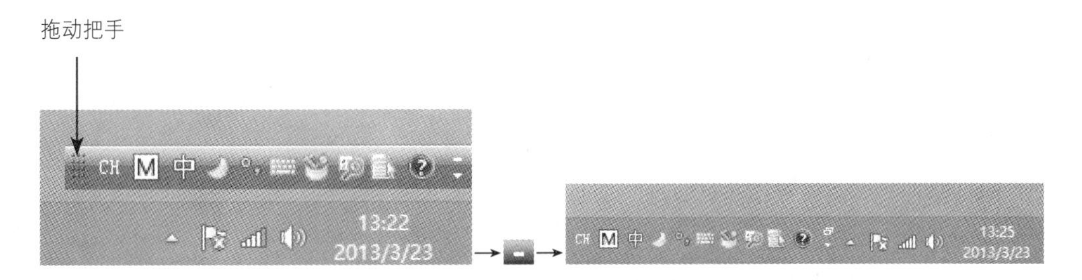

图5.1 最小化语言栏

小提示

也许用户已经习惯了使用Ctrl+Shift切换键盘布局、Ctrl+空格切换键盘语言，但这两种方法到了Windows 8中似乎都不那么好用了。Windows 8使用Windows徽标键+空格键进行输入法之间的切换；利用Shift键在中文与英文模式之间来回切换。

2. 找不到语言栏

如果桌面和任务栏上都不显示语言栏，可能是语言栏被隐藏了，可以执行如下操作将语言栏显示出来。

1 将鼠标指针移到屏幕的右上角或右下角，显示超级按钮，然后向上或向下移动以单击“设置”按钮。此时，会显示“设置”菜单，选择其中的“控制面板”命令，如图5.2所示。

图5.2 单击“控制面板”命令

2 打开“控制面板”窗口，单击“时钟、语言和区域”选项下的“更改输入法”文字链接，如图5.3所示。

3 打开“语言”窗口，单击左侧的“高级设置”文字链接，如图5.4所示。

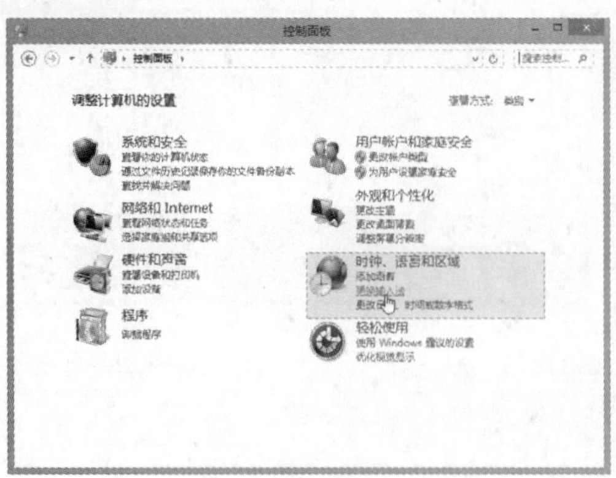
图5.3 “控制面板”窗口

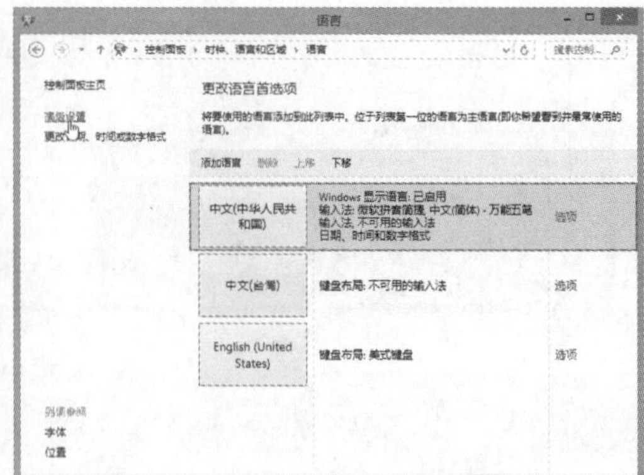
图5.4 “语言”窗口

4 打开“高级设置”窗口，选中“使用桌面语言栏”复选框，并单击右侧的“选项”文字链接，如图5.5所示。

5 打开“文本服务和输入语言”对话框，选中“悬浮于桌面上”单选按钮，单击“确定”按钮即可，如图5.6所示。

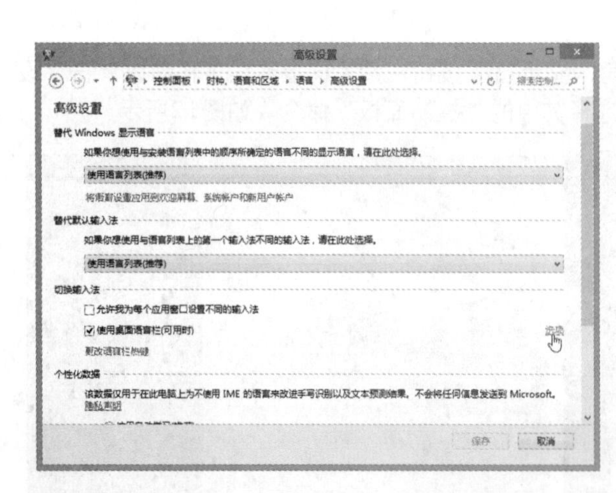
图5.5 “高级设置”窗口

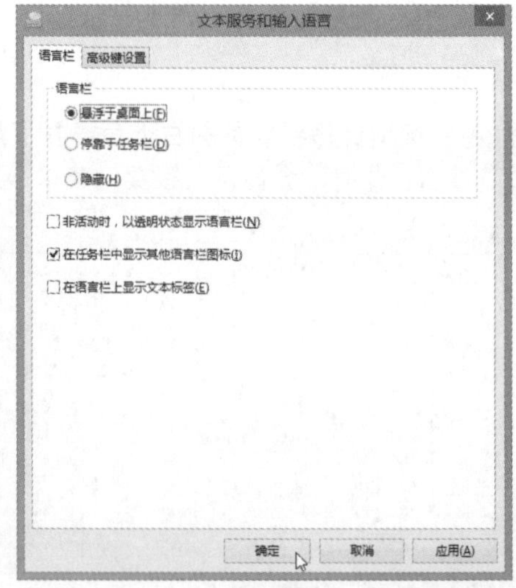
图5.6 “文本服务和输入语言”对话框

5.1.2 切换中 / 英文输入模式

Windows 8系统自带的微软拼音简捷输入法，无论是在Windows的开始屏幕界面中还是在Windows传统桌面中，都可以在中文的输入模式下按Shift键，或者单击“中/英”标识切换到英文输入模式，如图5.7所示。另外，单击语言栏的“中”字按钮，当变成“英”字按钮时，表示已经切换到英文输入模式。

图5.7 切换中/英文输入模式

5.1.3 切换全角 / 半角输入模式

在中文输入模式下语言栏会显示一个全角/半角按钮 ，按下Shift+Space（空格）组合键可以切换半角和全角的输入模式，如图5.8所示。

图5.8 切换全角/半角

半角与全角的差异对比

半角模式下输入的符号、英文、数字的宽度是中文汉字的一半，为了使文字对齐，可以切换到全角模式下输入，使符号、英文、数字的宽度和汉字一样。

下表分别是在半角和全角的输入模式下的效果。

半角	ABCDabcd1234,:?
全角	ＡＢＣＤａｂｃｄ１２３４，：？

5.2 安装、切换和删除输入法

目前流行的中文输入法有搜狗、谷歌、紫光拼音、智能五笔、万能五笔等，用户可以根据个人喜好选择合适的输入法，当然还要考虑输入法适用于Windows 8。本节介绍安装、切换和删除输入法的基本方法。

5.2.1 安装输入法

如果Windows自带的输入法无法满足用户的需要，也可以根据自己的喜好下载并安装合适的输入法。我们以安装搜狗输入法为例，介绍如何安装非Windows提供的中文输入法。

首先登录搜狗输入法网站（http://pinyin.sogou.com/）下载搜狗输入法，然后在计算机中找到下载的输入法的安装程序。双击即可安装此输入法，如图5.9所示。

在安装的过程中，只需按照提示进行简单的设置即可。安装完毕后，单击任务栏的输入法图标，就可以看到安装好的输入法了，如图5.10所示。

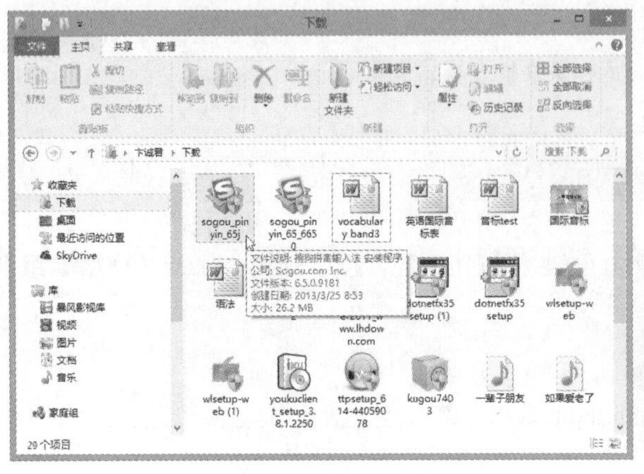

图5.9 找到下载输入法的文件夹

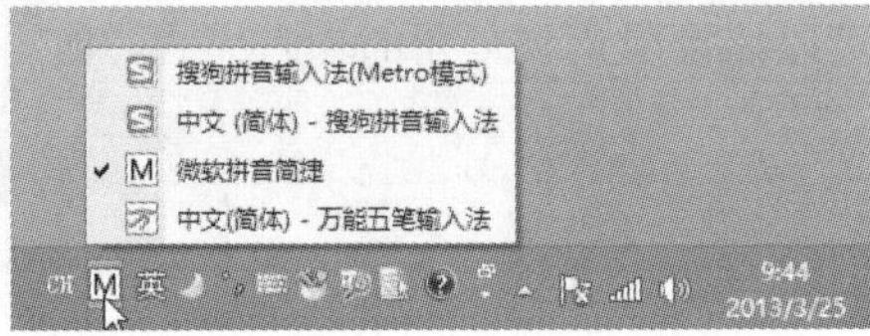

图5.10 新安装的输入法

5.2.2 切换不同的中文输入法

由于一般用户会安装多种输入法，使用时会遇到多种输入法互相切换的问题。用户可以使用鼠标单击语言栏选择要使用的输入法，还可以利用Windows徽标键+空格键快速切换，屏幕的右侧显示一个大的切换框，每按一次组合键，就会切换一种输入法，按顺序循环显示，如图5.11所示。

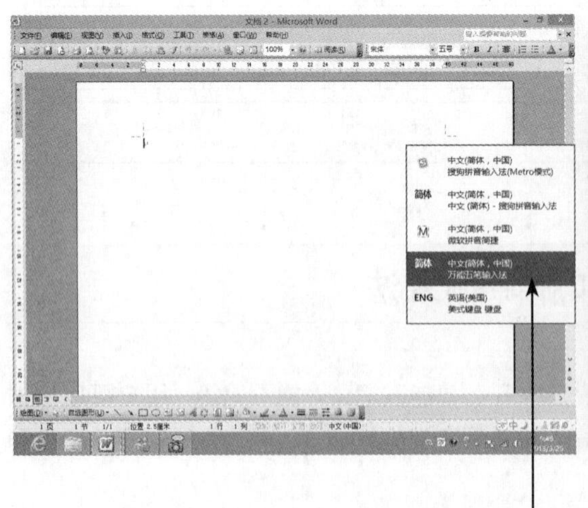

在 Windows 传统桌面切换输入法　　在 Windows 8 开始屏幕搜索界面切换输入法

图5.11 切换输入法

5.2.3 删除输入法

当用户误装某种输入法，或者某种输入法不常使用时，可以将其删除。我们以删除搜狗输入法为例，来介绍如何删除输入法。

1 按Windows徽标键+X键在屏幕的左下角弹出“快速访问菜单”，如图5.12所示。选择其中的“控制面板”命令，打开“控制面板”窗口，单击“时钟、语言和区域”分类下的“更换输入法”文字链接，如图5.13所示。

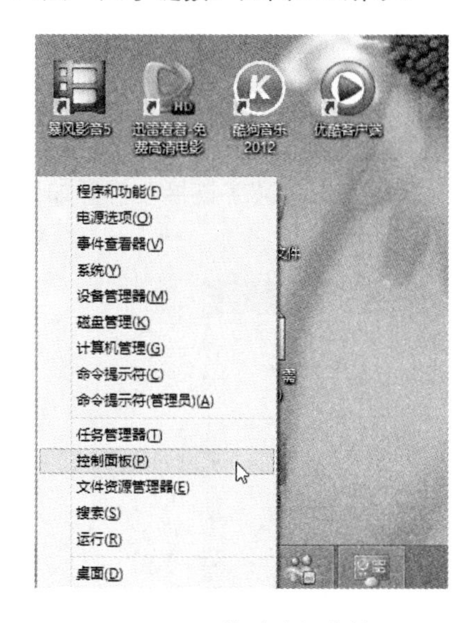

图5.12 快速访问菜单

图5.13 单击“更换输入法”文字链接

2 打开“语言”窗口，其中显示当前系统的语言种类和对应的输入法。单击输入法右侧的“选项”文字链接，如图5.14所示。

3 打开如图5.15所示的“语言选项”窗口，可以查看该语言下已安装的输入法，单击“删除”文字链接，即可卸载对应的输入法。

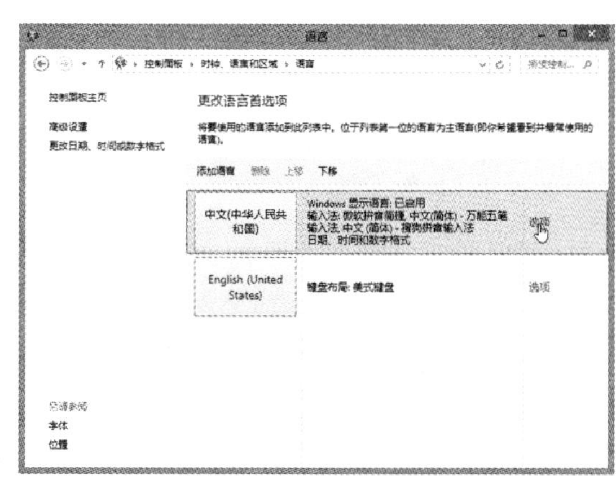

图5.14 “语言”窗口

图5.15 “语言选项”窗口

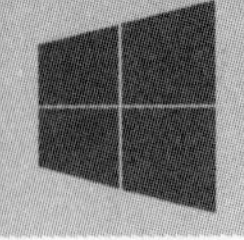

添加输入法

如果要添加某个输入法，可以在“语言选项”窗口中单击“添加输入法”文字链接，在打开的窗口中选择要添加的输入法，然后单击“添加”按钮即可。

5.2.4 设置默认输入法

一般情况下，用户习惯使用某种输入法，可以将其设置为默认输入法，省去每次使用都需要连续切换的麻烦。设置默认输入法的操作步骤如下：

1 使用前一节的方法，打开“语言”窗口，单击左侧的“高级设置”文字链接，打开如图5.16所示的“高级设置”窗口。

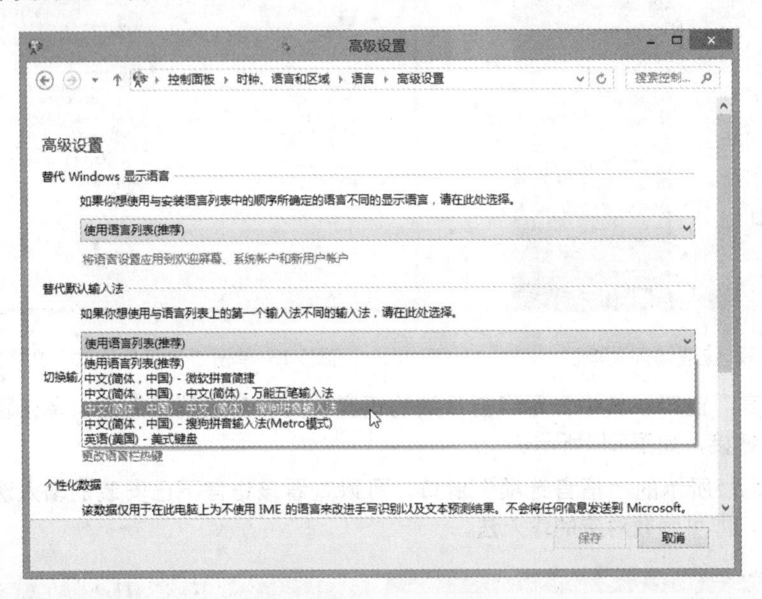

图5.16 “高级设置”窗口

2 在“替代默认输入法”下拉列表框中选择一种输入法，即可将自己习惯的输入法设置为Windows系统默认的输入法。

5.3 学会使用常用中文输入法

目前，已经开发了上千种中文输入法，但是无论哪一种输入法都离不开拼音输入、形码输入和音形输入这3种基本的模式。下面介绍几种常用输入法的使用方法。

5.3.1 使用微软拼音简捷输入法

Windows 8系统自带的微软拼音简捷输入法提供了许多功能，无论是在Windows传统桌面还是Metro界面均提供了相应的输入体验，以方便用户在每种模式下都能够快速准确地输入。

微软拼音简捷输入法是一种汉语拼音语句输入法。在使用微软拼音输入法输入汉字时，可以连续输入汉语语句的拼音，系统会自动根据拼音选择最合理、最常用的汉字，免去逐字逐词挑选的麻烦。

1. 输入单个汉字

下面以在“记事本”窗口中输入汉字为例，介绍微软拼音输入法的使用方法。

1 为了打开“记事本”窗口，切换到开始屏幕界面，在空白处单击鼠标右键，然后单击屏幕下方的“所有应用”按钮，在“应用”界面中单击“Windows附件”组中的“记事本”磁贴，打开“记事本”窗口。

2 按Windows徽标键+空格键，切换到微软拼音简捷输入法。

3 使用键盘输入拼音dian，弹出输入法候选框，如图5.17所示。

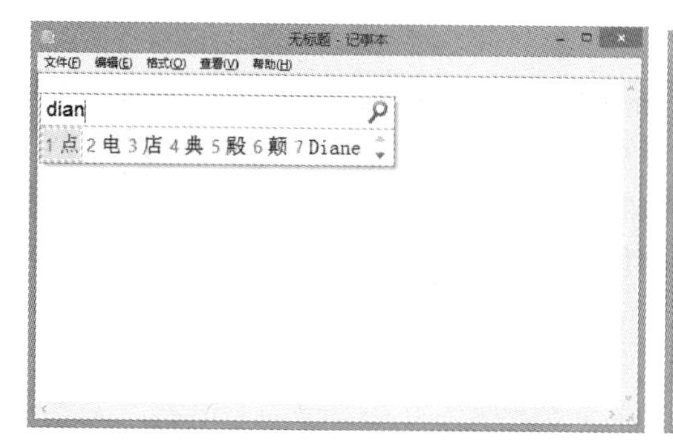

图5.17 输入法候选框

4 在汉字候选框中，按照汉字对应的数字键输入汉字。例如，按2键，即可输入“电”。如果要翻页，可以单击翻页按钮，或者按键盘的减号（-）或等号（=）。

用触摸键盘输入

如果用户使用的是触摸屏或者想使用鼠标输入，可以打开触摸键盘。在Metro风格的界面（开始屏幕）下，触摸键盘会在文字编辑界面下自动打开。在传统桌面下，可以在任务栏的空白处单击鼠标右键，选择“工具栏”|“触摸键盘”命令，触摸键盘图标会出现在任务栏中。在文字编辑界面下，鼠标单击或在触摸屏上点按任务栏中的图标，即可打开触摸键盘，如图5.18所示。

图5.18 触摸键盘

2. 输入词组

微软拼音输入法还具有词组输入功能，以提高录入的速度。词组的输入方法与单字输入很相似。例如，利用微软拼音输入法输入“中国人”，具体操作步骤如下：

1 在记事本窗口中，将输入法切换为微软拼音输入法。

2 按顺序输入拼音字母“zhongguoren”，在输入过程中自动显示内容搭配，如图5.19所示。由于“中国人”出现在第一位，按下空格键选择排在第一位的词组，完成该词组的输入。

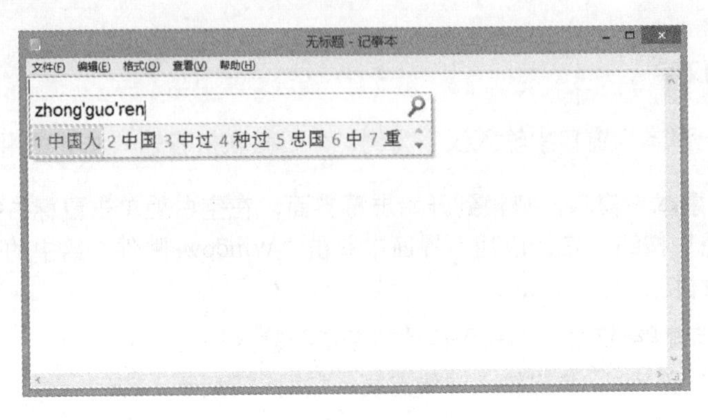

图5.19 输入拼音

3 当需要输入单个字的时候，直接输入全拼“min”，将会出现很多单字，经过观察“民”仍然排在候选框的第一位，所以直接按下空格键即可。

4 还可以尝试使用简拼，如需要输入“共和国”，那么只需输入“ghg”这3个字母，将会出现一系列词组，会发现“共和国”仍然排在第一位，直接按下空格键完成输入。

5.3.2 使用搜狗输入法

下面介绍一种使用比较广泛、输入速度快、无需记忆且有智能组词的输入法——搜狗拼音输入法。它博采众长，设计理念和一些必要的功能都非常符合时代的要求。其强大而且不断及时更新的词库和非常好用的输入功能以及个性化的界面设置，使它在众多输入法中脱颖而出，成为网上输入法的主流之一。新版搜狗输入法与Windows 8兼容性较好，安装搜狗输入法时除提供了常用传统的输入法模式外，还提供了“搜狗拼音输入法（Metro模式）”，让用户可以在Windows 8的Metro界面下输入汉字。

1. 全拼输入

全拼输入是拼音输入法中最基本的输入方式。只要利用Ctrl+Shift组合键切换到搜狗输入法，在输入窗口输入拼音，如图5.20所示，依次选择所要的字或词即可。用户可以用 “逗号（，）、句号（。）”或“[ ]”进行翻页。

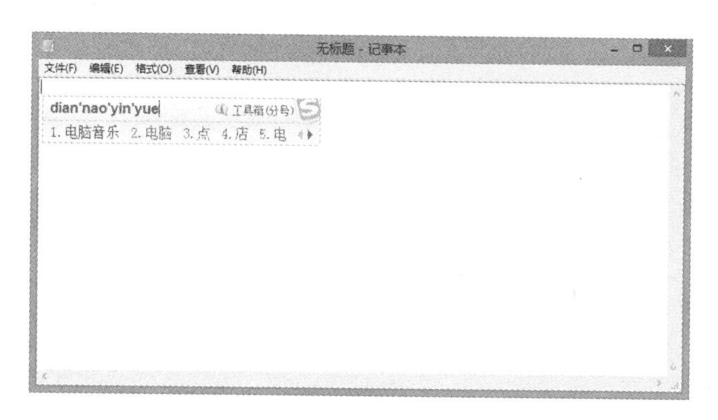

图5.20 全拼输入

小提示

在输入中文的过程中，按Shift键即可切换到英文输入状态，再按Shift键可返回中文状态。另外，还可以在输入英文后，直接按Enter键。

2. 简拼输入

简拼是输入声母或声母的首字母进行输入的一种输入方法，有效地利用简拼，可以大大提高输入的效率。目前搜狗输入法支持的是声母简拼和声母的首字母简拼。例如，想输入“张靓颖”，只要输入“zhly”或者“zly”都可以显示“张靓颖”。

另外，搜狗输入法支持简拼和全拼的混合输入，如输入“srf”、“sruf”、“shrfa”都可以得到“输入法”。

当遇到候选词过多时，可以采用简拼与全拼混用的模式，这样能够利用最少的输入字母达到最准确的词组。例如，要输入“指示精神”，输入拼音“zhishijs”、“zsjingshen”、“zsjingsh” 或“zsjings”都是可以的。打字熟练的人会经常使用全拼和简拼混用的方式。

中文数字大写一般用在输入金额的时候，有一种自动转换的方法，而不必一一输入再忙着选字，该功能可以为金融工作者节省不少时间。例如，搜狗输入法提供 v 模式大写功能，输入“ v 525798645”，就可以输出“伍亿贰仟伍佰柒拾玖万捌仟陆佰肆拾伍”。

3. 模糊音输入

模糊音是专为对某些音节容易混淆的人设计的。启用模糊音后，如sh<-->s，输入“si”也可以出来“十”，输入“shi”也可以出来“四”。

搜狗支持的模糊音有：

声母模糊音：s <--> sh，c<-->ch，z <-->zh，l<-->n，f<-->h，r<-->l；

韵母模糊音：an<-->ang，en<-->eng，in<-->ing，ian<-->iang，uan<-->uang。

4. 使用自定义短语

在输入过程中，有很多短语（如单位名称、地址等）会反复出现，如果能用几个简单的字母就能轻松输入这些短语，一定可以提高输入速度。搜狗输入法提供了自定义短语的功能，具体操作步骤如下：

1 单击搜狗状态栏右侧的 按钮，在弹出的快捷菜单中选择“设置属性”命令，打开如图5.21所示的“搜狗拼音输入法设置”对话框。

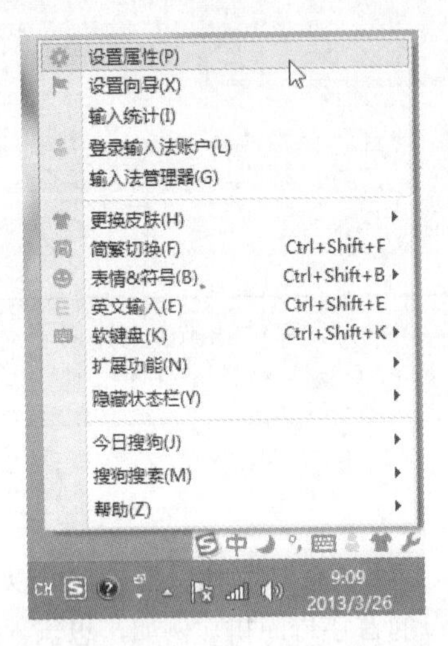

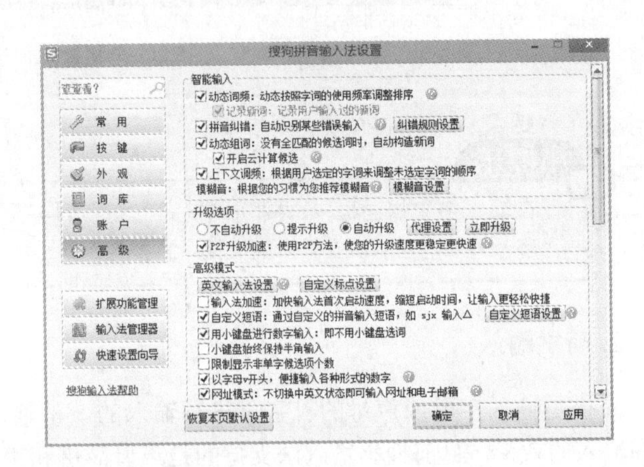

图5.21 “搜狗拼音输入法设置”对话框

2 单击左侧的“高级”分类，然后单击右侧的“自定义短语设置”按钮，打开“自定义短语设置”对话框，在此可以添加、编辑与删除短语。

3 单击“添加新定义”按钮，打开如图5.22所示的“添加自定义短语”对话框，在“缩写”文本框中输入英文字符，在“短语”文本框中输入想要的文本。

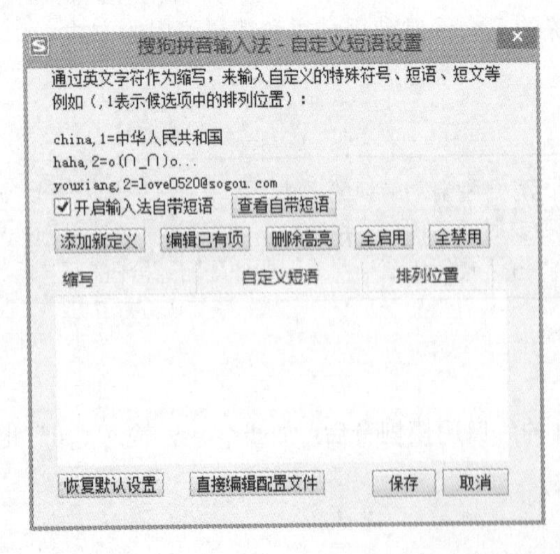

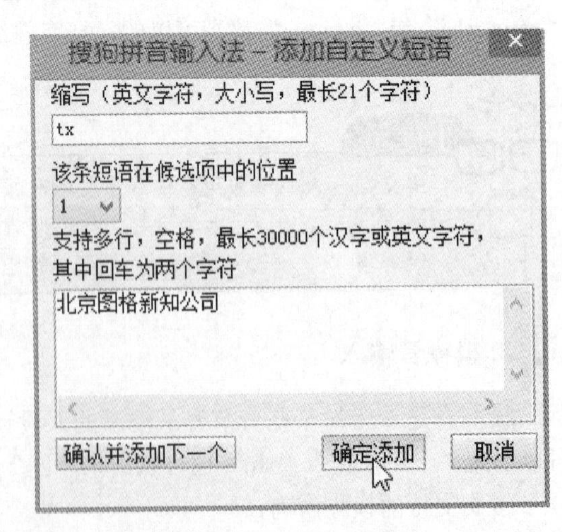

图5.22 “添加自定义”对话框

4 单击“确认添加”按钮。此时，输入“tx”，就会出现“北京图格新知公司”的候选词了。

搜狗拼音输入法通过字母可以输入特殊符号，基本上使用符号的发音声母即可输入常用的符号。例如，如果希望输入摄氏度的符号℃，则输入ssd；百分号%为bfh；省略号……为slh。

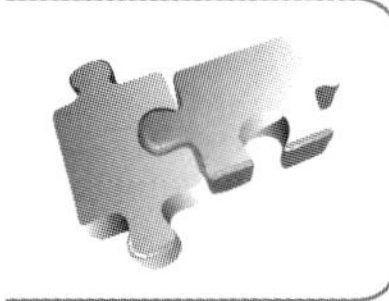

5.4 高级应用的技巧点拨

技巧1：Windows 8输入法切换也智能

在Windows 8中，预装的输入法比之前的输入法可谓是改变不小。虽然第三方输入法仍有一些不够完美之处，但是应付日常使用完全足够。在Windows 8中，不仅对中文输入做了优化，对于输入法的切换也提供了一种更加便利的设置——为不同的程序单独设置输入法。

1 在“控制面板”窗口中，单击“时钟、语言和区域”组下的“更换输入法”文字链接，打开如图5.23所示的“语言”窗口。

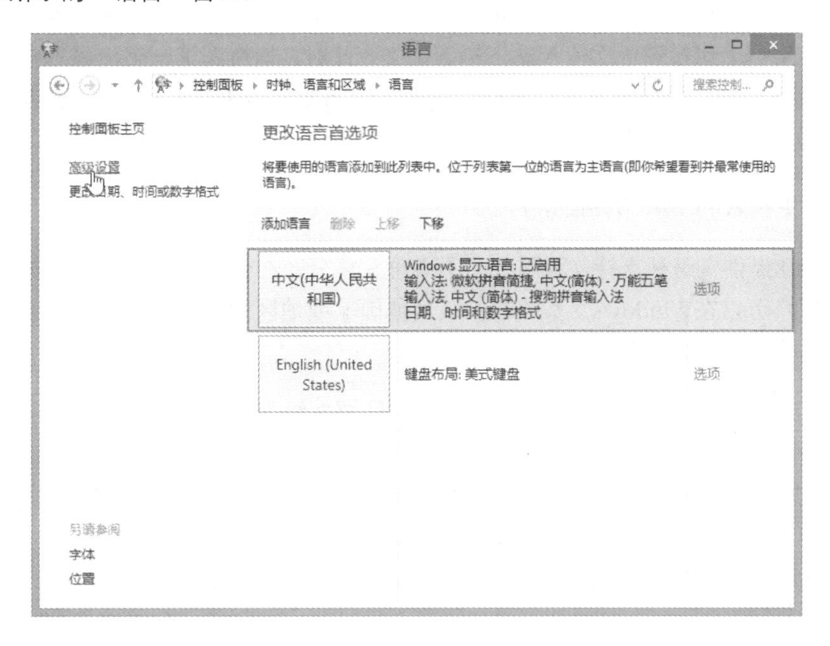

图5.23 “语言”窗口

2 打开“高级设置”窗口，选中“允许我为每个应用窗口设置不同的输入法”复选框，然后单击“保存”按钮，如图5.24所示。

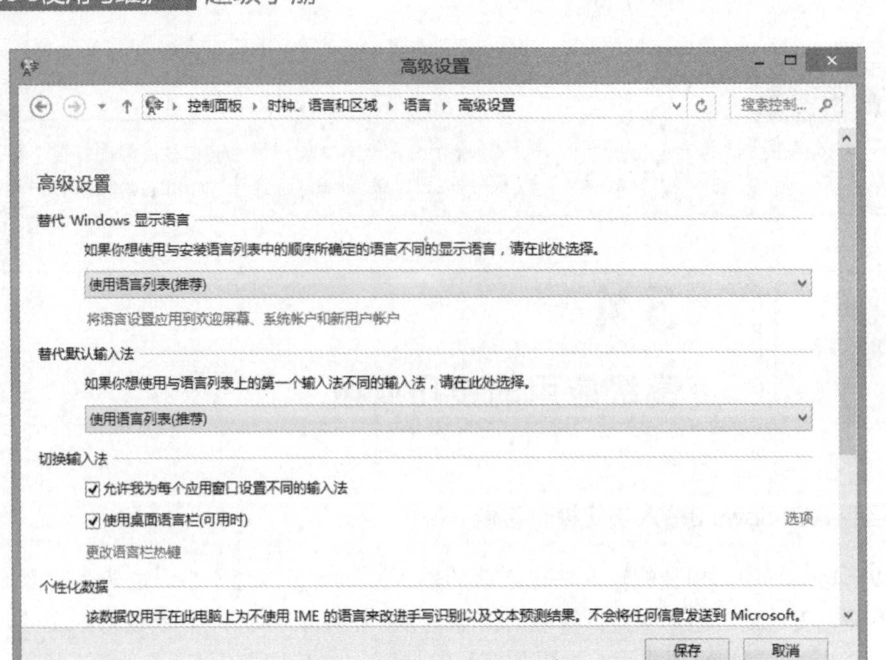

图5.24 “高级设置”窗口

此时，用户可以试着打开两个“记事本”窗口，在第一个记事本窗口中输入英文，然后在第二个记事本窗口中切换到中文输入法下输入中文。此时，切换到第一个记事本窗口，则输入状态恢复回英文状态。这样的设置，可以方便在不同的窗口中快速进入工作状态，如在QQ与同事沟通时需要输入中文，而在英文写作中需要输入英文。

技巧2：更换Windows 8界面语言

Windows 8提供多语种支持，跨国公司不必再头疼分布在全球不同语种地区的分公司电脑系统问题。用户可以在Windows 8系统中安装其他国家或地区的语言。例如，想添加阿拉伯的语言包，具体操作步骤如下：

1 在“控制面板”窗口中，单击“时钟、语言和区域”组下的“添加语言”文字链接，打开“语言”窗口。

2 单击“添加语言”按钮，打开“添加语言”窗口，在列表中选择要添加的语言（如阿拉伯语）后单击“打开”按钮，如图5.25所示。

3 进入如图5.26所示的“区域变量”窗口，可以看到更细致的分类。选择需要的语言，然后单击“添加”按钮。

4 此时，在“语言”窗口中看到已经安装好的语言列表。在这里还可以通过“上移”、“下移”等按钮对所安装的语言进行优先级的排序，如图5.27所示。

5 单击具体语言右侧的“选项”文字链接，进入该语言的“语言选项”窗口，单击“下载并安装语言包”文字链接，如图5.28所示。

图5.25 “添加语言”窗口

图5.26 “区域变量”窗口

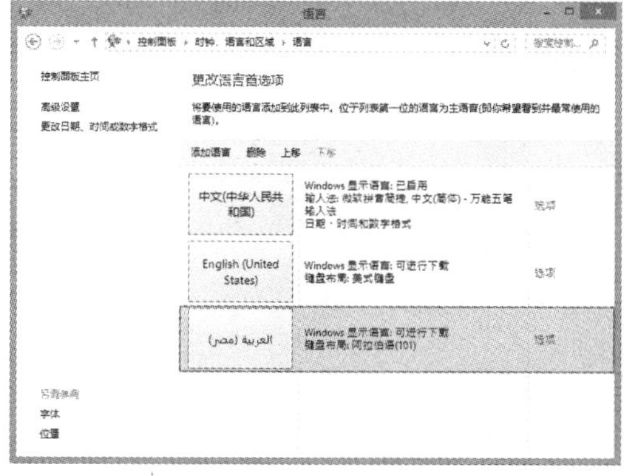

图5.27 已添加的语言

图5.28 “语言选项”窗口

6 Windows 8系统开始自动完成所选语言下载和安装更新，根据不同的语种语言包和网络速度，下载速度会有不同，请耐心等待，如图5.29所示。安装完成后，单击“关闭”按钮。

7 在“语言”窗口中单击“高级设置”文字链接，进入如图5.30所示的“高级设置”窗口。在“替代Windows显示语言”区下拉列表框中选择刚添加的语言，然后单击“保存”按钮。

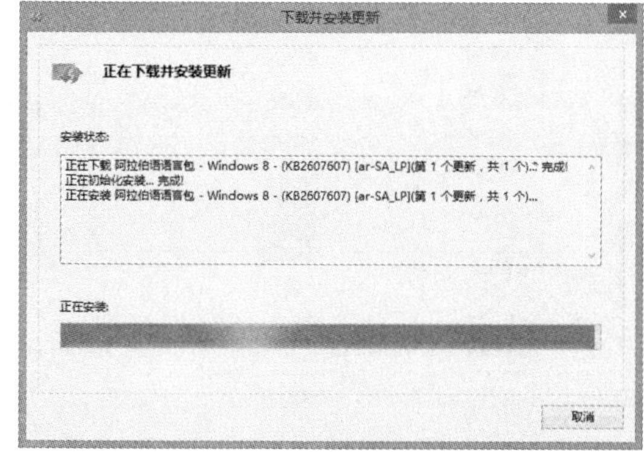

图5.29 下载并安装语言包

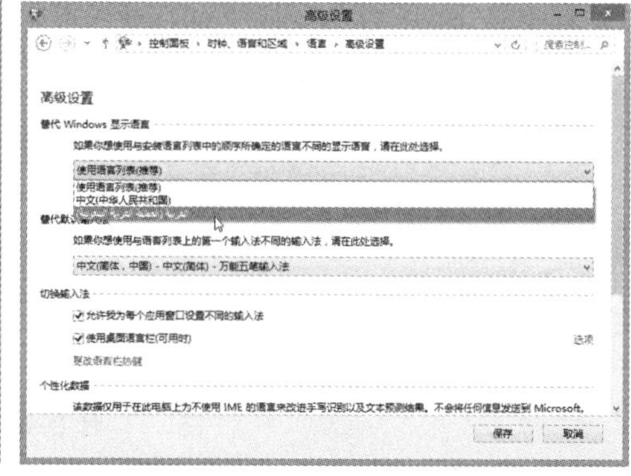

图5.30 “高级设置”窗口

8 此时，只要注销当前的用户，再次进入此用户，会发现用户界面的语言字体也改变了。

技巧3：设置Windows 8输入法指示器的显示/隐藏

输入法指示器是Windows 8传统桌面任务栏右下角的一个有关输入法的指示图标，如微软拼音简捷输入的“M”图标、搜狗输入法的“简体”图标等，单击它可以随时切换和设置输入法。在Windows 8中可以显示或隐藏输入法指示器，具体操作步骤如下：

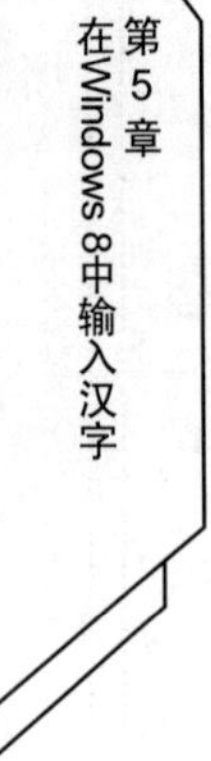

1 单击任务栏右端的向上三角形图标按钮，在弹出的列表中选择“自定义”选项，如图5.31所示。

图5.31 选择“自定义”选项

2 打开“通知区域图标”窗口，单击“启用或关闭系统图标”文字链接，打开“系统图标”窗口，找到“输入指示”，然后选择“启用”或“关闭”，如图5.32所示。

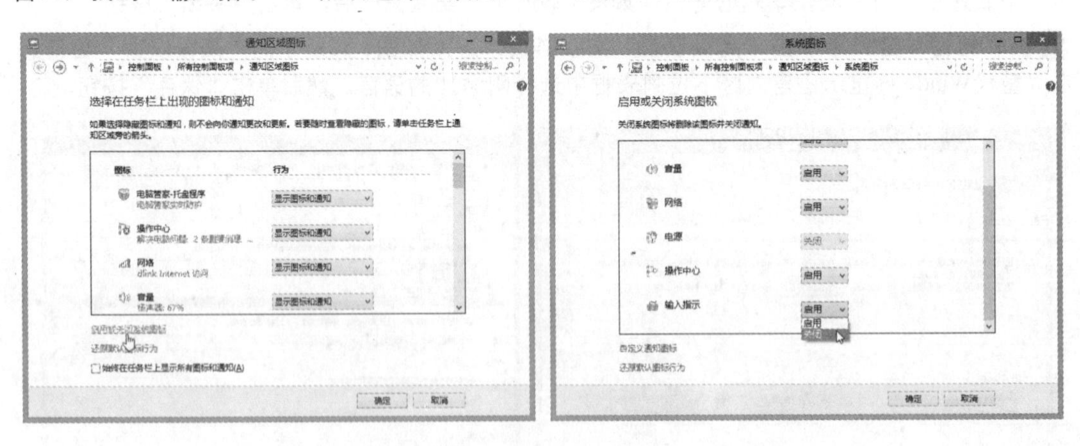

图5.32 启用或关闭“输入指示”

技巧4：设置输入法的快捷键

默认的输入法只能设置一个，但是如果用户经常使用多个输入法时，能否利用更快捷的方法立即切换呢？答案是肯定的，即为输入法设置快捷键，具体操作步骤如下：

1 打开“高级设置”窗口，单击“切换输入法”组下的“更改语言栏热键”文字链接，打开如图5.33所示的“文字服务和输入语言”对话框。

2 在“高级键设置”选项卡下选择要设置的输入法，然后单击“更改按键顺序”按钮，打开如图5.34所示的“更改按键顺序”对话框。

3 在“更改按键顺序”对话框中选中“启用按键顺序”复选框，在下方的下拉列表框中选择Ctrl+Shift，也可以选择Alt+Shift；在右边的下拉列表框中选择数字0～9以及“～”等。用户可以根据自己的习惯设置相应的快捷键，然后单击“确定”按钮。以后要输入中文时，可以直接按设置的快捷键切换到此输入法。

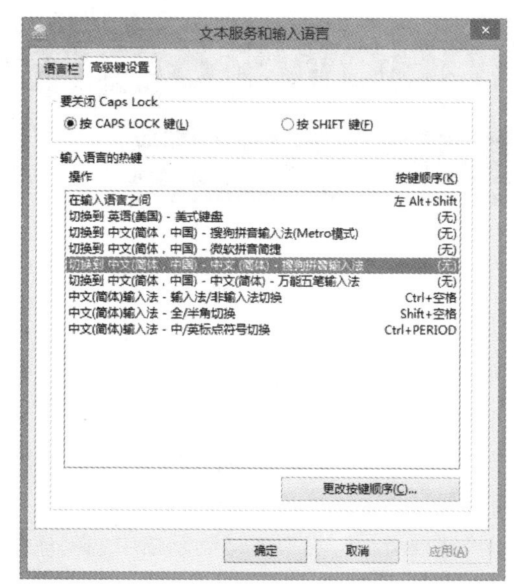

图5.33 “文字服务和输入语言”对话框

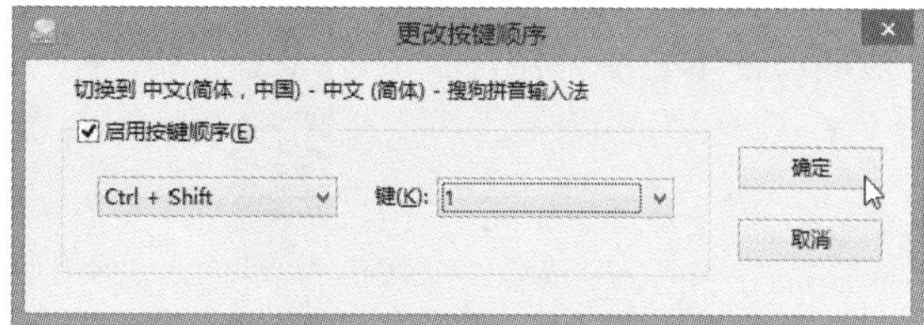

图5.34 “更改按键顺序”对话框

06

第 6 章 Windows 8自带的实用小工具

虽然Windows 8以开始屏幕取代了开始菜单，但是以前用户习惯的开始菜单中的附件工具仍然保留。例如，在计算机上用便笺提醒自己待办的事项、用计算器计算房贷、截取屏幕画面以便向朋友寻求协助，或者经常要将计算机屏幕切换到投影仪做演示、远程联机到其他计算机等，众多实用的功能将在本章中介绍。

学习提要

- 善用 Windows 8 的便笺提醒大小事
- 巧用“截图工具”抓取屏幕画面
- 使用步骤记录器录制屏幕操作
- 使用“远程桌面连接”连接到网络中的其他计算机
- 相互访问“被控端”与“主控端”计算机中的文件
- 帮助远程计算机关机

6.1 善用 Windows 8 的便笺提醒大小事

用户经常会在便笺写上怕忘记的事情，然后贴在最容易看到的地方来提醒自己。Windows 8的便笺也具有相同的功能，不但可随意增加、删除便笺，还能改变大小、颜色，比纸做的小便笺还要好用，而且更加环保。

1 切换到Windows 8的开始屏幕，在屏幕的空白位置单击鼠标右键，单击底部的“所有应用”按钮，然后找到“Windows附件”组下的“便笺”图标，如图6.1所示。

图6.1 单击“便笺”图标

2 桌面上就会出现一张空白的便笺让用户输入内容，如图6.2所示。

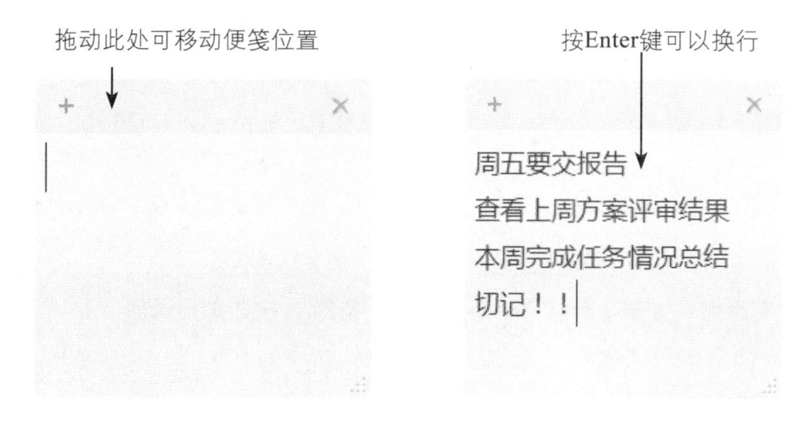

图6.2 添加一张便笺

便笺的内容不需要保存，只要不将其删除，即使关机后再打开，仍然会显示在桌面上。

3 用户可以放大便笺上想要强调的文字，作为提醒或当作便笺的标题；还可以在列表项目前加上符号、编号等，如图6.3所示。

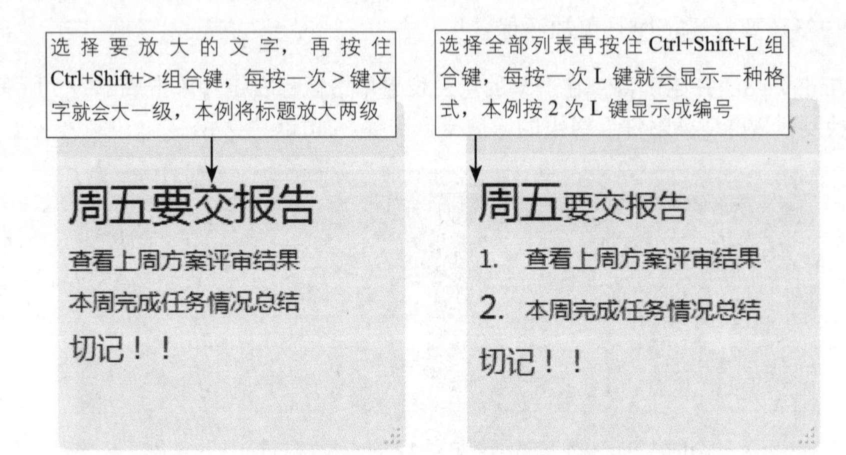

图6.3 放大标题文字并添加符号

4 如果要强调的文字可以应用粗体样式，可选择文字后按Ctrl+B组合键，为文字应用粗体；对于已经完成的事项，则可以在选择文字后按Ctrl+T组合键，为文字应用删除线样式，如图6.4所示。

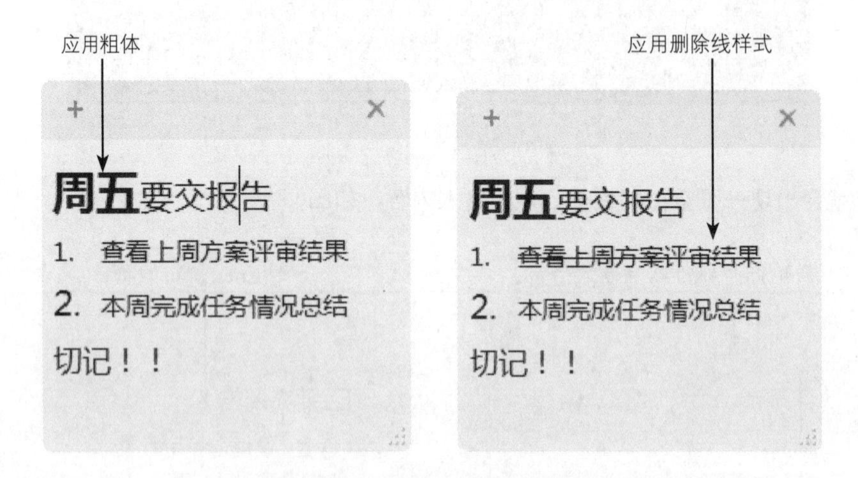

图6.4 为文字应用粗体、删除线格式

5 当用户想要再添加一张便笺时，可单击便笺左上角的 + 按钮进行添加。

6.2 巧用“截图工具”抓取屏幕画面

帮朋友解决计算机问题时，难免会遇到讲不清楚、说不明白的情况，这时可以利用截图工具将操作画面抓下来保存为图片，再标出单击按钮位置、写上说明，并且用MSN或Mail传给朋友，就能够快速解决计算机问题了。

1 准备要抓取成图片的画面，这里以Word 2010为例，假设朋友要将文件的前缀放大，又不知道怎么设置，就用截图工具来帮助他，如图6.5所示。

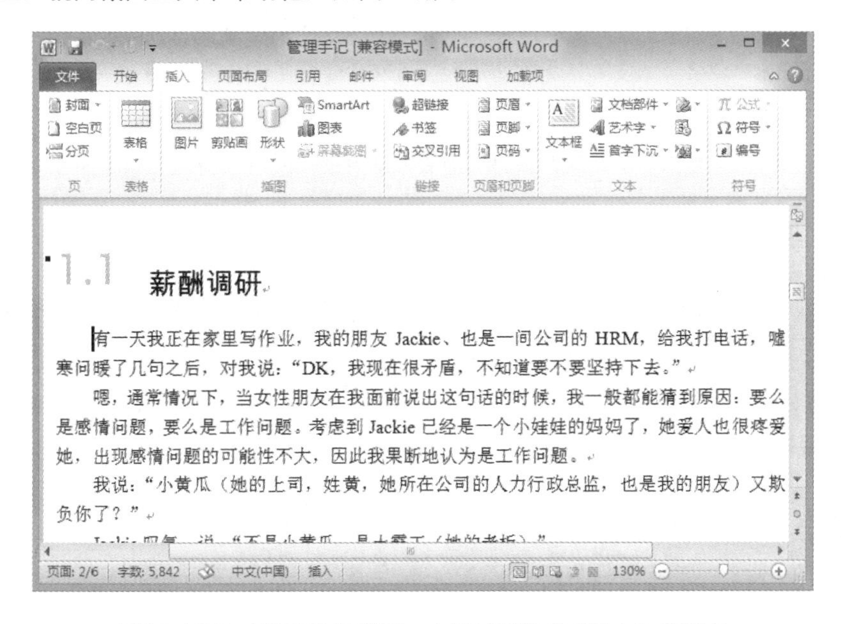

图6.5 以Word 2010进行说明，本例要切换到“插入”选项卡

2 切换到Windows 8的开始屏幕，在屏幕的空白位置处单击鼠标右键，单击底部的“所有应用”按钮，然后找到“Windows附件”组下的“截图工具”图标，然后单击“新建”按钮右侧的箭头来选择抓图方式，如图6.6所示。

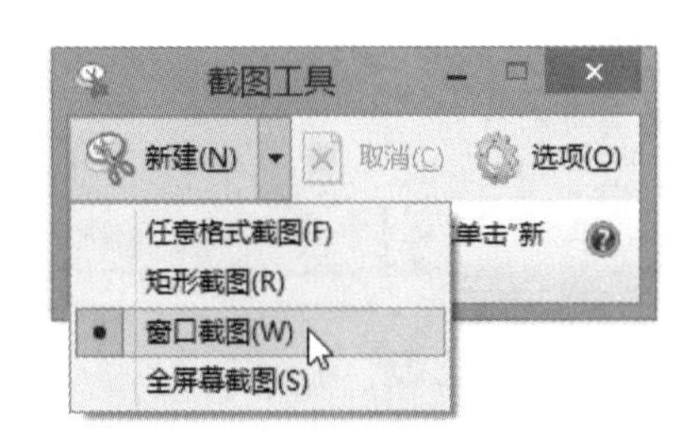

图6.6 打开“截图工具”

3 这时移动指针，会以红色框线表示要抓取的位置，本例请移到Word窗口上单击，如图6.7所示。

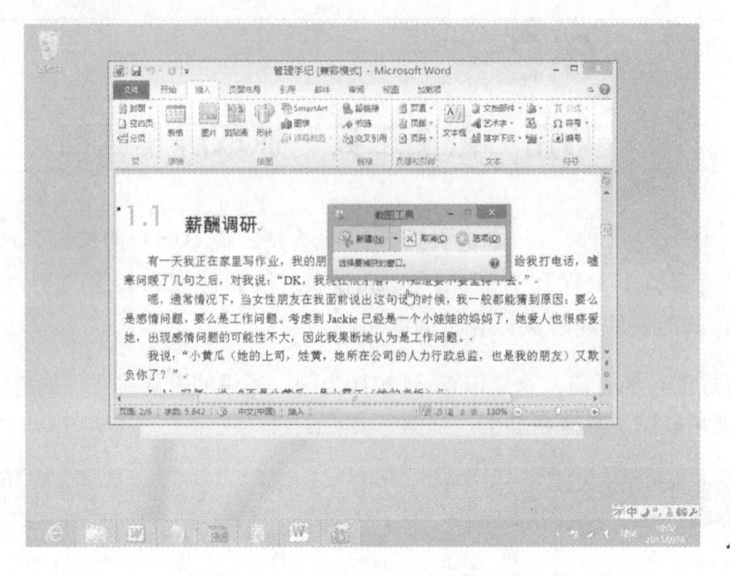

图6.7 选择要抓取的窗口

小提示

如果要更改框线的颜色，可以在下次剪取前先单击截图工具右侧的选项按钮，由笔墨颜色框来选择颜色。

4 抓取的图片会显示在截图工具的编辑窗口中，可以利用其中的荧光笔、画笔等工具来标示位置、添加说明，如图6.8所示。

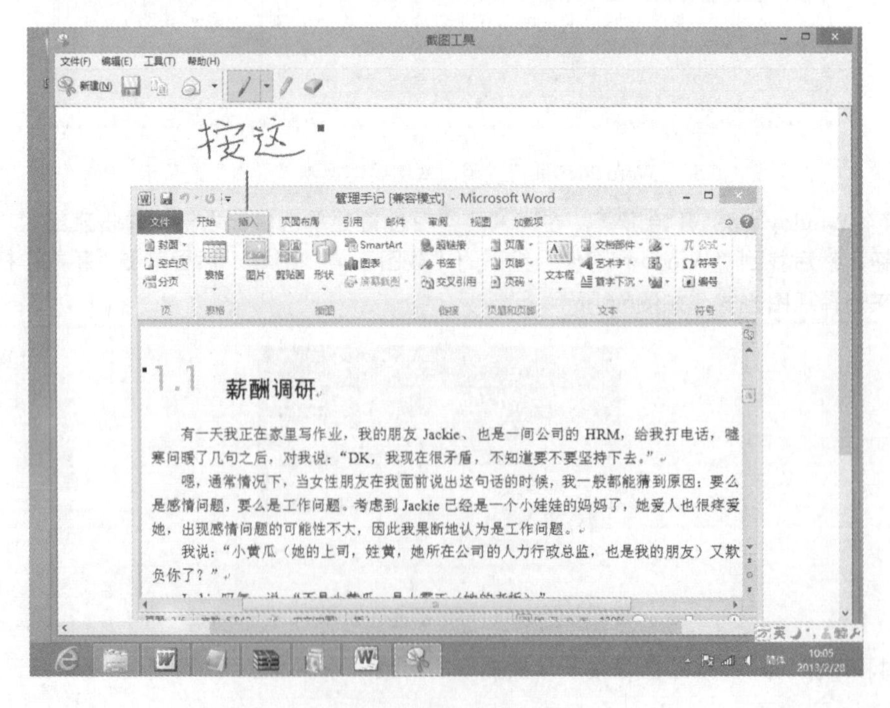

图6.8 加注标示并保存图片

5 如果要抓取已展开的菜单画面，就需要一点技巧。单击上图中的新建按钮，再按Esc键（或截图工具栏上的取消按钮），然后展开要抓取的菜单，如图6.9所示。

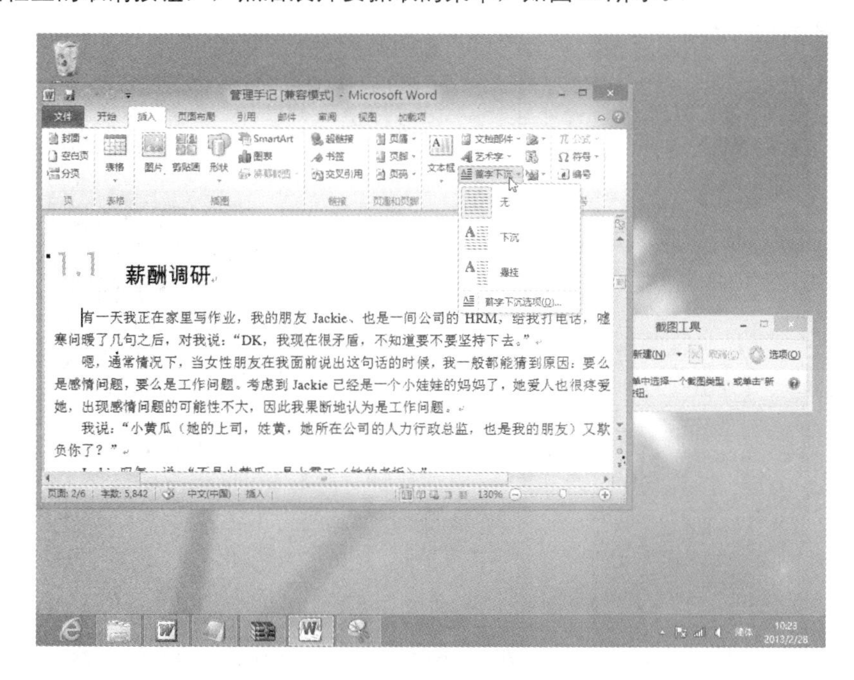

图6.9 抓取展开的菜单

6 按Ctrl+Print Screen快捷键，将截图工具切换成活动中的窗口，再单击“新建”按钮右侧箭头改选“矩形截图”，如图6.10所示。

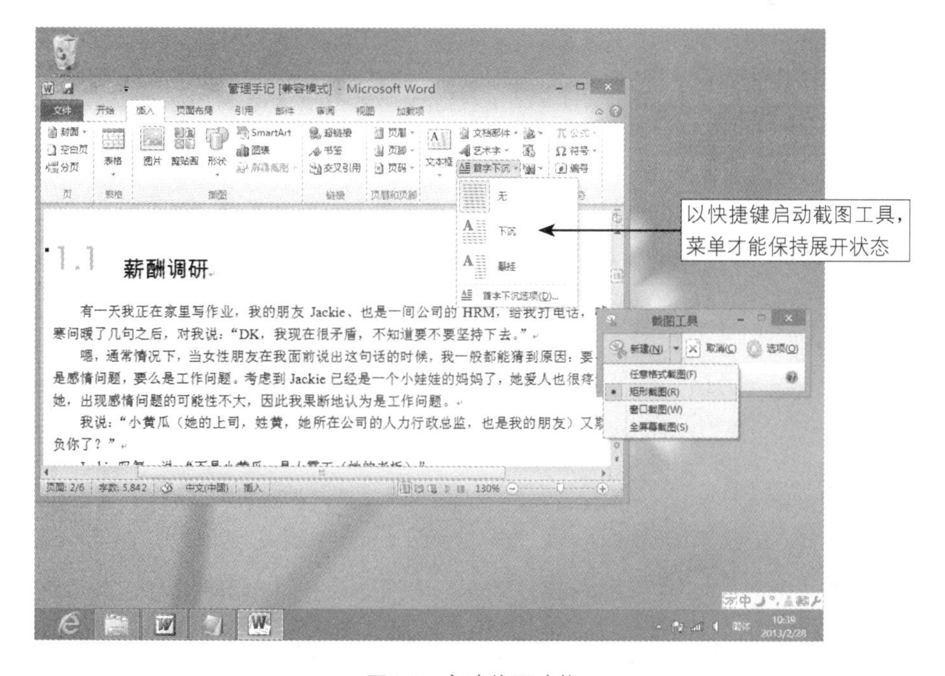

图6.10 启动截图功能

7 这次只要抓取菜单的范围，可用十字型的指针拖动，如图6.11所示框选出菜单的范围。释放鼠标后图片会显示在截图工具的编辑窗口中，可自行编辑或保存，完成后再单击“新建”按钮进行下一步的练习。

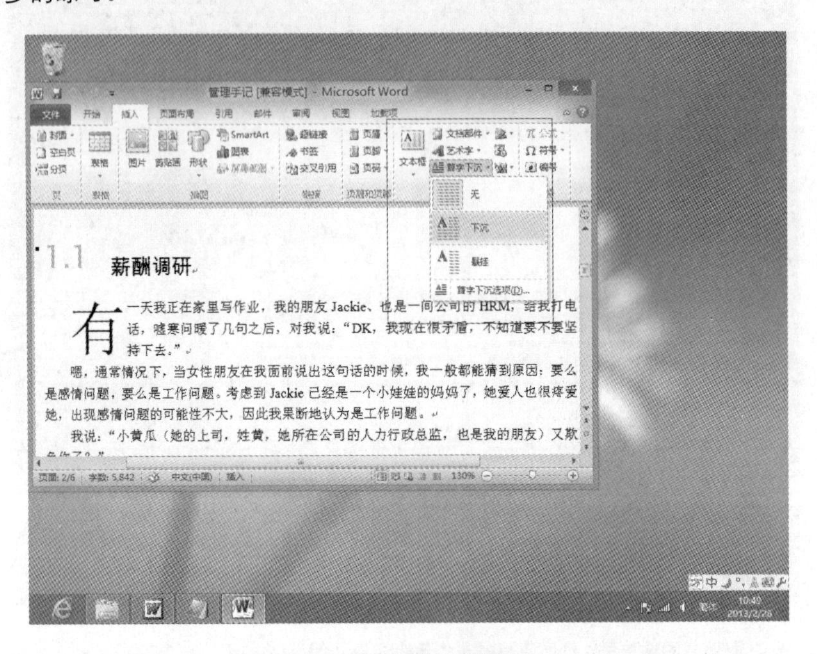

图6.11 抓取矩形范围

8 如果要避开画面中不需要的范围，可以在截图前单击“新建”按钮右侧箭头选择“任意格式截图”，再用鼠标指针圈选出要抓取的范围，四周将会显示为空白，非常好用，如图6.12所示。

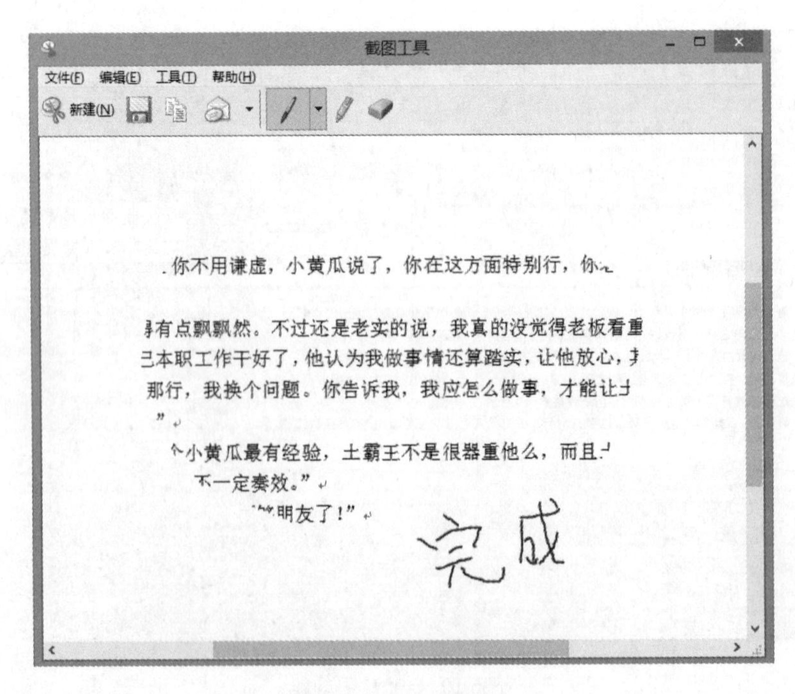

图6.12 抓取任意范围

6.3 使用步骤记录器录制屏幕操作

使用计算机遇到问题时，经常会找专家帮忙。当高手不在身边时，经常很难将问题“清楚地传达”。在这种情况下，就可以利用“步骤记录器”将发生问题时的操作步骤、画面录制下来，再发送给对方，让对方更容易了解来龙去脉。

1 切换到Windows 8的开始屏幕，在屏幕的空白位置单击鼠标右键，单击底部的“所有应用”按钮，然后找到“Windows附件”组下的“步骤记录器”图标，即可打开步骤记录器，如图6.13所示。

图6.13 打开步骤记录器

2 单击“开始录制”按钮后，接下来的每个操作就会被录下来。如果需要为某个操作特别加注说明，可以单击“添加注释”按钮，输入要特别交代的文字，然后单击“确定”按钮，如图6.14所示。

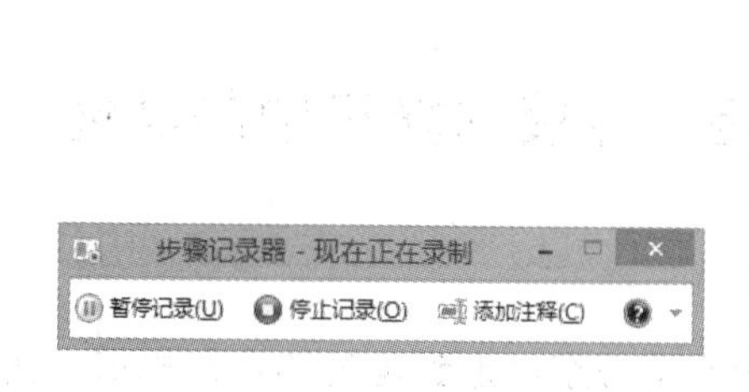

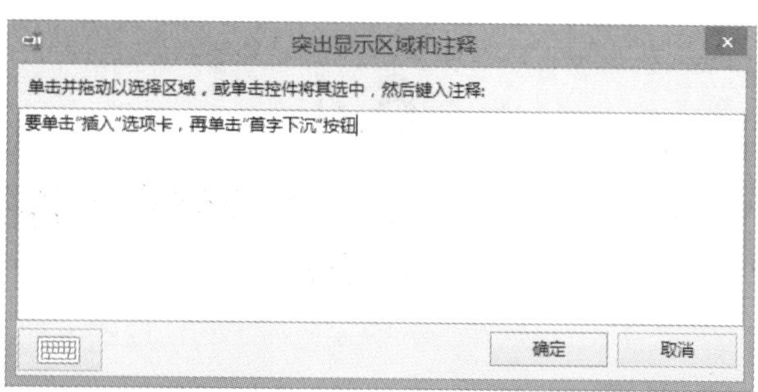

图6.14 开始录制操作步骤

3 要结束录制，可单击“停止录制”按钮，会在步骤记录器中查看录制的问题步骤及详细信息，如图6.15所示。

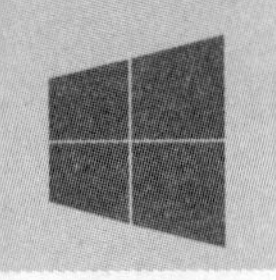

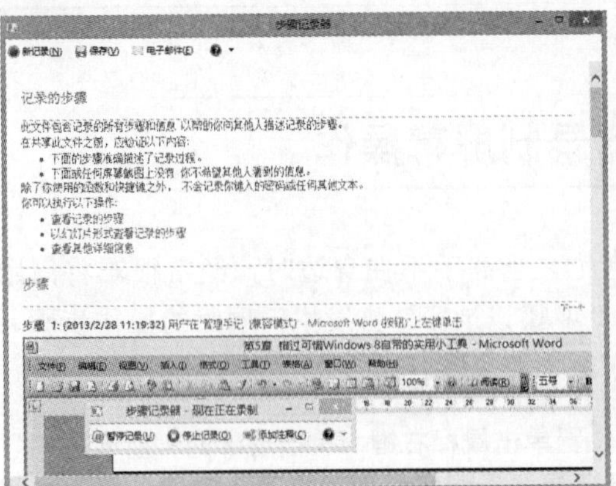

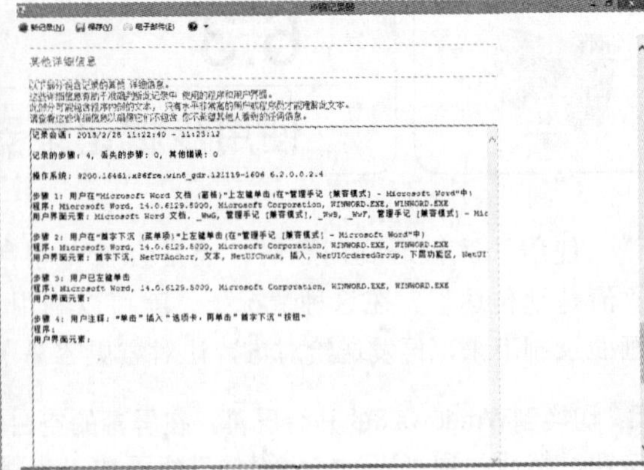

图6.15 查看录制的问题步骤

4 如果要将步骤保存起来，可以单击“保存”按钮，弹出“另存为”对话框，让用户将录制结果保存为ZIP格式的压缩文件，如图6.16所示。双击压缩文件将其解压缩后，会得到一个HTML格式的网页文件，双击即可打开浏览器来查看录制的问题步骤。

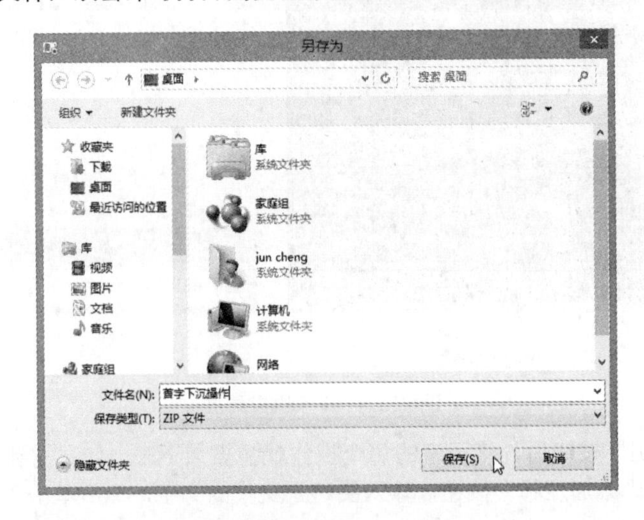

图6.16 “另存为”对话框

6.4 使用“远程桌面连接”连接到网络中的其他计算机

远程桌面连接是一个十分方便的工具，它可以让你不必亲自走到远处的计算机前，就能用当前的计算机来遥控远程计算机并进行各项操作，如编辑文件、运行应用程序等，甚至还能替远程计算机关机。

6.4.1 “远程桌面连接”的应用

“远程桌面连接”可以通过Internet访问远方的计算机。例如，还有工作没有做完，只要公司电脑不关机，就可以用此功能在家连接到公司的计算机，继续未完成的工作。

如果要通过Internet进行远程桌面连接，只需输入公司计算机的“真实IP位置”就能够进行操作，但是这个用途在数据的传送上不太安全（容易被有心人拦截），必须再做其他的加密或防护措施。

小提示

在Internet上的每台计算机都有自己的“门牌号码”，这个门牌号码就是所谓的IP地址，它是由4组数字所组成（如210.62.128.3），计算机就是靠这组“门牌号码”跟网络上的其他计算机进行沟通的。

除了通过Internet访问外，“远程桌面连接”也能够让用户通过局域网来访问远程电脑。例如，小公司、工作室的经费有限，通常只会将专用软件或程序安装在一台公用计算机上让大家使用。如果用户不想一直前往公用计算机，就可以用此功能连接公用计算机进行各项操作。

还有，当用户要做演示文稿或演示产品时，会议室中的计算机没有安装要用的软件，也可以通过此功能，连接到座位上的计算机进行操作。

此外，当用户用笔记本电脑在客厅一边上网一边看电视，想知道书房里的计算机文件是否下载完成，也可以利用此功能进行查看，这样不必亲自走到电脑前就能够了解状况。

6.4.2 使用“远程桌面连接”连接到“被控制”计算机

了解远程桌面连接的用途后，要开始进行连接。为了方便说明，用户将远程计算机称为“被控端”，而当前正在操作的计算机称为“主控端”。要运行远程桌面连接功能，“被控端”和“主控端”计算机都要开机，并且在同一个局域网内。还有“被控端”计算机必须设置好用户密码才行。

1 在“被控端”计算机（在此以Windows 7为例），单击“开始”按钮，在“计算机”上单击鼠标右键，在弹出的快捷菜单中选择“属性”命令，在打开的“系统”窗口左侧单击“远程设置”链接，弹出“系统属性”对话框。

2 选中“允许运行任意版本远程桌面的计算机连接”单选按钮，然后单击“确定”按钮，如图6.17所示。

小提示

如果“被控端”为Windows XP，单击“开始”按钮，在“我的电脑”上单击鼠标右键，在弹出的快捷菜单中选择“属性”命令，在“系统属性”对话框中切换到“远程”选项卡，选中“允许用户远程连接到此计算机”复选框即可。

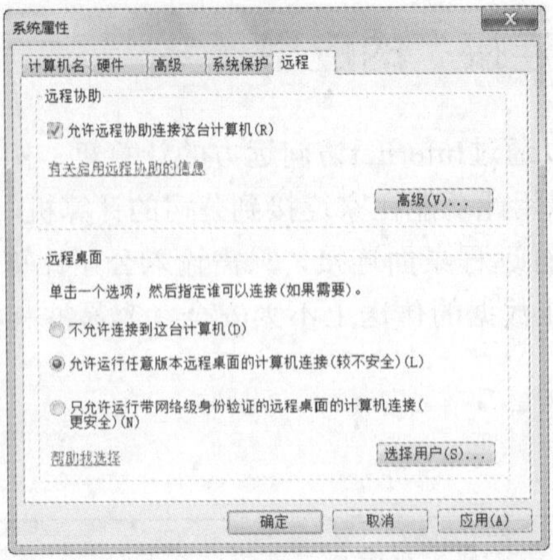

图6.17 “远程”选项卡

3 在Windows 8的“主控端”计算机，切换到开始屏幕，在空白位置处单击鼠标右键，单击“所有应用”按钮，选择“附件”组中的“远程桌面连接”命令，打开如图6.18所示的连接画面，在“计算机”右侧的文本框中输入“被控端”的计算机名或者IP地址，然后单击“连接”按钮。

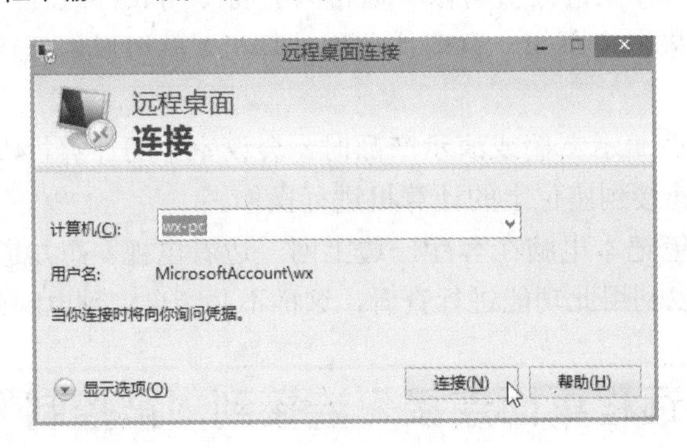

图6.18 “远程桌面连接”对话框

4 要输入远程计算机的用户名和密码，第一次使用“远程桌面连接”功能，这里会显示当前这台计算机（主控端）的用户名，以后进入此画面，这里会变成曾经连接过的“被控端”计算机的用户名，如图6.19所示。

图6.19 输入远程桌面的相关信息

5 接着会出现如图6.20所示的对话框，直接单击“是”按钮继续。

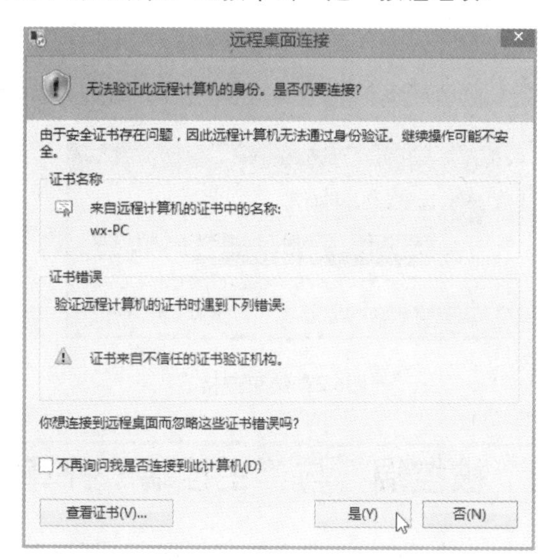

图6.20 验证计算机的身份

6 当用户登录“被控端”计算机，“主控端”计算机会以全屏幕来显示“被控端”计算机中的画面，此时可以进行各项操作，就像真的在该计算机前使用一样，如图6.21所示。

在远程计算机上打开图像处理软件来编修照片

图6.21 登录“被控端”计算机

7 当用户结束与“被控端”计算机的连接，只需单击连接栏的“关闭”按钮就行了，如图6.22所示。

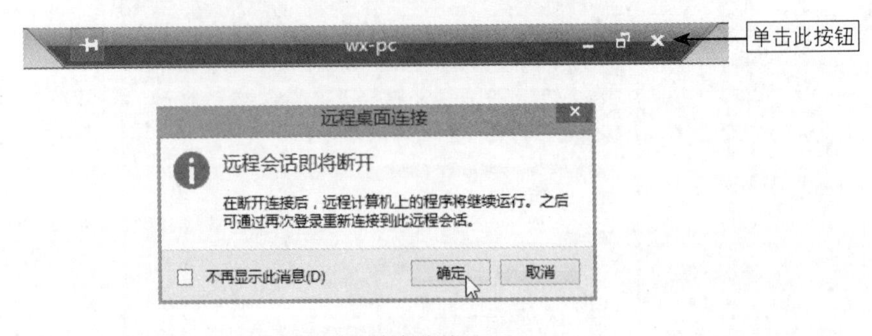

图6.22 结束连接

6.4.3 相互访问“被控端”与“主控端”计算机中的文件

进入“被控端”计算机，除了可以运行各项应用程序，还可以在“被控端”与“主控端”计算机之间互相复制文件，具体操作步骤如下：

1 在“主控端”计算机打开“远程桌面连接”窗口，并单击“显示选项”按钮以展开更详细的设置，如图6.23所示。

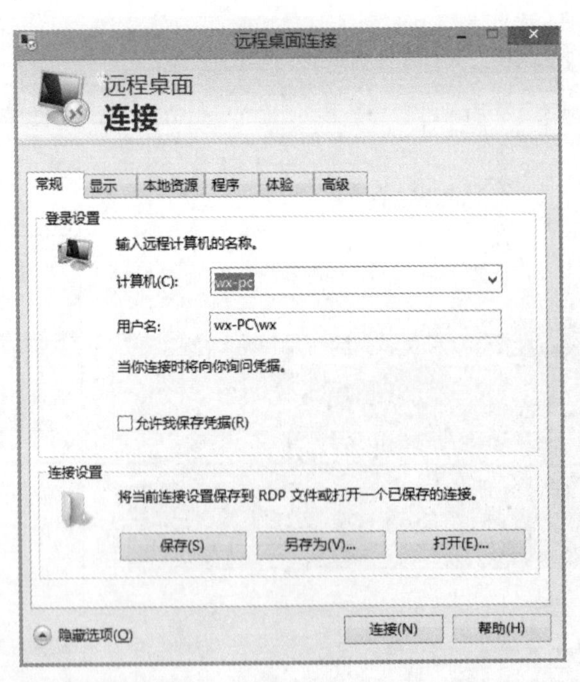

图6.23 在“主控端”计算机打开“远程桌面连接”选项

2 切换到“本地资源”选项卡，确认已选中“剪贴板”复选框，再单击“连接”按钮，就可以彼此访问文件了，如图6.24所示。

图6.24 确认是否选中“剪贴板”复选框

3 进入“被控端”计算机后，可切换成窗口模式，再到文件所在的文件夹进行复制。例如，要将“被控端”计算机的文件复制到“主控端”计算机，可以选择一个或多个要复制的文件夹（或文件），在选择的文件夹上单击鼠标右键，在弹出的快捷菜单中选择“复制”命令，如图6.25所示。

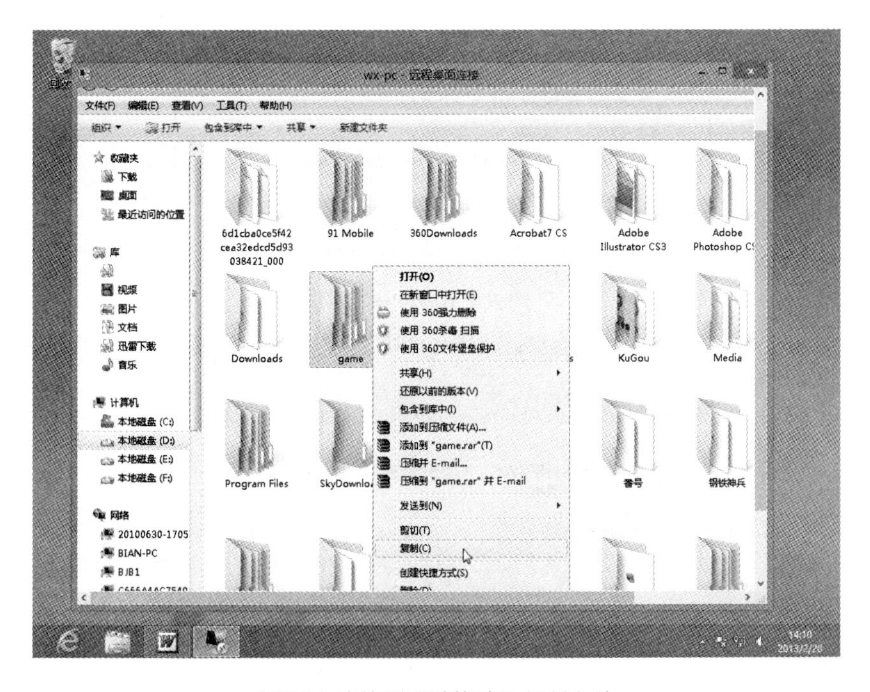

图6.25 连接到“被控端”复制文件

4 将“被控端”的窗口最小化，在“主控端”计算机中粘贴刚才复制的文件夹就完成了，如图6.26所示。

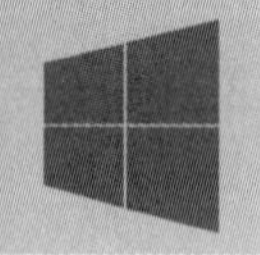

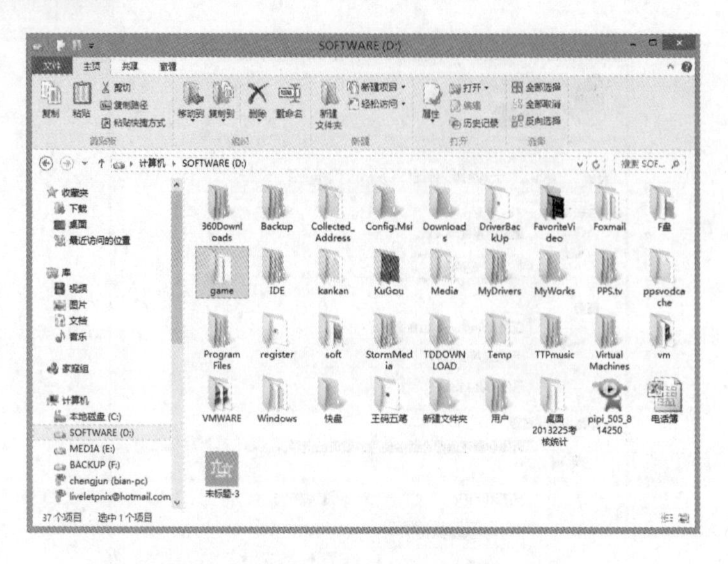

图6.26 从“被控端”复制过来的文件夹

6.4.4 帮远程计算机关机

除了可以在“被控端”计算机中运行程序、编辑文件、复制文件等，当用户不再需要使用“被控端”计算机，也可以顺便将它关机。不过，无法从开始菜单中用关机按钮来关机，先将所有窗口都关闭，按Alt+F4快捷键弹出“关闭Windows”对话框进行关机，如图6.27所示。

图6.27 “关闭Windows”对话框

当用户单击“确定”按钮时，会弹出如图6.28所示的提示对话框，单击“是”按钮。

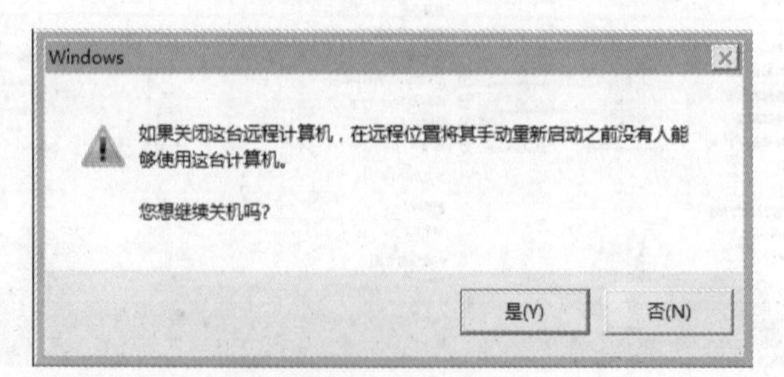

图6.28 提示关机

6.5 高级应用的技巧点拨

技巧1：快速将计算机屏幕切换到投影仪进行演示

当用户要向别人进行演示的时候，为了辅助说明，往往需要利用投影仪，将笔记本电脑上的画面显示给大家看。这时应该怎么做呢？Windows 8让投影变得很简单，只要按快捷键，就可以随时在计算机屏幕和投影屏幕之间快速切换。

1 首先用投影仪附赠的VGA显示器连接线（两端都是15根针脚的D型接头），将笔记本电脑与投影仪连接起来，如图6.29所示。

将数据线连接到笔记本电脑的屏幕输出端口

将数据线接到投影仪的输入端口

图6.29 连接笔记本电脑和投影仪

2 以往每台笔记本电脑投影的方式不尽相同，在A牌笔记本电脑使用的快捷键，换了B牌笔记本电脑可能就无法使用。在Windows 8中只要按Win+P组合键，就可以打开投影菜单来快速切换屏幕，如图6.30所示。

图6.30 打开投影菜单来切换屏幕

菜单中提供了4种投影方式，可以参考以下的说明，根据演示文稿的需要随时进行切换。

选项	说明
仅电脑屏幕	如果切换到此模式，将只有笔记本电脑屏幕有显示画面，投影屏幕呈现一片漆黑。例如，在演示开始前，可以先切换到此模式，等文件准备好后，再切换到投影屏幕开始演示
复制	在笔记本电脑屏幕和投影屏幕上同步显示画面，在演示的过程中，通常都是切换到这个模式
扩展	如果切换到此模式，可以将投影屏幕当作笔记本电脑的扩展桌面。例如，将某对象持续向右拖动，超出笔记本电脑桌面的范围时，该对象就会跑到投影屏幕上了
仅第二屏幕	和仅电脑屏幕模式相反，只有在投影屏幕上显示画面，笔记本电脑屏幕则呈现一片漆黑。如果想节省笔记本电脑的电量，就可以切换到此模式

技巧2：开机不需输入密码自动登录Windows 8

有时因为与其他计算机共享资源，或者要进行“远程桌面连接”必须设置用户密码，所以每次开机都要输入密码才能登录Windows系统。如果计算机都是自己一个人使用，可以进行小小的设置，让计算机开机时不需要输入密码就自动登录。

1 将鼠标指向屏幕右下角，弹出超级按钮，单击“搜索”按钮，然后在“搜索”框中输入“netplwiz”命令，以便打开如图6.31所示的“用户账户”对话框，选择这台计算机的用户名，然后撤选“要使用本机，用户必须输入用户名和密码”复选框，最后单击“确定”按钮。

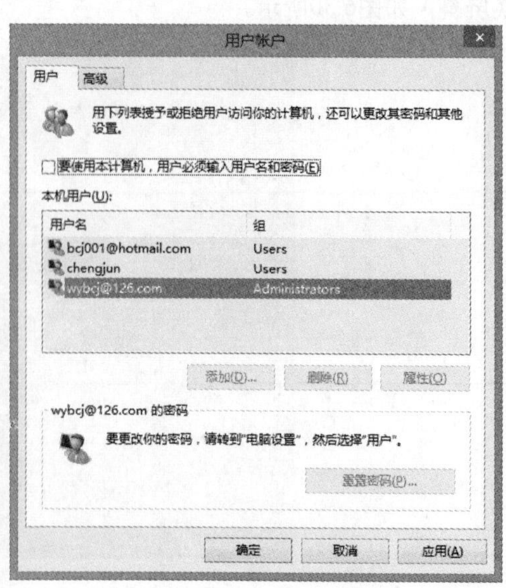

图6.31 “用户账户”对话框

2 在打开的“自动登录”对话框中输入用户密码并单击“确定”按钮。以后开机时不需要输入密码，即可直接登录Windows，如图6.32所示。

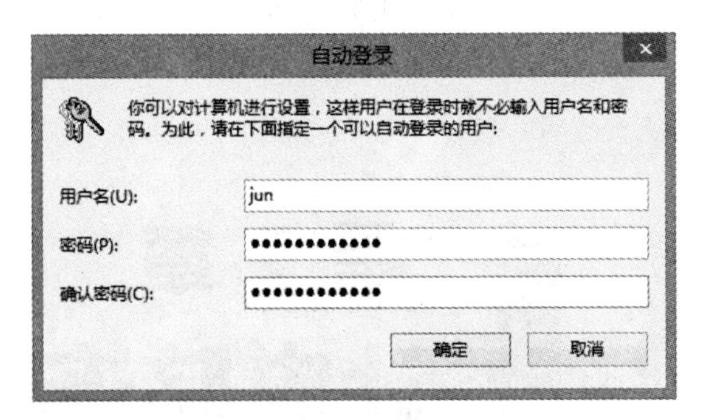

图6.32 “自动登录”对话框

07

第7章

让电脑连接上网——创建网络连接

近年来，互联网已经改变和影响着人们的工作与生活方式，从办公到娱乐、从查获最新信息到网上购物，都有网络的身影。对于广大普通用户而言，并不需要掌握网络的核心技术，只要了解一些基础知识以及轻松组建小型局域网，让多台电脑能够共享ADSL上网就可以了。本章将介绍如何让电脑连接上网的相关知识。

学习提要

- 一台电脑快速连接 Internet 的方法
- 为办公室或宿舍的多台电脑组建有线局域网
- 为布线困难的场所架设无线局域网
- 让台式电脑也能加入无线环境的方法
- 使局域网中的电脑共享上网

7.1 一台电脑快速连接 Internet

Internet上提供了丰富的网络资源，如网络电视、网上购物、网上游戏等，如果要浏览这些内容，必须让电脑连接到Internet。国内常见的Internet连接方式主要有ADSL拨号上网、小区宽带上网等。

7.1.1 使用 ADSL 拨号上网

ADSL宽带上网是目前家庭用户使用最广泛的Internet接入方式之一，只要家中安装了电话，只需带好电话机主身份证原件（或其他有效证件），到当地电信部门（或其他的ISP）办理入网手续，填写申请表后，电信会提供由电脑生成的ISP账号和密码，记得妥善保存，这是第一次拨号连接时用到的，密码记得以后要更改。

用户需要一台ADSL调制解调器，从而将计算机连接到ADSL线路上。ADSL调制解调器可以是内置式的，也可以是外置式的，而外置式ADSL调制解调器可以连接到网卡或USB接口。通常情况下，向电信部门申请ADSL入网后，电信部门会提供ADSL调制解调器（一些电信部门不支持在其他地方买来的ADSL调制解调器），如图7.1所示。

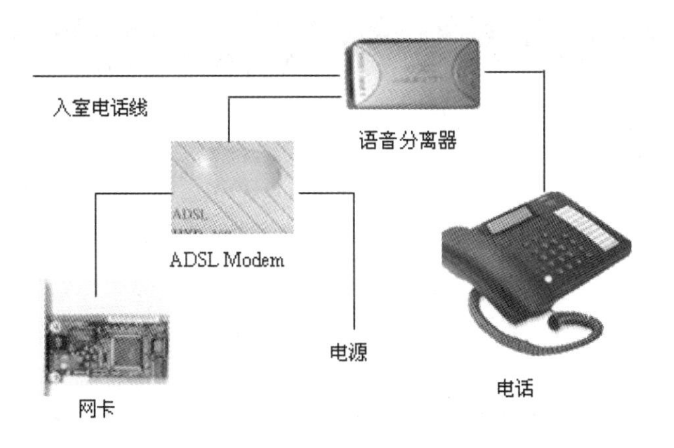

图7.1 连接网络的方法

如果ADSL调制解调器需要一块网卡，则需要在安装人员来安装ADSL之前购买一块接口为RJ-45的10Mbps或10/100Mbps自适应网卡。用户只需打开计算机的机箱，将购买的网卡插入机箱的扩展槽中即可。对于即插即用的网卡，打开计算机的电源开关，启动Windows 8后，系统会自动检测到它，按照提示操作，便能完成该网卡的驱动程序安装。

完成设备连接后，还需要借助Windows系统中的拨号程序连接Internet，具体操作步骤如下：

1 在通知区域的“网络连接”图标上单击鼠标右键，在弹出的菜单中选择“打开网络和共享中心”命令，进入如图7.2所示的“网络和共享中心”窗口。

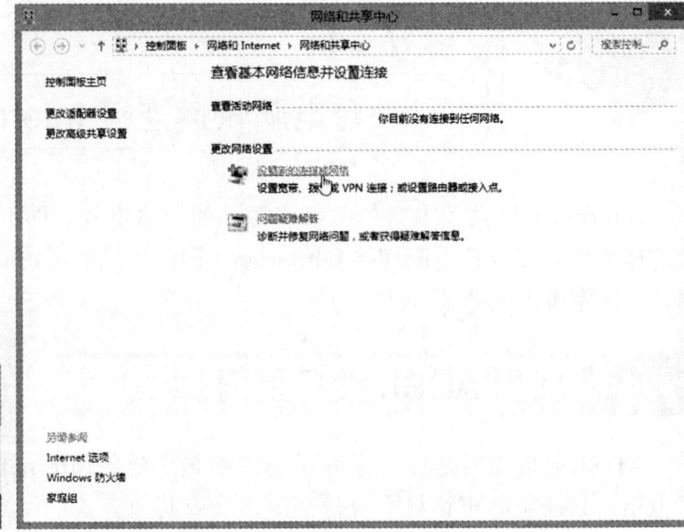

图7.2 进入“网络和共享中心”窗口

2 在“网络和共享中心”对话框的任务区域单击“设置新的连接或网络”文字链接，进入如图7.3所示的“设置连接或网络”对话框。

3 选择“连接到Internet”选项，单击“下一步”按钮，进入如图7.4所示的“连接到Internet”对话框。在弹出的对话框中选择连接Internet的方式，如单击“宽带（PPPoE）”。

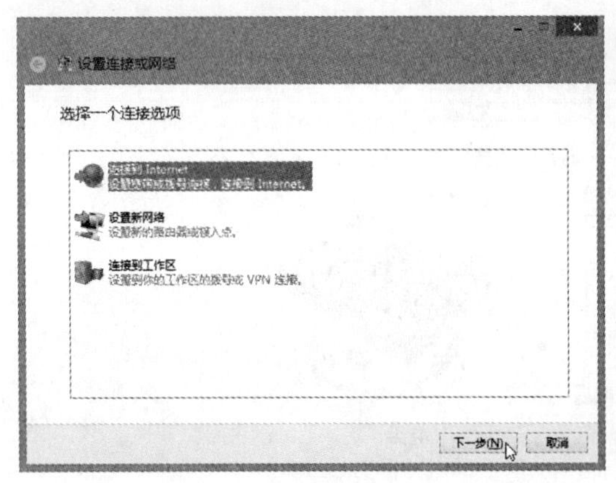

图7.3 “设置连接或网络”对话框

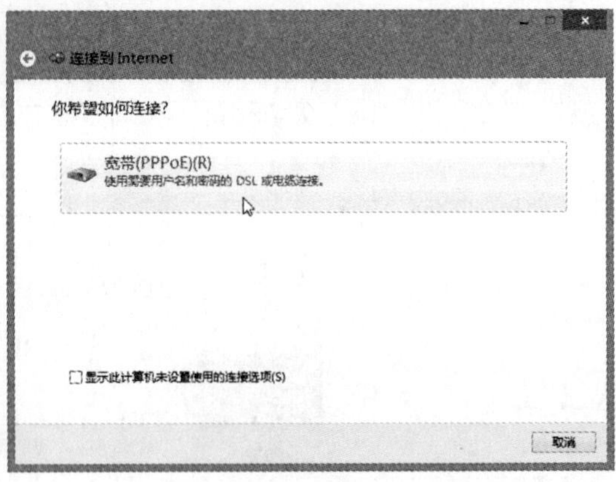

图7.4 “连接到Internet”对话框

4 当用户向ISP申请宽带接入网络时，就可以从ISP那里获得相应的入网账号和密码，只要在ISP提供的信息窗口中输入相关的账号和密码，并且输入网络连接名称，单击“连接”按钮即可，如图7.5所示。

5 自动开始进行连接测试，当出现如图7.6所示的对话框时，代表连接设置已经成功。单击“立即浏览Internet”自动连接到网络。

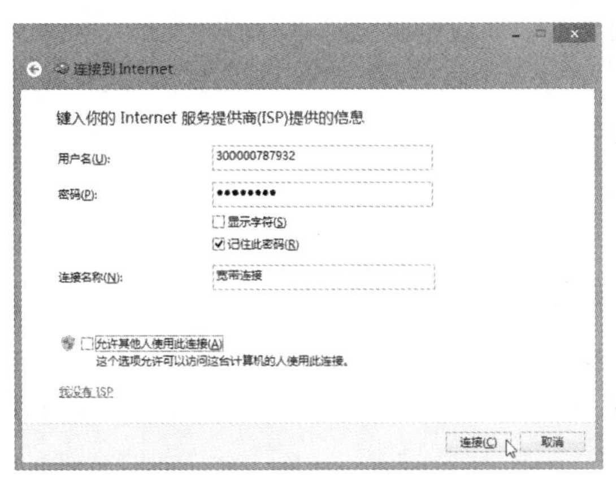

图7.5 输入用户名和密码

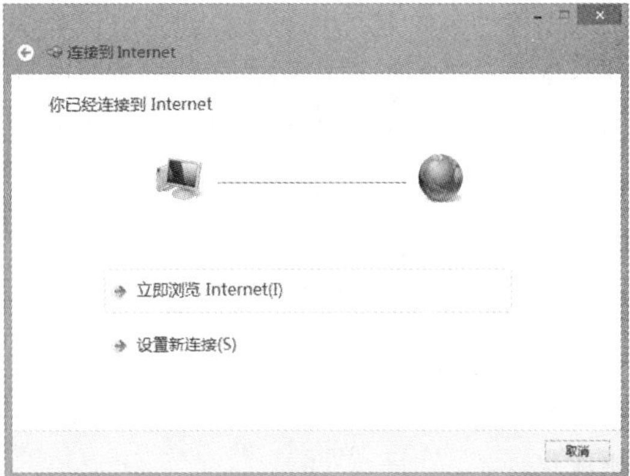

图7.6 连接测试

因为刚创建好新的连接，所以会自动连接到网络，但是以后要上网时怎么办呢？其实很简单，只需单击任务栏右侧的“网络连接”图标，选择要使用的连接设置，单击“连接”按钮（见图7.7），在弹出如图7.8所示的“连接”对话框中单击“连接”按钮，即可连接到网络，然后就可以打开IE来浏览网页、收发电子邮件了。

图7.7 选择要使用的连接设置

图7.8 “连接”对话框

7.1.2 通过小区宽带上网

如今，网络环境可以说是如水电、天然气一样普及，因此许多开发商在兴建房屋时，就已经规划好“小区宽带系统”；而学区附近出租的公寓房，也有不少已经铺设好网络连接口，如图7.9所示。

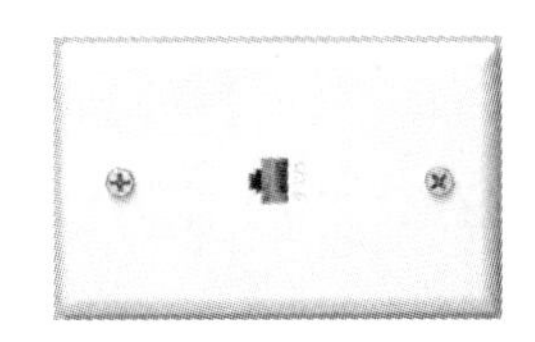

图7.9 家中已有的网络连接口

如果所处的社区提供了小区/校园网宽带服务，只需使用网线将电脑网卡和网络接口连接起来，然后到物业管理处申请上网服务，工作人员就会提供联网认证程序，或者开通网络接口，或者提供共享上网设置的IP地址、子网掩码和网关等信息。至于具体的认证方案，每个社区都有所不同。

7.1.3 商务人士必备：使用 3G/3.5G 移动上网

对于许多经常出差的商务人士而言，他们经常希望在行车、旅程等移动状态下，也能够随时上网、掌握最新信息、收发电子邮件等。现在只要使用3G上网，就能够让上述的梦想成真。

目前各家电信提供商都已经推出各种3G服务，费用方面是以传输的数据量来计费，或者也有包年费的方案。至于应该如何利用笔记本电脑连接3G网络，享受移动上网的便利呢？通常有以下两种方式。

- 号码＋上网卡：如果不需要电话（语音）功能，那么直接购买一张 3G 上网卡，加上 3G 卡号，就可以让笔记本电脑享受超值的移动上网乐趣。
- 手机＋号码：如果想同时拨打电话，又能享受移动上网的便利性，那么可以直接申请一组 3G 号码并搭配 3G 手机，就能够在笔记本电脑上快速连接 3G 无线。

上面提到3.5G/3G移动上网，有卡号+上网卡与手机+号码两种方式，不过后者操作过程比较复杂，而前者使用起来比较简单，并且各家电信提供商基本上提供搭配网卡的优惠方案。因此，这里以网卡的连接方式来示例如何3G上网，整个流程如下所示。

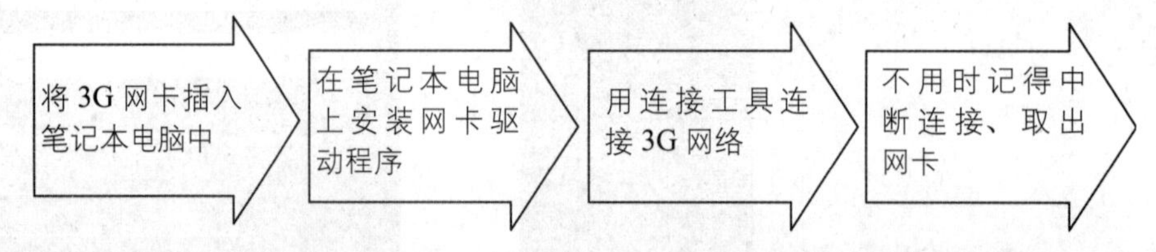

1 要利用3.5G/3G移动上网，先将无线移动网卡与计算机连接才行，各家无线移动网卡的设计都不同，可以参考说明书的提示进行连接。如图7.10所示为安装和连接无线移动网卡的示例。有些移动上网卡外观类似U盘，其中已插入类似一张USIM卡，可以省去此安装步骤。

（a）将 3G 上网卡插到无线移动网卡附赠的插槽中　（b）将插槽插入无线移动网卡中　（c）无线移动网卡大多为 USB 接口，只需插入笔记本电脑的 USB 插孔即可

图7.10 安装与连接无线移动网卡

2 将无线移动网卡插入笔记本电脑USB插孔后，需要安装无线移动网卡内嵌的驱动程序才能使用。安装过程很简单，只需根据画面的提示进行安装即可。安装完成后，桌面上会出现一个“G3随e行”或“无线宽带”的图标。

3 双击桌面上的“G3随e行”图标，弹出如图7.11所示的窗口，单击“连接”按钮，即可进行连接。

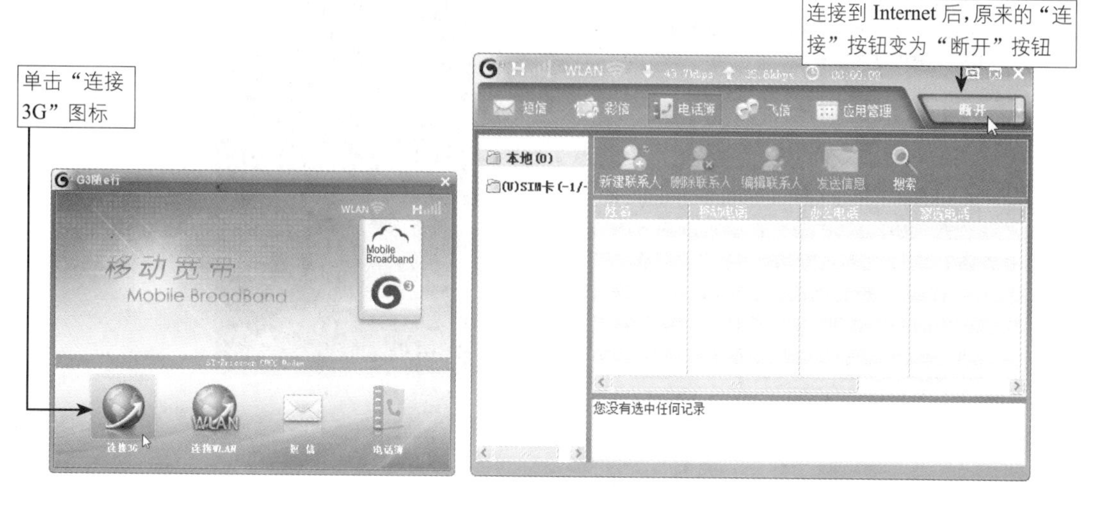

图7.11 连接窗口

4 这时，无论是在外开会或是坐火车，只要是在手机收得到信号的地方都可以随时打开IE上网，如图7.12所示。

图7.12 可以使用3G上网

5 当用户不需要使用3.5G/3G上网时，记住要断开连接，并取出无线移动网卡。尤其是按流量计费，更加需要做好此步骤，以免收到昂贵的账单。单击Windows通知区域的连接按钮，选择3.5G/3G连接，然后单击“断开”连接按钮即可，如图7.13所示。

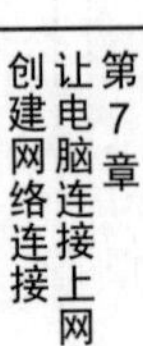

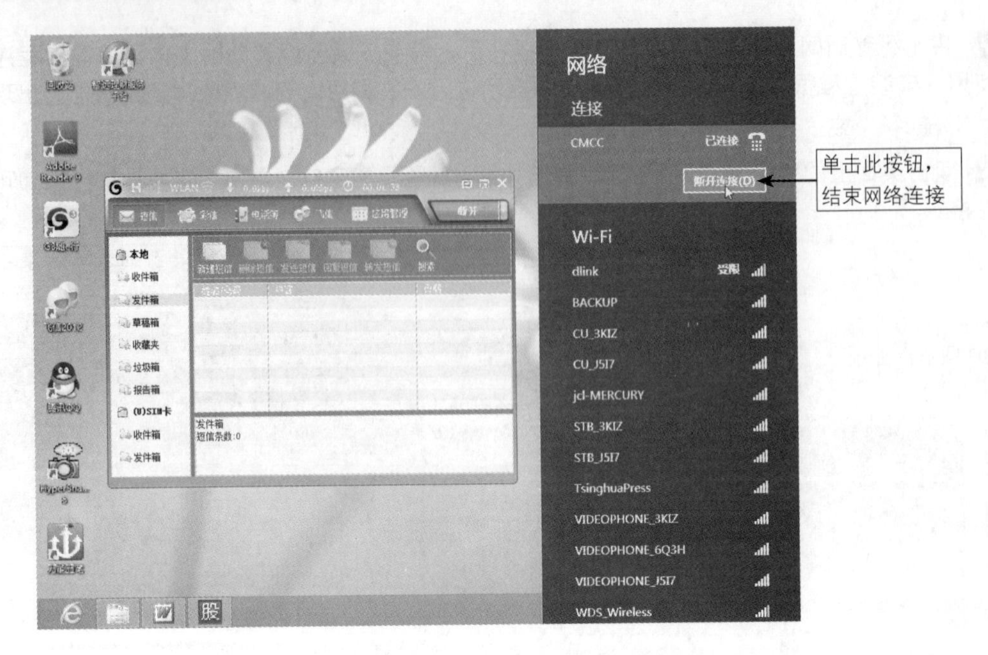

图7.13 断开连接

7.2 为办公室或宿舍的多台电脑组建有线局域网

对于办公室或一些宿舍而言，可以组建一个小型有线局域网。有线局域网以其稳定的传输速率和强大的抗干扰能力占据着局域网的主导地位。下面介绍组建有线局域网的相关知识。

7.2.1 准备组网的设备

组建小型局域网，除了必备的电脑之外，还需要一些其他的硬件设备来把电脑连接起来。硬件设备主要包括以下几种。

1. 网线

要连接有线局域网，网线是必不可少的。在局域网中常见的网线主要有双绞线、同轴电缆和光缆三种。其中应用广泛的双绞线，是由许多对线组成的数据传输线，其特点就是价格便宜。网线的两头都有水晶头，通常可以在电脑配件市场购买。如果自己制作网线，需要使用双绞线压线钳，它的作用是将网线和水晶头压制到一起。

2. 网线测试仪

网线测试仪主要用来测试网线是否畅通。如果没有网线测试仪，可以通过观察网卡或集线器上对应端口的指示灯来判断。如果指示灯亮，说明网线没有问题；如果不亮，说明网线可能不通，或者两端的水晶头没有压紧，或者双绞线两段的排线有错。

3. 集线器或宽带路由器

集线器（HUB）或宽带路由器可以作为局域网的中心节点。目前市场上家庭用的宽带路由器和集线器的价格不高，一两百元的产品即可满足日常的使用需求。如果局域网中需要连接的电脑不超过4台，只需购买一个5口的宽带路由器即可。如果电脑数量超过4台，则建议购买一个宽带路由器和一个多接口的集线器。

4. 网卡

网卡是电脑中极为重要的连接设备。一方面，网卡接收网络上传送过来的数据包，将数据通过主板总线传输给电脑；另一方面，它将本地计算机的数据打包以后上传至网络。

目前大部分电脑都已经集成了网卡，如果台式电脑主板上没有集成网卡，则需要额外购买一块网卡。购买网卡时，应该注意选择传输速率为100Mbps以上的产品。

7.2.2 有线局域网的布线

现在大部分小型局域网采用了星型结构，每台电脑与充当中心节点的网络设备（如集线器或路由器）连接起来即可。

根据中心节点采用的设备不同，其连接方法也有所不同：

- 如果中心节点采用的是路由器，则将路由器的 LAN 端口与电脑网卡的 RJ45 端口相连即可，而路由器的 WAN 端口则用于加接宽带上网设备（如 ADSL Modem、Cable Modem）。
- 如果中心节点采用的是集线器（或交换机），那么就要留意集线器中是否有 UpLink 端口，UpLink 端口与它邻近的普通端口 1 是共用带宽的，如果邻近的端口 1 连接了电脑，则 UpLink 端口将不可用；如果集线器上没有 UpLink 端口，那么将上面的任意一个端口与网卡或者其他网络设备连接即可。
- 如果中心节点由集线器和路由器充当，则先将集线器和路由器的 LAN 端口连接。其他电脑网卡既可以与路由器的剩余 LAN 端口连接，也可以为交换机的普通端口连接。

网络设备完毕后，如果中心节点采用的是集线器，还需要手动指定每台电脑的IP地址。如果中心节点采用的是路由器，并且路由器已经启用DHCP服务，则可以让网卡自动获取IP地址，而无需手动进行设置；如果路由器并未启动DHCP服务，则需要手动指定每台电脑的IP地址。

7.3 为布线困难的场所架设无线局域网

目前ADSL是最普通的家用（或小型办公）上网方式，但是当有多台电脑要同时上网，又不想拉很长的网线应该怎么办呢？其实只要改用“无线网络”，就可以解决这个问题了。

要通过无线网络上网，必须购买一台无线路由器（Access Point，AP），而每台要使用无线网络的电脑必须安装无线网卡。一般在购买个人电脑时不会配备无线网卡，需要额外购买安装。而笔记本电脑大多已内置无线网络功能，不需要再购买与安装无线网卡，即可立即使用。

为了让用户更了解无线网络的传输方式，下面用如图7.14所示的示意图进行说明。

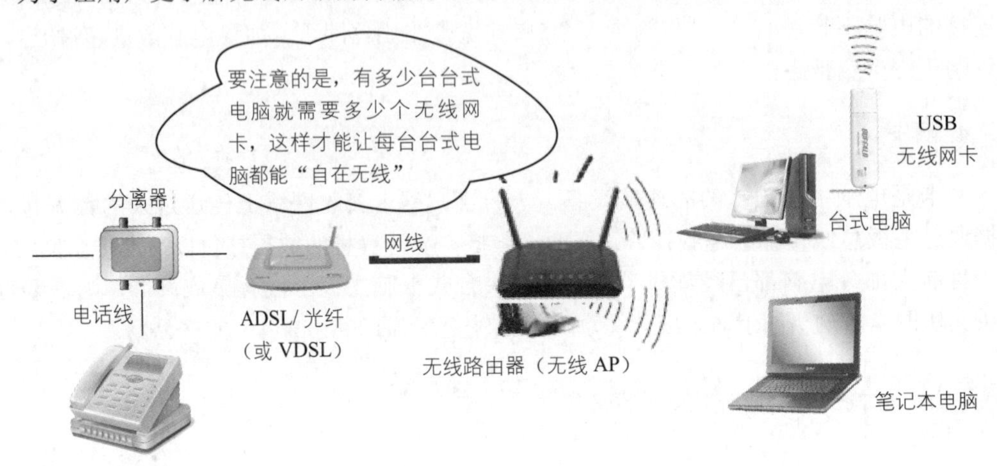

图7.14 无线网络就是一个局域网，电脑只要连上同一台路由器，即可共享资源

由上图可以看出，以无线的方式传输，每台电脑不需要通过网线连接到ADSL调制解调器。

无线网络就是局域网

许多人以为无线网络只是用来连接Internet，其实无线网络基本上就是一个局域网，它可以让邻近的多台电脑互相连通、互传数据或共享资源。

7.3.1 准备组网设备

根据组建无线局域网的规模大小，使用的组网设备也有所不同。如果需要连接的电脑与中心节点之间的距离在400米范围内（如家庭或小型办公室），可以购置如下设备。

1. AP

现在市场上的AP（Access Point，无线访问节点或无线接入点）主要提供无线工作站对有线局域网和从有线局域网对无线工作站的访问，在访问接入点覆盖范围内的无线工作站可以通过它进行相互通信。通俗地讲，无线AP是无线网和有线网之间沟通的桥梁，也相当于一个无线集线器、无线收发器。

目前AP分单纯型AP和扩展型AP两种。单纯型AP只提供无线信号发射功能，相当于有线局域网使用的交换机，用于扩展无线局域网的范围；而扩展型AP是指无线路由器，其功能和结构与普通的家用路由器差不多，只是增加了无线连接功能。在组建无线网络时，如果信号覆盖的范围不大，建议只购买无线路由器；如果信号覆盖的范围较大，建议购买单纯型AP扩大信号覆盖范围。

对于家庭网络而言，只需购买无线路由器即可，用它可以连接每台电脑的无线网卡以及ADSL Modem、Cable Modem等上网设备。在购买无线路由器时，需要注意以下一些事项。

- 端口数目、速率：如今，几乎所有的无线路由器产品都内置有交换机，一般包括1个WAN（广域网）端口以及4个LAN（局域网）端口。WAN端口用于和宽带网进行连接，LAN端口用于和局域网内的网络设备或电脑连接，这样可以组建有线、无线混合网。
- 网络标准：现在的无线路由器一般支持IEEE 802.11b/IEEE 802.11g/IEEE 802.11n标准，理论上分别可以实现11Mbps/54Mbps/150Mbps/300Mbps的无线网络传输速率。就现今情况来说，家庭或小型办公网络用户一般选择IEEE 802.11b/IEEE 802.11n标准的产品。
- 网络接入：常见的Internet宽带接入方式有ADSL、Cable Modem、小区宽带等。在选购无线路由器时要注意它所支持的网络接入方式。
- 防火墙：为了保证网络的安全，无线路由器最好内置防火墙功能。防火墙功能一般包括LAN防火墙和WAN防火墙，前者可以采用IP地址限制、MAC过滤等手段来限制局域网内电脑访问Internet；后者可以采用网址过滤、数据包过滤等简单手段来阻止黑客攻击，保护网络传输安全。

除此之外，还需要注意无线路由器的管理功能。它至少应该支持Web浏览器的管理方式；无线传输的距离，至少应该达到室内100米，室外300米，至少应该支持68/128位WEP加密。

2. 无线网卡

无线网卡主要有USB无线网卡和PCI无线网卡两种，USB网卡适用于未集成无线网卡的笔记本（由于其安装方便，也适用台式机使用），PCI网卡一般用于台式机。购买无线网卡时，主要衡量的参数是传输速率和信号覆盖范围，其值越高越好。

7.3.2 打开笔记本电脑，立即用无线网络上网

如果原本是使用Windows 7，并且已经设置好无线网络，在升级到Windows 8时，可以直接使用无线网络。一般情况下，只要架设好无线路由器，并且与ADSL调制解调器连接，任何具备无线上网功能的笔记本电脑都可以检测得到并连上Internet。如果用户的笔记本电脑没有自动连接到无线路由器，可以按照下述步骤进行操作。

1 单击通知区域的“网络连接”图标，查看当前可用的网络连接。

小提示

有些笔记本电脑的无线网络功能需要按快捷键或功能键才能打开，各款型号的笔记本电脑设置不一样，详情请参照具体的说明书。

2 找到要连接的无线路由器，单击“连接”按钮，如图7.15所示。

图7.15 查找要连接的AP

3 弹出如图7.16所示的窗口，输入正确的密码，然后单击“下一步”按钮。此时，窗口中提示“是否要启用电脑之间的共享并连接到此网络上的设备”，单击“是，启用共享并连接到设备”，如图7.17所示。

图7.16 输入无线网络设置的密码

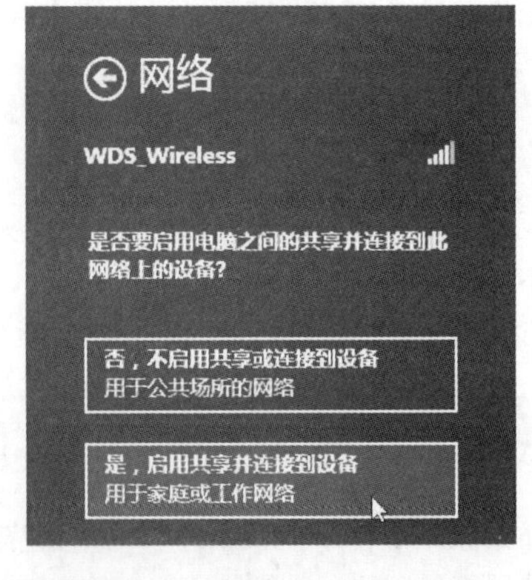

图7.17 启用共享并连接到设备

4 弹出如图7.18所示的已连接的窗口。此时，就可以浏览网页或收发电子邮件了。

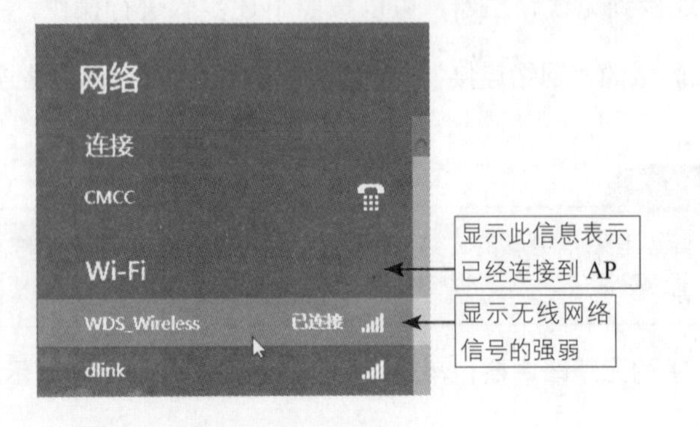

图7.18 成功连接到无线

7.3.3 让台式电脑也能加入无线环境

看到笔记本电脑能够如此轻松地加入无线环境，那么台式电脑呢？应该如何让台式电脑也能享受无线上网的快感？其实很简单，只需有一个USB无线网卡即可，如图7.19所示。由于网卡的体积比较大，建议连接、使用附赠的USB延长线，再插入主机上的USB接口。

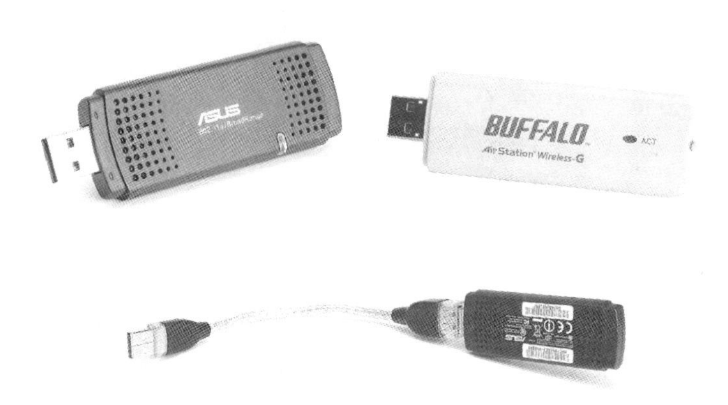

图7.19 USB无线网卡

虽然台式电脑也可以插上PCI接口的网卡，但是由于需要搬出主机，打开机箱盖，再插入主板的插槽中，不太方便操作，建议使用即插即用的USB无线网卡。

至于整个安装与连接的过程很简单，只需将无线网卡插入主机的USB接口，系统自动检测并安装相关的驱动程序。如果网卡自带驱动程序安装光盘，也可以将光盘放入光驱来安装驱动程序。

完成无线网卡的安装与连接后，接下来的上网连接流程，就和笔记本电脑的画面一样了。

7.4 使局域网中的电脑共享上网

随着电脑价格的不断下降，目前许多家庭都购置了多台电脑，如果这些电脑都要连接Internet，那么组建局域网并共享上网很有必要。

7.4.1 宽带路由器共享上网

通过路由器上网是目前使用最广泛的一种共享上网方式，其优势主要有节省成本、路由器自动拨号上网、网络防火墙功能、监视网络中其他用户的上网情况。如图7.20所示为同一局域网中多台电脑通过路由器共享上网的连接示意图。

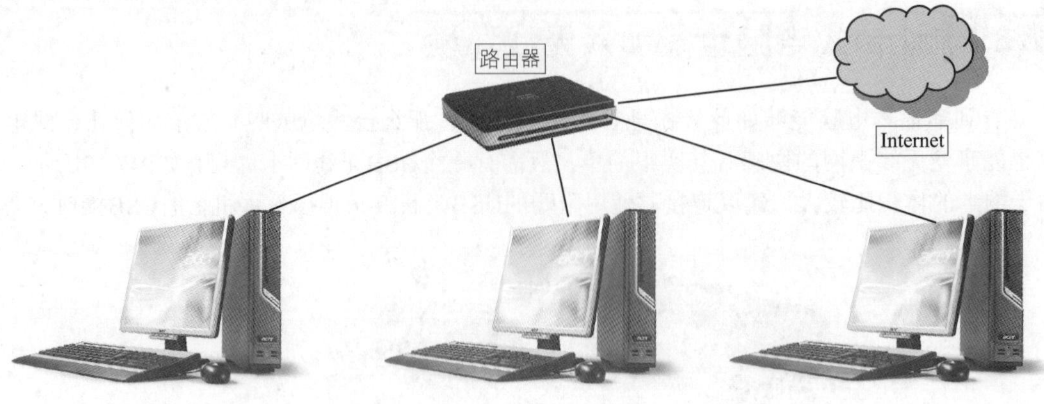

图7.20 宽带路由器共享上网

架设以路由器为中心节点的局域网后，将Internet上网设备（如ADSL Modem、Cable Modem）与路由器的WAN端口连接，然后在路由器中设置即可共享上网。

1 把原来插在电脑上的网线拔下（此线另一端应接在ADSL调制解调器上），如图7.21所示。

2 把该网线插头接入路由器的WAN端口，确认连接信号灯亮起并呈闪烁状态，如图7.22所示。

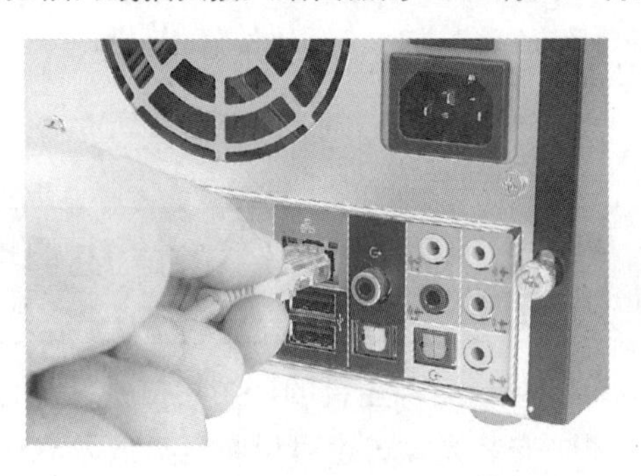

图7.21 拔下插入在电脑上的网线

图7.22 连接WAN端口

3 接下来让台式电脑（或笔记本电脑）与路由器连接，先取出路由器内包装附赠的网线，将网线的一端接上4个LAN端口中的任何一个，如图7.23所示。

4 将网线的另一端连接到台式电脑或笔记本电脑的网络接口上，如图7.24所示。

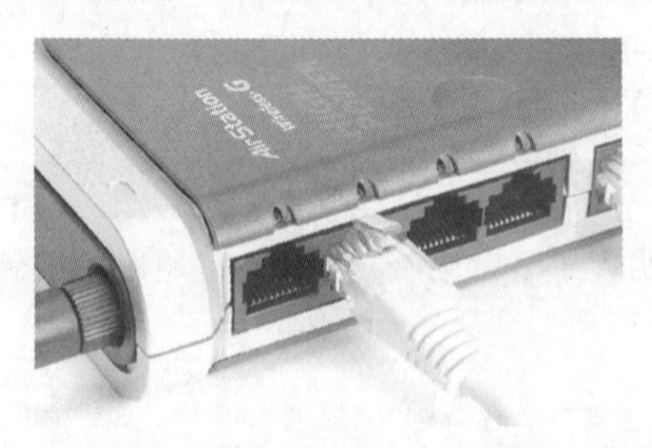

图7.23 将网线一端插入路由器的LAN端口

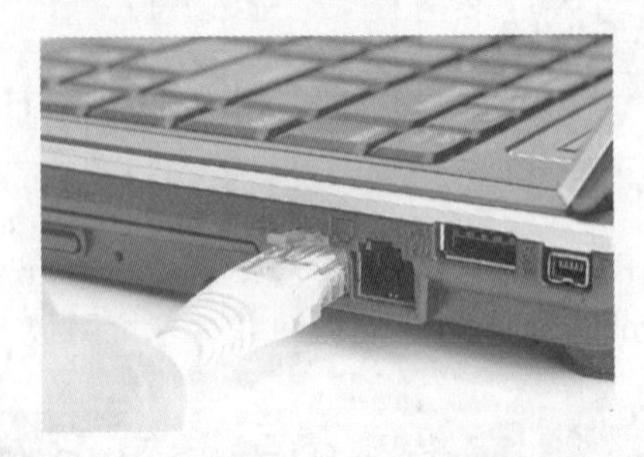

图7.24 用网线的另一端连接台式电脑或笔记本电脑

路由器的设置方法如下：

1 打开IE浏览器，在地址栏中输入路由器的IP地址并按下Enter键，接着在弹出的对话框中输入路由器的管理账号和密码（路由器的IP地址、账号/密码信息可以查看产品说明书），然后单击“确定”按钮，如图7.25所示。

图7.25 输入路由器的管理账号和密码

2 打开路由器的管理页面后，展开“网络参数”｜“WAN口设置”列表，选择WAN口连接类型。例如，ADSL拨号采用PPPoE连接类型，输入ADSL的上网账号和口令，然后单击“连接”按钮即可，如图7.26所示。

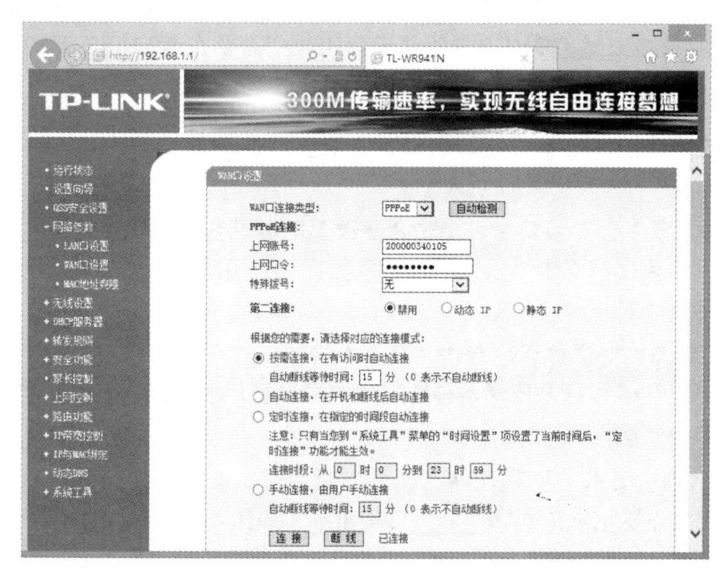

图7.26 输入ADSL上网账号和密码

宽带路由器提供了DHCP（Dynamic Host Configuration Protocol，动态主机设置协议）服务，管理员可以启用该功能，让所有接入路由器的电脑能够自动分配IP地址，省去手动设置IP地址的麻烦。

进入路由器的管理页面后，展开“DHCP服务器”｜“DHCP服务”列表，然后选中“启用”单选按钮，最后单击“保存”按钮，如图7.27所示。

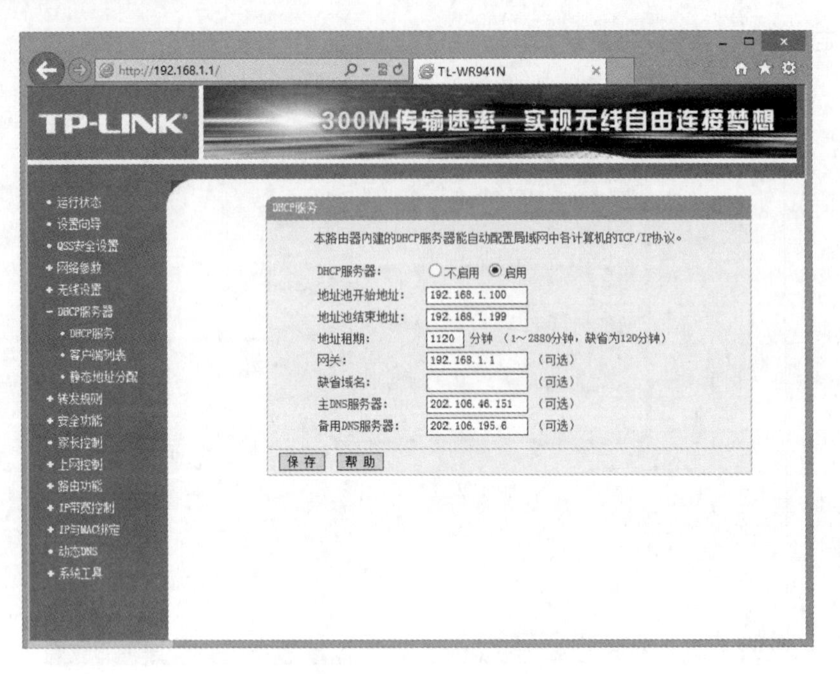

图7.27 启用DHCP服务

7.4.2 为共享上网的电脑进行 IP 设置

使用路由器共享上网时，如果路由器的DHCP服务已经启用，接入路由器的电脑就可以直接共享上网；如果路由器的DHCP服务并未启用，则需要在客户机上手动设置本地电脑的IP地址。

1 在通知区域的网络图标上单击鼠标右键，在弹出的快捷菜单中选择“打开网络和共享中心”命令。

2 打开“网络和共享中心”窗口后，单击“更改适配器设置”文字链接，在“网络连接”窗口双击要设置的网络连接，双击“以太网连接”图标（有线网卡的连接名称为“以太网”，无线网卡的连接名称为“Wi-Fi”）。

3 打开“以太网状态”对话框后，单击“属性”按钮，打开如图7.28所示的“以太网 属性”对话框，其中有TCP/IPv4和TCP/IPv6两种协议供用户设置。由于目前仍普遍使用TCP/IPv4，因此将其选中，再单击“属性”按钮。

4 打开“Internet协议版本（TCP/IPv4）属性”对话框，选中“使用下面的IP地址”单选按钮，然后输入IP地址、默认网关和DNS服务器地址等，如图7.29所示。

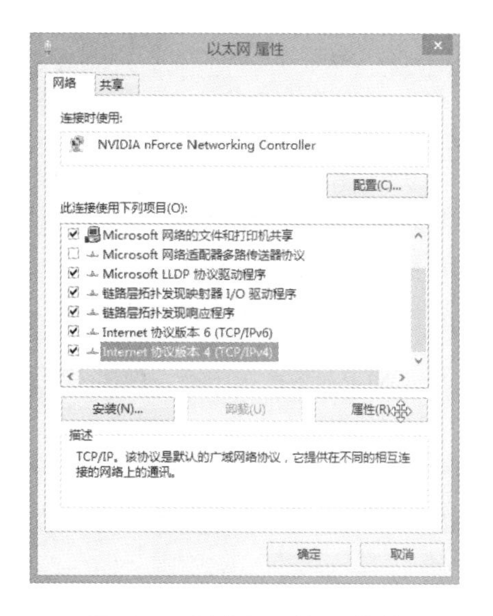

图7.28 “以太网属性”对话框

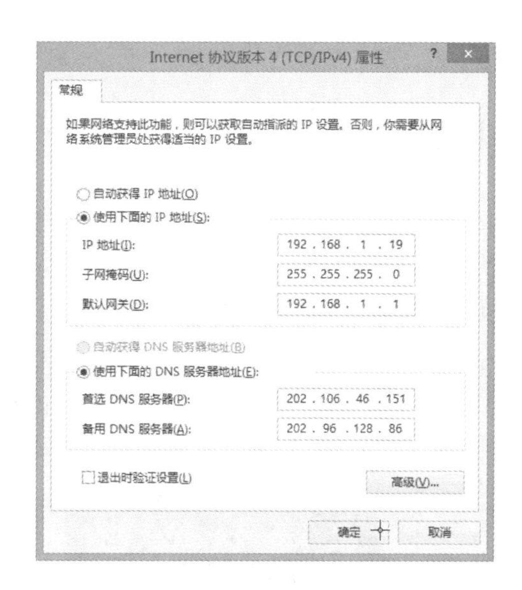

图7.29 “Internet协议版本4（TCP/IPv4）属性”对话框

7.5 高级应用的技巧点拨

技巧1：连接隐藏的无线网络

为了确保网络的安全性，在架设无线路由器时，大部分人会将无线路由器设为隐藏，以免不相干的人任意连接。由于此时无法自动检测到无线路由器，因此必须自动创建无线网络的连接才行。

1 单击任务栏右侧的通知区域的按钮，在弹出的菜单中选择“隐藏网络”选项，再单击“连接”按钮，打开如图7.30所示的窗口，输入隐藏的无线网络名称，然后单击“下一步”按钮。

2 打开如图7.31所示的窗口，输入网络安全密钥，然后单击“下一步”按钮。

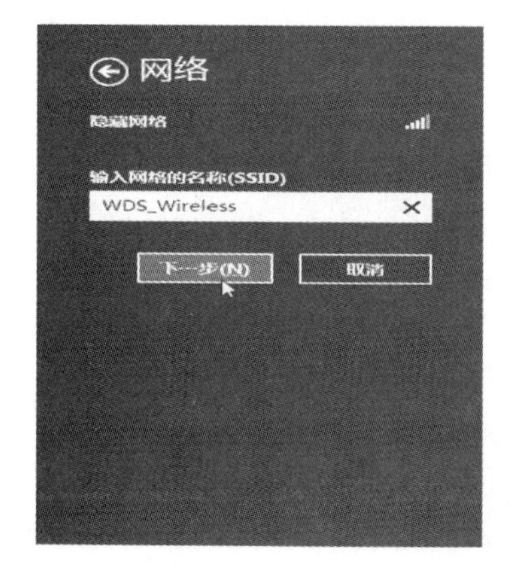

图7.30 输入隐藏的无线网络名称

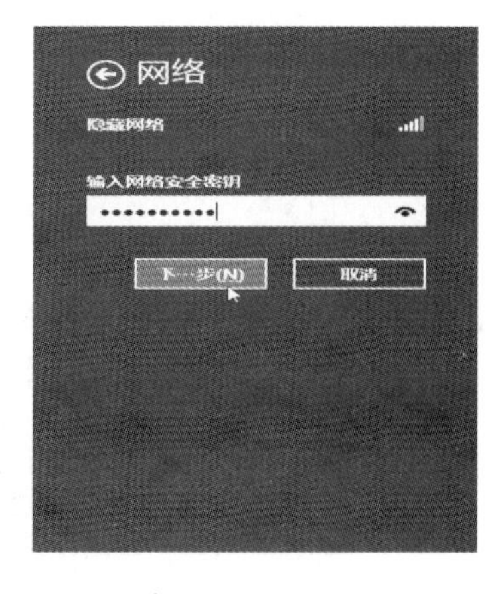

图7.31 输入网络安全密钥

3 接下来，决定是否启用电脑间的共享，即可顺利连接到隐藏的无线网络。

技巧2：将3G手机共享给笔记本电脑上网

只要用户的手机有3G网络，就可以把手机作为一个Wi-Fi热点，同时让其他的设备无线上网，如iPad或笔记本电脑使用。不过，上网费用是以手机3G上网的费率来计算，如果使用比较大的套餐上网的话，此设置比较合适，特别是出差在外没有现成的网络可用的时候。下面以HTC手机为例（如果您是iPhone用户，也可以进行相关的设置），介绍其使用方法。

1 在HTC手机中轻点“应用程序”图标，再轻点其中的“WLAN热点”图标，弹出“便携式WLAN热点”窗口，点击“确定”按钮，如图7.32所示。

图7.32 便携式WLAN热点

2 接下来，输入“路由器名称”，并设置密码（至少8个字符），如图7.33所示。

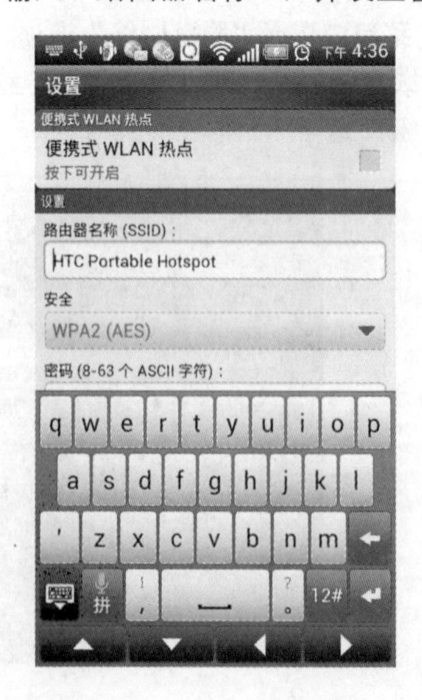

图7.33 输入路由器名称和密码

3 接下来，设置允许连接的用户，以及选中“便携式WLAN热点”复选框，其他设备就可以利用此热点来上网了，如图7.34所示。

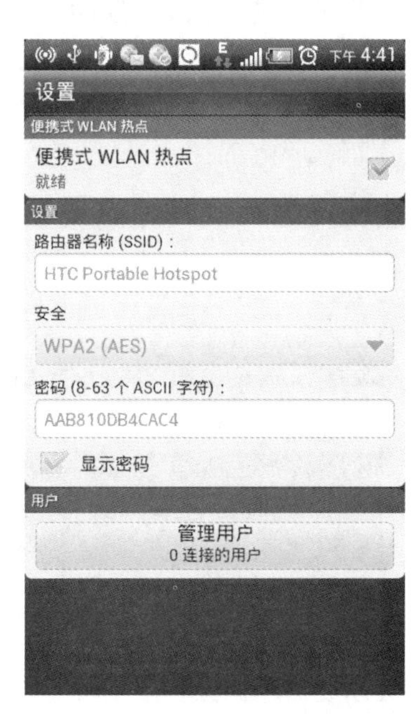

图7.34 设置热点的最大连接数和允许使用WLAN热点

4 此时，如果用户使用笔记本电脑，也可以使用手机的“热点”共享出来的Wi-Fi连接上网。打开无线上网设置，选择手机共享的无线信号源，单击选择“连接”按钮，输入密码后，即可开始手机的连接来上网，如图7.35所示。

图7.35 连接上网

5 当有用户使用此无线热点时，手机上会显示连接的用户数量，点击“管理用户”，可以查看是谁连接了此热点，如图7.36所示。

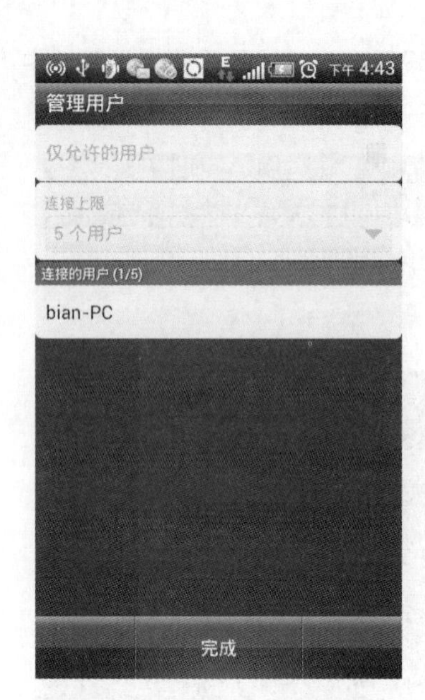

图7.36 在手机上查看连接的用户

技巧3：让系统自动检查和修复网络故障

电脑开机后突然无法连接到网络，Windows 8系统提供了自动修复网络故障的功能，可以完成故障的检查与修复。

1 在通知区域的网络图标上单击鼠标右键，在弹出的快捷菜单中选择“打开网络和共享中心”命令。

2 在打开的窗口中单击“疑难解答”文字链接，系统自动列出当前相关的网络，用户可以从中选择要检查的疑难故障。例如，电脑无法连接Internet，则单击“Internet连接”文字链接，如图7.37所示。

3 在出现的对话框中单击“下一步”按钮，并在下一个对话框中单击“连接到Internet的疑难解答”按钮。

4 系统开始检查电脑的网络连接和设置状态，并显示可能导致故障的问题，如图7.38所示。

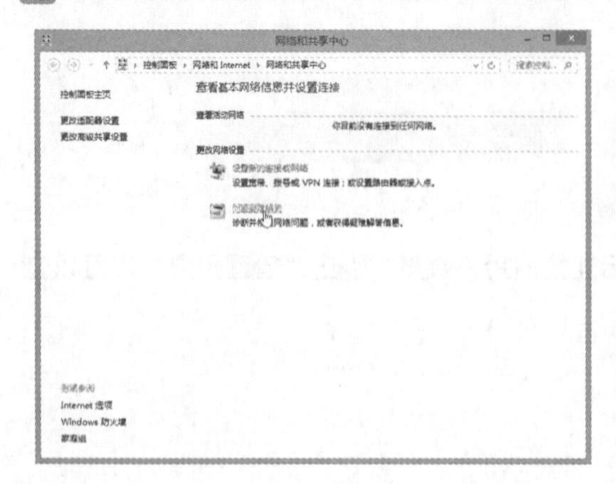

图7.37 自动检查网络故障

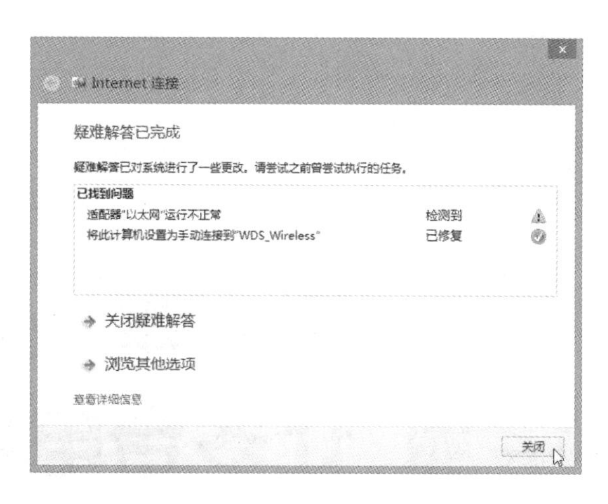

图7.38 检查网络连接问题

技巧4：忘记路由器的管理密码了怎么办？

如果用户忘记了曾经修改过的路由器管理密码，可以通过重置路由器或Modem解决。具体操作方法如下：

查看路由器，会发现路由器有一个标识为Reset之类的小孔，本例而言，先用大头针（或牙签）之类按住"INIT"按钮约3～5秒再松开，如图7.39所示。路由器将自动重启并恢复出厂状态，稍候就可以通过路由器默认的IP地址、账号和密码对其进行管理。

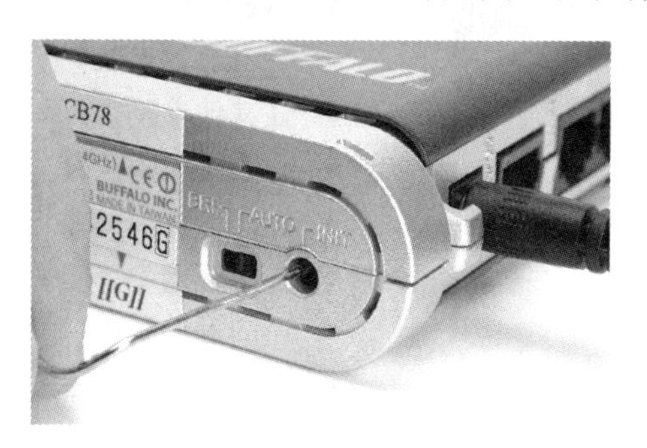

图7.39 重置路由器

08

第 8 章 让多台电脑共享文件与打印机

目前个人电脑或笔记本电脑已经很普遍，一般家庭有两台电脑已不足为奇。当彼此要共享文件或打印机时，就可以通过Windows的“局域网”或“家庭组”功能轻松与其他电脑共享资源。本章将介绍在Windows 8下快速创建网络环境，并对共享资源进行设置。

学习提要

- 认识“局域网”与“家庭组”
- 在自己的电脑中创建“家庭组”
- 让其他电脑加入与退出家庭组
- 在家庭组中共享文件与打印机
- 在局域网中共享指定的文件夹
- 在局域网中停止文件夹的共享
- 访问局域网中的共享文件
- 在局域网中共享打印机

8.1 认识“局域网”与“家庭组”

将家中电脑用有线或无线的方式连接起来，就形成一个局域网，局域网中的电脑可以彼此共享文件或打印机等。如果网络中所有电脑的操作系统都是Windows 8，可以使用“家庭组”功能来共享资源；如果网络中还有Windows XP或Windows 7等，就只能用传统的“局域网”功能来共享资源。

1. 家庭组

当有多台Windows 8电脑要共享文件与打印机，可以通过“家庭组”功能来运作。要使用“家庭组”功能，每台电脑的操作系统必须是Windows 8，并且可以连接到网络，电脑也要在开机的状态下才能使用。例如，“Bian”和“三国四记”两台电脑，只要建好网络连接，并根据后面介绍的方式建好“家庭组”后，即可彼此共享文件、多媒体、打印机等资源，如图8.1所示。

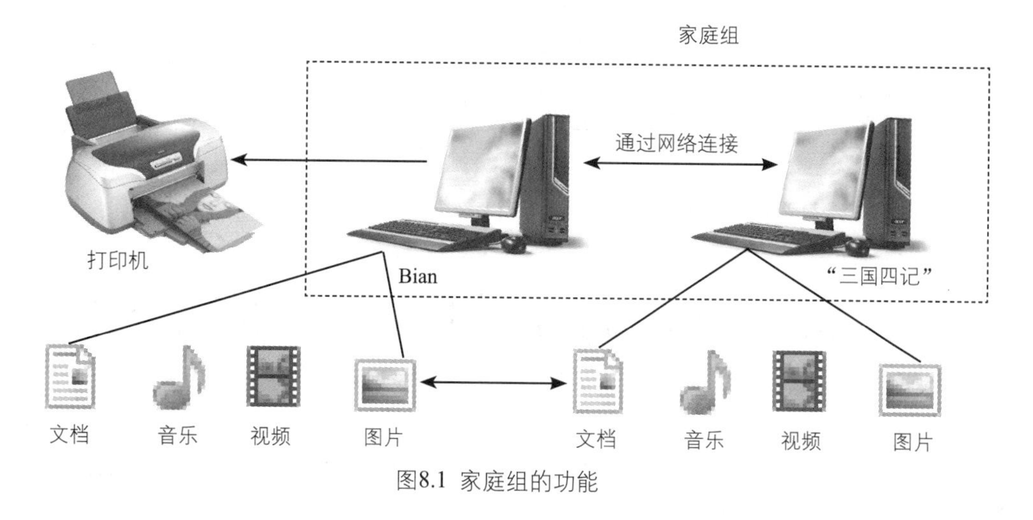

图8.1 家庭组的功能

2. 局域网

如果用户的网络中，除了最新的Windows 8系统外，还存在Windows XP、Windows 7系统的电脑，想让后者能与Windows 8系统的电脑共享资源，就需要设置Windows的网络环境，才能彼此共享资源。

8.2 在自己的电脑中创建“家庭组”

现在很多家庭都不止拥有一台电脑，这样一来，多台电脑之间可能会产生共享资源的使用需求。因此，Windows 8提供的“家庭组”功能，就可方便家庭用户相互共享资源。

要使用家庭组功能，必须选定一台电脑来建立家庭组，之后网络上其他电脑就可以直接加入此家庭组。

8.2.1 创建家庭组

假如网络有Bian和“三国四记”两台电脑，现在选择在Bian这台电脑上创建家庭组，具体操作方法如下：

1 单击任务栏上的“文件资源管理器”按钮，打开资源管理器，单击左侧导航窗格的“家庭组”图标，如图8.2所示。

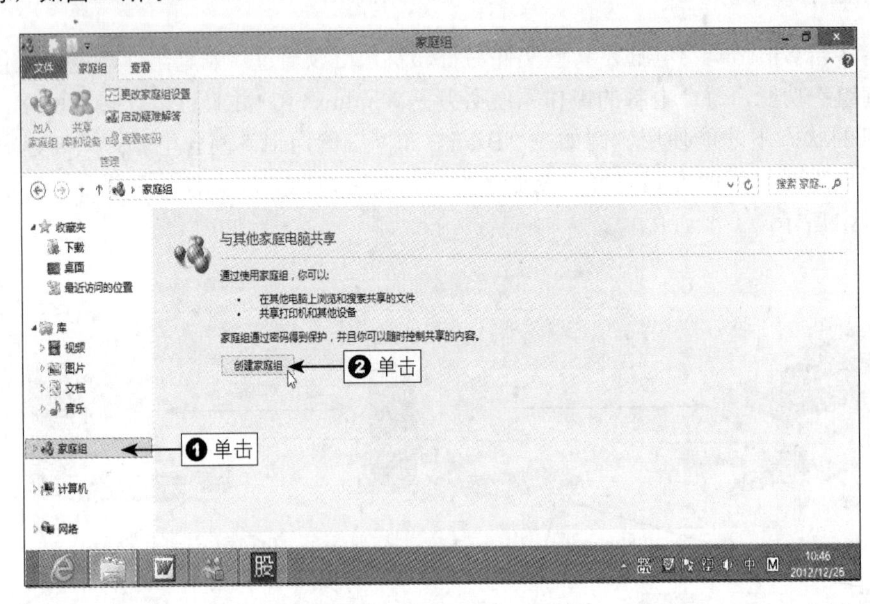

图8.2 单击“创建家庭组”按钮

2 单击“创建家庭组”按钮，弹出如图8.3所示的“创建家庭组”对话框，单击“下一步”按钮，进入如图8.4所示的对话框，选择需要共享给其他用户的资源。如果这台电脑连接了打印机，可以将打印机共享给其他电脑使用。

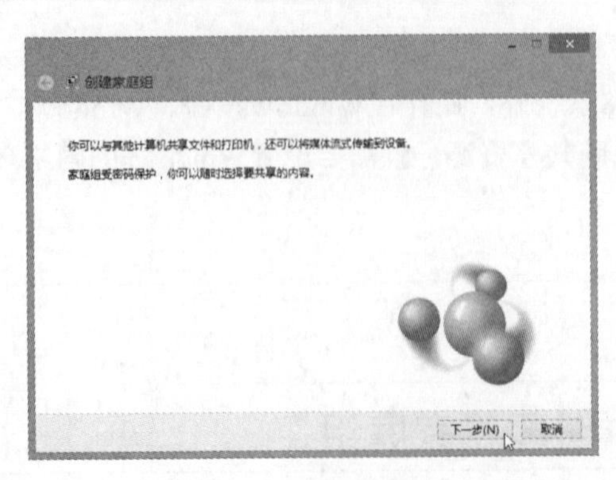

图8.3 “创建家庭组”对话框

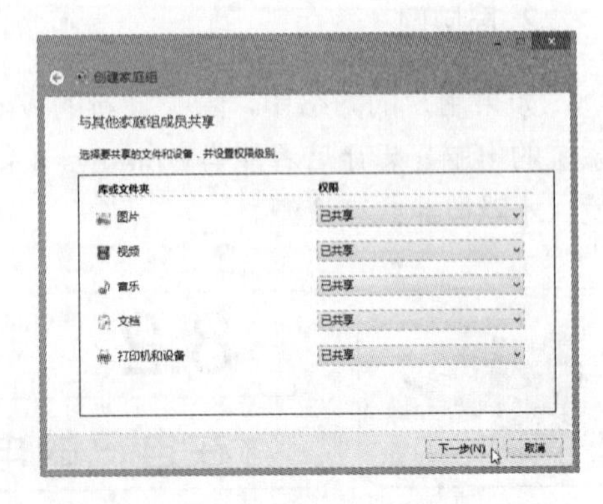

图8.4 选择需要共享给其他用户的资源

3 单击“下一步”按钮，系统开始与其他电脑共享文档及打印机了，紧接着出现一组密码，请将这组密码抄在纸上，以后其他电脑想加入家庭组时，就需要用到此密码，如图8.5所示。最后单击“完成”按钮。

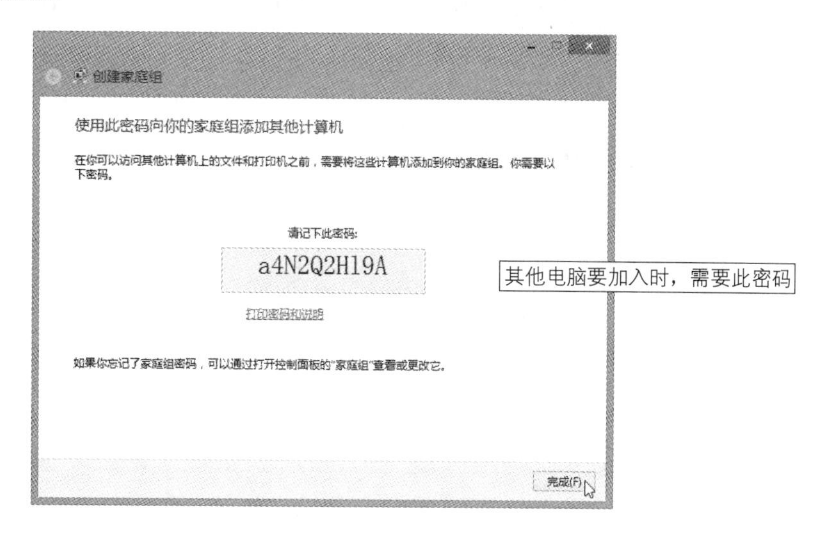

图8.5 家庭组提供的密码

8.2.2 确认家庭组是否创建

创建好家庭组后，可以在“控制面板”的“网络和共享中心”窗口中看到相关的信息，如图8.6所示。

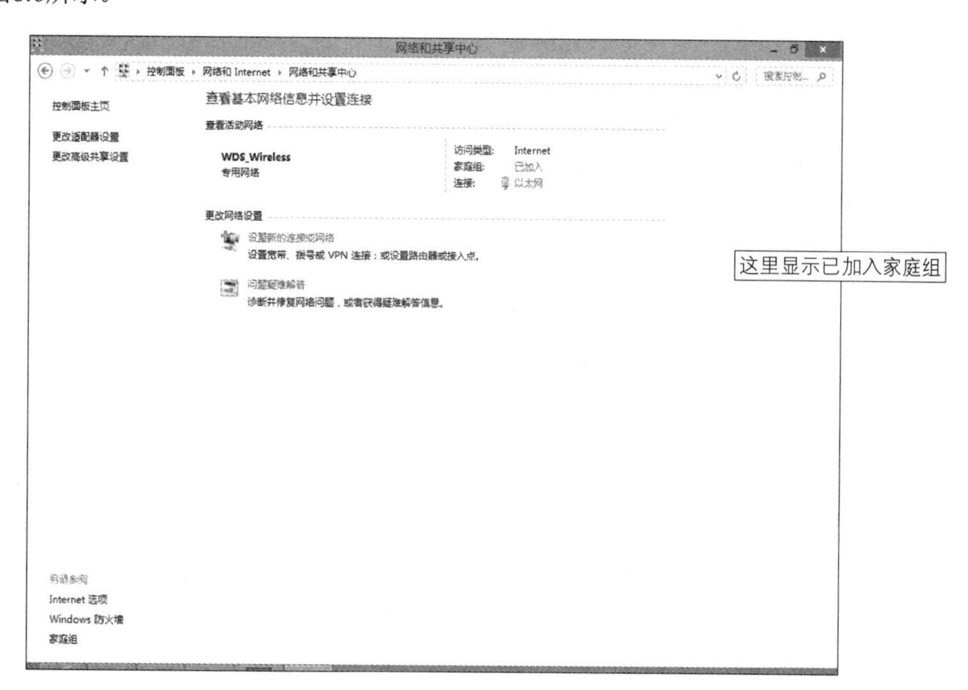

图8.6 显示已加入家庭组

此外，如果打开电脑的文件夹窗口，也可以在导航窗格中看到“家庭组”的图标，不过目前还没有其他电脑加入创建的家庭组，所以不会显示其他电脑共享的资源，如图8.7所示。

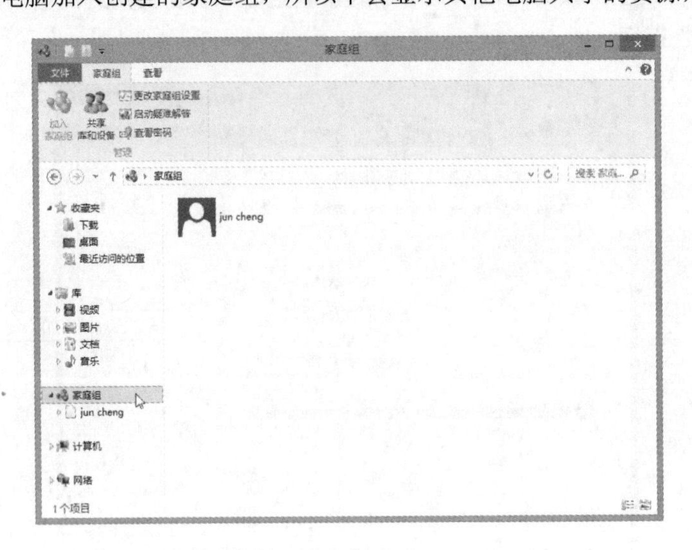

图8.7 当前尚未有其他电脑加入家庭组

8.3 让其他电脑加入与退出家庭组

创建好家庭组后，家中的其他电脑只要加入创建的家庭组，就可以与你共享文档和打印机了。本节介绍如何将其他电脑加入现有的家庭组。

例如，刚才在Bian这台电脑中创建了家庭组，现在“三国四记”这台电脑只要加入了Bian创建的家庭组，彼此就可以共享资源了。因此，需要在“三国四记”这台电脑进行加入家庭组的设置。

1 打开控制面板窗口，然后单击“网络和Internet”文字链接，打开窗口后单击“家庭组”文字链接，即可进入“家庭组”窗口。如果电脑的“网络位置”已经设置为“家庭组”，那么窗口中会出现一个“立即加入”按钮，如图8.8所示。

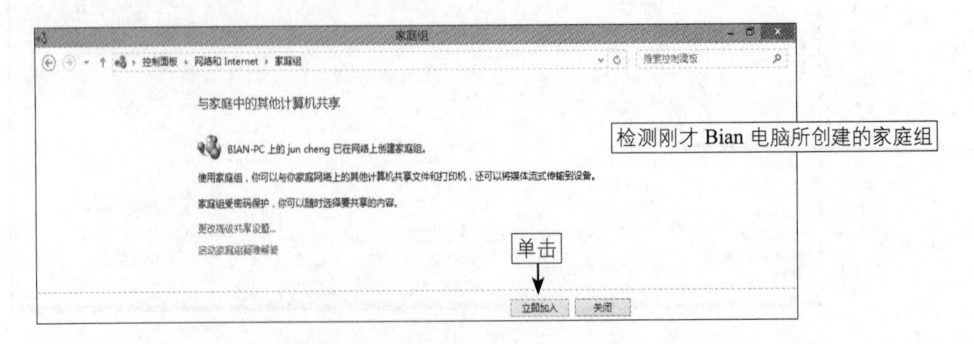

图8.8 单击“立即加入”按钮

2 在弹出的“加入家庭组”对话框中单击“下一步”按钮，现在选择想要与其他电脑共享库中的哪些数据，如共享图片、音乐、文档等，如图8.9所示。继续单击“下一步”按钮。

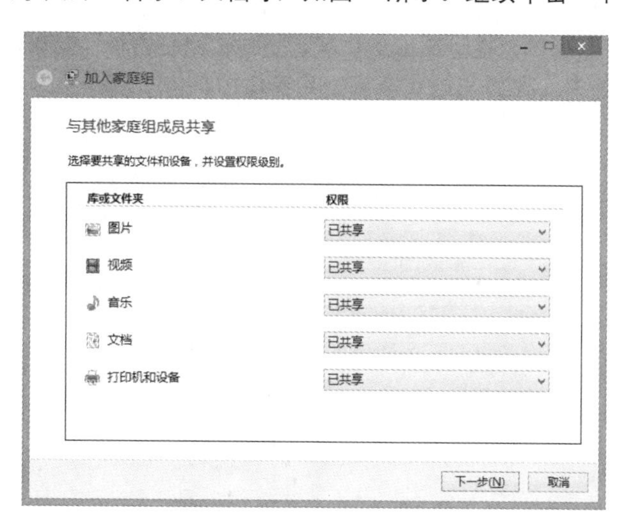

图8.9 选择要共享的数据

3 接着会要求输入密码，这组密码就是刚才在Bian电脑中创建家庭组时的密码，如图8.10所示。如果忘记密码，可以到创建家庭组的电脑（如本例的Bian电脑）打开“控制面板”|“网络和Internet”|“家庭组”窗口，单击其中的“查看和打印家庭组密码”文字链接，即可查看密码。

4 单击“下一步”按钮，出现已加入家庭组的信息，单击“完成”按钮关闭窗口，如图8.11所示。

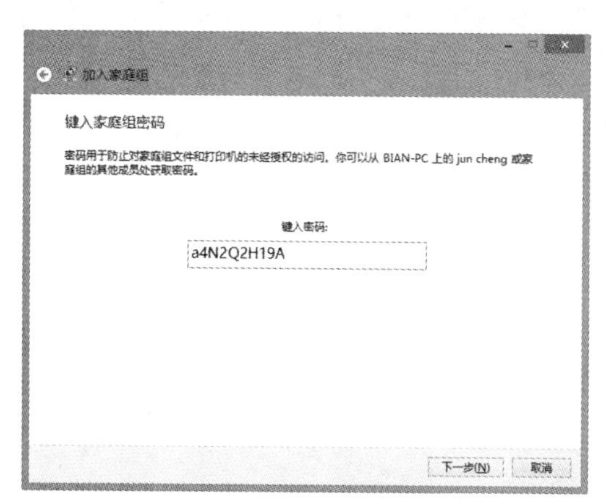

图8.10 输入密码

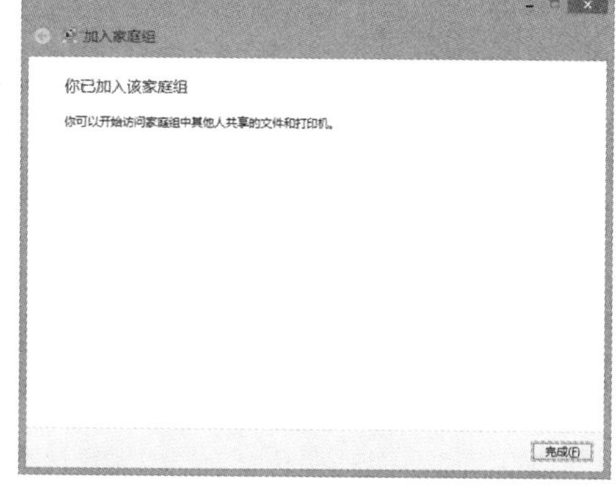

图8.11 已加入家庭组

小提示

如果输入正确的密码也无法加入家庭组，请检查以下设置选项：

- 创建家庭组的电脑是否已开机并连接局域网。
- 创建家庭组的电脑与本机的IP地址是否处于同一局域网内。

如果家庭组中的某台电脑的资料比较重要，那么可以将该电脑退出家庭组。具体操作方法如下：

1 打开文件资源管理器窗口，在“家庭组”图标上单击鼠标右键，从弹出的快捷菜单中选择“更改家庭组设置”命令，在弹出的“家庭组”窗口中单击“离开家庭组”文字链接，如图8.12所示。

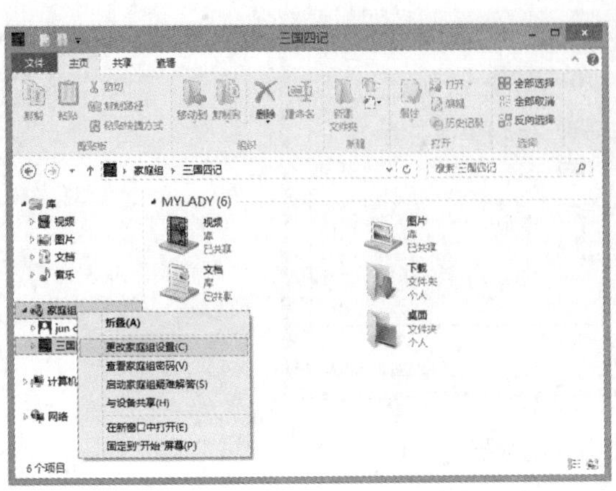
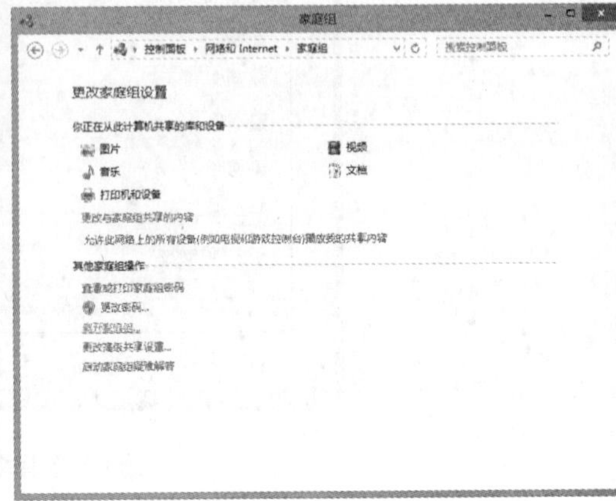

图8.12 单击“离开家庭组”文字链接

2 在弹出的“离开家庭组”对话框中单击“离开家庭组”选项，当画面出现“您已成功离开家庭组”信息时，表示该电脑已经退出家庭组，如图8.13所示。

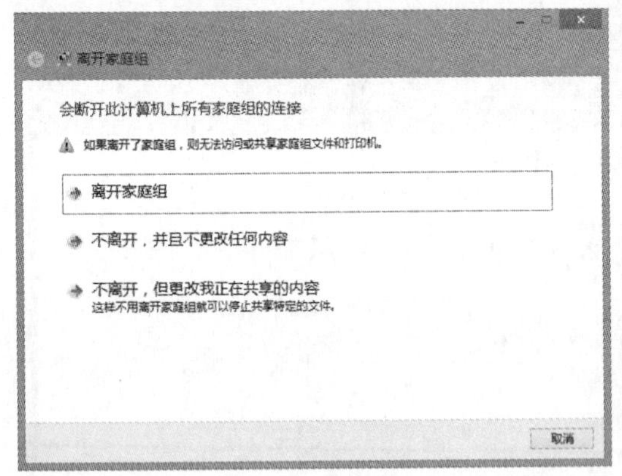

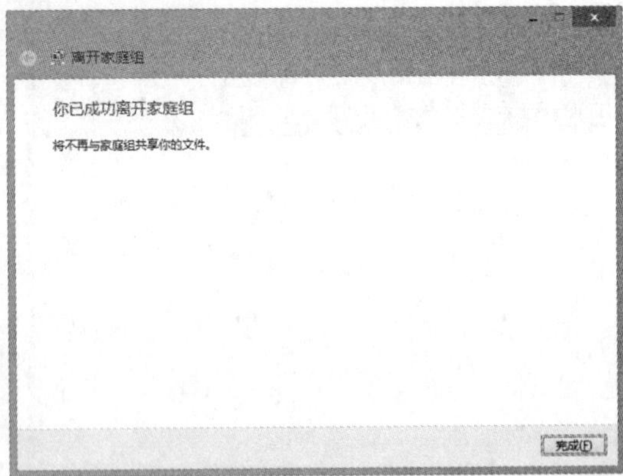

图8.13 离开家庭组

8.4 在家庭组中共享文件与打印机

加入家庭组后，每台电脑就可以彼此共享文档和打印机资源。不过，Windows默认只会共享库的资源，如果有其他位置的文件也想共享，需要额外设置。

8.4.1 共享库中的文件

刚才将“三国四记”的电脑加入Bian所创建的家庭组，现在两台电脑就可以互相共享库中的文件了。例如，在“三国四记”的电脑中打开资源管理器窗口，单击“家庭组”图标，系统会列出家庭组成员，单击成员的图标就可以看到其共享的资源，如图8.14所示。

图8.14 查看成员电脑共享的资源

在Bian的电脑中同样可以看到“三国四记”这台电脑中的库文件。不过，在使用共享的文件时，原则上只能打开、查看其内容，不能删除和重命名。例如，删除一个共享文件时，会弹出如图8.15所示的提示信息。

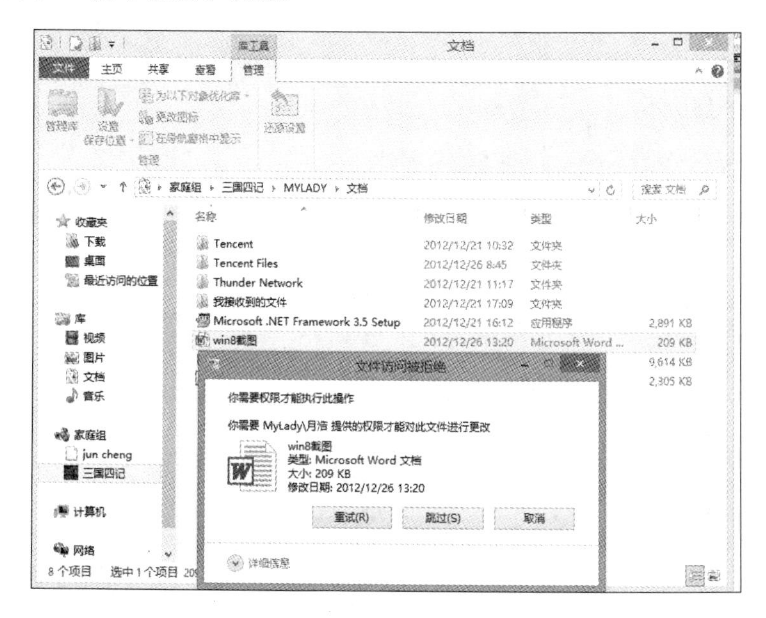

图8.15 文件访问被拒绝

如果希望获得完整的访问权限，可以在库的文件夹上单击鼠标右键，在弹出的快捷菜单中选择“共享”命令，选择“文档”只能“查看”或“查看和编辑”（“编辑”的权限包括修改、删除现有文件，创建文件、子文件夹），如图8.16所示。

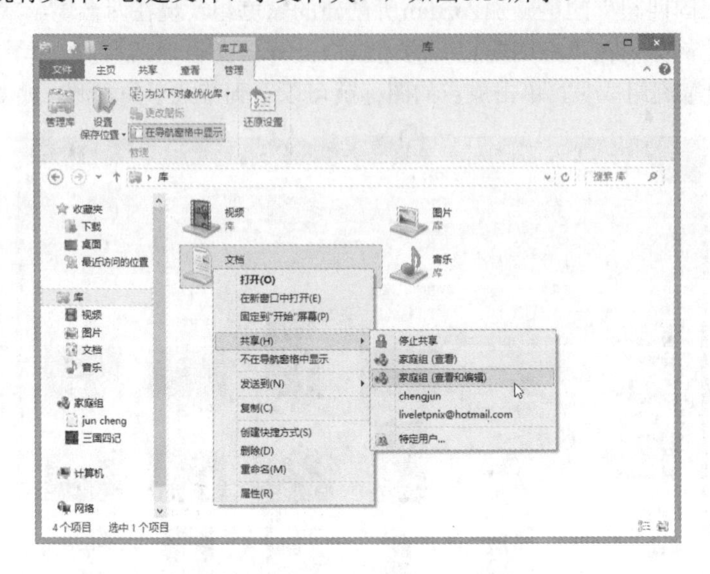

图8.16 指定文档的共享权限

8.4.2 共享指定的文件夹

如果希望共享存放在库以外的文件，方法之一就是将这些文件复制或移动到库中。如果不想随意移动文件，也可以将这些文件所在的文件夹直接共享到家庭组中。例如，要共享Bian电脑中E盘的“北戴河旅游”文件夹中的照片，就可以直接在该文件夹上单击鼠标右键，在弹出的快捷菜单中选择“共享”命令，再选择要让其他电脑只能“查看”或者可以“查看和编辑”命令，如图8.17所示。在弹出的“文件共享”对话框中选择“是，共享这些项”选项，如图8.18所示。

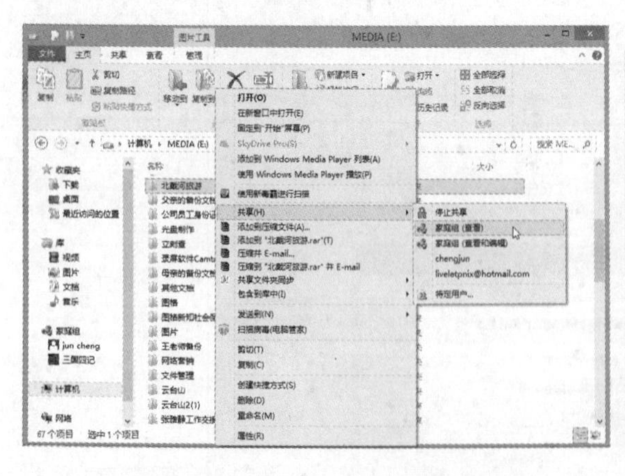

图8.17 选择共享文件夹的方式

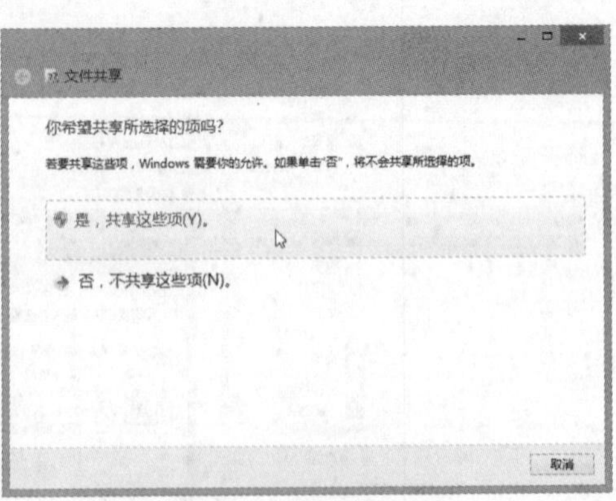

图8.18 指定共享这些项

设置完成后，在“三国四记”的电脑上就能看到这个新共享出来的文件夹。

8.4.3 共享打印机

如果创建家庭组的电脑Bian中正好连接打印机，那么在创建家庭组时就可以将此打印机共享出去，如图8.19所示。

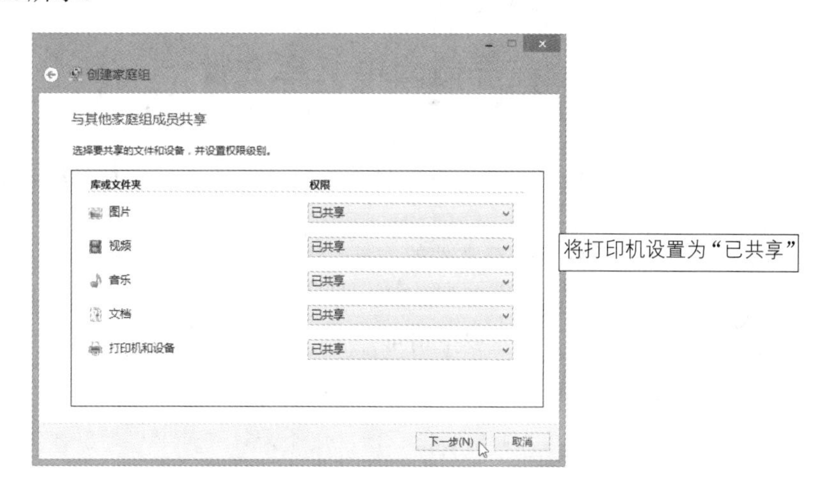

图8.19 指定共享打印机

如果当初没有进行此设置，或者要共享打印机的家庭组中的其他电脑，那么需要进行以下的设置就可以将打印机与其他电脑共享。

1 在“控制面板”窗口中单击“查看设备和打印机”文字链接，打开“设备和打印机”窗口，在要共享的打印机上单击鼠标右键，在弹出的快捷菜单中选择“打印机属性”命令，如图8.20所示。

2 接着在打开的打印机属性对话框中单击“共享”选项卡，选中“共享这台打印机”复选框，就可以将这台打印机共享出去，如图8.21所示。

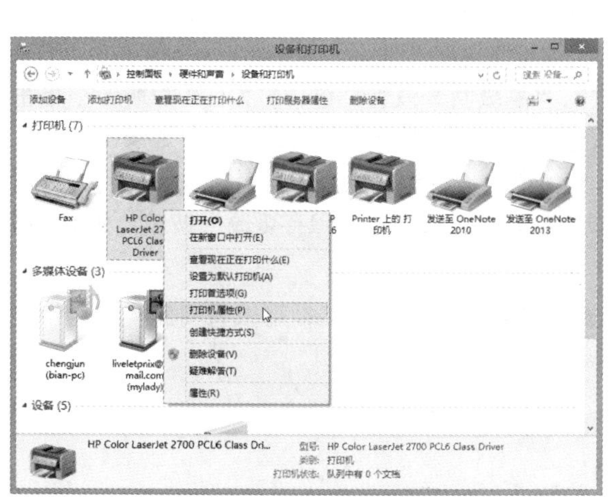

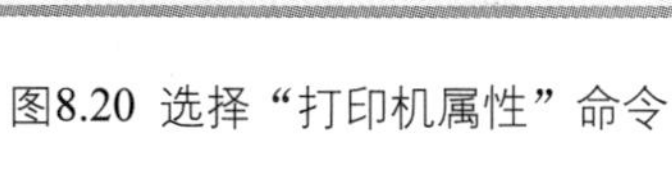

图8.20 选择“打印机属性”命令

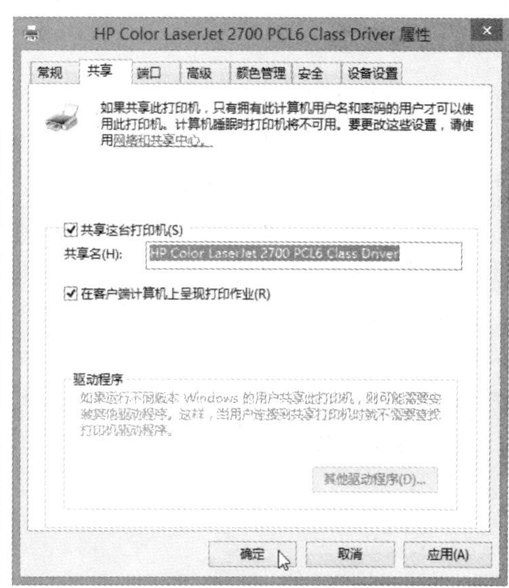

图8.21 共享打印机

这样，家庭组中的电脑，都会自动检测到网络上共享出来的打印机设备，并且显示在“设备和打印机”窗口中。

8.5 在局域网中共享文件

文件共享是将电脑中的文件通过网络分享给其他用户，无论是家庭或办公室，都能及时相互交流文件。

Windows提供了两种共享文件的方式。一种是通过计算机上“公用”文件夹来共享文件；另一种是共享电脑中的任意文件夹。

第一种共享方式比较适合以下情形：

- 通过查看“公用”文件夹，就能知道共享的内容。
- 要为所有用户设置相同的访问权限，而不必针对每个用户单独设置权限。

第二种共享方式比较适用于以下情形：

- 要共享大量的文件，将其复制到公用文件夹会占用大量的磁盘空间。
- 要为访问用户分别设置权限。

8.5.1 共享“公用”文件夹中的文件

“公用”文件夹是Windows专门为共享文件而设的，使用“公用”文件夹共享文件是最方便的共享文件方式。用户只需将要共享的文件复制到该文件夹中，并且启用“公用文件夹共享”功能，所有局域网的用户就可以查看和使用“公用”文件夹中的共享文件。具体方法如下：

1 在“控制面板”窗口中依次单击“网络和Internet”和“网络和共享中心”文字链接，打开“网络和共享中心”窗口。

2 单击“更改高级共享设置”文字链接，进入“高级共享设置”窗口，如图8.22所示。单击展开“来宾或公用”组，选中“启用网络发现”和“启用文件和打印机共享”单选按钮。

3 单击展开“所有网络”组，选中“启用共享以便可以访问网络的用户可以读取和写入公用文件夹中的文件”和“关闭密码保护共享”单选按钮，最后单击“保存更改”按钮，如图8.23所示。

4 打开“文件资源管理器”窗口，浏览C盘中的“用户”文件夹，就可以看到此“公用”文件夹，如图8.24所示。

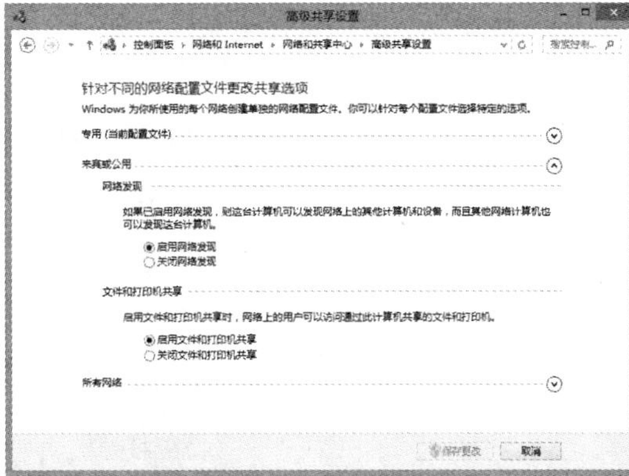

图8.22 “高级共享设置”窗口

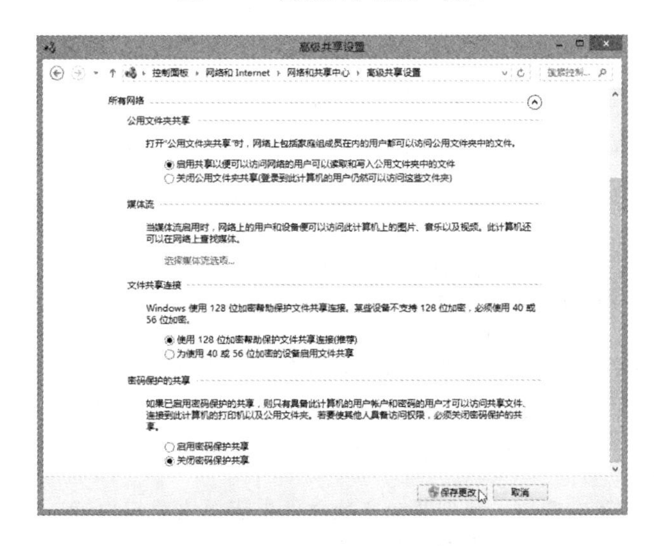

图8.23 启用“公用”文件夹共享

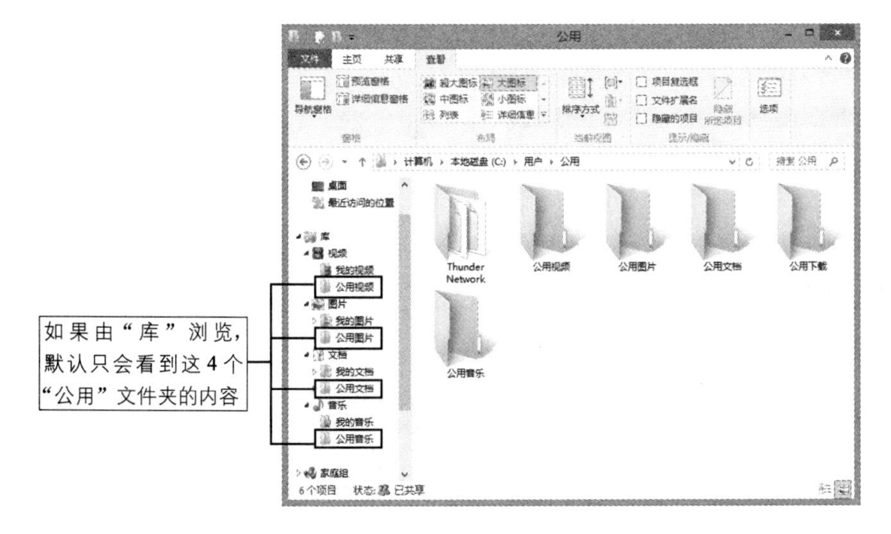

图8.24 查看“公用”文件夹

5 此时，将需要共享的文件复制到“公用”文件夹内，即可共享给局域网内其他用户，如图8.25所示。

图8.25 将要共享的文件复制到“公用”文件夹内

8.5.2 共享指定的文件夹

使用“公用”文件夹来共享文件的方式虽然简单，但是如果要共享的数据非常多，或者分散在不同的位置，还要花时间复制或移动到“公用”文件夹反而不方便。因此，下面将介绍另一种共享的方式，让用户可以自由指定要共享的文件夹。

1 打开“文件资源管理器”窗口，找到要共享的文件夹后单击鼠标右键，在弹出的快捷菜单中选择“属性”命令，打开该文件夹的属性对话框，单击“共享”选项卡，如图8.26所示。

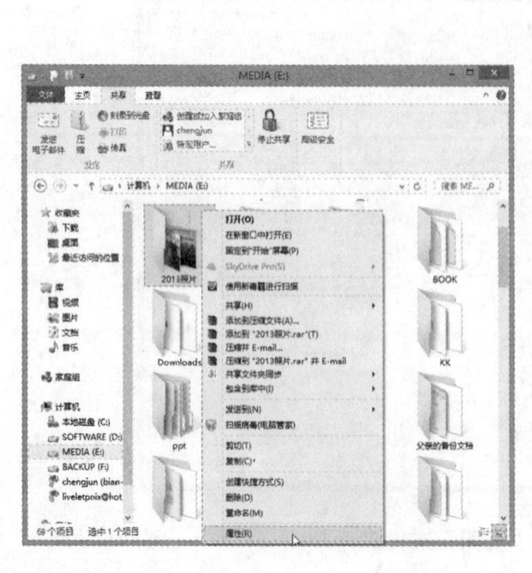

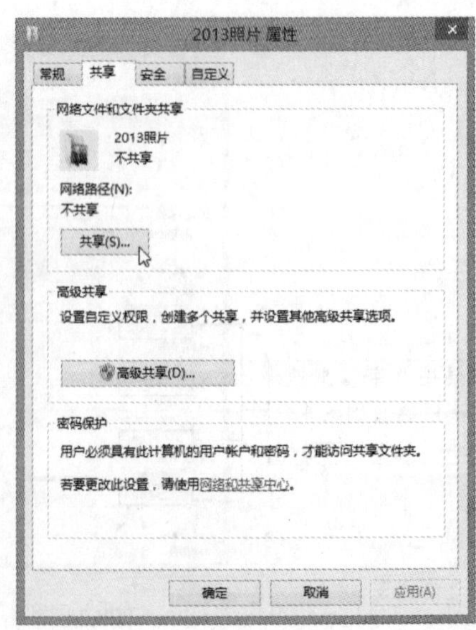

图8.26 “共享”选项卡

2 出现“文件共享”对话框后，可以选择要让所有的人只能读取文件，或者可以读取也可以写入，如图8.27所示。先从下拉列表框中选择“Everyone”，单击“添加”按钮，再单击“权限级别”栏对应的选项，即可调整权限。

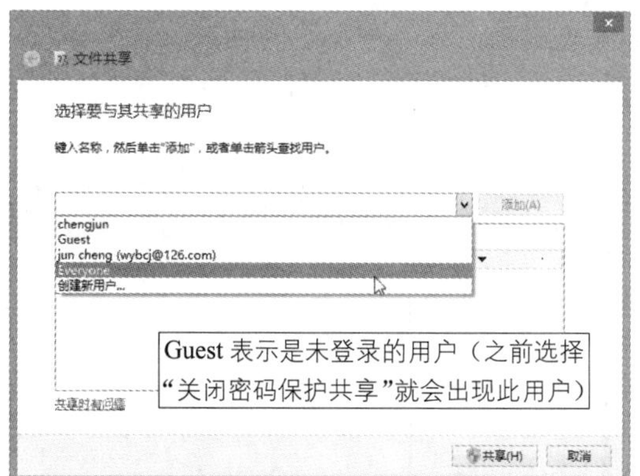

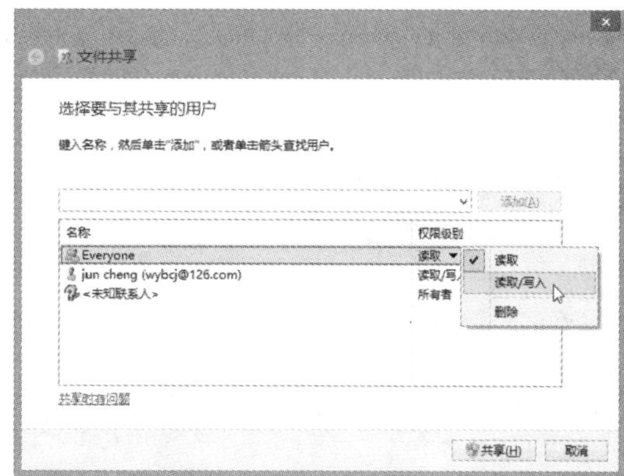

图8.27 指定用户和权限级别

小提示

选定要共享的文件夹后，单击“文件资源管理器”窗口中的“共享”选项卡，单击“共享”组中的“特定用户”按钮，可以快速打开“文件共享”对话框。

3 单击“共享”按钮，经过短暂的设置，就会看到文件夹已经共享的信息，单击“完成”按钮，如图8.28所示。

图8.28 文件夹已共享

8.5.3 停止文件夹的共享

如果要修改共享的对象与权限，或者确定不再与其他用户共享数据，想停止文件夹的共享，可按照下述步骤进行操作：

首先选定已共享的文件夹，单击“共享”选项卡“共享”组中的“停止共享”按钮，在弹出的“文件共享”对话框中单击“停止共享”按钮即可，如图8.29所示。

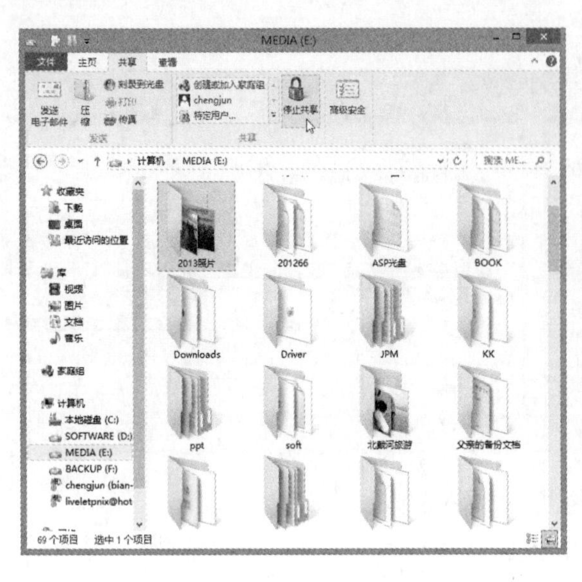

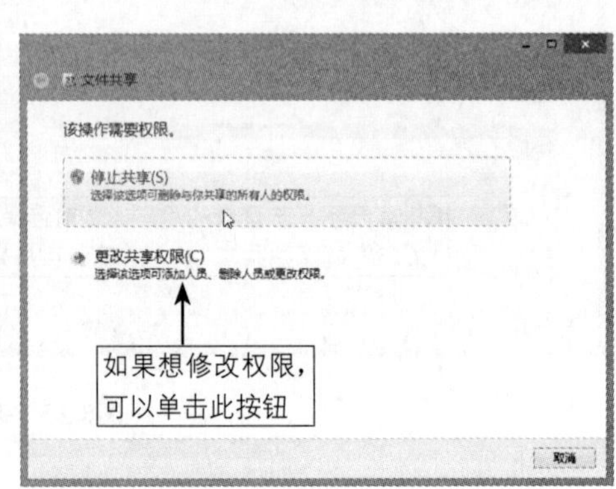

图8.29 单击“停止共享”按钮

8.5.4 限制同时连接共享文件夹的用户数量

当多个用户同时访问共享文件夹时会消耗大量的电脑资源，影响用户的正常使用。为了避免发生这种情况，在设置共享文件夹时，可以设置允许同时访问的用户数，具体操作方法如下：

1 在已共享的文件夹中单击鼠标右键，在弹出的快捷菜单中选择“属性”命令，单击弹出对话框中的“高级共享”按钮，如图8.30所示。

2 在“将同时共享的用户数量限制为”文本框中输入最多的用户数，如图8.31所示。

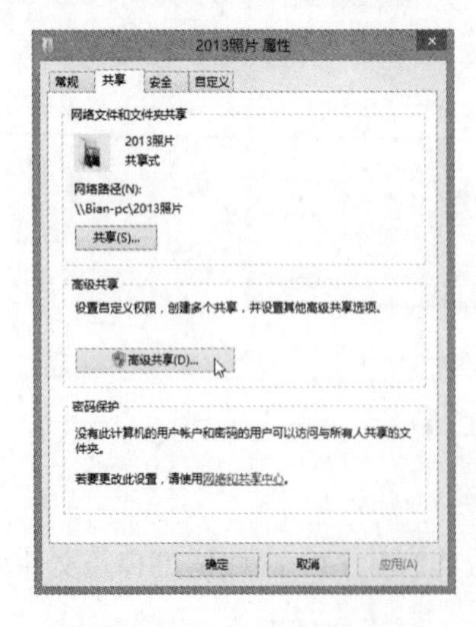

图8.30 单击“高级共享”按钮

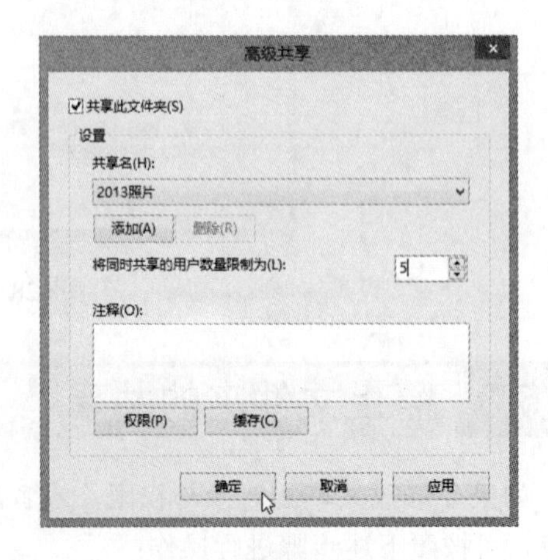

图8.31 指定最大用户数

8.5.5 以密码保护共享资源

前面介绍的是用“关闭密码保护共享”设置，此时网络上所有用户会享有相同的访问权限。例如，通常共享给其他用户时，只会给予“读取”的权限，以免重要数据被误改或误删；但有时自己要从其他电脑打开共享文件夹的文档，想修改内容，此时就需要具备“编辑”的权限。为了解决此问题，就要改用“启用密码保护共享”功能。

1 使用前面介绍的方法打开“高级共享设置”窗口，选中“启用密码保护共享”单选按钮，然后单击“保存更改”按钮，如图8.32所示。

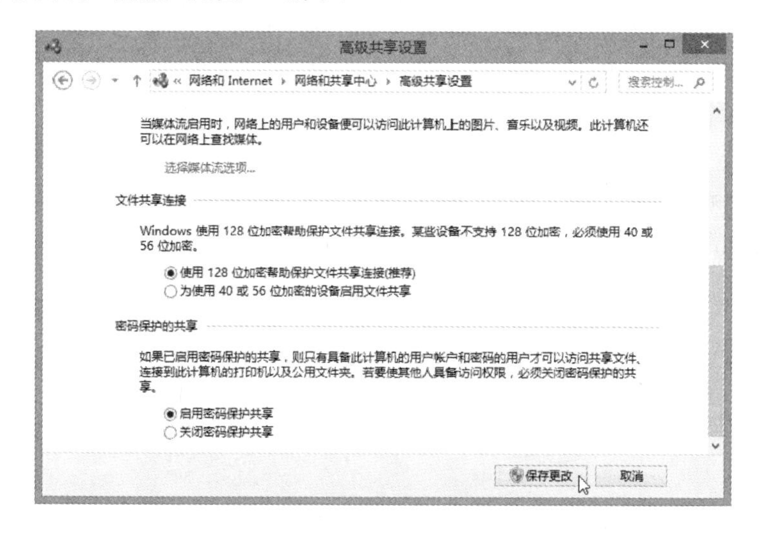

图8.32 启用密码保护共享

2 修改设置后，Windows会禁用Guest这个特殊账号，也就是任何人连接到这台电脑时，都需要输入这台电脑现有的用户账号和密码。至于设置共享的方式，则和“关闭密码保护共享”相同，都是在列表中进行“读取/写入”的权限设置，如图8.33所示。

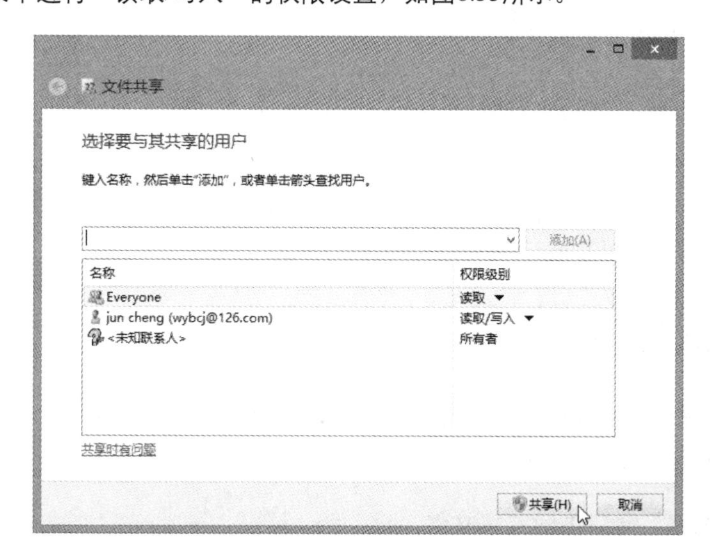

图8.33 设置共享权限

3 设置完成后，当用户通过网络浏览“jun cheng”这台电脑时，会出现如图8.34所示的对话框，必须输入用户名和密码。

图8.34 需要输入用户名和密码

输入的用户账号不同，进入共享文件夹就会有不同的权限。例如，有些用户具有读取、修改、删除文档的权限；有些用户修改或删除文档时，会弹出如图8.35所示的提示对话框。

图8.35 权限不足会使操作失效

8.6 访问局域网中的共享文件

前面已经介绍了在局域网中共享文件的方法，本节将介绍如何通过局域网访问其他用户共享的文件，可以包括Windows 7或Windows XP的用户。

8.6.1 访问共享文件

Windows 8提供了多种访问共享文件的方法，如通过“网络”窗口、主机名称等，用户可以根据自己的需要选择合适的方法。

1. 通过“网络”窗口访问共享文件

在Windows XP中有“网上邻居”的图标，利用它可以访问其他电脑的共享资源。在

Windows 7或Windows 8中，“网上邻居”已经被“网络”窗口取代，单击任务栏中的“文件资源管理器”按钮，打开“文件资源管理器”窗口，单击导航窗格中的“网络”图标将其展开，会列出网络中所有的电脑名，单击要访问的电脑，在右侧窗格中显示该电脑共享的资源，如图8.36所示。

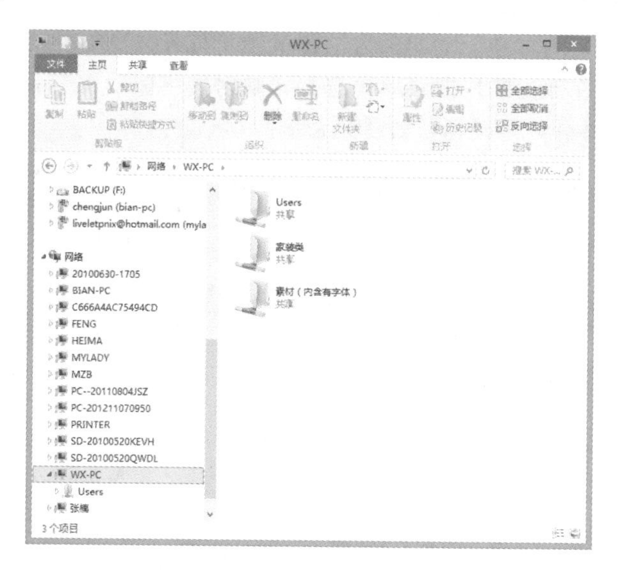

图8.36 浏览网络上的共享资源

2. 通过主机名称访问共享资源

除了直接浏览网络上的电脑来找到共享资源外，如果已知某台电脑的名称，可以直接通过此名称来访问共享资源。例如，要访问名称Printer电脑中的“云台山旅游”文件夹时，只需在文件资源管理器窗口的地址栏中输入“\\printer\云台山旅游”并按Enter键即可，如图8.37所示。

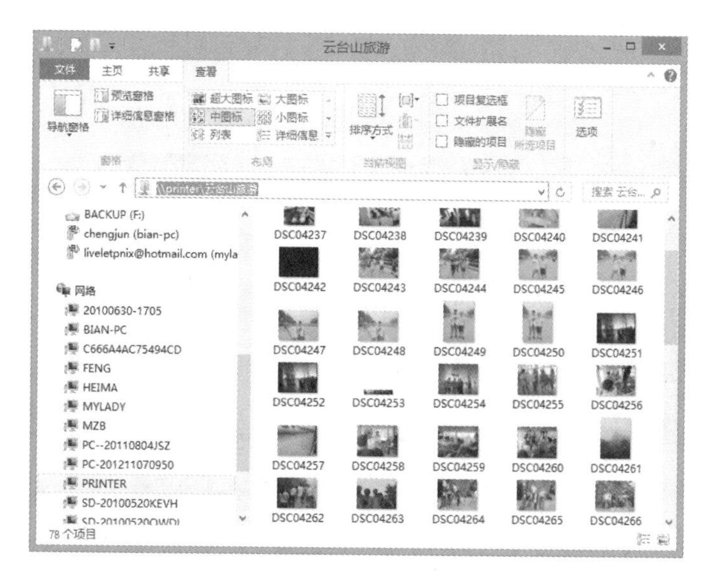

图8.37 通过主机名访问共享资源

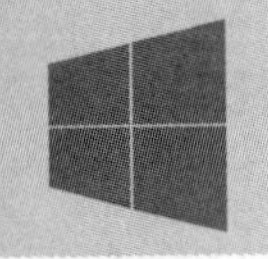

8.6.2 将共享文件夹映射为本地驱动器

对于经常访问的共享文件夹而言，每次都要用上述的两种方法打开显得不太方便，可以将其映射为本地驱动器。以后就像访问本地硬盘分区一样直接在文件资源管理器中打开。

将共享文件夹映射为本地驱动器的方法很简单，打开共享文件夹的位置，选择该文件夹并单击鼠标右键，在弹出的快捷菜单中选择“映射网络驱动器”命令，在弹出的“映射网络驱动器”对话框中指定驱动器，如图8.38所示。

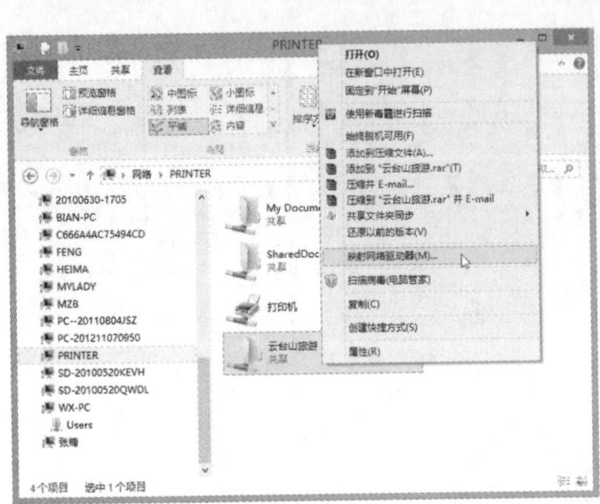

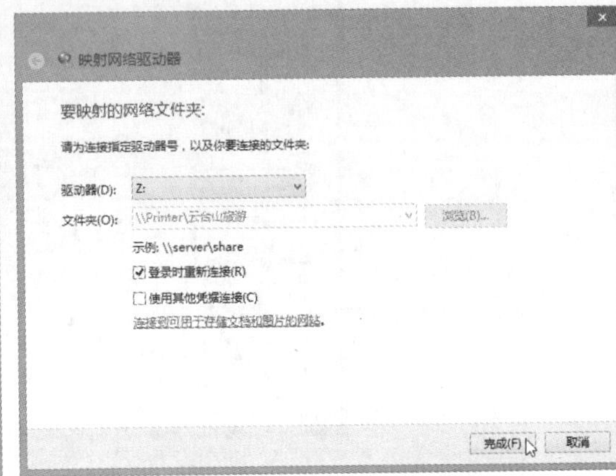

图8.38 “映射网络驱动器”对话框

设置成功后，打开“计算机”窗口，即可看到新增的网络驱动器图标，双击该图标快速打开共享文件夹，如图8.39所示。

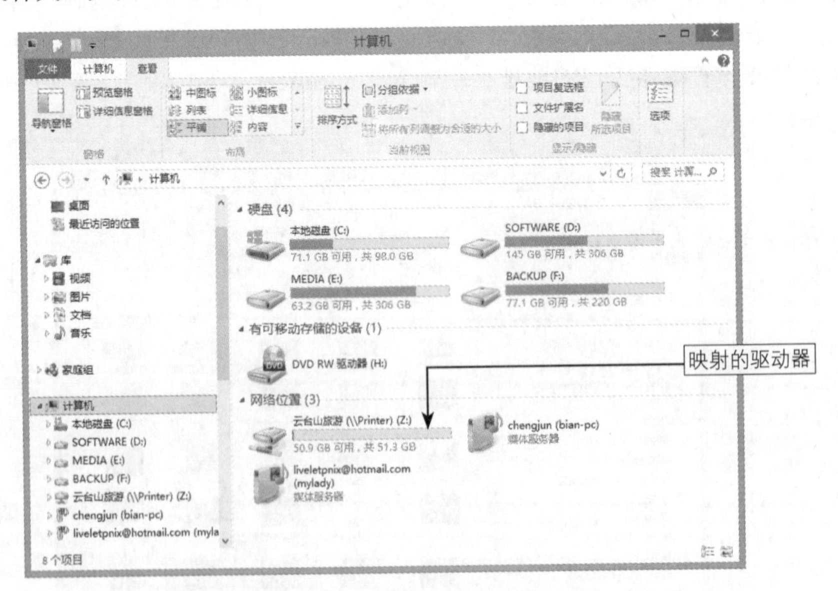

图8.39 网络共享文件夹被映射为本地驱动器

8.7 在局域网中共享打印机

除了共享文件之外，用户还可以通过局域网共享硬件设备（如打印机、光驱等），以节省购买硬件的费用。例如，家中只有一台打印机，就可以让多台电脑使用，既经济又适用；随着大容量U盘等存储设备的出现，每台电脑更不需要都配有光驱，可以共享一个光驱。共享硬件的方法基本类似，下面以共享打印机为例进行介绍。

8.7.1 共享打印机

共享打印机的权限设置，同样可以选择“启用密码保护共享”和“关闭密码保护共享”。不过，如果设置“启用密码保护共享”，就需要为每个人创建一个用户名，以便让他们连接使用打印机，使用起来不太方便。因此，为了简化打印机的共享过程，建议共享打印机时，应设置为“关闭密码保护共享”。

另外，还需要事先已经安装打印机（有关安装打印机的方法，本书稍后有介绍），再来设置共享。

1 利用前面介绍的方法打开“高级共享设置”窗口，选中“关闭密码保护共享”单选按钮。

2 安装打印机时，如果电脑已经设为“启用文件和打印机共享”，Windows默认会将打印机设置为共享。如果用户是先安装打印机，再进行共享设置，此时最好检查打印机有没有设置为共享。打开“控制面板”窗口，单击“硬件和声音”下的“查看设备和打印机”文字链接，弹出“设备和打印机”窗口，其中显示本机当前安装的打印机和一些设备。

3 在需要共享的打印机上单击鼠标右键，在弹出的快捷菜单中选择“打印机属性”命令，在打开的打印机属性对话框中单击“共享”选项卡，如图8.40所示。

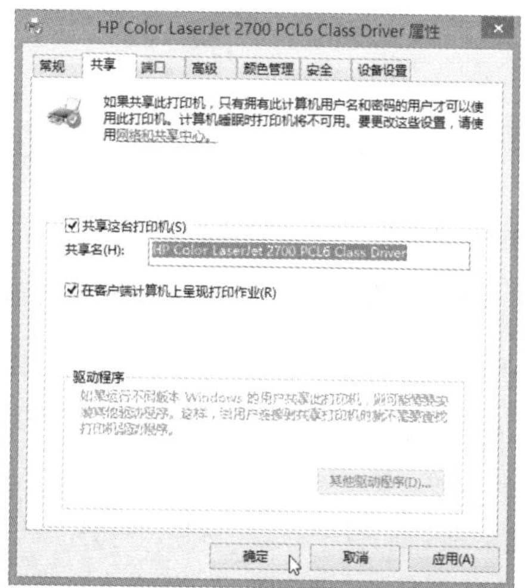

图8.40 “共享”选项卡

4 选中“共享这台打印机”复选框，并可以输入共享名，然后单击“确定”按钮。

8.7.2 连接局域网中共享的打印机

将打印机设置共享后，局域网中的其他电脑要打印文档，可以进行如下设置并安装网络打印机，即可进行打印（只需第一次使用时安装打印机）。

1 打开文件资源管理器窗口，找到打印机所在的电脑，如图8.41所示。

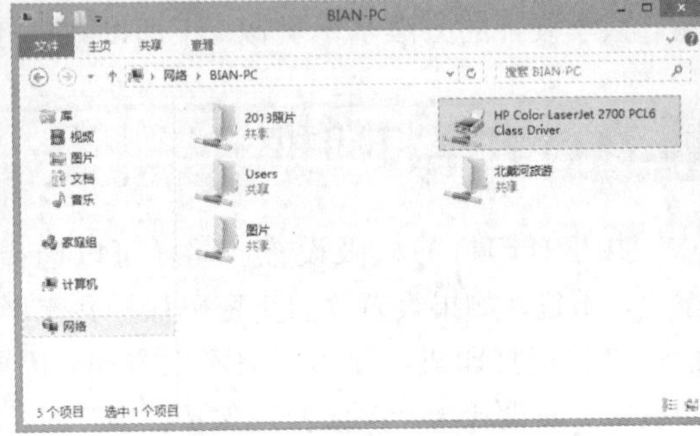

图8.41 找到打印机所在的电脑

2 双击“打印机”图标，Windows会自动将打印机添加到用户的电脑中，并安装好驱动程序，如图8.42所示。

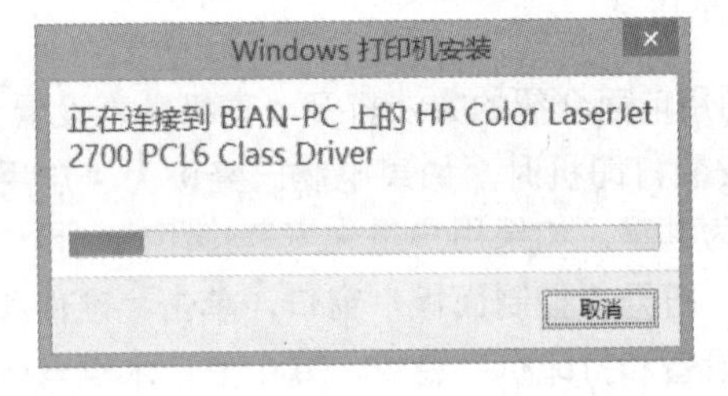

图8.42 自动安装打印机驱动程序

安装完成后，在应用程序（如Word、Excel等）中执行打印功能时，即可在“打印机”对话框中选择共享的打印机来打印文件。

8.8 高级应用的技巧点拨

技巧1：解决打印机无法共享的问题

有时用户想共享打印机给网络上其他用户使用时，发现共享的选项为灰色不可用状态。此故障可能是由Print Spool服务被意外禁用。解决的方法如下：

1 打开文件资源管理器窗口，用鼠标右键单击左侧导航窗格中的“计算机”图标，在弹出的快捷菜单中选择“管理”命令，打开“计算机管理器”窗口。

2 在左侧窗格中单击展开“服务和应用程序”选项，再单击“服务”，在右侧窗格中双击Print Spooler项目，在弹出的对话框中单击“启动”按钮，最后单击“确定”按钮，如图8.43所示。

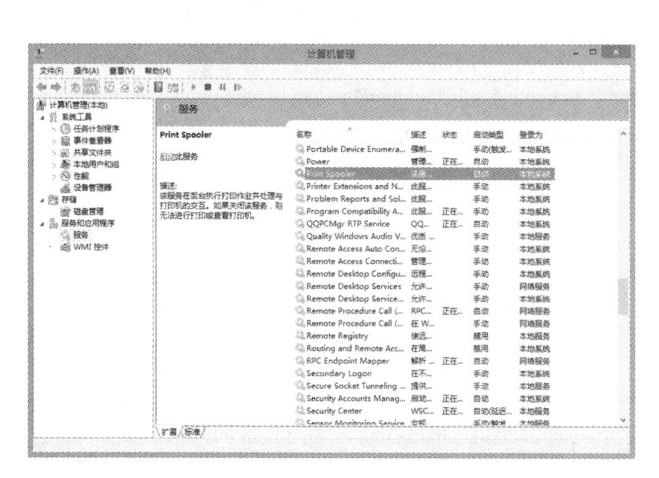

图8.43 启动Print Spooler服务

技巧2：隐藏共享文件夹

想不露痕迹地将文件共享给局域网用户？其实很简单，只需掌握隐藏共享文件夹的技巧就可以实现了。具体操作步骤如下：

1 在共享的文件夹上单击鼠标右键，在弹出的快捷菜单中选择“属性”命令，打开如图8.44所示的文件夹属性对话框。

2 单击“高级共享”按钮，弹出如图8.45所示的“高级共享”对话框，在其中显示了同时共享的用户数量、共享权限等。

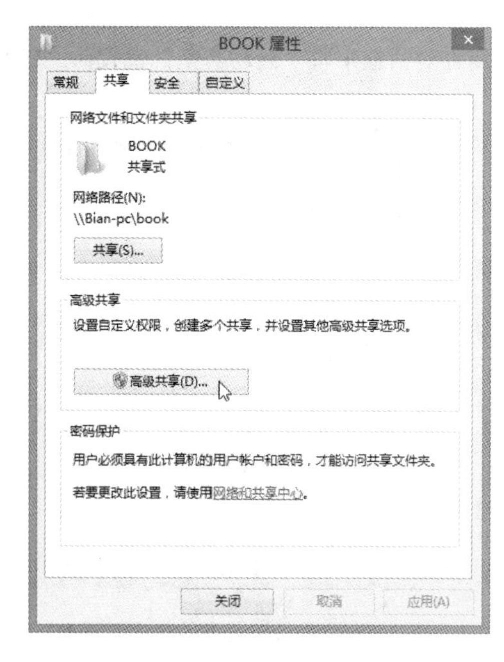

图8.44 文件夹属性对话框

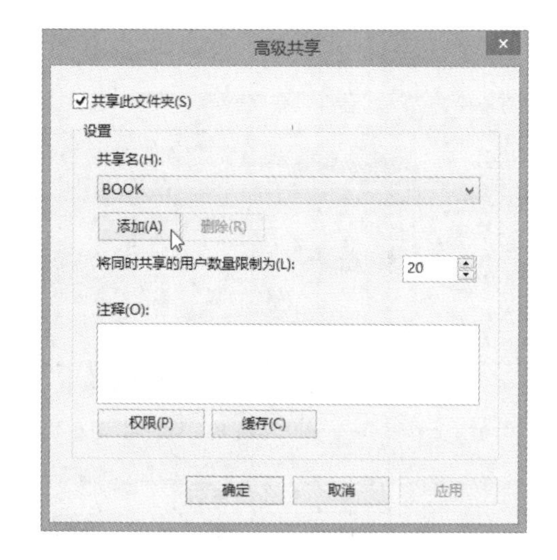

图8.45 “高级共享”对话框

3 单击“添加”按钮，弹出如图8.46所示的“新建共享”对话框，在“共享名”文本框中输入以$为结尾的共享名，然后单击“确定”按钮。

图8.46 输入共享名

小提示

完成设置后，局域网的用户只能通过在地址栏输入“\\主机\共享名”或“\\IP地址\共享名”的方式访问隐藏的共享文件夹。

技巧3：解决打印机无法共享的问题

用户想将打印机共享组局域网其他用户使用时，发现共享的选项为灰色不可用状态。造成此故障的主要原因可能是Print Spool服务被意外停用。解决的方法如下：

1 打开“文件资源管理器”窗口，在左侧的“计算机”图标上单击鼠标右键，在弹出的快捷菜单中选择“管理”命令。

2 打开“计算机管理”窗口，在左侧单击展开“服务和应用程序”分类，再单击“服务”项，如图8.47所示。

3 在右侧的窗格中双击Print Spool项目，在弹出的属性对话框中将“启动类型”设置为“自动”，然后单击“确定”按钮，如图8.48所示。

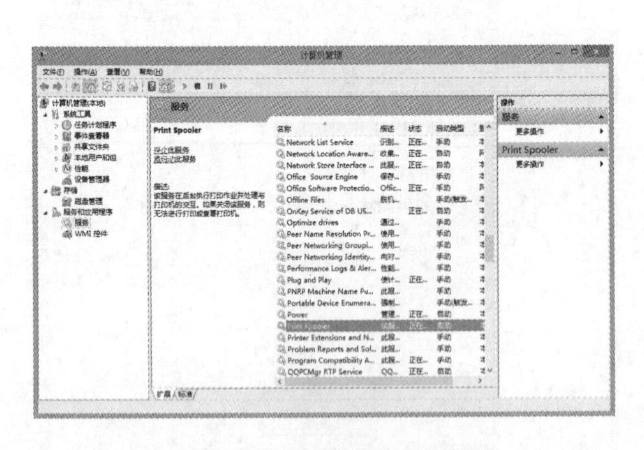

图8.47 “计算机管理”窗口

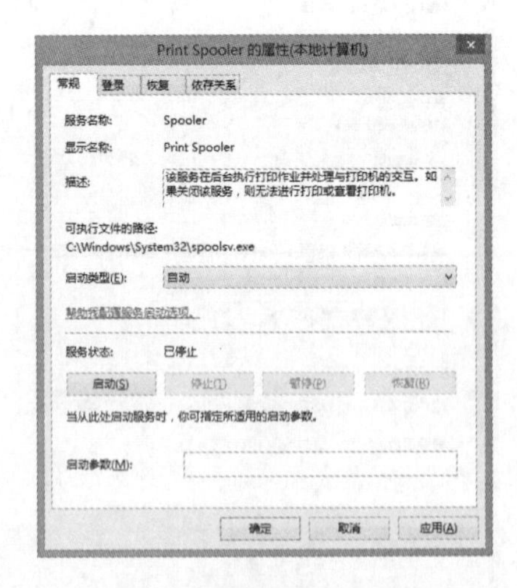

图8.48 设置服务的启动类型

09

第 9 章 使用全新IE 10浏览网页

Windows 8整合了微软最新版本的浏览器Internet Explorer 10（以下简称为IE 10）。网络信息多如牛毛，如何利用IE更快速、更有效地找到想看的内容，是本章将要讲述的重点。与Windows 8提供的两个桌面一致，新的IE也分为适合平板用户的Metro版和传统的桌面版，前者适用于平板的无边框触控式界面，后者是与IE 8、9相差不大的传统桌面版。默认情况下，Windows 8将使用与用户当前环境相匹配的IE风格来打开链接：如果正在运行Metro风格的应用，点击链接将启动Metro版的IE；如果用户正在运行桌面应用程序，那么单击链接将启动桌面版的IE。虽然是两个不同的浏览方式体验，但是使用的是同一个浏览引擎和内核。

学习提要

- 使用 Metro 风格的 IE 浏览器来浏览网页
- 使用桌面版 IE 打开多重网页与处理网页乱码
- 快速切换到已打开或曾浏览过的网页
- 将最常用的网站设为 IE 主页
- 将喜爱的网站添加到“收藏夹”
- 利用“加速器”快速查找所需信息
- IE 的阻止广告窗口弹出功能
- 管理浏览网站时的记录——防止个人隐私外流
- 不要留下浏览记录以确保个人隐私
- 浏览器插件管理功能

9.1 使用 Metro 风格的 IE 浏览器

启动Windows 8进入开始屏幕，单击Internet Explorer磁贴，即可启动Metro风格的IE浏览器，如图9.1所示。这是专门为触摸平板电脑而设计的IE浏览器，它以全屏幕方式显示网页。此时，如果用户使用的触摸平板电脑，可以直接滑动来浏览网页；如果是使用鼠标，则直接滚动滑轮来浏览网页。

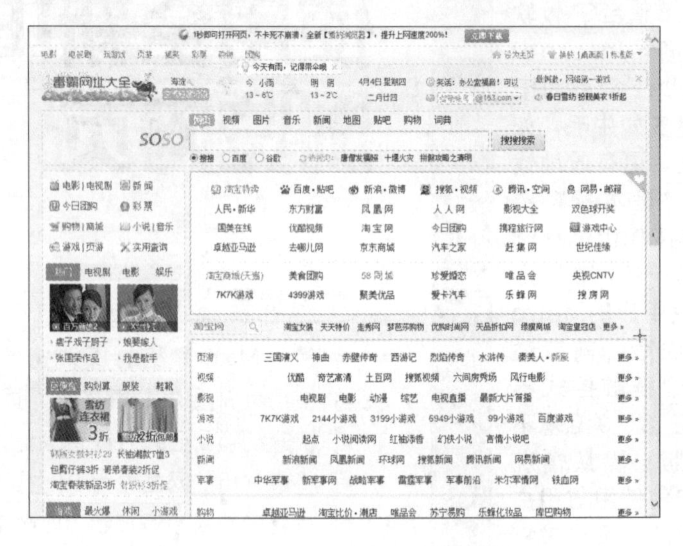

图9.1 启动Metro风格的IE浏览器

小提示

如果在Windows 8中设置第三方的浏览器为默认浏览器，那么就不能再使用Metro版IE10浏览器，开始屏幕中的Metro版IE 10磁贴也不会显示。

打开IE浏览器后，可以看到网页上有许多文字超链接，超链接的特征是将鼠标指针移到文字上方时，文字下方会改变字体颜色，同时鼠标指针变成一只小手形。单击文字超链接，就可以在新的选项卡中浏览新网页。同时，网站上的许多图片同样具有超链接功能，单击图片即可浏览与图片有关的内容。

用户再次单击新网页中的超链接，又可以跳转到其他网页，依次沿着超链接前进，就像在“冲浪”一样。

如果要使用地址栏来输入网址，可以利用鼠标右键单击网页，即可在下方显示地址栏，在其中输入网址，如图9.2所示。平时浏览网页时，地址栏会自动隐藏，这样非常适合平板用户的手势操作。

图9.2 利用地址栏来打开网页

如果要切换到其他已打开的网页，也可以利用鼠标右键单击网页，在页面的顶部显示选项卡。单击某个选项卡，即可快速切换网页，如图9.3所示。

图9.3 利用选项卡切换网页

单击屏幕底部的地址栏，将会弹出收藏夹栏，左侧为最近访问的网站链接，右侧为添加到收藏夹中的链接，如图9.4所示。拨动鼠标的滚轮，就可以查看多个收藏夹中的内容。

图9.4 Metro版IE 10浏览器收藏夹

9.2 使用桌面版 IE 打开多重网页与处理网页乱码

桌面版IE 10是传统IE浏览器的升级，与之前版本最大的不同就是对HTML5、CSS3等的支持，因此其功能也更加强大。

本节将讲解如何使用IE浏览器在网上冲浪，包括浏览网页、以新的选项卡打开网页、解决网页乱码等。

9.2.1 浏览网页

前面已经介绍了如何连接上网的技巧，现在只需单击任务栏上的Internet Explorer按钮，即可启动IE并打开默认的主页（也称为“首页”），如图9.5所示为“MSN中国”首页。IE 10界面与IE 8、9界面主体上没有大的改变，所不同的是IE 10的窗口和按钮由圆角变为方角，整体界面显得更加更加简洁。

图9.5 IE浏览器主页

浏览网页最直接的方式是在地址栏中输入网址。如果用户从某些刊物或朋友那里获取了一个感兴趣的网址，例如，要浏览“好123网址之家”的网页，可以在地址栏中输入http://www.hao123.com并按Enter键，即可进入如图9.6所示的网页。

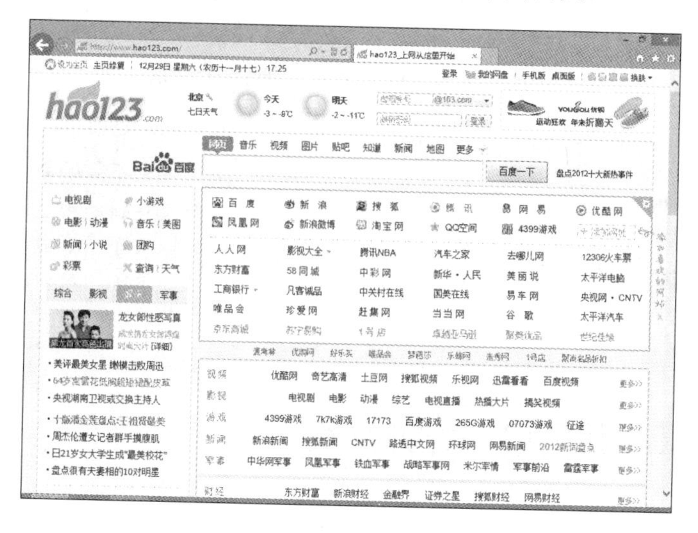

图9.6 直接输入网址浏览网页

试图打开一个网页时，可能会因为网络方面的某种原因使得网页传输速度很慢。如果决定不再浏览该网页而终止传输过程时，可单击地址栏右侧的“停止” 按钮。

在终止传输过程后，要重载该网页，或者想知道一个动态网页的最新情况时，可以单击地址栏右侧的“刷新” 按钮。

9.2.2 将网页打开在另一个选项卡中

在同一个浏览器工作窗口中打开多个网页，既节约了系统资源，又方便了不同网页之间的切换。具体操作步骤如下：

1 进入网站之后，单击网页中的超链接，就可以让超链接指向的网页与当前网页在同一个IE窗口中打开，如图9.7所示。

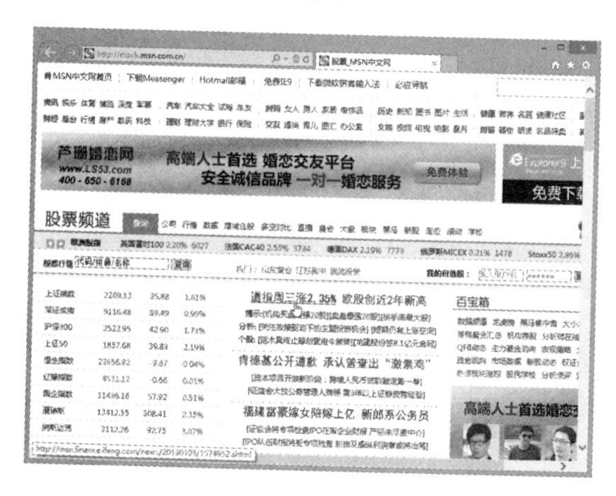

图9.7 以选项卡方式打开网页

2 如果要关闭某个选项卡，只需单击该选项卡右侧的“关闭选项卡”按钮。

3 在同一个IE窗口中打开多个选项卡，单击右上角的“关闭”按钮关闭浏览器窗口时，会弹出如图9.8所示的对话框，询问是否关闭所有选项卡还是关闭当前的选项卡。

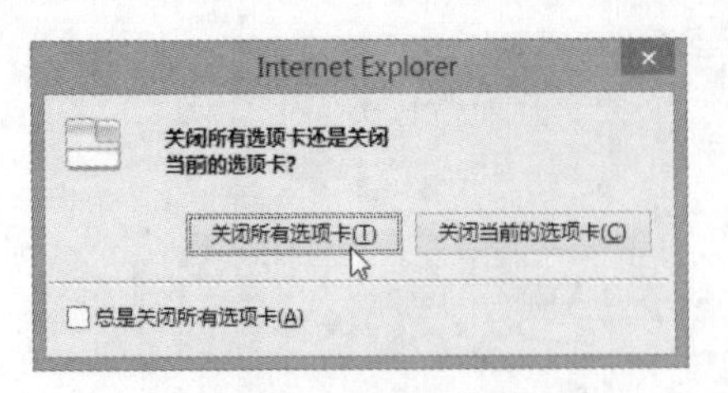

图9.8 设置是否关闭所有选项卡

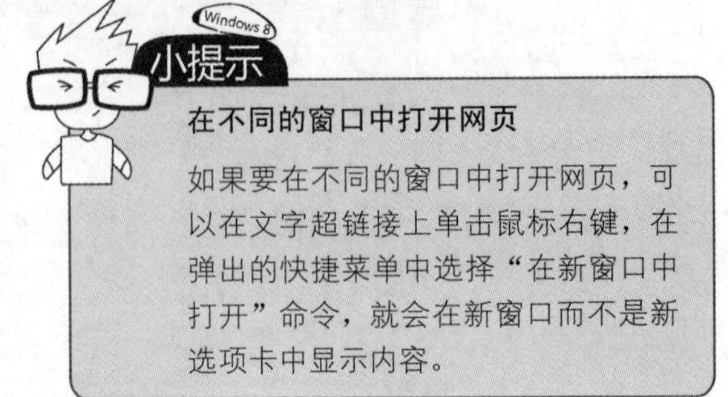

在不同的窗口中打开网页

如果要在不同的窗口中打开网页，可以在文字超链接上单击鼠标右键，在弹出的快捷菜单中选择“在新窗口中打开”命令，就会在新窗口而不是新选项卡中显示内容。

9.2.3 设置在新窗口中打开网页

IE 10采用了选项卡式的多页面浏览设计方式，用户可以在选项卡中打开新网页，而不需要在新浏览器窗口中打开。然而，有许多老用户习惯单击超链接时以新窗口打开网页，应该如何设置呢？

1 单击地址栏右侧的“工具”按钮，在弹出的下拉菜单中选择“Internet选项”命令。

2 打开“Internet选项”对话框后，在“选项卡”组中单击“选项卡”按钮，打开如图9.9所示的“选项卡浏览设置”对话框。

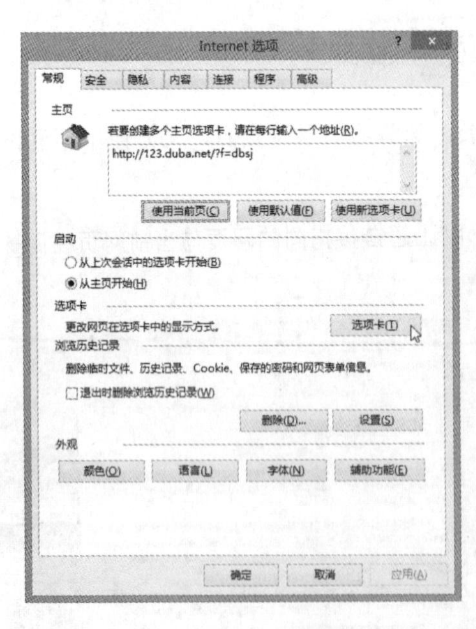

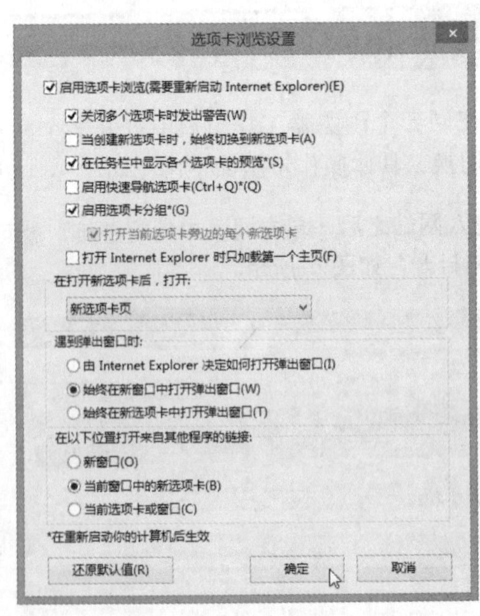

图9.9 “选项卡浏览设置”对话框

3 IE对弹出窗口提供了3种处理方式，如选中“始终在新窗口中打开弹出窗口”单选按钮，然后单击“确定”按钮。

9.2.4 处理网页乱码

浏览日文、韩文等不同语言的网页时，难免会遇到网页文字变成乱码的情况，此时，可以按Alt键显示菜单栏，单击“查看”菜单中的“编码”命令，然后选择“其他”命令，即可选择世界各地的编码，如图9.10所示。

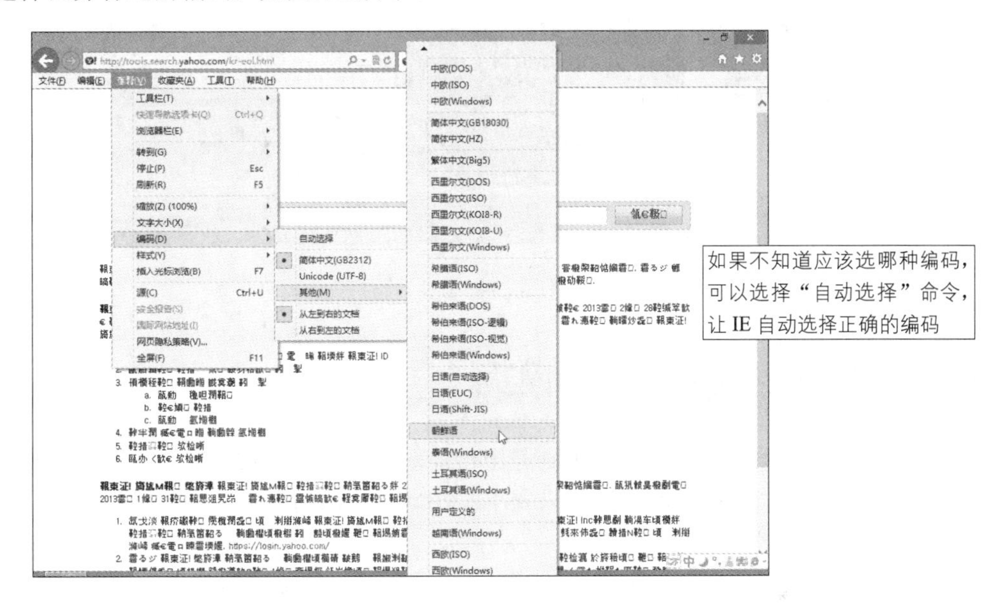

图9.10 选择编码

9.3 快速切换到已打开或曾浏览过的网页

有时，会打开多个网页来查找数据，如想看电影，就打开几个网页分别查询上映场次、票价、网友评价……，但也常常让人看得眼花缭乱。下面介绍几个好用的技巧，让用户快速切换到要看的网页。

9.3.1 利用任务按钮切换到已打开的网页

除了前面介绍的直接单击选项卡来切换已打开的网页外，还可以利用任务按钮来切换网页，这种方法尤其适合在不同的窗口打开网页。

将鼠标移到任务栏上的IE按钮上，会显示当前打开的每个网页缩图，将鼠标移到要查看的缩图上。此时，会在桌面上快显原尺寸的网页供用户查看清楚，然后在缩图上单击会打开该网页，如图9.11所示。

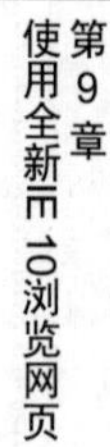

图9.11 利用任务按钮切换到已打开的网页

9.3.2 打开最近浏览过的网页

当用户已经关闭某个网页，才想到其中可能还有需要查看的信息，应该怎么办呢？别担心，IE会记录每个浏览过的网址，只要单击IE地址栏的向下箭头，就可以查到最近浏览的记录，如图9.12所示。

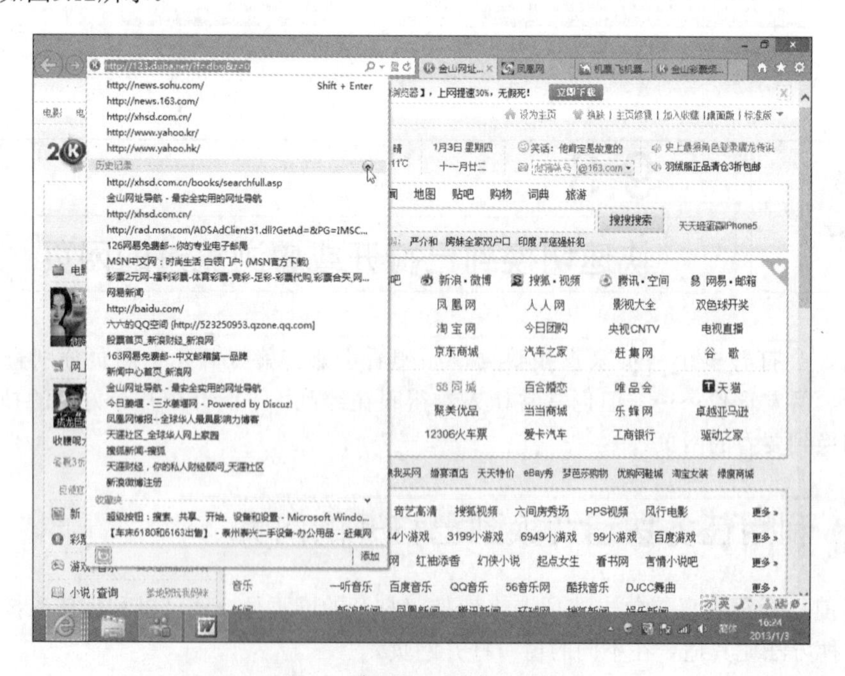

图9.12 查看最近浏览的记录

如果在最近的浏览的记录中找不到信息，可以进一步打开IE的“历史记录”来查找全部的浏览信息。单击地址栏右侧的“查看收藏夹、源和历史记录”按钮，单击“历史记录”选项卡，然后选择要看何时的记录，本例选择“今天”，IE会帮用户将浏览过的每个网站分别创建文件夹来存放记录，单击要查看的文件夹将其展开，再单击文件夹中的网页记录，即可切换到该网页，如图9.13所示。

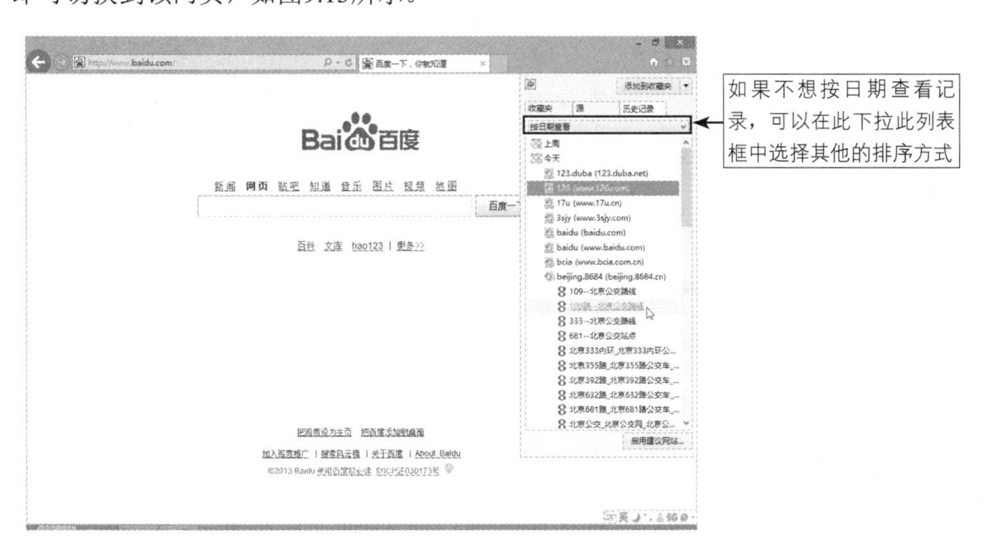

图9.13 利用“历史记录”选项卡查看网页

9.4 记录常用的网站

浏览网页时，许多网址都是长长的一大串，记忆力再好的人恐怕也无法记住。其实，可以将最常造访的网站设为主页，或者将有兴趣的网站记录到“收藏夹”中。

9.4.1 将最常用的网站设为 IE 主页

打开浏览器后所看到的第一个画面，称为IE的主页。不论已经链接到世界各地的哪个网站，只要单击地址栏右侧的“主页”按钮，都会马上回到主页。因此，通常会将最常逛的网站设为主页，如想在每次启动IE后就看到“hao123”网站，可以按照下述步骤进行操作：

1 先链接到“hao123”网站（http://www.hao123.com），此网站收集了海量网址并将其分门别类，方便用户快速找到所需的网站。

2 单击地址栏右侧的“工具”按钮，在弹出的菜单中选择“Internet选项”命令，弹出“Internet选项”对话框，在“常规”选项卡的“主页”组中，可以根据需要单击“使用当前页”按钮，如图9.14所示。

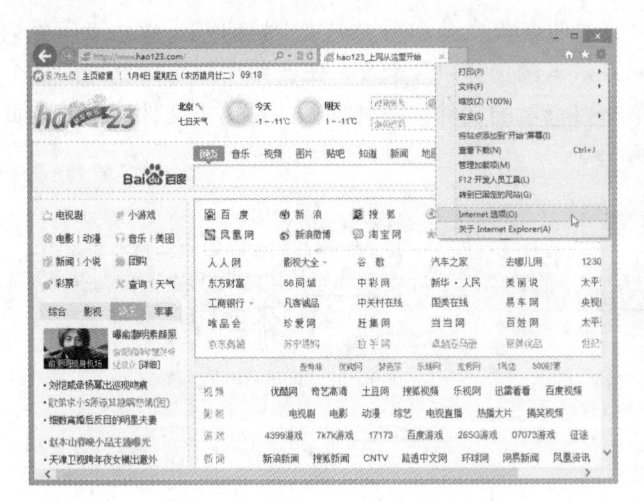

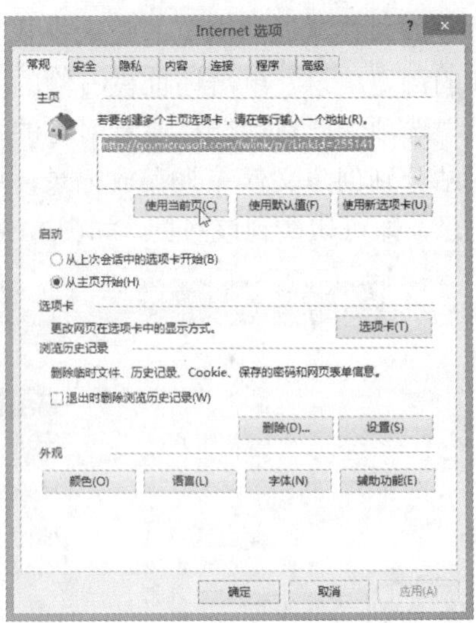

图9.14 设置主页

小提示

从任务按钮快速连上经常造访的网站

IE任务按钮会帮用户记录最常浏览的网站，只要在IE任务按钮上单击鼠标右键，即可查看并快速连接到经常造访的网站，如图9.15所示。

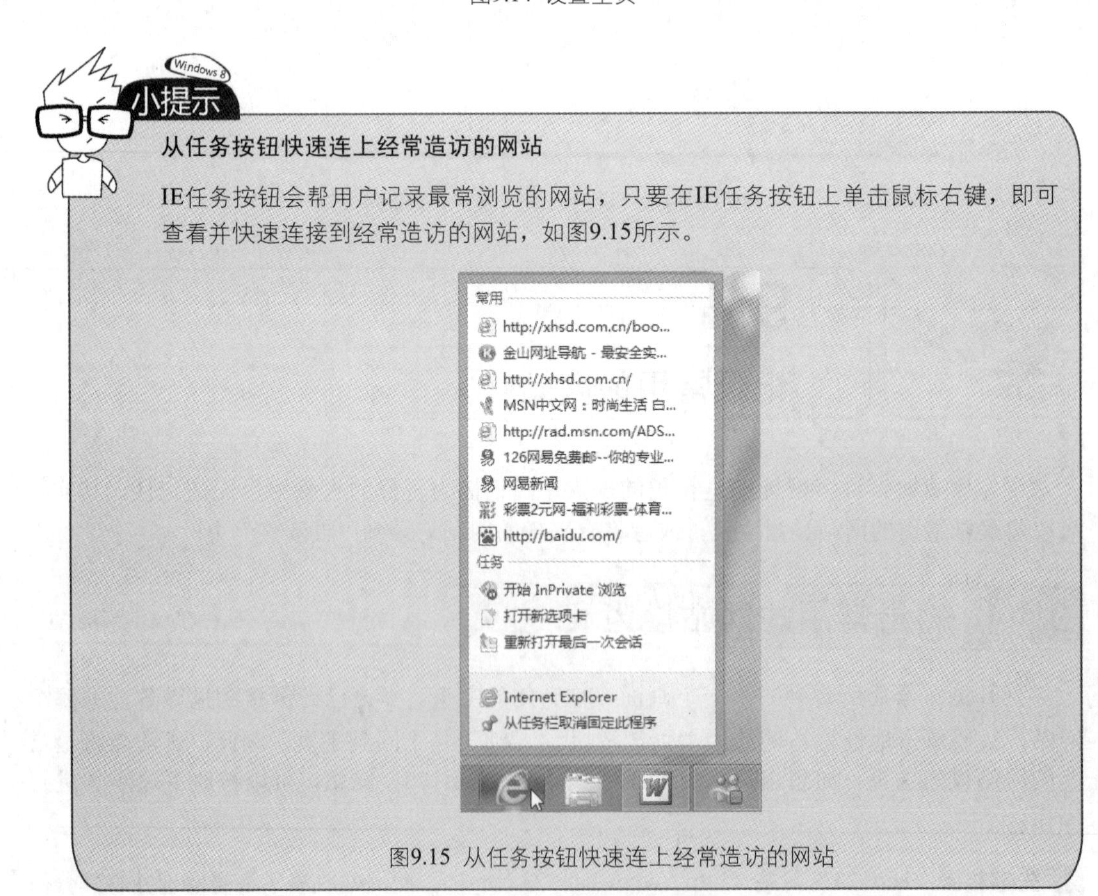

图9.15 从任务按钮快速连上经常造访的网站

9.4.2 将喜爱的网站添加到“收藏夹”

在网上冲浪时会遇到自己喜欢的网页，可以将其加入到“收藏夹”中。收藏夹实际上是存放常用地址的文件夹。下次想要浏览该网页时，就可以直接打开“收藏夹”文件夹，能够快速访问想要浏览的网页。

1. 将网址添加到收藏夹中

如果要将网页的地址加入收藏夹中，可以按照下述步骤进行操作：

1 进入要添加到收藏夹中的网页。

2 单击地址栏右侧的“查看收藏夹、源和历史记录”按钮，在弹出的窗格中单击“添加到收藏夹”按钮，弹出如图9.16所示的“添加收藏”对话框。

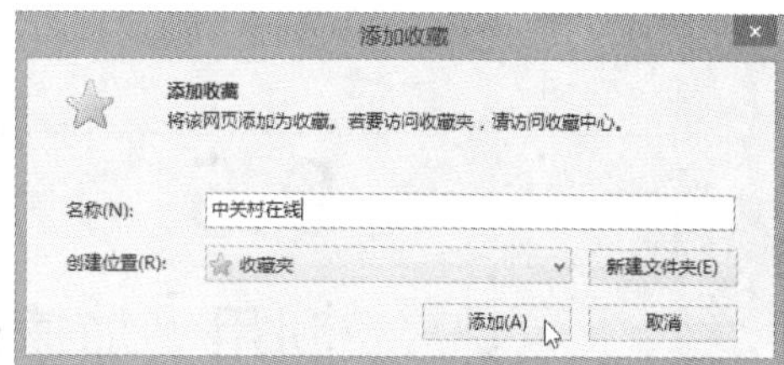

图9.16 “添加收藏”对话框

3 在“名称”文本框中显示了当前网页的名称，如果需要，可以为该网页输入一个新名称。

4 在“创建位置”下拉列表框中选择网页地址的存放位置。

5 单击“添加”按钮，完成网页地址的添加。

2. 使用收藏夹快速访问喜欢的网页

如果要使用收藏夹快速访问所喜爱的网页时，可以按照下述步骤进行操作：

1 单击地址栏右侧的“查看收藏夹、源和历史记录”按钮，在弹出的窗格中单击“收藏夹”选项卡。

2 单击“收藏夹”选项卡内的任意文件夹，可以显示该文件夹中的网页名称。

3 单击所需的网页名称，即可打开想要访问的网页，如图9.17所示。

图9.17 利用收藏夹快速访问网页

如果要删除“收藏夹”中的网站，只需在“收藏夹”选项卡的网站名称上单击鼠标右键，在弹出的快捷菜单中选择“删除”命令即可。

9.5 利用“加速器”快速查找所需信息

IE内置了一项名为加速器的新功能，与其字面含义不同，加速器的作用并不是加快打开网页的速度，而是方便用户对网页内容进行操作。例如，在网页上看到“石家庄”后，可以使用加速器直接查看石家庄的地图和交通信息等。

9.5.1 使用默认的加速器

IE内置了Bing翻译、Bing地图和Bing搜索三种加速器，它们的作用如下。

- Bing 翻译：将所选的文字翻译成其他语言。
- Bing 地图：查找所选地名的地图以及周边交通、美食等信息。
- Bing 搜索：以所选的文字作为关键词，在搜索引擎中搜索相关内容。

各种加速器的使用方法大同小异，下面以Bing翻译为例进行解讲。

1 选择想要翻译的文字，单击选定文字右下角的“加速器”图标，弹出下拉列表。

2 将鼠标指针移到“使用Bing翻译”命令，即可显示翻译结果，如图9.18所示。

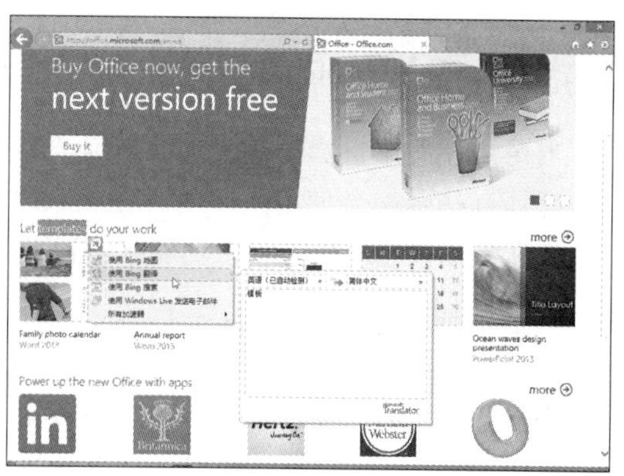

图9.18 使用加速器快速翻译

9.5.2 下载其他的加速器

加速器的功能不仅用来翻译，单击“加速器”图标，在弹出的下拉列表中选择“所有加速器”|“查找更多加速器”命令，进入“Internet Explorer库”页面，在左侧选择加速器的类别，然后在右侧单击要使用的加速器，如图9.19所示。进入加速器的网页后，单击“添加至Internet Explorer”按钮。

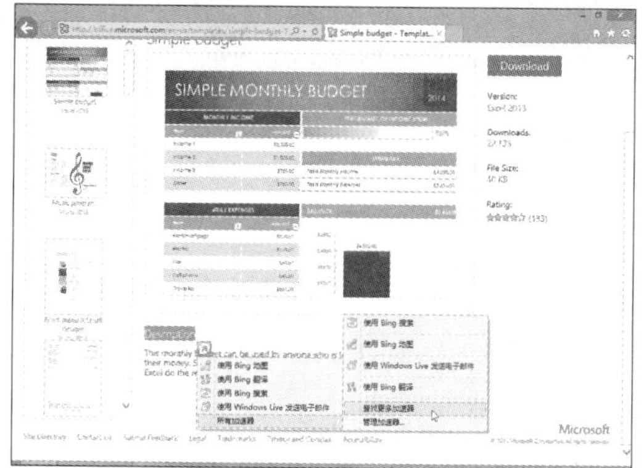

图9.19 下载其他的加速器

9.6 IE 的网络安全设置

严格来说，Internet是一个完全无隐私的开放空间，不论是浏览网站、下载软件组件还是网上购物，都隐藏着私人信息外泄与电脑病毒、木马、黑客入侵的可能性。本节将介绍网络安全设置的相关内容。

9.6.1 阻止广告窗口弹出

当用户在网络世界中遨游时，难免会遇到有网站弹出式的窗口显示该网站的信息或广告。而且有些网站会使用太多的弹出窗口功能，使用户对这些不断弹出的窗口困惑不已。下面将介绍如果使用IE的阻止功能来解决此问题。

1. 暂时允许弹出广告窗口

虽然IE默认会阻挡弹出窗口的显示，但是用户还可以打开弹出窗口观看其内容。在其通知栏中单击“允许一次”按钮，会暂时允许此网页显示弹出窗口，如图9.20所示。

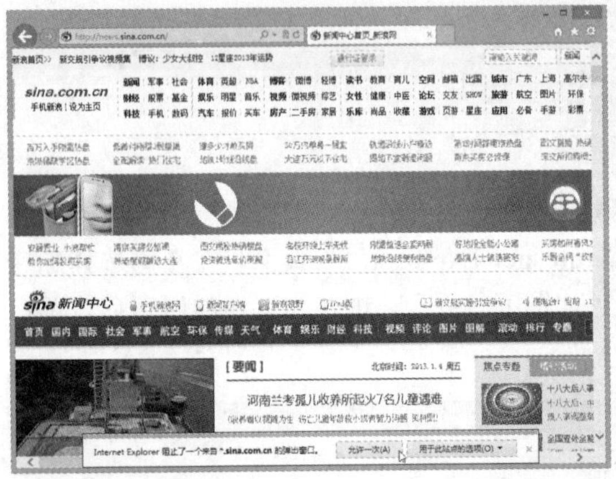

图9.20 暂时允许弹出广告窗口

2. 永久允许指定网站的广告窗口

如果用户认为某个网站的弹出窗口中所显示的信息是有用的，就可以将此网站记录下来，让IE不再封锁该网站的弹出窗口。具体设置方法如下：

1 单击地址栏右侧的“工具”按钮，在弹出的菜单中选择“Internet选项”命令，在打开的“Internet选项”对话框中单击“隐私”选项卡，然后单击“弹出窗口阻止程序”组右侧的“设置”按钮，如图9.21所示。

2 在“弹出窗口阻止程序设置”对话框中，先输入允许的网址地址，再单击“添加”按钮，IE 10不再拦截该网站的弹出窗口，如图9.22所示。

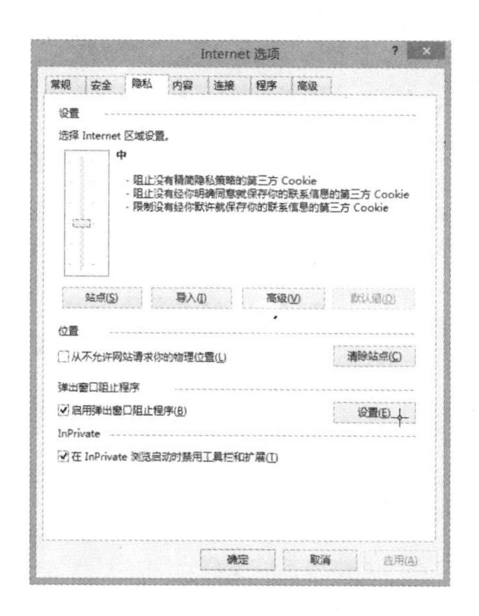

图9.21 “隐私”选项卡

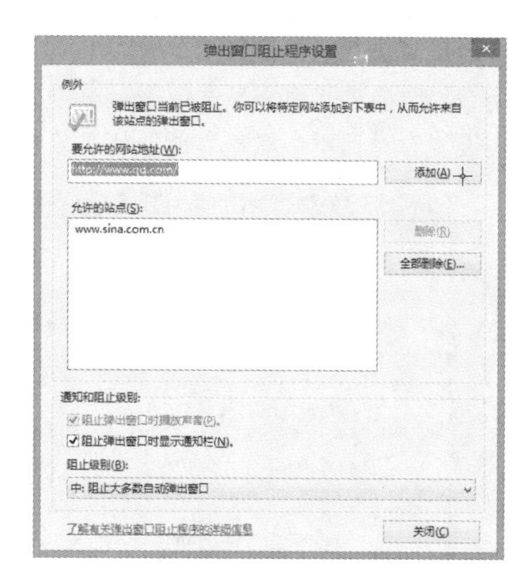

图9.22 “弹出窗口阻止程序设置”对话框

9.6.2 管理浏览网站时的记录——防止个人隐私外流

在浏览网页时，IE会自动记录浏览网站的相关信息，如访问过的网站、输入过的账号和密码等，下次再次访问同一网站时，就不必重复输入。这样的功能虽然便利，但是也可能会引发隐私外流的问题。因此，当电脑供多人使用时，最好在退出时清除IE自动记录的信息。

1. 关闭网址的自动完成功能

使用IE浏览网页，所访问过的网站都会被记录下来。当用户在地址栏中输入网址时，只要输入该网址的前几个字符，IE会自动显示下拉列表框，让用户选择完整的网址，节省输入的时间，这就是IE的“自动完成”功能，如图9.23所示。

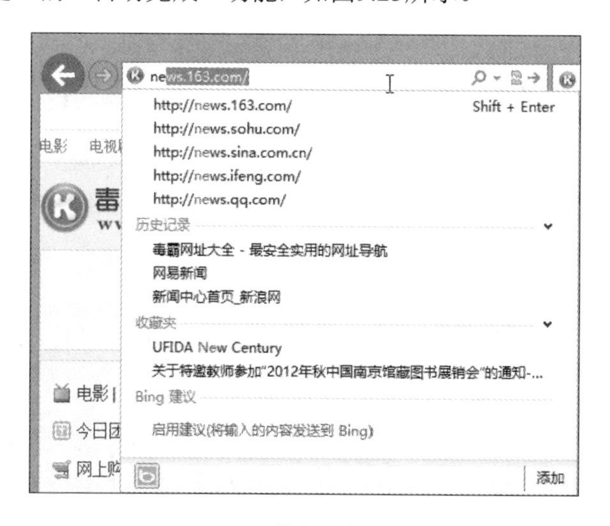

图9.23 IE的自动完成功能

如果用户使用的是公用电脑，不想让别人在输入网址时知道你曾经浏览过哪些网站，就可以关闭“自动完成”功能。单击“工具”按钮，在弹出的菜单中选择“Internet选项”命令，切换到“内容”选项卡，单击“自动完成”组中的“设置”按钮，在打开的“自动完成设置”对话框中撤选“地址栏”复选框，如图9.24所示。

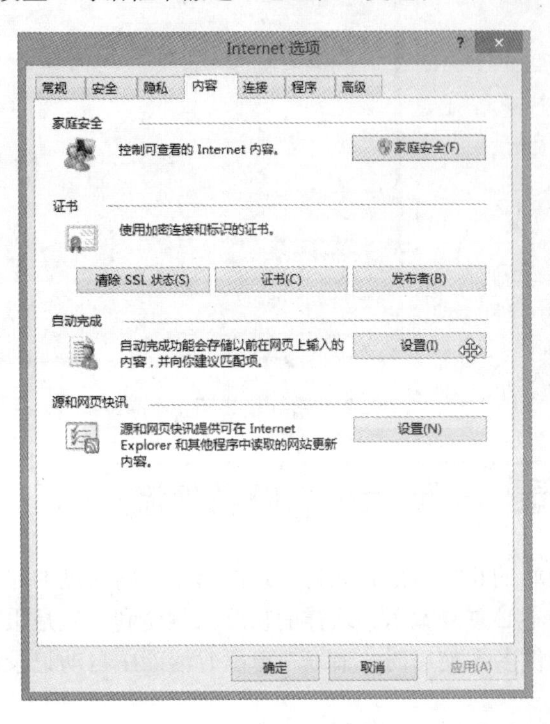

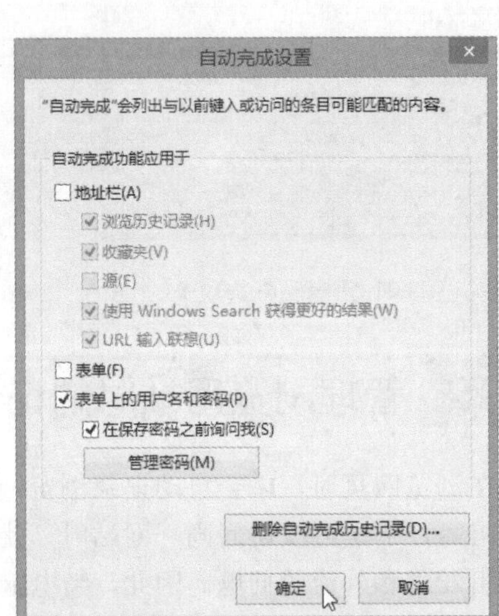

图9.24 “自动完成设置”对话框

这样，以后在地址栏中输入网址时，就不会显示访问过的网站了。

2. 清除浏览过的网站记录

前面曾经介绍IE会将访问过的网站存放在“历史记录”中，除了可以节省在地址栏中输入网址的时间，还可以让用户快速找到之前浏览过的网站。

当然，“历史记录”也能够让别人通过此记录浏览曾访问过的网站。如果不想让别人知道你看过哪些网站，可以清除历史记录。

单击“工具”按钮，在弹出的菜单中选择“安全”|“删除浏览历史记录”命令，在打开的“删除浏览历史记录”对话框中勾选“历史记录”复选框，然后单击“删除”按钮，如图9.25所示。

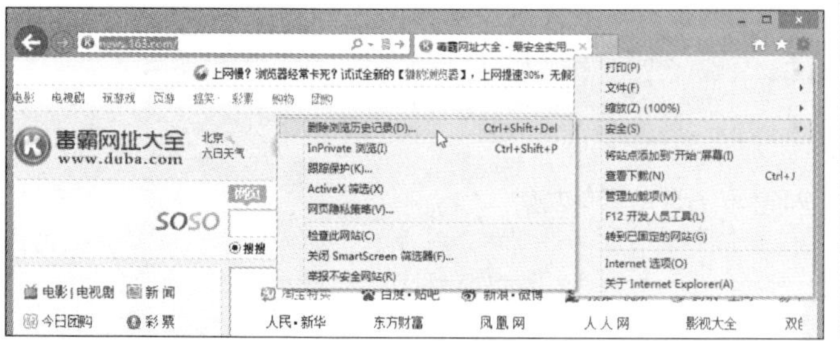

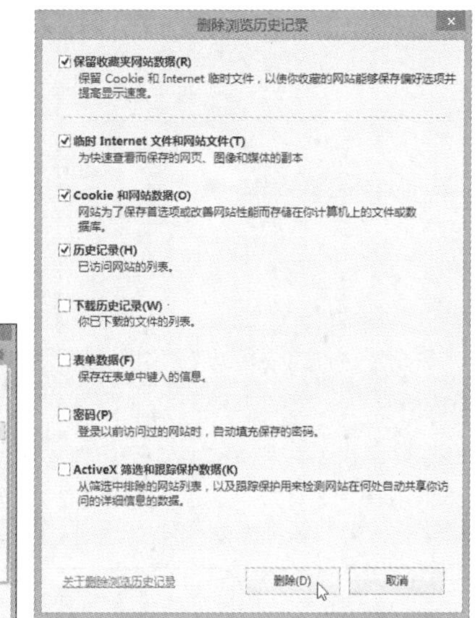

图9.25 “删除浏览历史记录”对话框

3. 清除IE保存的表单信息

IE的“自动完成”功能，除了记录浏览过的网站之外，还可以记录用户在网页表单中输入的数据。例如，可以记录曾经输入的登录账号、搜索的关键字等，如图9.26所示。

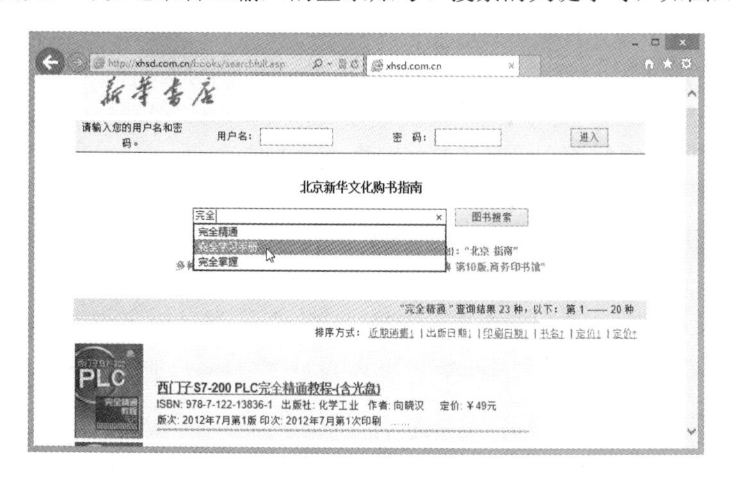

图9.26 自动表单功能

如果不想被别人盗用账号或熟悉你的浏览行为，可以将此功能关闭。单击“工具”按钮，在弹出的菜单中选择“Internet选项”命令，然后切换到“内容”选项卡，单击“自动完成”组中的“设置”按钮，打开“自动完成设置”对话框，撤选“表单”复选框，如图9.27所示。

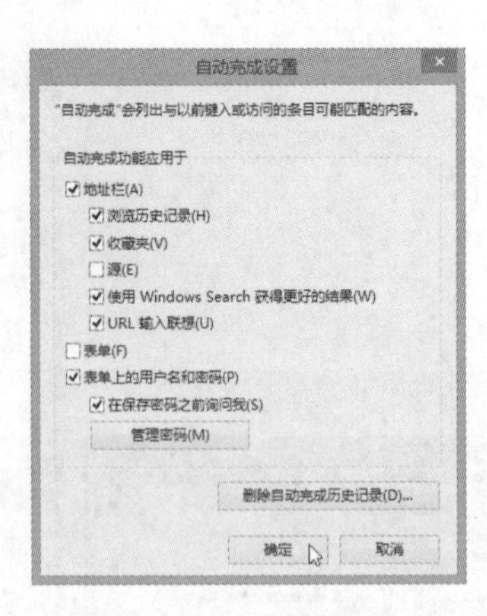

图9.27 取消自动表单功能

9.7 不要留下浏览记录以确保个人隐私

只要在IE中打开的网站、登录时输入的账号和密码等，都会被记录下来。出于安全性的考虑，建议应用本节所讲的的技巧，让浏览器中不要留下任何记录，这样就不必担心账号、密码被有心人士获取，使上网的过程更加安全隐秘。

在浏览网页的过程中，通常会在电脑留下历史记录、临时文件、Cookie等信息。如果不希不希望留下任何痕迹，这里，IE 10提供了一项隐私浏览模式——InPrivate浏览。在InPrivate浏览模式下，电脑不会保存任何与网页相关的信息。

9.7.1 桌面版 IE 浏览器中使用 InPrivate 浏览

单击“工具”按钮，在弹出的菜单中选择“安全”｜“InPrivate浏览”命令，将会打开一个InPrivate浏览器窗口，该窗口地址栏会出现InPrivate标志，如图9.28所示。

地址栏出现此标志

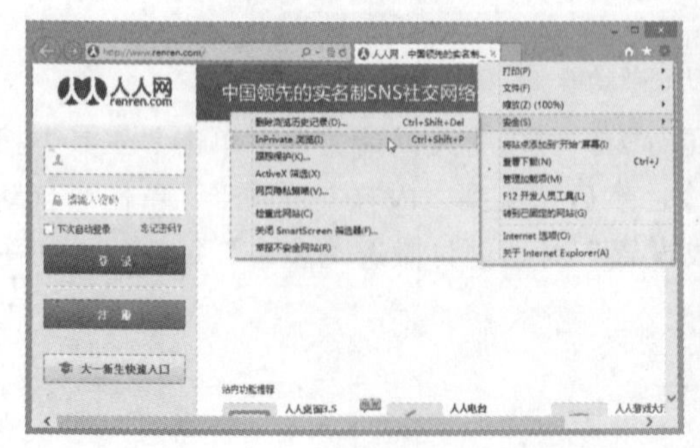

图9.28 使用InPrivate浏览

9.7.2 Metro 版 IE 浏览器中使用 InPrivate 浏览

Windows 8的Metro版IE浏览器在安全性和隐私上也具有桌面版IE同样的功能。例如，如果要使用InPrivate方式来浏览网页，可以在开始屏幕上单击Internet Explorer磁贴，打开Metro版的IE浏览器，在网页上单击右键，单击上方的“选项卡工具”按钮，在弹出的下拉列表中选择“新InPrivate选项卡”选项，浏览器会打开一个新窗口，而且该窗口地址栏也会出现InPrivate标志，如图9.29所示。

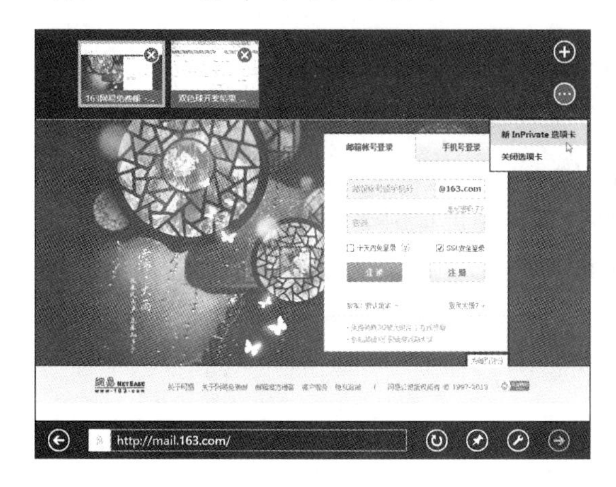

显示 InPrivate 标志

图9.29 以InPrivate方式打开浏览器

9.8 IE 10 浏览器的实用小功能

IE 10浏览器中提供的一些小功能，可以帮助用户更容易浏览网页和下载文件。

9.8.1 意外关闭自动恢复

如果意外关闭或中断浏览器，当前打开的网页也将被关闭。这是一件令用户感到烦恼的事情，有些网页没有及时保存或收藏，用户需要花费很长的时间去搜索这些网页。

在使用IE 10浏览器的过程中，当用户意外关闭浏览器，重新启动IE后，会在网页底部弹出提示，单击“还原会话”按钮，就能恢复上次被意外关闭的所有网页浏览窗口，如图9.30所示。

上次浏览会话意外关闭。 还原会话(R) ×

图9.30 意外关闭自动恢复网页

9.8.2 IE 10 兼容性视图的设置

有些网站是针对旧版IE浏览器设计的，使用IE 10浏览这些网站时，整个网站的内容会显得杂乱无章（当然，不排除有些网站本身设计的问题）。

用户可以利用IE 10提供的“兼容性视图”功能，此时的IE浏览器就会向下支持旧版IE的语法。IE 10浏览器会自动识别为旧版IE设计的网站，单击地址栏右侧的“兼容性视图”灰色图标，当图标呈现蓝色时，表示当前浏览器已打开兼容模式，如图9.31所示。

图9.31 单击“兼容性视图”按钮

下次重新浏览该网站时，还会继续使用兼容性视图进行浏览。单击地址栏中的“兼容性视图”图标，使其变成灰色，就表明关闭了兼容性视图浏览功能。

9.8.3 IE 10 的下载管理器

以前利用IE浏览器下载文件时，只能用另存文件的方式来保存文件，并且不支持断点续传功能。现在IE 10浏览器中集成了一个下载管理器，既可以查看下载文件的状态，还可以使用SmartScreen筛选器检测下载文件信息、对下载完成的文件提供安全检查，以及支持断点续传的功能。

单击IE 10右上角的“工具”按钮，在弹出的菜单中选择“查看下载”命令，打开如图9.32所示的下载管理器，在其中显示已经下载和当前正在下载的相关信息。如果下载的是安装程序，直接单击“运行”按钮即可进行安装。如果下载的是歌曲类的文件，单击“打开”按钮即可启动相应的程序来打开此类文件。默认情况下，下载的文件存放在当前用户的“下载”文件夹中，单击左下角的“选项”文字链接，可以修改下载文件的默认保存位置。

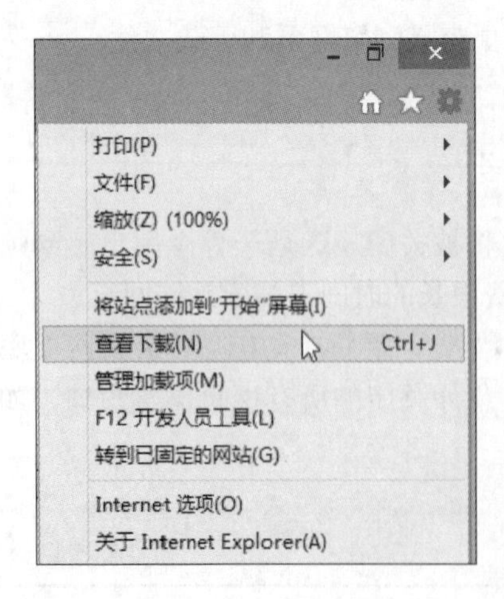

图9.32 下载管理器

9.9 浏览器插件管理

浏览器插件是指随浏览器启动时自动及使用过程中自动执行的程序。有些插件能够方便用户浏览网站，如银行的网银插件能够为网上银行登录提供特殊的密码输入保护。当然，有些插件可能会发生冲突，导致无法浏览页面，还有一些广告插件或间谍插件，会不停弹出广告或危及电脑安全。因此，IE提供了插件管理功能，可以对一些插件进行启用或禁用。

9.9.1 禁用 IE 加载项

随着IE的加载项不断增加，会令IE的启动速度变慢，还可能导致浏览器出错。这时，可以通过“管理加载项”功能清理加载项。具体操作方法如下：

1 单击“工具”按钮，在弹出的菜单中选择“管理加载项”命令，打开如图9.33所示的“管理加载项”对话框。

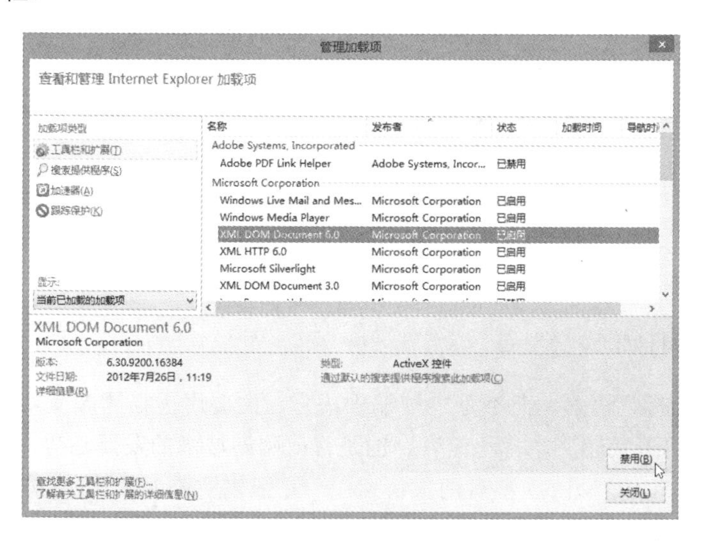

图9.33 “管理加载项”对话框

2 在左侧的“加载项类型”窗格中选择加载项的类型后，在右侧可以查看当前已经加载的项目。选择要设置的加载项，然后单击“禁用”按钮。

9.9.2 禁止下载未签名的 ActiveX 控件

当用户不小心浏览某些不良网站时，会在用户的电脑中自动安装ActiveX控件。为了提高IE的安全性，可以禁止下载未经签名的ActiveX控件。具体操作方法如下：

1 单击“工具”按钮，在弹出的菜单中选择“Internet选项”命令，在弹出的“Internet选项”对话框中单击“安全”选项卡，然后单击“自定义级别”按钮。

2 打开“安全设置-Internet区域”对话框，找到“下载未签名的ActiveX控件”及“下载已签名的ActiveX”控件组，然后根据需要选择“禁用”、“启用”或“提示”单选按钮，如图9.34所示。

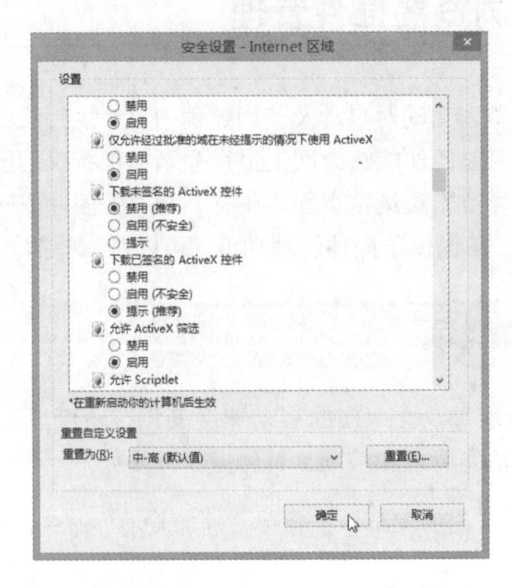

图9.34 设置禁止下载未签名的ActiveX控件

9.10 高级应用的技巧点拨

技巧1：了解HTML5

HTML是一种标记语言，而不是一种编程语言，主要用于描述超文本中内容的显示方式。HTML5既是第五代超文本标记语言，也是目前网站技术的发展趋势，越来越多的浏览器开始支持HTML5。HTML5主要有两大特点：一是强化了Web网页的表现性能；二是追加了本地数据库等Web应用的功能。

HTML5最受欢迎的改进就是提供了<video>和<audio>标签，让浏览器不需要使用Flash插件就可以直接播放视频和音乐。不使用Flash插件，既可以减低资源占用率又能节能省电。由于浏览器原生支持播放视频和音乐，所以使用HTML5制作的网页，滚动更加顺滑自然，并且不会出现Flash拖尾现象。

IE 10浏览器支持更多、更酷的HTML5特性，硬件加速图形功能也很出色，因此可以很流畅地支持HTML5网站。

技巧2：Metro风格IE浏览器的页面设置

当用户使用Metro风格的IE浏览器查看网页时，如果需要对页面进行一些设置，可以在IE窗口下指向屏幕的右上角或右下角调出超级按钮，再单击“设置”按钮，在弹出的菜单中选择“Internet设置”命令，进入如图9.35所示的“Internet Explorer设置”菜单，在其中可以删除历史记录、缩放页面显示比例、选择页面编码等。

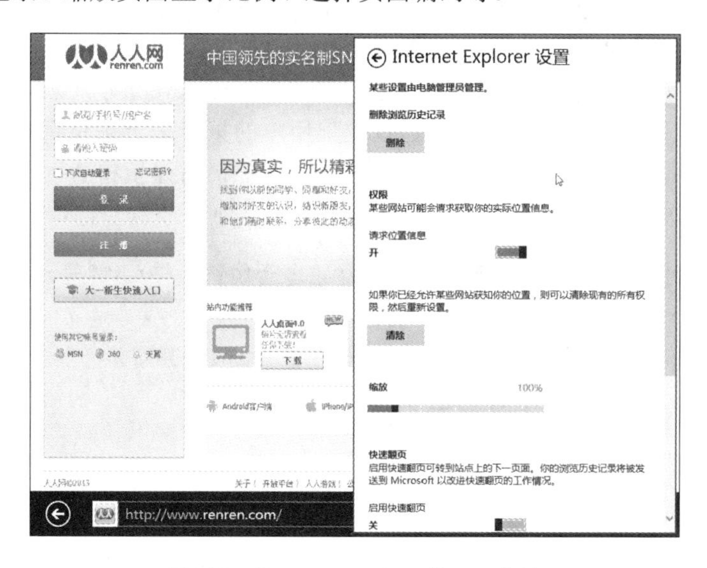

图9.35 “Internet Explorer设置”菜单

技巧3：调整上网的安全级别

为了方便调整IE的安全设置，IE提供了多个安全级别，用户只需根据实际要求选择合适的级别，系统就会自动应用该级别的各项安全设置。调整上网安全级别的方法如下：

1 单击“工具”按钮，在弹出的菜单中选择“Internet选项”命令，单击“安全”选项卡，然后选择Internet图标，并拖动滑块调整访问Internet时的安全级别，如图9.36所示。

2 如果需要进行更详细的设置，可以单击“自定义级别”按钮，在弹出的“安全设置-Internet区域”对话框中对安全项目进行详细设置，如图9.37所示。

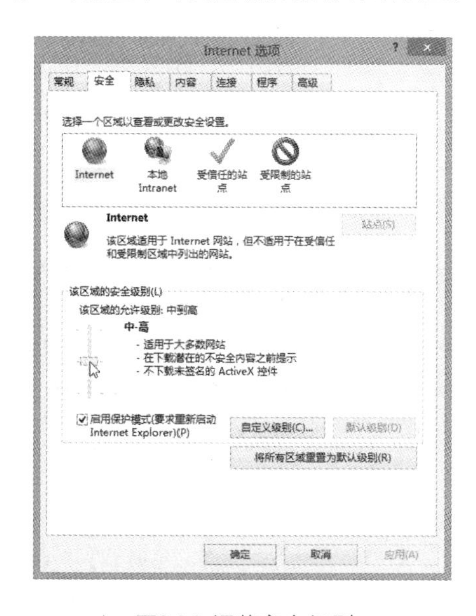

图9.36 调整安全级别

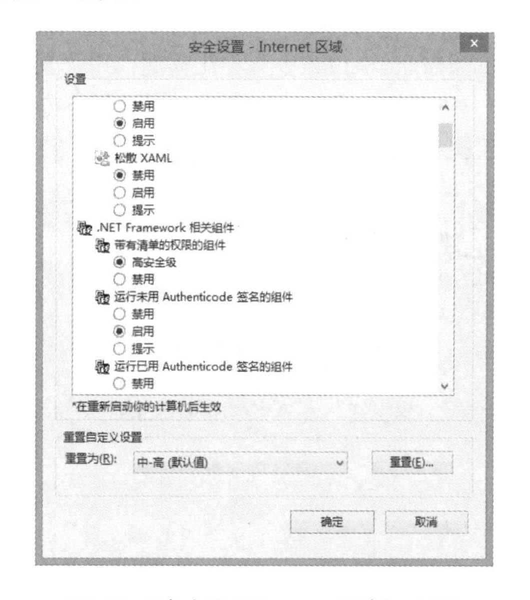

图9.37 “安全设置-Internet区域”对话框

技巧4：启用/禁用仿冒网站筛选

网络钓鱼是指不法分子利用欺骗性的电子邮件和伪造的与真实网站相似度极高的Web站点进行网络诈骗的攻击方式，受骗者往往会泄露银行账户和密码等个人私密信息。为了防范网络钓鱼，IE整合了仿冒网站筛选功能（Smart Screen），帮助用户判断访问的网站是否仿冒。需要注意的是，IE主要通过收集用户的报告来记录仿冒网站，难免会出现一些仿冒网站在数据库中没有记录的情况，因此，用户仍需谨慎检查网址的正确性。具体操作如下：

1 打开网站后，利用SmartScreen筛选器检查网站是否仿冒，按Alt键显示菜单栏，选择“工具”|“SmartScreen筛选器”|“检查此网站”命令。

2 稍等片刻，IE会告诉用户正在访问的网站是否仿冒，如图9.38所示。

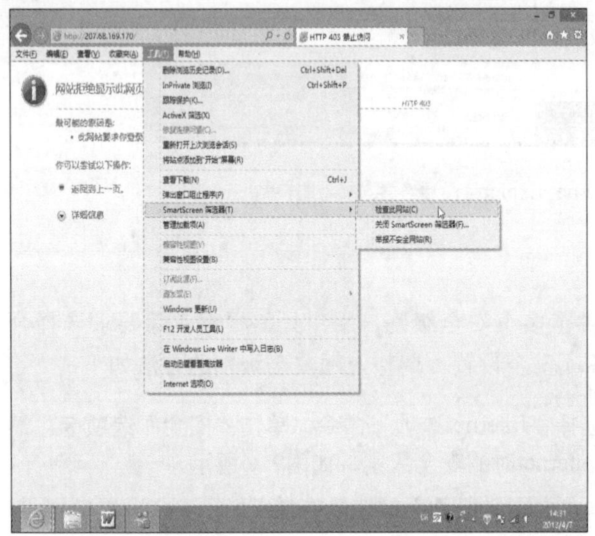

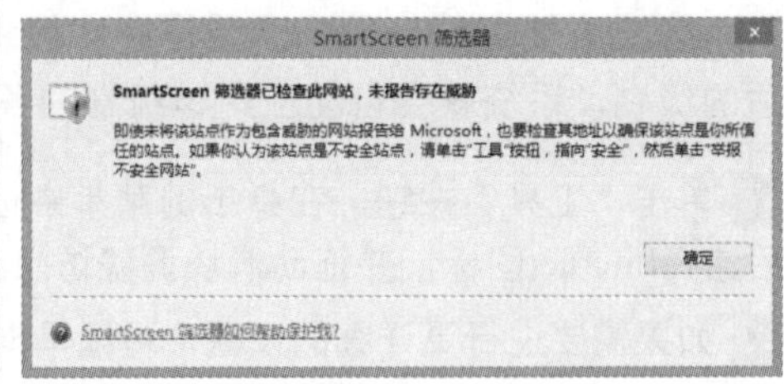

图9.38 检查网站是否仿冒

如果SmartScreen检查不出问题，用户又确定这是一个有害的网站，建议选择IE的“工具”|“SmartScreen筛选器”|“举报不安全网站”命令，将网址提供给微软进行评估，有助于提升SmartScreen筛选器的准确性。

小提示

关闭/开启SmartScreen筛选器

如果要关闭或开启SmartScreen筛选器功能，只需选择IE的“工具”|“SmartScreen筛选器”|“关闭SmartScreen筛选器”命令，在弹出的对话框中选择“启用SmartScreen筛选器”或“关闭SmartScreen筛选器”单选按钮即可。

10

第 10 章 Windows 8多媒体应用

电脑已经成为家庭娱乐的主要设备之一，使用微软最新的Windows 8系统，可以轻松播放、管理和编辑音乐、视频等多媒体文件。本章主要介绍Windows 8多媒体应用方面的基本方法及其相关技巧。

学习提要

- 使用 Windows 8 自带的“音乐”和“视频”应用
- 启动 Windows Media Player 播放音乐
- 复制与刻录 CD 中的歌曲
- 将音乐文件传到手机中播放
- 播放网络广播和电视
- 使用库管理与播放影音文件
- 使用暴风影音观看播放 DVD 或硬盘中的文件
- 使用暴风影音在线播放视频
- 使用千千静听欣赏音乐

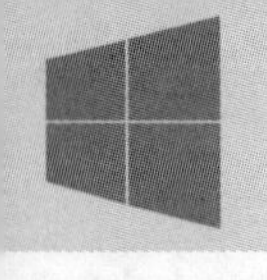

10.1 使用“音乐”和“视频”应用

音乐和视频播放一直以来都是资源和电量消耗“大户”，为此，Windows 8特别对媒体播放特性进行了优化，使用户在播放媒体内容时尽量减少对硬件资源的占用。

Windows 8在开始屏幕上提供了“音乐（Xbox Music）”和“视频（Xbox Video）”应用，原本可以像iTunes一样在线购买和管理音乐和电影，但是目前国内暂时没有提供此项服务。因此，这两项应用只可以用来播放本地的音乐或视频。

10.1.1 使用“音乐”应用

在使用“音乐”应用之前，最好将要播放的音乐存放到“音乐”库中。只需切换到Windows传统桌面，打开“文件资源管理器”窗口，将音乐文件添加到“音乐”库中。

按Windows徽标键切换到开始屏幕，单击开始屏幕上的“音乐”磁贴，打开“音乐”页面，如图10.1所示。

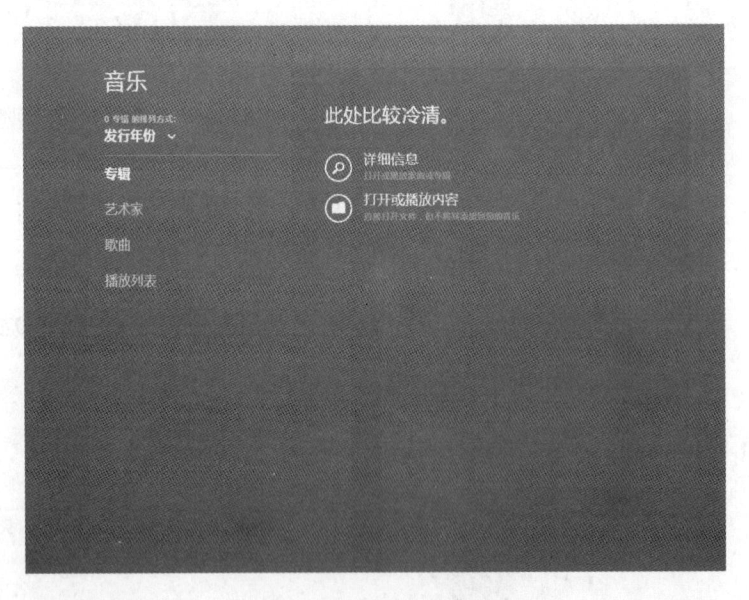

图10.1 “音乐”页面

单击“打开或播放内容”按钮，默认切换到“音乐”文件夹中，显示其中存放的音乐文件，可以选中要播放的音乐，然后单击“打开”按钮，如图10.2所示。

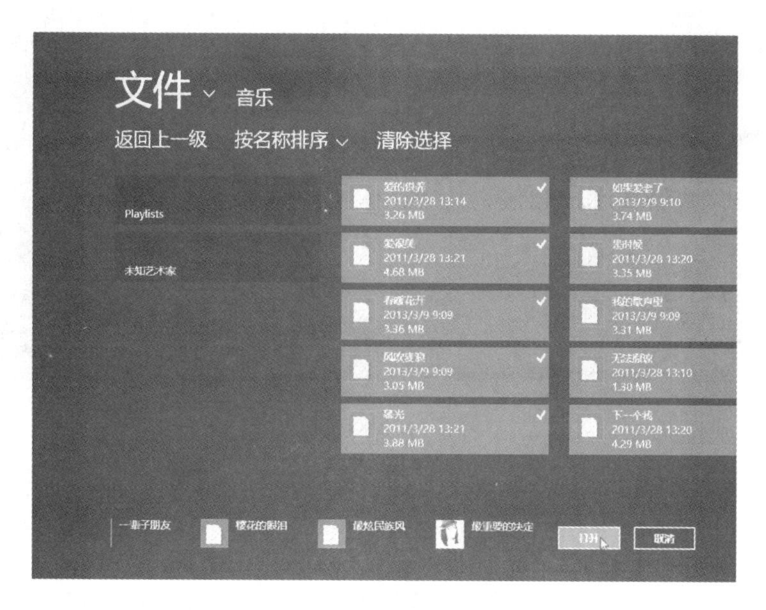

图10.2 选择要播放的音乐

如果要播放电脑上其他文件夹保存的音乐文件，可以单击“文件”按钮，从弹出的下拉列表中选择存放的位置。

10.1.2 使用“视频”应用

与“音乐”应用类似，最好将视频文件存放到“视频”库中，然后单击开始屏幕上的“视频”磁贴，打开“我的视频”页面，如图10.3所示。

图10.3 “我的视频”页面

单击“打开或播放内容”按钮，进入“视频”文件夹，选中要播放的视频文件，然后单击“打开”按钮，即可在全屏方式下观看，如图10.4所示。

图10.4 观看视频

10.2 启动 Windows Media Player 播放音乐

Windows 8中内置了Windows Media Player，使用它可以播放当前各种流行格式的音频、视频、MPEG文件、MP3文件与MIDI文件，还可以复制CD等。不过，Windows 8并不再像Windows 7中那样支持DVD的播放。

在开始屏幕中单击鼠标右键，然后单击屏幕底部的“所有应用”按钮，切换到所有应用页面，在Windows附件组中单击Windows Media Player，即可将其打开。

10.2.1 使用 Media Player 播放音乐 CD

将要播放的CD唱片放入光驱中，即可开始播放CD唱片，如图10.5所示。

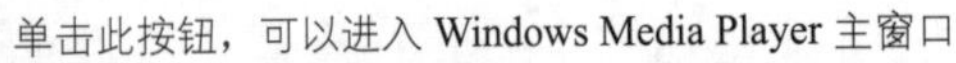

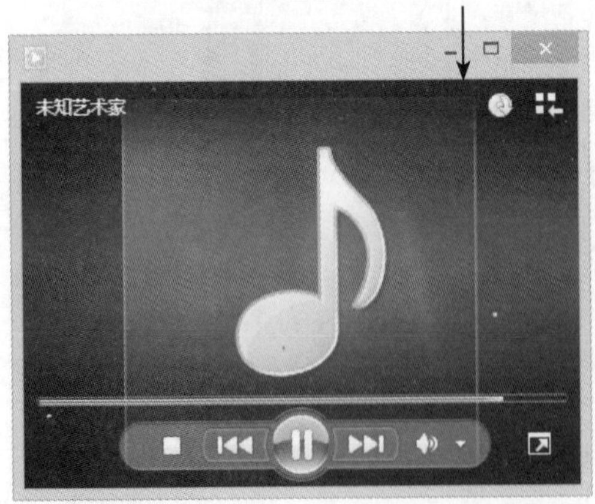

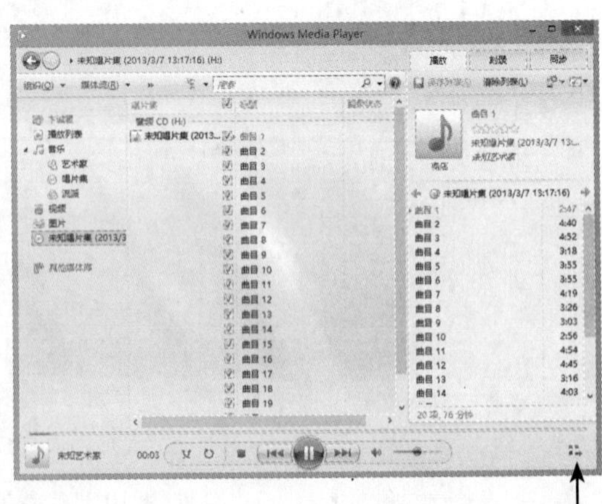

单击此按钮，可切换左图的“正在播放”小窗口

图10.5 播放音乐CD

10.2.2 播放硬盘中的音乐文件

如果音乐文件已经保存在自己电脑的硬盘中，也可以自行启动Windows Media Player。具体操作步骤如下：

1 进入Windows Media Player主窗口后，按Alt键将临时显示菜单栏，如图10.6所示。

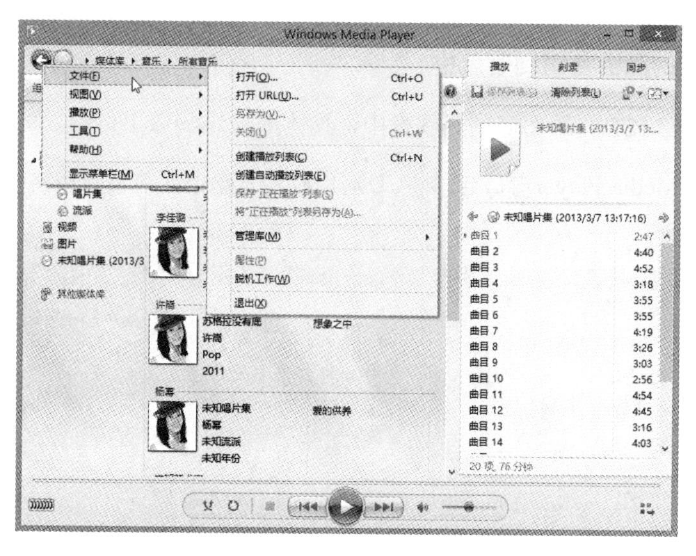

图10.6 显示Windows Media Player菜单

2 选择“文件”菜单中的“打开”命令（或者直接按Ctrl+O快捷键），在出现如图10.7所示的“打开”对话框中选择要打开的音乐文件，然后单击“打开”按钮，即可开始播放，如图10.8所示。

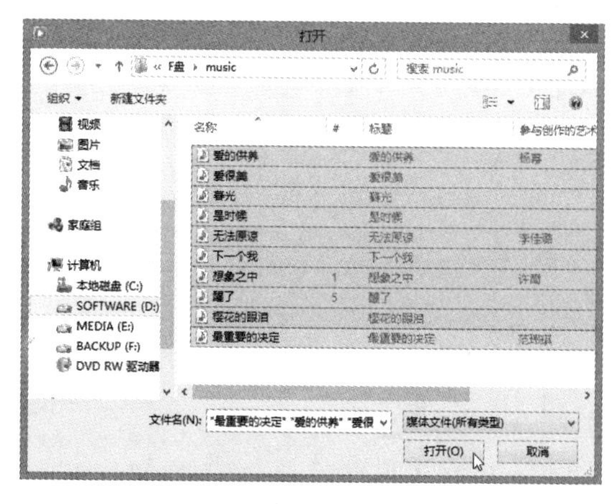

图10.7 “打开”对话框

图10.8 播放选中的文件

小提示

如果从网上下载了一些视频文件，也可以使用此方法来打开视频文件进行播放。

10.2.3 复制与刻录 CD 中的歌曲

为了延长光驱的使用寿命，通常会将CD音乐光盘的歌曲复制到计算机中，直接播放复制后的歌曲即可。Windows Media Player提供的翻录功能可以很好地完成这项工作，而且还可以直接将CD音乐转换为MP3等格式。如果希望将计算机中的歌曲长期保存，则可以将其刻录到CD光盘中。

1. 将音乐CD的歌曲复制到硬盘中

用户可以将音乐CD的歌曲复制到硬盘中，具体操作步骤如下：

1 打开Windows Media Player窗口后，将CD唱片放入光驱中。在窗口中将显示光盘中的歌曲信息，如图10.9所示。

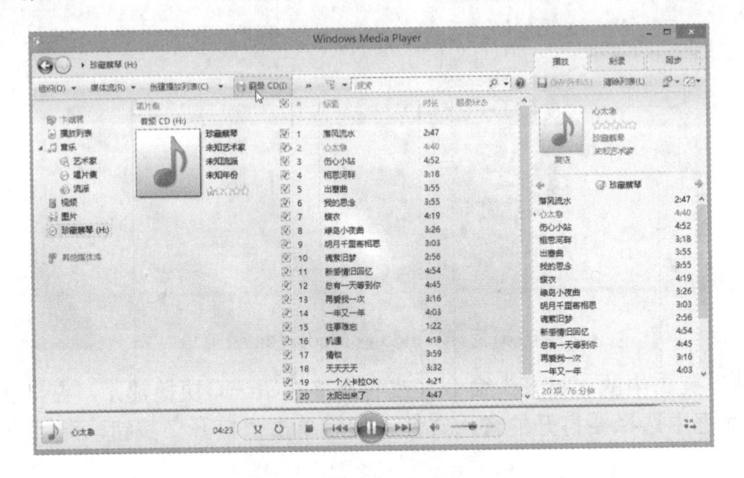

图10.9 选择要复制的CD

2 选中所有要复制的CD音乐，单击窗口中的“翻录CD”按钮开始复制，如图10.10所示。复制完毕后，就可以在“媒体库”中找到这些歌曲了。

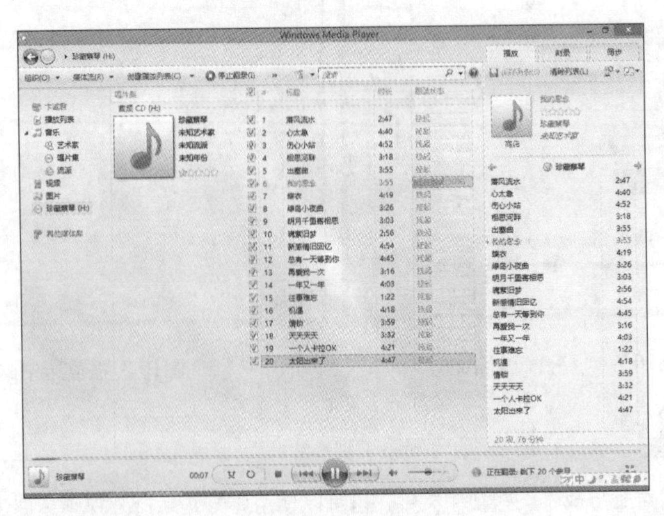

图10.10 开始复制CD音乐

为什么不能直接将CD中的音乐文件复制到硬盘中CD中的音乐是以“音轨”的形式存储在光盘中，必须利用专门的音轨编辑程序来捕获（也就是俗称的“翻录”），才能完整地转存到硬盘中。此外，CD上的原始音乐文件通常都很大，而Windows Media Player不但可以翻录，还可以同时将文件压缩变小。

2. 刻录音频CD

如果要将下载的音乐刻录到CD上，拿到车载CD上或其他地方播放，可以按照下述步骤进行操作：

1 将空白光盘放入有刻录功能的光驱中。

2 在Windows Media Player窗口中单击“刻录”选项卡，选择要刻录的项目或播放列表，将其拖动到列表窗格中，如图10.11所示。

3 单击“开始刻录”按钮，会显示刻录进度，如图10.12所示。

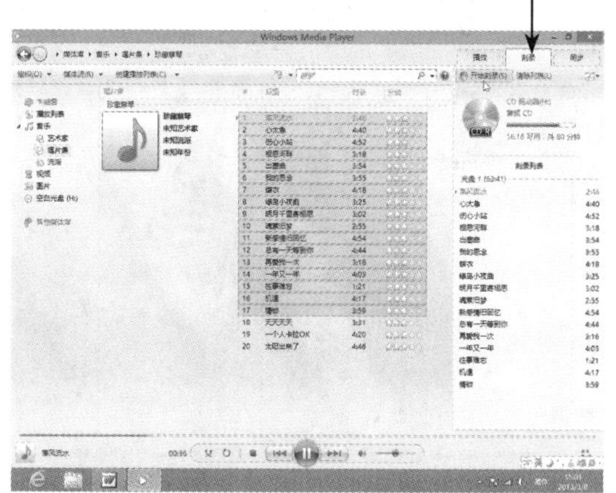

图10.11 添加要刻录的项目

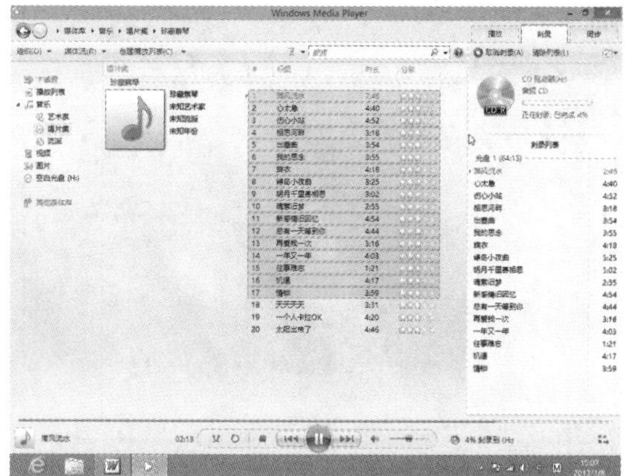

图10.12 正在刻录光盘

10.2.4 将音乐文件传到手机中播放

随身携带、欣赏影片内容已经是目前的潮流，凡是U盘、手机、PSP游戏机等各种设备都已经能播放影音文件。下面介绍如何通过Windows Media Player将影音文件传到手机中播放。

1 利用数据线（或蓝牙设备）将手机连接到电脑的主机上，然后打开Windows Media Player，单击右上角的“同步”选项卡，如图10.13所示。

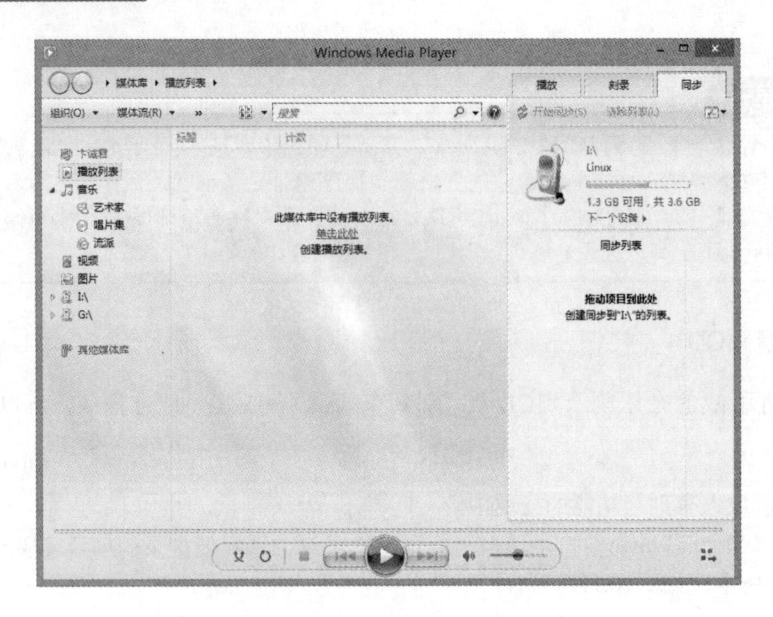

图10.13 “同步”选项卡

2 只要将影音文件拖到手机下面的“同步列表”中，如图10.14所示。单击“开始同步”按钮，即可开始同步，如图10.15所示。

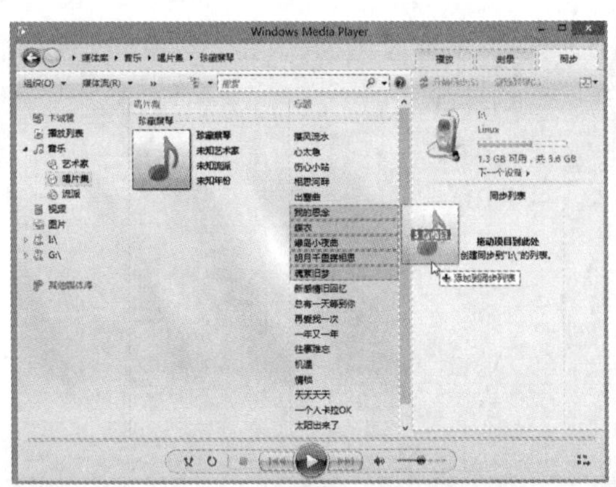

图10.14 拖到“同步列表”中

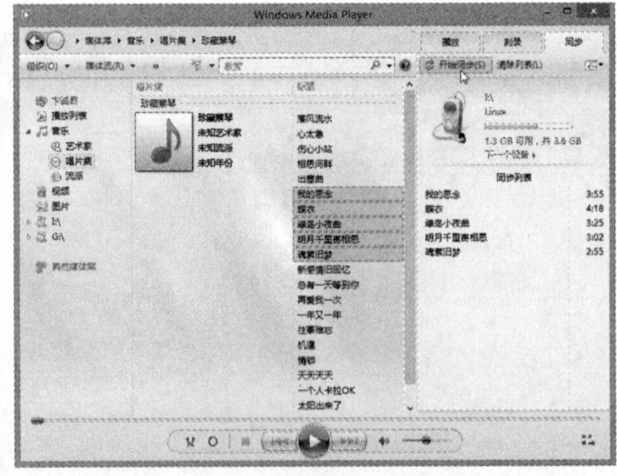

图10.15 单击“开始同步”按钮

3 单击左侧的手机图标将其展开，然后单击“同步状态”选项，可以查看文件的传输进度，如图10.16所示。

4 同步处理完成后，即可中断手机的连接，接着就可以随时随地在手机上聆听最爱的歌曲了，如图10.17所示。

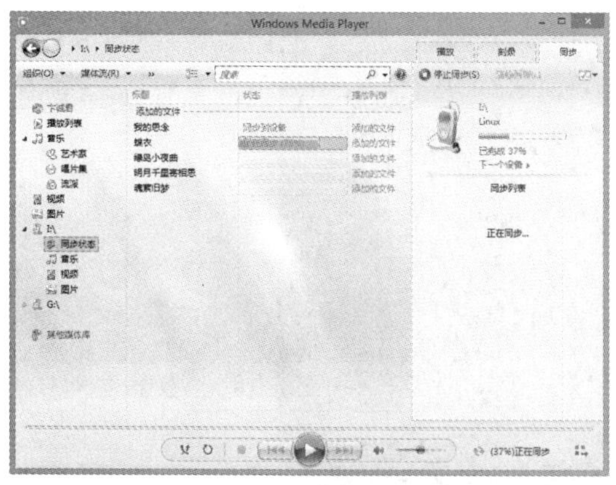
图10.16 正在同步的状态

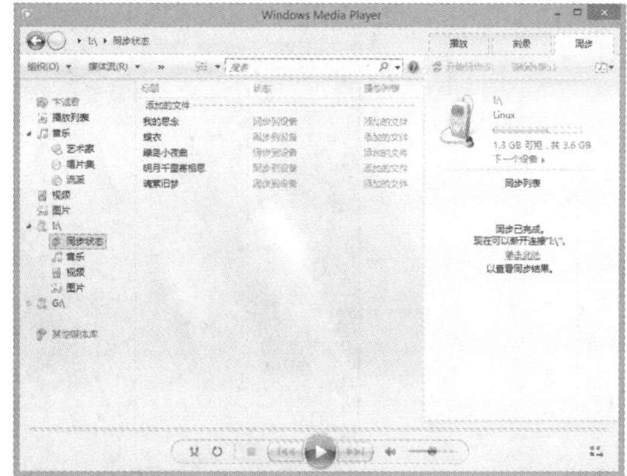
图10.17 同步完成

10.2.5 播放网络广播和电视

电脑连接网络后，使用Windows Media Player播放器可以方便地收听网络广播和收看电视，下面就以收看CCTV5体育频道为例进行讲解。

1 启动Windows Media Player，按Alt键显示菜单栏，选择“文件”|“打开URL”命令，弹出“打开URL”对话框，如图10.18所示。

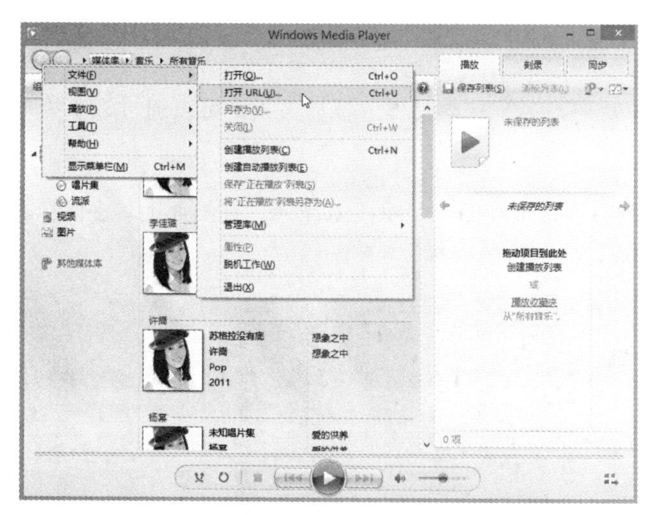

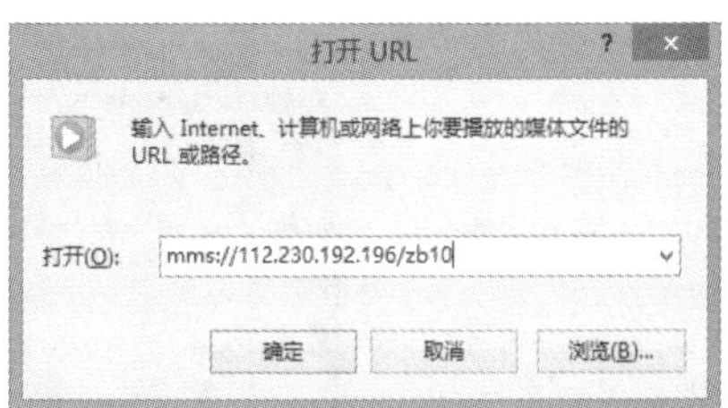

图10.18 “打开URL”对话框

2 在“打开”文本框中输入网络电视的网址，然后单击“确定”按钮，即可开始播放，如图10.19所示。

图10.19 使用Windows Media Player看网络电视

小提示

Windows Media Player可能无法支持某些网络电视和广播媒体的格式，用户可以在电脑中安装集成了大部分解码器的暴风影音播放器。至于网络电视和网络广播的播放地址，可以通过搜索网站查询最新的网站。

10.2.6 调整播放画面的亮度和对比度

使用Windows Media Player播放影片时，为了获得最佳的播放效果，可以通过以下操作调整影片画面的亮度和对比度等。

1 播放视频画面时，播放器自动切换到正在播放视图，如图10.20所示。在画面上单击鼠标右键，在弹出的快捷菜单中选择“增强功能”｜“视频设置”命令。

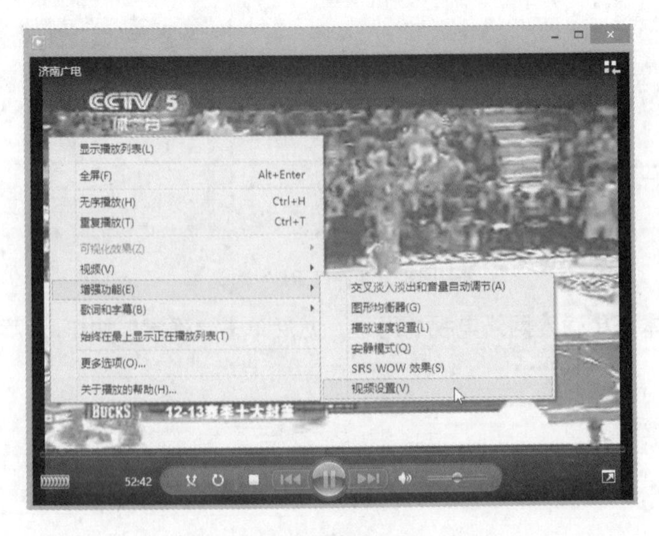

图10.20 选择“视频设置”命令

2 在“视频设置”窗口中，可以一边预览画面，一边通过拖动滑块来调整亮度和对比度等的参数，如图10.21所示。

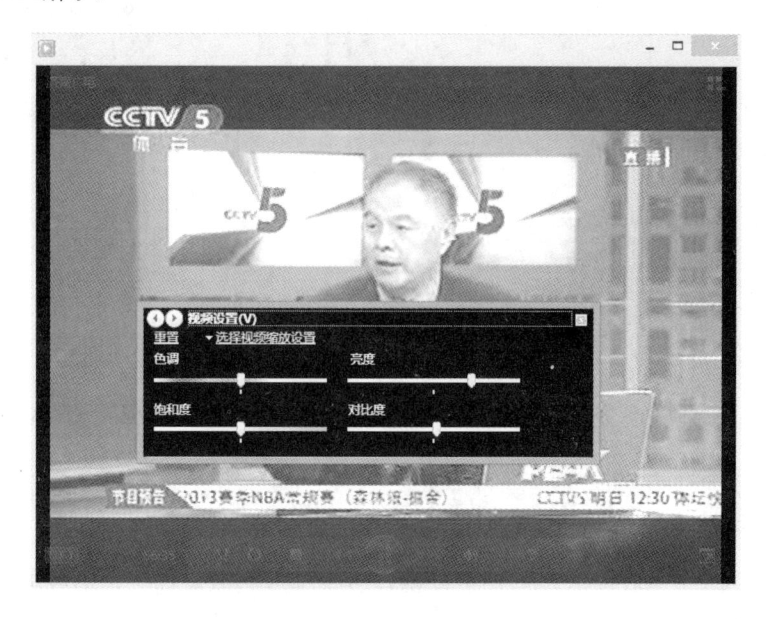

图10.21 调整亮度和对比度等参数

10.3 使用库管理与播放影音文件

如果用户习惯将影音文件保存在不同的硬盘或文件夹中，每次要播放时都需要花时间寻找。其实，用户可以将它们导入Windows Media Player媒体库中，播放时直接从媒体库中调用即可。此外，还可以通过媒体库分类音乐、影片，以管理多媒体文件。

10.3.1 将影音文件添加到库中

下面介绍将音乐和影片导入媒体库的操作方法。

1 打开Windows Media Player程序后，单击“组织”按钮，在其下拉菜单中选择“管理媒体库”｜“音乐”命令，如图10.22所示。

2 在“音乐库位置”对话框中，可以将含有音乐或影片的文件夹添加到媒体库中，添加至媒体库后的文件夹便成为媒体监视文件夹，用户就可以在媒体库中播放这些文件、同步至便携式播放器或将它们刻录成CD等，如图10.23所示。

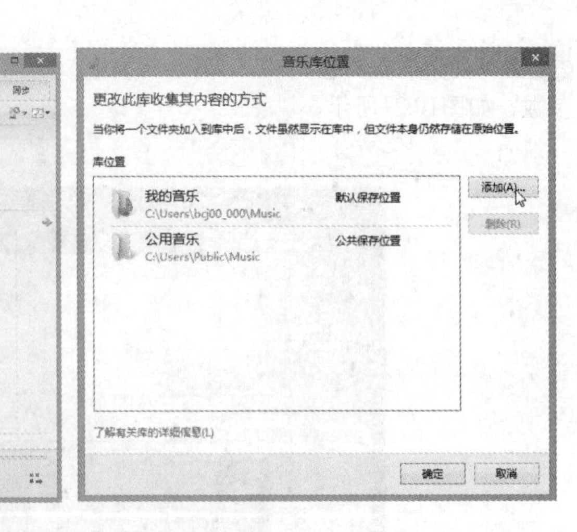

图10.22 选择“管理媒体库”|“音乐”命令

图10.23 “音乐库位置”对话框

10.3.2 创建个性化的播放列表

为了满足不同的播放需求，用户可以创建多个播放列表，如“华语经典”、“情歌对唱”、“流行歌曲”、“古典音乐”等，然后将影片或音乐添加到对应的播放列表中，以后只需在播放列表中选择即可欣赏影片或音乐。创建个性化播放列表的方法如下：

1 在Windows Media Player主程序窗口中，单击左侧窗格的“播放列表”，然后单击中间窗格的“单击此处”文字链接，输入列表名，如图10.24所示。

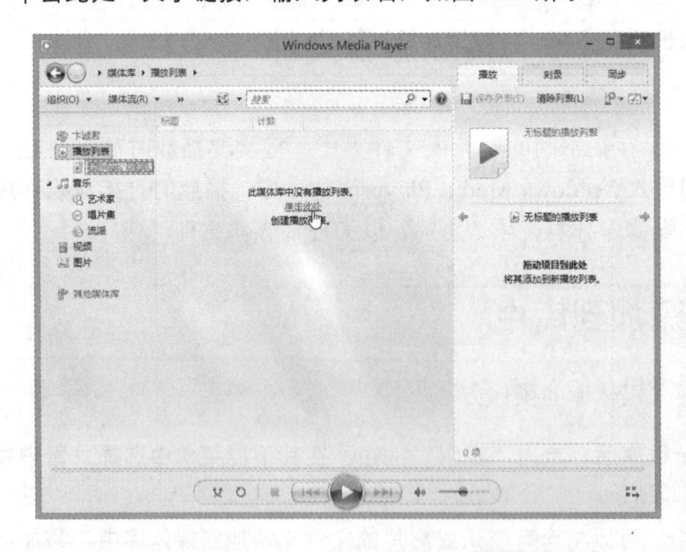

图10.24 创建播放列表

2 创建播放列表后，就可以将歌曲添加到播放列表中了。既可以将歌曲逐一添加到播放列表，也可以将整个歌曲文件夹添加到播放列表，如图10.25所示。只需按住选择的文件，拖动到播放列表后释放鼠标左键即可。

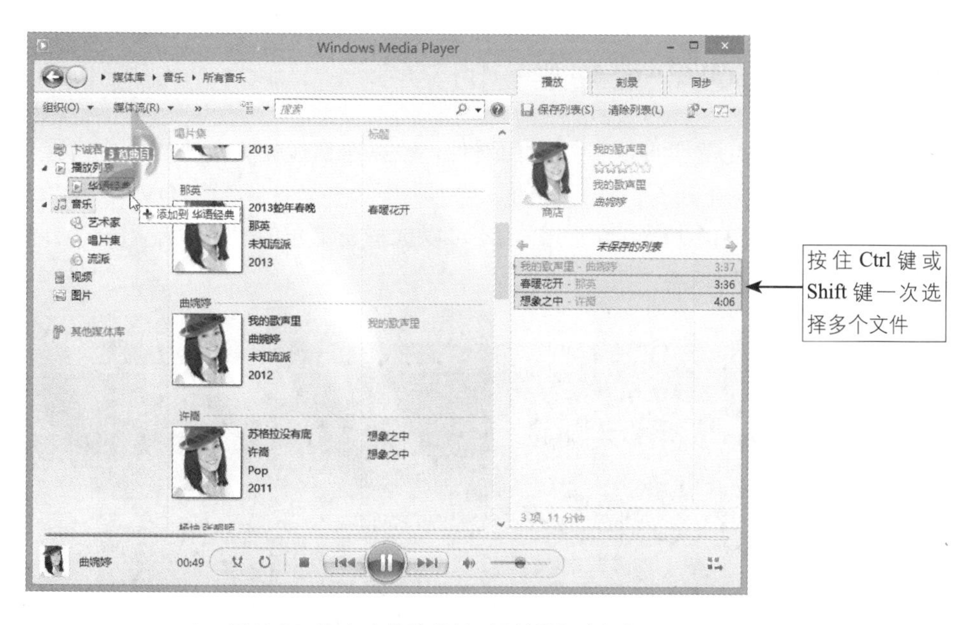

图10.25 将喜欢的歌曲拖动到播放列表中

3 以后只需单击左侧的自定义播放列表，即可播放其中存放的歌曲了。

10.4 使用暴风影音观看影音

前面提到了Windows 8的Windows Media Player不提供DVD播放功能，如果要播放DVD、收看网络电视或电影，可以使用暴风影音等播放器。

暴风影音是一款流行的视频播放器，该播放器兼容大多数的视频和音频格式。用户可以到暴风影音的官方网站http://www.baofeng.com/下载并安装最新版本的软件，其界面如图10.26所示。

图10.26 暴风影音界面

10.4.1 播放 DVD 或硬盘中的文件

如果要播放DVD光盘或者硬盘中的文件，可以在暴风影音的主界面中直接单击“打开文件”按钮右侧的向下箭头，在弹出的下拉列表中选择“打开碟片/DVD”选项，再选择当前的驱动器号，如图10.27所示。另外，还可以选择左上角的“主菜单”→“打开文件”命令来打开硬盘中的文件。

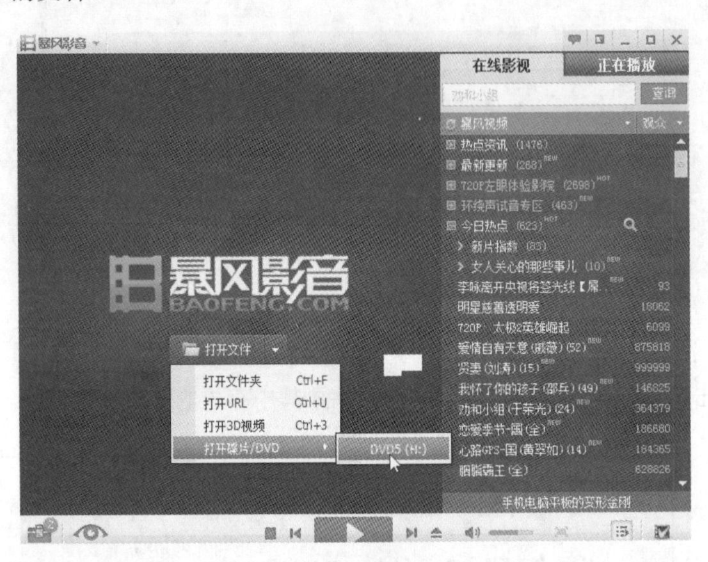

图10.27 选择要播放的DVD

此时，就可以观看影片了，如图10.28所示。

图10.28 观看影片

10.4.2 在线播放视频

利用暴风影音还可以在线播放影音文件，单击右侧的“在线视频”选项卡，选择要观看的视频，或者在右上角的搜索栏搜索要观看的视频，如图10.29所示。

另外，可以单击右下角的“暴风盒子”按钮，在弹出的“中国网络电视暴风台”窗口中搜索视频，如图10.30所示。

图10.29 在线播放影视节目

图10.30 从暴风盒子中选择要播放的文件

10.5 使用千千静听欣赏音乐

千千静听是一款完全免费的音乐播放软件，集播放、音效、转换、歌词等众多功能于一身。其小巧精致、操作简捷、功能强大的特点深得用户喜爱，是目前国内最受欢迎的音乐播放软件之一。用户可以到千千静听的官方网站http://ttplayer.qianqian.com/下载并安装。

千千静听默认的界面由5个窗口组成，分别是主控窗口、均衡器窗口、播放列表窗口、歌词秀窗口和音乐窗窗口，如图10.31所示。

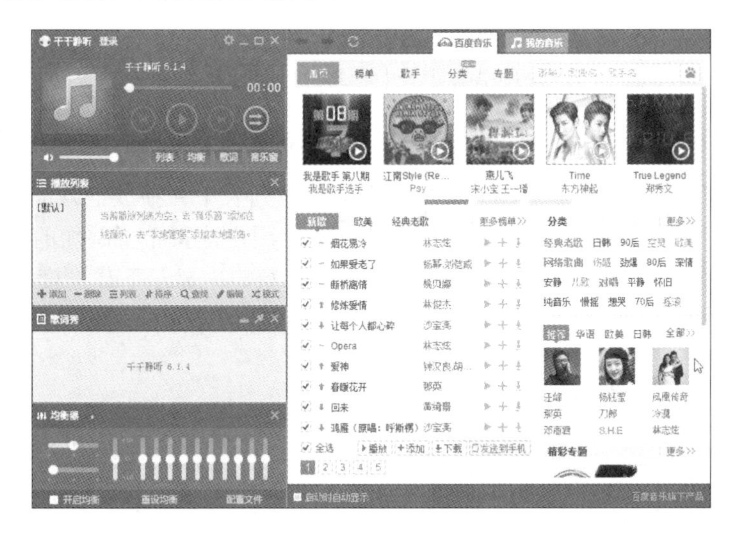

图10.31 千千静听窗口

- 均衡器窗口：单击均衡器窗口的“配置文件”按钮，可以选择“流行音乐”、“摇滚”、“金属乐”等音乐风格进行播放，会得到不同的音乐视听效果。
- 播放列表窗口：单击播放列表窗口的“添加”图标进行音乐文件或文件夹的添加。添加完毕后，双击要播放的文件名即可开始播放的选定文件。

小提示

有时电脑或列表中的歌曲多了，可能会有重复的，可以使用千千静听进行删除。先把电脑中的歌曲添加到播放列表中，单击工具栏上“删除”按钮，选择“重复的文件”命令就可以删掉重复的歌曲了。

- 歌词秀窗口：单击“显示桌面歌词”按钮，歌词将自动出现在桌面上，如图10.32所示。单击右上角的“总在最前”图标，可以让歌词秀窗口一直保持在最前方。在歌词秀窗口空白部分单击鼠标右键，选择“编辑歌词”命令，如图10.33所示，即可对歌词进行编辑和调整等操作。

斑驳的城门 盘踞着老树根

图10.32 显示桌面歌词

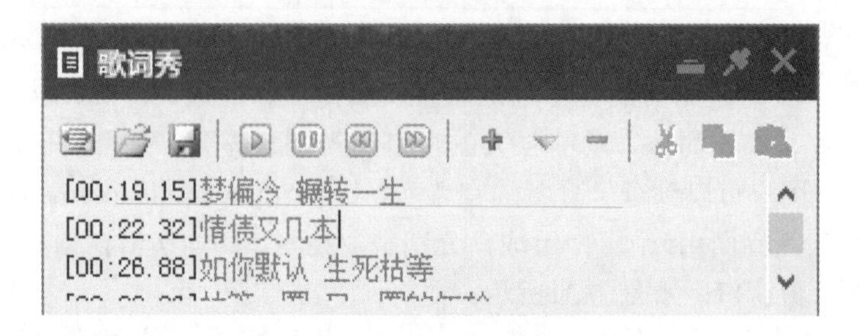

图10.33 编辑歌词

- 音乐窗窗口：音乐窗的打开和关闭可以通过主控窗口的“音乐窗”按钮进行控制，它集合了百度音乐的榜单、歌手、分类和专题等丰富的音乐内容和功能，并及时更新。

单击“播放”按钮，歌曲会直接添加到当前播放列表中并播放该歌曲。单击“添加”按钮，歌曲会添加到列表，如果有多个列表，会提示用户选择希望添加的播放列表。单击“下载”按钮，可以下载该歌曲，并在“我的音乐”窗口中显示下载进度（见图10.34），还可以通过右上角的“下载设置”按钮更改下载路径等相关参数。

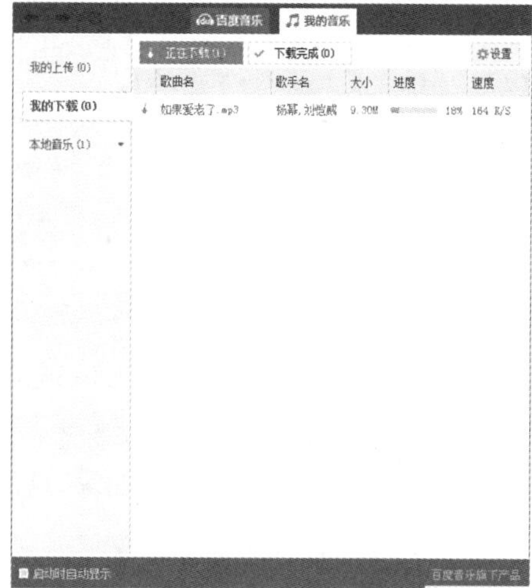

图10.34 下载管理窗口

10.6 高级应用的技巧点拨

技巧1：使用Windows Media Player将音乐CD转换为MP3

用手机、随身听播放MP3已经是一种趋势，而用户所购买的音乐CD也能用Windows Media Player转换成MP3，之后不论在计算机上播放，还是传到手机、随身听等都更加方便了。

1 启动Windows Media Player，将音乐CD放进电脑的光驱中，稍等片刻，Windows Media Player就会自动播放音乐，并显示CD的曲目等信息。

2 单击窗口上方的“其他命令”按钮，然后选择“翻录设置”｜“格式化”｜MP3命令，如图10.35所示。

图10.35 选择“格式化”｜MP3命令

3 接着设置翻录后的音乐质量，选择“翻录设置”｜“音频质量”命令，选择一种音频质量，如图10.36所示。翻录的质量越高，听起来音质就越好，文件也会越大。

图10.36 选择音频质量

4 当前每一首歌的左侧都有一个勾选标志，表示要翻录该首歌，如果有不想翻录的歌曲，先撤选相应的复选框。接下来，单击“翻录CD”按钮，如图10.37所示。

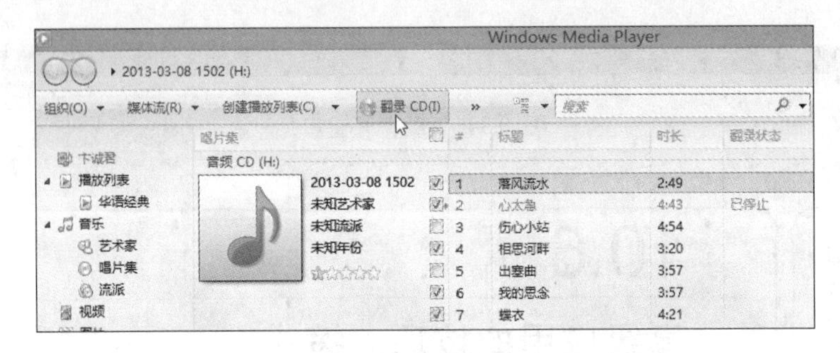

图10.37 单击“翻录CD”按钮

5 此时，开始翻录相应的歌曲并显示翻录的进度，如图10.38所示。如果要停止翻录，只需单击“停止翻录”按钮即可。

图10.38 开始翻录CD音乐

6 等全部歌曲的翻录状态区都显示已翻录到媒体库中，表示翻录完毕。用户可以将CD退出光驱，然后选择左窗格的“音乐”选项，就可以找到刚刚录好的专辑。

技巧2：与其他电脑或设备同步播放影音文件

许多手机、游戏机、多媒体播放器都有上网功能，可以通过网络设置，让这些设备和电脑一起播放多媒体文件。下面以播放另一台电脑为例进行示范，如正在使用A电脑，但是想要让B电脑、C电脑和用户一起播放音乐，可以按照以下步骤进行设置：

1 启动Windows Media Player，单击“媒体流”按钮，选择“允许远程控制我的播放器”选项，弹出如图10.39所示的“允许远程控制”对话框，选择“允许在此网络上进行远程控制”选项。

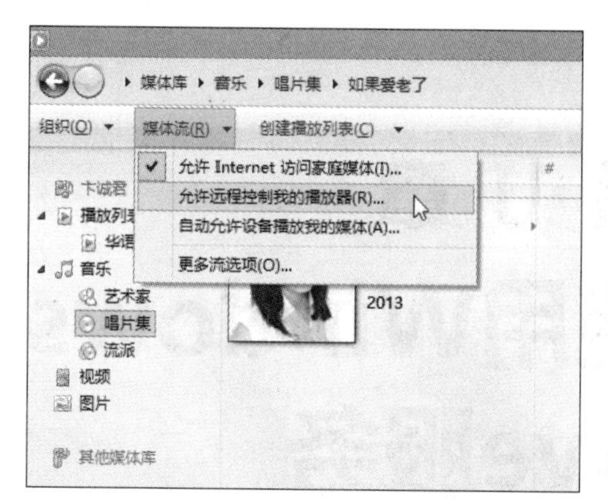

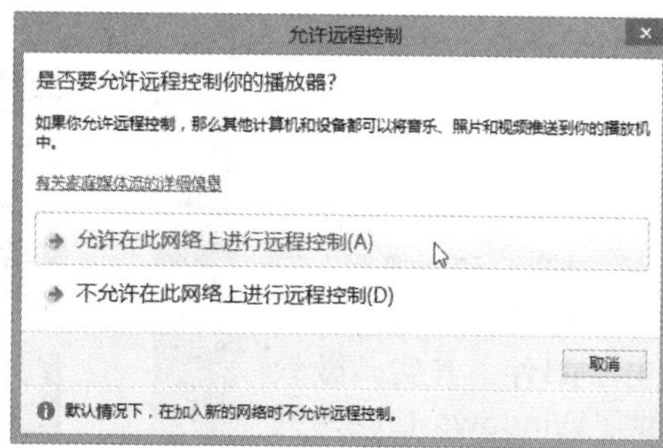

图10.39 “允许远程控制”对话框

2 设置完毕后，单击Windows Media Player播放器中的“播放”选项卡，将要同步播放的文件拖动到播放列表中。

3 单击“播放到”按钮，就可以找到其他的电脑，单击电脑名，在打开的对话框中列出可以同步播放的歌曲，单击“播放”按钮即可，如图10.40所示。

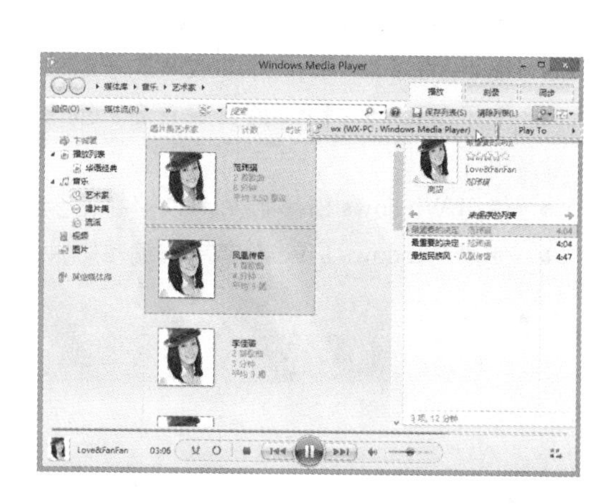

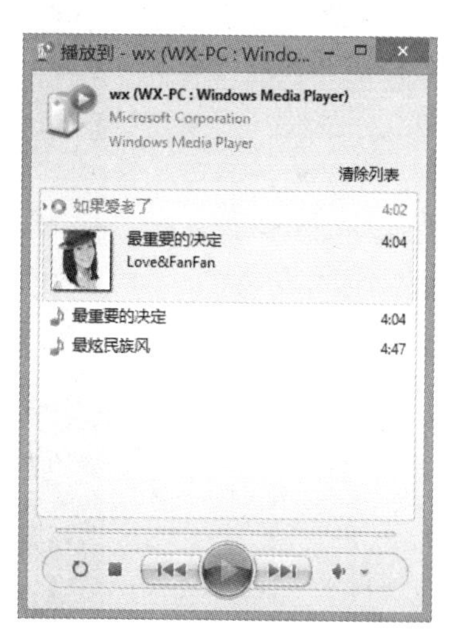

图10.40 同步播放影音文件

11

第 11 章 使用Windows Live服务

前面介绍了Windows 8提供的“消息”和“邮件”应用，可以与好友即时交流或收发电子邮件。其实，微软还提供了Windows Live系列软件，可以实现同样的功能，如收发电子邮件、用MSN聊天或使用视频等。为了避免“垄断”的指控，Windows 8中并未包含Windows Live套装软件，用户需要上网下载此软件。本章将介绍使用Windows Live服务的一些应用。

学习提要

- 下载与安装 Windows Live 套装软件
- 使用 Windows Live Messenger 发送即时信息、语音和视频
- 使用 Windows Live SkyDrive 进行文件共享
- 使用 Windows Live Mail 收发电子邮件
- 使用 Windows Live 照片库查看、编修与分享照片
- 使用 Windows Live 照片库快速拼接全景照片
- 使用 Windows Live 影音制作编辑影片

11.1 下载与安装 Windows Live 套装软件

用户可以登录微软的官方网站（网址：http://download.live.com）下载Windows Live的安装文件，如图11.1所示。

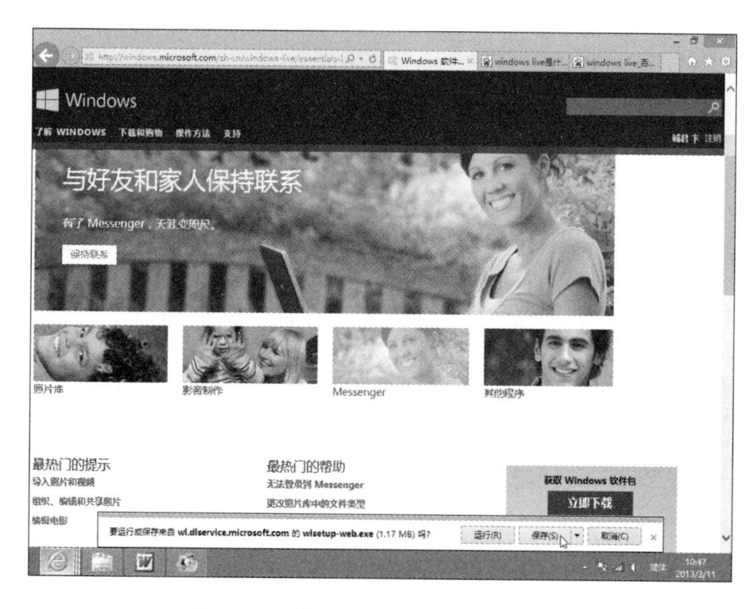

图11.1 下载Windows Live的安装文件

下载完毕后，运行安装程序包，会弹出如图11.2所示的对话框让用户决定是安装所有的Windows软件包，还是选择要安装的程序。

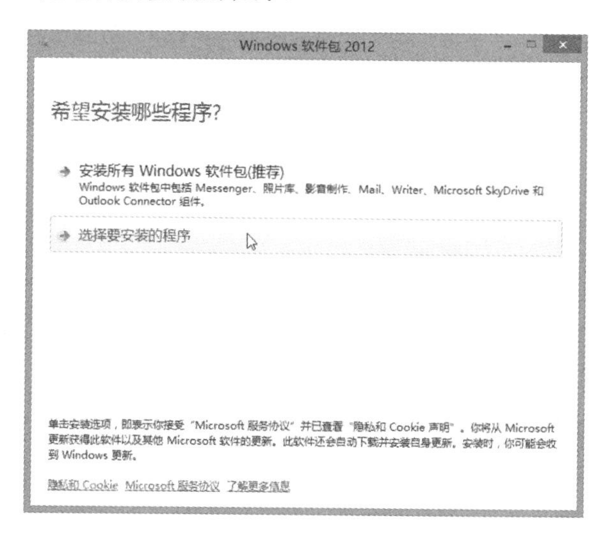

图11.2 希望安装哪些程序

如果选择“选择要安装的程序”选项，弹出如图11.3所示的对话框，询问用户要安装的程序，只需选择相应的复选框，然后单击“安装”按钮。

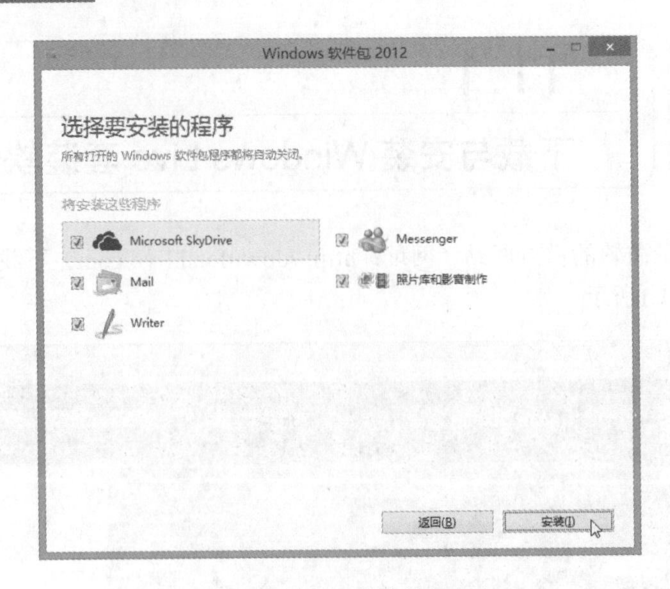

图11.3 选择要安装的程序

小提示

用户在安装Windows Live时，可能会弹出如图11.4所示的对话框，让用户先安装Microsoft .NET Framework 3，只需单击“获取Microsoft .NET Framework 3”文字链接，然后按照屏幕提示下载并安装。

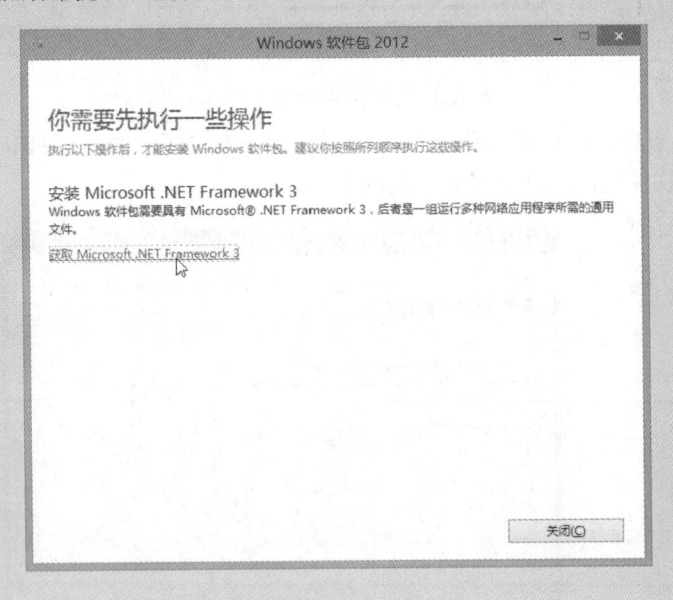

图11.4 提示安装Microsoft .NET Framework 3

Windows Live安装成功后，用户会在开始屏幕上看到相关应用程序的磁贴，如图11.5所示。

图11.5 查看Windows Live中已安装的程序

在此提醒用户，要使用Windows Live的各项服务，必须以Windows Live ID登录。如果用户曾经申请过MSN Messenger或Hotmail、Xbox Live等账号，该账号和密码就是用户的Windows Live ID，不必重新申请。

11.2 使用 Windows Live Messenger

由于人们使用互联网越来越频繁，市场上也随即出现了一些即时通讯工具，即通过即时通讯技术来实现在线聊天、交流的软件，即时通讯比传送电子邮件所需时间更短，比电话更方便，无疑是网络时代最方便的通讯方式。目前中国最流行的有QQ、POPO、UC等，而国外主要使用ICQ、Windows Live Messenger（原名为MSN）、Skype等。本节主要介绍一下Windows Live Messenger的简单使用方法。

11.2.1 注册与登录 Windows Live Messenger

当用户单击开始屏幕上的“Windows Live Messenger”磁贴，即可启动Windows Live Messenger，并且如图11.6所示进行登录。

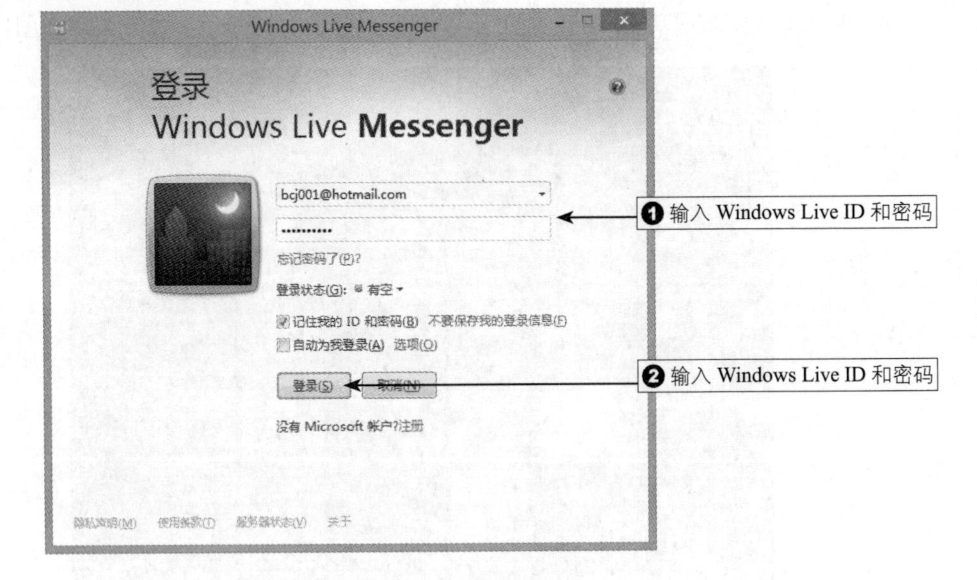

图11.6 登录Windows Live Messenger

如果用户没有Microsoft账户，可以单击登录画面中的“注册”文字链接，然后在弹出的页面中输入个人信息，如图11.7所示。

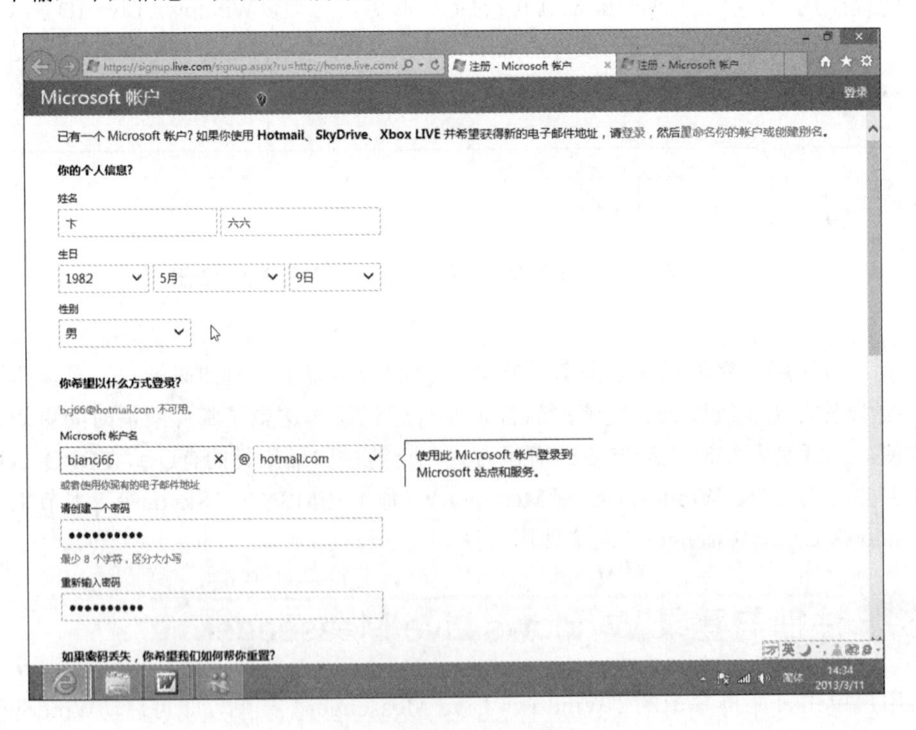

图11.7 注册Microsoft账户

登录后，即可打开此账户的Windows Live Messenger主窗口，如图11.8所示。其中，左侧列出好友动态信息，右侧显示在线好友。

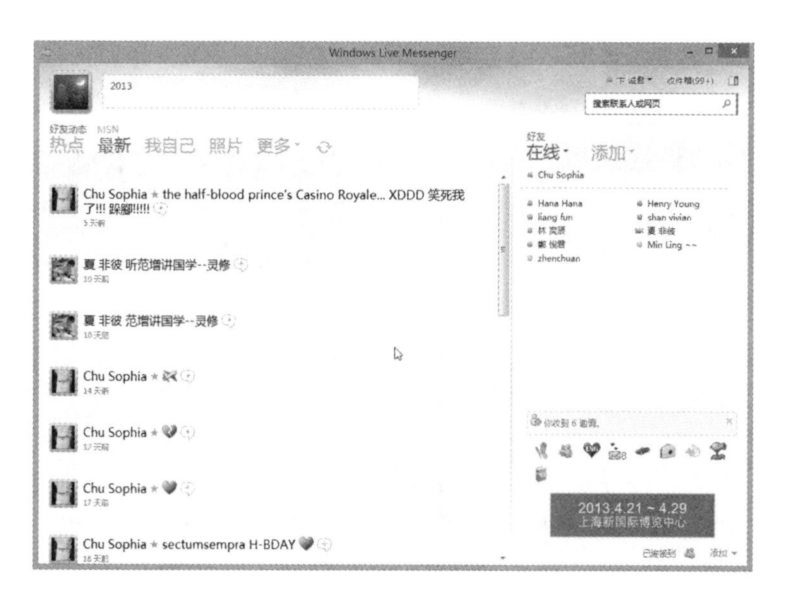

图11.8 Windows Live Messenger主窗口

如果只想显示紧凑型的窗口，可以单击窗口右上方的“切换至紧凑模式”按钮，结果如图11.9所示。

图11.9 紧凑型的Windows Live Messenger窗口

11.2.2 添加好友账户至联系人列表

要与朋友交流，还需要把朋友添加到自己的账号中，具体操作步骤如下：

1 单击主窗口中的“添加好友”按钮，在弹出的下拉列表中选择“添加好友”选项，弹出如图11.10所示的“添加好友”对话框，输入联系人账户。

2 单击“下一步”按钮，弹出一个对话框让用户决定是否将此账户添加到常用联系人中，如图11.11所示。

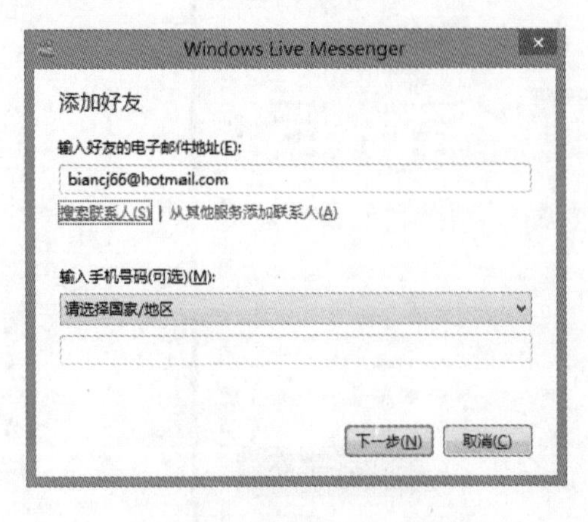

图11.10 “添加好友”对话框

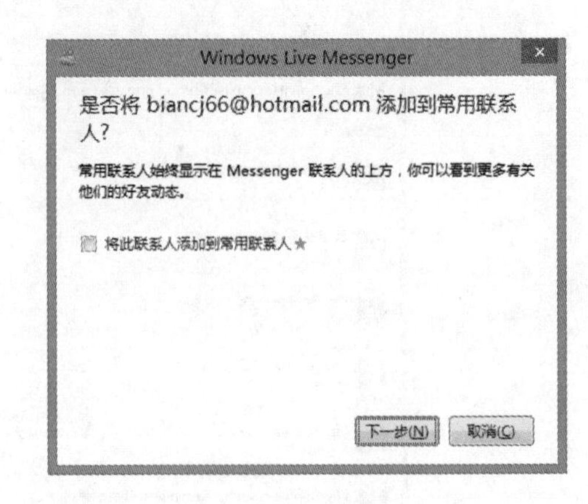

图11.11 发送邀请

3 单击“下一步”按钮，开始发送邀请，成功后，弹出如图11.12所示的对话框提示已添加了账户。

4 此时，对方已添加到联系人列表了，如图11.13所示。如果需要修改该联系人的信息，用鼠标右键单击该联系人，在弹出的快捷菜单中选择“编辑联系人”命令，编辑联系人信息，然后单击“保存”按钮。

图11.12 添加了联系人

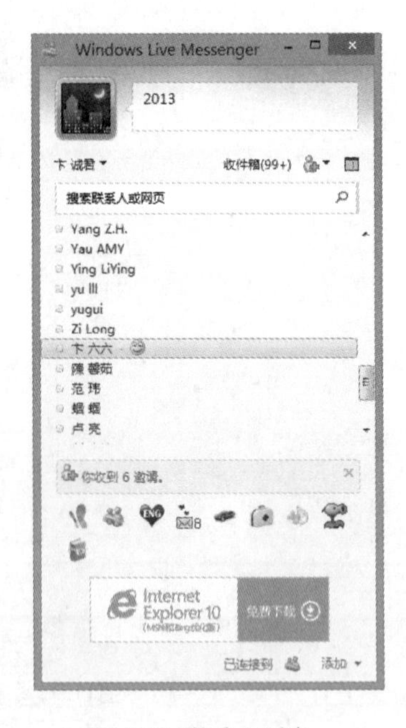

图11.13 联系人列表

11.2.3 发送即时信息、语音和视频

当联系人已经在线上，就可以即时交流了。如果用户电脑上安装了麦克风和摄像头，还可以进行语音和视频聊天。

1 在主窗口中双击联系人，打开如图11.14所示的“对话”窗口，在底部空白输入框中输入文字，然后按Enter键，即可向对方发送文字信息。

缺图

图11.14 开始文字交流

2 要与联系人通话，只需在对话窗口中单击“视频通话”按钮右侧的向下箭头，在弹出的下拉列表中选择“语音通话”选项，即可向对方发出邀请，对方接受后就可以开始通话了，如图11.15所示。要结束通话时，可以单击“结束通话”链接。

图11.15 开始语音交流

3 要与联系人视频（已经安装了摄像头），只需在对话窗口中单击“视频”按钮，向对方发出邀请，对方接受后就可以开始视频了，如图11.16所示。

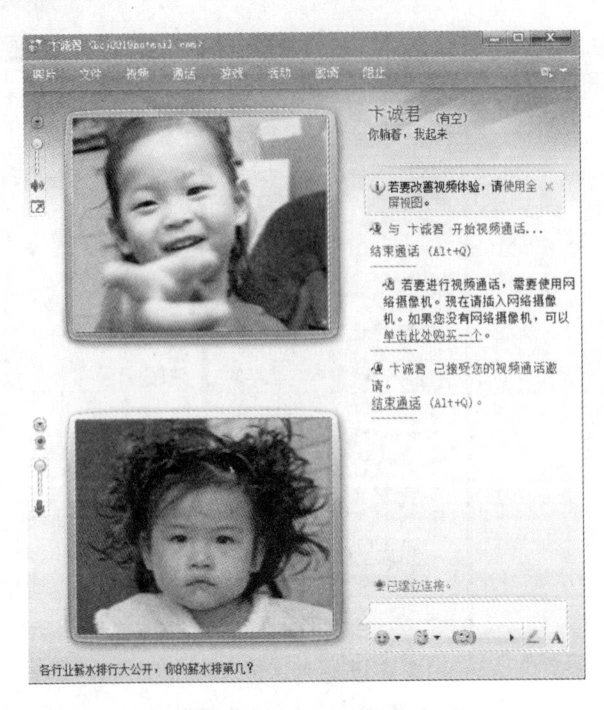

图11.16 与对方视频

4 要发送文件，则单击对话窗口中的“共享”按钮，在弹出的下拉列表中选择“本机文件”选项，选择要发送的文件即可。

11.3 使用 Windows Live SkyDrive

SkyDrive是由微软公司推出的一项云存储服务，用户可以通过自己的Windows Live账户进行登录，上传自己的图片、文档等到SkyDrive中进行存储。其实，SkyDrive是一个跨平台、跨设备的云存储服务，Windows 8的开始屏幕上提供了SkyDrive应用，它还包括Windows传统桌面用的客户端、SkyDrive Windows Phone版本、iOS版本及Mac、安卓版本。

11.3.1 登录 Windows Live SkyDrive

用户在开始屏幕上单击系统自带的SkyDrive磁贴，即可打开如图11.17所示的页面，其中显示当前Microsoft账户在SkyDrive中存放的内容。单击某个文件夹，可以显示其中存放的文件。

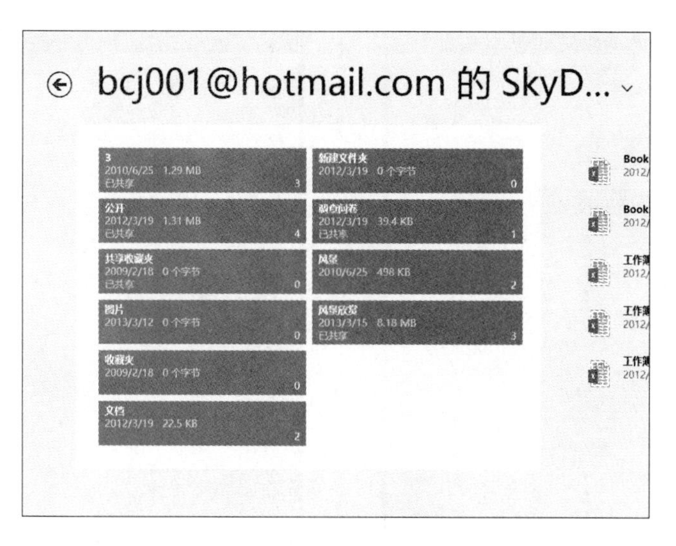

图11.17 SkyDrive页面

另外，当用户安装Windows Live安装包时，如果选择安装了SkyDrive，可以在开始屏幕上单击SkyDrive文件夹磁贴。第一次使用时，会弹出如图11.18所示的“欢迎使用SkyDrive”对话框。

图11.18 “欢迎使用SkyDrive”对话框

单击“开始”按钮，弹出如图11.19所示的“正在引入你的SkyDrive文件夹”对话框，允许用户更改SkyDrive文件夹的位置。单击“下一步”按钮，弹出如图11.20所示的“仅同步你需要的内容”对话框，选中“SkyDrive中的所有文件和文件夹”单选按钮。

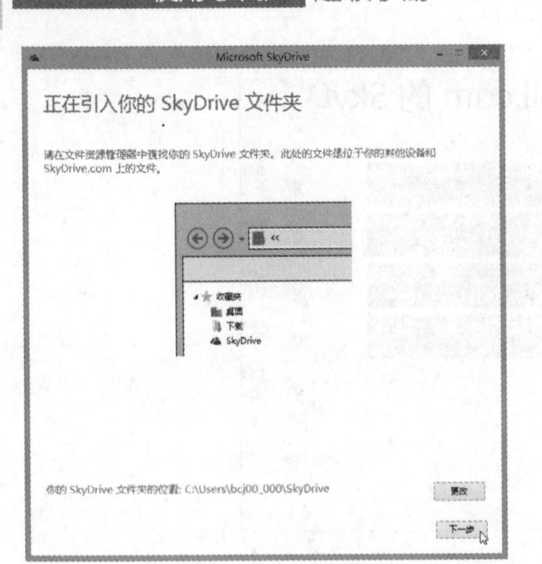

图11.19 “正在引入你的SkyDrive文件夹”对话框

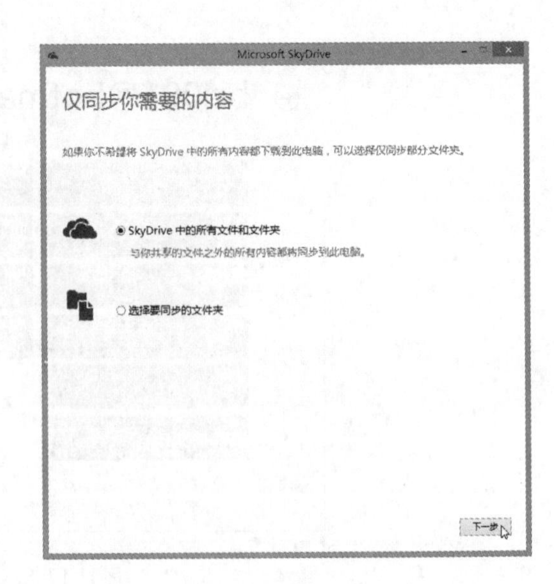

图11.20 “仅同步你需要的内容”对话框

单击“下一步”按钮，弹出如图11.21所示的“从任何位置获取你的文件”对话框，如果选中“让我使用SkyDrive获取我在此电脑上的任何文件”复选框，可以在SkyDrive上查看这台电脑中的任何文件，然后单击“完成”按钮。

图11.21 “从任何位置获取你的文件”对话框

11.3.2 Windows Live SkyDrive 中的文件管理

用户可以打开“文件资源管理器”窗口，单击左侧导航窗格中的SkyDrive图标，即可在本地电脑中打开此文件夹，如图11.22所示。

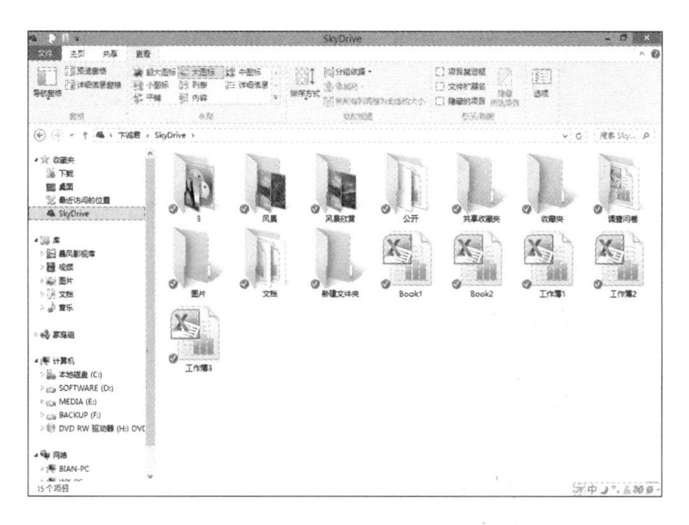

图11.22 打开SkyDrive文件夹

此时，用户可以像使用其他文件夹一样，直接将其他文件夹中的文件复制到SkyDrive相关的文件夹中。

如果要删除SkyDrive中的某个文件，也只需在“文件资源管理器”窗口中打开相应的文件夹，然后选择要删除的文件，按Delete键删除即可。

11.3.3 Windows Live SkyDrive 中的文件共享

如果要想将存放到SkyDrive空间中的部分文件共享给其他朋友，可以按照下述步骤进行操作：

1 在“文件资源管理器”窗口中打开SkyDrive文件夹。

2 在要共享的文件夹上单击鼠标右键，在弹出的快捷菜单中选择“SkyDrive”｜“共享”命令，如图11.23所示。

3 弹出如图11.24所示的页面中，可以通过电子邮件通知收件人查看共享，只需输入收件人的地址。输入所有的收件人后，单击“共享”按钮，即可将此文件夹的链接发送到相应的邮箱中。对方打开此邮件后，单击链接可以切换到SkyDrive中查看。

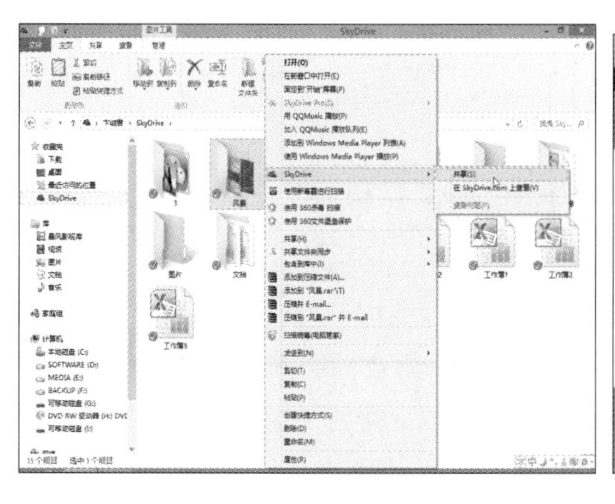

图11.23 选择“共享”命令

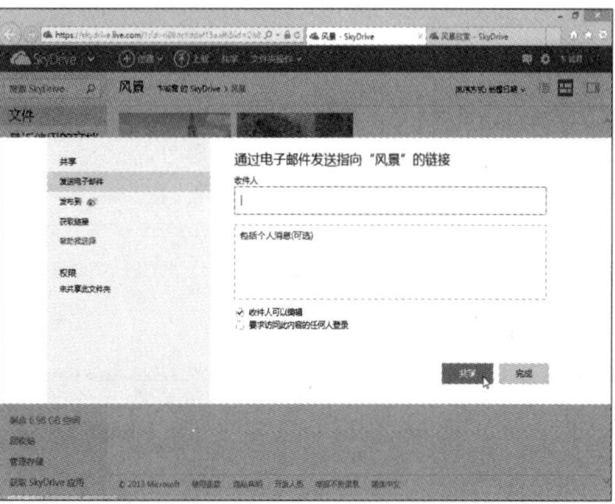

图11.24 通过电子邮件发送链接

4 在如图11.24所示的页面中，还可以单击左侧的“发布到”，将此文件夹的链接发布到如新浪微博等服务器上。

5 如果要获得此文件夹的链接，可以单击左侧的“获取链接”，然后决定创建“仅查看”、“查看和编辑”和“公共”的链接。

6 设置完毕后，单击“完成”按钮。

11.4 使用 Windows Live Mail

上网除了浏览网页，最普遍使用的功能就是收发电子邮件了。前面曾介绍Windows 8的“邮件”应用功能，让用户可以快速收发电子邮件。当然，收发电子邮件的方法很多，可以使用网页方式直接收发电子邮件，不需要在电脑上安装邮件程序，只需登录自己申请的邮箱即可。另外，还可以使用像Foxmail或Windows Live Mail等邮件软件来收发电子邮件。本节主要介绍使用Windows Live Mail来收发和管理电子邮件。

11.4.1 设置Windows Live 电子邮件账户

在开始屏幕上单击Windows Live Mail磁贴，即可启动Windows Live Mail。要收发Internet上的信件，必须先让Windows Live Mail知道你的邮件服务器以及电子邮件地址等相关信息。用户需要将账户加入到其中。

单击“账户”选项卡，并单击“电子邮件”按钮，在弹出的对话框中输入电子邮件的账号、密码等，如图11.25所示。单击“下一步”按钮，下一个对话框就会告诉用户已经设置成功，单击“完成”按钮。

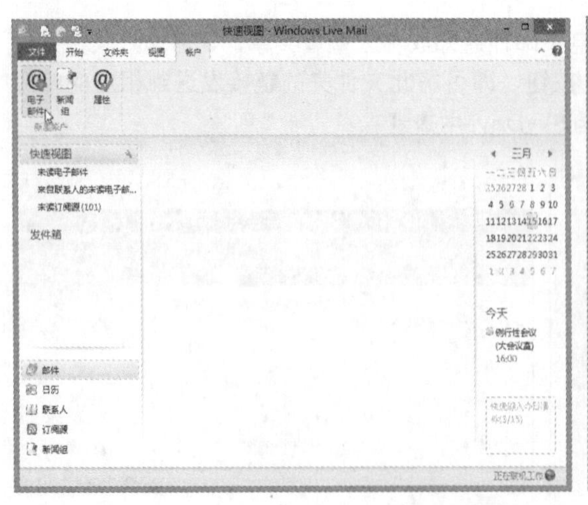

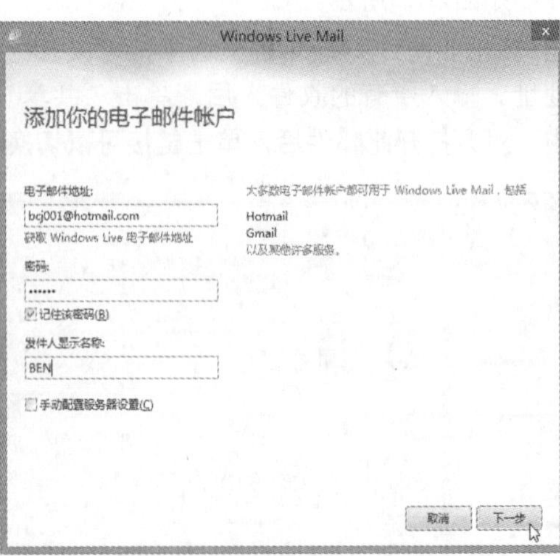

图11.25 添加电子邮件账户

刚登录时，系统会自动下载网络服务器的电子邮件，如图11.26所示。

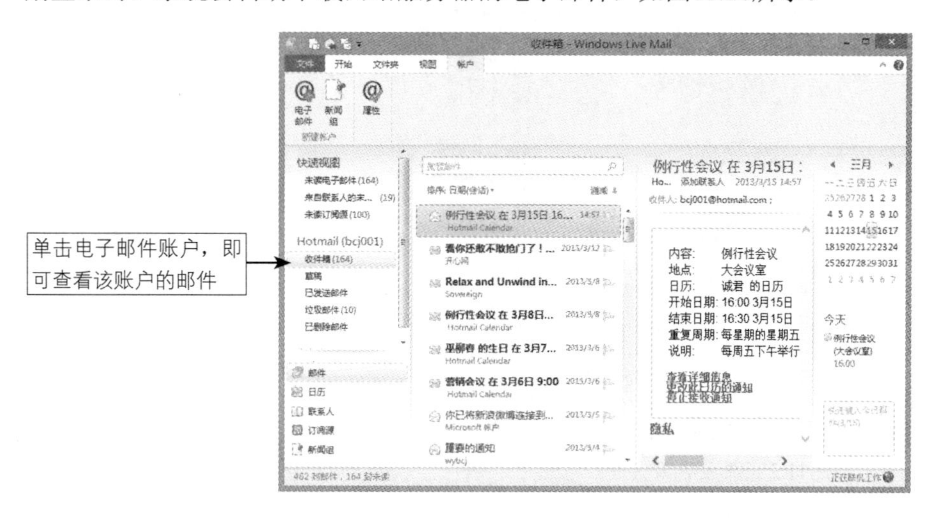

图11.26 下载添加账户的电子邮件

11.4.2 给好友写信

创建好账户，接着就可以和亲朋好友互通邮件了。具体操作步骤如下：

1 单击“开始”选项卡，单击“新建”组中的“电子邮件”按钮，出现如图11.27所示的“新邮件”窗口。

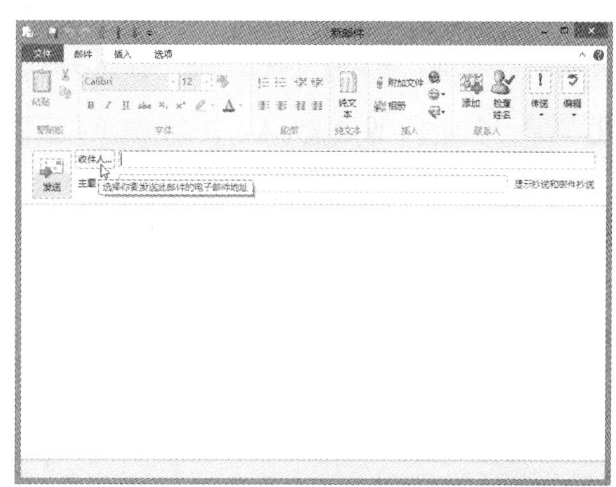

图11.27 “新邮件”窗口

2 在“收件人”文本框中直接输入对方的电子邮件账号，也可以单击“收件人”按钮，在弹出的对话框中选择已经创建的联系人，如图11.28所示。

3 返回“新邮件”窗口，在“主题”文本框中输入邮件的标题。将插入点移到正文区，开始输入邮件正文，如图11.29所示。

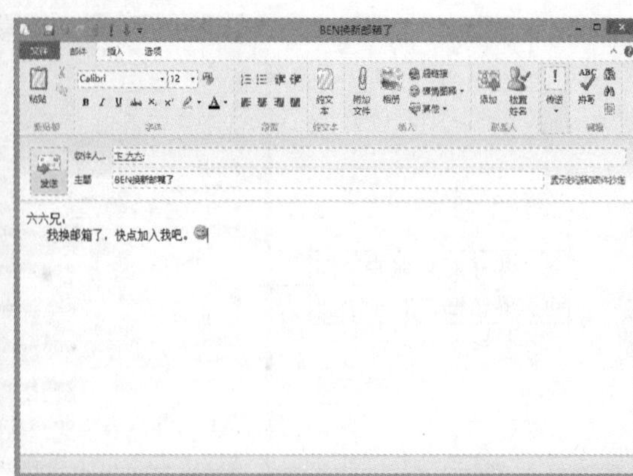

图11.28 选择联系人　　　　图11.29 输入邮件的内容

4 如果要附带发送一个文件，可以单击“插入”组中的“附加文件”按钮，在弹出的“打开”对话框中选择要附加的文件。

5 编辑完毕后，单击“发送”按钮，即可将邮件寄出。

11.4.3 发送电子相册邮件

要给朋友发照片时，如果采用“附加文件”的方式加入照片，会使信件文件变得很大，对方要花一些时间才能把信收下来。如果改用“电子相册邮件”的方式寄出，它只会在信中附加缩图，并且将大张的照片上传到网络上，因此对方可以马上看到照片缩图。如果对照片感兴趣，再自行下载大张的照片或以幻灯片方式在网上欣赏。

1 新建一个邮件，设置收件人，并输入主题和正文，单击“插入”组中的“相册”按钮，即可加入硬盘中的照片，如图11.30所示。

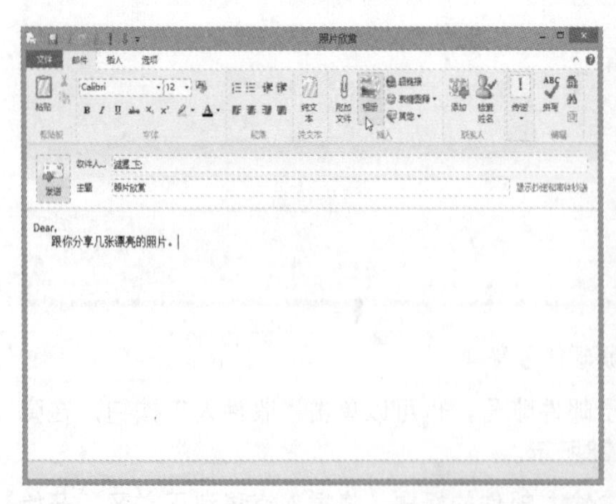

图11.30 单击“相册”按钮

2 将照片加入邮件后，新邮件窗口会多出“格式”选项卡，让用户编辑照片，如图11.31所示。

3 在“相册样式”组中选择一种样式，即可快速改变照片的排列效果，如图11.32所示。

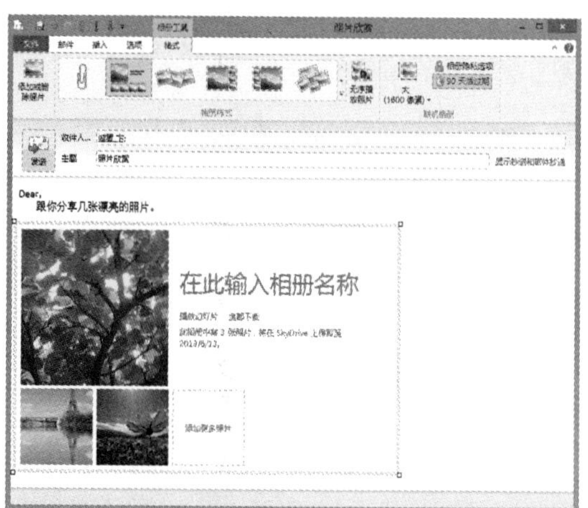

图11.31 添加了相册

图11.32 改变相册的样式

4 单击“发送”按钮，即可将相册发送给朋友。

对方收到相册后，如果单击“播放幻灯片”文字链接，可以进入SkyDrive共享空间，用幻灯片的方式欣赏照片；如果单击“全部下载”文字链接，可以下载原始大小的照片，如图11.33所示。

图11.33 查看接收到的相册效果

11.4.4 使用 Windows Live 日历功能

前面介绍Windows 8的“日历”应用时，已经讲解了如何添加活动等。在Windows Live Mail中也提供了此功能，只需单击左下角的“日历”选项，即可切换到“日历”窗口，如图11.34所示。

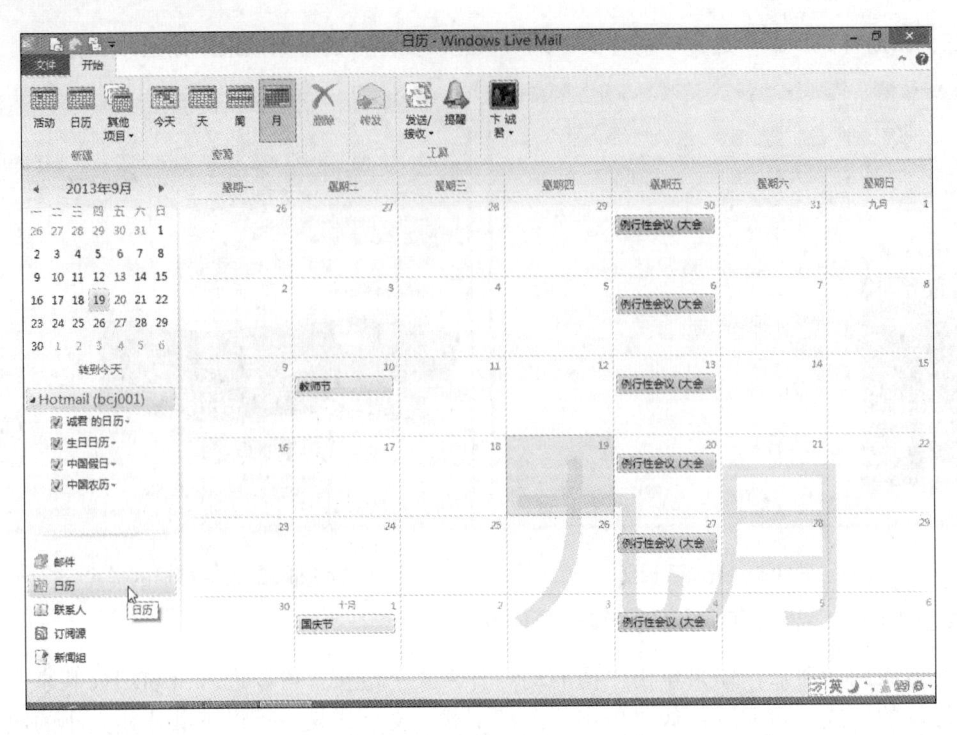

图11.34 “日历”窗口

添加活动的方法很简单，只需单击“新建”组中的“活动”按钮，或者双击日历上任一天，在打开的“新建事件”窗口中指定主题、地点、开始时间、结束时间等。

11.5 使用 Windows Live 照片库查看、编修与分享照片

数码相机已经是人们生活中不可缺少的配置，尤其是每次旅游后，人们总是迫不急待地想与朋友分享照片。然而需要将照片传到电脑，编修、整理，再上传到网络，这么多的步骤往往让人觉得很麻烦。现在可以使用Windows Live照片库来一次搞定。

11.5.1 启动 Windows Live 照片库

Windows Live照片库（以下简称为“照片库”）是Windows Live套装软件之一，在前面安装整套软件后，就可以直接使用了。

在开始屏幕上单击“照片库”磁贴，即可打开“照片库”。在左窗格单击文件夹名称，可以浏览其中的照片，如图11.35所示。

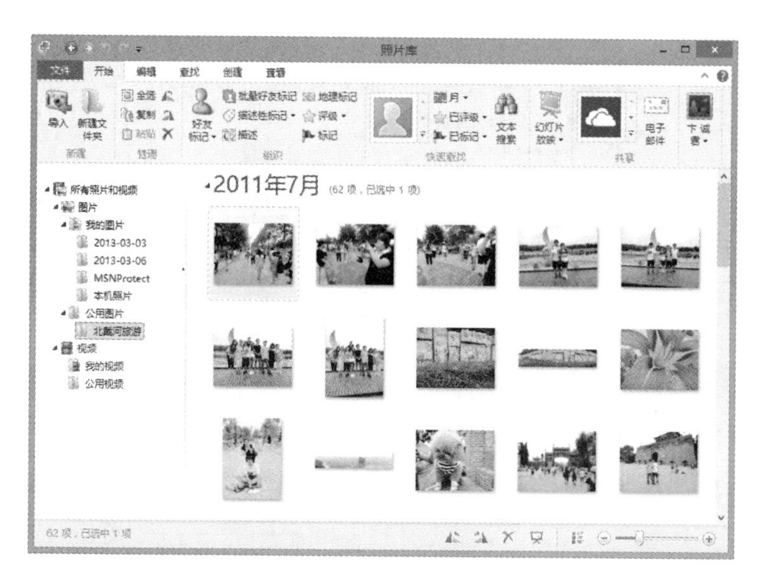

图11.35 照片库

初次启动时，照片库只会显示位于“我的图片”、“我的视频”、“公用图片”和“公用视频”这4个文件夹中的照片，接下来会告诉用户如何加入其他的文件夹。

11.5.2 从数码相机导入照片

先将相机通过数据线连接到电脑，然后打开“照片库”并进行如下的操作：

1 在“开始”选项卡中，单击“新建”组中的“导入”按钮，弹出如图11.36所示的“导入照片和视频”对话框，选择要导入的设备，然后单击“导入”按钮。

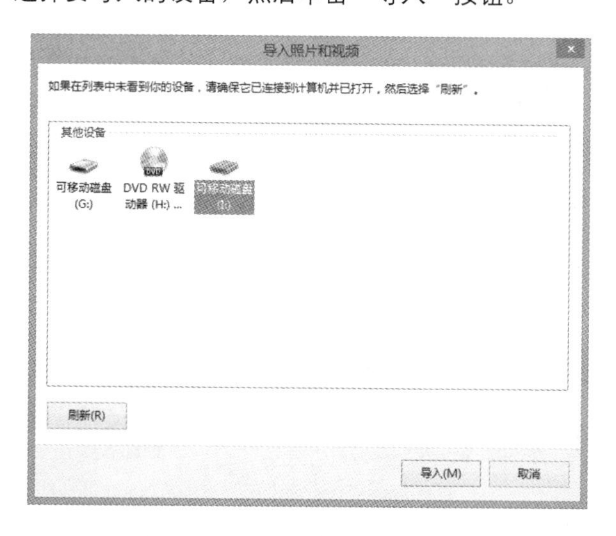

图11.36 “导入照片和视频”对话框

2 开始查找数码相机中的照片和视频，并弹出如图11.37所示的对话框，显示相机中的文件总数，选中“查看、组织和分组要导入的项目”单选按钮，然后单击“下一步”按钮。

图11.37 “导入照片和视频”对话框

3 接下来，照片库会根据日期和时间自动将照片分成不同的文件夹，根据需要勾选要导入的文件夹，如图11.38所示。

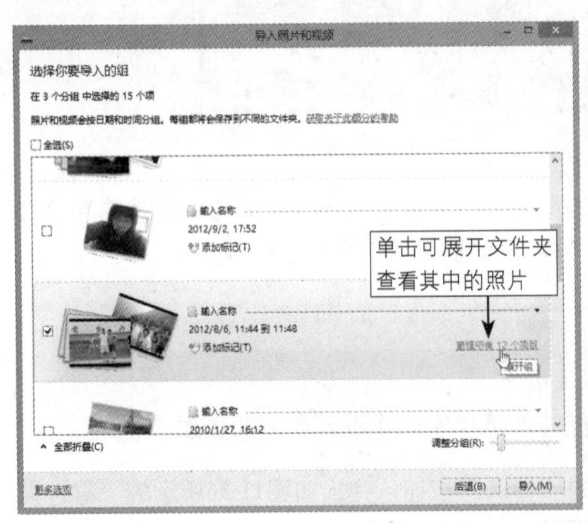

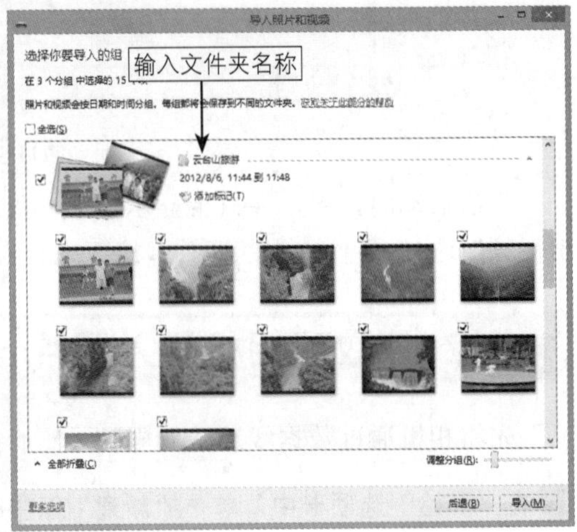

图11.38 选择要导入的照片

4 单击“导入”按钮，选择的照片将导入到照片库中，如图11.39所示。此时，可以在照片库中看到每张照片的缩图。如果觉得缩图看不清楚，可以将鼠标指向某张照片，即可在附近显示大图让用户查看，如图11.40所示。

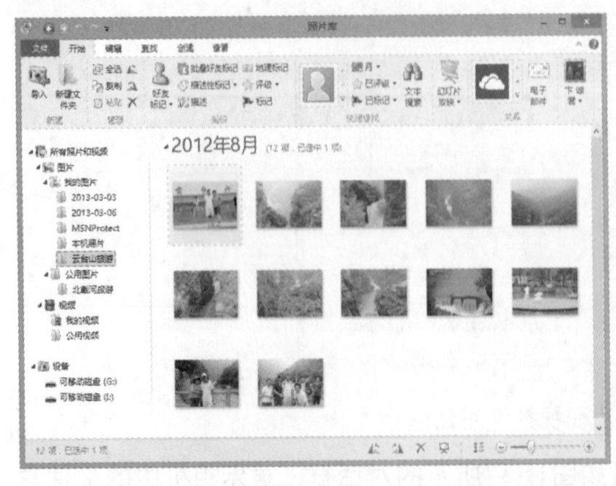

图11.39 将照片导入照片库中

图11.40 显示大图

11.5.3 不用 Photoshop 也能把照片编修得很美

如果有拍得不好的照片，如太亮或太暗、颜色不够鲜艳、歪斜等，先别着急删除。“照片库”中提供了许多编修照片的功能，可以快速解决常见的亮度、颜色、红眼、模糊等问题。

1 双击照片，就可以在打开的窗口中编辑照片，如图11.41所示。在“编辑”选项卡的“调整”组中提供了许多编辑照片的工具。

图11.41 编辑照片

2 如果照片问题不大，可以单击“调整”组中的“自动调整”按钮，在弹出的下拉列表中选择“自动调整”选项，可以让“照片库”自动修复照片的亮度、歪斜度、颜色等，如图11.42所示。

图11.42 自动调整照片

3 如果对照片的亮度、对比度等曝光参数不满意，可以单击“曝光”按钮，从下拉列表中选择一种预设的曝光参数，如图11.43所示。如果要自行调整曝光参数，可以单击“微调”按钮，再选择“调整曝光”选项将其展开，然后一边预览照片，一边调整这些参数，如图11.44所示。调整好后，可以单击 ✔ 按钮隐藏此区域。

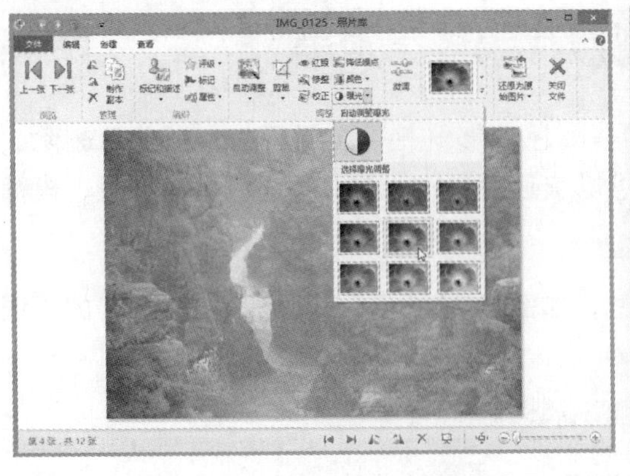

图11.43 自动调整曝光度

图11.44 手动调整曝光参数

4 如果用户觉得照片的颜色有偏差，或者不够鲜艳，可以单击“颜色”按钮，从下拉列表中选择一种预设的颜色，如图11.45所示。如果要手动调整色温、色调和饱和度等，可以单击“微调”按钮，再选择“调整颜色”选项将其展开，然后调整相关的参数，如图11.46所示。

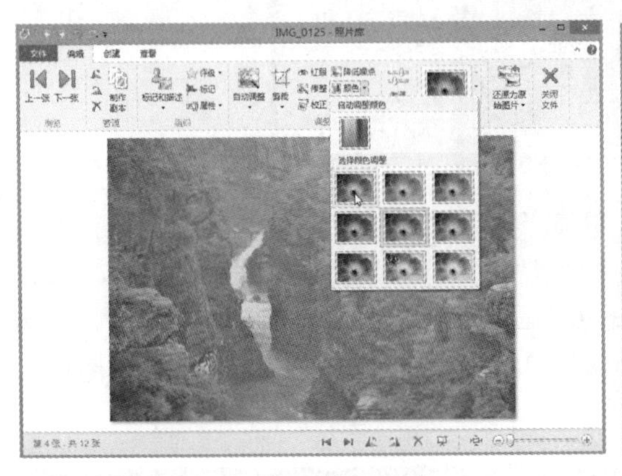

图11.45 选择预设的颜色

图11.46 手动调整颜色

5 如果要适当旋转照片的放置角度，可以单击“微调”按钮，然后单击“校正照片”按钮，拖动滑块即可旋转照片，如图11.47所示。

图11.47 旋转照片的角度

如果对编修后的效果不满意，可以单击“还原为原始图片”按钮，在弹出的下拉列表中选择“还原为原始图片”选项。

6 编辑完毕后，单击“关闭文件”按钮，将自动保存所做的修改。

11.5.4 快速拼接全景照片

当拍照场景太宽，相机拍不下时，通常会拍几张局部的照片，再用专业的编辑软件进行拼接。现在不用另外购买软件了，只要交给照片库即可轻松拼接出一张全景照片。

1 将准备好要拼接的多张局部照片加入照片库，并且选择它们，如图11.48所示。

图11.48 准备要拼接的多张照片

在拍摄要拼接成全景的照片时，建议使用三脚架，并保持拍摄角度、光圈等设置值一致，以免拼接后的效果不自然。

2 单击“创建”选项卡，然后单击“工具”组中的“全景照片”按钮，将会自动进行拼接，完成时会弹出如图11.49所示的“保存全景拼接”对话框，对拼接图片进行命名后，单击“保存”按钮。

图11.49 “保存全景拼接”对话框

3 拼接后的照片四周会出现拼接时留下的黑色边缘，可以单击“剪裁”按钮，如图11.50所示。

图11.50 拼接后的图片

4 此时，图片中会出现一个高亮框，将鼠标指针移到高亮框内，当指针呈十字箭头时，拖动鼠标可以移动高亮框的位置；将鼠标指针移到高亮框的任意一个顶点上，当指针呈双向箭头时，按住鼠标拖动可以调整高亮框的大小，最后单击“剪裁”按钮的向下箭头，选择“应用剪裁”选项，如图11.51所示。

图11.51 剪裁图片

5 拼接全景照片就完成了，如图11.52所示。单击“关闭文件”按钮，即可保存全景照片。

图11.52 全景照片

11.5.5 编辑照片的分级和标记等信息

为了更好地管理大量照片，照片库还提供了等级分类和标记分类等信息。等级分类是指根据喜爱程度对照片评级，方便用户通过评级快速找到照片；标记分类是根据照片的标记信息分类，如花卉、建筑、植物和动物等，下次想找某个类别的照片，只要单击相关的标记，就能够立即筛选出来。

1 单击照片库下方的“查看详细信息”按钮，切换到详细信息模式，将会在照片右边显示星级栏。

2 选中要评级的照片，然后单击“开始”选项卡的“组织”组中的“评级”按钮，从下拉列表中选择等级，如图11.53所示。另外，还可以直接单击星级栏中的小星，如要给照片评4颗星，就单击左边数第4颗星。

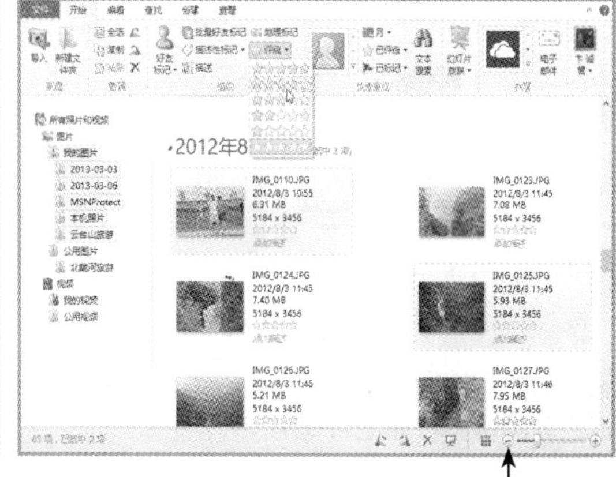

图11.53 为照片评级

3 当所有照片都标好星级，就可以快速筛选出星级较高的照片，如果要找4星以上的照片，只需单击“快速查找”组中的“已评级”按钮，在弹出的下拉列表中选择4星，结果如图11.54所示。

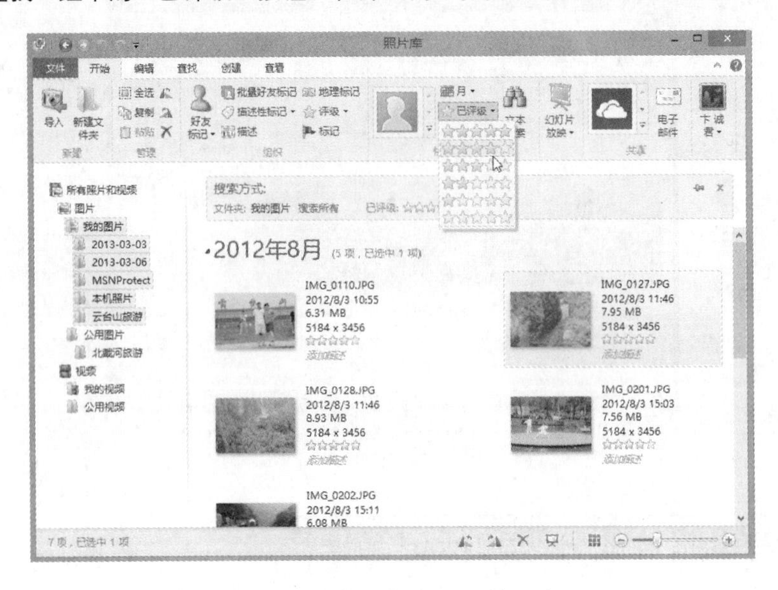

图11.54 筛选所有高于4星的照片

4 接下来，用户可根据拍摄的主题来创建分类标记。例如，选择几张拍摄风景的照片，然后单击“组织”组中的“描述性标记”按钮，在右侧输入“风景”，按Enter键即可，如图11.55所示。

5 如果有一张照片包含多种主题，比如既是风景又是拍的峡谷，可以增加几个标记，以便在筛选相关类别时，都能够找到该照片，如再加上“峡谷”标记，如图11.56所示。

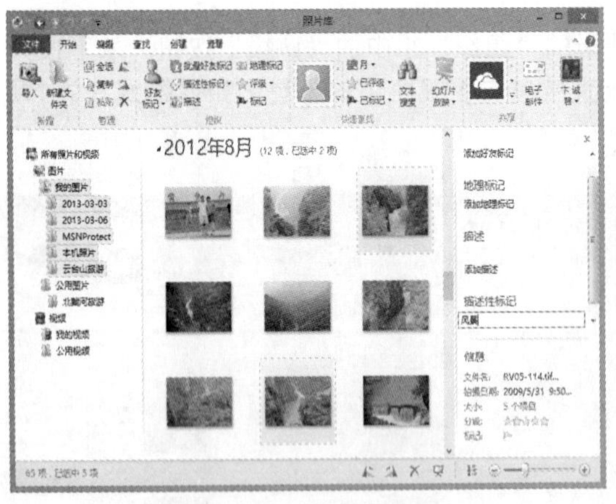

图11.55 添加描述

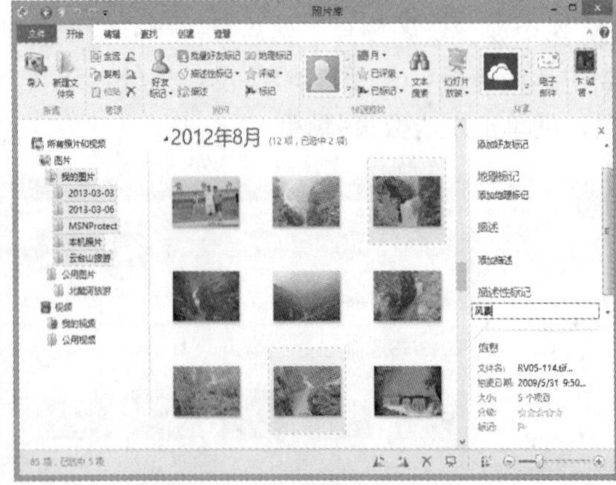

图11.56 添加第二个标记

6 单击“查看”选项卡，单击“排列列表”组中的“标记”按钮，就可以将所有的照片根据标记分类排列，如图11.57所示。

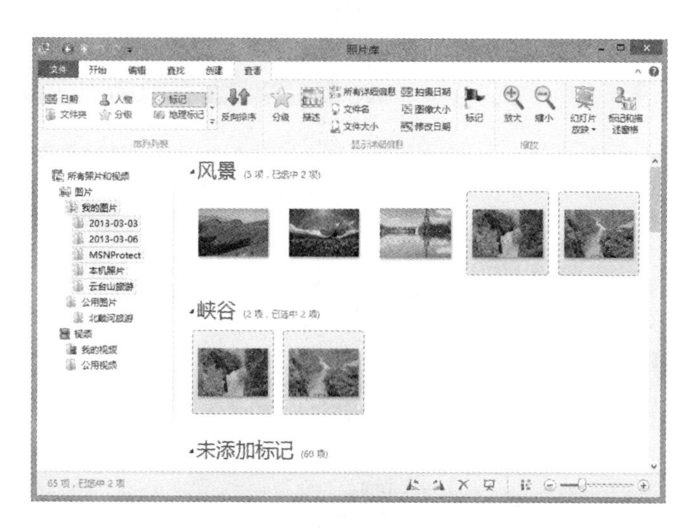

图11.57 根据标记分类排列

11.5.6 将照片上传到 Windows Live 共享空间

照片库让共享照片变得轻松又容易，它完美地集成Windows Live共享空间的相册。只要简单的几个步骤，就可以将照片上传到共享空间。

1 选择要上传的照片，然后单击照片库中的“创建”选项卡，单击“发布”组中的SkyDrive按钮，如图11.58所示。

2 接下来，在弹出的对话框中可以指定相册的标题，或者选择已经创建的相册，然后单击“发布”按钮，如图11.59所示。

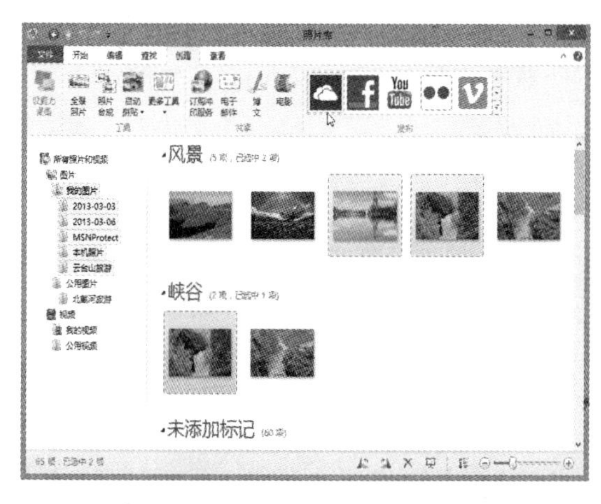

图11.58 单击SkyDrive按钮

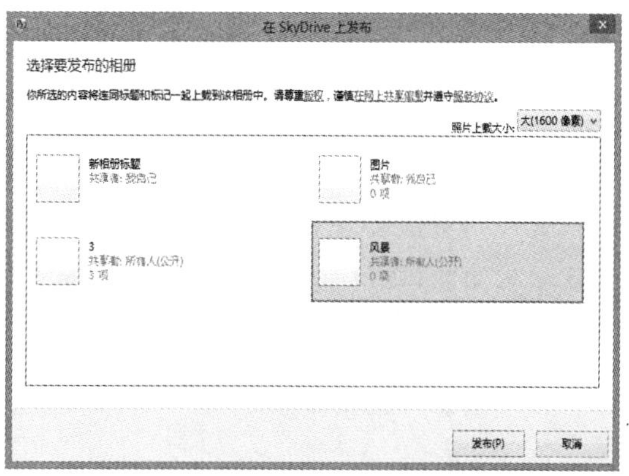

图11.59 选择要发布的相册

3 此时，开始上传照片，并且弹出对话框显示上传进度，完成后单击“联机查看”按钮，就可以连接网络相册查看照片，如图11.60所示。

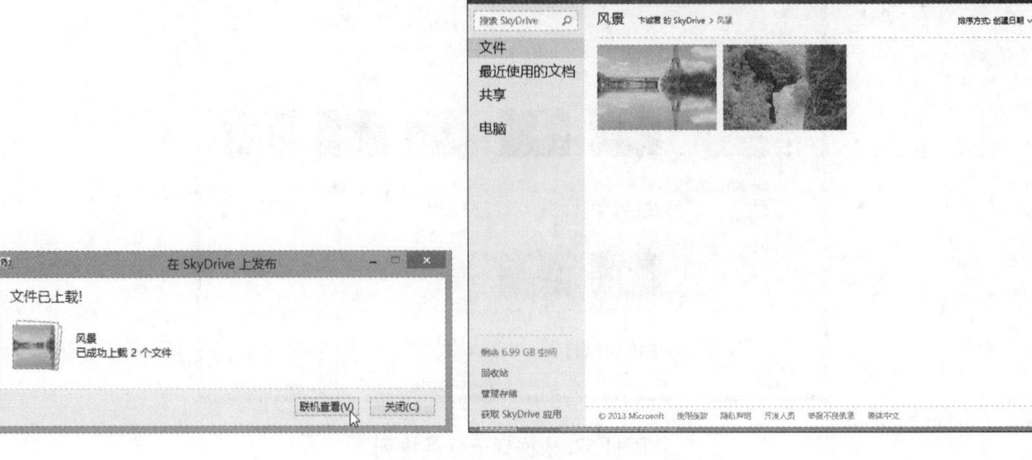

图11.60 查看上传到SkyDrive中的照片

11.6 使用 Windows Live 影音制作编辑影片

现在许多家庭都购置了数码相机或DV来录制重要或美好的时刻，不过录制之后通常需要导入到电脑中加以剪辑。使用Windows Live影音制作可以对拍摄的相片和视频片段进行编辑，如将图片或视频素材合成一个影片、裁剪视频片段、添加转场特效、添加字幕等。

Windows 8中没有直接提供Windows Live影音制作程序，而是将它整合到Windows Live系列软件中。因此，本章开始就介绍了如何下载和安装Windows Live系列软件。

11.6.1 导入 DV 或数码相机上的影片

厨师做菜前要先有食材，用户在开始剪辑影片之前，当然也要先有影片的素材，下面先介绍如何将影片从DV、数码相机或手机导入到电脑中，随后才能使用Windows Live Movie Maker对影片加以编辑、合并。

1. 了解影片编辑流程

为了让用户对影片编辑的流程先有一个概念，下面将影片的编辑流程进行以下的整理：

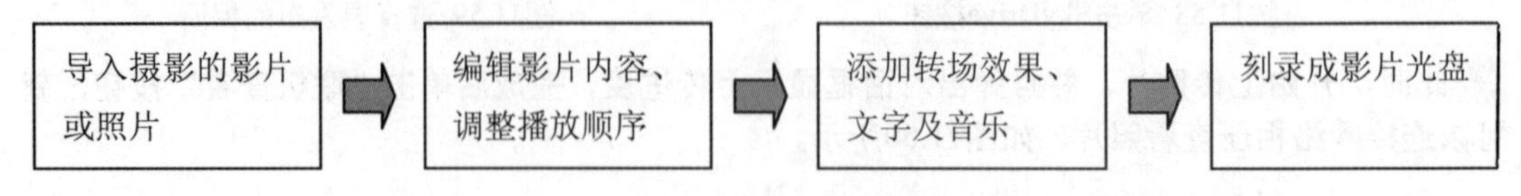

2. 如何获取素材

在进行编辑工作之前，要先准备编辑时所需的素材，包括影片、照片、音乐和录音文件等。用户可以将DV摄像机、数码相机、手机和摄像头所拍摄下来的影片传送到电脑中作为素材。然而根据拍摄的设备不同，将影片传入电脑的方法也有些差异，可如图11.61所示的准备好素材。

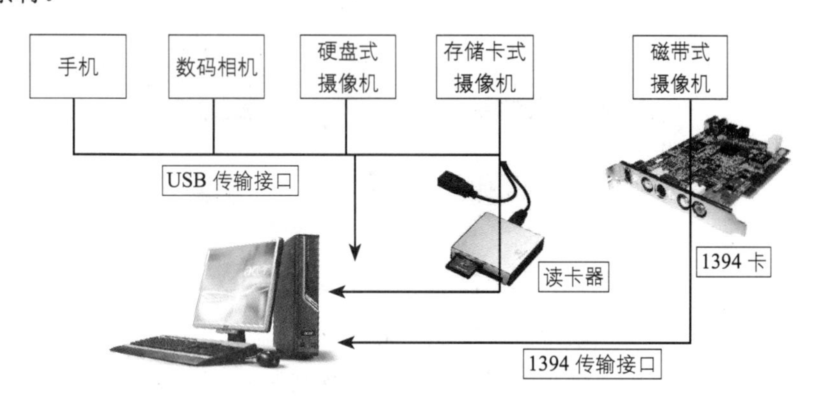

图11.61 准备素材

3. 将影片文件导入Windows Live影音制作

将影片导入电脑后，就可以将影片文件放到Windows Live影音制作以便进行编辑。单击开始屏幕上的“Movie Maker”磁贴将其启动，如图11.62所示。

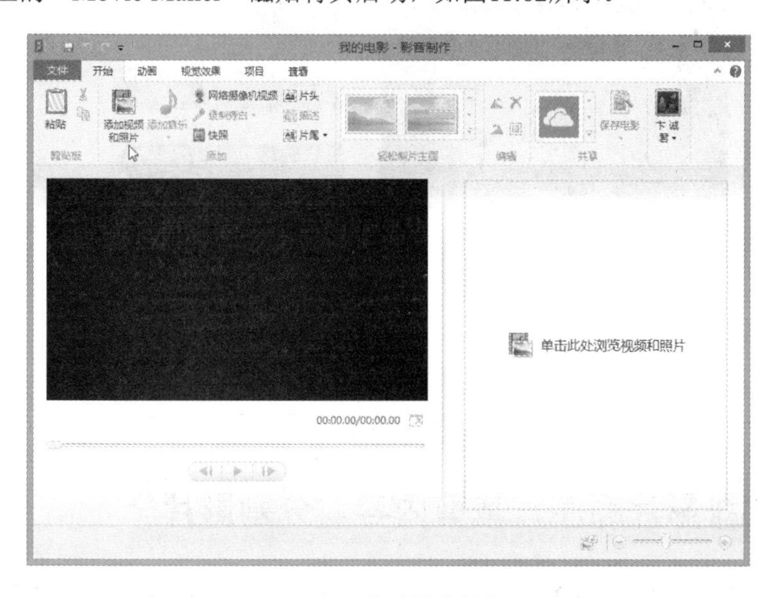

图11.62 启动影片制作

在“开始”选项卡中单击“添加视频和照片”按钮，在弹出的对话框中选择要充当素材的图片或视频文件，然后单击“打开”按钮，如图11.63所示。

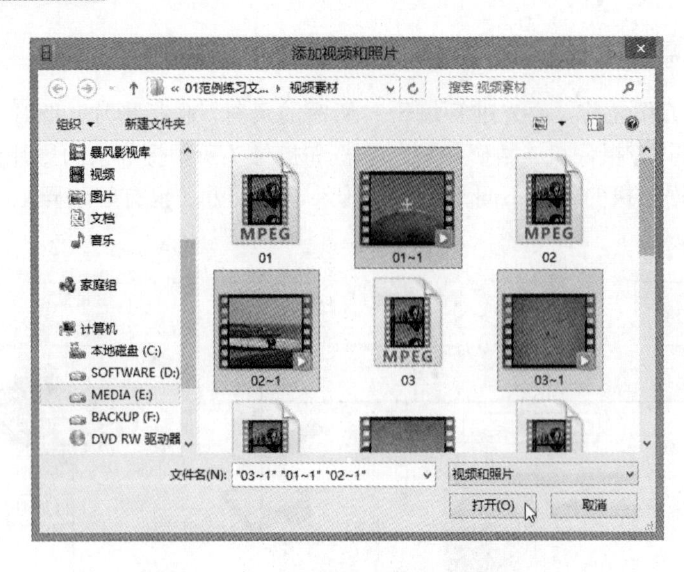

图11.63 “添加视频和照片”对话框

用户可以重复上述步骤，将几段影片放置到影音制作中，这些影片经过编辑后，会合并为一部新的影片，如将旅游中的每一天的影片合并为旅游纪念影片，如图11.64所示。

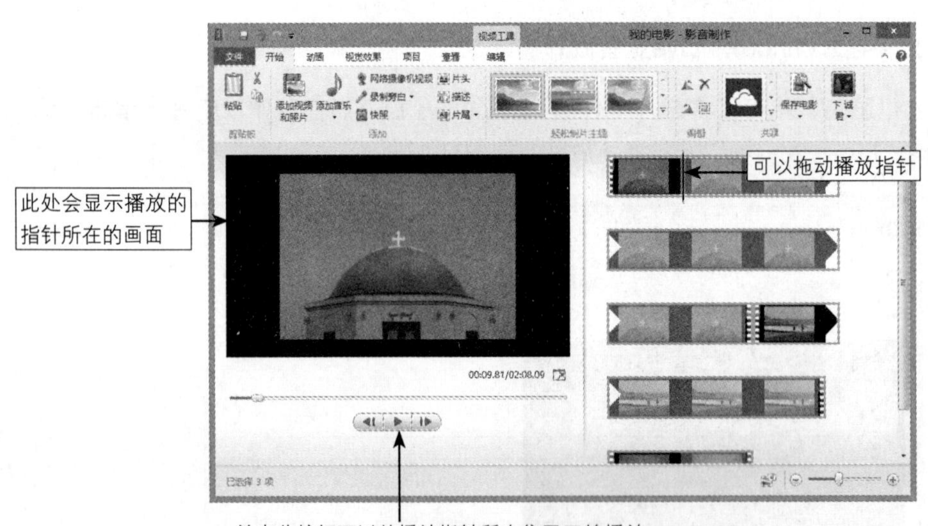

图11.64 向影音制作中添加素材

11.6.2 安排影片顺序、裁剪内容、分割影片

每部影片会有时间上的先后顺序，需要加以调整排序。另外，影片中也可能会有不想要的片段，如片头试拍画面、结尾多拍的图像，必须编辑后才能使用。本节将介绍这些基本的编辑功能。

1. 安排影片顺序

将多个影片放置到“影音制作”中，就可以在脚本区查看各影片的缩图。如果要删除脚本区的影片，可以先选择影片，然后按Delete键将其删除；如果要调整影片的顺序，直接在脚本区拖动影片到目的位置即可，如图11.65所示。

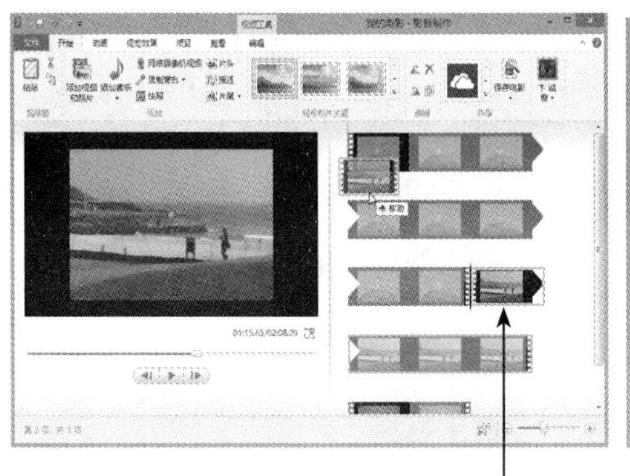

图11.65 调整影片的顺序

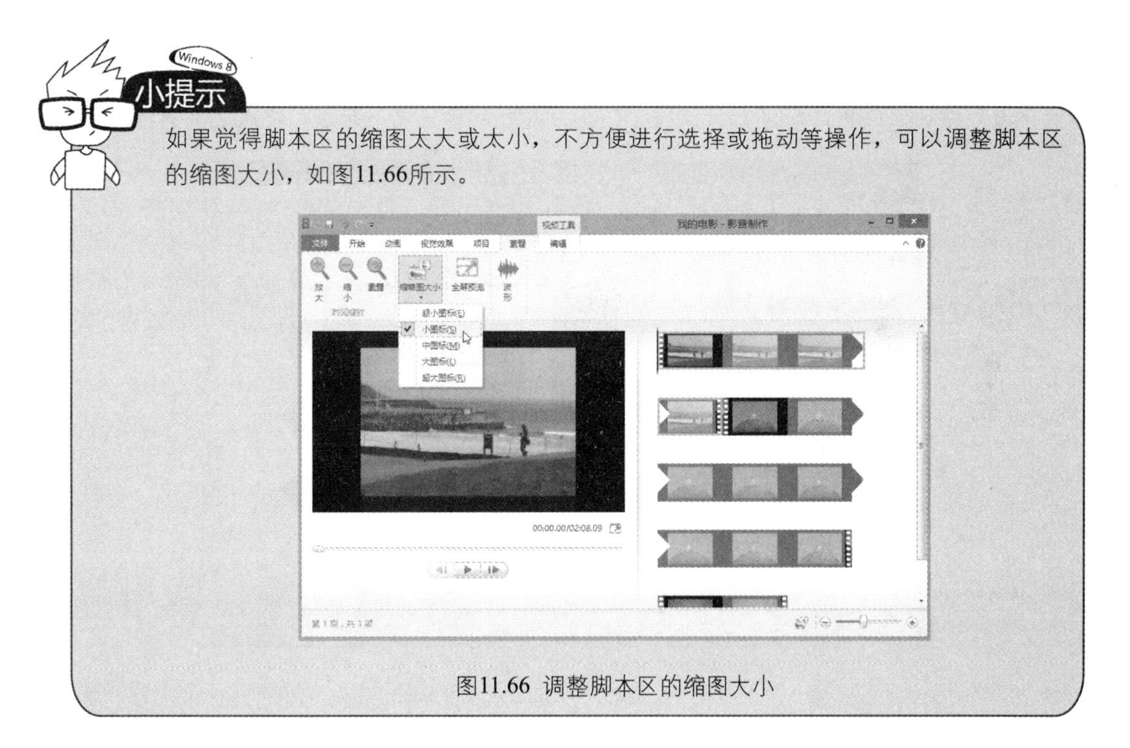

如果觉得脚本区的缩图太大或太小，不方便进行选择或拖动等操作，可以调整脚本区的缩图大小，如图11.66所示。

图11.66 调整脚本区的缩图大小

2. 裁剪影片的片头和片尾

裁剪影片内容是一项非常重要的后制工作，因为拍摄影片时，片头经常会有先试拍的画面，或者结尾多拍了一些不必要的画面，所以编辑时可以把不要的画面剪掉，使影片的内容更加完美。

在使用裁剪功能时，仅对鼠标指针所在的那一个影片有效，用户不必担心裁剪到项目中其他的影片。如果要将同一个影片裁剪成多个小片段，就需要将该片段复制生成多个片段，然后逐一对这些片段副本进行裁剪。

1 拖曳播放指针到影片新的起点，然后切换到“编辑”选项卡，单击“设置起始点”按钮，即可剪掉此段影片之前的内容，如图11.67所示。

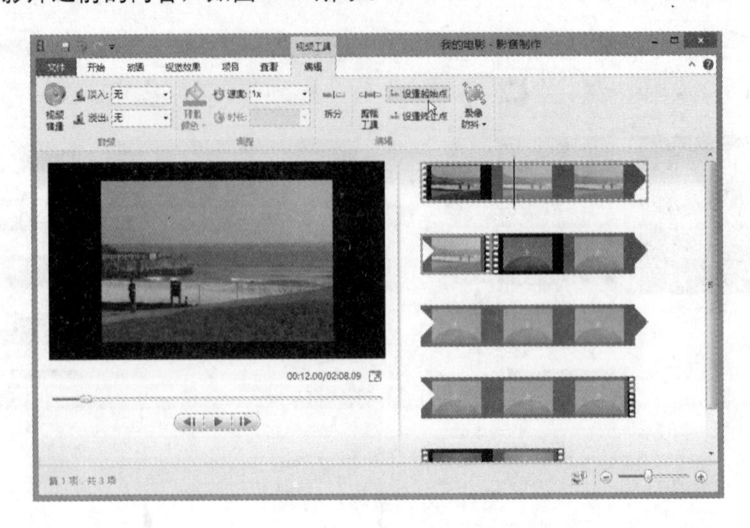

图11.67 单击“设置起始点”按钮

2 如果需要裁剪某一段影片的片尾，可以拖动播放指针到此段影片新的终点，然后单击“设置终止点”按钮，如图11.68所示。这样，该影片片段就会只剩下起点和终点之间的内容了。

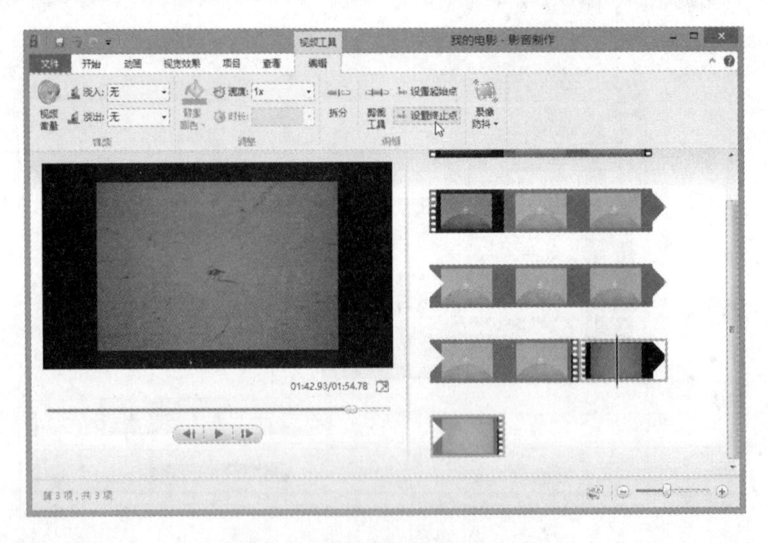

图11.68 单击“设置终止点”按钮

3. 裁剪视频片段

刚刚所讲的是怎样裁剪影片的前后片段，如果一段影片的中间部分没有拍好，需要裁剪掉此部分，那么必须改用拆分的方法。具体操作步骤如下：

1 拖动播放指针到要拆分的起始位置，单击“拆分”按钮，如图11.69所示。

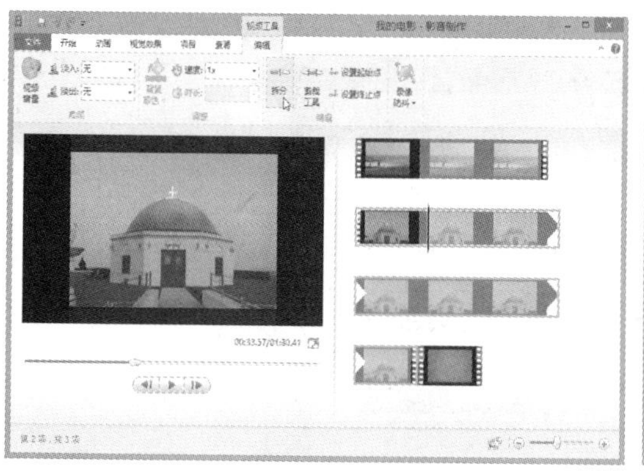

图11.69 单击“拆分”按钮

2 拖动播放指针到要拆分的结束位置，单击“拆分”按钮，即可将刚才的影片拆分为3个片段，如图11.70所示。

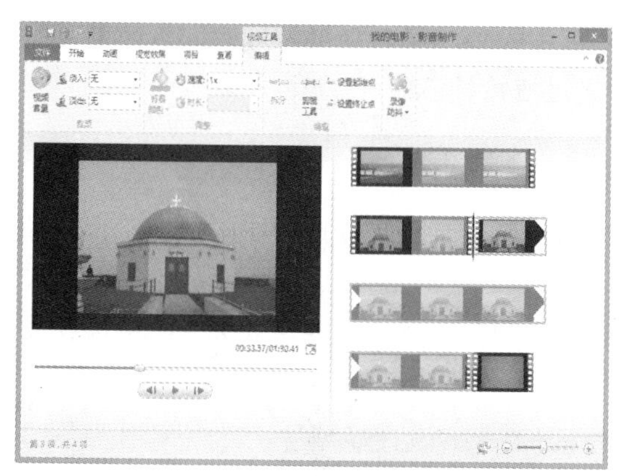

图11.70 将影片拆分为3个片段

3 选择中间的片段，按Delete键即可删除。

11.6.3 设置影片间的转场特效

为影片安排好顺序，并且裁剪不要的片段后，就可以为影片加入一些效果。例如，前后两个影片是不同的场景或时间，会发现视频之间过渡极不自然，解决方法是在两个影片之间加入淡入与淡出、翻转等转场特效，让前一个影片的结束画面慢慢消失，并渐渐出现下一个影片的内容。

将播放指针移到要添加转场特效的两个影片的衔接位置，单击“动画”选项卡，在“过渡特技”组中选择合适的转场特效，即可在预览框中看到特效效果，如图11.71所示。

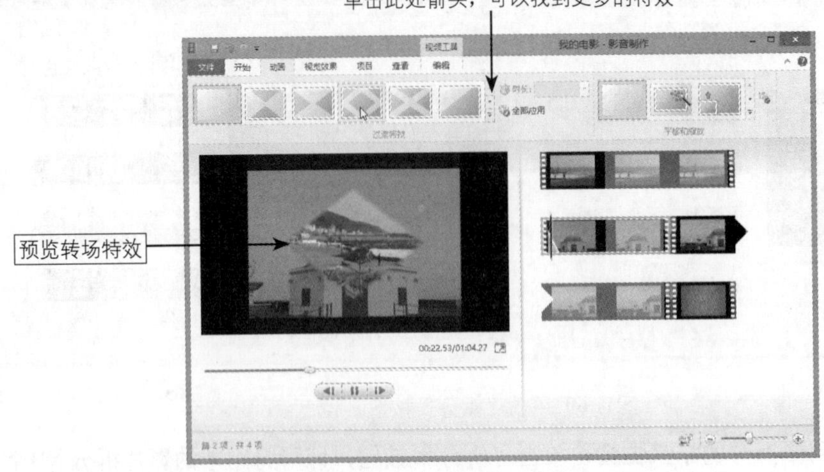

图11.71 为影片应用转场特效

选择某个转场特效后，可以在“时长”文本框中设置动画特效的持续时间。如果要取消特效，只需在“过渡特技”组中选择第一个“无过渡特技”即可。

2. 在影片上套用视觉效果

除了转场特效外，“影音制作”还提供各种不同的视觉效果，可以让用户为影片添加黑白效果、复古特效等专业级的效果。

选择要套用视觉效果的影片，然后单击“视觉效果”选项卡，在“效果”组中选择要使用的视觉效果，如图11.72所示。

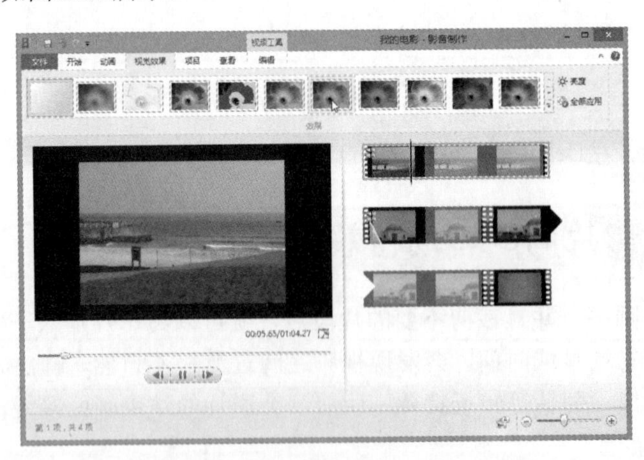

图11.72 为影片应用特殊的视觉效果

11.6.4 为影片添加片头和片尾文字

影片片头和片尾在影片中占据着很重要的位置，好的片头能引人入胜，好的片尾可以起到深化主题的作用，影音制作程序提供了简单易用的片头和片尾模板，用户可轻松制作出漂亮的片头和片尾。

1 在“开始”选项卡下单击“片头”按钮，在影片开头自动出现一个片头片段，如图11.73所示。

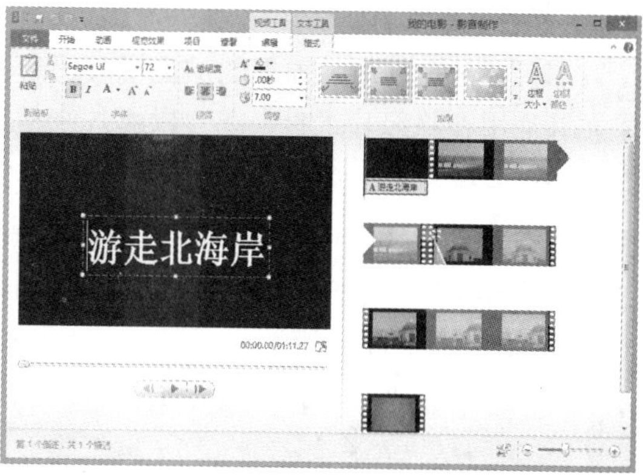

图11.73 添加片头

2 在片头文本框中输入要显示的文字，并且在“格式”选项卡中设置片头文字的字体格式、播放时长、套用特效等。

3 片头编辑完毕，单击播放按钮预览播放效果是否符合要求。如果觉得效果不佳，可以在“格式”选项卡中进行修改。

4 接下来，单击“开始”选项卡中的“片尾”按钮，采用和添加片头相同的方法来编辑片尾文字。

11.6.5 为影片添加字幕

字幕是指电影、电视甚至歌舞剧等舞台作品中出现的各种用途的文字，它能够帮助观众更好地理解影片画面的内容。字幕包括片名字幕、演员表、说明字幕、歌词字幕、对白字幕等。下面讲解为影片添加字幕的方法。

1 将播放指针移到需要添加字幕的位置，然后单击“开始”选项卡中的“描述”按钮。

2 在字幕文本框中输入内容，然后设置字体、开始播放时间、文本时长、字幕的动画效果，如图11.74所示。

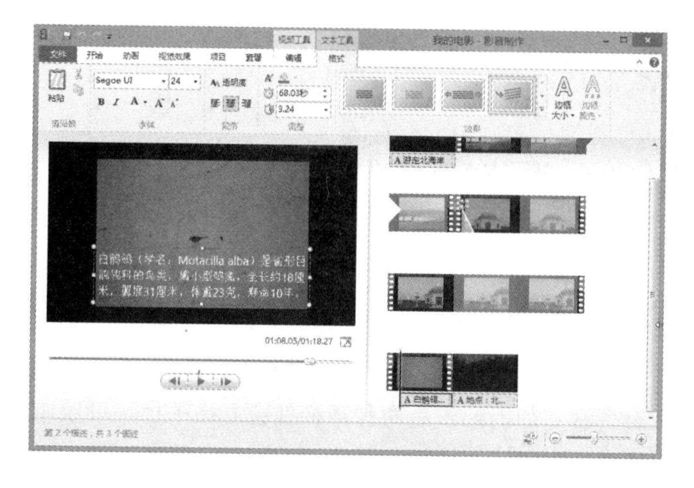

图11.74 添加字幕

11.6.6 为影片添加背景音乐

影片播放的同时，如果能加上悦耳的音乐、感性的旁白，想必更能为影片增彩。此效果尤其适用在将照片素材串成一段影片来播放的情况下，在欣赏照片的同时，伴随着适当的音乐，比起安静播放照片更引人入胜。

1 将播放指针移到要开始添加背景音乐的位置，单击“开始”选项卡中的“添加音乐”按钮，在弹出的下拉列表中选择“在当前点添加音乐”选项，接着在出现的对话框中选择要使用的背景音乐，如图11.75所示。

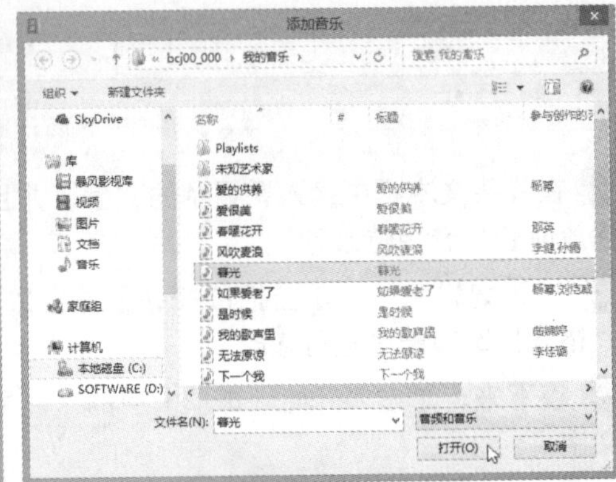

图11.75 添加背景音乐

2 添加背景音乐后，如果发现其开始播放时间不正确，可以拖动调整该背景音乐播放的起始时间，如图11.76所示。另外，也可以在“选项”选项卡中的“开始时间”文本框中输入具体的时间。

图11.76 拖动背景音乐

3 通常影片原本就有声音，加上配乐后两种声音就会互相干扰，可以单击“音乐音量”按钮，调整音乐音量的大小，如图11.77所示。

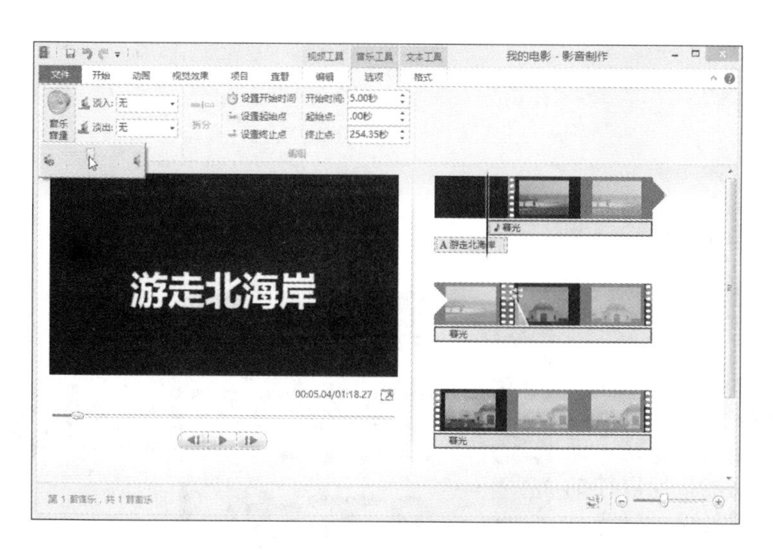

图11.77 调整音乐的音量

11.6.7 将影片保存为视频文件

使用“影音制作”程序完成影片制作后，可以将影片直接输出为视频文件，方便用户用电脑播放或通过网络传输给他人。

单击“文件”选项卡，再单击“保存电影”选项，选择一种格式，然后保存影片文件即可，如图11.78所示。

图11.78 “保存电影”对话框

第12章 安装Windows 8不求人

Windows 8无疑是当今最热门的个人电脑操作系统，无论是界面还是功能，比以往的操作系统都有了长足的进步，让用户可以在一个安全无虞、操作简单而又直观的环境中，实现随处都能工作、简易操作就能共享资料、尽情享受娱乐的理想效果。

本章将介绍Windows 8的版本、选择安装Windows 8的方式及安装Windows 8的详细操作步骤。另外，安装完系统后，还需要安装一些特殊的驱动程序，并安装一些常用的软件。

学习提要

- 选择合适的 Windows 8 安装方式
- 掌握全新安装 Windows 8 的方法
- 掌握升级安装 Windows 8 的技巧
- 为硬件设备安装驱动程序
- 在 Windows 8 下安装常用软件
- 掌握卸载、更改与修复软件的方法

12.1 认识 Windows 8

在开始安装Windows 8之前，先了解Windows 8的版本及Windows 8对电脑硬件的要求等方面的知识。

12.1.1 选择最合适的 Windows 8 版本

Windows 8主要提供了标准版、专业版和企业版3个版本。每个版本适合不同的用户，其中标准版适合绝大多数的用户，相当于Windows 7中的家庭基础版和家庭高级版；专业版适合对操作系统有特殊要求的专业人士使用，相当于Windows 7中的专业版；企业版是Windows 8的全功能版本，相当于Windows 7的旗舰版，只有企业用户或具有批量授权的用户才能获取企业版本并激活操作系统。表12.1提供了三种版本之间的功能差异。

表12.1 Windows 8 各版本功能区别

功能特性	Windows 8标准版	Windows 8专业版	Windows 8企业版
与现有Windows程序兼容	有	有	有
购买渠道	大部分渠道	大部分渠道	经过认证的企业客户
支持CPU架构	32位或64位	32位或64位	32位或64位
安全启动	有	有	有
图片密码	有	有	有
开始界面、动态磁贴及相关效果	有	有	有
触摸键盘、拇指键盘	有	有	有
语言包安装	有	有	有
桌面	有	有	有
更新的文件资源管理器	有	有	有
文件历史记录	有	有	有
系统的重置与恢复功能	有	有	有
“播放至”功能	有	有	有
保持网络连接的待机	有	有	有
Windows Update	有	有	有
Windows Defender	有	有	有
增强的多显示屏支持	有	有	有
新的任务管理器	有	有	有
ISO镜像和VHD挂载	有	有	有
存储空间管理	有	有	有
移动通信功能	有	有	有

（续表）

功能特性	Windows 8标准版	Windows 8专业版	Windows 8企业版
Microsoft账户	有	有	有
Internet Explorer 10	有	有	有
SmartScreen	有	有	有
Windows应用商店	有	有	有
Xbox Live程序	有	有	有
Windows Media Player	有	有	有
Windows Media Center	无	另外添加	无
Exchange ActiveSync	有	有	有
快速睡眠	有	有	有
VPN连接	有	有	有
远程桌面	只作客户端	客户端和服务端	客户端和服务端
从VHD启动	无	有	有
Hyper-V	无	只在64位版本支持	
设备加密	无	无	无
BitLocker和BitLocker To Go	无	有	有
文件系统加密	无	有	有
加入Windows家庭组	无	有	有
组策略	无	有	有
Windows To Go	无	无	有
DirectAccess	无	无	有
分支缓存	无	无	有
AppLocker	无	无	有
以RemoteFX提供视觉特效	无	无	有
Metro风格程序的部署	无	无	有

12.1.2 安装 Windows 8 的系统要求

Windows 8是微软推出的最新的操作系统，它对电脑配置有着较高的要求，因此在选择安装Windows 8前一定要了解它的配置需求。其配置要求如表12.2所示。

表12.2 Windows 8配置要求

硬件	最低配置
CPU	1 GHz 32位或 64位
内存	1GB（64位系统需要2GB以上）
硬盘	16 GB可用硬盘空间（基于32位）
显卡	支持DirectX 9 128MB及以上

Windows 8对硬件的要求基本和Windows 7的要求一样，只要能安装Windows 7的电脑都能安装Windows 8。

另外，如果要使用某些特定功能，还需要满足以下附加要求：

- 要使用触控功能，需要支持多点触控的平板电脑或显示器。
- 要访问 Windows 应用商店并下载和运行应用，需要有效的 Internet 连接及至少 1024×768 的屏幕分辨率。
- 要实现应用靠贴功能，至少需要 1366×768 的屏幕分辨率。
- 观看 DVD，需要安装单独的播放软件。
- BitLocker 需要受信任平台模块（TPM）1.2，或者 U 盘代替该模块。

12.2 选择合适的安装方式

安装操作系统有很多种方法，主要有光盘安装法、硬盘安装法和U盘安装法三种方法，我们可以根据情况选择安装方式。由于现在使用Windows 7操作系统的用户居多，而且它们都内置有硬盘分区和格式化的应用程序，在安装过程中即可进行硬盘分区、格式化等操作，所以一般选择直接从光盘启动安装，且安装前不需要再另外进行硬盘分区和格式化操作。

12.2.1 光盘安装法

一般系统安装盘都带有启动文件，可以作为启动盘，安装Windows 8系统前不用另外进行硬盘分区、格式化操作，安装过程中安装程序会提示分区、格式化。安装前先在BIOS程序中设置启动顺序为从光盘（CD-ROM）启动，直接启动电脑进入Windows 8系统安装程序。

由于微软在中国不销售Windows 8安装光盘，因此用户需要通过MSDN订阅等渠道获取Windows 8安装ISO镜像，然后刻录为DVD安装光盘才能使用。

12.2.2 硬盘安装法

硬盘安装法就是在硬盘上加载镜像文件，并利用虚拟光驱来安装操作系统。首先下载虚拟光驱和ISO文件，设置BIOS为光驱启动，完成系统安装。

12.2.3 U盘安装法

安装Windows 8操作系统前，先在BIOS程序中设置启动顺序为从U盘（USB-HDD）启动，其安装方式和从光盘启动的安装方式基本相同。Windows 8必须安装在格式化为NTFS的分区上。

12.3 全新安装 Windows 8

下面以光盘引导全新安装Windows 8企业版为例，向读者详细介绍如何安装Windows 8。

1 将电脑设置为从光盘启动，然后将Windows 8安装光盘放入光驱，重新启动电脑后，系统自动载入安装文件。

2 文件载入完毕后，出现如图12.1所示的界面。在“要安装的语言”选项中选择“中文（简体）”；在“时间和货币格式”选项中选择“中文（简体，中国）”；在“键盘和输入方法”选项中选择“微软拼音简捷”，单击“下一步”按钮。

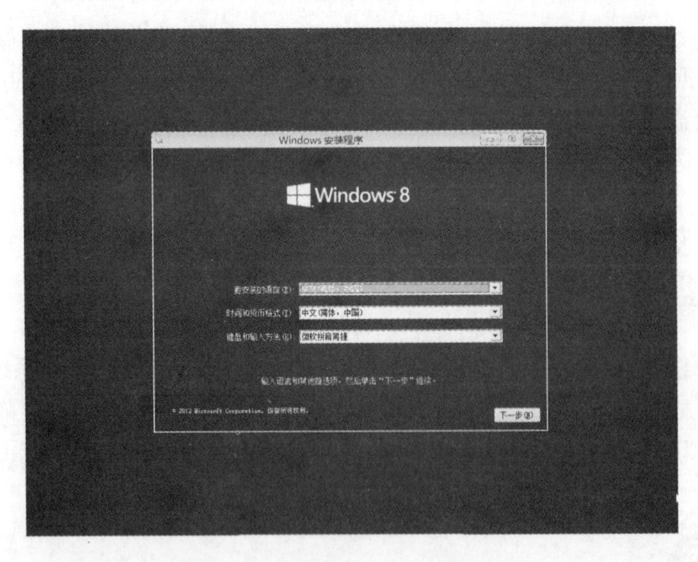

图12.1 安装语言及输入法设置界面

3 进入安装界面后，单击“现在安装”按钮，安装进入启动准备状态，如图12.2所示。

4 进入“许可条款”界面，选中“我接受许可条款”复选框，单击“下一步”按钮，如图12.3所示。

图12.2 准备安装

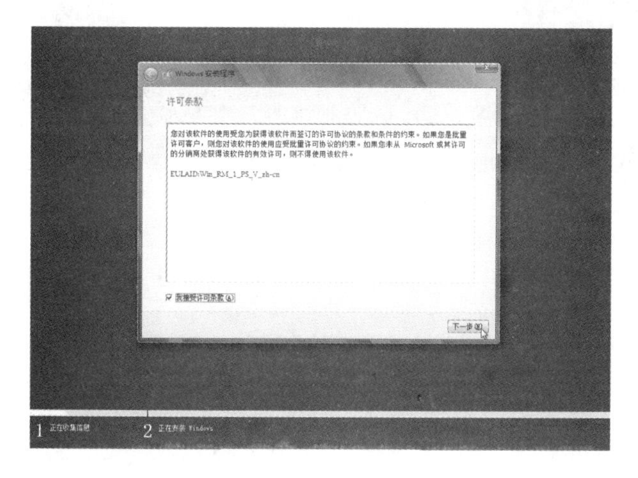

图12.3 接受许可条款

5 出现“你想执行哪种类型的安装？”界面，选择并单击“自定义：仅安装Windows（高级）”选项，如图12.4所示。

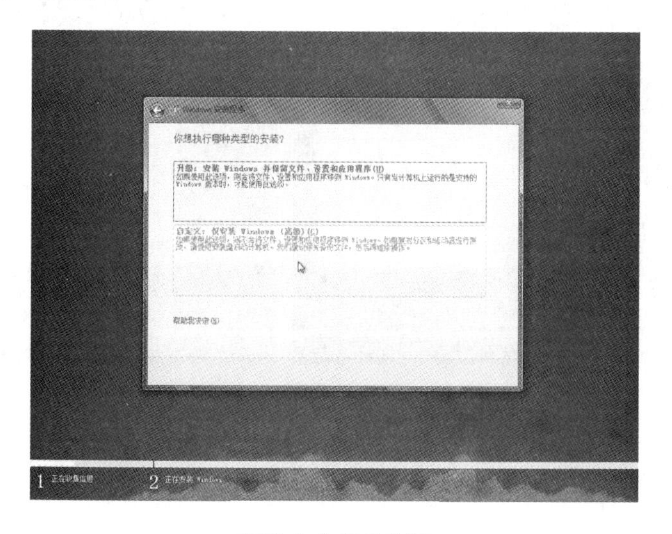

图12.4 自定义安装

6 弹出“你想将Windows安装在哪里？”界面，在列表中选择系统安装所在的位置，单击“下一步”按钮，如图12.5所示。用户可以看到，系统自动保留350MB的系统分区，Windows 8的启动配置文件将会保存到该分区中。

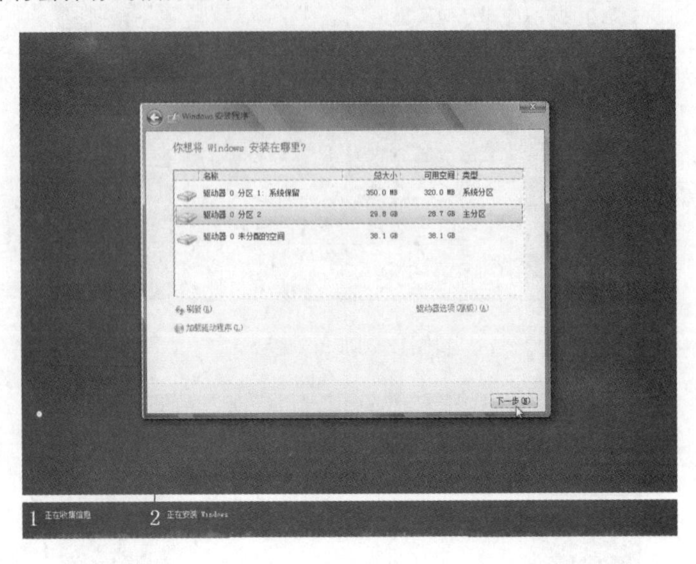

图12.5 磁盘操作

小提示

利用Windows 8对磁盘进行分区

如果磁盘还没有分区，在步骤6的列表中将显示为未分配空间，建议先创建一个分区，然后将Windows 7安装到新建的分区中，方法为：单击“驱动器选项（高级）”文字链接，然后输入磁盘分区的容量（大约30GB即可），最后单击“应用”按钮，如图12.6所示。

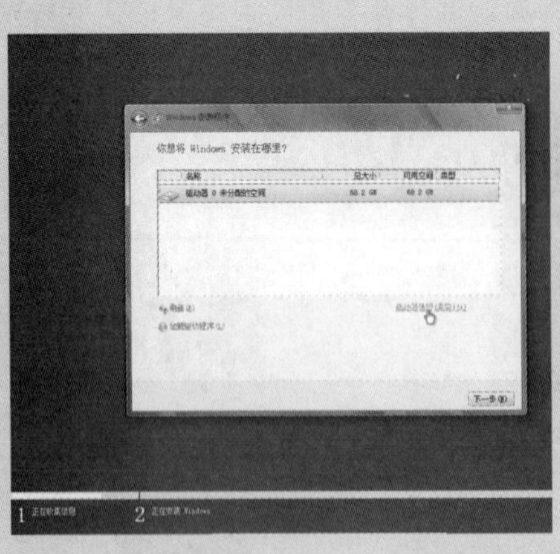

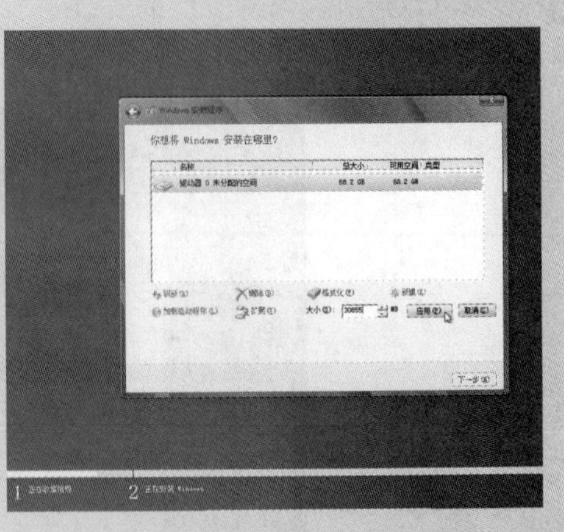

图12.6 利用Windows 8对磁盘进行分区

7 进入Windows 8正在安装界面，显示了安装进展，如图12.7所示。

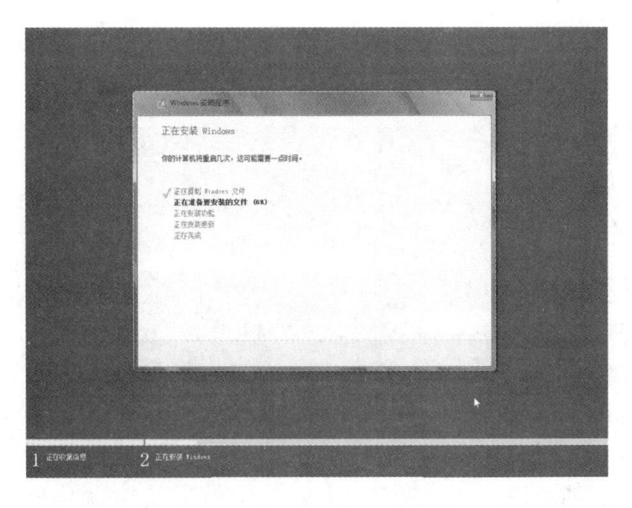

图12.7 Windows 8正在安装

8 安装完成，系统需要重新启动一次，如图12.8所示。

图12.8 重新启动电脑

9 重新启动电脑后，安装程序开始准备设备，如图12.9所示。

图12.9 安装程序开始准备设备

10 设备准备完毕后，接下来是一些基本设置，包括个性化、设置无线网络、登录电脑等，如图12.10所示可以挑选颜色和输入电脑名称。

图12.10 挑选颜色和输入电脑名称

11 接下来的操作步骤，只需按照屏幕提示设置即可。当出现“登录到电脑”界面时，如果用户可以上网，可以使用电子邮件作为Microsoft账户登录，如图12.11所示。如果无网络的用户，只能使用本地账户来登录电脑，单击图中的“不使用Microsoft账户登录”文字链接，创建本地账户登录电脑。

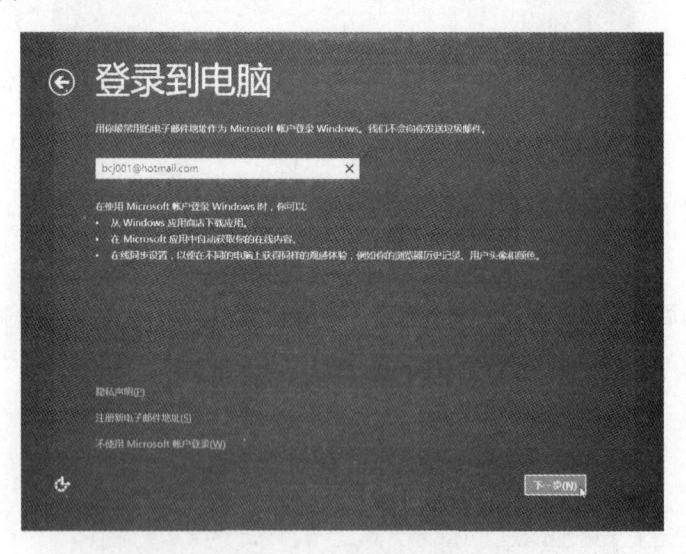

图12.11 使用Microsoft账户登录电脑

12 接下来，系统自动完成设置，并在这个过程中启动一段简短的动画，让用户了解Windows 8的基本用法。稍等片刻，当看到如图12.12所示的“开始”屏幕时，恭喜用户安装成功。

图12.12 安装成功，出现“开始”屏幕

12.4 升级安装 Windows 8

许多人不愿意安装新的操作系统，因为安装之后，操作系统中的很多软件都需要重新安装，并且之前的系统设置也不存在了。因此可以通过升级安装来解决问题。

12.4.1 升级安装概述

微软为早期的Windows操作系统制定了详细的升级策略，不同的Windows早期版本升级到Windows 8保留的系统设置不尽相同。对于目前主流的Windows 7操作系统升级到Windows 8，升级情况如表12.3所示。

表12.3 Windows 7升级策略

Windows 7版本	能否升级到Windows 8标准版	能否升能到Windows 8企业版	能否升能到Windows 8专业版
企业版	否	可以（仅批量授权版本）	否
旗舰版	否	否	可以
专业版	否	可以（仅批量授权版本）	可以
家庭高级版	可以	否	可以
家庭基础版	可以	否	可以
入门版	可以	否	可以

小提示

表中数据只对应相同系统架构版本的升级安装，如32位操作系统不能支持升级安装64位的Windows 8版本。如果用户需要保留个人数据，借助Windows轻松传送可以提前备份需要迁移的数据，等新系统安装完成之后，再重新导入新操作系统中。

12.4.2 开始升级安装 Windows 8

正式开始升级安装之前，先解压系统安装ISO镜像到非系统分区，或者将ISO镜像文件刻录到光盘。

从Windows 7升级安装Windows 8的方法很简单，与全新安装Windows 8区别不大，具体操作步骤如下：

1 打开电脑，启动Windows 7。

2 如果有Windows 8安装光盘，请将光盘插入电脑，安装过程自动运行。如果插入Windows 8光盘后没有自动运行，双击光盘驱动器以打开Windows 8安装光盘，然后双击“Setup.exe”运行系统安装。

3 在“安装Windows”界面中单击“安装”按钮。

4 启动安装程序后在打开的界面中设置是否联机获取更新，建议选择“立即在线安装更新”选项，以获取最新的更新程序；如果当前电脑不能上网，也可以选择“不，谢谢”选项，如图12.13所示。

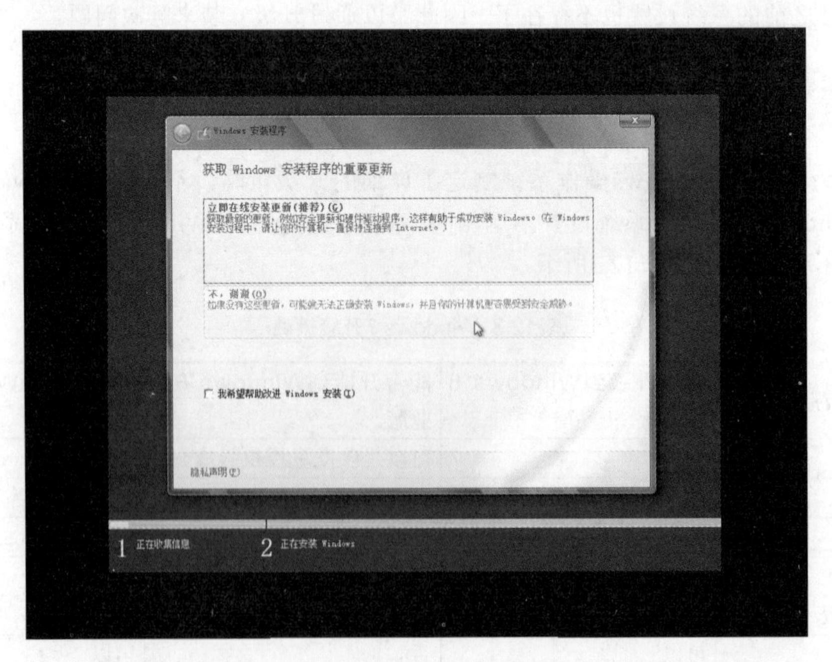

图12.13 选择是否获取更新

5 在“许可条款”界面中选中“我接受许可条款”复选框，然后单击“下一步”按钮，如图12.14所示。

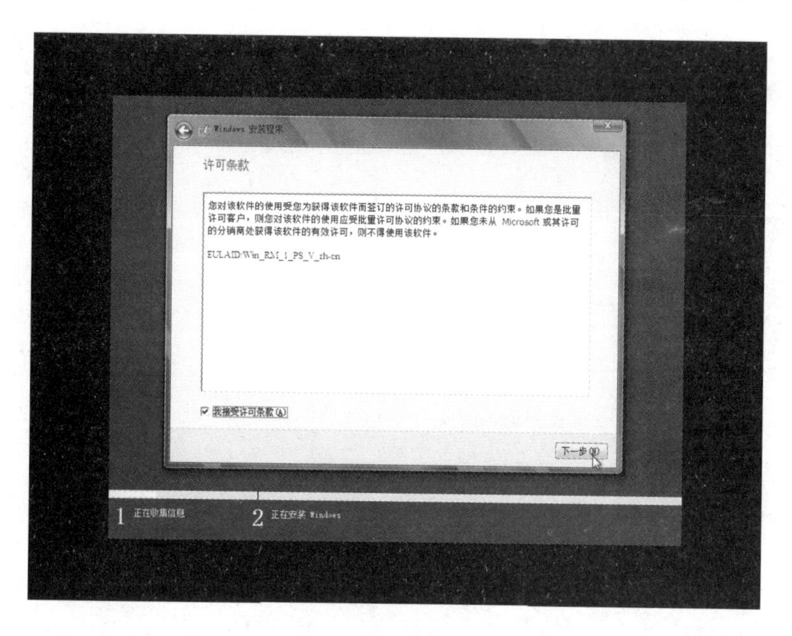

图12.14 接受许可条款

6 在“你想执行哪种类型的安装？”界面中选择“升级”选项，如图12.15所示。

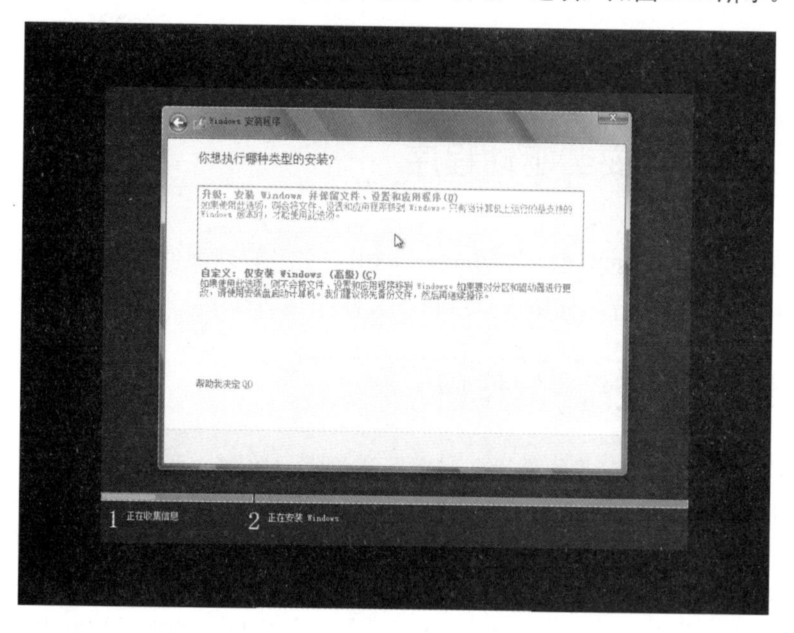

图12.15 选择升级安装方式

7 接下来，开始复制Windows文件，然后收集当前电脑的文件、设置和应用程序，如图12.16所示。此时，安装过程自动化，期间会自动重启电脑，安装完成之后会进入设置阶段，按照提示操作，即可顺利升级为Windows 8。

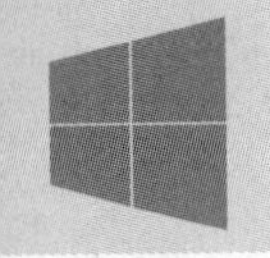

图12.16 正在升级Windows

12.5 安装驱动程序

本节将介绍驱动程序的概念，在Windows 8中安装及管理硬件驱动程序的方法，如安装具有可执行文件的驱动程序、安装没有可执行文件的驱动程序、卸载驱动程序等。

12.5.1 认识驱动程序的作用

用户在购买主板、显卡等硬件设备时，厂商通常会附赠一张光盘，光盘中除了赠送的软件之外，还包含安装硬件所需的驱动程序。

驱动程序是一种特殊的软件，它的作用是充当操作系统和硬件设备之间的“翻译官”，操作系统将需要硬件执行的工作交给驱动程序，由驱动程序指挥工作，然后将处理的结果反馈给操作系统。如果缺少了驱动程序，硬件将不能充分发挥其性能，甚至无法工作。

12.5.2 驱动程序的获取方式

既然驱动程序有着如此重要的作用，那么应该如何获取相关硬件设备的驱动程序呢？目前，获取驱动程序的途径主要有以下几条。

1. 使用操作系统提供的驱动程序

Windows系统本身就已经附带了大量的通用驱动程序。在安装操作系统的过程中，安装程序会自动检测计算机内的硬件配置情况，并为硬件安装驱动库内相匹配的驱动程序。这也是在安装操作系统后，很多硬件无需安装驱动程序也可使用的原因。

不过，Windows附带的驱动程序总是有限的，所以在很多时候系统附带的驱动程序并不合适，这时就需要手动来安装驱动程序了。

2. 使用硬件附带的驱动程序

一般来说，各种硬件设备的生产厂商都会针对自己硬件设备的特点开发专门的驱动程序，并采用光盘的形式在销售硬件设备的同时一并免费提供给用户。这些由设备厂商直接开发的驱动程序都有较强的针对性，它们的性能无疑比Windows附带的驱动程序要好一些。

3. 通过网络下载

除了购买硬件时附带的驱动程序盘之外，许多硬件厂商还会将驱动程序放在Internet上供用户下载。由于这些驱动程序大多是硬件厂商最新推出的升级版本，因此它们的性能及稳定性无疑比驱动程序盘中的驱动程序更好，有上网条件的用户应经常下载这些最新的硬件驱动程序，以便对系统进行升级。比较大的驱动程序下载网站是“驱动之家”，该网站的驱动搜索网页为“http://so.mydrivers.com”。

小提示

品牌电脑的硬盘上可能有类似DRIVERS文件夹，其中包含全部的驱动。

12.5.3 驱动程序与操作系统的关系

驱动程序与操作系统关系密切，通常一种系统的驱动程序是不能使用在另外的系统上的（例如，Windows XP的驱动程序不能在Windows 8中安装），否则会被拒绝或导致系统不稳定。因此，一般的驱动程序都会说明是支持哪个操作系统的，如Windows XP操作系统就要找for win xp的驱动程序，有些驱动后面标志for win 2000/win xp/win 2003/vista/win 7/win 8，说明这是一个组合驱动，安装时可自动识别当前的系统，或者其压缩文件包内部有几个文件夹，分别对应着几个操作系统，要求自己查找并安装。

12.5.4 安装驱动程序的流程

在安装完操作系统之后，必须安装各种设备的驱动程序。在电脑中需要安装的驱动程序主要有：

- 主板芯片组（Chipset）驱动程序；
- 显卡（Video）驱动程序；
- 监视器（Monitor）驱动程序；
- 声卡（Audio）驱动程序；
- 网卡（Network）驱动程序；
- 打印机驱动程序。

安装驱动程序时，要按照一定的先后顺序进行安装，否则有可能会导致频繁的非法操作，使部分硬件不能被Windows识别或出现资源冲突，甚至会发生黑屏、死机等故障。

安装驱动程序的顺序为：首先安装主板的驱动程序，其中最重要的是主板识别和管理硬盘的接口驱动程序；然后依次安装显卡、声卡、打印机等驱动程序（这几个设备的驱动程序安装顺序可以改变），这样就能够让各个硬件发挥到最优的效果。

12.5.5 为硬件设备安装驱动程序

一般情况下，系统会自动检测新安装的硬件设备，并提示用户安装该硬件的驱动程序。如果用户拥有产品附带的驱动程序光盘，也可以直接通过光盘安装。另外，在某些情况下系统可能未及时发现新硬件，这时就需要通过手动扫描来检测硬件驱动，并安装合适的驱动程序。

下面分别介绍在不同情况下安装设备驱动程序的方法。

1. 使用驱动程序光盘安装

购买计算机时，很多主板和显卡都附带了驱动程序安装光盘，将光盘放入光驱后会自动播放，打开安装选择界面供用户选择驱动程序。

本节以安装ATI显卡驱动程序为例，使用光盘安装驱动程序的操作步骤如下。

1 将驱动程序光盘放入光驱中，稍候片刻，待光盘自动播放并打开安装选择界面时，按照提示选择合适的驱动程序，如图12.17所示。有些驱动程序的光盘可能还是Vista或Windows 7下的安装光盘，安装时会弹出提示，只需单击“允许使用兼容性安装”即可。

图12.17 选择合适的驱动程序

2 单击“安装32位显卡驱动”按钮，此时开始解压缩驱动程序，然后弹出如图12.18所示的“安装管理器”对话框，直接单击“下一步”按钮。

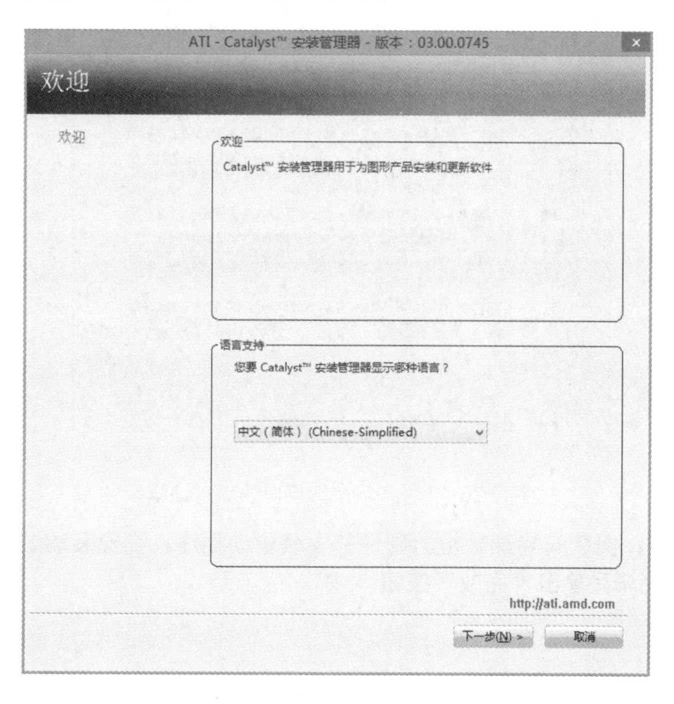

图12.18 “安装管理器”对话框

3 接下来，弹出如图12.19所示的“选择安装操作”对话框，提供了安装和卸载操作，这里单击“安装”按钮。

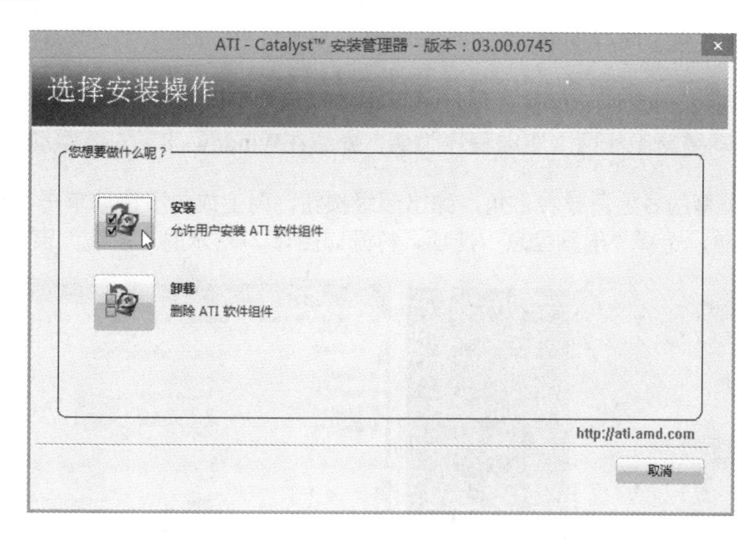

图12.19 “选择安装操作”对话框

4 接下来选择安装模式，快速和自定义两种，通常选择“快速”模式，然后单击“下一步”按钮。

5 弹出如图12.20所示的“最终用户许可协议”对话框，接受许可协议，继续安装驱动程序。

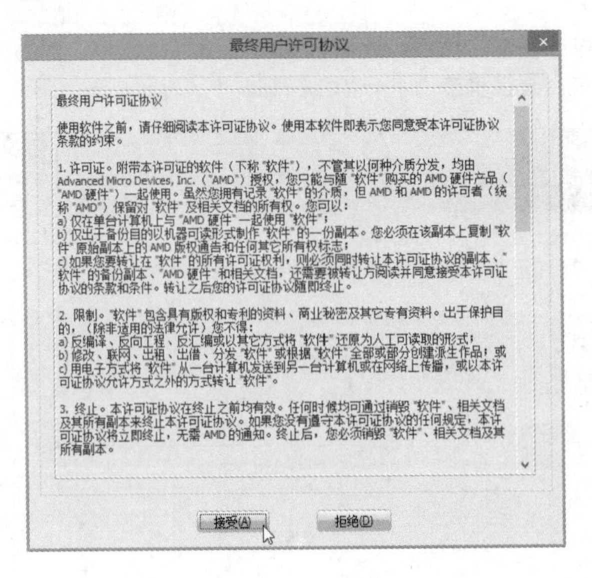

图12.20 “最终用户许可协议”对话框

6 接受许可协议后，安装向导开始检测硬件并安装驱动程序，在安装的过程中，可能会出现短暂的黑屏，安装完毕后单击“完成”按钮。

现在不少品牌的电脑或笔记本电脑并没有提供驱动程序光盘，可以直接登录这些厂商的官方网站，输入该电脑的型号，即可查找到相关的驱动程序并下载。

2. 手动检测并通过向导安装

如果系统未能及时发现新硬件，用户可以手动扫描检测硬件，查找到硬件后再安装驱动程序。下面以手动更新无线网卡驱动程序为例，介绍在Windows 8下安装驱动程序的方法：

1 将鼠标指向屏幕的右上角或右下角，弹出超级按钮，向上或向下移动单击“设置”按钮，进入“设置”菜单，选择“电脑信息”选项，打开如图12.21所示的“系统”窗口。

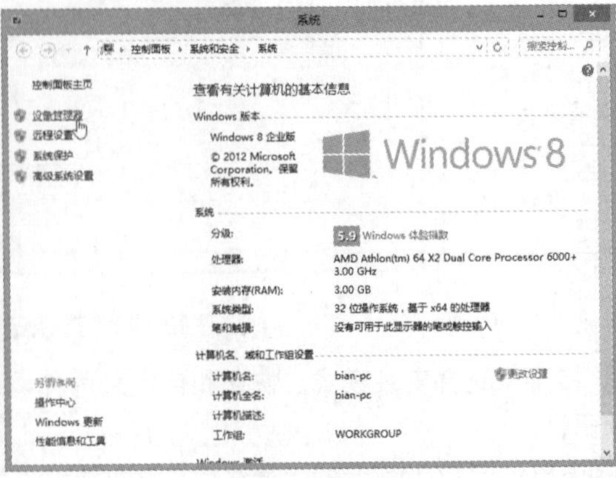

图12.21 “系统”窗口

2 单击“系统”窗口左侧的“设备管理器”文字链接，打开“设备管理器”窗口，展开“其他设备”选项，然后在USB2.0 WLAN上单击鼠标右键，在弹出的快捷菜单中选择“更新驱动程序软件”命令，如图12.22所示。尚未安装驱动程序的硬件通常会有黄色感叹号的标记。

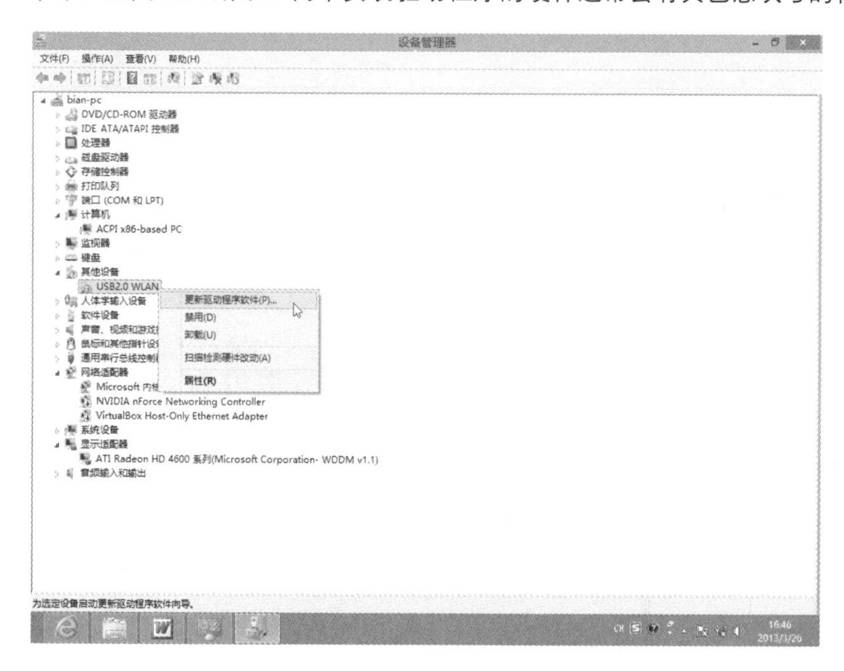

图12.22 选择“更新驱动程序软件”命令

小提示

如果设备管理器中有多个未安装驱动的设备，除了可以根据系统初步识别的名称来判断是什么设备之外，还有一个办法就是逐一尝试安装驱动，若安装失败，表示驱动与设备不吻合。

3 在打开的对话框中选择“浏览计算机以查找驱动程序软件”选项，如图12.23所示。

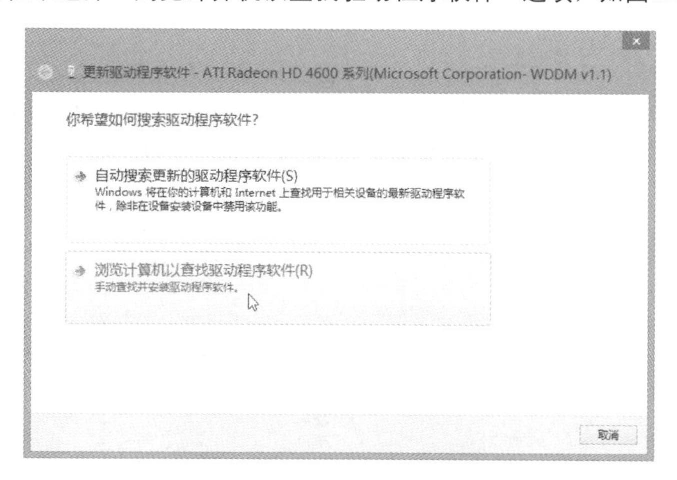

图12.23 选择“浏览计算机以查找驱动程序软件”选项

4 在打开的对话框中单击“浏览”按钮，如图12.24所示。

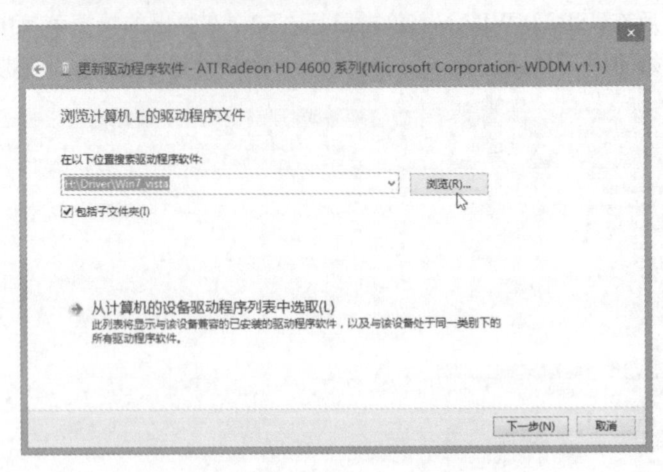

图12.24 单击“浏览”按钮

5 在弹出的对话框中选择驱动程序所在的文件夹，如图12.25所示。

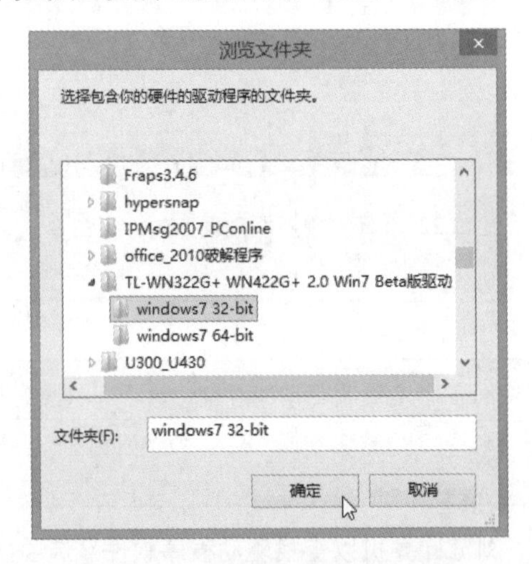

图12.25 选择驱动程序所在的文件夹

6 单击“确定”按钮。在安装驱动的过程中，如果驱动程序尚未经过微软认证，就会出现如图12.26所示的“Windows安全”对话框，提示Windows无法验证此驱动程序软件的发布者，确认此驱动程序来源正确后，选择“始终安装此驱动程序软件”选项即可。

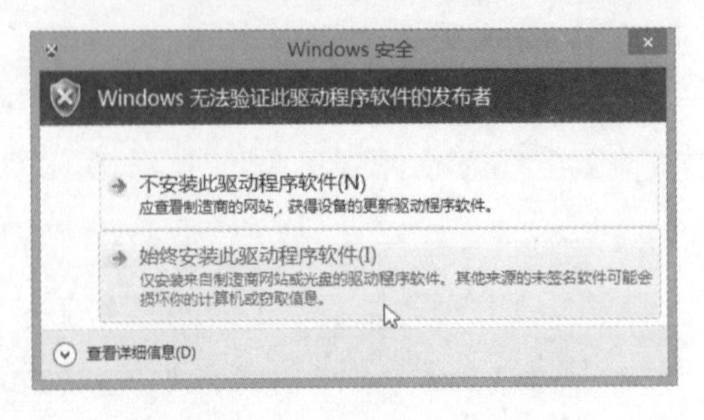

图12.26 “Windows安全”对话框

在安装驱动程序的过程中，不要执行其他操作。安装完毕，设备管理器中该设备的黄色感叹号会消失，并正确显示硬件设备的名称。

12.6 安装常用软件

有了Windows 8操作系统，往往还需要安装一些常用的软件，这样才能真正发挥电脑的功能。软件的种类和功能很多，如办公软件、杀毒软件和压缩软件等。本书前面已经介绍了通过Windows 8的应用商店可以安装一些应用软件，本节主要讲解在Windows传统桌面下应该安装哪些常用的软件、软件的获取方式和将常用软件安装到电脑中的方法。

12.6.1 选择合适的软件

现在的软件种类越来越多，其用途也各不相同，为了便于用户选择适合自己的软件，下面将一些常用软件分门别类地列出，供用户参考。

- 办公软件。可以协助编辑文档、报表，或者制作幻灯片等文件，目前办公软件大多为微软的 Office 系列和国产的 WPS 等。
- 防毒软件。用于预防、清除电脑中的病毒。目前市面上的防毒软件很多，主要可分为“免费”与“付费”两种。常见的防毒软件有 360 杀毒软件、金山毒霸、瑞星、卡巴斯基、诺顿、McAfee 等。
- 压缩 / 解压缩软件。电脑中许多文件是采用压缩格式（如 ZIP、RAR 等）保存与发送，虽然 Windows 8 已经内置解开 ZIP 压缩文件的功能，不过仍然显得简单。因此建议自行安装压缩 / 解压软件，目前常见的有 WinZip、WinRAR 等。
- 影音播放软件。用电脑听音乐、看电影已经成为当前最常见的电脑操作习惯之一，而为了各种影音文件顺利播放，就必须安装万用的影音播放器，目前热门的影音播放器有暴风影音、RealPlayer、酷狗、千千静听等。
- 网络通信软件。可以让你和身在远方的朋友聊天、对话、或者面对面的视频交流。目前网络通信软件都是免费下载与使用，常用的有 Windows Live Messenger（即 MSN）、QQ、Skype 等。
- 电子邮件收发软件。用于通过 Internet 收发电子邮件，常用的软件有 Foxmail、Windows Live Mail 等。
- 下载软件。可以帮助用户获取享用不尽的网络资源，无论是影片、音乐、文章、图片应有尽有，目前常见的有迅雷、FlashGet、BT、eMule、POXY 等。
- 刻录软件。可以将电脑中的文件资料制作成光盘保存，以便节省硬盘空间。目前市面上常见的刻录软件以 Nero 为代表，不仅功能强大、操作也十分简单。
- 图形图像软件。用于绘制、修饰、转换各类图片，常用的软件有 Photoshop、CorelDRAW、Illustrator 等。

- 图片浏览软件。Windows 8 本身内置了图片查看器，可以方便地浏览和整理图片。当然，用户也可以安装其他的图片浏览软件，如 ACDSee、PicView 等。
- 系统优化软件。主要用于优化系统设置、清理系统垃圾、提高系统的性能，常用的有 Windows 优化大师、超级兔子等。

12.6.2 软件的获得方式

软件的获取有多种途径，常见的有以下几种方式：

- 在软件经销商处购买。一般电脑城有专门的门市或店面销售正版软件。
- 从网上下载。可以使用搜索引擎，或者到专业的软件网站下载需要的软件。常用的搜索引擎有百度（www.baidu.com）等；专业的软件下载网站有华军软件园（http://www.onlinedown.net/）、太平洋电脑网下载中心（http://dl.pconline.com.cn/）等。
- 购买杂志时附赠软件。购买一些杂志时，在杂志附赠光盘上会找到一些经过软件开发商授权的软件，不过这类软件多为功能限制版或限时使用版。

下面以在太平洋电脑网站下载暴风影音为例，介绍从网上下载安装程序的方法，其操作步骤如下：

1 在IE浏览器地址栏中输入网址“http://dl.pconline.com.cn/”并按回车键，在弹出页面的文本框中输入需要搜索的软件名称，这里输入“暴风影音”，然后单击“搜索”按钮，如图12.27所示。

图12.27 太平洋电脑网下载中心主页

2 在打开的网页中显示搜索的结果，单击要下载的超链接，如单击“暴风影音2013”超链接，如图12.28所示。

3 在打开的网页中可以查看当前要下载软件的详细介绍，然后单击“下载地址”按钮，如图12.29所示。

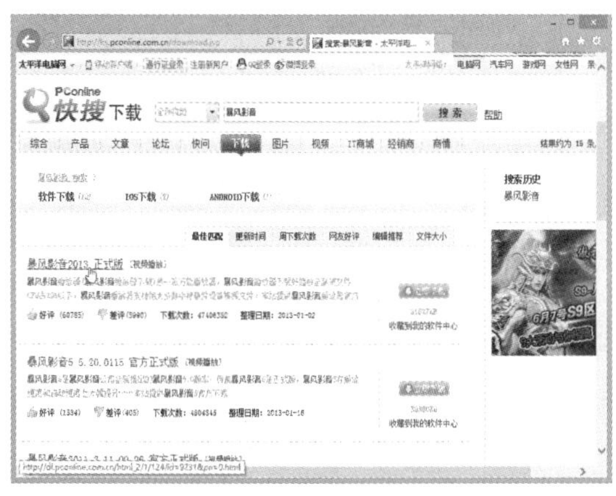

图12.28 选择要下载软件的版本类型

图12.29 单击“下载地址”按钮

4 在打开的网页中显示多个可以下载软件的链接地址，单击合适的超链接进行下载，如图12.30所示。

5 在弹出的提示框中单击“保存”按钮，即可开始下载，如图12.31所示。下载完毕后，可以单击“打开文件夹”按钮查看下载的文件（默认保存到当前用户名的“下载”文件夹中）。

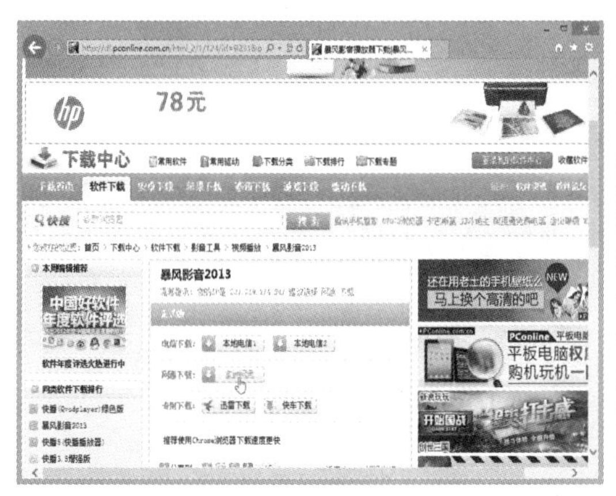

图12.30 选择合适的下载服务器链接

图12.31 单击“保存”按钮

12.6.3 安装杀毒软件——360 杀毒软件

Internet已经成为现代人的沟通、信息平台，但也因为如此，各种犯罪、剽窃行为也搬上了Internet。为了避免用户的电脑成为网络黑客、病毒、木马等攻击的对象，我们就需要在电脑中安装反病毒软件。

下面以安装360杀毒软件为例，其操作步骤如下：

1 打开IE浏览器，进入360杀毒软件的官方网站（http://sd.360.cn），然后下载360杀毒软件，如图12.32所示。

2 在保存下载文件的文件夹中，双击刚下载的360杀毒软件的安装程序文件，如图12.33所示。

图12.32 下载360杀毒软件

图12.33 安装360杀毒软件

3 弹出选择安装路径对话框，可以选择程序安装的位置，然后单击“立即安装”按钮，如图12.34所示。

4 此时，开始安装360杀毒软件。安装完毕后，会提示是否“安装360安全卫士”，如图12.35所示。

图12.34 选择程序安装的位置

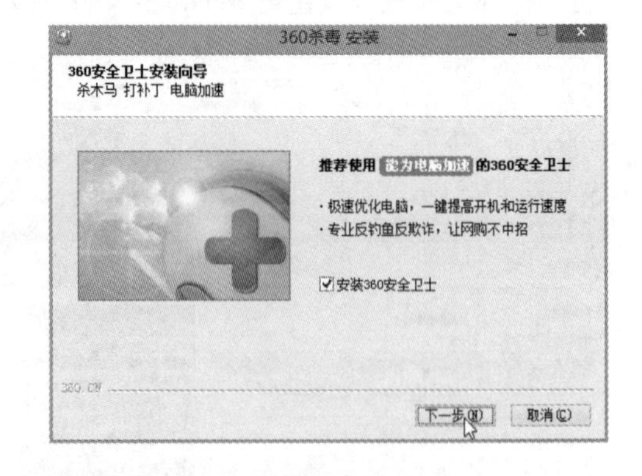

图12.35 是否安装360安全卫士

5 安装结束后，弹出如图12.36所示的“360杀毒”窗口，可以根据需要单击“快速扫描”或“全盘扫描”按钮来查杀电脑病毒。

图12.36 360杀毒界面

12.7 卸载、更改与修复软件

安装软件后，如果发现该程序不好用，或者试用期届满，不想再继续使用，建议将程序文件删除，以免占用硬盘空间。另外，有些应用程序还提供了更改及修复的功能。

12.7.1 卸载软件

如果要卸载某个不用的软件，可以在“程序和功能”窗口中完成。具体操作步骤如下：

1 在“控制面板”窗口中，单击“程序”类别下的“卸载程序”文字链接。

2 进入“程序和功能”窗口，在程序列表中选择要卸载的程序，然后单击“卸载”按钮，如图12.37所示。

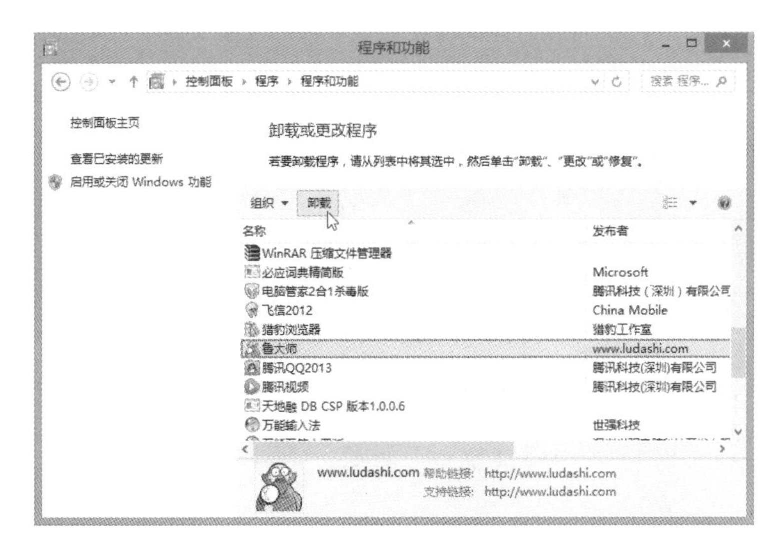

图12.37 “程序和功能”窗口

3 接下来，只要在弹出的提示对话框中单击“是”按钮，即可卸载当前的程序。

12.7.2 更改或修复软件

当用户在“程序和功能”窗口中选择某个程序后，除了会显示“卸载”按钮外，还有可能会显示“更改”和“修复”按钮，如图12.38所示。这表示该软件允许用户再增加、删除或修复软件中的某些组件。如果运行该软件时经常看到异常信息，可以单击“修复”按钮进行修正，而不必将整个软件卸载与重装。

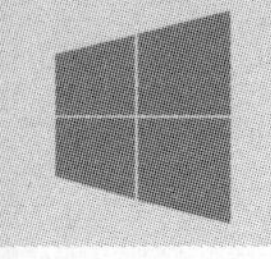

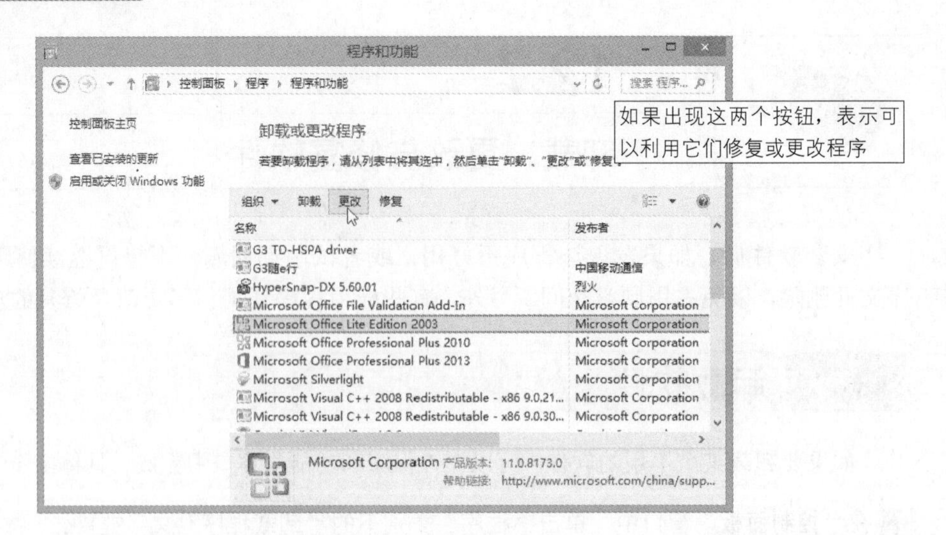

图12.38 更改或修复软件

需要注意的是，在卸载、更改或修复软件时，必须将该软件关闭，以免操作失败。另外，如果要增加或修复程序组件，建议准备好该软件的安装文件（或安装光盘），以免在安装过程中发生找不到文件的情况，如图12.39所示。

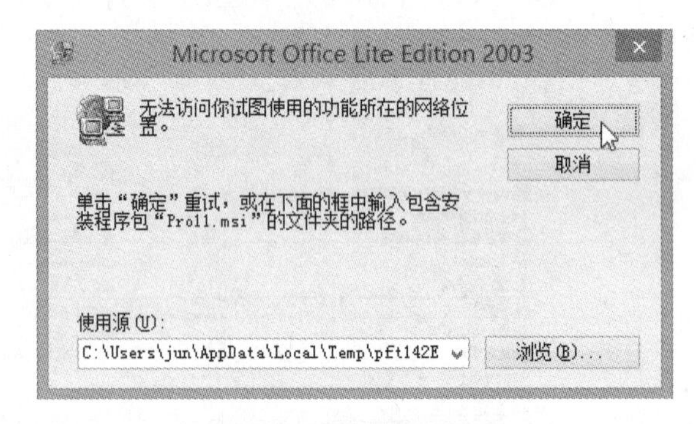

图12.39 提示安装文件的位置

12.7.3 管理 Windows 组件

除了应用软件之外，还可以对Windows组件进行添加或删除。例如，有许多Windows功能并没有直接启用，如Internet信息服务、RFS服务、RIP侦听器、Telnet、SNMP管理协议等，有需要的用户可以按照下述方法来安装；对于不需要使用的Windows功能，也可以将其关闭。

1 打开“控制面板”窗口，单击“程序”文字链接，然后在打开的窗口中单击“启用或关闭Windows功能”文字链接。

2 打开“Windows功能”对话框，其中列出可以安装或关闭的Windows功能，如图12.40所示，选中要安装的功能对应的复选框并确认，系统便开始自动安装。如果要卸载已经安装的Windows功能，可以撤选对应的复选框，确认后系统就会将其关闭。

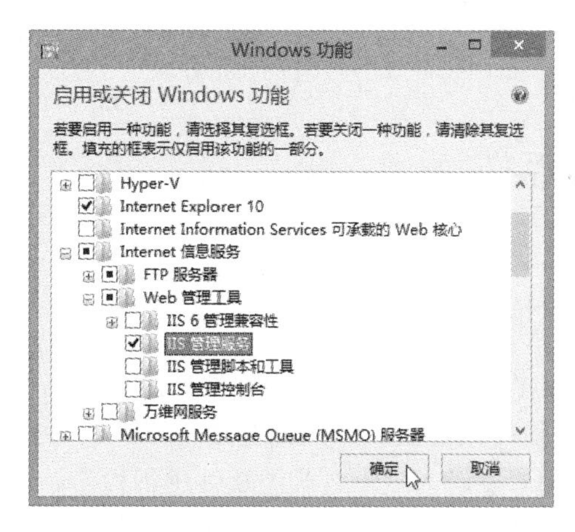

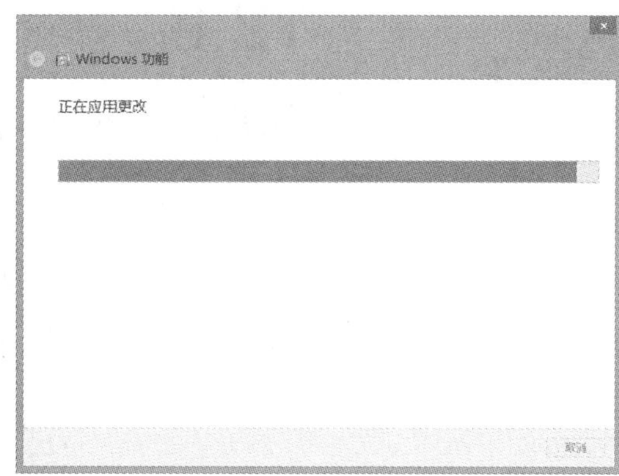

图12.40 “Windows功能”对话框

12.7.4 应用程序兼容性设置

一般来说，微软在更新每个操作系统版本的时候，都尽量保持之前的兼容性。不过也有一些例外，如果一系列为提升性能所做的更新要兼顾之前版本而影响整体性能时，就无法一概而论。对于一些无法兼容Windows 8操作系统的程序，系统提供了Windows 95、Windows 98、Windows XP、Windows Vista、Windows 7的兼容性设置。例如，一个软件在Windows XP中能够正常运行，但是在Windows 8系统中安装后发现程序无法启动或启动后频繁出错，这时可以尝试以兼容Windows XP模式来运行该软件。具体操作步骤如下：

1 在程序的执行文件或快捷方式图标上单击鼠标右键，在弹出的快捷菜单中选择“属性”命令。

2 在弹出的“属性”对话框中单击“兼容性”选项卡，选中“以兼容模式运行这个程序”复选框，并在其下拉列表中指定要兼容的系统，如图12.41所示。

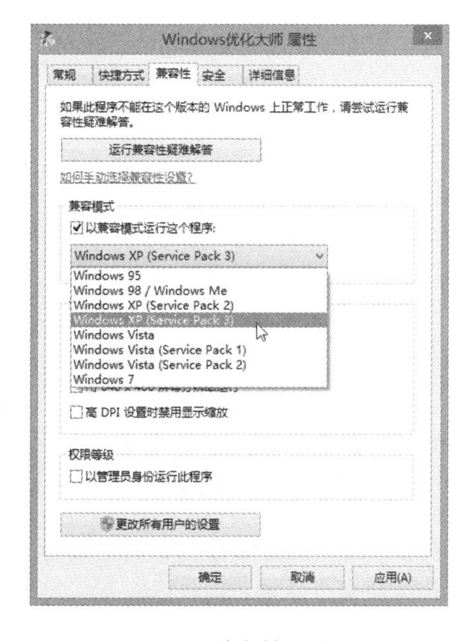

图12.41 “兼容性”选项卡

12.8 高级应用的技巧点拨

技巧1：使动“驱动人生”检查电脑驱动程序是否为最新

默认情况下，Windows 8提供了大量的驱动程序，除了一些特殊的硬件外，基本上不需要用户手动安装驱动程序。如果遇到一些特殊的硬件无法找到相应的驱动程序，或者想了解当前电脑上的驱动程序是否为最新时，可以使用“驱动人生”之类的软件进行检查。

“驱动人生”是一款免费的驱动管理软件，实现智能检测硬件并自动查找安装驱动，为用户提供最新驱动更新，本机驱动备份、还原和卸载等功能。用户只需登录其官方网站下载并安装该软件，启动后会弹出如图12.42所示的界面。

图12.42 驱动人生界面

在驱动人生界面中提供了可能需要更新或安装的驱动程序，只需根据提示单击相应的按钮，操作非常简单。如果单击“软件”按钮，还可以迅速安装一些常用的软件。

技巧2：启用磁盘缓存以提升存取速度

如果电脑中安装了SATA硬盘，可以通过设置让Windows 8在内存中建立一个磁盘缓冲区。向磁盘写入数据时，Windows先将数据写入缓冲区，从而提高磁盘的性能。需要注意的是，启用该功能后，如果遇到突然断电等意外，数据丢失的风险会大大增加，建议给电脑配置有UPS电源等设备，避免因断电而丢失数据。具体操作方法如下：

1 将鼠标指向屏幕的右上角或右下角弹出超级按钮，向上或向下移动单击“设置”按钮，在弹出的“设置”菜单中选择“电脑信息”选项。

2 在打开的“系统”窗口中单击左侧的“设备管理器”文字链接，打开“设备管理器”窗口。

3 在“设备管理器”窗口中展开“磁盘驱动器”项目，在需要设置的磁盘上单击鼠标右键，在弹出的快捷菜单中选择“属性”命令。

4 打开其属性对话框后，在“策略”选项卡下有两个复选框，选中这两个复选框，然后单击“确定”按钮，如图12.43所示。

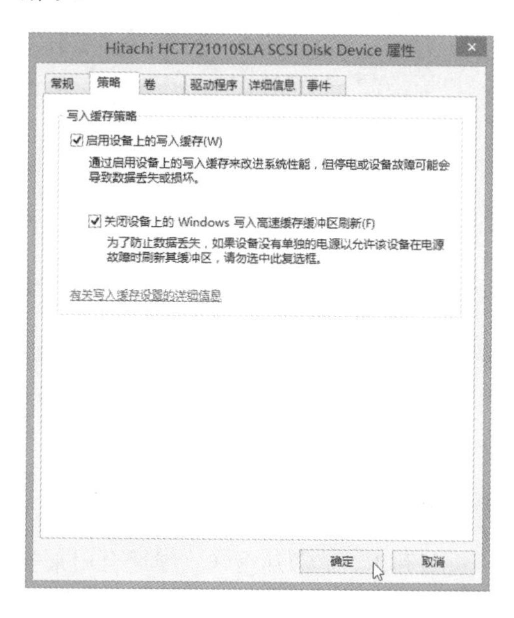

图12.43 启用硬盘的缓存

技巧3：修改网卡MAC地址

MAC地址是一串存储在网卡EPROM芯片上的数字标识符，在网络最底层的物理传输中，正是通过MAC来识别发送数据的主机和接收数据的主机身份，每块网卡都有全球唯一的MAC地址信息。

一些校园网、小区宽带在提供接入服务时，通过网卡的MAC地址信息来认证用户身份，因此，经常会出现用户更换网卡后无法上网的现象，解决方法是在Windows中修改网卡的MAC地址信息。具体操作步骤如下：

1 将鼠标指向屏幕的右上角或右下角弹出超级按钮，向上或向下移动单击“设置”按钮，在弹出的“设置”菜单中选择“电脑信息”选项。

2 在打开的“系统”窗口中单击左侧的“设备管理器”文字链接，打开“设备管理器”窗口。

3 在“设备管理器”窗口中展开“网络适配器”项目，在需要设置的网卡上单击鼠标右键，在弹出的快捷菜单中选择“属性”命令。

4 打开网卡的属性对话框后，切换到“高级”选项卡，在“属性”列表框中选择“网络地址”选项，然后选中“值”单选按钮并输入新的MAC地址，如图12.44所示。

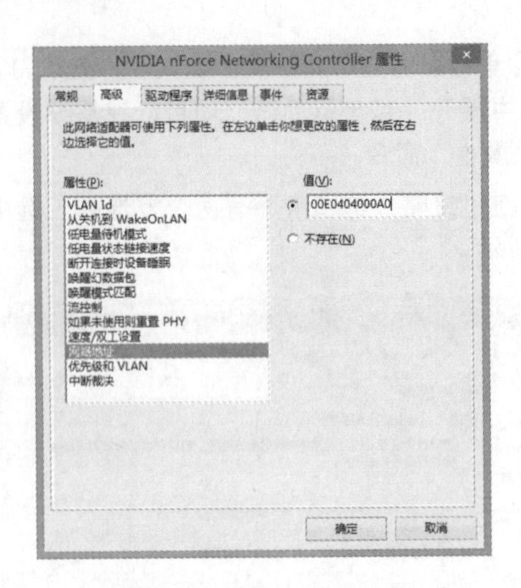

图12.44 设置网卡的MAC地址

此方法修改的只是保存在Windows 8操作系统中的MAC地址信息，并不会真正改写网卡的EPROM芯片。当切换到另一个操作系统或将网卡安装到另一台电脑时，网卡的MAC地址就会恢复原状。

技巧4：U盘快速安装Windows 8

U盘相对于光盘来说可重复利用、读取速度快，很适合用来安装系统。另外，如果计算机没有光盘（如某些小型的商务笔记本），还能安装Windows 8系统吗？答案是肯定的。

用户可以使用微软提供的Windows 7 USB/DVD Download Tool启动U盘制作工具，虽然是制作Windows 7启动U盘工具，但是同样适用于Windows 8启动U盘。具体操作步骤如下：

1 登录微软网站下载并安装Windows 7 USB/DVD Download Tool，安装好之后会在桌面上生成一个快捷方式图标，双击运行。

2 打开Windows 7 USB/DVD Download Tool之后，程序会要求选择指定系统安装ISO，安装镜像文件必须是从微软官方渠道下载的镜像。单击Browse按钮选择已经准备好的ISO镜像，如图12.45所示。

3 单击Next按钮，程序会要求选择启动盘的介质类型，本节介绍的是启动U盘制作，因此选择USB device，如图12.46所示。

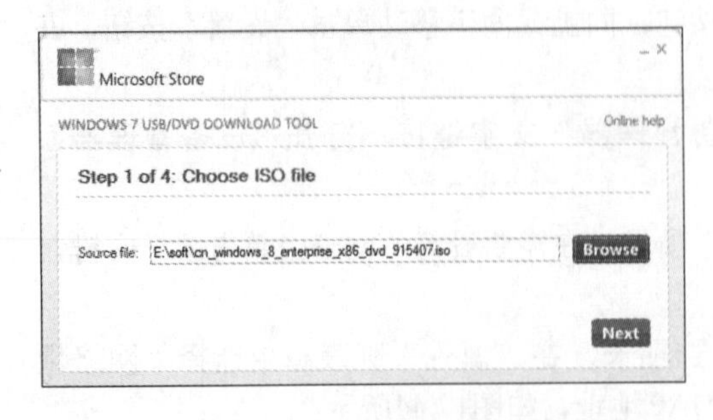

图12.45 选择ISO镜像文件

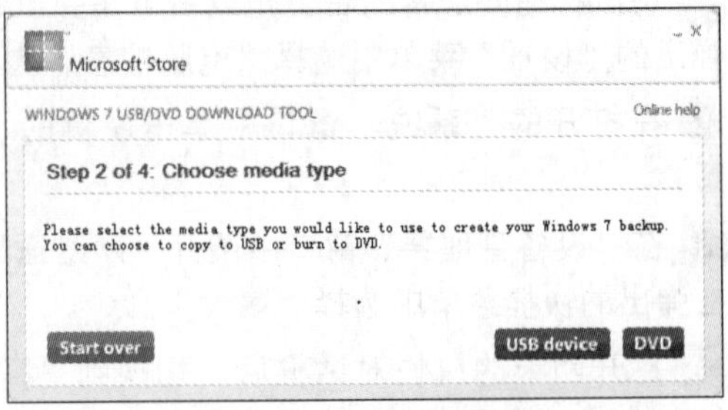

图12.46 选择制作启动盘类型

4 插入一个至少4GB以上的U盘，然后单击“Begin copying”按钮，如图12.47所示。

5 程序开始制作启动U盘，如图12.48所示。等待制作结束，拔下U盘。

图12.47 单击“Begin copying”按钮

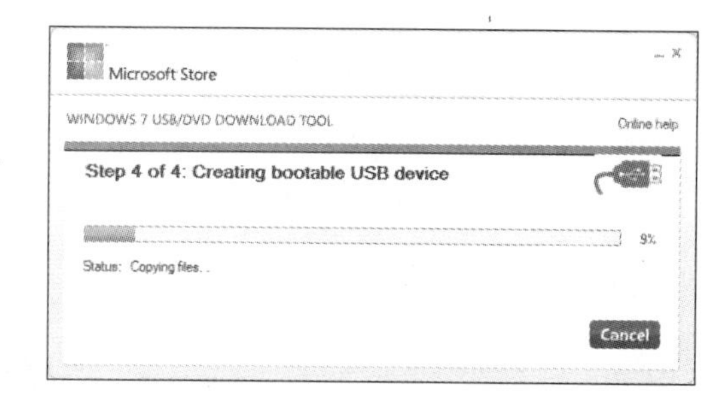

图12.48 启动盘制作过程

这样，在电脑上的BIOS中设置USB设备启动后，即可自动启动Windows 8的安装，其安装过程与本章开始介绍的安装步骤相同，这里不再赘述。

13

第 13 章 使用电脑外接设备

日常生活中免不了要将各种设备与电脑连接以共享文件，如将相机中的照片传到电脑中浏览，或者将音乐文件从电脑中传到MP3中播放，或者连接打印机将文件打印出来等，这些连接到电脑的设备统称为外部设备。在Windows 8操作系统中，将电脑与办公设备相连接或者使用辅助办公软件，可以轻松实现办公自动化。本章将以最常见的U盘、蓝牙耳机、打印机为例，介绍安装和管理各种外部设备的方法。

学习提要

- 显示与管理计算机上所有外接设备
- 使用 U 盘、读卡器与移动硬盘
- 使用蓝牙手机互传文件
- 安装与使用打印机的方法
- 安装与使用扫描仪的方法

13.1 显示与管理计算机上所有外接设备

以往要显示或管理外部设备，无法一次显示当前电脑有哪些外部设备，所以用户必须自行查看各个连接端口的连接状态，才能知道当前电脑连接了什么样的外部设备。此外，如果要管理各种外部设备，也必须单独打开“控制面板”窗口中的相关项目，如显示器、打印机与音箱的管理都必须进入不同类别下才能找到，很不方便。

为了让用户可以更方便地管理外部设备，Windows 8新增了“设备舞台”功能，当前电脑连接了哪些外部设备，以及各个设备的状态，都可以在“设备舞台”一目了然。打开“控制面板”窗口，单击“硬件和声音”类别下的“查看设备和打印机”文字链接，进入“设备和打印机”窗口，将会看到所有的外部设备，如图13.1所示。

图13.1 “设备和打印机”窗口

如果要修改USB鼠标双击的速度，只需在此图标上单击鼠标右键，在弹出的快捷菜单中选择“鼠标设置”命令，即可打开相关的对话框进行设置，如图13.2所示。

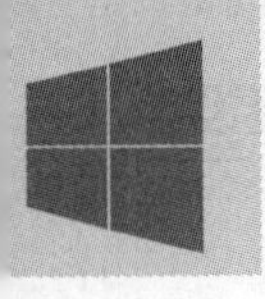

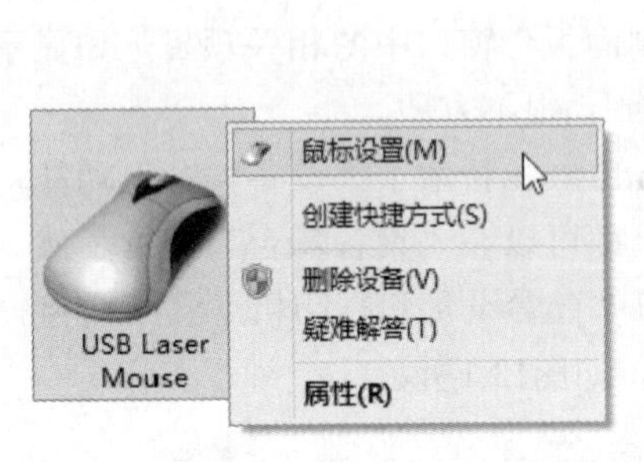

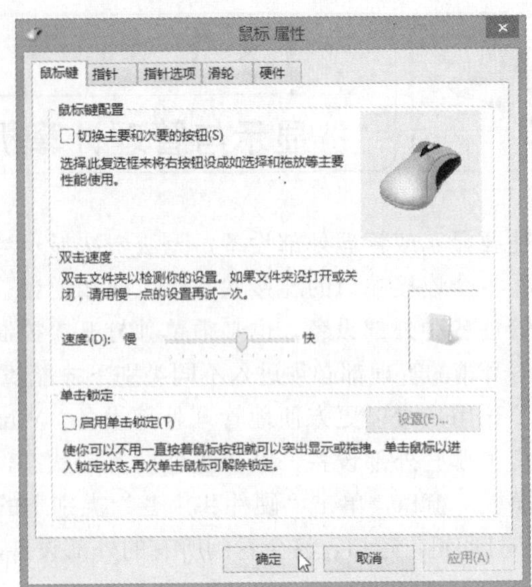

图13.2 修改设备的设置

13.2 使用U盘、读卡器与移动硬盘

目前大多数的外部设备，如鼠标、U盘和移动硬盘等都具备USB接口和即插即用的功能，只要将设备的USB数据线连接到电脑的USB插孔，即可自动读取它们并开始使用。下面就以U盘为例，为用户说明安装和移除的方法。

13.2.1 安装U盘

一般U盘无需特别设置，只要插入电脑的USB插孔，第一次使用时会自动安装驱动程序。驱动程序安装完毕，会在窗口的右侧弹出如图13.3所示的提示框。

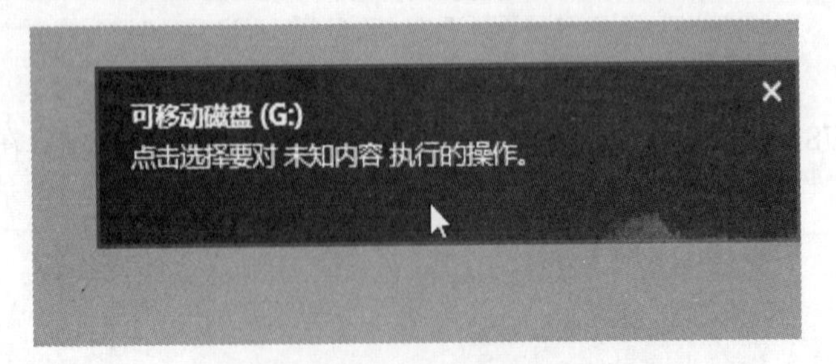

图13.3 插入U盘时弹出提示框

单击此提示框，可以展开如图13.4所示的自动播放窗口。如果选择“打开文件资源管理器”，就能够看到U盘内的文件内容。

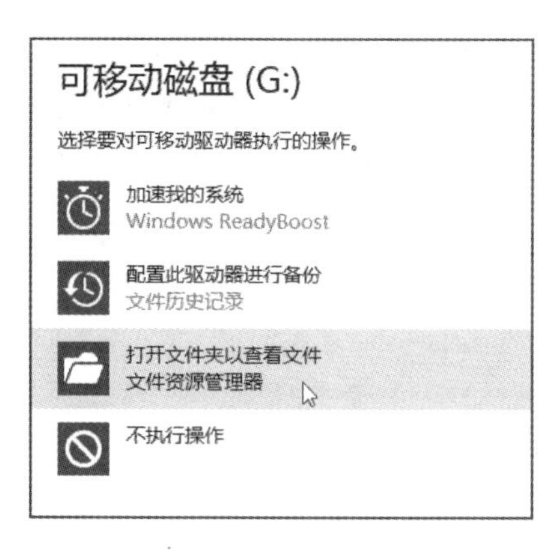

图13.4 自动播放窗口

13.2.2 驱动无法使用的设备

Windows 8支持非常多的硬件，所以大多数的USB设备都可以即插即用。不过太旧或太冷门的硬件，连接后还是有可能显示驱动程序安装失败的信息。本节将介绍如何为无法使用的设备查找驱动程序。

1 在计算机上安装了一个USB的扫描仪，系统提示正在安装设备，并弹出提示无法识别的USB设备，如图13.5所示。

图13.5 系统提示无法识别设备

2 如果驱动程序安装不成功，可以打开“设备和打印机”窗口，在“未指定”组中查看此设备，如图13.6所示。

图13.6 USB设备未成功安装驱动

3 在此图标上单击鼠标右键，在弹出的快捷菜单中选择“疑难解答”命令，由Windows检测设备发生的问题。无法使用设备时，最常见的原因就是没有正确安装驱动程序，会显示如图13.7所示的对话框，选择“应用此修复程序”选项，重新搜索驱动程序进行安装。

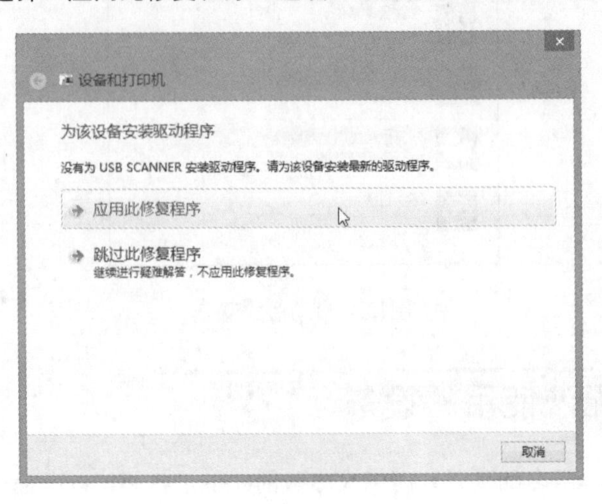

图13.7 安装设备的驱动程序

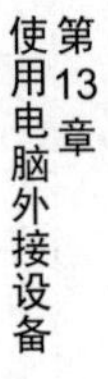

4 如果修复后还是找不到驱动程序，会显示如图13.8所示的信息。此时，可以试着安装该设备提供的驱动程序。如果光盘丢失、原驱动程序不支持Windows 8时，可连接到该设备的网站下载支持Windows 8的驱动程序。当网站找不到该型号，或者没有支持Windows 8的驱动程序时，可向该设备的制造厂商询问与索取。

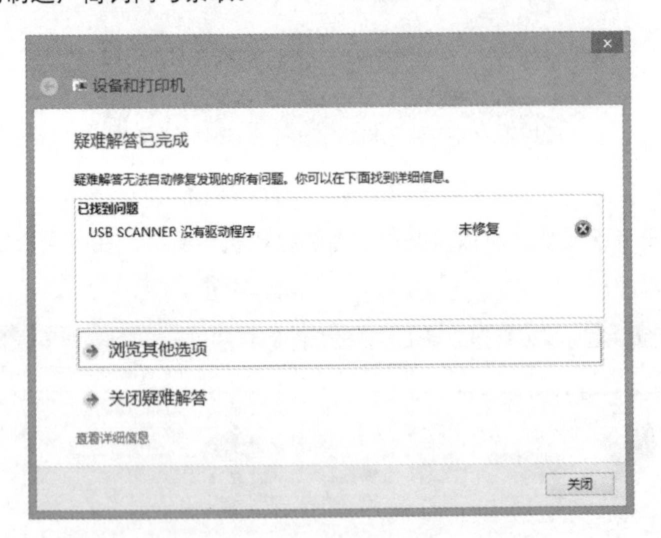

图13.8 找不到驱动程序时的解决方法

13.2.3 由“设备管理器”更新驱动程序

如果连接好设备，却没能在“设备舞台”看到它的踪影，或者要为本来就不会显示在其中的设备更新驱动程序时（例如声卡、网卡等），还可以由“设备管理器”进行更新。

1 打开“文件资源管理器”窗口，在左侧导航窗格的“计算机”图标上单击鼠标右键，在弹出的快捷菜单中选择“管理”命令，然后选择左侧的“设备管理器”选项，就会在中间窗格看到计算机中所有已安装的设备和显卡，如图13.9所示。

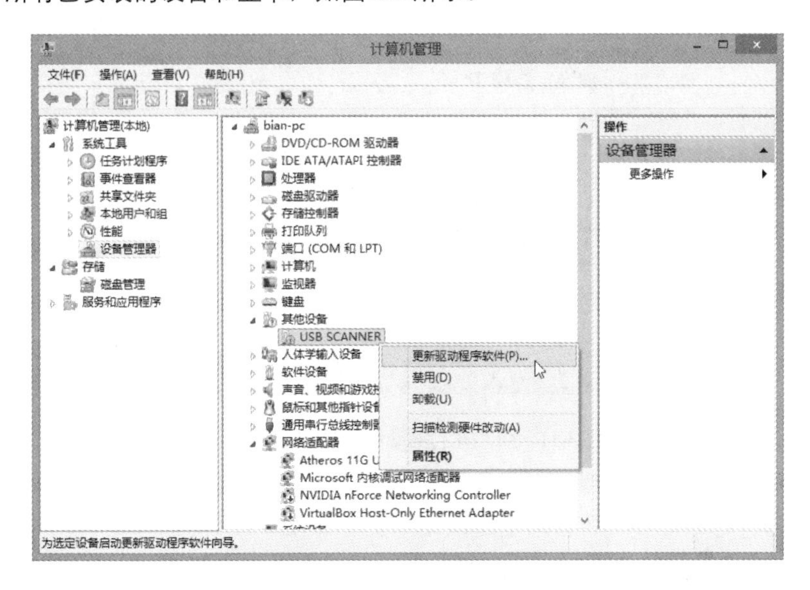

图13.9 打开“设备管理器”窗口

2 接着，可以让Windows自动在计算机和网络中搜索该设备最新的驱动程序，如图13.10所示。

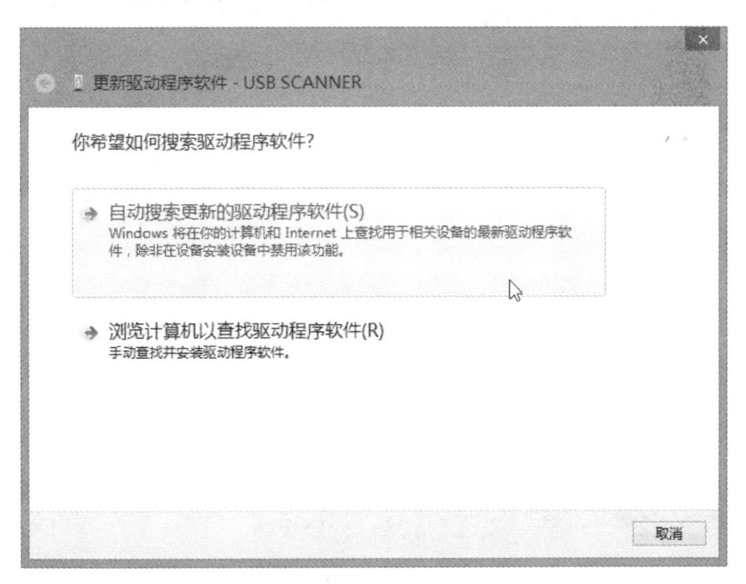

图13.10 选择自动更新或指定文件位置

3 如果自动搜索之后仍然显示安装不成功，那么就手动指定驱动程序的文件位置，或者上网下载该设备适用的驱动程序进行安装。可在上个步骤中选择“浏览计算机以查找驱动程序软件”选项，再指定文件位置，如图13.11所示。

更新驱动程序软件 - USB SCANNER
浏览计算机上的驱动程序文件
在以下位置搜索驱动程序软件:
E:\soft\U300_U430\U300+U430WIN7
浏览(R)...
包括子文件夹(I)
从计算机的设备驱动程序列表中选取(L)
此列表将显示与该设备兼容的已安装的驱动程序软件，以及与该设备处于同一类别下的所有驱动程序软件。
下一步(N) 取消

图13.11 手动指定驱动程序的文件位置

如果安装Windows 8系统后才出现的硬件，Windows 8内置的驱动程序自然无法支持这些新硬件。可以进行如下设置，自动通过网络来更新驱动程序。

打开“设备和打印机”窗口，然后在计算机图标上单击鼠标右键，在弹出的快捷菜单中选择“设备安装设置”命令，打开如图13.12所示的对话框进行设置。

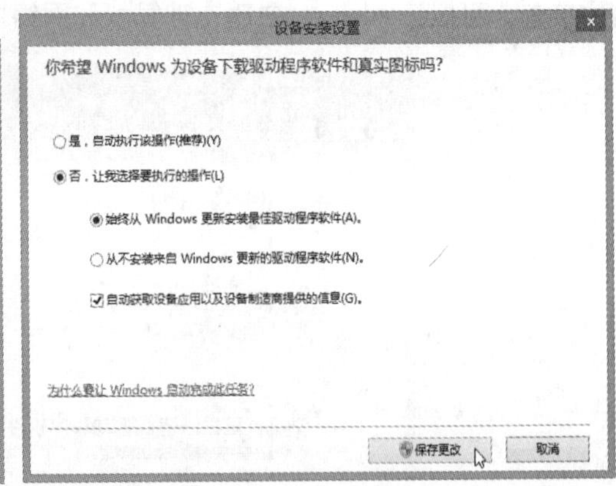

图13.12 自动从网络更新驱动程序

13.2.4 移除外接设备

许多外部设备都支持热插拔功能，也就是当你不使用的时候，直接拔除即可。要注意的是，当文件还在传输中，任意拔除设备可能会使文件发生错误或传输失败。建议按照下面的方法来移除外部设备：

1 如图13.13所示在“通知区域”找到U盘的设备，并将其移除。

2 选择此命令后，就会显示信息，告知可以安全地移除设备了。

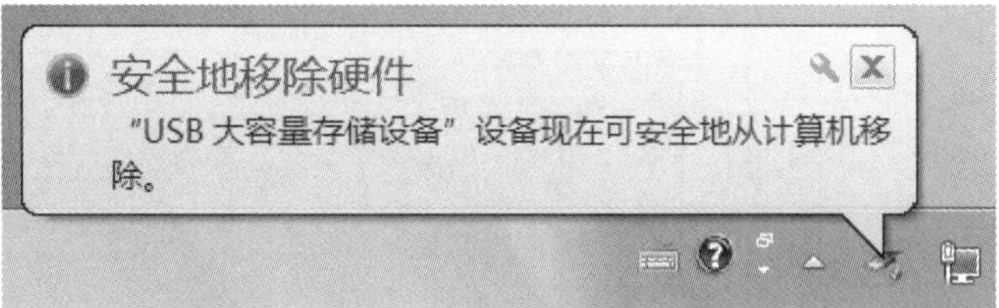

图13.13 在“通知区域”移除U盘

如果同时连接了一个以上的USB设备，在进行移除时，可以先打开“计算机”窗口，确认要移除的设备是哪一个驱动器代码后，再进行移除操作。

13.3 使用无线蓝牙设备

目前已经有许多设备支持蓝牙（Bluetooth）技术，可以在一定距离内使用无线传输的功能，使用更加方便。如果用户的电脑具备蓝牙功能，只要在“设备和打印机”窗口中进行设置，即可与蓝牙设备互相传输资料。下面以蓝牙手机为例试试无线传输的功能。

13.3.1 添加蓝牙设备

很多笔记本电脑都已经内置蓝牙功能，如果是台式电脑可能就必须添购和安装外置的蓝牙适配器（现在价格也很便宜），同样可以具备蓝牙连接能力。由于Windows 8已经支持蓝牙的驱动程序，所以绝大多数的蓝牙传输器都是插上USB连接端口后即可直接使用。

蓝牙设备在使用前必须先经过配对的过程，才能让蓝牙设备连上电脑的蓝牙适配器。首先按照说明书设置蓝牙手机进行配对的状态，并且将蓝牙手机放在电脑可以检测到的短距离内，然后按照以下操作让电脑自动查找蓝牙设备。

1 将蓝牙适配器插入USB插孔，Windows会自动搜索并安装蓝牙驱动程序，如图13.14所示。

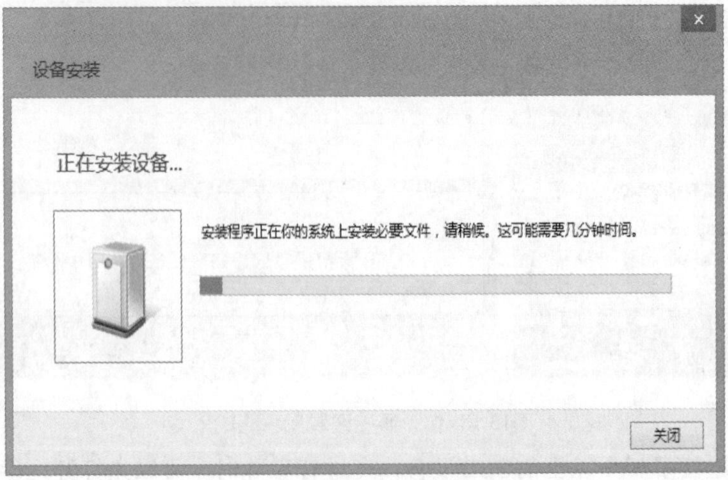

图13.14 自动安装蓝牙驱动程序

2 将手机放在计算机附近，并开启手机的蓝牙功能。在“设备和打印机”窗口中单击“添加设备”按钮来查找手机，如图13.15所示。

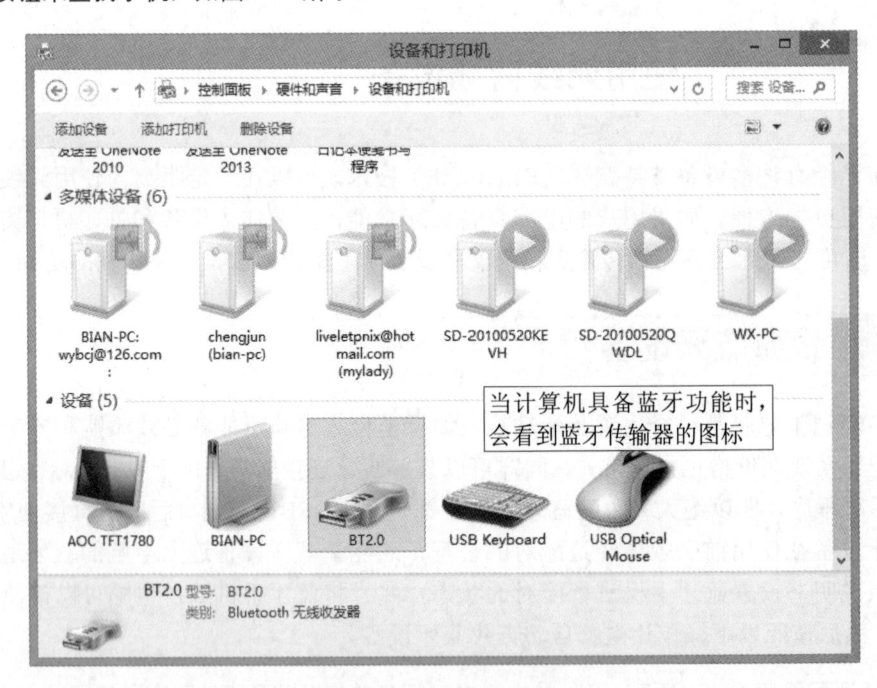

图13.15 添加手机设备

3 接着会显示计算机附近所有的蓝牙设备，如打开蓝牙功能的手机、蓝牙耳机等，选择要添加的设备，如图13.16所示。

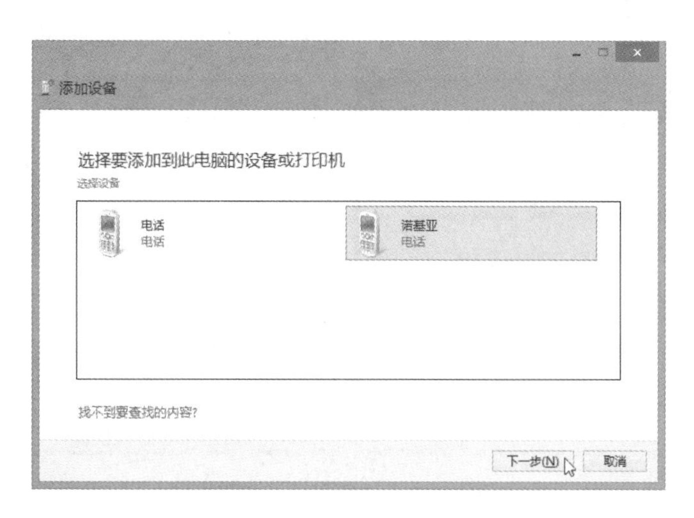

图13.16 选择要传送文件的手机

4 蓝牙设备必须与计算机进行配对才能使用。选择手机后，就会显示如图13.17所示的数字。此时，手机也会显示添加设备的信息，在手机上确认添加设备后，输入画面上显示的数字。

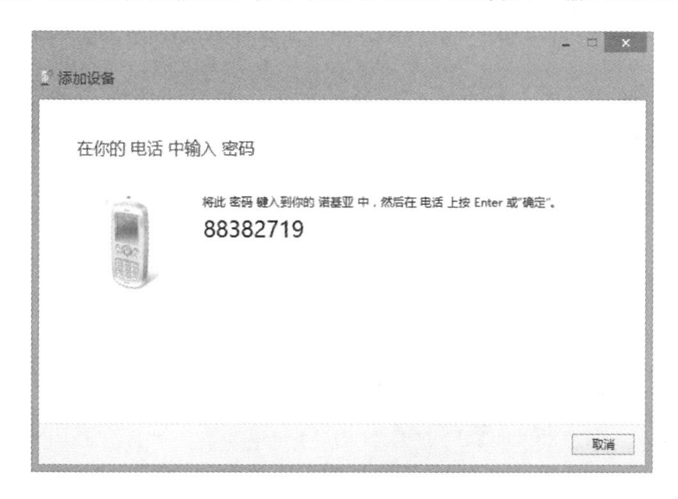

图13.17 为手机与计算机进行配对

小提示

每次显示的配对数字并不相同，请实际根据自己计算机上显示的数字进行输入。此外，显示数字后，最好尽快输入到手机，如果等待的时间太长，很容易配对失败。不成功时，可重新选择手机进行配对。

5 此时，会添加设备的驱动程序，如图13.18所示。添加成功后，手机也会显示在“设备和打印机”窗口中。

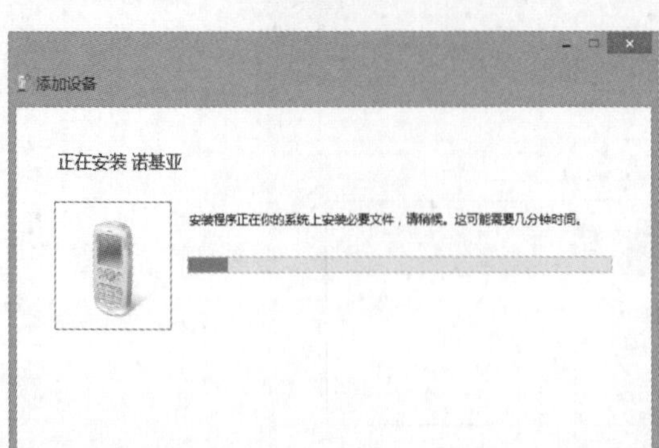

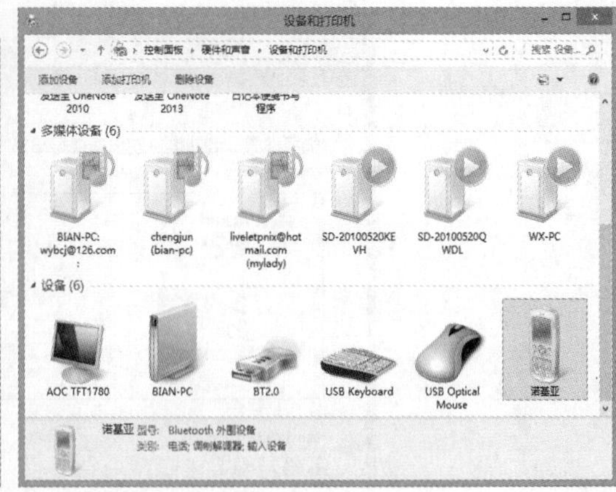

图13.18 安装蓝牙设备的驱动程序

13.3.2 与蓝牙手机互传文件

接下来试着将手机的照片传送到计算机中，具体操作步骤如下：

1 在计算机上由“通知区域”打开蓝牙设备的选项，再从中选择“接收文件”命令，如图13.19所示。

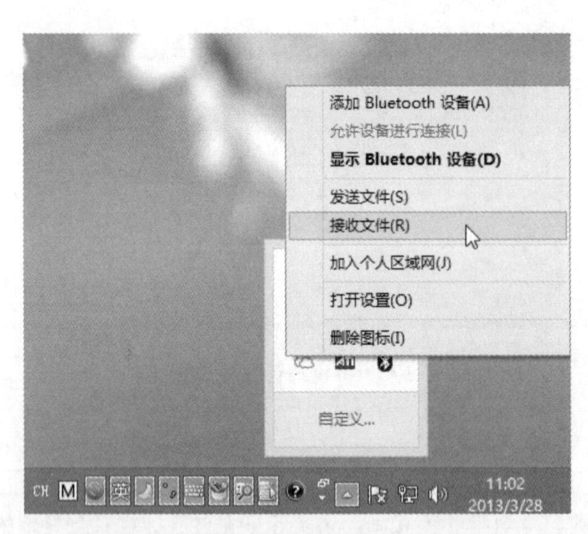

图13.19 打开计算机的蓝牙设备选项

2 此时，从手机将照片以蓝牙方式传送，可以传送的列表中除了已经配对的计算机名称外，附近已打开蓝牙功能的手机也会一起显示，如图13.20所示。

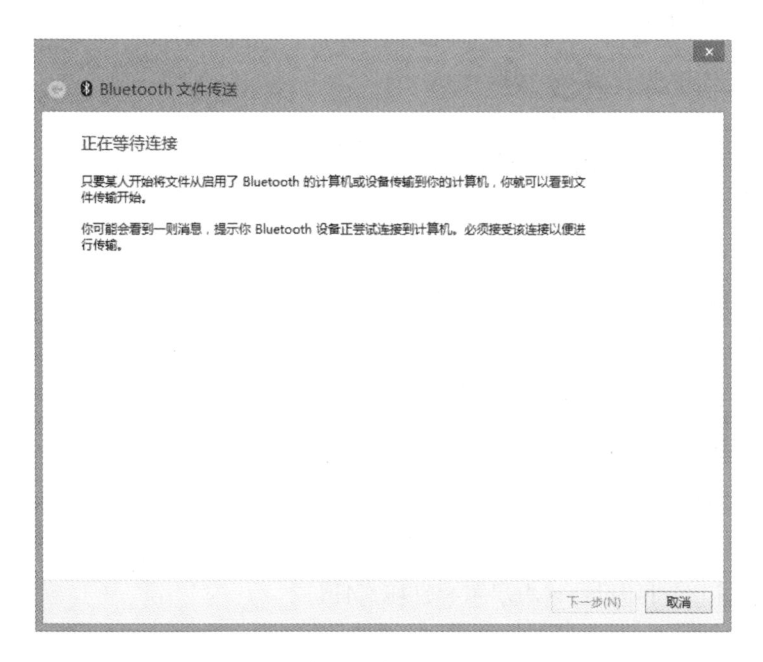

图13.20 计算机等待接收手机文件画面

3 因为计算机已经打开等待接收文件画面，所以从手机发送后，计算机就会自动接收到缓存区，可以单击“浏览”按钮指定要保存文件的位置，或者直接单击“完成”按钮，将文件保存在默认的路径，如图13.21所示。

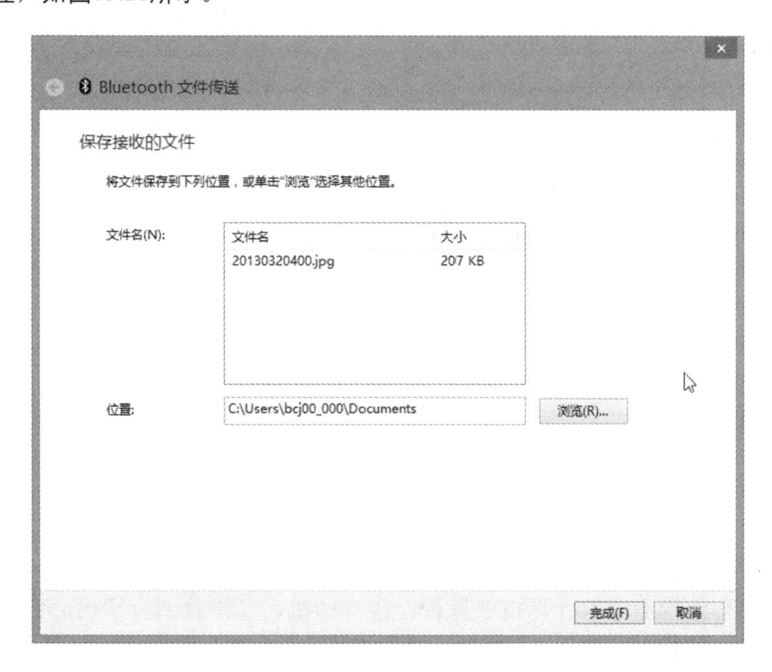

图13.21 开始发送文件

13.4 安装与使用打印机

想让你的作品、文章与图片呈现在纸上，就需要“打印”了。本节将从打印前的准备工作“安装打印机”开始介绍，不仅让用户顺利地打印作品，还要介绍打印的过程控制及打印机的管理。

13.4.1 安装打印机

目前绝大多数的打印机都采用USB接口，只要与计算机连接好、插入电源并放入纸张，就可以轻松打印了。如果要连接的打印机不是USB接口，也不用担心，这里就说明如何安装非USB接口的打印机，让用户顺利打印文件。

1 在“控制面板”窗中单击“硬件和声音”类别下的“查看设备和打印机”文字链接，打开“设备和打印机”窗口来安装打印机，如图13.22所示，单击“添加打印机”按钮。

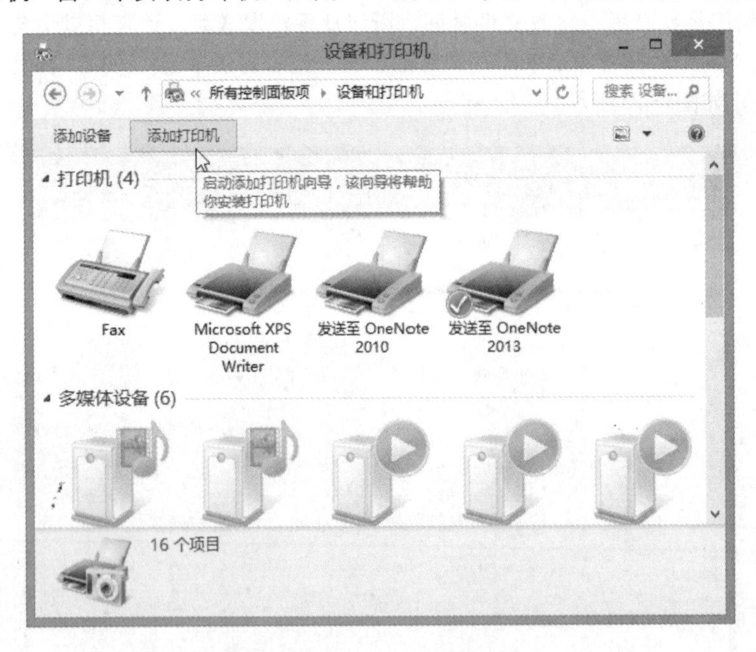

图13.22 单击“添加打印机”按钮

2 此时，系统开始检测当前计算机中是否连接打印机，如果找到打印机，会显示在列表框中。如果找不到打印机，则选择“我需要的打印机不在列表中”选项，如图13.23所示。

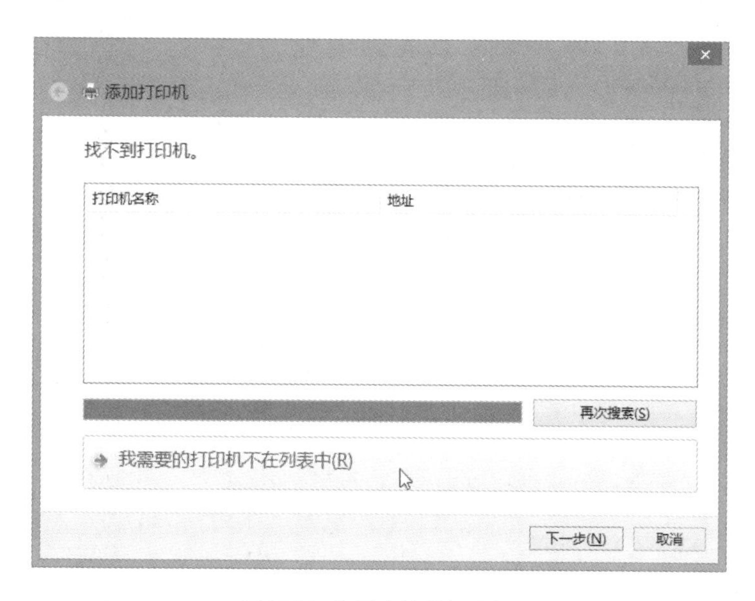

图13.23 检测连接的打印机

3 进入如图13.24所示的对话框，可以决定按哪种方式来查找打印机，如按名称来选择局域网中的打印机，使用TCP/IP地址或主机名添加打印机，还可以添加蓝牙、无线或网络打印机。如果要添加本地打印机，可以选中“通过手动设置添加本地打印机或网络打印机”单选按钮，然后单击“下一步”按钮。

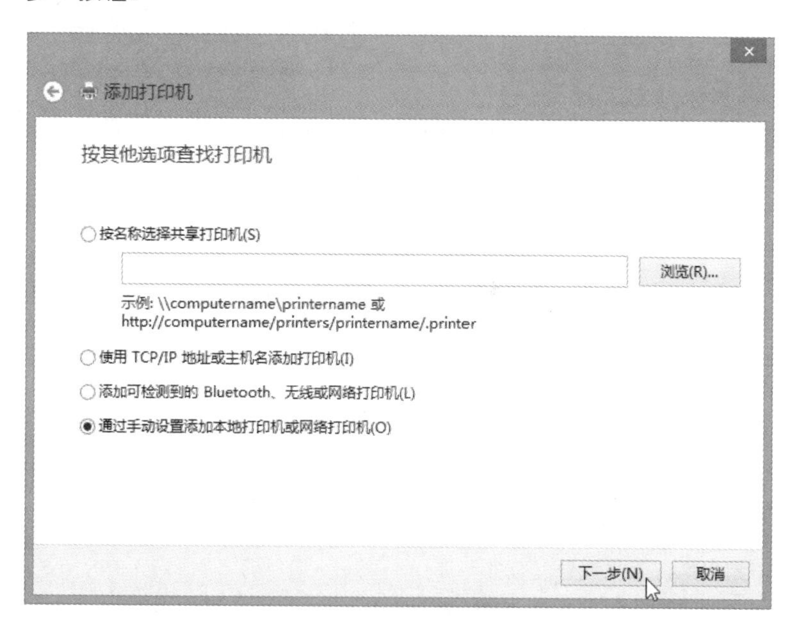

图13.24 选择添加打印机的方式

4 接着设置连接打印机的端口，单击“下一步”按钮，如图13.25所示。

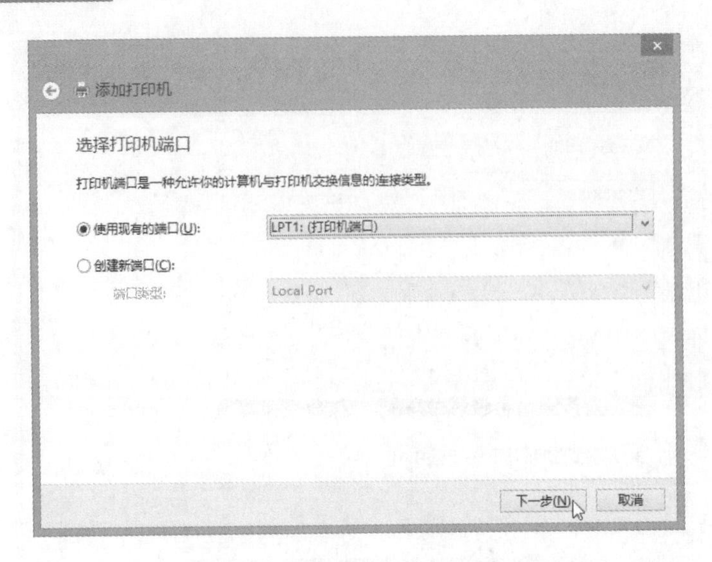

图13.25 “选择打印机端口”对话框

5 根据实际情况选择打印机的厂商与型号，选好之后单击“下一步”按钮，如图13.26所示。

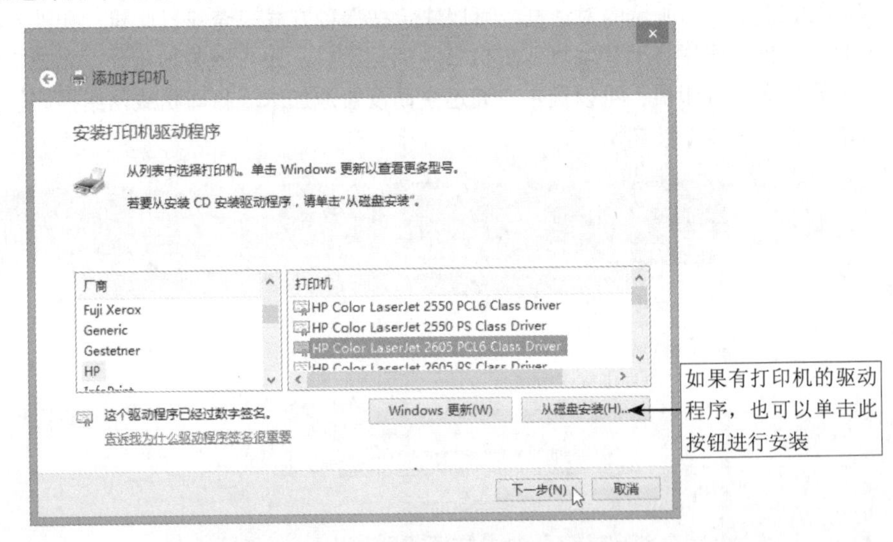

图13.26 选择打印机的厂商与型号

小提示

找不到我的打印机型号怎么办？

如果“添加打印机”向导的厂商与打印机列表中没有所要的打印机型号，还可以通过另外两种方式进行查找：一是单击“Windows更新”按钮，等候Windows通过网络检查是否有可用的驱动程序；二是打印机本身附赠的驱动程序光盘，先将光盘放入光驱，然后单击“从磁盘安装”按钮，再切换到光盘所在的驱动器，应该就可以找到要安装的打印机厂商或型号了。

6 为打印机命名，通常直接以型号为名，也可以改用其他名称。如果有两台型号相似的打印机，且分别有不同的用途，就需要更改为不易混淆的名称，如图13.27所示。

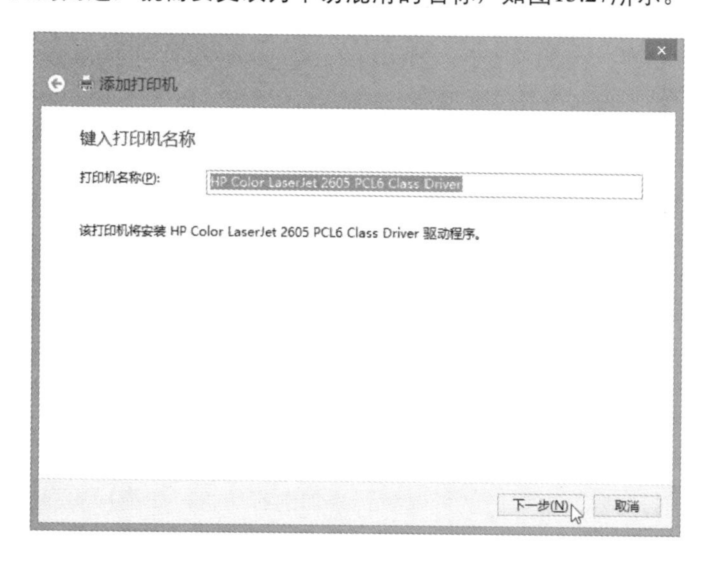

图13.27 为打印机命名

7 如果计算机已设置家庭网络的共用功能，打印机驱动程序安装完毕后，会弹出对话框询问是否共享打印机，如图13.28所示。

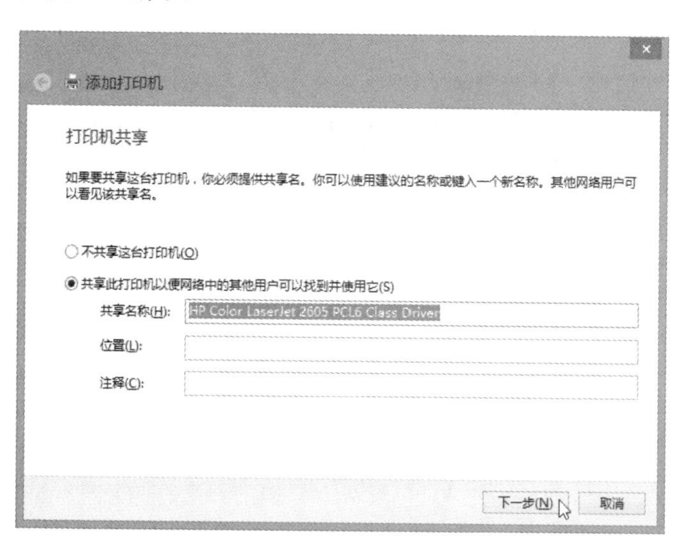

图13.28 “打印机共享”对话框

8 接下来，询问是否打印测试页，然后单击“完成”按钮完成安装，如图13.29所示。

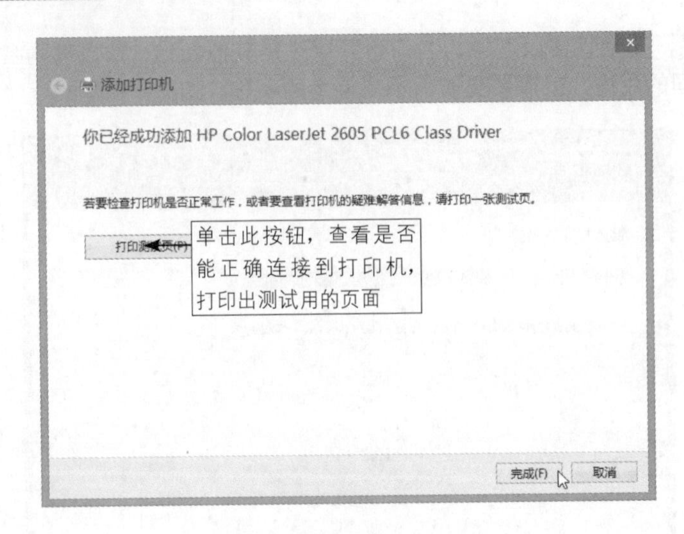

图13.29 是否为默认打印机

9 返回到“设备和打印机”窗口，就可以看到添加的打印机，如图13.30所示。如果要删除打印机，可在打印机上单击鼠标右键，在弹出的快捷菜单中选择“删除设备”命令。

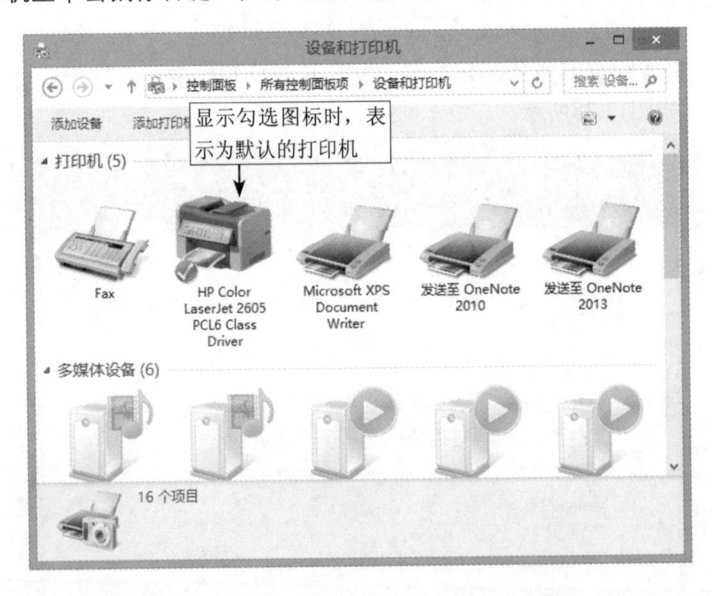

图13.30 在“设备和打印机”窗口中查看添加的打印机

小提示

默认打印机

默认打印机是指在实际打印时，如果用户没有特别指定，系统就会自动使用这台打印机来打印。如果家里的电脑只装了一台打印机，那么这台就是理所当然的默认打印机；而当你安装第二台（第三台、第四台……）打印机时，就需要将最常用的设置为默认打印机。

如果要将某台打印机设置为默认打印机，可在“设备和打印机”窗口中该打印机图标上单击鼠标右键，在弹出的快捷菜单中选择“设置为默认打印机”命令。

13.4.2 使用打印机

在进行打印之前，别忘了确认你的打印机是否准备妥当，检查电脑与打印机对应的接头是否接好？打印机的插头是否已经接好电源？打印机是否已经安装了适当的纸张？打印机的电源是否已经打开并处于“就绪”状态？

打印机检查无误后，接着打开要打印的文件。下面就以“记事本”为例，具体操作步骤如下：

1 打开记事本，选择“文件”菜单中的“打印”命令，弹出如图13.31所示的“打印”对话框。

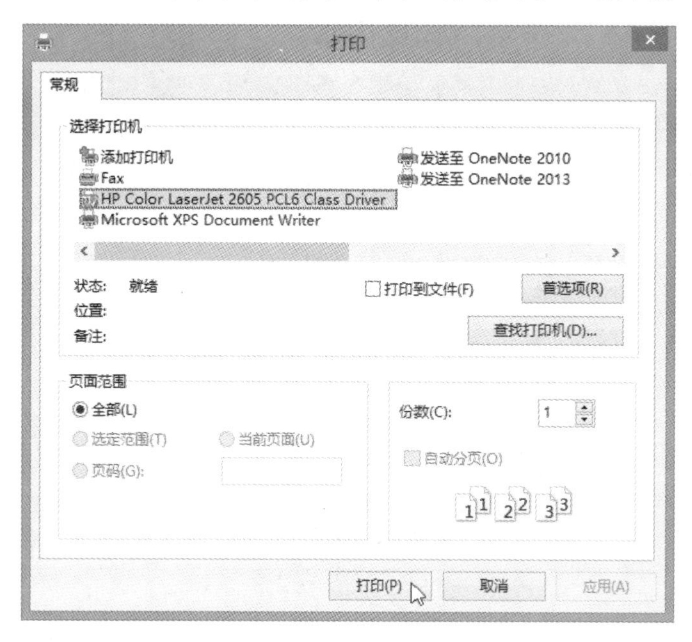

图13.31 “打印”对话框

2 确定要使用的打印机，并设置页面范围和打印份数等，再单击“打印”按钮将文件发送到打印机等候印出。在发送资料时，任务栏右侧的“通知区域”会出现一个打印机图标，表示当前正在进行打印；当资料完全发送到打印机，此图标就会消失。

13.4.3 查看与管理打印状态

在多人共享打印机的环境下，如果单击“打印”按钮后，文件一直没有打印出来，可以从打印机的状态窗口进一步了解发生了什么问题。假设是因为前面的人打印太多的东西，自己的文件还在排队，还可以将文件取消或暂停。

1 在发送打印资料时，通知区域会出现一个打印机图标，双击这个图标即可打开该打印机的状态窗口，查看打印状态，如图13.32所示。用户还可以打开“设备舞台”并选择打印机图标，再单击“查看打印操作”按钮打开打印机的状态窗口，查看打印状态。

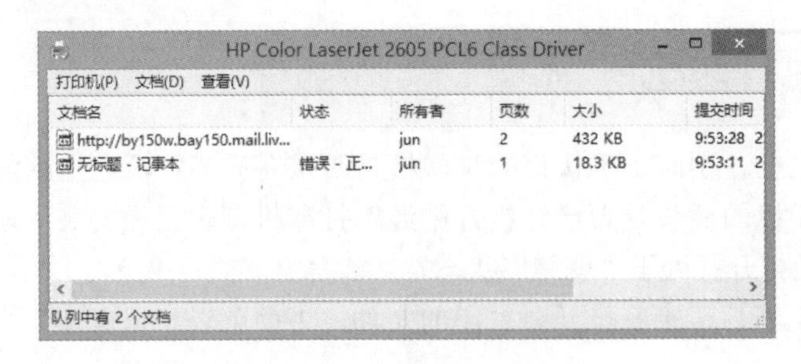

图13.32 打开打印机的状态窗口

2 如果想暂停或取消文件的打印，可以选择该打印任务的文件名，然后单击鼠标右键并在弹出的快捷菜单中选择要执行的命令，如图13.33所示。

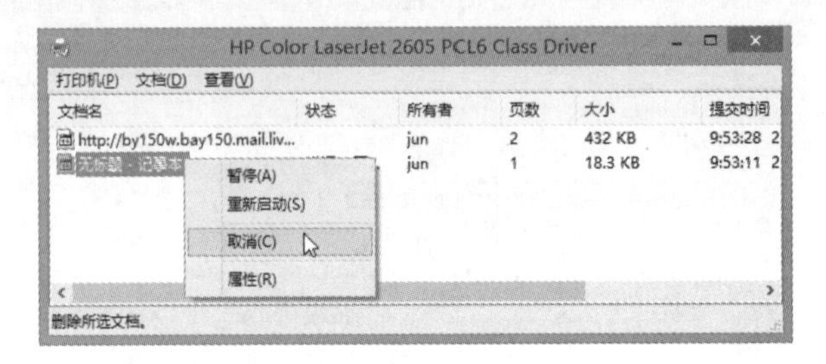

图13.33 暂停或取消文件的打印

13.5 安装与使用扫描仪

扫描仪可以将各种实体文件，如纸质文件、照片、图纸等扫描成计算机可以处理的电子文件，在各个行业有着广泛的用途。

13.5.1 安装扫描仪

目前较常用的扫描仪为USB扫描仪，其安装方式与USB打印机类似。首先将扫描仪的USB线连接到计算机的USB接口上，接通扫描仪的电源，这时计算机会提示用户发现新硬件。将扫描仪驱动程序及扫描程序的安装光盘放入光驱，运行添加新硬件向导，安照提示将扫描仪安装好。

13.5.2 使用扫描仪

根据扫描仪厂商和型号的不同，对应的扫描程序其界面也不一样，但操作方法大同小异。下面以方正U300为例来介绍如何使用扫描仪进行扫描。

1 将要扫描的文件正面向下放在扫描仪的工作台上，盖上盖板，然后运行Windows 8自带的“画图”程序，单击“文件”选项卡，选择“从扫描仪或照相机”命令，如图13.34所示。

2 如果电脑上有多个设备，在弹出的“选择设备”对话框中选择要使用的扫描仪，然后单击“确定”按钮，如图13.35所示。

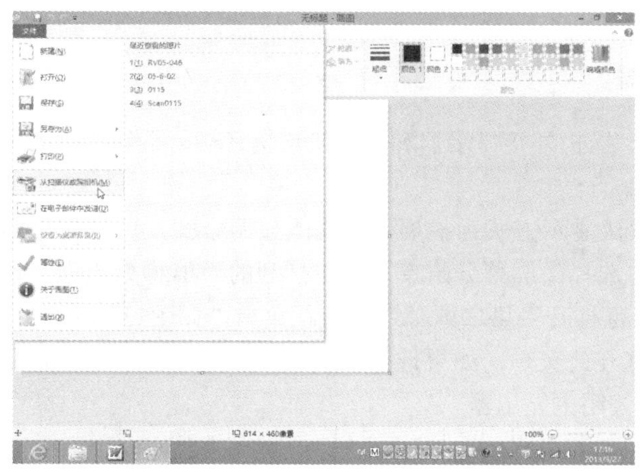

图13.34 选择“从扫描仪或照相机”命令

图13.35 “选择设备”对话框

3 此时运行扫描程序，在左侧可以选择扫描的类型，然后单击“预览”按钮，开始预扫图片，如图13.36所示。

4 在确认得到满意的效果后，单击“扫描”按钮，即可将扫描的图片插入到画图中，如图13.37所示。

图13.36 运行扫描程序

图13.37 扫描完成

13.6 高级应用的技巧点拨

技巧1：如何在不拆机的情况下识别硬件产品型号

如果用户想知道硬件的产品型号，最简单的方法是查看产品说明书或者包装盒上面的信息，也可以将硬件拆卸下来观察其标识。在找不到产品说明书和包装盒，又不方便拆机的情况下，还可以通过Everest这类硬件综合检测工具来查看硬件产品的具体型号。用户可以上网下载并安装Everest软件。

技巧2：Windows 8连接外置显示器

Windows 8加强了多显示器的功能，当把外接显示器和计算机连接之后，系统会自动识别外接显示器，并选择默认的显示方式。

Window 8中有4种多显示方式，默认显示方式为扩展。要修改显示方式，可以在桌面上单击鼠标右键，在弹出的快捷菜单中选择“屏幕分辨率”，在打开的“屏幕分辨率”设置窗口中选择“投影到第二屏幕”，即可打开“第二屏幕”侧边栏菜单，如图13.38所示。也可以按Windows徽标键+P组合键来打开此菜单。如果选择“仅第二屏幕”选项，电脑只会输出图像信息到外接显示器，同时会关闭主显示器。

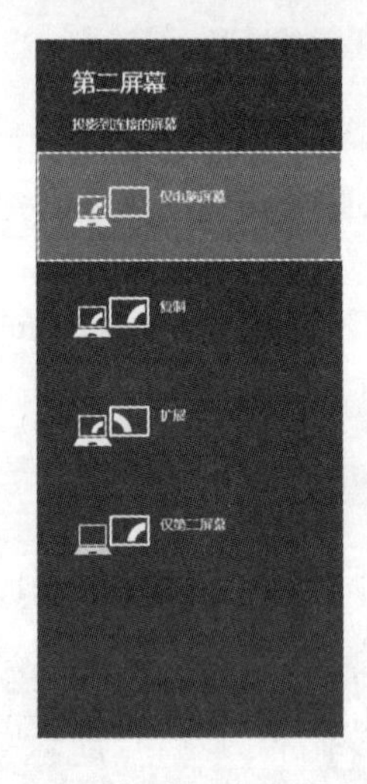

图13.38 选择显示方式

14

第 14 章 Windows 8个性化设置

由于每个人使用习惯的不同，Windows 8提供了许多个性化的设置，让用户根据自己的习惯来定制系统，使其应用更加得心应手。本章将介绍如何个性化设置Windows 8，包括设置Metro界面、设置传统桌面外观、利用“控制面板”进行各项系统设置。

学习提要

- 设置 Metro 界面使其更具个性化
- 设置传统桌面外观使其更具个性化
- 调整鼠标适合左手使用
- 调整鼠标滑轮的滚动幅度
- 让键盘适应自己的使用习惯
- 让不同的应用程序使用不同的音量
- 自定义系统声音方案
- 在“自动播放”框中指定文件的打开方式
- 为 Windows 8 安装与删除字体

14.1 个性化 Metro 界面

Metro界面是微软的一种用户界面设计方案，此设计方案已用于移动操作系统Windows Phone 7/8和Windows 8等多款微软产品中。对于整个桌面系统的用户界面设计而言，Metro界面的推出代表微软所设想的未来计算机桌面时代很快到来。

通过前面的学习，用户对Metro界面的应用和特点已经有一定的认识，如以内容为主、方便用户阅读；内容平铺在屏幕上，通过滑块或缩放来快速查看内容。当然，用户还可以通过个性化设置，使得Metro界面更漂亮、更符合自己的要求。

14.1.1 个性化锁屏设置

在Windows 8启动完成后，最先看到的就是锁屏画面，想要进入Windows 8登录画面，可以将鼠标移动到屏幕的下边缘，按住左键向上拖动，图片大幕向上揭开即可显出登录画面，或者直接单击进入登录画面。当然，用户在工作过程中可以随时按Windows徽标键+L键进入锁屏画面。

用户可以自定义锁屏画面、后台运行的应用及要显示详细状态的应用等。具体操作步骤如下：

1 如果用户使用的触摸显示器，可以在屏幕的右边缘向内滑动，会显示超级按钮（Charm菜单）；如果使用鼠标，可将鼠标移到屏幕的右上角或右下角，会显示超级按钮，然后向上或向下移动以单击“设置”按钮，如图14.1所示。此时会显示“设置”菜单，单击最下方的“更改电脑设置”命令，如图14.2所示。

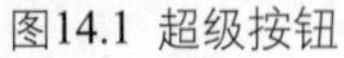
图14.1 超级按钮

图14.2 单击“更改电脑设置”命令

2 弹出“电脑设置”页面，单击左侧的“个性化设置”分类，在右侧可以查看“锁屏”设置，如图14.3所示。

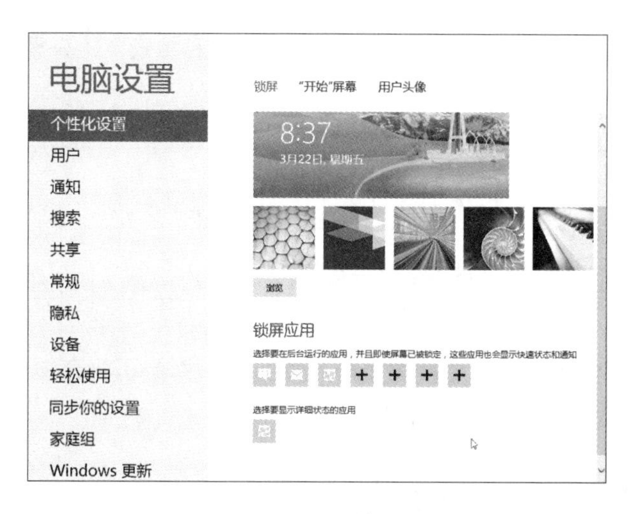

图14.3 设置锁屏

3 用户可以单击小的候选小图片，即可快速更改锁屏背景图片。如果对这些图片不满意，可以单击“浏览”按钮，从电脑硬盘中查看和选择自己喜欢的图片，让锁屏图片更具个性化。

4 对于笔记本电脑锁屏后，可以在锁屏画面看到有没有联网、剩余电量等信息。当然，锁屏画面中还可以看到一些应用的信息，如邮件、消息、通知等。只需在“锁屏应用”中单击 **+** 按钮来添加一些应用。

14.1.2 个性化开始屏幕

Windows 8中的开始屏幕提供了多种颜色和背景图案，供用户选择。

1 依次打开超级按钮和“设置”按钮，在弹出的菜单中选择“更改电脑设置”命令，弹出“电脑设置”页面。

2 在左侧单击“个性化设置”分类，在右侧单击“‘开始’屏幕”，就会显示“开始”屏幕的主题色设置界面，如图14.4所示。

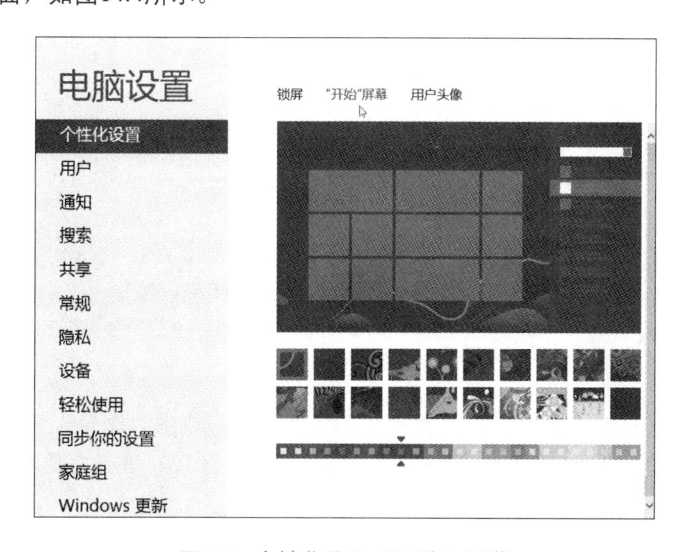

图14.4 个性化设置“开始”屏幕

3 在“开始”屏幕设置页面中提供了20种背景图案和25种主题色，只需单击相关的图案或拖动滑块，即可设置“开始”屏幕。

14.2 个性化传统桌面外观

本书前面介绍了为传统桌面更换背景图片的方法，本节还将介绍一些其他个性化传统桌面外观的方法，让Windows 8更适合个人的使用习惯。

14.2.1 在桌面上创建快捷方式图标

默认情况下，Windows 8仅在桌面上显示“回收站”图标。随着用户安装相关的软件，桌面上会出现相应的图标。另外，如果用户有经常使用的文件或程序，可以在桌面创建一个快捷方式以便快速打开文件。例如，用户经常用到E盘下的BOOK文件夹，就可以在桌面上创建一个BOOK的快捷方式，具体步骤如下：

1 在桌面空白处单击鼠标右键，在弹出的快捷菜单中选择“新建”｜“快捷方式”命令（见图14.5）。

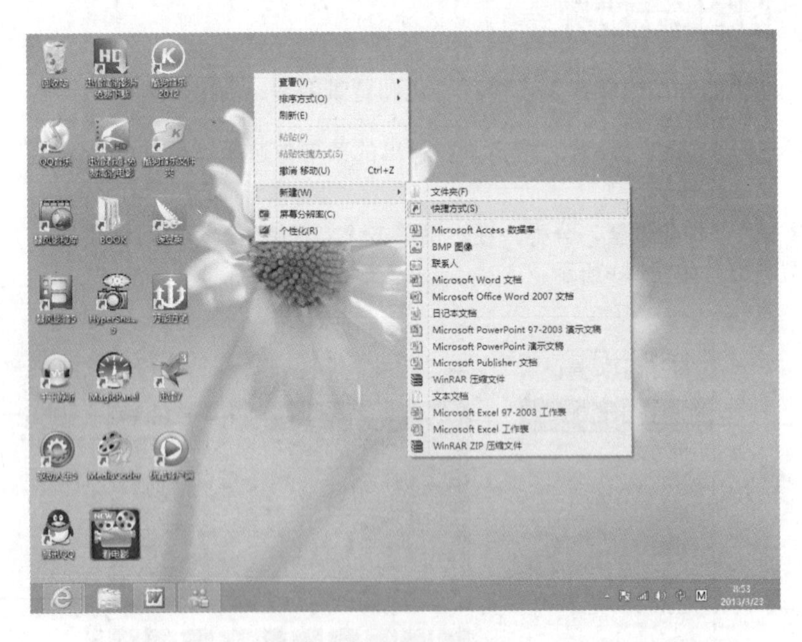

图14.5 新建快捷方式

2 系统自动弹出“创建快捷方式”对话框（见图14.6），单击“浏览”按钮，打开“浏览文件或文件夹”对话框（见图14.7），选中E盘下的BOOK文件夹，单击“确定”按钮。

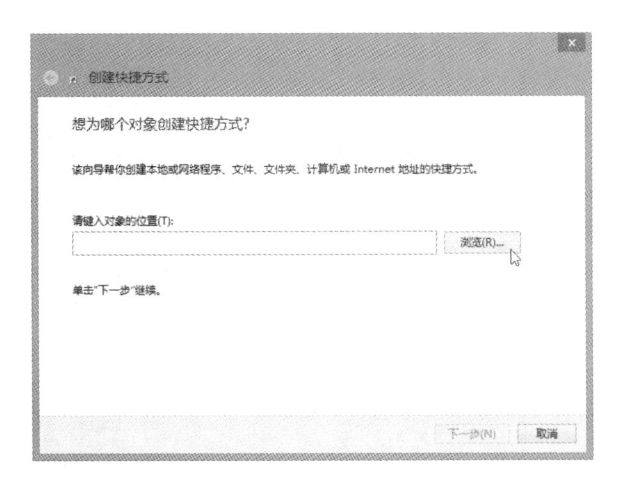

图14.6 “创建快捷方式”对话框

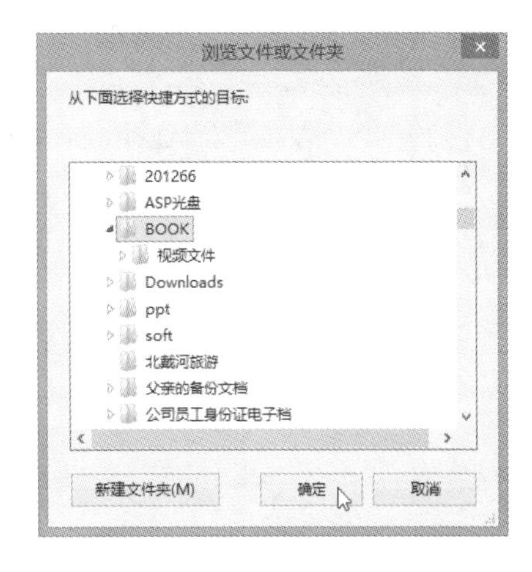

图14.7 “浏览文件或文件夹”对话框

3 返回到“创建快捷方式”对话框，单击“下一步”按钮，弹出“命名”对话框（见图14.8），输入该快捷方式的名称，单击“完成”按钮。BOOK文件夹的快捷方式图标就出现在桌面上了（见图14.9）。

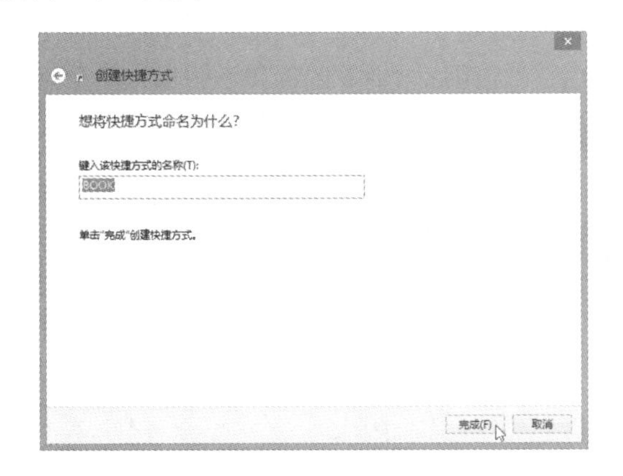

图14.8 为快捷方式命名

图14.9 快捷方式图标

同样，其他的程序、文档、文件夹的快捷方式也可以用同样的方法创建。

14.2.2 设置桌面字体大小

使用22英寸或以上尺寸的显示器时，系统默认的字体偏小，有的用户阅读屏幕文字时可能会感到吃力，这时可以通过调整DPI来调整字体的大小。具体操作步骤如下：

1 在Windows传统桌面上单击鼠标右键，在弹出的快捷菜单中选择“屏幕分辨率”命令，然后在打开的窗口中单击“放大或缩小文本和其他项目”文字链接。

2 打开如图14.10所示的“显示”窗口后，单击“自定义大小选项”文字链接，弹出如图14.11所示的“自定义大小选项”对话框，可以拖动调整桌面项目的百分比，然后单击“确定”按钮。

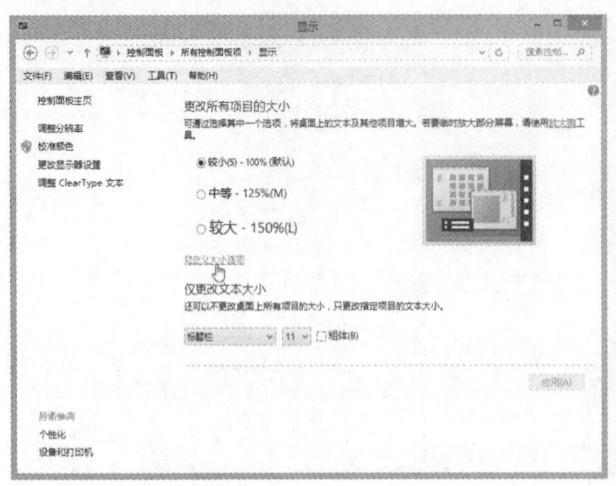

图14.10 “显示”窗口

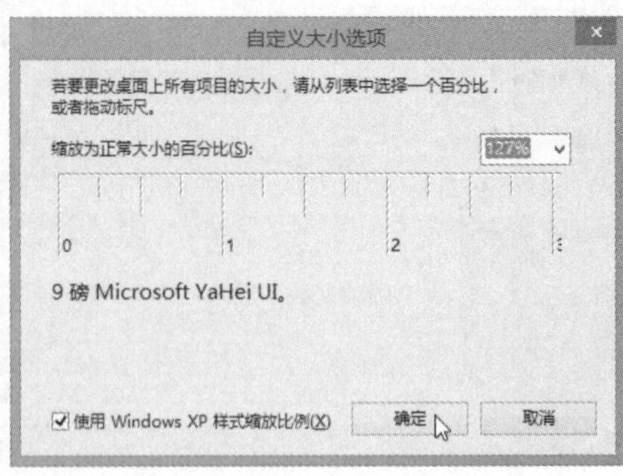

图14.11 “自定义大小选项”对话框

3 返回“显示”窗口，单击“应用”按钮。

14.2.3 桌面图标设置

Windows 8为用户提供了三种大小规格的图标：大图标、中等图标和小图标。用户只需在桌面的空白处单击鼠标右键，在弹出的快捷菜单中选择“查看”命令，在展开的子菜单中选择一种图标规格即可，如图14.12所示。

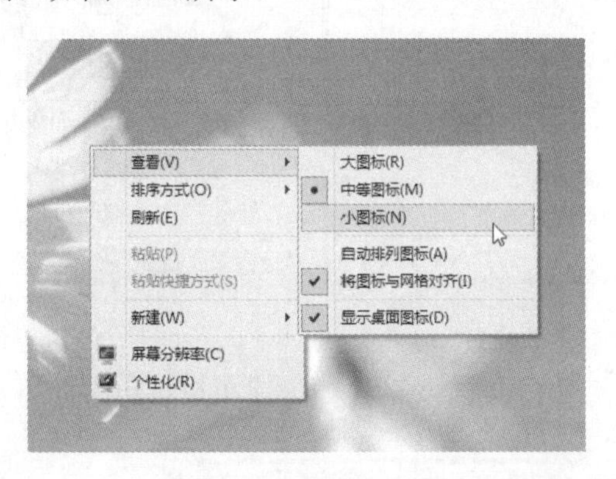

图14.12 选择图标规格

默认情况下，桌面图标下方的标签文字会显示阴影。如果用户想要去除此阴影，可以按照下述步骤进行操作：

1 将鼠标移到屏幕的右上角或右下角，显示超级按钮，然后向上或向下移动以单击“设置”按钮，会显示“设置”菜单，选择其中的“电脑信息”选项，打开如图14.13所示的“系统”窗口。

2 单击左侧的“高级系统设置”文字链接，打开如图14.14所示的“系统属性”对话框。

图14.13 “系统”窗口

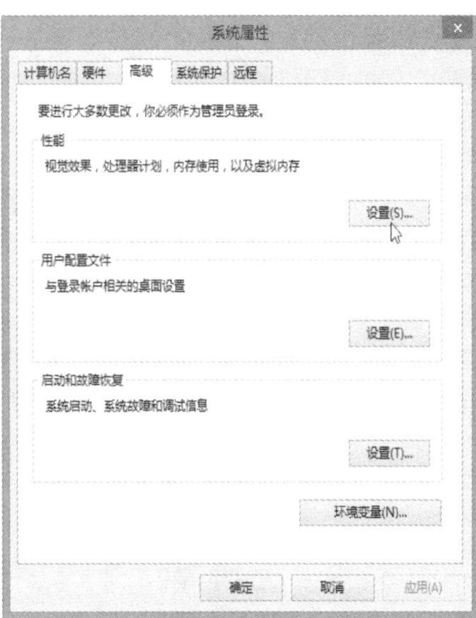

图14.14 “系统属性”对话框

3 单击“高级”选项卡，在“性能”组中单击“设置”按钮，接着在“性能选项”对话框中撤选“在桌面上为图标标签使用阴影”复选框，如图14.15所示。

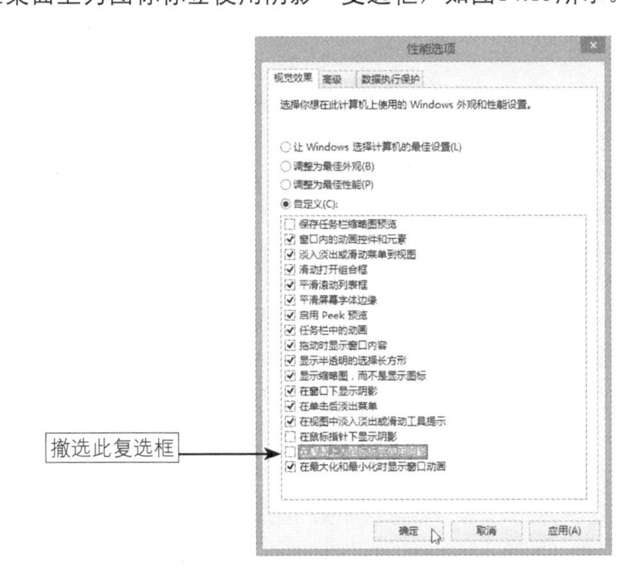

图14.15 “性能选项”对话框

14.2.4 在任务栏中建立自定义工具栏

用户平时可以使用任务栏上的按钮快速切换已经启动的程序或打开的文档，非常方便。其实，用户还可以在任务栏上建立自定义工具栏，如显示地址、链接、桌面或指定的文件夹。例如，经常要访问某个文件夹，就可以将该文件夹以菜单的形式放置在任务栏中，具体操作步骤如下：

1 在任务栏的空白处单击鼠标右键，在弹出的快捷菜单中选择“工具栏”｜“新建工具栏”命令，如图14.16所示。

图14.16 选择“新建工具栏”命令

2 弹出如图14.17所示的“新工具栏-选择文件夹”对话框后，指定要显示的文件夹，然后单击“选择文件夹”按钮。以后可从任务栏快速访问该文件夹的内容，如图14.18所示。

图14.17 “新工具栏-选择文件夹”对话框

图14.18 在任务栏上添加自定义工具栏

小提示

如果要取消已经添加到任务栏上的某个工具栏，只需在任务栏的空白处单击鼠标右键，在弹出的快捷菜单中选择“工具栏”命令，在展开的子菜单中单击此工具栏名称即可。

14.3 认识“控制面板”

“控制面板”可以说是Windows系统设置项目的集中地，而且将各种设置分门别类，让用户可以根据类别快速找到要设置的项目。下面先对“控制面板”有个基本的认识。

如果用户使用的触摸显示器，可以在屏幕的右边缘向内滑动，会显示超级按钮（Charm菜单），然后点击“设置”按钮，如图14.19所示；如果使用鼠标，将鼠标移到屏幕的右上角或右下角，会显示超级按钮（或者按Windows徽标键+C快捷键），然后向上或向下移动以单击“设置”按钮。此时，会显示“设置”菜单，选择其中的“控制面板”命令，如图14.20所示。

图14.19 超级按钮

图14.20 “设置”菜单

进入如图14.21所示的“控制面板”窗口，即可看到8大类别的设置内容。

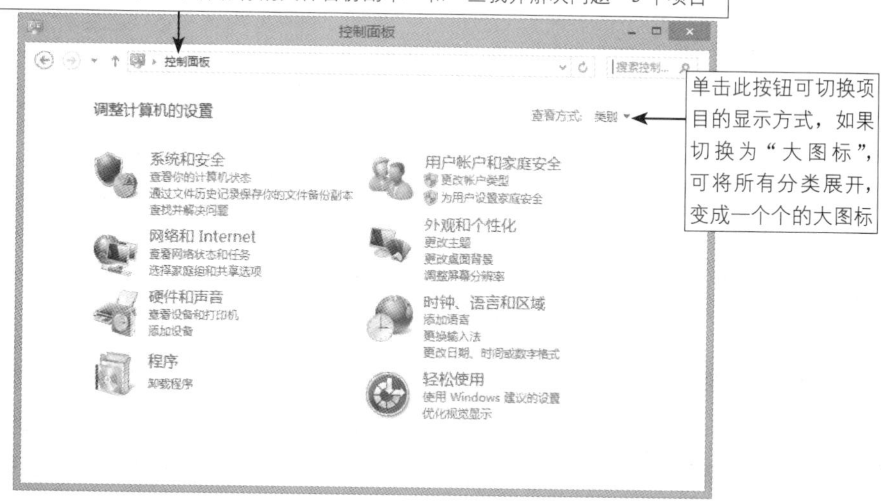

图14.21 “控制面板”窗口

接下来，就要针对控制面板中几个常用的类别及设置项目进行介绍，其余的设置项目会在相关章节中说明。

14.4 调整鼠标和键盘

每个用户都有不同的使用偏好，有的用户习惯使用左手握鼠标，有的用户喜欢鼠标移动速度快一些，而有的用户想鼠标滑轮滚动的幅度大一些。本节将介绍调整鼠标和键盘的方法。

14.4.1 调整鼠标适合左手使用

如果用户习惯左手使用鼠标，可以对默认的鼠标进行设置，具体操作步骤如下：

1 在“控制面板”窗口中单击“查看方式”右侧的向下箭头，在下拉列表中选择“大图标”选项，切换到大图标状态。

2 单击“鼠标”文字链接，弹出如图14.22所示的“鼠标属性”对话框。

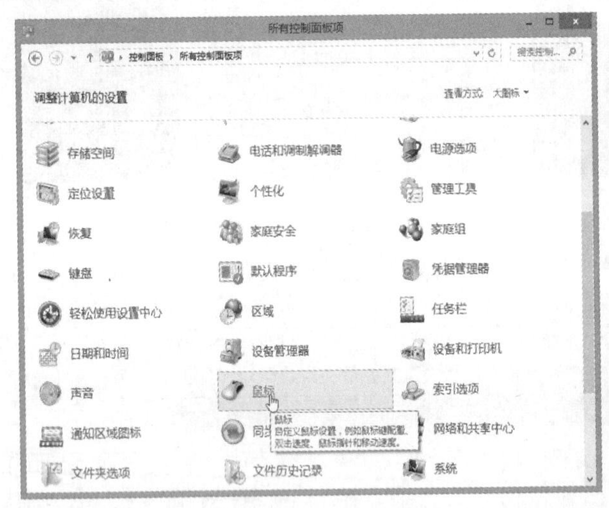

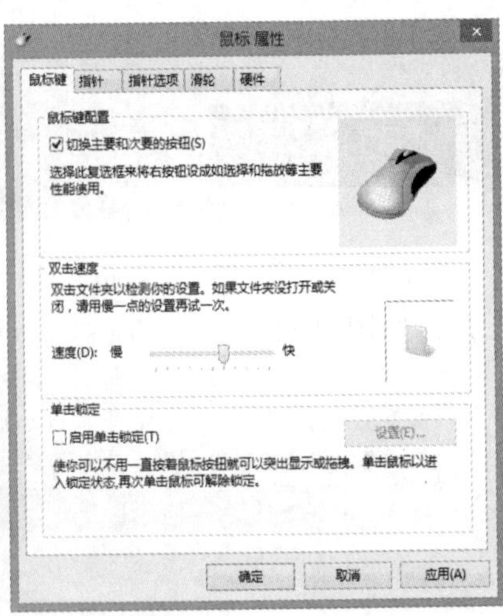

图14.22 “鼠标属性”对话框

3 选中“切换主要和次要的按钮”复选框，让鼠标更适合左手握持，然后单击“确定”按钮。

14.4.2 调整鼠标移动及双击速度

如果觉得鼠标移动及双击的速度太快或太慢，可以通过以下操作进行调整。

1 在控制面板的大图标方式下单击“鼠标”文字链接，弹出“鼠标属性”对话框。

2 在“双击速度”组中，拖动滑块调整双击速度，然后双击右侧的文件夹图标测试速度是否合适，如图14.23所示。

3 单击“指针选项”选项卡，然后拖动“移动”组中的滑块来调整移动速度，如图14.24所示。

双击此文件夹可测试双击速度

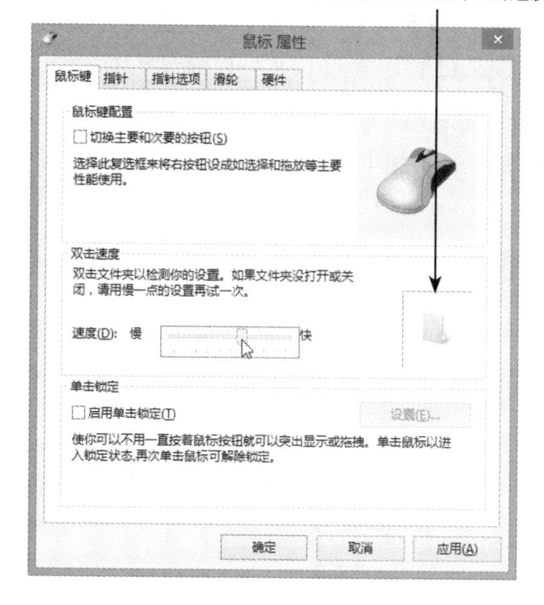

图14.23 调整双击的速度

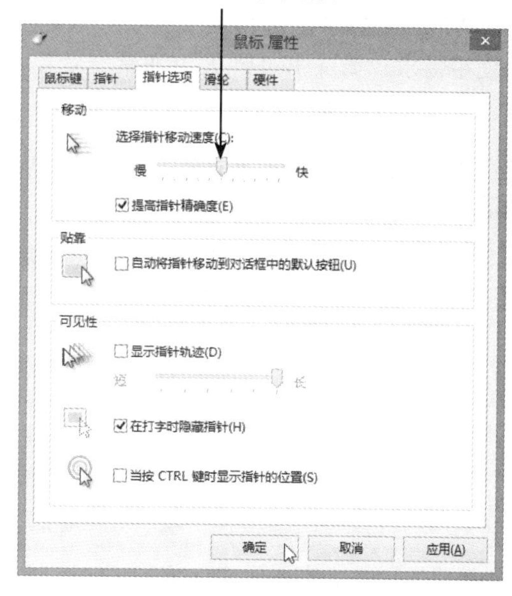

图14.24 调整鼠标移动速度

14.4.3 调整滑轮

Windows默认滑轮每转动一个齿格，内容将垂直卷动三行。用户可以使用如下的方法来调整鼠标滑轮的滚动幅度：

1 在控制面板的大图标方式下单击“鼠标”文字链接，弹出“鼠标属性”对话框。

2 单击“滑轮”选项卡，调整滑轮一次滚动的行数，然后单击“确定”按钮，如图14.25所示。

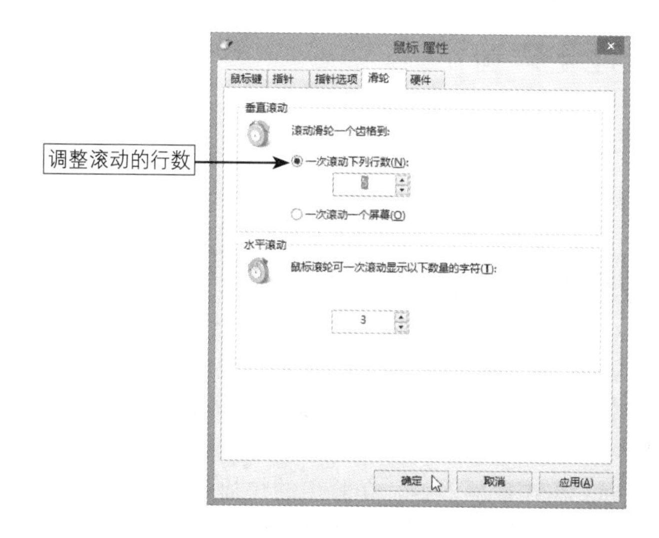

图14.25 “滑轮”选项卡

14.4.4 让键盘适应使用习惯

Windows默认的键盘响应速度符合大多数用户的使用习惯，但是却难以满足一些用户的使用需求，如文书处理人员通常会觉得重复按某键时间隔过长，可以对其进行适当调整。具体操作步骤如下：

1 在控制面板的大图标方式下，单击“键盘”文字链接，弹出如图14.26所示的“键盘属性”对话框。

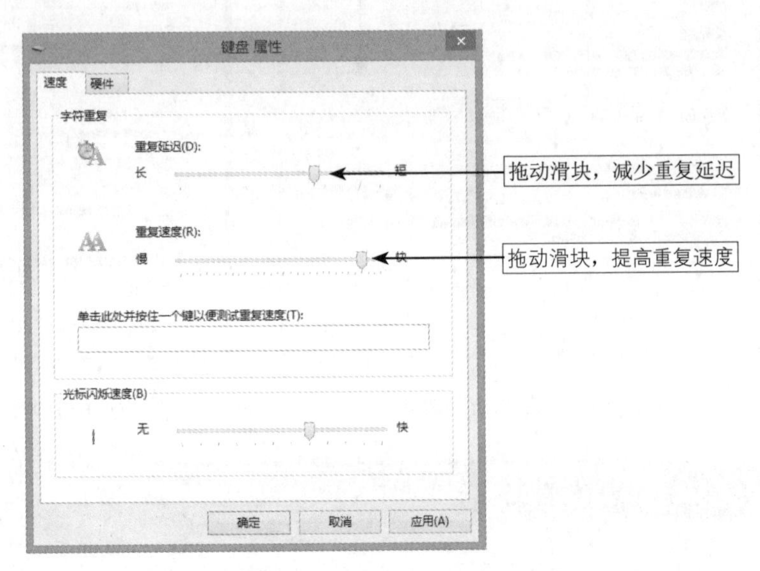

图14.26 “键盘属性”对话框

2 根据个人需要，调整重复延迟及重复速度，然后单击“确定”按钮。

14.5 个性化声音

当用户使用电脑听音乐、看电影时，经常要调整喇叭的音量；而在使用视频或语音功能和朋友对话时，则要调整麦克风的音量，本节将说明其调整的方法。

14.5.1 让不同的应用程序使用不同的音量

不知用户有没有遇到过这样的经历，正在用电脑听音乐时，突然弹出的广告声音或QQ的提示音会吓你一跳。事实上，Windows 8支持各个程序使用不同的音量，如将QQ设置为低音或静音，就不会被突如其来的声音干扰。

在通知区域的小喇叭图标上单击鼠标右键，在弹出的快捷菜单中选择“打开音量合成器”命令，然后就可以调整各个应用程序的音量了，如图14.27所示。

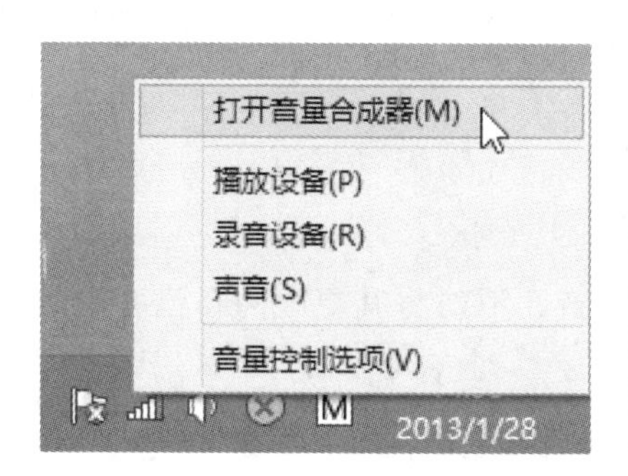

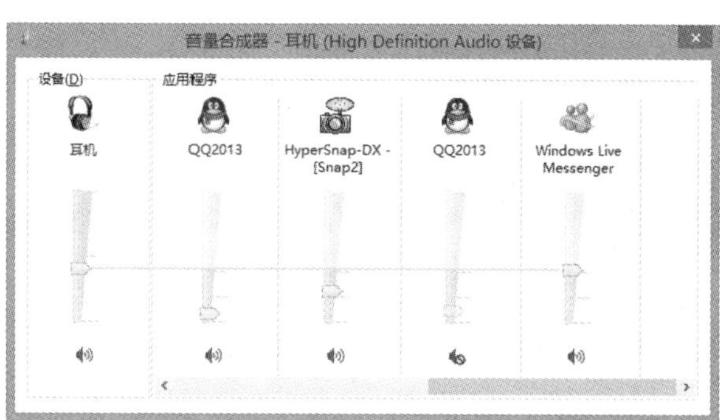

图14.27 让不同的应用程序使用不同的音量

小提示

用户也可以在“控制面板”窗口中单击“硬件和声音”类别，再单击“声音”类别下的“调整系统声音”文字链接，同样可以打开“音量合成器”窗口让用户调整不同应用程序的音量。

14.5.2 增强声音效果

用户可以根据需要调整声音效果，如使用响度均衡、清除原声等，以充分发挥声卡特色功能。需要注意的是，不同的声卡在安装官方驱动程序后，声音效果的设置项目也有所不同。调整声音效果的操作方法如下：

1 在通知区域的小喇叭图标上单击鼠标右键，在弹出的快捷菜单中选择“播放设备”命令。

2 弹出“声音”对话框后，在“播放”选项卡下双击扬声器设备，弹出“扬声器属性”对话框后，单击“增强功能”选项卡，如图14.28所示。

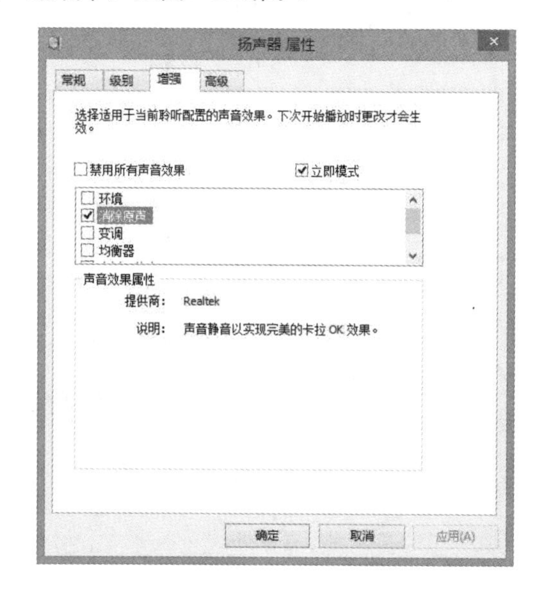

图14.28 “扬声器属性”对话框

3 选择要启用的功能，每选择一个复选框，下方会显示对应的说明和附加设置。例如，如果选中“清除原声”复选框，则歌手的声音就会消失，只留下伴奏的音乐。

14.5.3 自定义系统声音方案

如果用户听厌了系统在不同状态下默认发出的声音，不妨将其更改为自己喜欢的音乐。自定义系统声音方案的方法如下：

1 在通知区域的小喇叭图标上单击鼠标右键，在弹出的快捷菜单中选择“声音”命令。

2 出现“声音”对话框后，在“程序事件”列表中选择一种系统事件，然后单击“浏览”按钮，在弹出的对话框中选择声音文件，如图14.29所示。

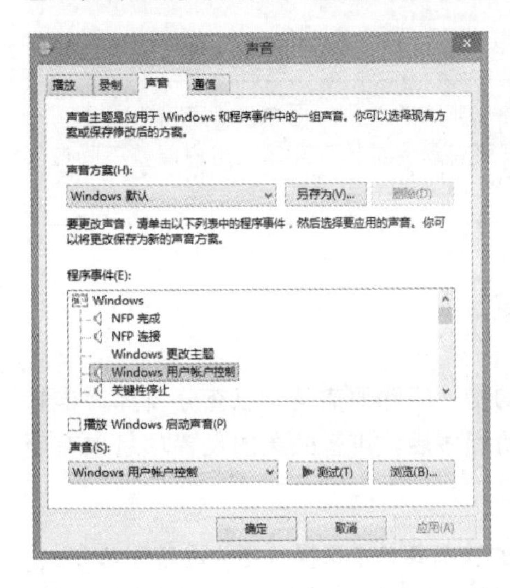
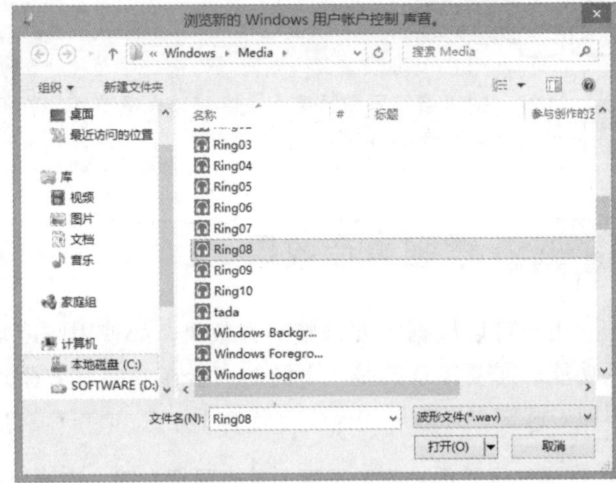

图14.29 “声音”对话框

3 完成所有程序事件对应的声音文件设置后，单击“另存为”按钮保存当前的声音方案，以后就可以在“声音方案”下拉列表中选择此方案，如图14.30所示。

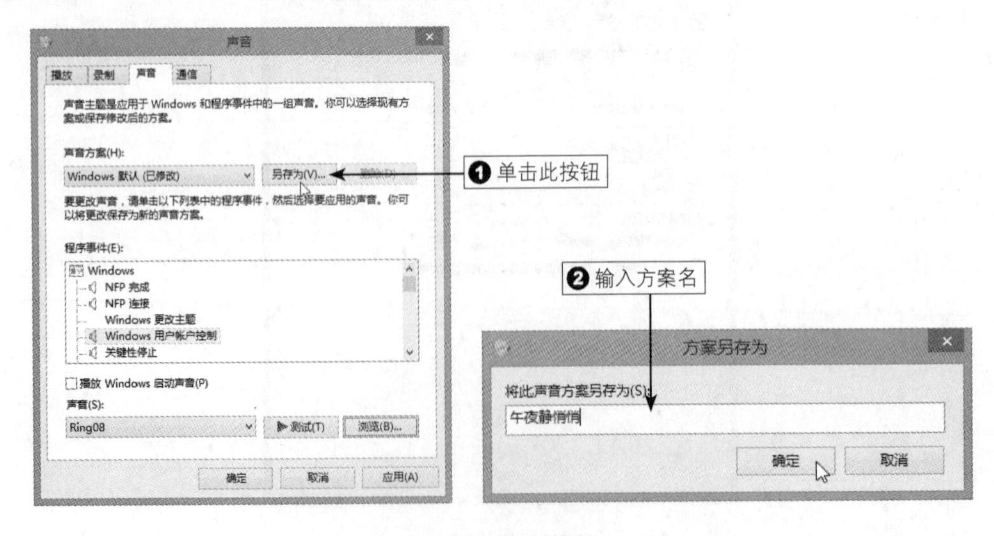

图14.30 保存方案

14.5.4 调整麦克风

当用户要将自己的声音录进电脑中（如为PPT配旁白），或者通过QQ、Skype等程序与别人通话时，如果觉得录制的声音很小，或者通话的对方告诉你听不清楚时，就需要调整麦克风的音量。

1 在“控制面板”窗口中单击“硬件和声音”类别，再单击“声音”类别下的“管理音频设备”文字链接。

2 弹出“声音”对话框后，在“录制”选项卡下双击麦克风设备名称，如图14.31所示。

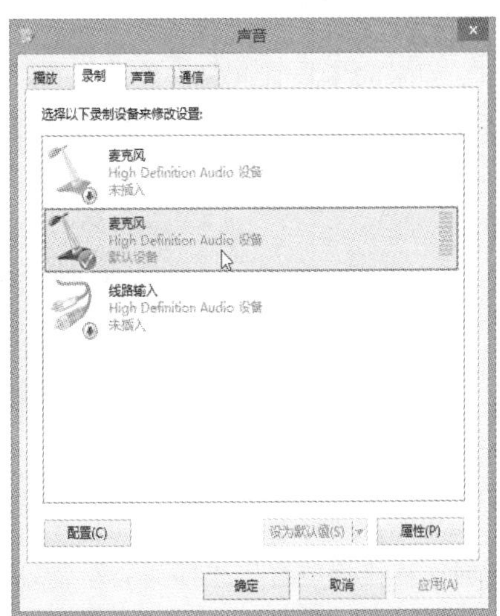

图14.31 “录制”选项卡

3 打开“麦克风属性”对话框的“级别”选项卡，可以拖动滑块来调整麦克风的音量和效果，如图14.32所示。

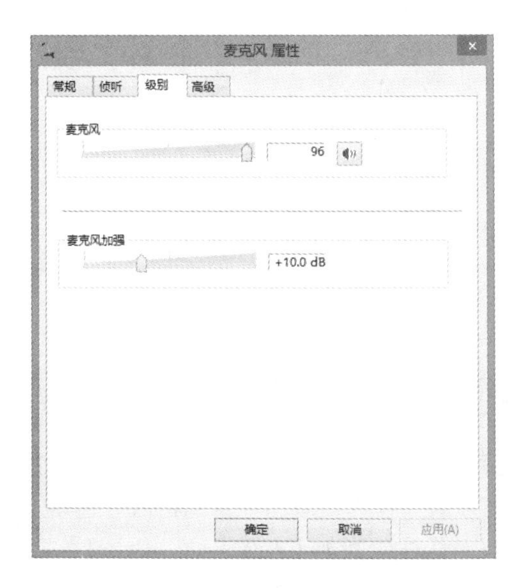

图14.32 调整麦克风的音量和效果

14.6 管理“自动播放”的设置

当用户将光盘放入光驱，或者将U盘接上电脑时，Windows就会自动检测其中的文件类型，并打开“自动播放”框，让用户指定用哪个程序来播放或运行其中的文件。

14.6.1 在“自动播放”框中指定文件的打开方式

如果尚未设置光盘、外接设置默认的播放或运行操作，每当放入光盘，或者插上U盘时，就会显示“自动播放”框，让用户选择要进行的操作。例如，将含有音乐、照片和视频的U盘插入电脑，会在屏幕的右侧弹出如图14.33所示的提示框。

图14.33 “自动播放”提示框

单击此提示框，弹出如图14.34所示的“自动播放”窗口，可以让用户选择导入照片和视频、直接播放音乐或打开文件夹，以查看此U盘中存放的内容。

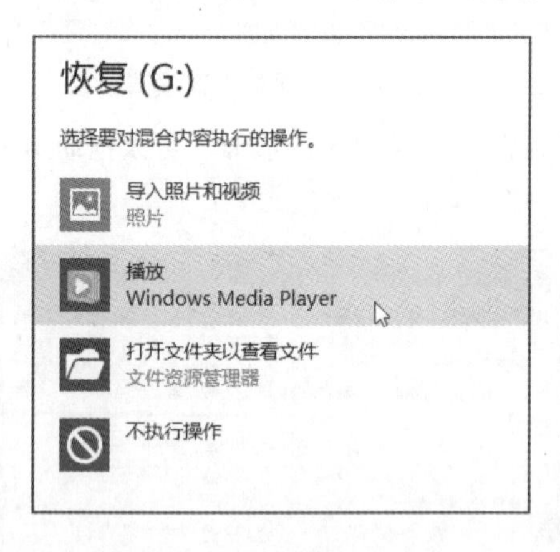

图14.34 “自动播放”窗口

14.6.2 在“控制面板”中设置自动播放的默认操作

如果用户每次都为某种类型执行相同的操作（如读取音乐文件时，每次都选择“打开文件夹以查看文件”），可以将该操作设置为“自动播放”选项，以后就不会显示对话框，而直接执行所需的操作。具体操作步骤如下：

1 在“控制面板”窗口中单击“硬件和声音”类别，进入“硬件和声音”窗口，单击“更改媒体和设备的默认设置”文字链接，如图14.35所示。

2 弹出“自动播放”对话框，选中“为所有媒体和设备使用自动播放”复选框，才能启动自动播放功能，如图14.36所示。如果撤选此复选框，以后放入光盘、插入U盘将不会有任何反应。不过，可以通过“文件资源管理器”窗口来读取光盘或U盘中的文件。

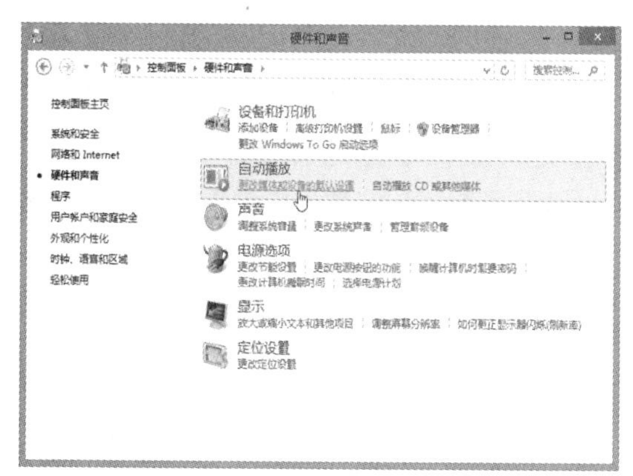

图14.35 “硬件和声音”窗口

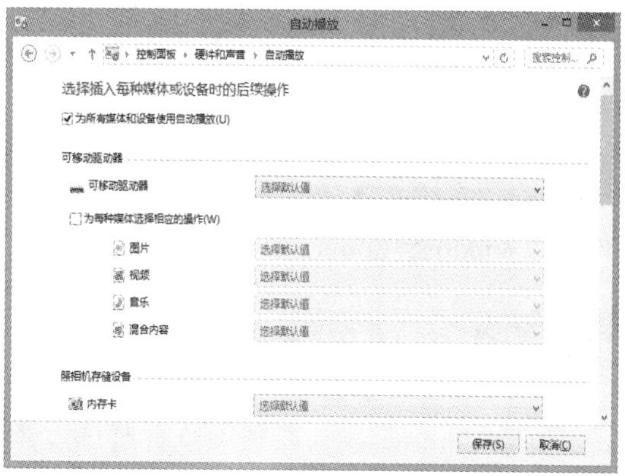

图14.36 “自动播放”对话框

小提示

有些应用程序在安装后，会自动修改光盘的“自动播放”默认操作，如当用户启动了Windows Media Player，就会以该程序当作打开音乐CD、影片DVD的自动播放默认操作，也可以在此自行更改。

3 如果要更改音频CD的自动播放操作，可以在“音频CD”下拉列表框中进行设置，然后单击“保存”按钮，如图14.37所示。

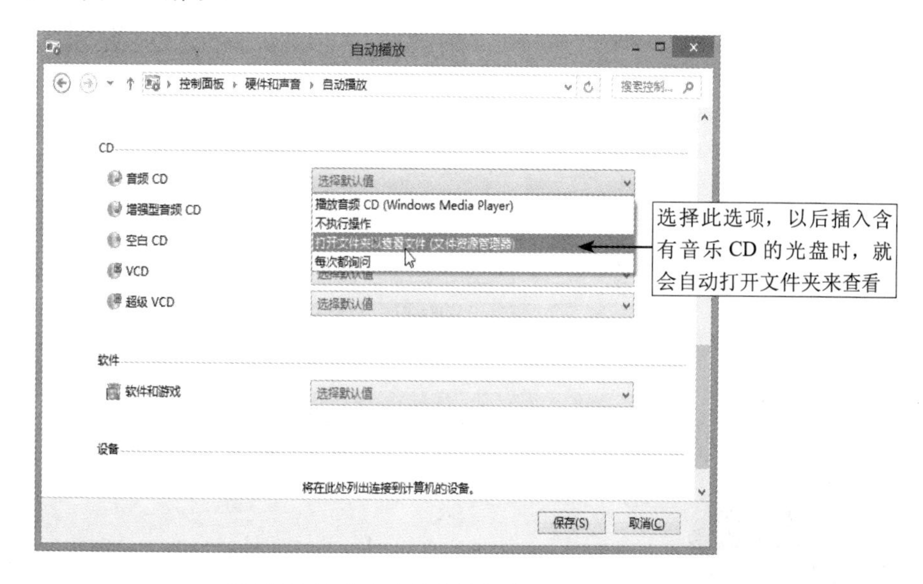

图14.37 指定自动播放的方式

用户可以继续设置其他文件的自动播放默认操作，如果想重新设置所有文件类型的默认操作，可在此页面的最下方单击“重置所有默认值”按钮。

14.7 安装与删除字体

字体用于在屏幕上和在打印时显示文本，它一般描述特定的字样和其他性质。Windows 8系统本身已经自带了许多字体，用户可以在系统字体文件夹中查看这些字体（通常在C:\Windows\Fonts文件夹下）。

14.7.1 安装新字体

如果Windows操作系统中没有用户需要的字体，尤其是对许多专业的排版用户而言，需要大量不同的字体（用户可以购买字库或从网上下载特别的字体），那么用户可以将这些字体添加到系统的字体库中。其安装方法非常简单，只需打开包含已有字体的文件夹，在要安装的字体文件上单击鼠标右键，在弹出的快捷菜单中选择“安装”命令，如图14.38所示。

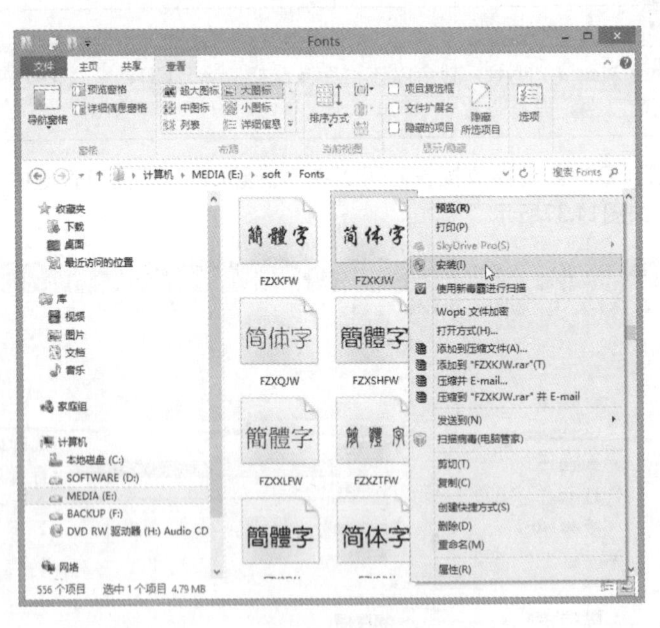

图14.38 安装新字体

小提示

如果要一次安装多种字体，可以先复制这些字体文件，利用“文件资源管理器”窗口打开C:\Windows\Fonts文件夹，然后按Ctrl+V快捷键粘贴即可。

14.7.2 以快捷方式安装字体

如果用户默认将Windows安装在C盘，而C盘的空间有限，采用前面介绍的方法将字体文件复制到Fonts文件夹中会增加C盘的负担。其实，可以将要安装的字体文件保存到其他分区中，然后以快捷方式来安装字体。具体操作步骤如下：

1 在“控制面板”窗口中单击“外观和个性化”类别，进入“外观和个性化”窗口后，单击“字体”类别下的“更改字体设置”文字链接。

2 在“字体设置”窗口中，选中“允许使用快捷方式安装字体（高级）”复选框，然后单击“确定”按钮，如图14.39所示。

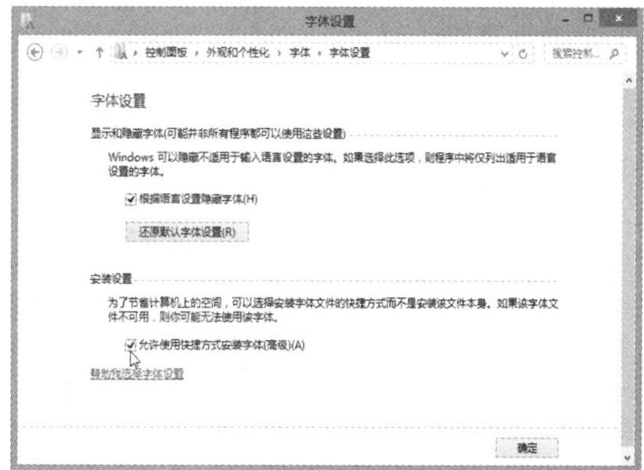

图14.39 “字体设置”窗口

3 切换到字体文件所在的文件夹，在要安装的字体文件上单击鼠标右键，在弹出的快捷菜单中选择“作为快捷方式安装”命令，如图14.40所示。

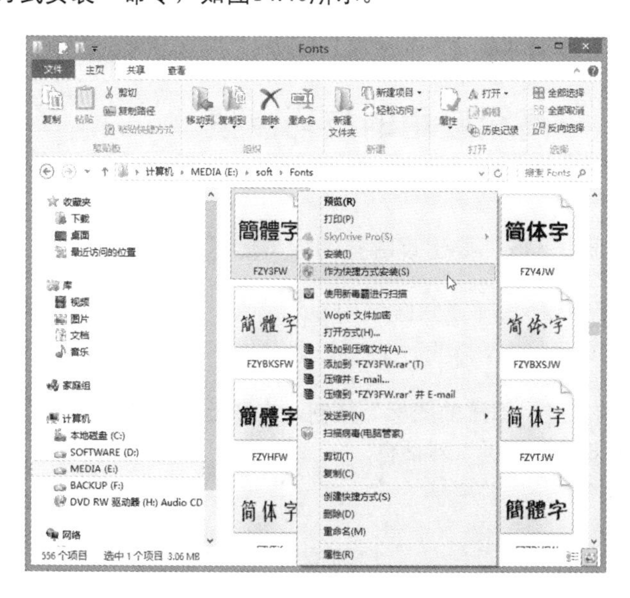

图14.40 选择“作为快捷方式安装”命令

14.7.3 删除字体

如果某个已经安装的字体不再需要了，可以将其从字体文件夹中删除。用户只需进入C:\Windows\Fonts文件夹，选择要删除的文件，然后单击“删除”按钮，如图14.41所示。

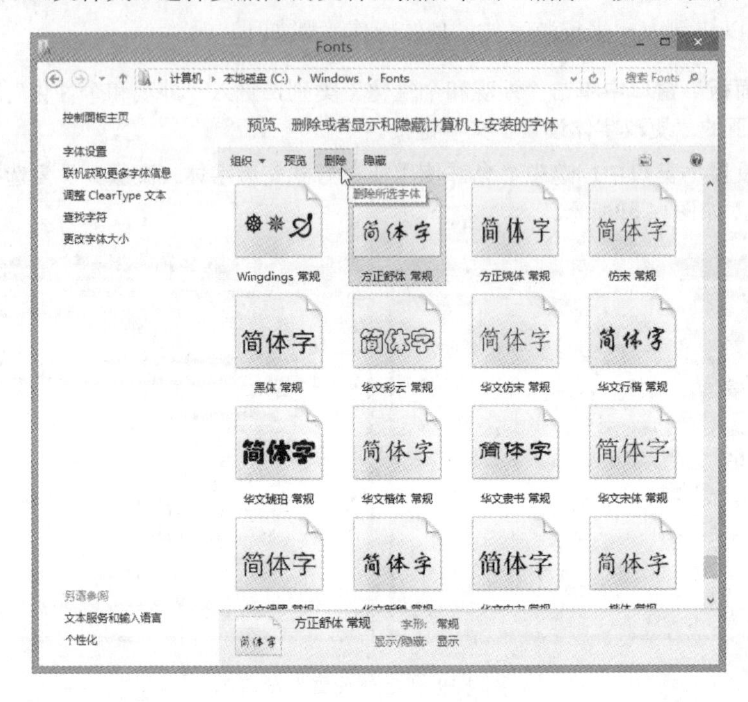

图14.41 删除字体

14.8 高级应用的技巧点拨

技巧1：指定“通知区域”要出现哪些图标与信息

默认情况下，在Windows 8通知区域中显示音量、网络、日期等图标，以及QQ、迅雷等应用程序一般处于隐藏状态。实际上，可以通过以下方法设置让某些图标显示或隐藏。

1 单击通知区域中的“显示隐藏的图标”按钮，在弹出的菜单中选择“自定义”命令，出现如图14.42所示的“通知区域图标”对话框。

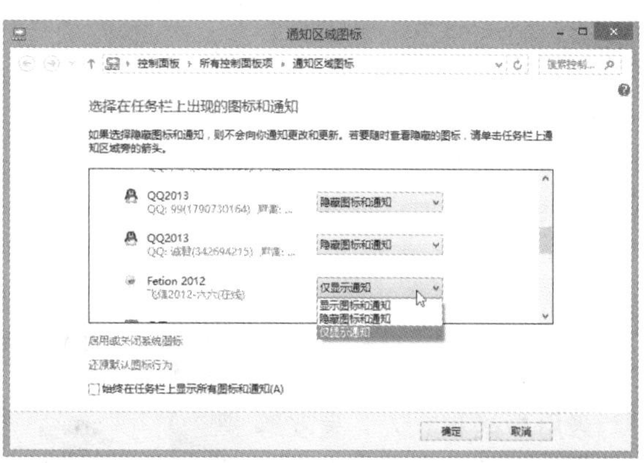

图14.42 “通知区域图标”对话框

2 可以在此为每个程序指定是否要显示通知及图标，然后单击“确定”按钮。

技巧2：同时显示多个时区的时间

现在出国读书或工作的人越来越多，加上网络的发达，结交外国朋友也变得很容易。如果经常需要跨国与他人联系，不妨让计算机同步显示当地的时间，以免弄错时差而打扰对方。

1 在通知区域的时间上单击鼠标右键，在弹出的快捷菜单中选择“调整日期/时间”命令，打开如图14.43所示的“日期和时间”对话框。

2 在“附加时钟”选项卡中，可以选择时区，并输入显示名称，然后单击“确定”按钮。

3 设置完成后，只要将鼠标移动到通知区域的时间上停一下，即可同时看到两个时区的时间，如图14.44所示。

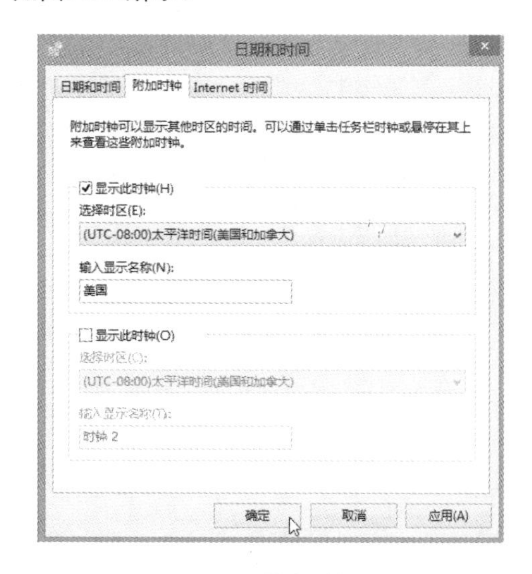

图14.43 “日期和时间”对话框

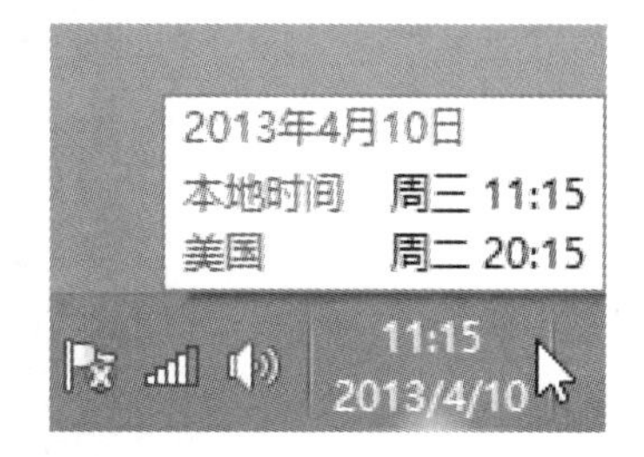

图14.44 显示两个地区的时间

15

第 15 章 多人共享一台电脑与家长监控功能

当用户是和家人、室友等人共用一台电脑，建议学习本章的内容，为每位共用电脑的人创建用户账户，就不必担心私人资料被他人看到，或者操作环境被修改等问题。

学习提要

- 认识 Windows 的多用户环境
- 创建、删除用户账户
- 多用户环境的登录、注销与切换
- 管理用户账户密码
- 使用家长控制功能——掌控小朋友使用计算机的时间
- 调整 UAC 授权方式
- 设置文件访问权限
- 使用 BitLocker 保护数据

15.1 认识 Windows 的多用户环境

和他人共用电脑时，由于每个人的使用习惯不同，有些系统设置如桌面、IE主页可能会被别人换掉；如果有电子邮件或私人文件，也可能会被别人看到。其实，只要在Windows中为每个人创建用户账户，就能够解决此困扰。

15.1.1 创建多用户环境的好处

Windows是一个多用户操作系统，也就是说，每个人都可以创建自己的用户账户，以后只要用该账户登录，就能够拥有专用的工作环境，包括桌面、用户文件夹等，如图15.1所示。

选择自己的用户账户登录，即可进入专用的工作环境

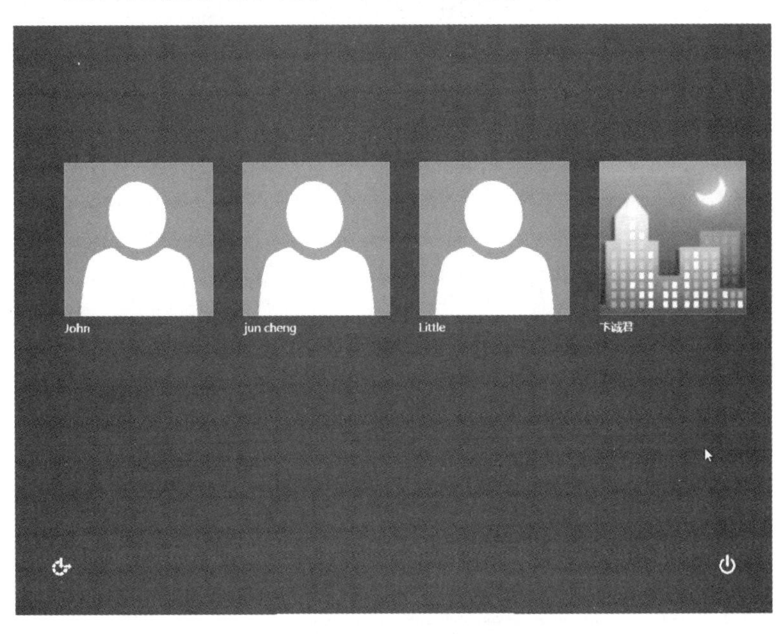

图15.1 创建多用户的环境

每位用户第一次登录以后，Windows会创建专用的文件夹存放该用户的数据，不会和其他人互相干扰。如果用户打开C盘，打开“用户”文件夹，就可以看到每个人专用的文件夹，如图15.2所示。当然，如果是系统管理员，可以在此浏览每个人的文件夹内容。

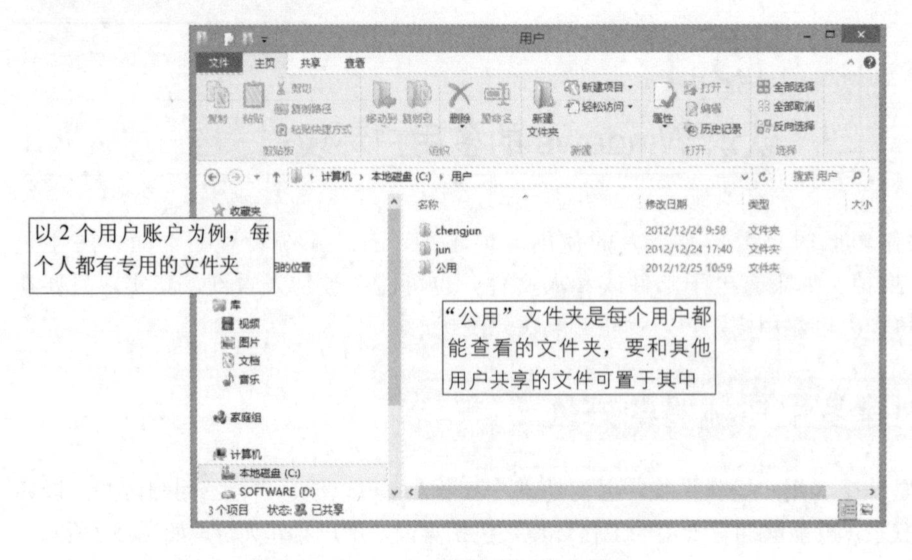

图15.2 用户文件夹

在每位用户的文件夹中，都会自动创建"我的文档"、"我的视频"、"我的图片"等文件夹。因此，当新的用户登录，就可以立即利用这些文件夹来分类存放文件，如图15.3所示。

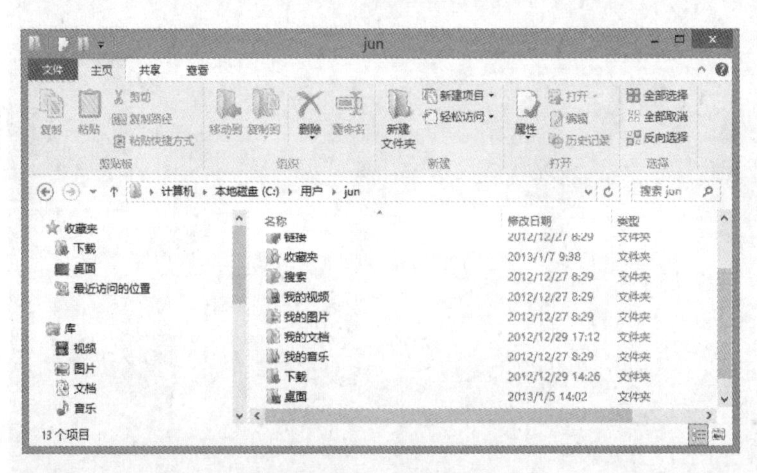

图15.3 预设的文件夹

15.1.2 全新的 Microsoft 账户

微软不仅在着手统一所有产品的界面风格，而且也统一了多种微软账户类型，包括MSN、Windows Live、Windows Phone、Xbox 360等。微软将这些类型的账户全部统一到了全新的Microsoft账户之下，也就是之前的"Windows Live ID"的新名称。

Microsoft账户不但可以统一管理微软在线服务账户，而且在Windows 8中还可以使用Microsoft账户登录本地计算机进行管理。

不少用户在重新安装操作系统后最大的困扰就是对Windows进行个性化的设置、重新输入保存各个网站的密码，显得很麻烦。如今，Windows 8引入了Windows设置漫游功能，用户可以在安装了Windows 8操作系统的计算机之间使用微软提供的云服务来漫游Windows

设置。当使用Microsoft账户登录计算机之后，每个用户可以获得一个SkyDrive，漫游的Windows设置数据都保存在SkyDrive中。

Windows 8还对一些Metro应用程序提供了云支持服务，这些程序包括邮件、日历、人脉、照片、消息和SkyDrive等。当用户使用Microsoft账户登录计算机时，邮件、联系人、消息等应用程序原有的数据都可以在新系统中显示出来。

Windows 8中提供两种类型账户（即本地账户和Microsoft账户）登录计算机。安装Windows 8时系统会提示使用何种账户登录计算机，默认是以Microsoft账户登录计算机，同时也提供注册Microsoft账户连接。当然前提是计算机要连接到Internet。在无网络的情况下，用户只能使用本地账户来登录计算机。

15.1.3 本地用户账户的类型

Windows将用户账户分为三种类型，分别赋予不同的权限，如图15.4所示。

图15.4 三种账户类型

- 管理员：拥有更改、管理系统设置的权限，也能新建、删除和更改所有的用户账户。在安装 Windows 时，首次创建的用户账户就是属于管理员。
- 标准账户：仅具备操作、运行应用程序和调整个人使用环境的权限。
- 来宾账户：供在计算机或域中没有永久账户的用户使用的账户。它允许用户使用计算机，但没有访问个人文件的权限，也无法安装任何应用程序或硬件、更改设置或创建密码。

因此，当用户要进行与调整系统有关的操作时，都必须以管理员的账户登录才行。例如，在“控制面板”窗口中单击带有图标的文字链接时，如果只是以标准账户登录，系统会要求输入管理员的密码，如图15.5所示。

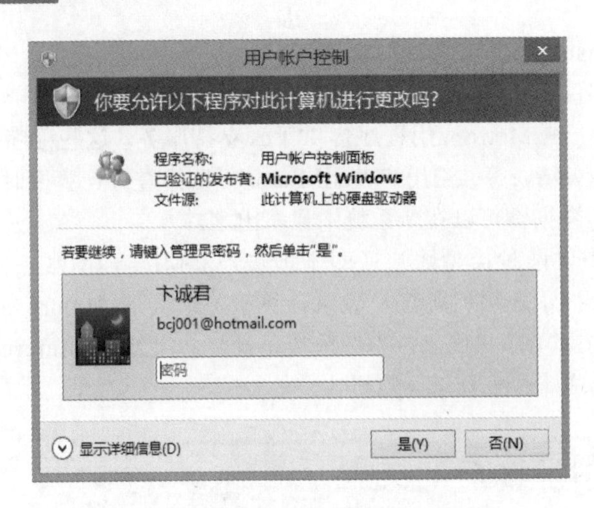

图15.5 要求输入管理员的密码才能继续

15.2 创建、删除用户账户

Windows 8是一个多用户操作系统，管理员可以根据使用电脑的用户数量创建用户账号。对于不需要使用的账户，建议将其删除或停用，以节省磁盘空间。

在Windows 8中可以添加"Microsoft账户"或"本地账户"。如果使用Microsoft账户登录电脑，则可以从Windows应用商店下载应用并可以在线同步设置，这种方式适合你拥有多台电脑可以获得同样的观感体验；如果使用本地账户登录电脑，则必须为自己使用的每台电脑分别创建一个用户名和账户。

15.2.1 创建 Microsoft 账户

Microsoft账户（邮件地址和密码）是一种用于登录到任何一台运行Windows 8的电脑新方式。使用 Microsoft 账户登录时，你的电脑将连接到云，可以随时在不同的电脑上访问与自己的账户关联的许多设置、首选项和应用。创建Microsoft账户的操作步骤如下：

1 以管理员的身份登录（如安装Windows时创建的账户和密码来登录系统），然后将鼠标移到窗口的右上角或右下角，即可显示超级按钮，然后将它上移或下移，单击"设置"按钮，单击"控制面板"图标，打开"控制面板"窗口，如图15.6所示。

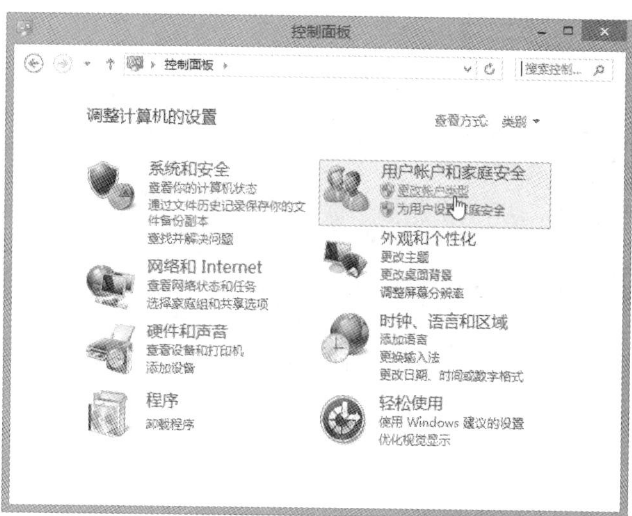

图15.6 “控制面板”窗口

2 单击“更改账户类型”文字链接，打开如图15.7所示的“管理账户”窗口。单击“在电脑设置中添加新用户”文字链接，弹出“电脑设置”窗口，并切换到“用户”分类中，如图15.8所示。

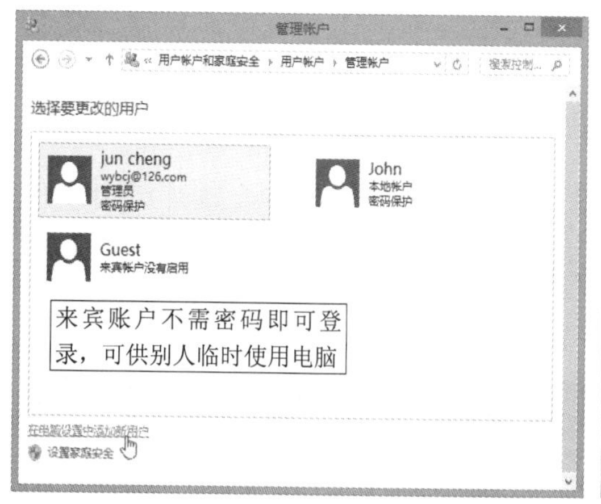

图15.7 “管理账户”窗口

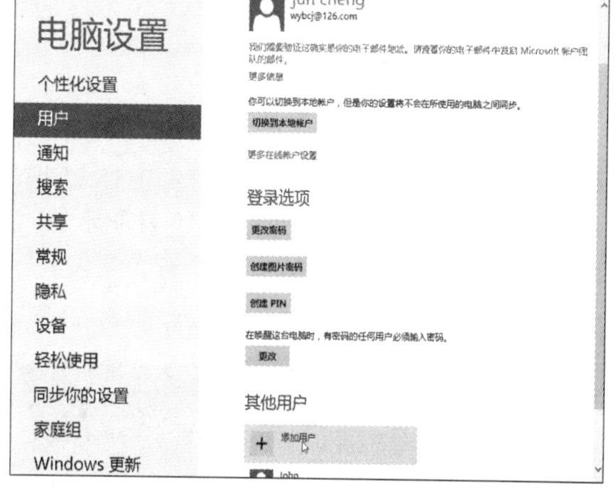

图15.8 “电脑设置”窗口

小提示

用户在超级按钮中单击“设置”按钮，然后单击窗口下方的“更改电脑设置”文字链接，同样可以快速弹出“电脑设置”窗口。

3 单击“其他用户”下方的“添加用户”文字链接，弹出“添加用户”窗口，要求输入电子邮件地址，然后单击“下一步”按钮，如图15.9所示。

4 此时，可以创建一个用户。如果是让家里的儿童使用此账户，则选中其中的复选框，然后单击“完成”按钮，如图15.10所示。

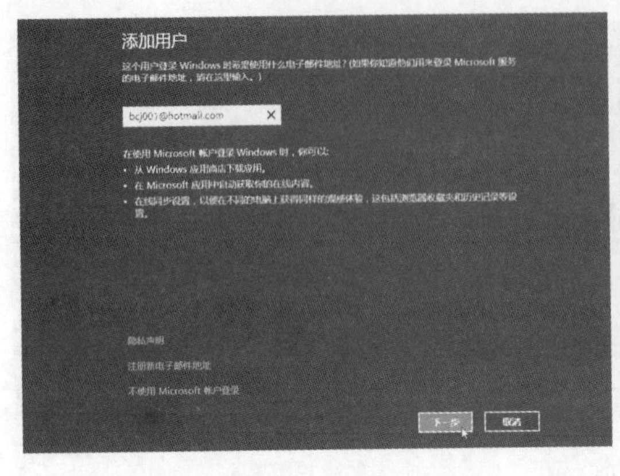

图15.9 “添加用户”窗口

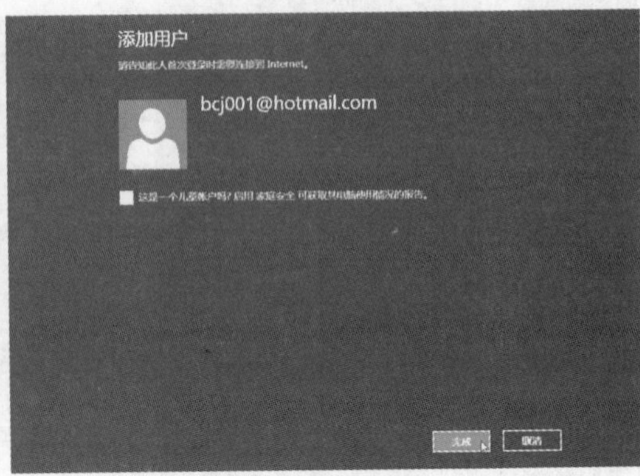

图15.10 创建新的Microsoft用户

没有电子邮件怎么办？

如果用户还没有电子邮件地址，可以在“添加用户”窗口中单击“注册新电子邮件地址”文字链接，然后按照提示先注册一个电子邮件地址。

15.2.2 创建本地用户

如果只想为此电脑创建一个本地用户，可以按照下述步骤进行操作。

1 利用前一节介绍的方法，打开如图15.9所示的“添加用户”窗口，单击“不使用Microsoft账户登录”文字链接，进入如图15.11所示的“添加用户”窗口，让用户决定使用哪种方法来添加用户。

2 单击“本地账户”按钮，进入如图15.12所示的窗口，输入用户名和密码。

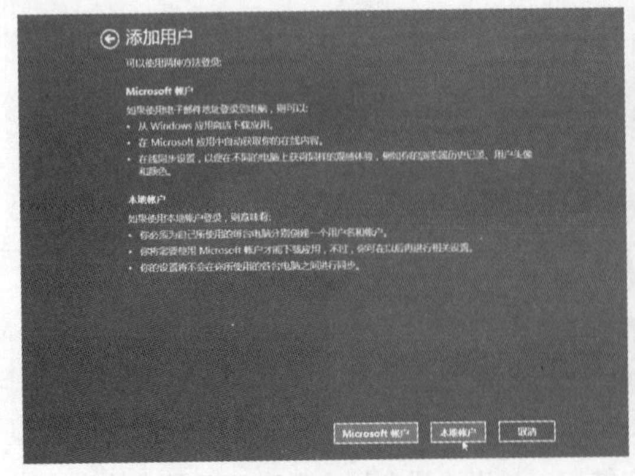

图15.11 选择添加用户的方法

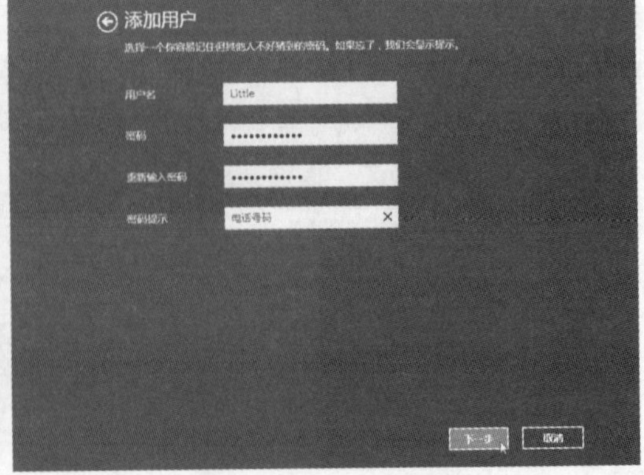

图15.12 输入用户名和密码

3 单击“下一步”按钮，即可顺利创建一个本地账户，如图15.13所示。

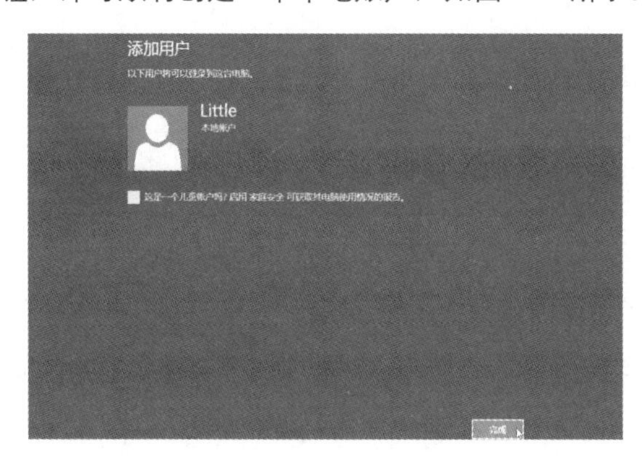

图15.13 创建本地账户

15.2.3 从本地账户切换到 Microsoft 账户

由于本地账户无法使用某些Metro应用程序，因此使用Microsoft账户登录计算机能够实现更多的功能。

如果要从本地账户转换到Microsoft账户，可以按照下述步骤进行操作。

1 在“设置”超级按钮中单击“更改电脑设置”，在弹出的“电脑设置”窗格中选择“用户”选项。

2 单击“切换到Microsoft账户”按钮，然后按照提示输入此账户的密码，再单击“下一步”按钮，输入电子邮件地址。

15.2.4 删除用户账户

对于不再使用的账户，管理员可以将其删除。具体操作步骤如下：

1 以管理员身份登录电脑，打开“控制面板”窗口，单击“更改账户类型”文字链接，即可看到所有创建的账户，如图15.14所示。

2 单击要删除的账户名称，进入此账户的“更改账户”窗口，单击“删除账户”文字链接，如图15.15所示。

图15.14 查看所有创建的账户

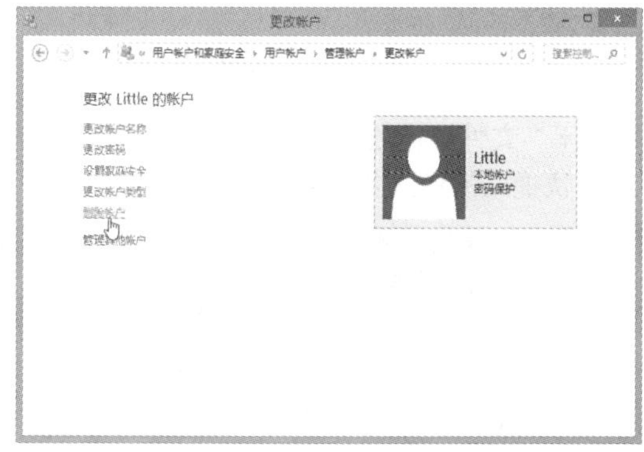

图15.15 “更改账户”窗口

更改账户类型

如果要更改账户类型，只需在“更改账户”窗口中单击“更改账户类型”文字链接，在弹出的“更改账户类型”窗口中可以选中“标准”或“管理员”单选按钮。

3 在删除账户之前，系统会自动将该账户的桌面、文档、收藏夹、音乐和图片等保存在一个新的文件夹中，可以根据实际情况选择删除或保留文件，如图15.16所示。

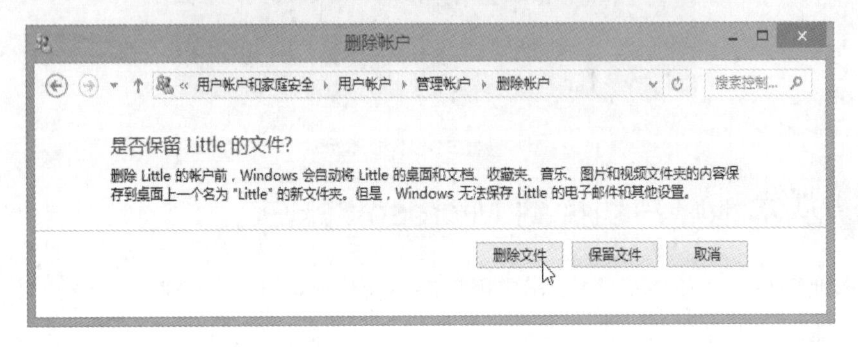

图15.16 是否保留此账户的文件

4 接下来，弹出对话框提示是否确实要删除此账户，单击“删除账户”按钮，如图15.17所示。

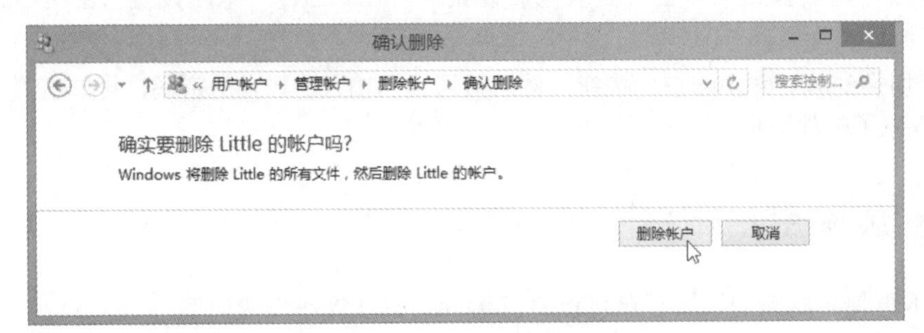

图15.17 确认删除账户

15.2.5 禁用账户

禁用账户就是暂时让账户处于冻结状态，该账户在解除禁用之前无法登录。例如，公司人员调动岗位，管理员可以禁用此账户，具体设置方法如下：

1 打开“文件资源管理器”窗口，在左侧导航窗格中的“计算机”图标上单击鼠标右键，在弹出的快捷菜单中选择“管理”命令。

2 打开“计算机管理”窗口，单击左侧窗格中的“本地用户和组”分类将其展开，选择“用户”选项，右侧窗格会列出所有的用户，如图15.18所示。

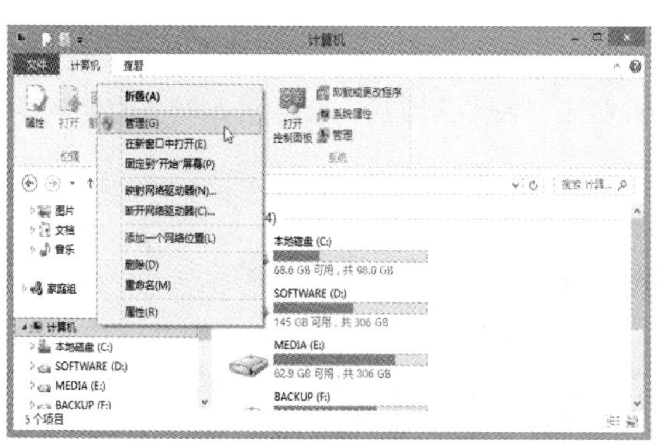

图15.18 “计算机管理”窗口

3 双击想禁用的账户名，弹出此账户的属性对话框，选中“账户已禁用”复选框，然后单击“确定”按钮，如图15.19所示。

图15.19 禁用账户

15.3 多用户环境的登录、注销与切换

当系统中创建多个用户账户，每位用户就可以通过登录、注销、切换用户等操作，以自己专用的账户来使用电脑，不会互相干扰。

15.3.1 登录用户操作环境

当电脑中创建了两个以上的用户账户，单击激活锁定屏幕后，会显示管理员的登录界面，如图15.20所示。

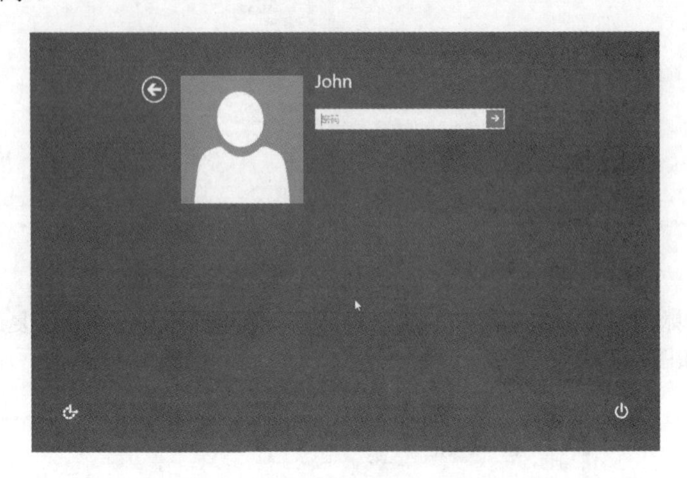

图15.20 登录界面

如果要使用其他用户登录操作系统，可以单击前面的“切换用户”按钮，即可查看已创建的用户账户，如图15.21所示。

图15.21 选择要使用哪个用户登录

单击该账户，即可登录该账户。如果用户账户设有密码，在单击账户后必须先输入密码才能顺利登录。

15.3.2 注销用户操作环境

当用户工作告一段落，要将电脑让给其他用户时，可以按键盘的Windows徽标键，或者使用鼠标指向屏幕的右上角或右下角，然后将其向上或向下移动并单击“开始”（还可以移到屏幕左下角，然后在显示“开始”时单击它），即可切换到“开始”屏幕。

单击右上角的账户名图标，在弹出的下拉列表中选择“注销”选项，如图15.22所示。

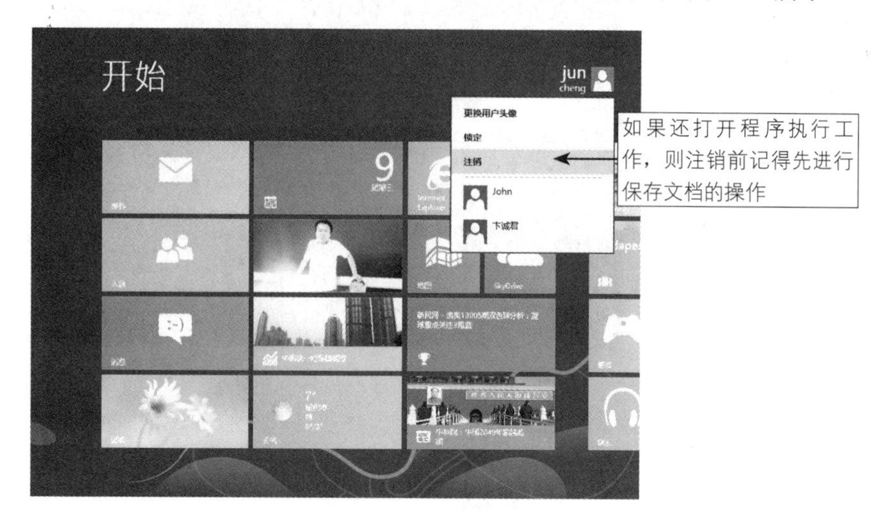

图15.22 选择“注销”选项

接着，Windows会结束当前的账户状态，再回到用户账户登录界面。这时，就可以让出电脑，给其他用户登录使用了。

设置账户头像

如果要为当前的账户设置头像，可以从如图15.22所示的下拉列表中选择“更换用户头像”选项，然后选择头像的图片。如果电脑上配有摄像头，还可以用摄像头来拍摄作为头像。

15.3.3 保留工作状态并切换到其他用户

如果用户尚未结束手边的工作，但是家人又着急要临时使用电脑，应该怎么办呢？没关系，还有“切换用户”的功能，可以让其他人先登录使用，等对方使用完毕，再回到原来的工作状态。

1 切换到“开始”屏幕，单击右上角的账户图标，在弹出的下拉列表中选择“锁定”选项（或者按键盘上的徽标键+L键），系统会保留用户工作状态，并切换到用户的登录画面。

2 单击“切换用户”按钮进入登录账户选择画面，其中未注销的用户账户下方会显示“已登录”字样，代表当前只是暂离状态。该用户如果再次登录，即可回到原来的状态，如图15.23所示。

3 这时，可以单击其他用户名称来登录Windows，如果要登录的账户设有密码，在切换时也需要输入密码才能登录。

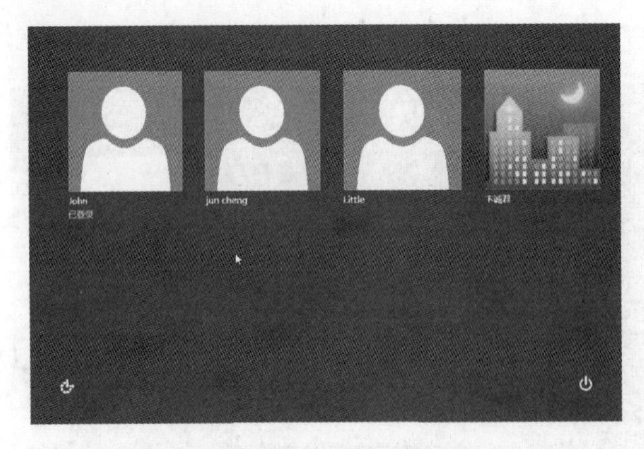

图15.23 显示已登录的用户

15.4 管理用户账户密码

如果用户账户没有设置密码，那么任何人都可以登录该账户。建议每位用户都要创建密码，之后在登录账户或切换用户时，就必须输入密码，通过之后才能进入系统，以维护系统的安全。

15.4.1 创建用户账户密码

管理员可管理（包括创建、更改与删除）每位用户的密码，而标准用户只能管理自己的账户密码。

1 打开“控制面板”窗口，单击“更改账户类型”文字链接，打开如图15.24所示的“管理账户”窗口。

2 单击要添加密码的账户，进入此账户更改窗口，如图15.25所示。

图15.24 “管理账户”窗口

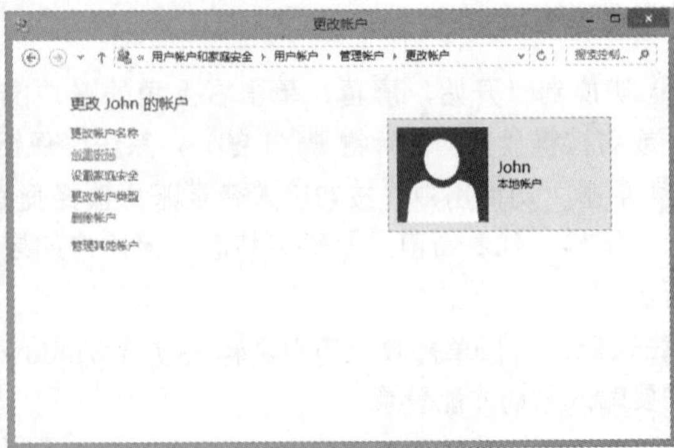

图15.25 “更改账户”窗口

3 单击“创建密码”文字链接，进入“创建密码”对话框，输入密码和密码提示，然后单击“创建密码”按钮，如图15.26所示。创建密码后，用户账户名下方就会显示“密码保护”字样。

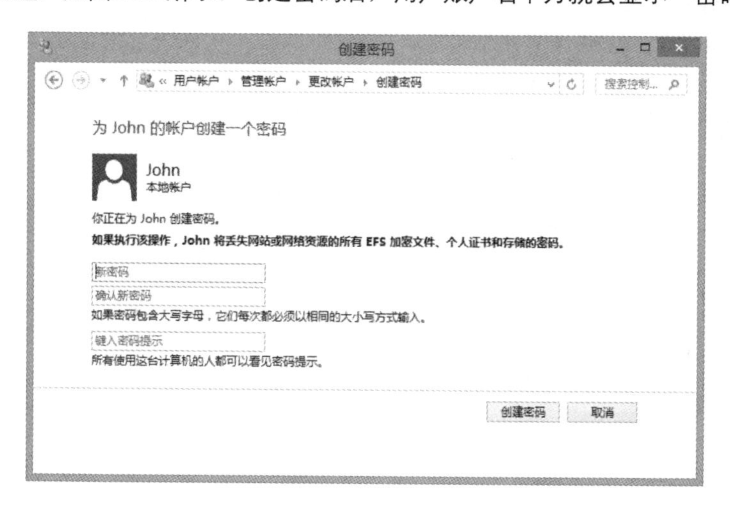

图15.26 创建密码

“管理员”务必设置密码

Windows中有许多操作必须以管理员的身份执行，如调整系统、更改用户权限等。前面曾经提到，如果以标准用户的身份来执行这些操作，则会出现“用户账户控制”对话框，要求输入管理员的密码。

15.4.2 更改用户账户密码

如果要更改用户账户密码，可以按照上一节的方法打开此账户的更改窗口，如图15.27所示。单击“更改密码”文字链接，弹出“更改密码”对话框，输入新的密码，然后单击“更改密码”按钮，如图15.28所示。

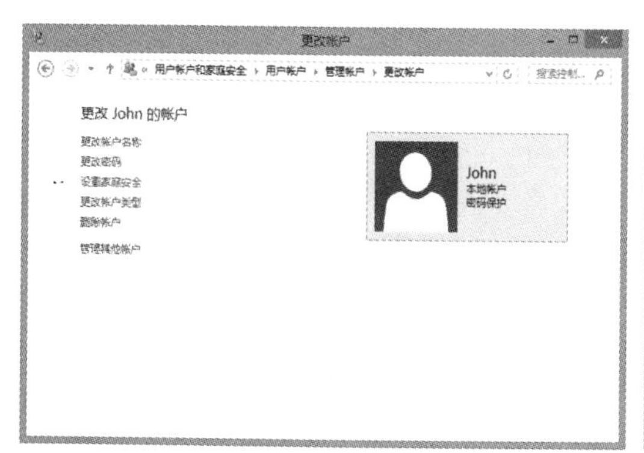

图15.27 打开准备更改的账户

图15.28 “更改密码”对话框

删除用户账户密码

如果不想使用密码，只需在如图15.28所示的“更改密码”对话框中清除其中的密码，使文本框为空，然后单击“更改密码”按钮。

15.5 使用家长控制功能——掌控小朋友使用计算机的时间

Windows 8系统引入了家长控制功能，用户可以通过该功能限制未成年用户使用电脑的时间、可运行的游戏及阻止特定的程序运行，从而为未成年人营造一个健康的电脑使用环境。

15.5.1 启用家长控制功能

“家长控制”功能简单来说，就是通过管理员账户来控制小孩使用计算机的时间和权限，因此必须先以管理员身份登录，并创建一个标准用户账户给小孩使用，然后启用家长控制功能。

1 以管理员身份登录系统后，打开“控制面板”窗口，单击“为用户设置家庭安全”文字链接，如图15.29所示。

2 接着，会列出当前这台电脑所有的用户账户，单击小孩使用的账户，如图15.30所示。

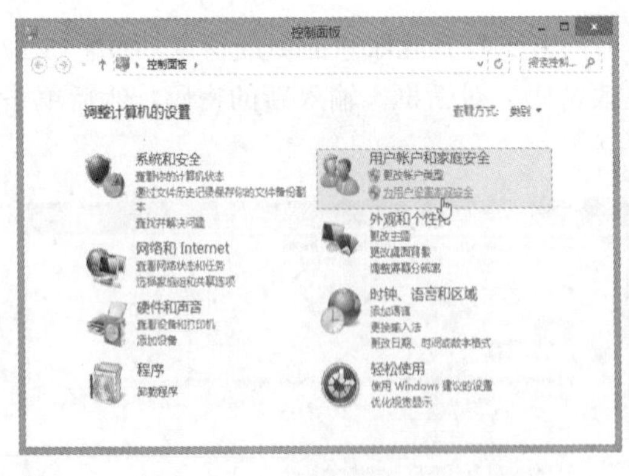

图15.29 “控制面板”窗口

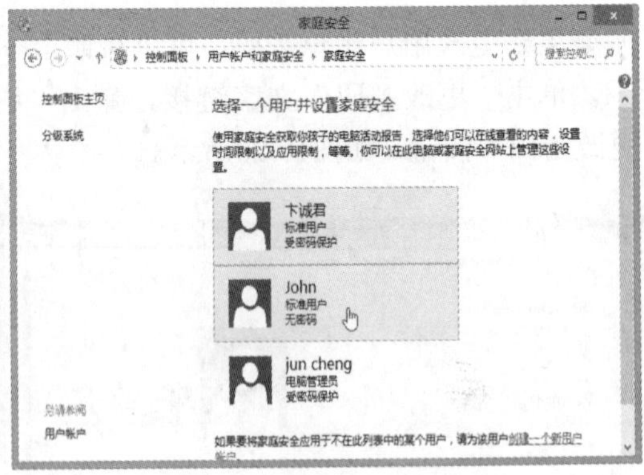

图15.30 单击要监控的账户

3 进入“用户设置”窗口，选中“启用，应用当前设置”单选按钮，如图15.31所示。

图15.31 启用家庭安全控制

15.5.2 限制使用电脑的时间

对于小朋友使用的账户，可以通过家长控制功能设置使用电脑的时间。例如，星期一至星期五使用电脑的时间为1小时，而周六、周日允许每天使用8小时，防止小朋友长时间使用电脑而荒废学业。具体设置方法如下：

1 接着前面的设置，单击如图15.31所示的“用户设置”窗口中的“时间限制”文字链接，弹出“时间限制”窗口，其中提供了两种限制时间的方法，如图15.32所示。

2 如果要设置每天可以使用多长时间，可以单击“设置开放时段”文字链接，打开“开放时段”窗口，可以设置周一到周五每天允许使用电脑的时间，周六和周日允许使用电脑的时间，如图15.33所示。

图15.32 “时间限制”窗口

图15.33 控制小孩可以使用电脑的时间

3 如果要规定小朋友每天具体上网的时间段，可以在如图15.32所示的“时间限制”窗口中单击“设置限用时段”文字链接，打开“限用时段”窗口，每个方格代表1小时，白色方格表示可以使用计算机的时段，蓝色方格是禁止使用的时段。用户在蓝色方格上单击，就可以切换为白色；在白色方格上按住鼠标左键拖动，可以使其变成蓝色方格，如图15.34所示。

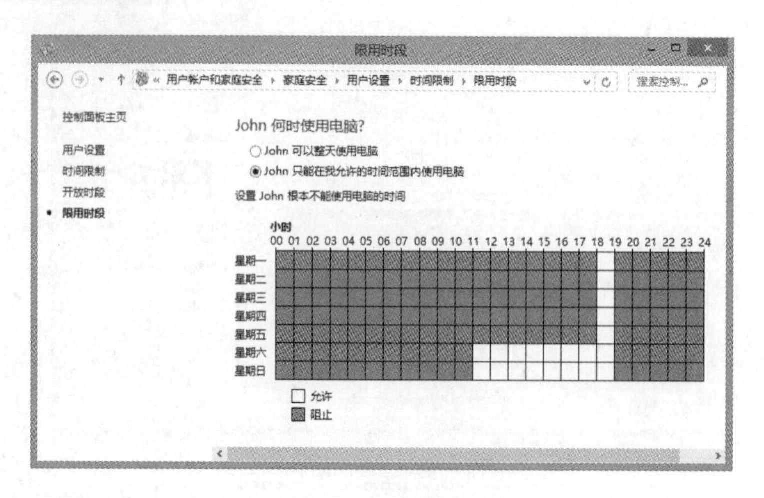

图15.34 “限用时段”窗口

设置完成后，如果小孩在禁止使用的时间内打开电脑，将会无法登录。可以试着用小孩的账户登录来测试设置的效果。即使小孩在允许的时段登录电脑，时间一到也会自动注销。

15.5.3 限制小朋友可以运行的应用商店和游戏

许多小朋友把玩电脑游戏当作主要的休闲娱乐，如果用户担心游戏中暗藏色情、暴力等内容，或小朋友沉迷于游戏而耽误学业，可以利用家长控制功能，限制小朋友能玩的应用商店和游戏。

需要注意的是，Windows系统通过ESRB（Entertainment Software Rating Board，娱乐软件分级委员会）制作的标准辨别游戏及其内容，但国内相当多的游戏并未遵循该标准，因此必须严格限制允许运行的程序才能达到阻止小孩玩游戏的目的。

1 接着前面的设置，在如图15.31所示的“用户设置”窗口中单击“Windows应用商店和游戏限制”文字链接，进入“游戏和Windows应用商店限制”窗口，如图15.35所示。选中窗口中的单选按钮，以便指定只能使用允许的游戏和Windows应用商店中的产品。

图15.35 “游戏和Windows应用商店限制”窗口

2 单击“设置游戏和Windows应用商店分级”文字链接，进入“分级级别”窗口。用户可能会在电脑中安装几种适合大人或专给小孩玩的游戏，这时可以设置游戏分级，选中“阻止未分级的游戏”单选按钮，然后选择合适的分级，依次单击“确定”按钮，关闭设置窗口，如图15.36所示。

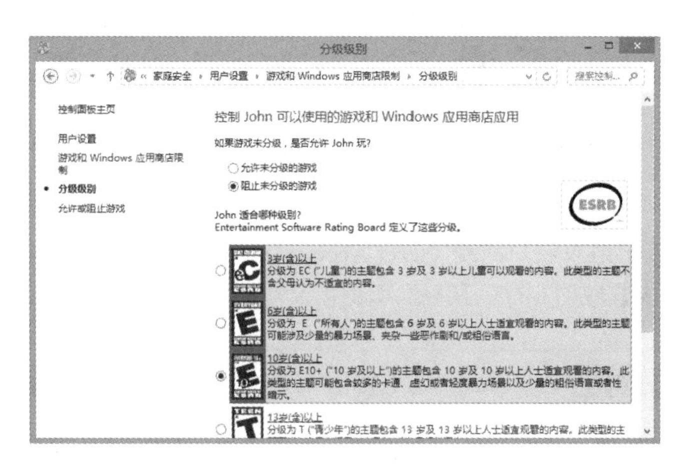

图15.36 “分级级别”窗口

在此设置分级后，用小孩的账户登录时，就无法打开不适合他的游戏。

15.5.4 指定可以运行的程序

由于国内游戏市场还没有严格推行分级制度，Windows 8只能识别一部分游戏，大部分游戏均被当成普通程序处理。因此，限制未成年人玩游戏的最佳方法是让系统只开放指定的程序给小朋友使用。例如，除了防止小孩玩游戏之外，有些小朋友每天用QQ或MSN等通信软件来聊天，则还可以禁用这些程序。

1 接着前面的设置，在如图15.31所示的“用户设置”窗口中，单击“应用限制”文字链接，打开“应用限制”窗口，选中“只能使用我允许的应用”单选按钮，然后选中允许运行程序的复选框，如图15.37所示。

图15.37 选中允许运行的程序

15.6 用户账户控制设置

Windows 8引入了用户账户控制（User Account Control，UAC）功能，它可以防止系统在未授权的情况下安装应用程序、插件、服务以及对系统进行设置。

15.6.1 UAC 简介

UAC是微软为提高系统安全而从Windows Vista开始引入的新技术，它要求用户在执行可能会影响计算机运行的操作或执行更改影响其他用户设置的操作之前，提供权限或管理员密码。通过在这些操作启动前对其进行验证，UAC可以帮助防止恶意软件和间谍软件在未经许可的情况下在计算机上进行安装或对计算机进行更改。

启用UAC功能后，不管登录账户拥有多大的权限，各种程序和任务均以标准账户权限运行。当需要安装应用程序、浏览器插件、服务，或者打开注册表编辑器时，就会弹出一个对话框要求用户授权，只有确认才会继续执行操作，否则中断应用程序发起的系统修改操作，从而有效地避免了恶意软件在后台偷偷运行、浏览器被植入插件等。

15.6.2 调整 UAC 授权方式

虽然UAC能够提高系统的安全，但是经常会弹出类似如图15.38所示的授权对话框。当然，Windows 8已经减少了授权请求的数量，只有程序试图修改系统时才会提出授权要求。

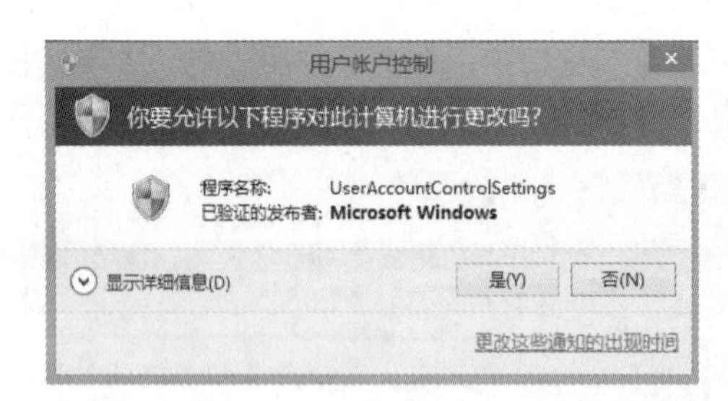

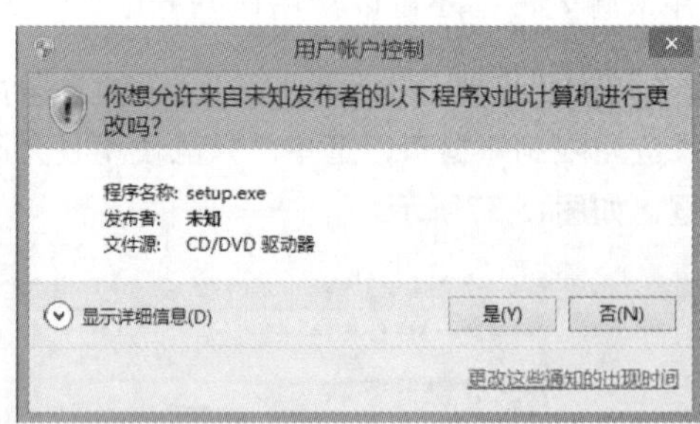

图15.38 授权对话框

如果用户想修改UAC发出通知的频率，可以按照下述步骤进行操作：

1 打开“用户账户”窗口，单击“更改用户账户控制设置”文字链接，打开“用户账户控制设置”对话框，如图15.39所示。

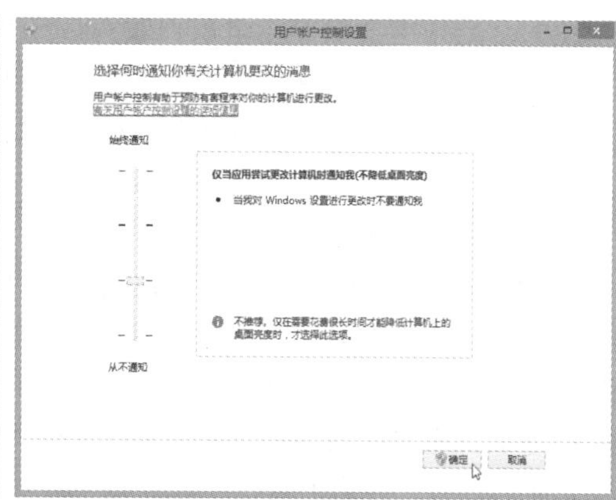

图15.39 拖动滑块调整UAC的授权方式

2 此时，可以拖动对话框中的滑块调整UAC的授权方式，共分为以下4种授权方式。

- 始终通知：这是最严格、最安全的设置，在对电脑或Windows设置进行更改时，系统会通知你。收到类似如图15.38所示的对话框时，屏幕将变暗进入安全桌面，必须先批准或拒绝UAC对话框中的请求，才能在电脑上执行其他操作。
- 仅当应用尝试更改我的计算机时通知我：这是Windows的默认设置。如果程序尝试对Windows设置进行更改，则会收到类似如图15.38所示的对话框。
- 仅当应用尝试更改我的计算机时通知我（不降低桌面亮度）：此项设置与上一项的安全性是相同的，区别是前者在请求授权时会进入安全桌面，待用户决定是否授权后才返回工作桌面；后者在请求授权时仅弹出对话框而不进入安全桌面，用户可以继续当前的工作，稍后再处理授权请求。
- 从不通知：选择此选项时，将关闭UAC功能，这是最不安全的设置。无论程序或用户修改系统设置均不会弹出授权对话框。

15.7 设置文件访问权限

在Windows中，权限是指不同用户账户或用户组访问文件、文件夹的能力。作为操作系统的安全措施之一，权限管理和UAC是相辅相成的。对文件或文件夹等对象设置使用权限，可以很好地防止系统文件被删除或修改。

15.7.1 NTFS 权限

从Windows NT系统开始，微软引入了NTFS（New Technology File System）文件系统格式，这种文件系统格式支持访问控制，用户只需设置访问控制列表（Access Control List，ACL），ACL中包含可以访问该文件或文件夹的所有用户账户、用户组以及访问类型。在ACL中，每个用户账户或用户组都对应一组访问控制项（Access Control Entry，

ACE），ACE用来保存特定用户账户或用户组的访问类型。权限的适用主体只针对数据，是数据的权限设置来决定哪些用户账户可以访问。

当用户访问一个文件或文件夹时，NTFS文件系统首先会检查该用户所使用的账户或账户所属的组是否存在于此文件或文件夹的ACL中，如果存在，则进一步检查ACE，然后根据ACE中的访问类型来分配用户的最终权限。其次，如果ACL中不存在用户使用的账户或账户所属的组，则拒绝访问该文件或文件夹。

对于用户账户和用户组，Windows 8是使用安全标识符（Security Identifier，SID）对其识别，每个用户账户或用户组都有唯一的SID，不会产生重复的SID。即使是删除一个账户，再重新创建同名的账户，其SID也不同。如果要查看SID，可以在命令提示符中输入命令，即可查看计算机所有用户账户或用户组的SID及其他信息，如图15.40所示。

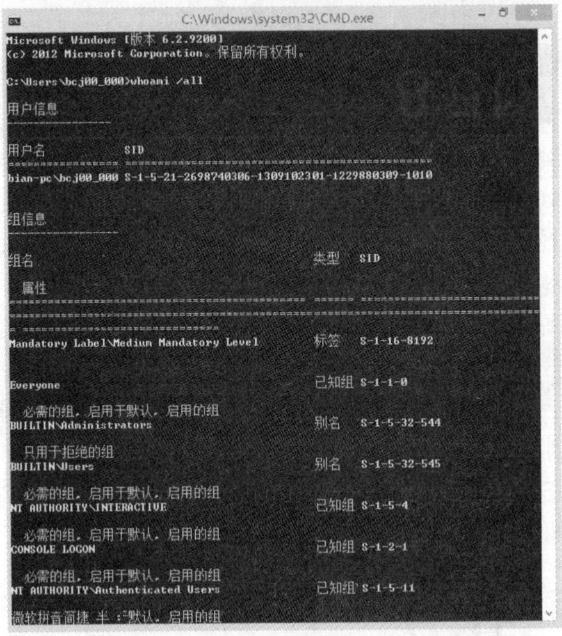

```
C:\Windows\system32\CMD.exe
Microsoft Windows [版本 6.2.9200]
(c) 2012 Microsoft Corporation。保留所有权利。

C:\Users\bcj00_000>whoami /all

用户信息
----------------

用户名             SID
================== ==============================================
bian-pc\bcj00_000 S-1-5-21-2698740306-1309102301-1229880309-1010


组信息
-----------------

组名                                          类型   SID
  属性
============================================= ====== ===========================
===============================================================================
= ===================================
Mandatory Label\Medium Mandatory Level        标签   S-1-16-8192

Everyone                                      已知组 S-1-1-0
  必需的组, 启用于默认, 启用的组
BUILTIN\Administrators                        别名   S-1-5-32-544
  只用于拒绝的组
BUILTIN\Users                                 别名   S-1-5-32-545
  必需的组, 启用于默认, 启用的组
NT AUTHORITY\INTERACTIVE                      已知组 S-1-5-4
  必需的组, 启用于默认, 启用的组
CONSOLE LOGON                                 已知组 S-1-2-1
  必需的组, 启用于默认, 启用的组
NT AUTHORITY\Authenticated Users              已知组 S-1-5-11
微软拼音简捷 半 :默认, 启用的组
```

图15.40 查看用户账户或用户组的SID

由于NTFS文件系统充当着整个Windows系统安全基石的角色，因此Windows 8要求系统分区必须使用这种文件系统格式。当然，NTFS的访问控制权限具有一定的局限性，只有登录Windows系统后，配置的NTFS访问控制权限才能生效，一旦离开了原操作系统或将硬盘挂接到其他电脑上，NTFS权限将失去作用。

15.7.2 Windows 账户类型和组

前面已经介绍过通过控制面板，能够将标准账户更改为管理员账户或将管理员账户降级为标准账户，这种变更操作可以满足大多数应用需求，但是面对更细化的应用需求时就不行了。例如，要让某个账户负责检查备份与还原系统的任务，如果将其提升为管理员账户，那么该账户不但可以备份还原系统，还可以任意修改系统设置，给系统带来一定的安全威胁。

事实上，Windows 8中主要包括如下几种用户账户、用户组、特殊账户等账户类型。用户可以在“文件资源管理器”窗口左侧窗格的“计算机”上单击鼠标右键，在弹出的快捷菜单中选择“管理”命令，在打开的“计算机管理”窗口中可以查看用户和组，如图15.41所示。

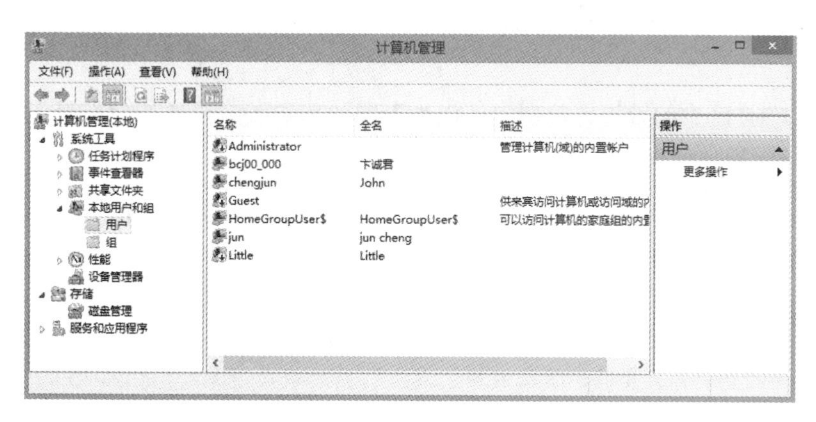

图15.41 查看用户和组

每种账户都有其特定的使用环境，下面分别进行介绍。

- Administrator 账户：超级系统管理员账户，默认被禁用。用户使用该账户登录操作系统后，能够以管理员身份运行任何程序，不受 UAC 管理，可以完全控制计算机，访问任何数据。鉴于此账户的特殊性，除非有特殊要求，不建议启用此账户。
- 标准账户：此账户为微软推荐使用账户。用户可以使用操作系统大部分的软件，以及更改不影响其他用户或操作系统安全的系统设置。
- Guest 账户：来宾账户，默认被禁用。来宾账户限制较多，只具有一定的计算机访问权限，没有安装 / 删除程序、更改系统设置等权限，适合在公用的计算机上使用。
- HomeGroupUser$ 账户：家庭组用户账户。可以访问计算机的家庭组的内置账户。创建家庭组后，此账户将被创建及启用。关闭家庭组后，此账户就会被删除。
- Administrator 组：Administrator 组成员包含所有系统管理员账户。通常使用 Administrator 组对所有系统管理员账户的权限进行分配。
- Backup Operators 组：该组的用户既具有一般电脑操作权限，也可使用系统的备份和还原功能。
- Cryptographic Operators 组：该组用户具有加密权限。
- Distributed COM Users 组：该组用户具有管理电脑分布式 COM 对象的权限。
- Event Log Readers 组：该组用户具有访问本机事件日志的权限。
- IIS_IUSRS 组：该组用户具有管理本机 Internet 信息服务（如 Web 服务器）的权限。
- Network Configuration Operators 组：该组用户可以通过客户端设置 IP 地址。
- Performance Log Users 组：该组用户具有管理、跟踪性能计数器日志、事件日志的权限。
- Power Users 组：其管理权限仅次于管理员，比标准用户的权限稍高，可以管理其他用户账号。
- Remote Desktop Users 组：该组用户可以通过远程桌面访问计算机。

- Users组：该组的成员包括所有用户账户。通常使用Users组对用户的权限设置进行分配。
- HomeUsers组：HomeUsers组成员包括所有家庭组账户。通常使用HomeUsers组对家庭组的权限设置进行分配。

15.7.3 基本权限与特殊权限

对于NTFS分区中的数据，管理员可以为不同的用户账户设置访问权限。NTFS权限主要分为基本权限和高级权限两种。

- 基本权限包括对文件和文件夹的修改、读取和执行、列出文件夹内容、读取、写入等基本操作，如图15.42所示。
- 高级权限包括遍历文件夹/执行文件、列出文件夹/读取数据、读取属性、读取扩展属性、创建文件/写入数据、创建文件夹/附加数据、写入属性、写入扩展属性、删除除子文件夹及文件、删除、读取权限、更改权限和取得所有权，如图15.43所示。

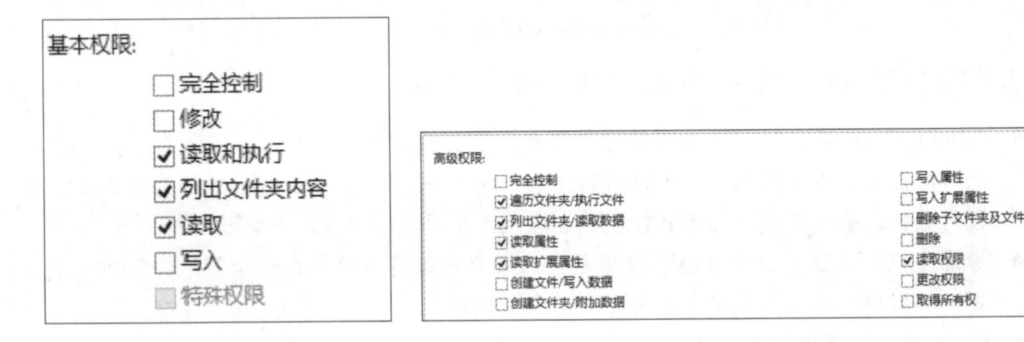

图15.42 基本权限　　图15.43 高级权限

对于普通用户而言，只需了解基本权限的作用即可；而对于管理员用户，最好详细了解各种高级权限的作用，以便根据实际需要组合出特定的权限分配方案。

15.7.4 获取文件权限

默认情况下，文件或文件夹的所有者是指创建文件或文件夹的用户。所有者对创建文件、文件夹具有完全控制的权限。当管理员无法修改某个文件或文件夹的访问控制列表时，需要通过以下设置变更所有者。

1 在需要设置的对象（如NTFS分区或NTFS分区中的文件、文件夹）上单击鼠标右键，在弹出的快捷菜单中选择“属性”命令，打开如图15.44所示的属性对话框。

2 在属性对话框的“安全”选项卡中单击“高级”按钮，打开如图15.45所示的“高级安全设置”对话框。

3 单击“所有者”右侧的“更改”文字链接，打开如图15.46所示的“选择用户和组”对话框，输入要更改所有权的账户，也可以单击“高级”按钮，在弹出的对话框中单击“立即查找”按钮来查找所有者的名称，如图15.47所示。

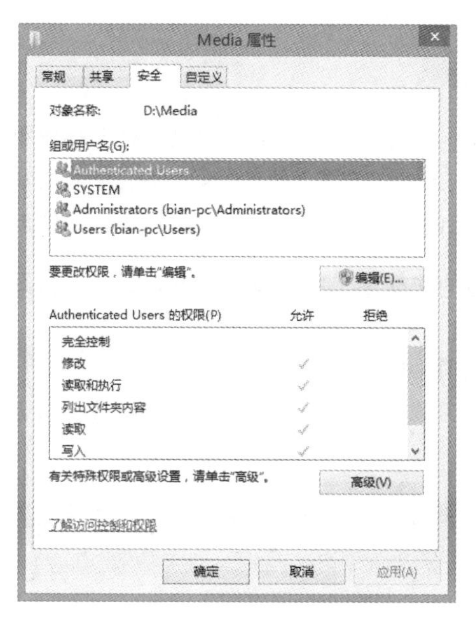

图15.44 “安全”选项卡

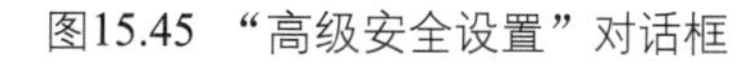

图15.45 “高级安全设置”对话框

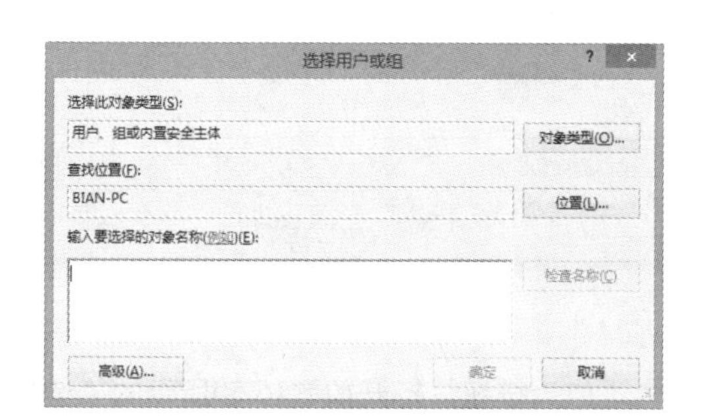

图15.46 “选择用户和组”对话框

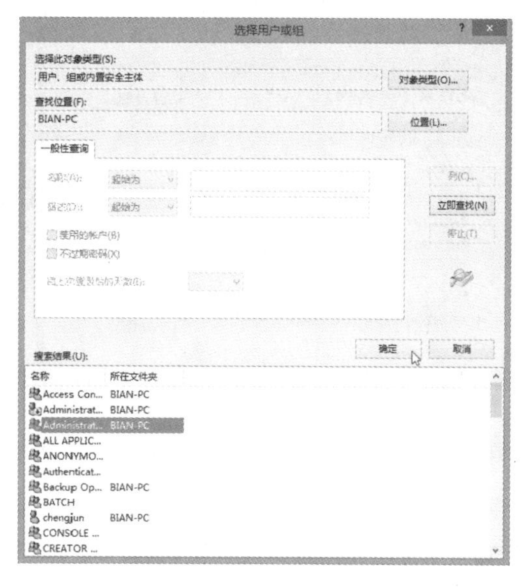

图15.47 查找所有者的名称

4 选择所有者后，依次单击“确定”按钮，关闭设置对话框。

如果操作的对象是文件夹或系统分区，那么在“高级安全设置”对话框的“所有者”下方会显示“替换子容器和对象的所有者”复选框，选中此复选框可同时变更分区或文件夹内子文件夹、文件的所有者。

15.7.5 指派访问权限

对于不同的用户账户和对象，管理员可以分别赋予不同的访问权限。例如，对于存放重要文件的文件夹，Administrators组的用户可赋予完全控制的权限，而Users组则赋予读取和执行、列出文件夹内容的权限。下面以修改文件夹的访问权对拒绝Little访问为例进行介绍。

1 在需要设置权限的文件夹上单击鼠标右键，在弹出的快捷菜单中选择“属性”命令，打开文件夹的属性对话框。

2 单击“安全”选项卡，然后单击“编辑”按钮，如图15.48所示。

3 打开如图15.49所示的文件夹权限对话框，如果所需设置账户或组在列表内，直接选择该账户或组，然后在下方的列表中设置权限即可。

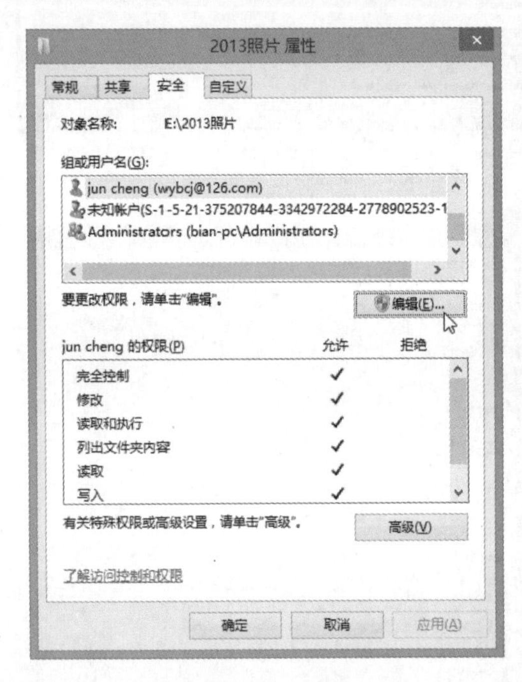

图15.48 单击“编辑”按钮

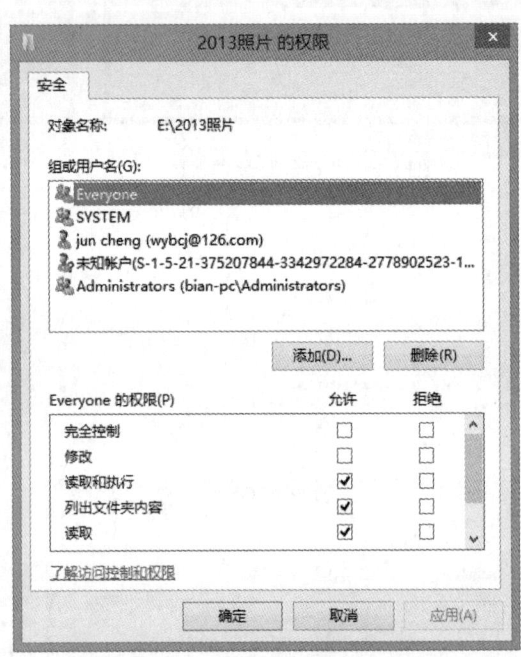

图15.49 权限对话框

4 如果所需的用户或组没有出现在列表中，单击“添加”按钮，打开如图15.50所示的“选择用户和组”对话框，在“输入对象名称来选择”文本框中输入需要添加的账户或组名称，单击“检查名称”按钮，能够自动识别账户的完整信息。

5 单击“确定”按钮，返回文件夹的权限对话框，根据需要修改其访问权限，如图15.51所示。

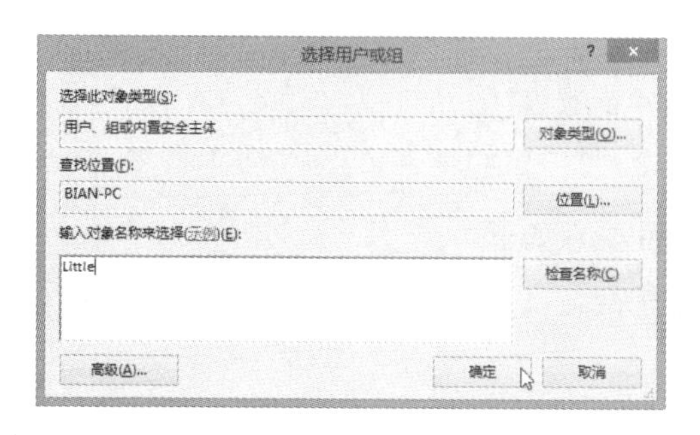

图15.50 “选择用户和组”对话框

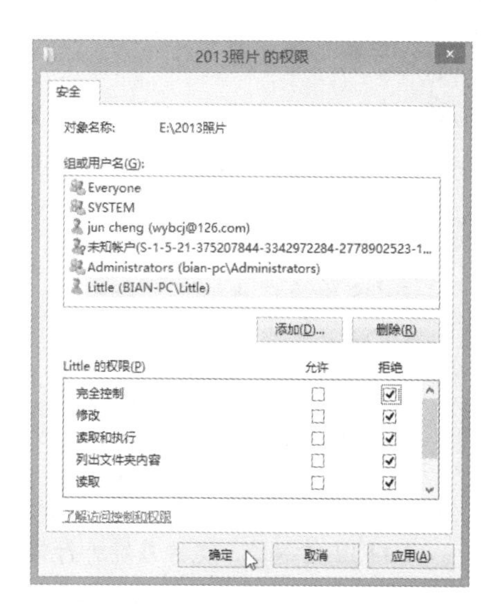

图15.51 修改访问权限

6 如果设置拒绝权限时，会弹出如图15.52所示的对话框提醒用户，单击“是”按钮。

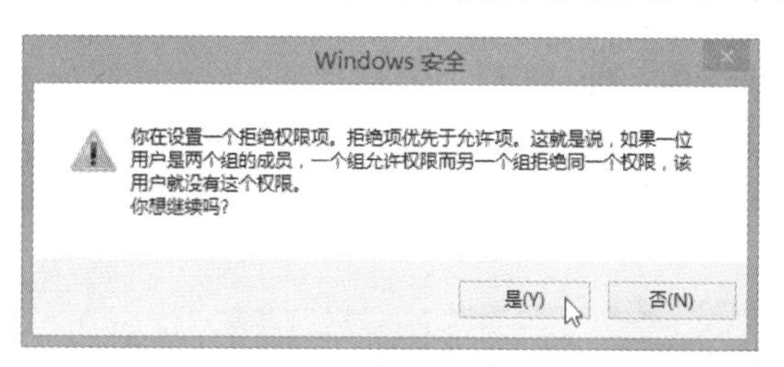

图15.52 设置拒绝权限时的提示对话框

15.8 使用 BitLocker 保护数据

BitLocker这种数据加密保护方式，可以加密整个系统分区或数据分区。BitLocker最早是作为Windows Vista中的一个数据保护功能出现的，微软随后发布的操作系统中都集成并强化了BitLocker功能。

15.8.1 BitLocker 概述

BitLocker是一种数据加密保护方式，可以对操作系统分区（包括休眠和分页文件、应用程序以及应用程序所使用的数据）或数据分区加密。使用BitLocker加密硬盘之后，可以使被盗或丢失的计算机、可移动硬盘、U盘上的数据免遭盗窃或泄漏。

如果要在Windows 8中使用BitLocker，必须符合以下硬件和软件要求。

操作系统分区上使用BitLocker的硬件和软件要求如下。

- 计算机必须安装 Windows 8 或 Windows Server 2012。
- TPM 版本 1.2 或 2.0。TPM（Trusted Platform Module，受信任的平台模块）是一种安全芯片，使计算机能够利用高级安全功能。TPM 并不是 BitLocker 所必需的，但是只有具备 TPM 的计算机才能为预启动系统完整性验证和多重身份验证赋予更多的安全性。
- BIOS 中的启动顺序必须设置为先从硬盘开始启动。
- BIOS 必须能在计算机启动过程中读取 U 盘中的数据。
- 硬盘分区采用 NTFS 文件系统。

非操作系统分区上使用BitLocker的硬件和软件要求如下。

- 要使用 BitLocker 加密的数据分区或移动硬盘、U 盘，必须使用 exFAT、FAT16、FAT32 或 NTFS 文件系统进行格式化。
- 加密的硬盘数据分区或移动存储设备，可用空间必须大于 64MB。

仅加密已用磁盘空间

在Windows 7中BitLocker会默认加密硬盘分区中的所有数据和可用空间。在Windows 8中，BitLocker提供两种加密方式：“仅加密已用磁盘空间”和“加密整个驱动器”。

15.8.2 使用 BitLocker 加密系统分区

使用BitLocker加密系统分区，默认必须有TPM才可以加密，不过目前仅在一些比较高档的电脑上才配置了TPM安全芯片。对于大部分不支持TPM的电脑，微软也提供了相应的方法，先调整组策略，再执行BitLocker加密系统。

1 打开超级按钮，单击“搜索”按钮，输入gpedit.msc，单击“应用”中的gpedit图标，即可启动组策略编辑器。

2 依次打开“计算机配置”｜“管理模板”｜“Windows组件”｜“BitLocker驱动器加密”｜“操作系统驱动器”，如图15.53所示。

3 双击右侧窗格中的“启动时需要附加身份验证”项，在打开的对话框中选中“已启用”单选按钮，然后单击“确定”按钮，如图15.54所示。这样，就可以在没有TPM的电脑上使用BitLocker加密系统分区了。

4 打开“文件资源管理器”窗口，在系统分区盘符上单击鼠标右键，选择“启用BitLocker”命令，启动BitLocker加密向导，经过很短的准备阶段后，会要求选择以何种方式解锁加密的系统分区，如图15.55所示。

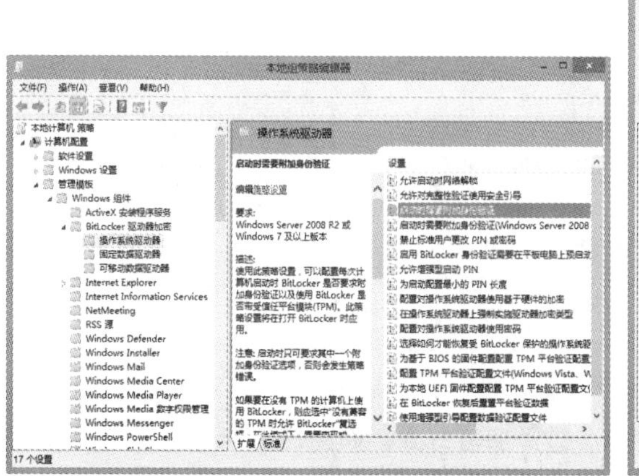

图15.53 组策略编辑器

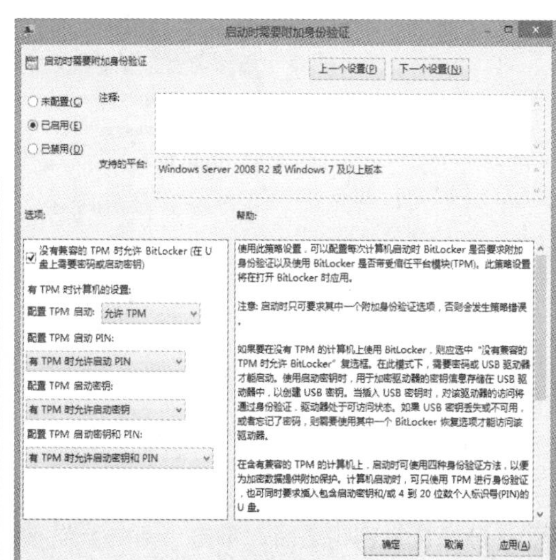

图15.54 “启动时需要附加身份验证”对话框

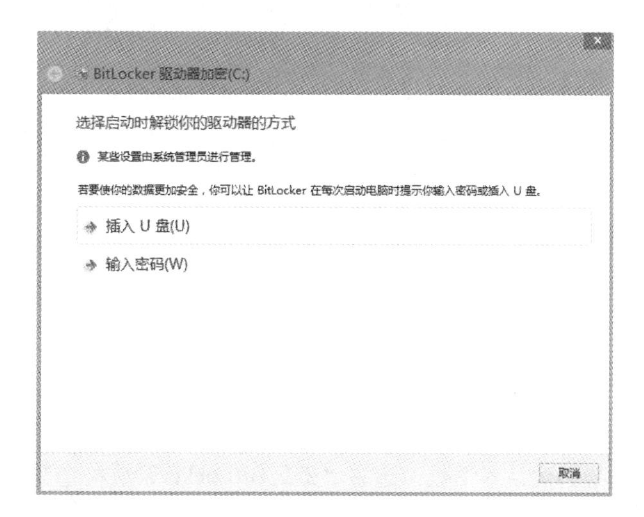

图15.55 选择解锁方式

5 如果要使用U盘解锁，先将U盘插入到电脑中，然后单击“插入U盘”，操作系统会自动识别U盘，单击“保存”按钮。如果使用密码解锁，则选择“输入密码”，然后在创建密码对话框中创建解锁密码。

6 为了确保解锁密钥不会丢失，操作系统会要求备份恢复密钥，并提供了4种备份方式：“保存到Microsoft账户”、“保存到U盘”、“保存到文件”、“打印恢复密钥”，如图15.56所示。现在Windows 8允许将BitLocker备份密钥保存到Microsoft账户。如果选择“保存到文件”，要注意恢复密钥不可以保存在被加密的分区中，也不可以保存在非移动存储设备的根目录。

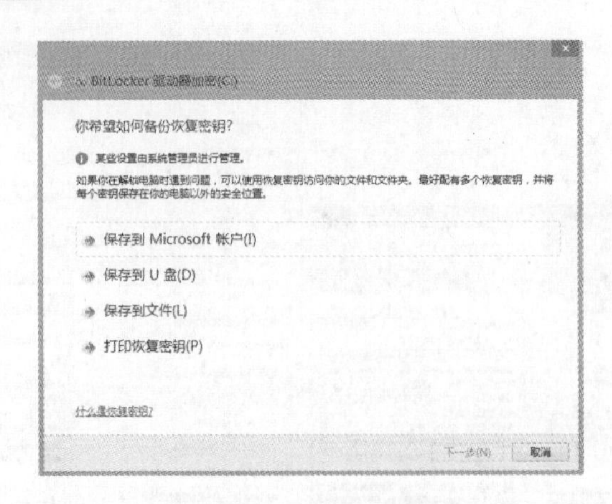

图15.56 备份恢复密钥

7 备份好恢复密钥之后，单击“下一步”按钮，选择加密方式，如图15.57所示。例如，选中“仅加密已用磁盘空间”单选按钮。

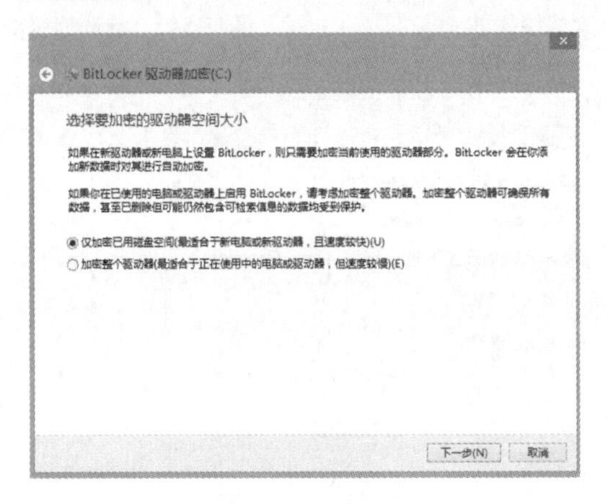

图15.57 选择加密方式

8 接下来出现加密向导的确认对话框，选中“运行BitLocker系统检查”复选框，操作系统会检测之前的配置是否正确，如图15.58所示。确认要加密系统分区后，单击“继续”按钮。

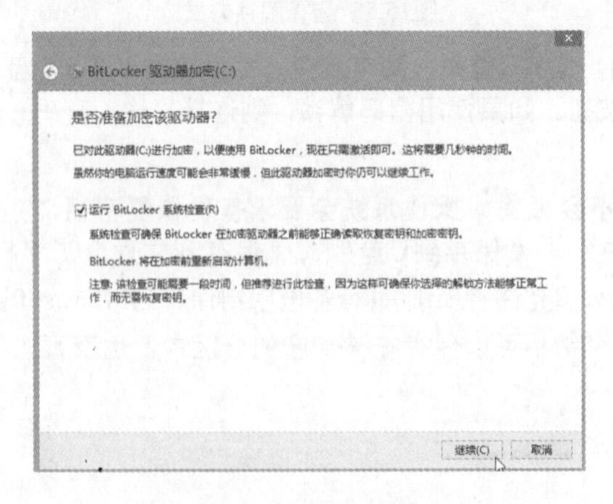

图15.58 确认加密操作系统分区

9 重新启动计算机，如果使用密码解锁系统分区，那么计算机在进行BIOS自检之后，会要求输入解锁密码，才能继续启动操作系统，如图15.59所示。如果使用的是U盘解锁，那么在重新启动计算机之前插入U盘，重新启动计算机过程中，操作系统会自动从U盘中读取解锁密钥，验证通过后会继续启动操作系统。

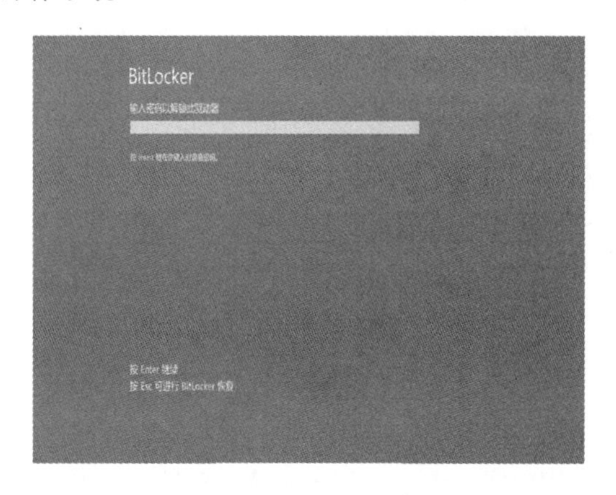

图15.59 提示输入解锁密钥才能启动操作系统

10 重新启动计算机之后，操作系统会正式开始加密系统分区，等待提示加密完成之后，对系统分区的加密正式完成，如图15.60所示。

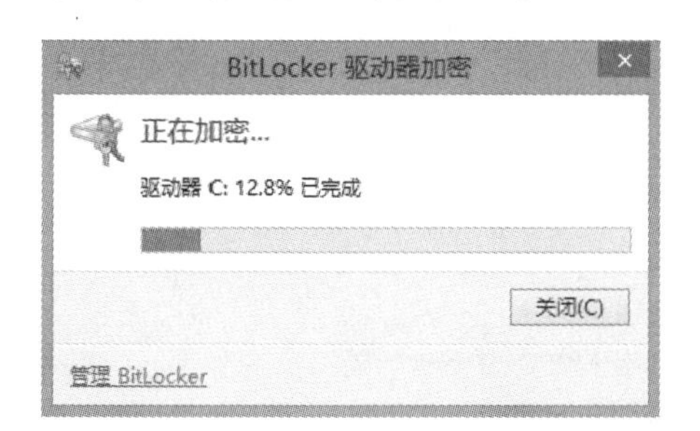

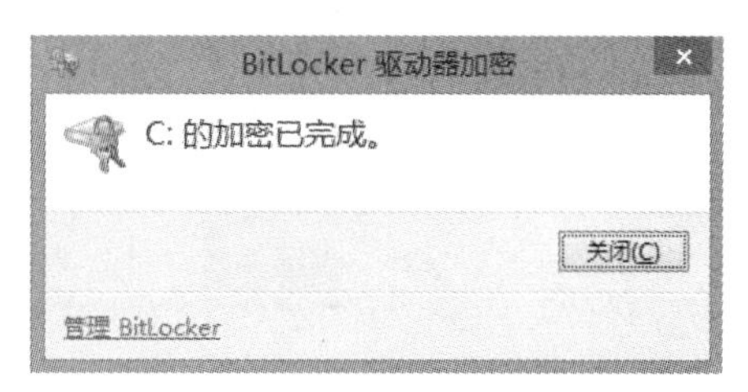

图15.60 加密系统分区

打开“文件资源管理器”之后，会发现系统分区的图标上多了一把锁。

15.8.3 使用 BitLocker To Go 加密移动存储设备

与加密固定硬盘不同的是，加密可移动存储设备要使用BitLocker To Go这个程序，从本质上来说加密过程是没有区别的。可移动存储设备也是传播病毒主要感染的对象，所以保护里面的文件也是广大用户所重视的。

使用BitLocker To GO加密移动存储设备的操作步骤如下：

1 在移动存储设备的盘符上单击鼠标右键，在弹出的快捷菜单中选择“启用BitLocker”命令，弹出如图15.61所示的对话框，选择密码解锁即可，然后单击“下一步”按钮。

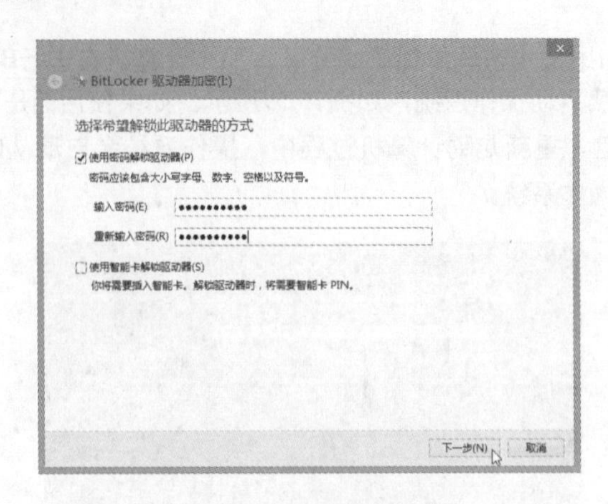

图15.61 选择解锁方式

2 和加密系统分区一样，这里必须要备份恢复密钥，如图15.62所示。根据需要选择相应的备份方式即可，然后单击“下一步”按钮。

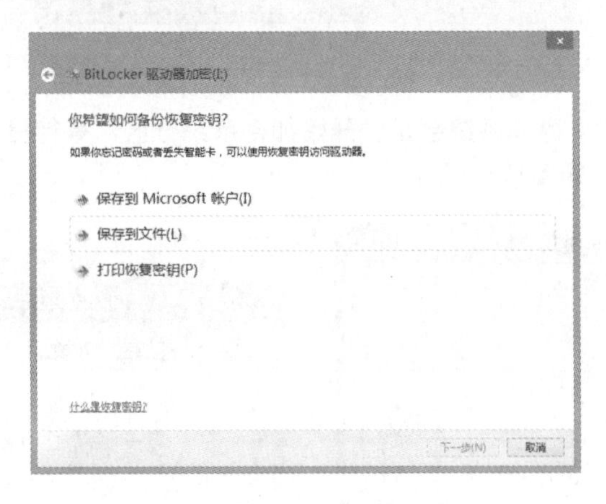

图15.62 选择备份恢复密钥方式

3 接下来的操作与加密系统分区相同，先选择要加密的方式，然后确认要加密的可移动存储设备，即可开始加密。加密完成之后，会发现移动存储设备的图标上多了一把灰色的锁。

经过加密的可移动存储设备，可以在任何安装了Windows 7、Windows 8操作系统的计算机上随意使用。但是对于安装了Windows XP、Windows Vista等计旧版本的Windows系统无法对BitLocker To Go加密的U盘解锁。

15.9 高级应用的技巧点拨

技巧1：如何更改解锁密码

如果忘了系统分区的解锁密钥，可以在要求输入解锁密码的界面中按Esc键，进入BitLocker恢复界面，如图15.63所示。

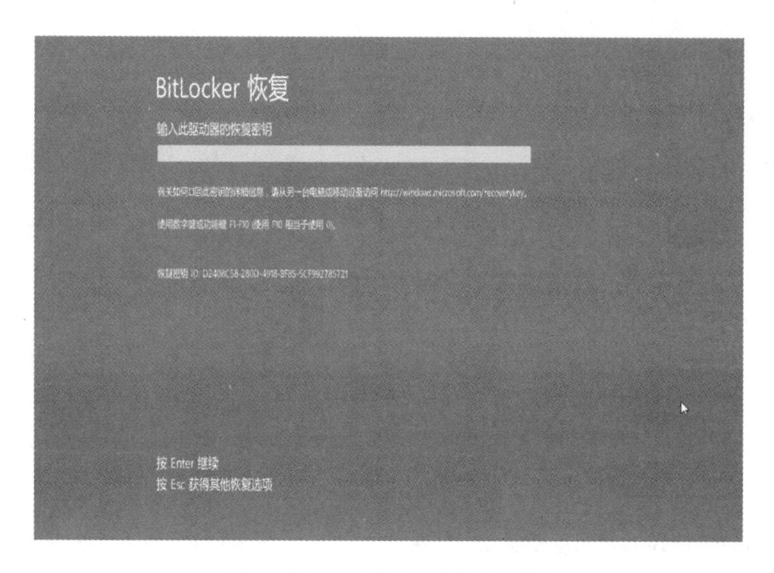

图15.63 BitLocker密钥恢复界面

接下来打开之前备份恢复密钥时创建的TXT文件，其中有如图15.64所示的内容。

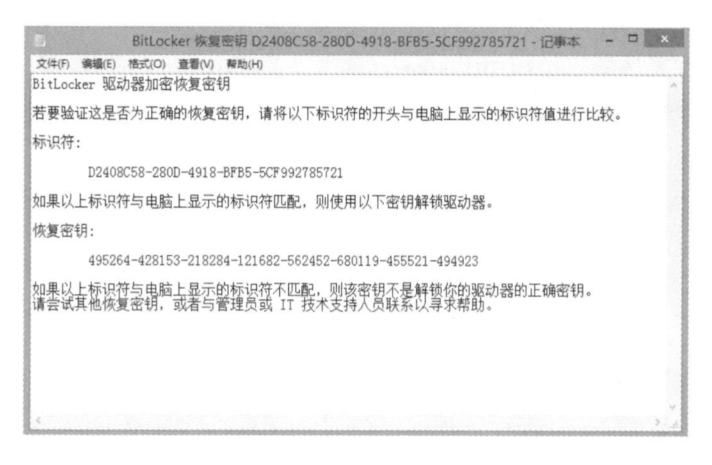

BitLocker 恢复密钥 D2408C58-280D-4918-BFB5-5CF992785721 - 记事本

文件(F) 编辑(E) 格式(O) 查看(V) 帮助(H)

BitLocker 驱动器加密恢复密钥

若要验证这是否为正确的恢复密钥，请将以下标识符的开头与电脑上显示的标识符值进行比较。

标识符:

D2408C58-280D-4918-BFB5-5CF992785721

如果以上标识符与电脑上显示的标识符匹配，则使用以下密钥解锁驱动器。

恢复密钥:

495264-428153-218284-121682-562452-680119-455521-494923

如果以上标识符与电脑上显示的标识符不匹配，则该密钥不是解锁你的驱动器的正确密钥。
请尝试其他恢复密钥，或者与管理员或 IT 技术支持人员联系以寻求帮助。

图15.64 恢复密钥的内容

查找其中恢复密钥下的48位恢复密钥，记住此密钥，输入进去按Enter键，就可以正常启动操作系统了。

进入操作系统后，依次打开“控制面板”|“系统和安全”|“BitLocker驱动器加密”，进入如图15.65所示的“BitLocker驱动器加密”窗口。找到已被加密的硬盘分区，单击“更改密码”文字链接，在打开的“更改启动密码”对话框中选择“重置已忘记的密码”，如图15.66所示。

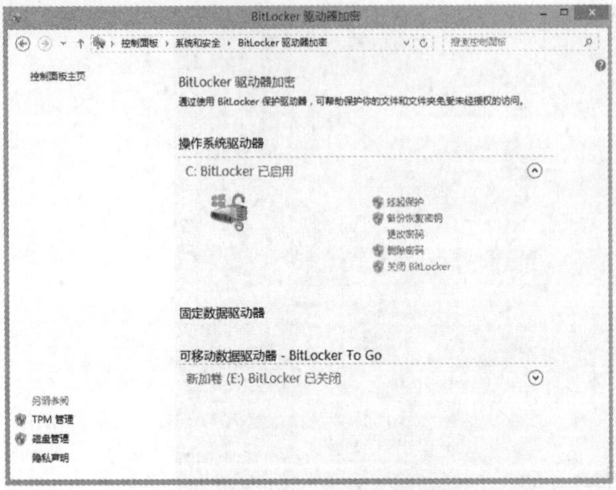

图15.65 “BitLocker驱动器加密”窗口

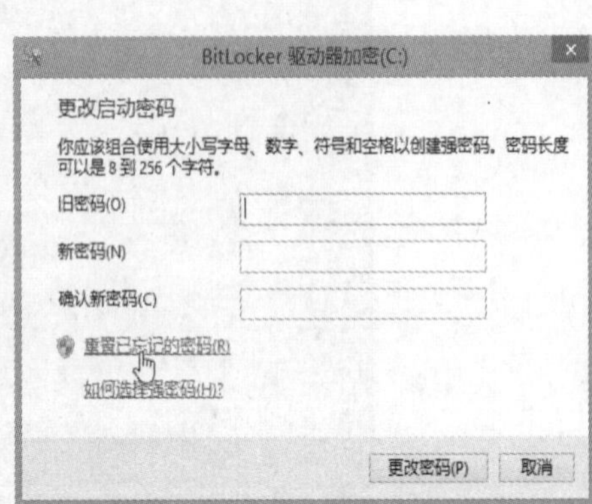

图15.66 “更改启动密码”对话框

技巧2：如何解除BitLocker加密状态

不需要使用BitLocker加密时，可以单击如图15.67所示窗口中的“关闭BitLocker”文字链接，此时，操作系统提示关闭BitLocker，单击“关闭BitLocker”按钮，即可开始解密被加密的驱动器。等待解密完成之后，就会完全关闭BitLocker。

16

第 16 章 善用注册表与组策略

Windows提供了注册表编辑器和组策略对象编辑器两种管理工具，利用它们几乎可以完成计算机中的所有设置，包括用户个人设置、Windows组件管理、硬件设备配置、应用软件设置、系统安全策略等。组策略比注册表更高级一些，使用起来更方便，几乎能完成所有注册表中对应的功能，不过，有些隐藏的细节设置往往需要通过注册表编辑器来完成。

学习提要

- 认识注册表编辑器
- 掌握注册表的基本操作
- 善用注册表设置一些常用的功能
- 学会使用组策略
- 禁止在电脑中安装 USB 存储设备

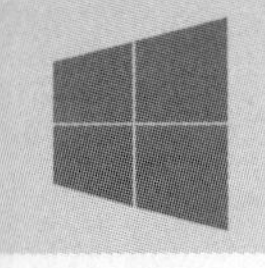

16.1 认识注册表

注册表是Windows系统中的核心数据库，用来存储用户配置文件、应用程序、硬件设备配置、系统状态等重要信息。通过修改注册表可以完成一些特殊的系统设置，如锁定主页、禁止用户安装程序等。这些设置比起“控制面板”对应的功能要更加全面和彻底，可以说是一个随心所欲调整系统的有力工具。

由于注册表存储的信息中包含了许多系统启动时必要的参数，一旦数据受损或设置错误，轻则影响系统的正常运行，重则导致系统崩溃，因此修改注册表时要非常小心。

16.1.1 注册表编辑器

为了方便系统管理员维护系统，Windows 8提供了注册表编辑器，管理员可以利用它直接修改注册表内的设置信息，从而达到修改系统和应用程序设置的目的。

将鼠标指向屏幕右上角或右下角，弹出超级按钮，向上或向下移动单击“搜索”按钮，在搜索框中输入regedit，然后单击“应用”中的regedit图标，即可打开如图16.1所示的注册表编辑器。

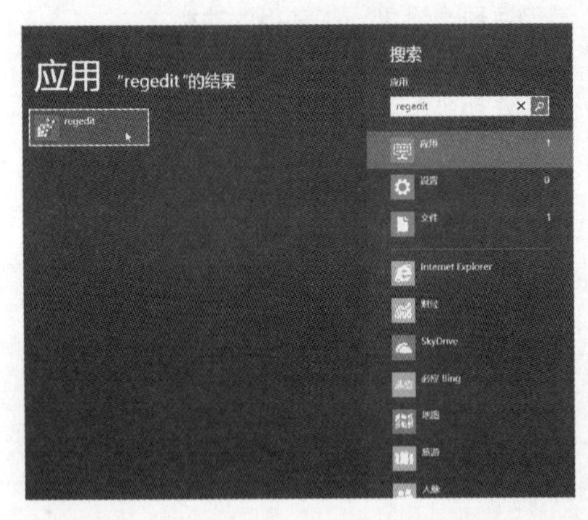

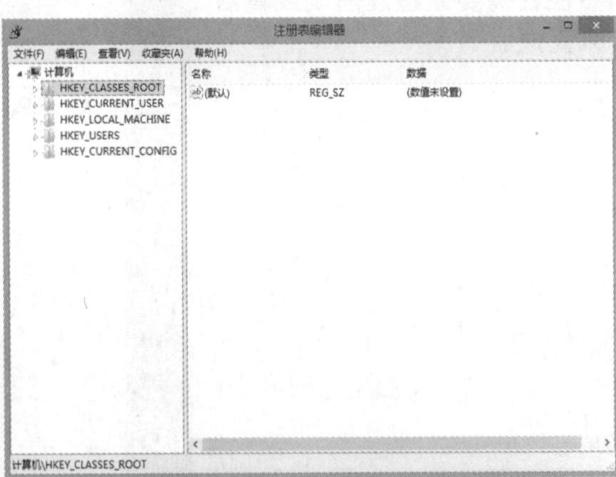

图16.1 注册表编辑器

注册表编辑器与文件资源管理器的界面类似，外观看起来是多个文件夹嵌套的结构，这是因为注册表采用了与文件夹系统相似的数据组织方式。

16.1.2 Windows 注册表的内部

在如图16.1所示的注册表编辑器中，可以看到有以下5大根项（通常称为5大主键），都是以HKEY开头，每个根项都包含若干子项，每个项前面的加号表示下面还有子项。

- HKEY_CLASSES_ROOT，包含了电脑上注册的所有 COM 服务器，以及与应用程序相关联的所有文件扩展名。
- HKEY_CURRENT_USER，管理当前登录用户的映射配置信息，包括用户名、暂存的密码、控制面板选项、桌面等系统组件的设置。
- HKEY_LOCAL_MACHINE，管理计算机的所有硬件与应用程序正常运行所需的设置信息。
- HKEY_USERS，管理所有用户的设置信息，包括每个用户的名称、密码、默认配置信息等。
- HKEY_CURRNET_CONFIG，管理当前登录用户的字体、桌面配置等信息。

这5大项中又有众多子项（通常称为子键），全部展开后，整个注册表呈树状结构。在注册表编辑器窗口的左窗格中单击任意一个项（键），在右窗格会显示该项（键）的键值，键值由名称、类型和数据组成，如图16.2所示。

图16.2 查看子项和键值

这些键值类型有以下几种：

- 字符串值，一般用来表示文件的描述和硬件的标识，键值类型为 REG_SZ。
- 二进制值，大多数硬件组件信息以二进制数据存储，键值类型为 REG_BINARY。
- DWORD（32 位）值，一个 32 位的值，许多驱动和服务参数都是这个类型，键值类型为 REG_DWORD。
- DWORD（64 位）值，功能与 DOWRD 值类似，键值类型为 REG_QWORD。
- 多字符串值，长度可变的字符串，包含在程序或服务使用该数据时确定的变量，键值类型为 REG_MULTI_SZ。
- 可扩充字符串值，表示可以展开的字符串类型，键值类型为 REG_EXPAND_SZ。

16.2 掌握注册表的基本操作

注册表的编辑主要是对子项、键值进行增、删、改等操作。

16.2.1 编辑注册表

虽然Windows 8的安全性提高了，但是使用系统管理员账户修改注册表还是一路畅通的，并且通过小技巧，可使更新完的注册表在不重新启动系统的条件下也能立即生效。

1. 新建和修改注册表项和键值

因为手工修改注册表存在一定风险，所以推荐读者先备份注册表，然后尽量只修改已经被大量用户认可的注册表键值和子项。在注册表编辑器中添加、修改子项的操作与资源管理器中的文件夹操作类似。以禁止切换UAC（管理员权限）时黑屏显示为例来说明如何修改注册表，依次在注册表编辑器的左侧打开“HKEY_LOCAL_MACHINE\SOFTWARE\Microsoft\Windows\CurrentVersion\Policies\System”子项，然后在右侧双击PromptOnSecureDesktop子键，这时将弹出“编辑DWORD（32位）值”对话框，在该对话框中修改键值为0，单击“确定”按钮即可，如图16.3所示。修改其他键值的方法与此相同。

图16.3 修改键值

2. 让注册表设置立即生效

通常情况下，修改完注册表后需要重启系统才能生效，但也可以不重启系统，只需重启Windows 8的Shell（外壳进程）即可让改变生效。

在任务栏上单击鼠标右键，在弹出的快捷菜单中选择“启动任务管理器”命令，打开“Windows任务管理器”窗口并单击“详细信息”文字链接，在“进程”选项卡中右键单击“Windows资源管理器”进程，在弹出的快捷菜单中选择“结束任务”命令，如图16.4

所示。这时桌面就消失了，在任务管理器中选择“文件”→“运行新任务”命令，输入explorer.exe，单击“确定”按钮后桌面就又回来了，并且注册表的修改也生效了。

另一个简单的方法是刷新，只需在文件资源管理器中按F5键或在桌面上单击鼠标右键，在弹出的快捷菜单中选择“刷新”命令即可。

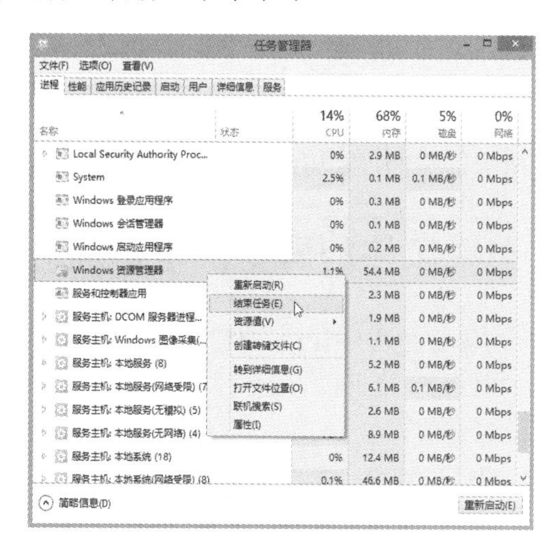

图16.4 结束进程

16.2.2 快速备份与恢复注册表

注册表是操作系统的神经系统，因此保护注册表很重要，系统崩溃后重装会丧失很多重要的软件和个人信息，包括一些安全认证、用户账号和安装的应用软件，也会浪费大量的时间。因此，及时做好注册表的备份可以起到事半功倍的效果。有很多工具可以完成注册表的备份，不过利用系统自身的注册表编辑器进行相关操作无疑是最为简单的。进入注册表编辑器后，只需选择“文件”｜“导出”命令，然后将导出范围选择为“全部”或“所选分支”，设置一个名字，单击“保存”按钮即可，如图16.5所示。

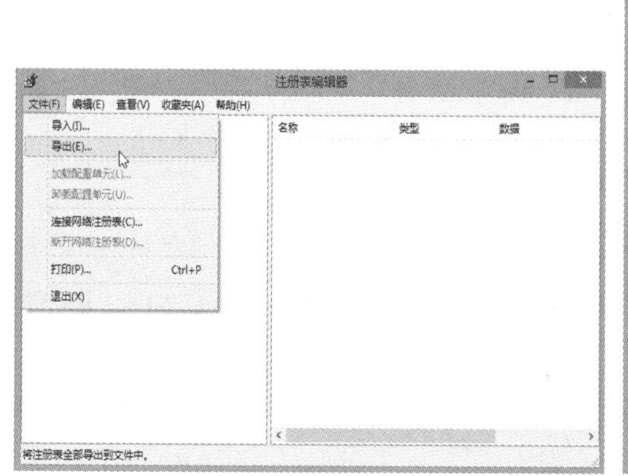

图16.5 导出注册表

如果需要还原，只需选择“文件”|“导入”命令，然后选择备份好的注册表文件即可。

16.3 善用注册表

下面介绍一些修改注册表的实例，让用户对注册表有更深入的了解。

16.3.1 设置具有自我风格的屏幕保护画面

Windows 8提供了不少屏幕保护程序让用户使用，也可以按照自己的需求调整屏幕保护程序的内容，如经常见到的3D文字就可以自定义文字内容、旋转方向等。不过，像变幻线等屏幕保护程序等不能更改设置值。

在Windows 8传统桌面的空白处单击鼠标右键，在弹出的快捷菜单中选择“个性化”命令，打开“个性化”窗口。单击“屏幕保护程序”文字链接，打开“屏幕保护程序设置”对话框，在“屏幕保护程序”下拉列表框中选择“变幻线”，然后单击“设置”按钮，会弹出如图16.6所示的对话框提示无法设置。

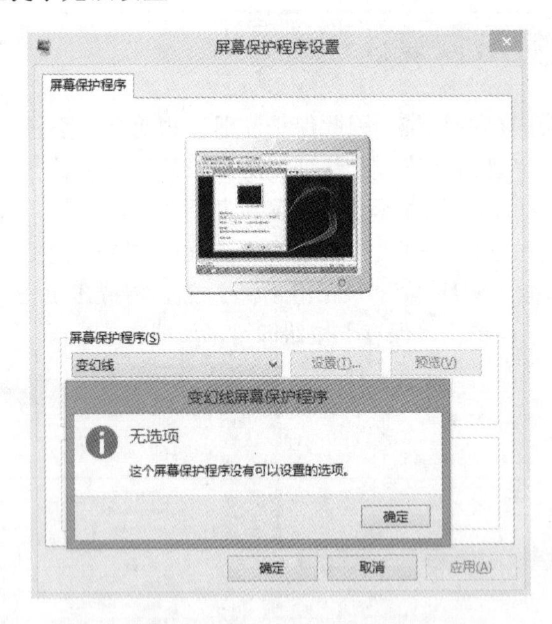

图16.6 无法修改一些屏幕保护程序的设置值

此时，我们可以通过注册表来修改变幻线的线条数量，具体操作步骤如下：

1 打开注册表编辑器，展开“HKEY_CURRENT_USER\Software\Microsoft\currentVersionWindows\Screensavers\Mystify”项。

2 在Mystify项上单击鼠标右键，选择“新建”|“DWORD（32位）值”命令，如图16.7所示。

图16.7 选择新建值

3 将新建的键值命名为NumLines，如图16.8所示。双击新建的键值，然后在打开的对话框中设置数值数据为100，如图16.9所示。

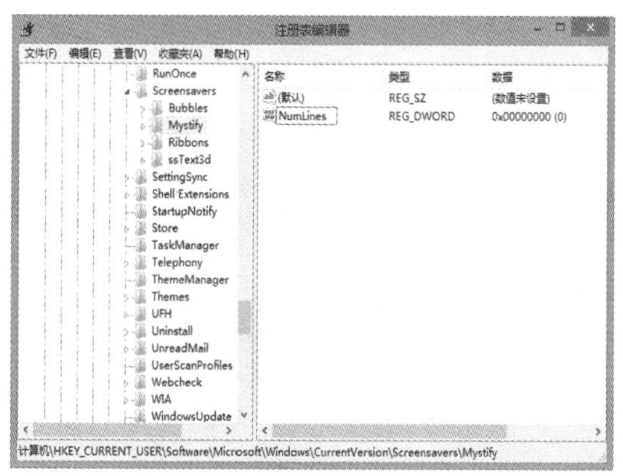

图16.8 为键值命名

图16.9 修改键值

4 修改完毕后，返回到“屏幕保护程序”对话框，会发现变幻线的线条数量变多了，如图16.10所示。

图16.10 查看变幻线

用户可以单击对话框中的“预览”按钮，来比较原来的屏幕保护程序和修改后的效果，如图16.11所示。

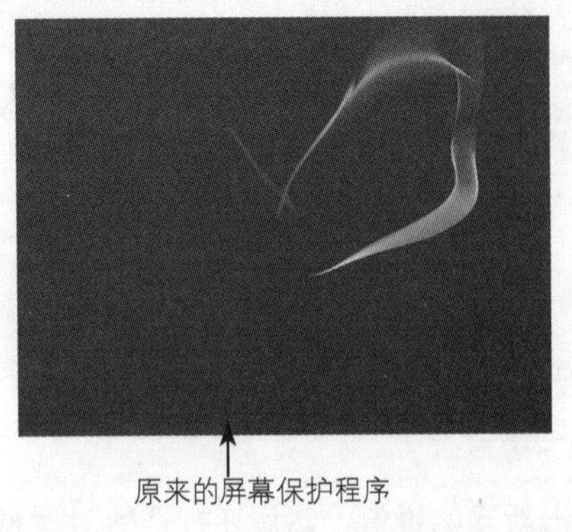

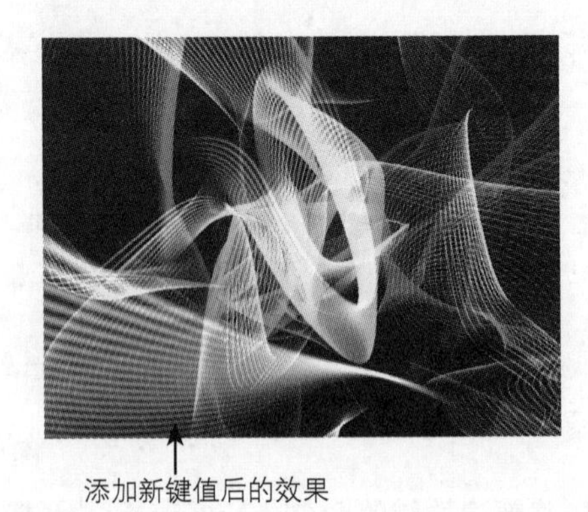

图16.11 查看屏幕保护程序的效果

16.3.2 让系统时钟显示问候语

系统时钟除了显示当前的时间之外，如果将鼠标指针指向此处并稍作停留，会弹出日期信息，如图16.12所示。

用户可以通过修改注册表来改变此处日期的提示信息，让用户自由添加显示的消息正文，从小的细节来展示个性化的桌面。

图16.12 系统时钟显示完整的日期信息

1 打开注册表编辑器，展开“HKEY_CURRNET_USER\Control Panel\International”项。

2 双击右侧窗格中的sLongDate键值，在打开的对话框中输入自己的内容，如图16.13所示。

修改完毕，系统会直接应用用户的更改设置。当用户将鼠标指针指向任务栏右侧的时间指示器时，会弹出如图16.14所示的提示信息。

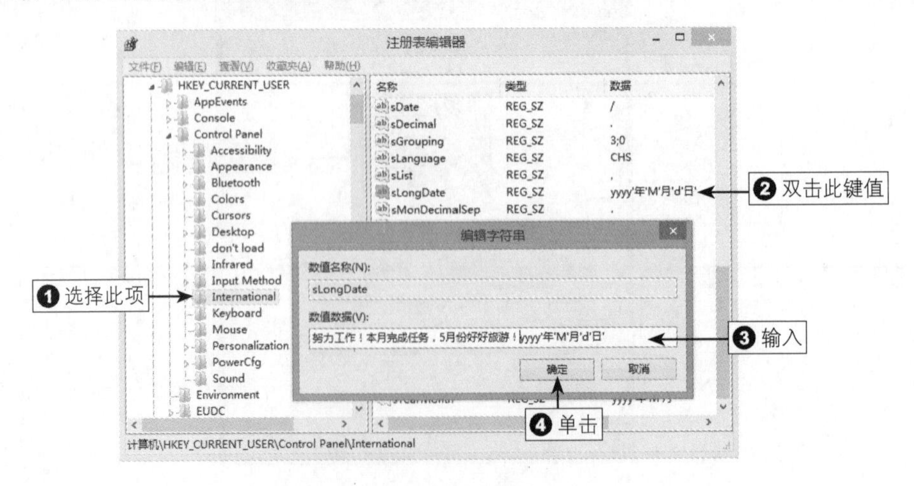

图16.13 修改sLongDate键值

图16.14 时间指示器的提示信息

16.3.3 从快捷菜单打开常用的应用程序

在Windows中单击鼠标右键会弹出快捷菜单，其中包含一些常用的可执行的命令。本例将应用程序的启动方式也加入快捷菜单中，此后只要单击鼠标右键就能启动常用的应用程序。

在此以Windows Live Messenger为例，具体操作步骤如下：

1 先查询Windows Live Messenger的启动路径，只需在Metro界面（开始屏幕）中用鼠标右键单击Windows Live Messenger磁贴，然后单击“打开文件位置”按钮，用鼠标右键单击“Windows Live Messenger”快捷方式，在弹出的快捷菜单中选择“属性”命令，打开“属性”对话框，复制其中的目标路径，如图16.15所示。

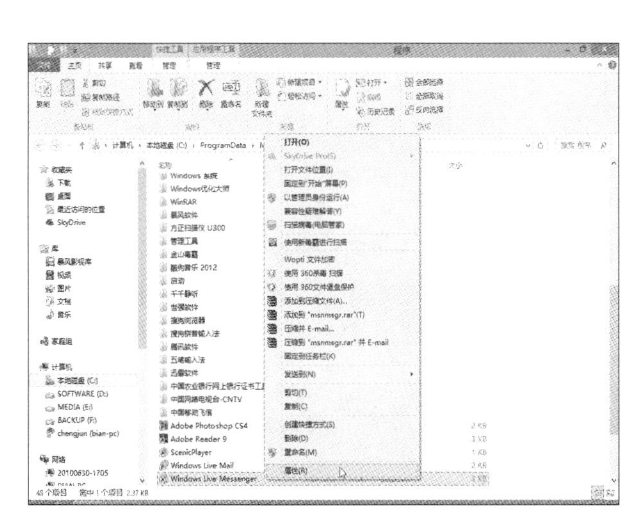

图16.15 复制应用程序的路径

2 打开注册表编辑器，展开“HKEY_CLASSES_ROOT*\shell”项。

3 在shell项上单击鼠标右键，选择“新建”｜“项”命令，输入名称为Live Messenger，如图16.16所示。

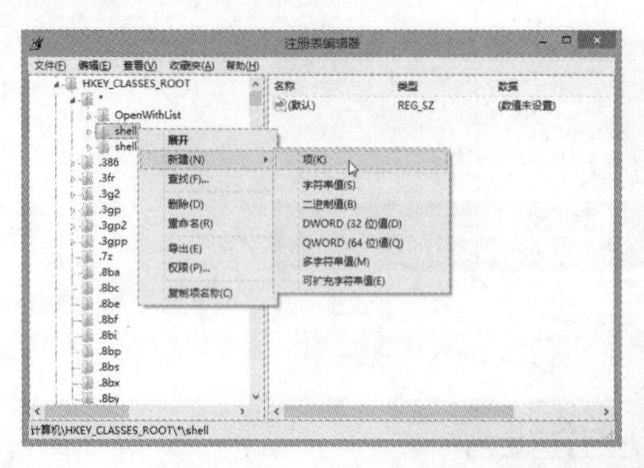
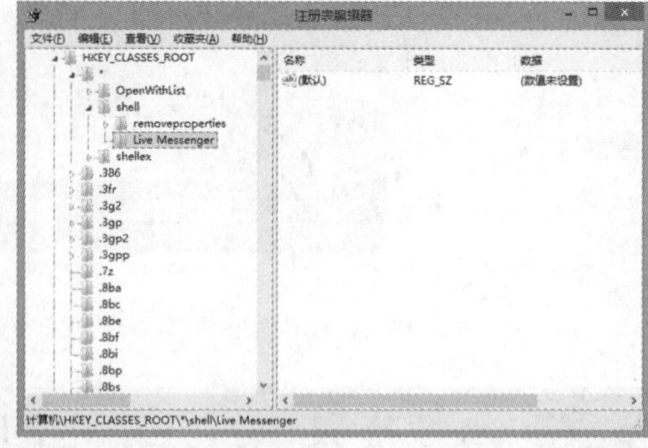

图16.16 新建并命名项

4 双击右侧窗格默认的键值进行修改，在打开的对话框中输入数值数据“打开Messenger”，将显示在快捷菜单中，如图16.17所示。

图16.17 修改键值

5 接着在Live Messenger子项上单击鼠标右键，选择“新建”｜“项”命令，并命名为command。

6 双击右侧窗格中的默认的键值进行修改，在打开的对话框中将之前的路径复制过来，如“C:\Program Files\Windows Live\Messenger\msnmsgr.exe”，然后单击“确定”按钮，如图16.18所示。

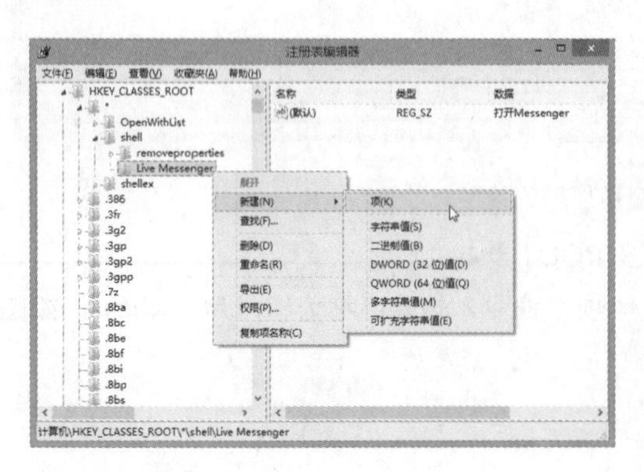

图16.18 新建项及修改键值

接着，只要在任意文件上单击鼠标右键，就能在快捷菜单上看到新建的运行程序选项，如图16.19所示。

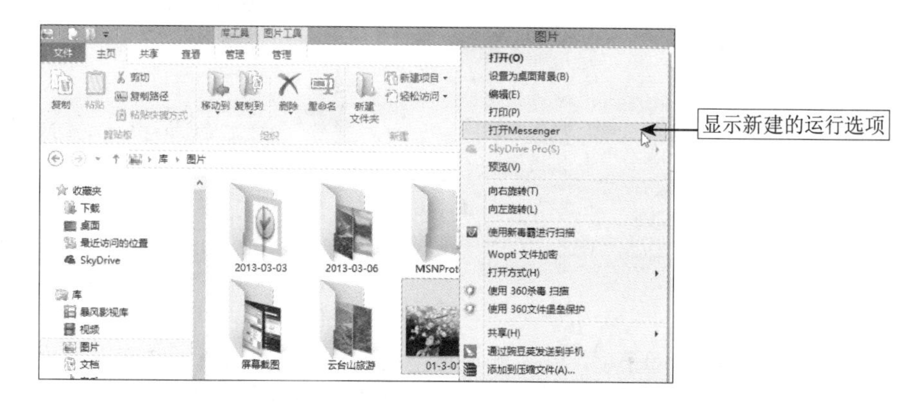

图16.19 在快捷菜单中新建运行的程序选项

如果要恢复默认值，只需将“HKEY_CLASSES_ROOT*”项中新建的Live Messenger子项删除即可。

16.3.4 禁止修改 IE 浏览器主页

网络上部分病毒、工具或程序会擅自更改默认的IE主页，这让很多用户都觉得困扰，这时不妨从注册表中直接锁定IE的主页设置，使其无法被更改。

1 打开注册表编辑器，展开“HKEY_CURRENT_USER\Software\Policies\Microsoft”项，在Microsoft项中新建一个Internet Explorer子项，如图16.20所示。

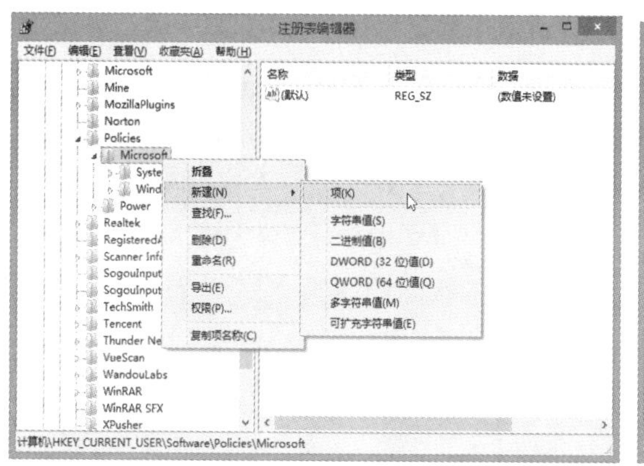

图16.20 新建子项

2 在新建的Internet Explorer子项下新建Control Panel项，如图16.21所示。

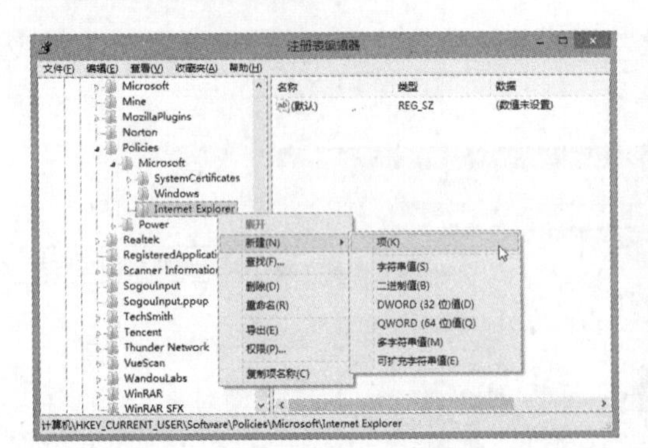

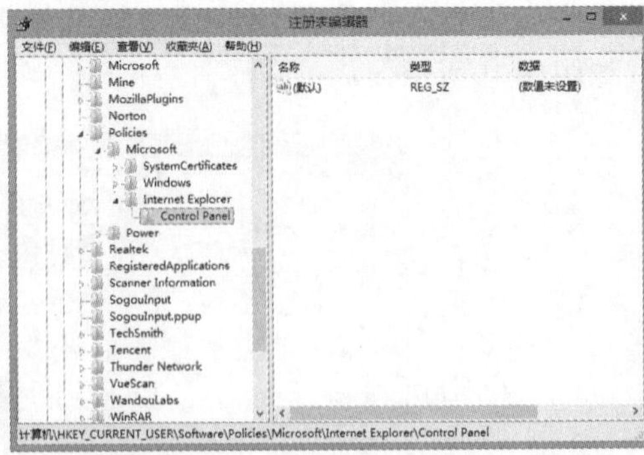

图16.21 新建子项

3 单击Control Panel子项，在右侧窗格空白处单击鼠标右键，在弹出的快捷菜单中选择“新建”｜“DWORD（32位）值”命令，命名为HomePage，如图16.22所示。

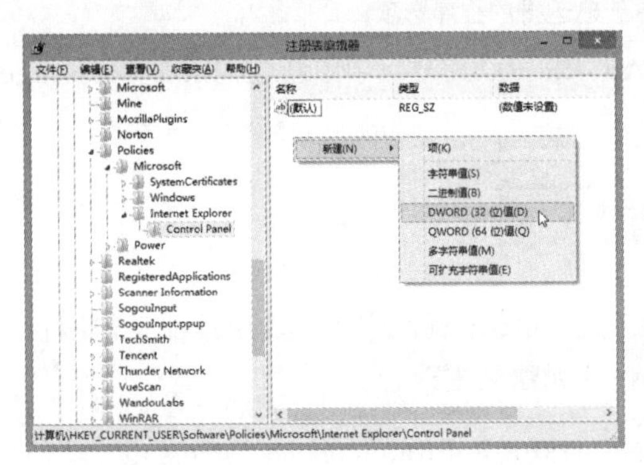

图16.22 新建键值

4 双击新建的HomePage键值，在打开的对话框中设置数值数据为1，如图16.23所示。

此时，打开IE浏览器，按Alt键显示菜单栏，选择“工具”｜“Internet选项”命令，打开“Internet选项”对话框，会发现“主页”区中的按钮变成灰色，无法修改，如图16.24所示。

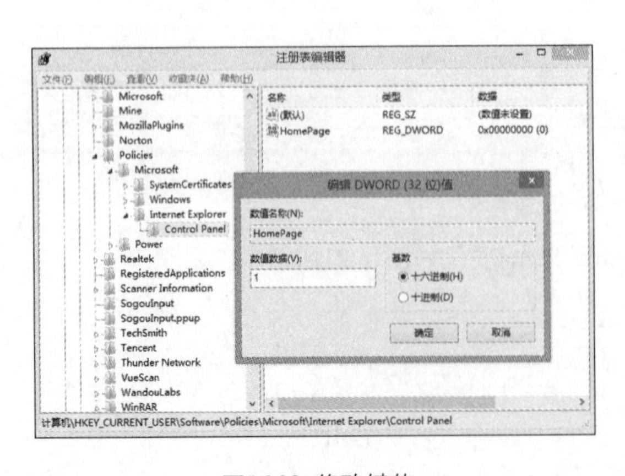

图16.23 修改键值

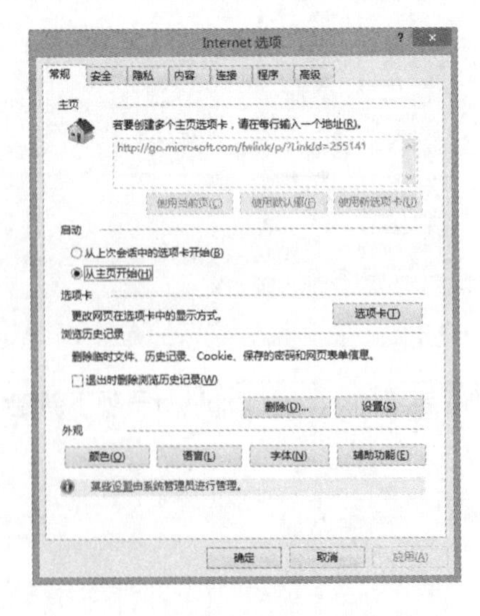

图16.24 “主页”区被锁定

如果要恢复默认值，则可直接删除“HKEY_CURRENT_USER\Software\Policies\Microsoft\Internet Explorer”项即可。

16.3.5 删除右键菜单中多余的项目

许多应用软件在安装过程中，都会在“文件资源管理器”的右键快捷菜单中添加相应的项目，如果用户不需要通过右键快捷菜单启用这些项目，可以按照以下方法将其清除。

打开注册表编辑器，展开“HKEY_CLASSES_ROOT*\shellex\ContextMenuHandlers”项，然后删除其子项中多余的项即可。

16.4 学会组策略

虽然通过注册表编辑器可以配置系统的各个项目，但是对于初学者而言，手工修改注册表是一项困难和复杂的工作，并且具有一定的危险性，而组策略将操作系统中重要的配置项目整合成各种模块，供用户直接管理和配置，比手工修改注册表更方便和灵活。

16.4.1 认识组策略

利用Windows 8系统提供的组策略对象编辑器，可以很方便地设置组策略。将鼠标指针指向屏幕的右下角或右上角弹出超级按钮，向上或向下移动单击“搜索”按钮，在搜索框中输入gpedit.msc，然后单击“应用”中的gpedit，即可打开组策略对象编辑器，如图16.25所示。

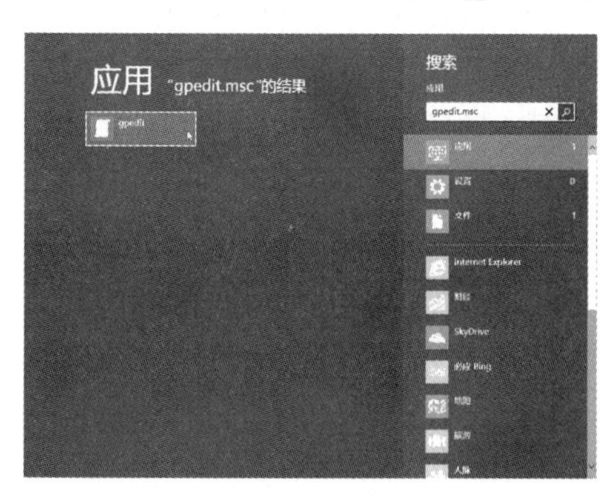

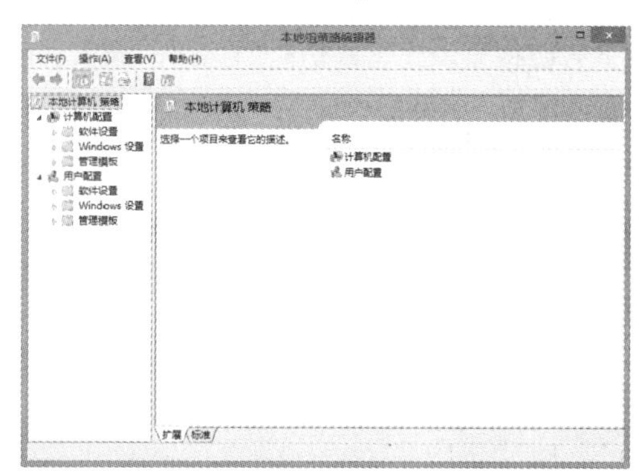

图16.25 组策略对象编辑器

打开组策略对象编辑器后，会发现它是一个典型的软件控制台模式，在左边的资源管理器中会发现它由两大模块组成，包括“计算机配置”和“用户配置”两大模块。“计算机配置”的设置将对系统所有用户生效，而“用户配置”的设置仅会对目前登录的账户有效。因此，管理员在使用组策略配置系统时，要根据实际应用需求选择合适的范围模块，然后设置相应的子模块。以配置系统设备方面的策略为例，由于配置范围针对整个系统而不是系统中的某个账户，所以要在“计算机配置”模块下进行配置。

每个模块下面又包括软件设置、Windows设置和管理模板3个子模块。其中，Windows设置具有系统安全方面的配置；管理模板具有系统组件、控制面板、网络和系统功能方面的配置。

16.4.2 快速封锁 IE 的功能设置选项卡

IE是Windows 8内置的浏览器，不管是功能性、操作性、安全性，都比IE低版本强大很多，也正因为如此，如果电脑经常有其他人使用，不小心更改了IE的设置，锁定会对浏览网页造成影响，这里我们将快速封锁IE的功能设置选项卡。具体操作步骤如下：

1 在组策略对象编辑器中，依次展开“用户配置\管理模板\Windows组件\Internet Explorer Internet控制面板”，如图16.26所示。此时，在右侧窗格中看到7个禁用的设置选项。

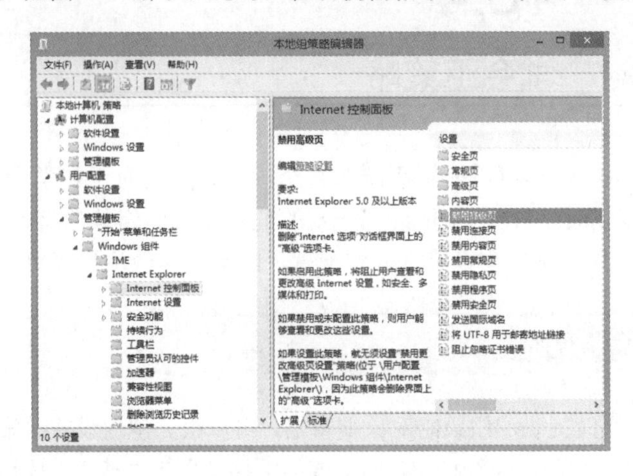

图16.26 展开Internet控制面板

2 先双击右侧的“禁用高级页”选项，打开如图16.27所示的“禁用高级页”对话框，可以看到右下方窗格显示此设置功能的描述，选中“已启用”单选按钮。

3 单击“下一个设置”按钮，将其他页也关闭，如图16.28所示。其中，我们可以保留常规页为未配置。

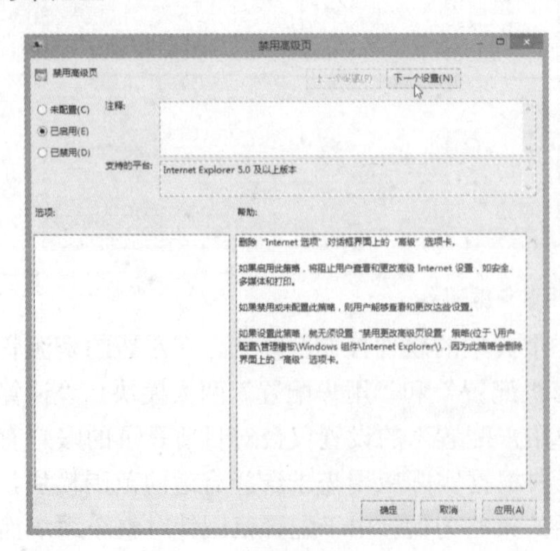

图16.27 “禁用高级页”对话框

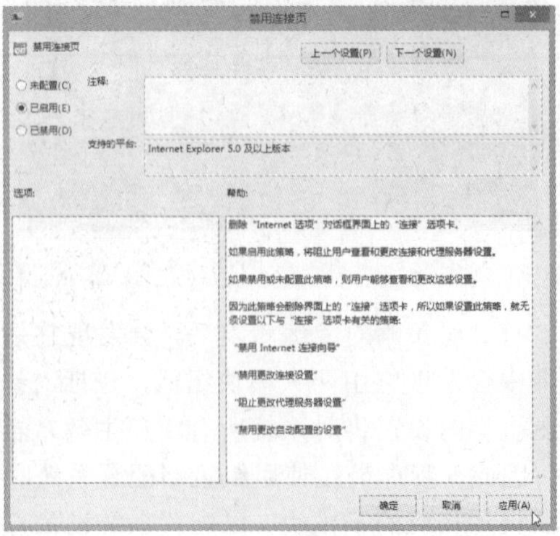

图16.28 禁用其他页

4 单击“确定”按钮。打开IE浏览器，按Alt键显示菜单栏，选择“工具”｜“Internet选项”命令，会发现“Internet选项”对话框中只有一个“常规”选项卡了，如图16.29所示。

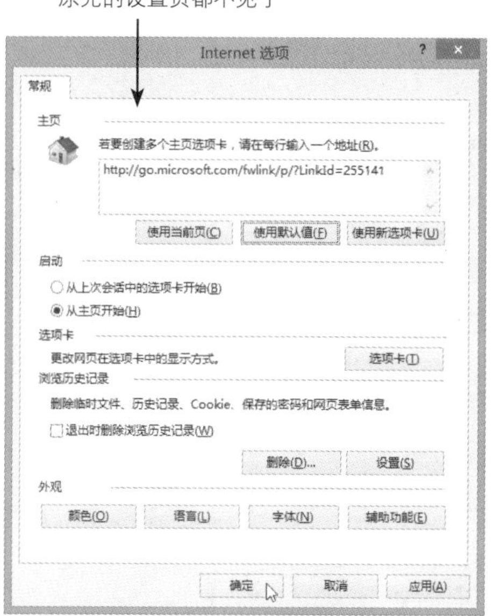

图16.29 仅显示“常规”选项卡

16.4.3 避免用户随意清除浏览记录

用户浏览网页的同时会留下各种记录，包括地址记录、网站账号/密码，甚至IE也会将网页内容保存在计算机上，这些记录对于用户日常的浏览非常有帮助，可以简化操作。例如，可以让IE浏览器记录126网易免费邮的邮箱账号，如图16.30所示，下次省去输入邮箱账号的麻烦。

图16.30 自动记录账号

为了安全性的顾虑，IE中提供了清除这些信息的功能，可以在IE的“常规”选项卡中单击“删除”按钮，在打开的“删除浏览历史记录”对话框中可以清除各种IE保留的浏览记录，如图16.31所示。

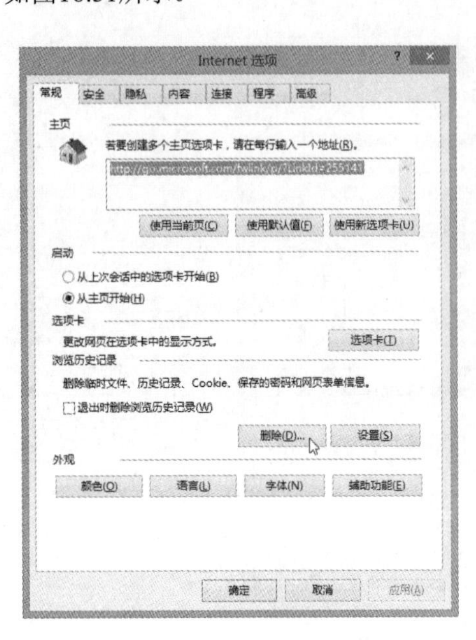

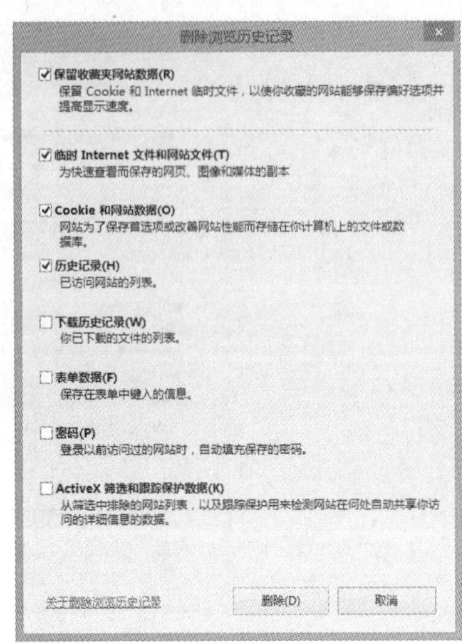

图16.31 可以清除各种IE的浏览记录

如果用户的电脑主要是自己使用，可以关闭此功能，避免自己或其他人误单击了如图16.31所示的“删除”按钮，不小心清除了浏览记录。这时，可以通过组策略进行设置：

1 在组策略对象编辑器中，展开“用户设置\管理模板\Windows组件\Internet Explorer\删除浏览历史记录”，如图16.32所示。

2 逐一选择进入设置后，设置为“已启用”，即可避免浏览信息被清除，如图16.33所示。

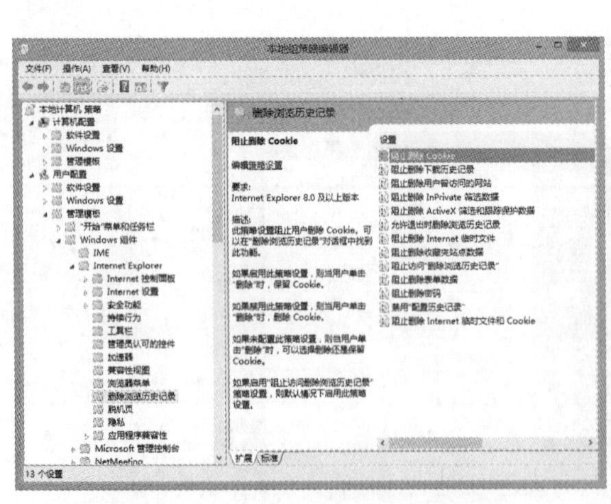

图16.32 展开“删除浏览历史记录”

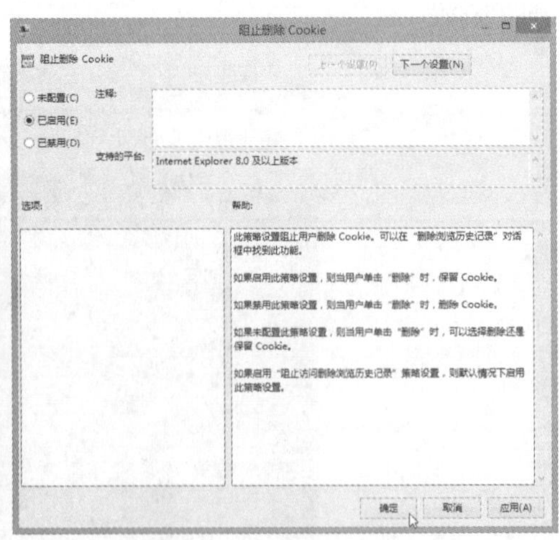

图16.33 启用阻止删除相关设置

返回IE，打开“删除浏览历史记录”对话框，可以发现相关设置的复选框都无法勾选了，这样浏览记录将会被保留，如图16.34所示。

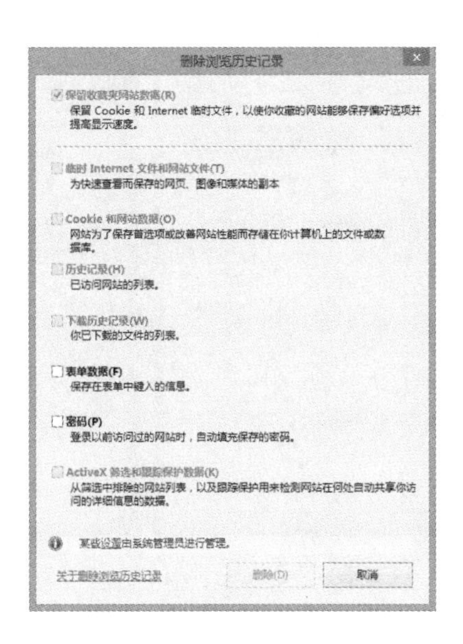

图16.34 阻止删除某些历史记录

16.4.4 修改账户登录策略

为了防止他人在进入系统的欢迎界面后通过猜密码的方式获取账户密码，管理员可以通过账户锁定策略来强化账户登录安全。具体设置方法如下：

1 打开组策略对象编辑器窗口，依次展开“计算机配置\Windows设置\安全设置\账户策略\账户锁定策略”。

2 双击“账户锁定阈值”策略，在打开的对话框中输入连续无效登录的最高次数，如图16.35所示。

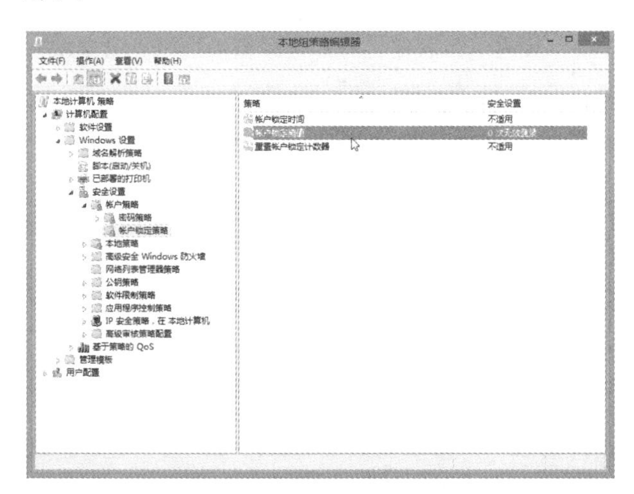

图16.35 设置连续无效登录的最高次数

3 双击“账户锁定时间”策略，并在打开的对话框中设置超过账户登录失败的最高次数后，系统自动锁定该账户的时间长度，如图16.36所示。

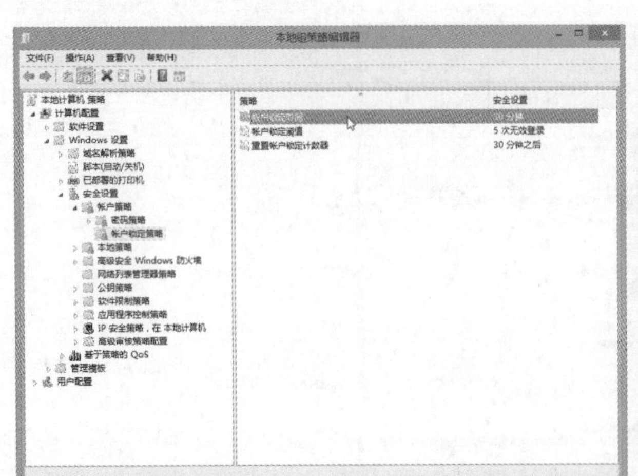

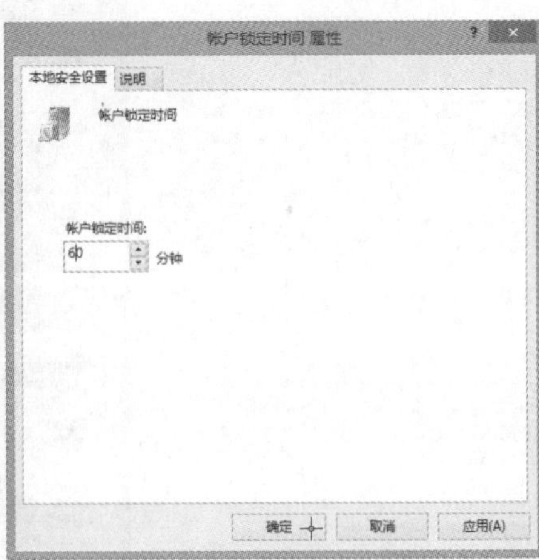

图16.36 设置账户锁定时间

经过以上设置后，如果在系统的欢迎界面连续5次输入错误的账户密码，该账户将锁定60分钟，必须在60分钟后才能登录该账户。

16.4.5 禁止在电脑中安装 USB 存储设备

USB即插即用的便利性，让用户可以利用U盘、移动硬盘、存储卡等USB设备，轻松访问和便携数据，但反过来说，一旦他人趁其不备，插上U盘，可能在瞬间窃取电脑上的重要文件。

因此，如果相当重视电脑数据的隐私与保密，可以禁止在电脑中安装USB存储设备。具体操作步骤如下：

1 打开组策略对象编辑器窗口，依次展开“计算机配置\管理模块\系统\设备安装\设备安装限制”。

2 在右侧窗格中双击“禁止安装可移动设备”策略，然后在打开的对话框中选中“已启用”单选按钮，单击“确定”按钮。

16.5 提高效率的应用技巧

技巧1：禁用与恢复注册表编辑器

为了防止他人使用注册表编辑器修改注册表信息，影响系统的稳定性和安全性，管理员可以按照下述方法进行设置，禁用注册表编辑器。

1 打开注册表编辑器窗口后，在左侧窗格依次展开“HKEY_CURRNET_USER\Software\Microsoft\Windows\CurrentVersion\Policies\System”项。如果Policies项下尚未有System子项，可以先新建此项。

2 单击System项，在右侧窗格中新建一个名为DisablegegistryTools的DWORD（32位）值，如图16.37所示。

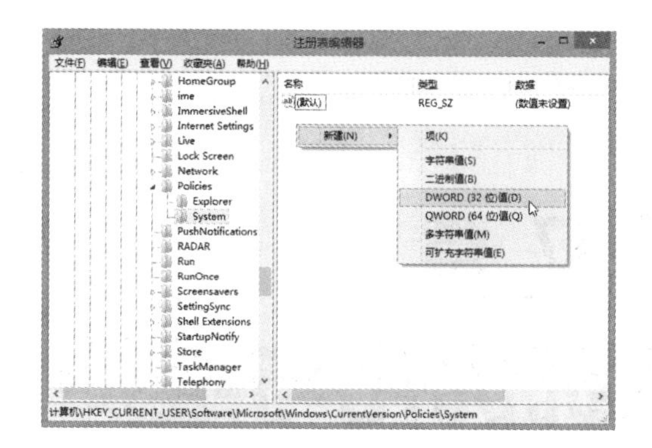

图16.37 新建键值

3 双击新建的键值，然后在打开的对话框中设置数值数据为1，如图16.38所示。
4 修改完毕，再次运行Regedit.exe，就会弹出如图16.39所示的提示信息，已经无法进入编辑。

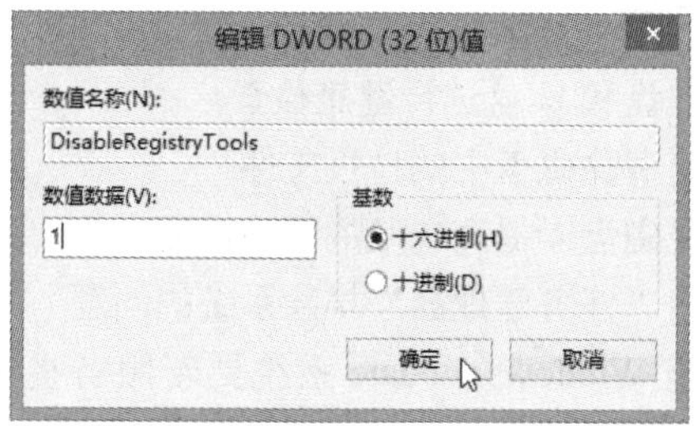

图16.38 设置数值数据

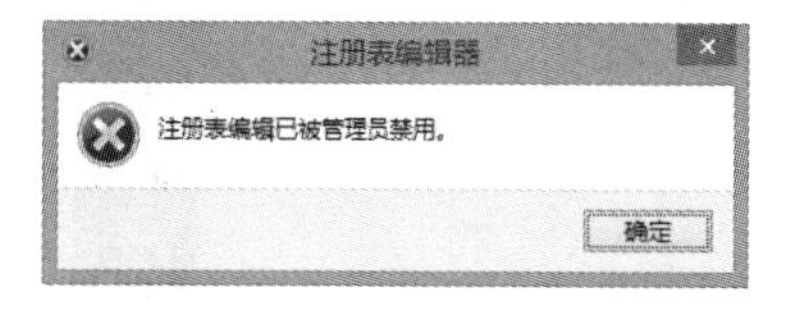

图16.39 注册表编辑器已被禁用

当管理员需要为禁用的注册表编辑器解锁时，可以通过组策略对象编辑器来完成。具体操作步骤如下：

1 打开组策略对象编辑器窗口，依次展开“用户配置\管理模板\系统”。
2 在右侧窗格双击“阻止访问注册表编辑工具”策略，然后在打开的对话框中选中“已禁用”单选按钮，最后单击“确定”按钮。

技巧2：禁用与恢复组策略

为了防止他人使用组策略对象编辑器随意修改系统，破坏系统的稳定性，管理员可以按照以下方法进行设置禁用组策略对象编辑器。

1 打开组策略对象编辑器，展开“用户配置\管理模板\Windows组件\Microsoft管理控制台\受限的/许可的管理单元\组策略”。
2 在右侧窗格双击“组策略对象编辑器”，然后在打开的对话框中选中“已禁用”单选按钮，单击“确定”按钮。

当管理员需要为禁用的组策略对象编辑器解锁时，打开注册表编辑器，依次展开“HKEY_CURRENT_USER\Software\Policies\Microsoft”项，然后删除Microsoft下的MMC子项即可。

第 17 章 系统优化与维护

电脑被人们长时间使用，难免会出现不少的状况。为了让电脑能够更好地工作，需要善待电脑。Windows提供了许多好用的系统工具，可以用来校正或检查系统，让我们在使用时无后顾之忧。

学习提要

- 为硬盘和 U 盘进行健康检查
- 快速清除磁盘中的垃圾文件
- 优化磁盘以提高电脑的访问性能
- 使用“任务管理器”排除系统的问题
- 利用 Windows Update 系统更新服务提高系统安全
- 使用 U 盘加速系统性能
- 减少随系统启动的程序以节省内存
- 使用 Windows 优化大师优化系统

17.1 为硬盘和U盘进行健康检查

当文件出现无法打开或删除的情况、或者电脑经常不正常关机时，可以利用“检查磁盘工具”来检查磁盘的问题，进而加以修复。这里谈到的磁盘不单指硬盘，一般常用的U盘也可用此工具进行检查。

1 单击任务栏上的“文件资源管理器”按钮，打开“文件资源管理器”窗口，单击左侧导航窗格中的“计算机”，在要检查的磁盘驱动器上单击鼠标右键，在弹出的快捷菜单中选择“属性”命令。

2 打开磁盘属性对话框后，切换到“工具”选项卡，如图17.1所示。

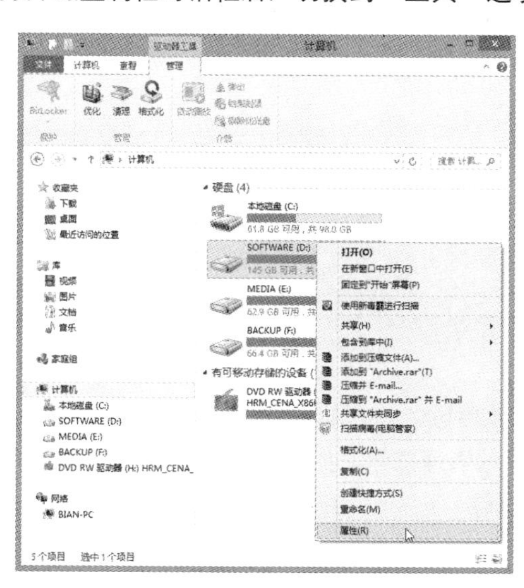

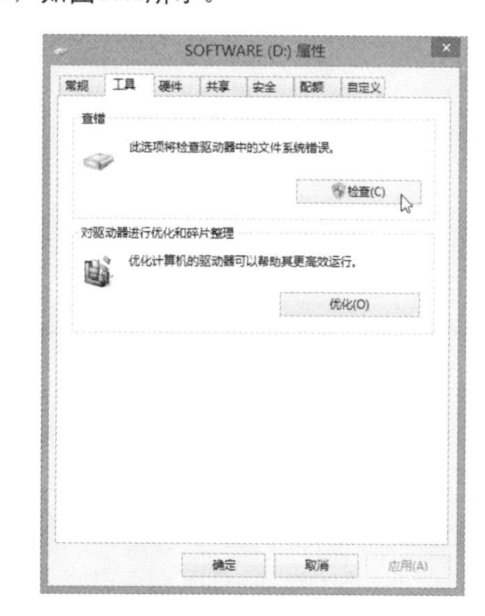

图17.1 “工具”选项卡

3 单击“检查”按钮，如果此磁盘没有发现错误，会弹出如图17.2所示的对话框。如果仍然要检查该磁盘，可以单击“扫描驱动器”，即可开始扫描，如图17.3所示。

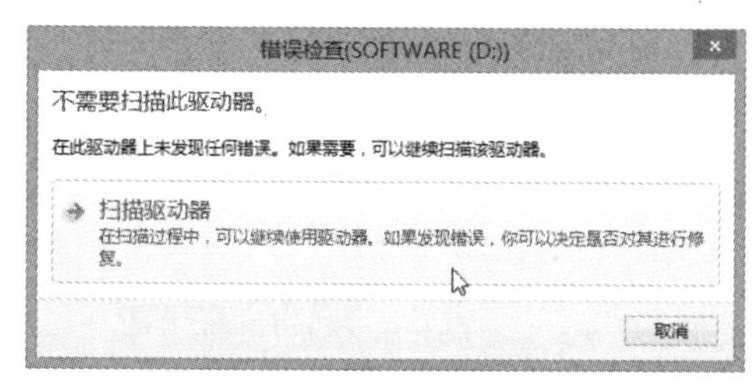

图17.2 未发现磁盘有误

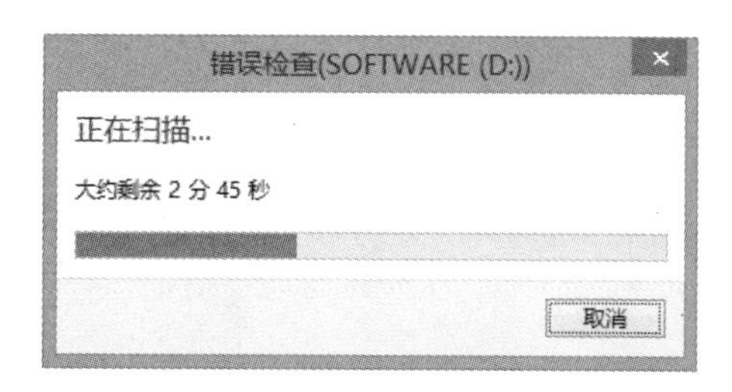

图17.3 扫描磁盘

预防胜于治疗，为了避免无预警的系统或文件错误的发生，建议养成备份文件的习惯，以免文件真的损毁就欲哭无泪了。

17.2 清除磁盘中垃圾文件

在电脑使用一段时间后，随着安装的软件和下载的文件的增加，硬盘空间也会随之减少。此时，用户可以通过“磁盘清理”来删除硬盘中没用的文件。具体的操作步骤如下。

1 打开“文件资源管理器”窗口，选择要清理的驱动器，单击“管理”选项卡中“管理”组中的“清理”按钮，如图17.4所示。系统开始计算磁盘中有哪些无用的文件，如图17.5所示。

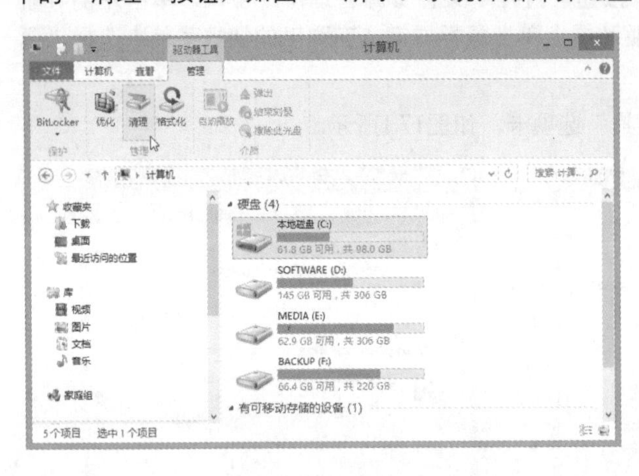

图17.4 选择要清理的驱动器

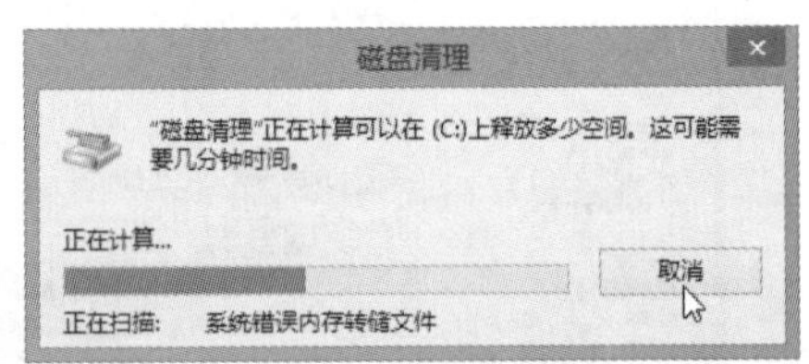

图17.5 系统开始计算磁盘

2 接着会打开“磁盘清理”对话框提示用户要选择删除的文件类型，选好后单击“确定”按钮，再单击询问对话框中的“删除文件”按钮开始清理磁盘，如图17.6所示。需要说明的是，可删除的文件类型，会因选择的磁盘及系统中安装的程序而有所差异。

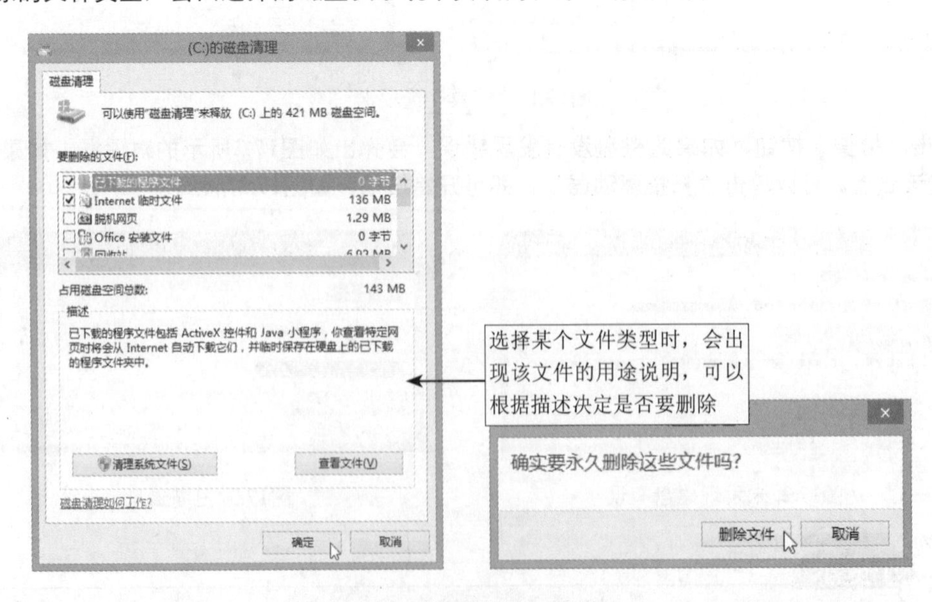

图17.6 “磁盘清理”对话框

小提示

这些文件真的都可以删除吗？

用户可能会担心把文件删除了，对计算机会产生什么影响？这里就说明删除各种类型的文件可能会发生的影响，让用户衡量查看是否要删除（有些选项是在执行过某些操作、安装特定的应用程序后才会出现，此处就不多做说明），如下表所示。

文件类型	作用	建议做法
已下载的程序文件	下载的程序文件位于 Windows\Downloaded Program Files文件夹中，是一些在浏览网站时所下载的程序，如ActiveX 控件、Java Applet等	若将这些文件删除，则下次浏览需要用到这些组件的网页时，则需要再次重新下载这些文件，才能正常浏览。不过现在网页程序时常更新，可以隔一段时间清理一次
Internet临时文件	这些文件位于用户文件夹AppData\Local\Microsoft\Windows\Temporary Internet Files文件夹中，是浏览网站内容后的临时文件	如果将其删除，则下次再浏览到相同网站时，必须再花费一些时间重新下载网站中的数据和内容。但因当前网站的数据更新很快，因此并无长时间保留的必要，可以放心删除
回收站	用户删除的文件会暂时放置在回收站中，让我们有救回误删文件的机会	若将其清空，文件就会真的删除，因此清理前请再次确认删除的文件是否真的不需要了，不然删除之后，文件可就找不回来了
设置日志文件	Windows 自动产生的安装日志文件	由于只是记录在安装应用程序时，系统所做的一些变动情形（如新建某个文件夹等），所以大可将其删除
缩略图	当用户启用Windows Aero视觉效果时，系统会自动为用户将浏览的文件、图片、视频等建立实时预览缩略图，此处就是用来保存这些缩略图的副本	有些文件可能只会用到一、两次，但其产生的缩略图可能会占用不少的硬盘空间，因此建议定期删除此处的文件
为用户存档的Windows错误报告文件	用于保存用户在操作计算机过程中造成的异常状态，如强制中断应用程序造成应用程序没有响应等的错误报告	一般用户不太需要再次查看这些错误报告，可以放心删除
系统存档的Windows错误报告文件	用于保存系统在运行过程中中断，或不正常开关机等的错误报告文件	一般用户不太需要再次查看这些错误报告，可以放心删除

17.3 优化磁盘以提高访问性能

当电脑使用一段时间，文件保存在磁盘上的位置越来越不连续时，就会导致要花费比较长的时间才能读到文件的内容，因此建议每隔一段时间必须优化磁盘以提高其读写效率。

17.3.1 "断离"现象与优化磁盘工具

所谓"断离"，就是同一个文件占用的磁盘扇区不连续。为什么会有这种情况呢？原来磁盘在历经无数次的增删文件之后，未用到的扇区就会分布得很零散。而系统在配置文件时，是从第一个找到的空扇区开始存储数据，当存入一个比较大的文件时（如下载文件），其所存放的扇区就可能是好几个不连续的扇区。

断离状况代表文件的各部分是存放在磁盘上的不同位置，造成读写时，磁盘需要来回移动磁头或等待磁盘转到所要读取的位置。因此，读写的效率会比读取存于连续扇区的文件还要差。为了提升文件访问的效率，需要避免出现断离的情况，这时就必须借助于优化磁盘工具了。

优化磁盘工具的主要用途包括以下几个方面。

- 使同一文件的存放位置连续：就是把断离的扇区连在一起。使同一个文件的扇区连续，这样在读取文件时，就可以减少磁盘读写头的移动次数。
- 合并未使用的空间：重组磁盘之后，能够将空的扇区全部集中到磁盘的后半部，这样当新文件存入时，就会分配到连续的磁盘空间了。
- 加快应用程序的运行效率：碎片整理之后，能够重新排列经常使用的程序在磁盘中的位置，使其能够更有效率地运行。

17.3.2 利用计划任务定期优化磁盘

优化工具默认已经创建计划，每周自动帮助运行优化工具，所以不需要特别去运行它。当然，也可以自行重新安排指定的时间，通常每月运行一次，不宜频繁操作以免增加硬盘的负担。

1 打开"文件资源管理器"窗口，选择要优化的磁盘，单击"管理"选项卡"管理"组中的"优化"按钮，弹出如图17.7所示的"优化驱动器"对话框。

图17.7 “优化驱动器”对话框

2 单击“更改设置”按钮，在弹出的对话框中指定优化的频率，只需从“频率”下拉列表框中选择“每天”、“每周”或“每月”。单击“选择”按钮，可以选择要优化的驱动器（没有选择则会优化所有驱动器），如图17.8所示。

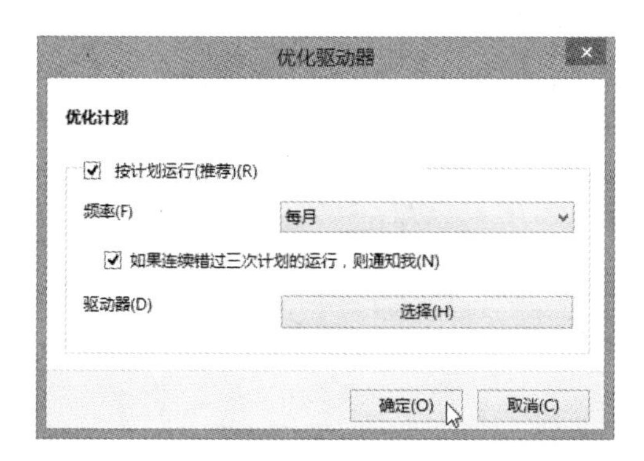

图17.8 指定优化的频率和驱动器

17.3.3 手动优化磁盘

如果想立即运行优化磁盘，可以按照下述步骤进行操作：

1 打开“文件资源管理器”窗口，选择要优化的磁盘，单击“管理”选项卡“管理”组中的“优化”按钮，弹出“优化驱动器”对话框。

2 在对话框中选择要分析的驱动器，然后单击“分析”按钮，即可对磁盘进行分析，当碎片比例在10%以上，建议执行优化，如图17.9所示。

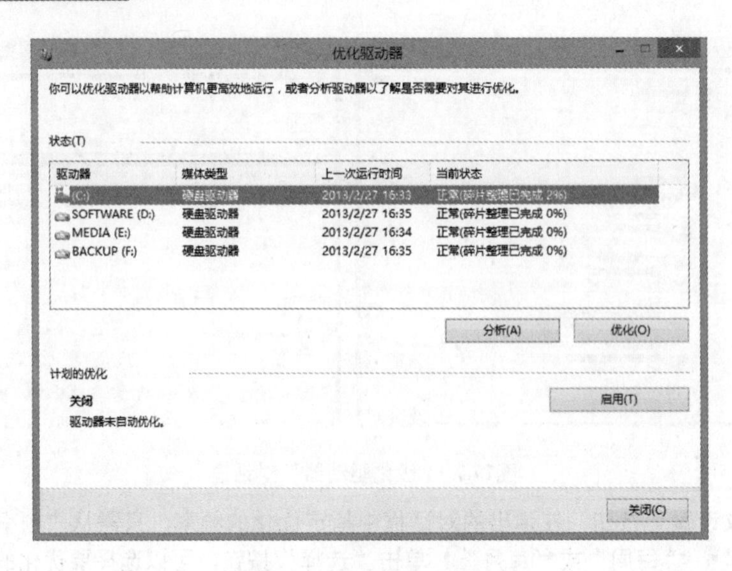

图17.9 分析磁盘碎片

3 如果磁盘碎片超过10%，单击“优化”按钮开始整理，如图17.10所示。

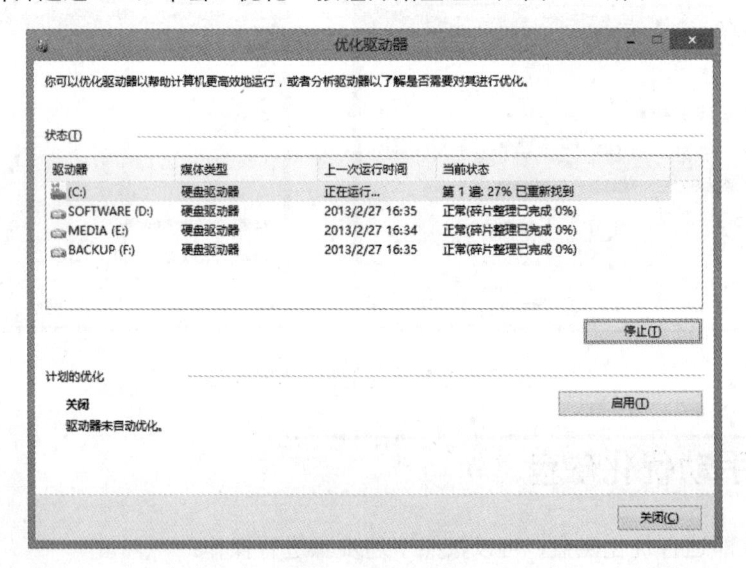

图17.10 优化磁盘

17.4 使用“任务管理器”排除系统问题

有些程序怎么运行到一半不动了？别紧张，如果有任何关于运行程序中的问题，全部交给任务管理器。任务管理器能够管理系统当前运行中的程序，以及查看每个程序占用CPU的时间、使用内存的数量等，是个十分好用的工具。

17.4.1 关闭“无响应”的问题程序

当用户在使用各类应用程序时，难免会遇到程序停止运行，无法使用的情况。有时，Windows会自行显示对话框，询问是否要重新启动该程序；有时不会询问，而停止运行的程序窗口则会停留在桌面上，标题栏出现“无响应”的字样而无法关闭。这时，可以进入任务管理器，将“无响应”的程序强制结束。

在任务栏的空白处单击鼠标右键，在弹出的快捷菜单中选择“任务管理器”命令，打开“任务管理器”窗口，如图17.11所示，这是Windows 8提供的任务管理器的简略模式。如果是“无响应”，很可能是正在运行非常耗时的操作，或者程序自己已经停止运行了。如果要强制结束程序，只需选择程序，单击“结束任务”按钮即可。

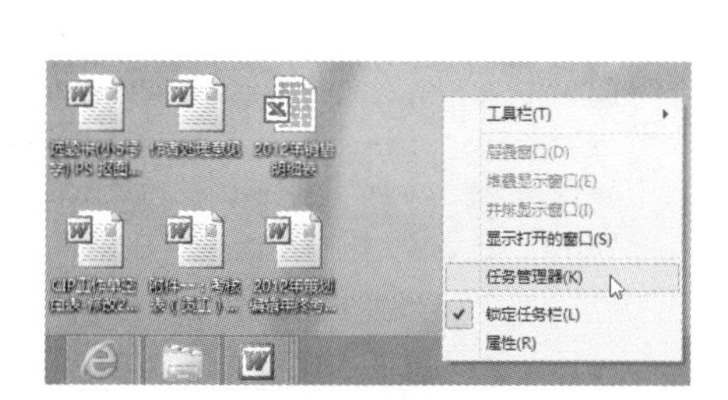

图17.11 “任务管理器”窗口

系统死机了不能动怎么办？

有些程序一旦停止运行，连带导致画面变灰、窗口无法切换、鼠标也失灵了，甚至连“任务管理器”窗口也打不开。此时，可以按Ctrl+Alt+Delete组合键切换到如图17.12所示的画面，单击“任务管理器”，即可打开“任务管理器”窗口。

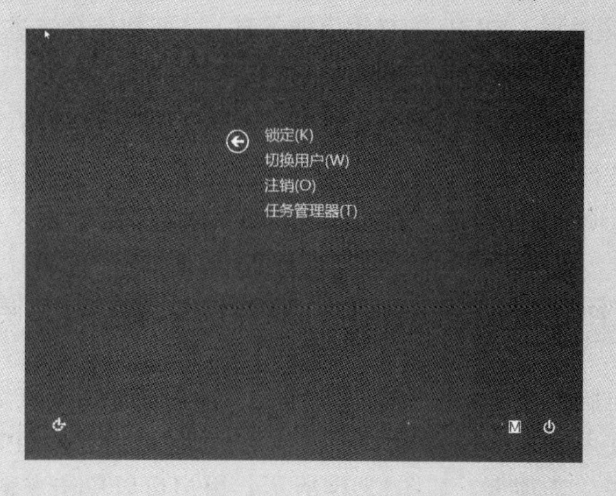

图17.12 启动画面

17.4.2 在“进程”中查看和结束有问题的进程

有时程序看起来似乎死了，却没有出现“无响应”的信息，而且整台电脑的反应也变得很慢。此时，可以利用“任务管理器”的“进程”选项卡来查看该程序的运行是否占用大量系统资源。

1 在任务栏的空白处单击鼠标右键，在弹出的快捷菜单中选择“任务管理器”命令，打开“任务管理器”窗口，单击“详细信息”按钮展开详细版的“任务管理器”窗口，切换到“进程”选项卡，如图17.13所示。新版的任务管理器使用不同的颜色来表示各种值的热度，颜色越深，表示越耗费系统资源。

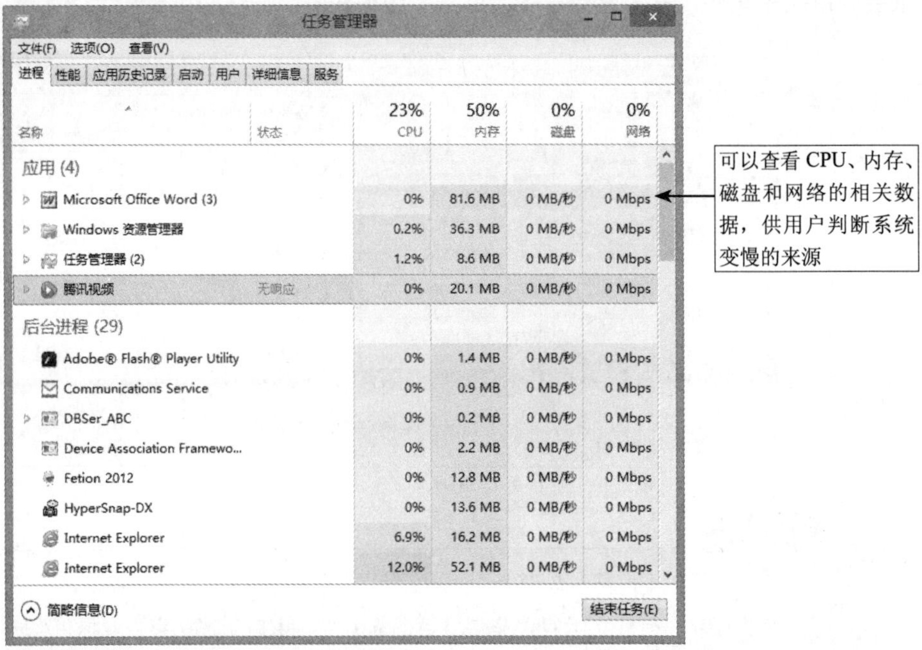

任务管理器

文件(F) 选项(O) 查看(V)

进程 | 性能 | 应用历史记录 | 启动 | 用户 | 详细信息 | 服务

名称	状态	23% CPU	50% 内存	0% 磁盘	0% 网络
应用 (4)					
Microsoft Office Word (3)		0%	81.6 MB	0 MB/秒	0 Mbps
Windows 资源管理器		0.2%	36.3 MB	0 MB/秒	0 Mbps
任务管理器 (2)		1.2%	8.6 MB	0 MB/秒	0 Mbps
腾讯视频	无响应	0%	20.1 MB	0 MB/秒	0 Mbps
后台进程 (29)					
Adobe® Flash® Player Utility		0%	1.4 MB	0 MB/秒	0 Mbps
Communications Service		0%	0.9 MB	0 MB/秒	0 Mbps
DBSer_ABC		0%	0.2 MB	0 MB/秒	0 Mbps
Device Association Framewo...		0%	2.2 MB	0 MB/秒	0 Mbps
Fetion 2012		0%	12.8 MB	0 MB/秒	0 Mbps
HyperSnap-DX		0%	13.6 MB	0 MB/秒	0 Mbps
Internet Explorer		6.9%	16.2 MB	0 MB/秒	0 Mbps
Internet Explorer		12.0%	52.1 MB	0 MB/秒	0 Mbps

简略信息(D) 结束任务(E)

可以查看CPU、内存、磁盘和网络的相关数据，供用户判断系统变慢的来源

图17.13 “进程”选项卡

2 如果发现问题进程（如CPU的使用率非常高），可以选择该进程，然后单击“结束任务”按钮。

注意，不要随意用此方法来结束运行中的应用程序，因为这将会使当前程序中的文档丢失。因此，只有在应用程序呈现“无响应”的状态、电脑突然变得很慢而无法操作时，再到“进程”选项卡找出问题所在，并将其结束运行。

17.4.3 利用“性能”选项卡判断电脑升级策略

如果觉得电脑运行速度很慢，可以通过“任务管理器”窗口中的“性能”选项卡来了解系统资源的使用情况，然后判断需要加装内存条还是更换CPU等。单击“任务管理器”窗口中的“性能”选项卡，如图17.14所示。用户可以单击左侧的CPU、“内存”、“磁盘”或Wi-Fi，即可在右侧以图表的形式显示使用的情况。

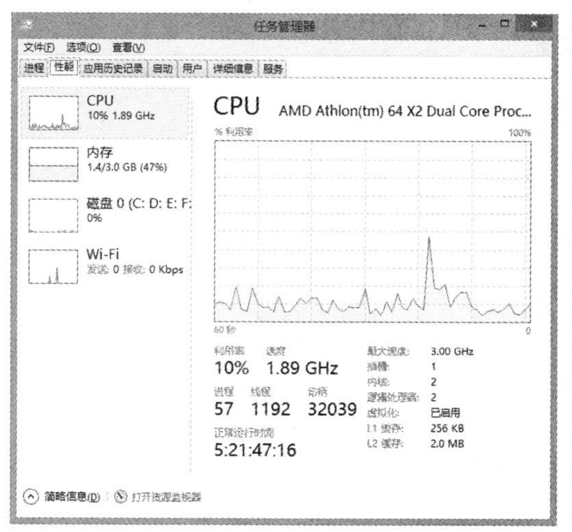

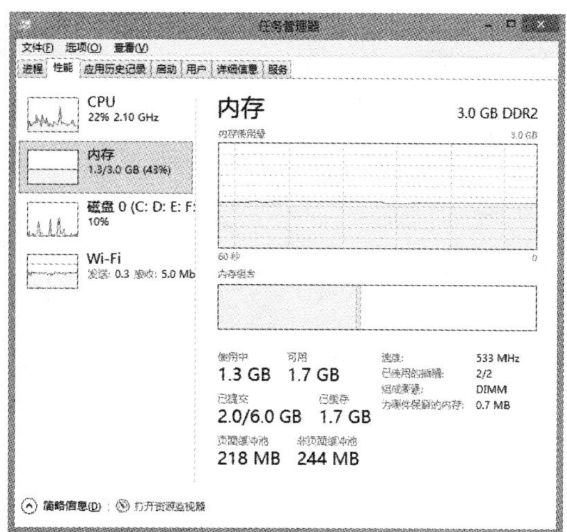

图17.14 “性能”选项卡

- 如果CPU利用率中的线条一直保持在高端，表示CPU几乎是超负荷来运行任务。因此系统性能会不佳，此时最好更换高性能的CPU。
- 如果内存使用记录的线条持续接近上线，表示内存量不足以存放运行中应用程序的数据。治标的方式是避免同时打开多个应用程序或打开多个工作文档；治本的方法是增加内存条，这样将有效提升电脑性能。

另外，还可以查看磁盘的活动时间、平均响应时间、读取速度、写入速度等。如果有无线网卡，可以查看无线网卡的发送和接收速度。

17.5 用Windows Update系统更新服务提高系统安全

Windows Update可以通过Internet连接，自动检查用户的电脑，并提供一个应用于当前电脑软硬件的自定义更新列表，如安全补丁文件、说明文件、驱动程序等供选择下载，以保持操作系统处于最新、最佳的状态。

17.5.1 检查更新文件

为了保持Windows处于最新状态，如果用户具备管理员的身份，可以在连接到Internet后进入如下的操作：

1 打开“控制面板”窗口，单击“系统和安全”文字链接进入“系统和安全”窗口，单击“Windows更新”文字链接，如图17.15所示。

图17.15 单击“Windows更新”文字链接

2 进入“Windows更新”窗口，单击左侧的“检查更新”文字链接，电脑会连接微软服务器，检查需要安装的更新项目，如图17.16所示。

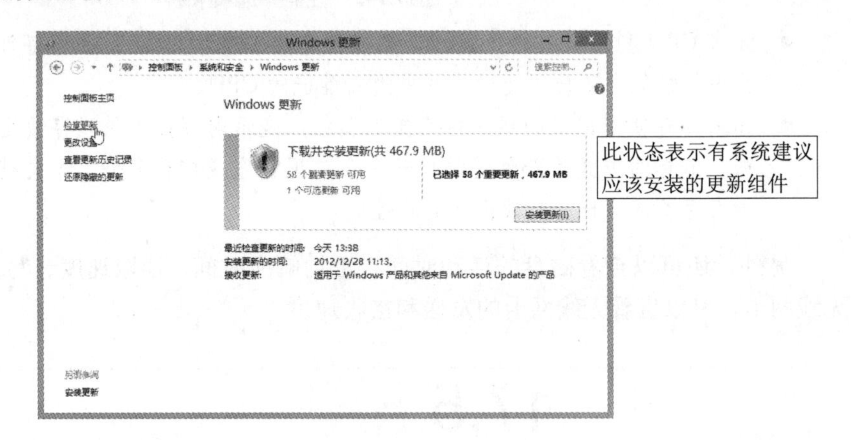

图17.16 “Windows更新”窗口

3 如果要查看有哪些需要更新的信息，可以单击其中的文字链接，即可选择希望安装的更新。每选择一个更新项目，右侧会显示相关的说明，如图17.17所示。

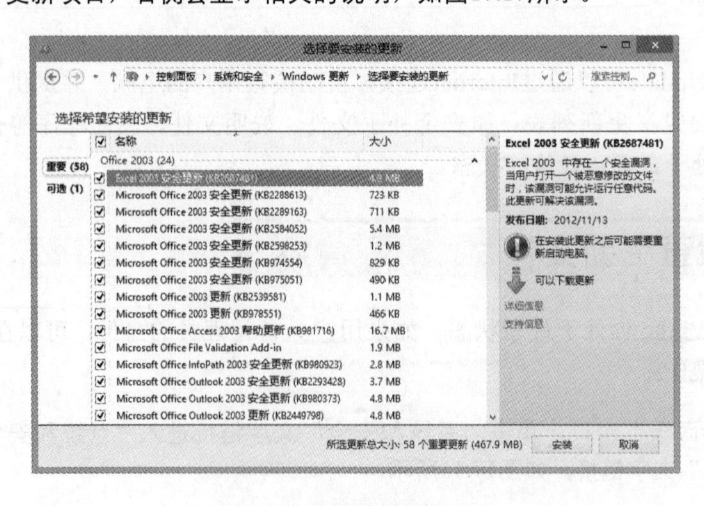

图17.17 选择要更新的项目

4 选中要安装的项目后，单击“安装”按钮，即可开始下载并安装更新，如图17.18所示。有些更新组件会要求用户确认同意许可协议，自行细读协议内容，单击“同意”按钮可以继续安装。

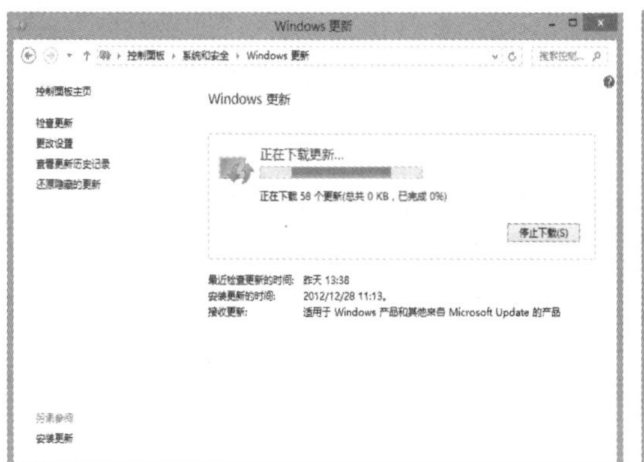

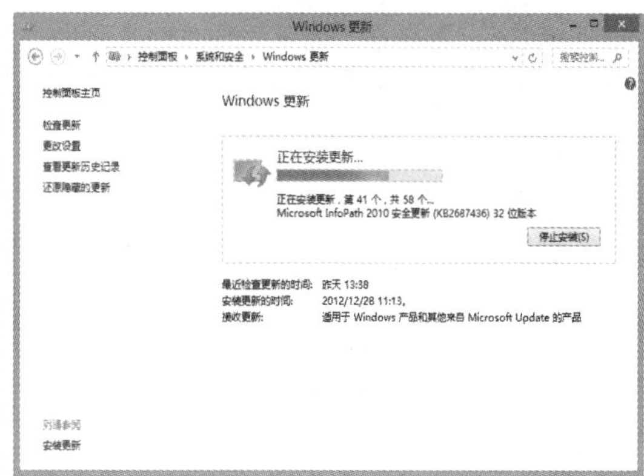

图17.18 正在下载更新

5 完成后会显示“你的电脑处于最新状态”，如图17.19所示。如果要查看已经安装的更新，可以单击左侧的“查看更新历史记录”文字链接。

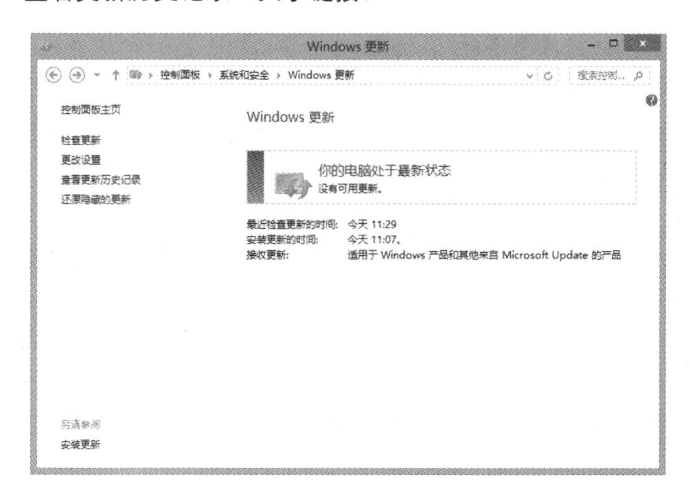

图17.19 已完成更新

小提示

有些更新组件安装完成后，必须重新启动电脑才能正常使用，因此在出现相关提示时，先结束其他应用程序，再重新启动电脑。

17.5.2 设置自动运行更新

Windows Update经常提供一些修补系统漏洞的更新，以避免遭受网络黑客的恶意攻击。不过，我们无法事先得知这些更新何时可供下载安装，如果是手动检查更新往往不够及时。为了不错过重要的更新，可以在“Windows更新”窗口中单击左侧的“更改设置”文字链接，进入如图17.20所示的“更改设置”对话框。如果设置为“自动安装更新”，则可以单击“维护窗口期间将自动安装更新”文字链接，进入如图17.21所示的“自动维护”对话框，可以指定更新的时间。

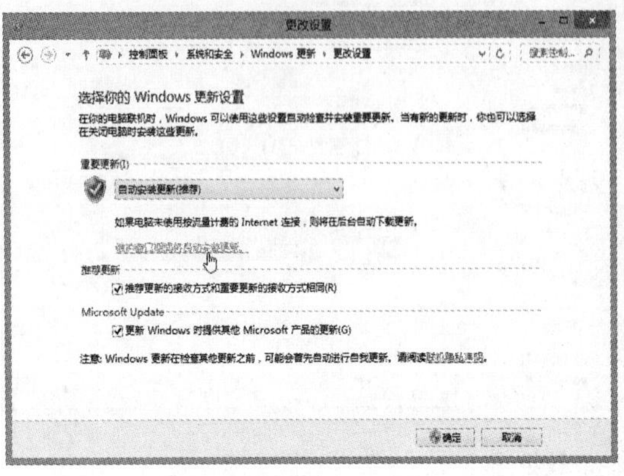

图17.20 “更改设置”对话框

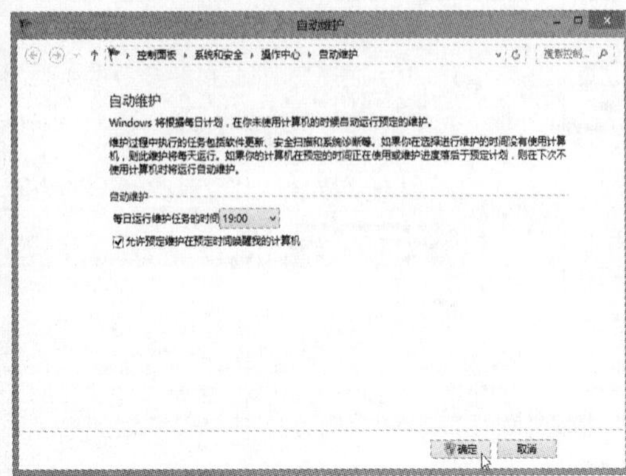

图17.21 “自动维护”对话框

在“重要更新”下拉列表框中有4个不同的选项。

- 自动安装更新：选择此选项时，Windows 会自动检查是否有需要更新的组件，如果有，就会自动下载并安装（通常是在系统关机时安装）。
- 下载更新，但是让我选择是否安装更新：选择此选项，Windows 会自动下载更新组件，但是不会主动安装。等下载完成后，系统将在任务栏的通知区域以图标形式通知你已经准备好安装更新，此时需要进入 Windows Update 中进行手动安装。
- 检查更新，但是让我选择是否下载和安装更新：选择此选项，当 Windows 发现适用的更新组件后，将会在任务栏的通知区域以图标形式通知你有新的程序更新，但不会自动下载。单击该通知图标，就可以选择要下载的更新程序，让 Windows 下载；下载完成后，还可以选择是否安装这些程序。
- 从不检查更新：选择此选项，则取消 Windows 自动更新，改用手动更新。

17.6 内存优化

内存在电脑中的作用不言而喻，主要用来临时存储程序和数据，其性能高低直接影响整个操作系统运行速度的快慢。为了让Windows更高效地使用系统内存，除了添加新的内存条之外，还可以通过运行ReadyBoost、设置虚拟内存来提高其工作效率。

17.6.1 使用 U 盘加速系统性能

Windows系统引入了ReadyBoost技术，它可以把U盘作为零散数据缓存的装置，达到辅助内存工作的目的。下面以使用U盘启用ReadyBoost为例，介绍详细的设置过程。

1 将U盘插入电脑的USB接口，然后打开“文件资源管理器”，在U盘驱动器上单击鼠标右键，在弹出的快捷菜单中选择“属性”命令，打开属性对话框，单击“ReadyBoost”选项卡，如图17.22所示。

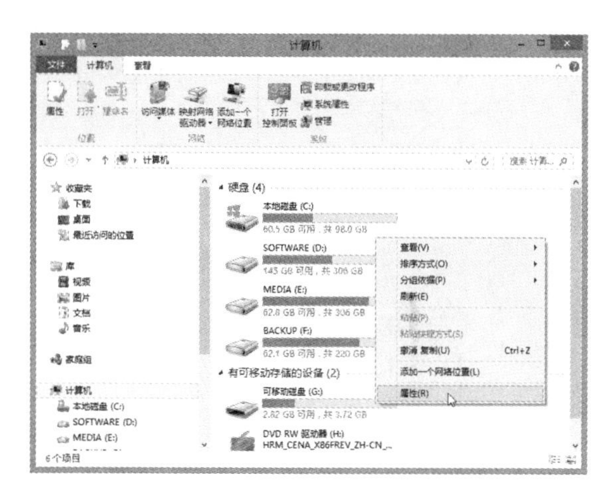

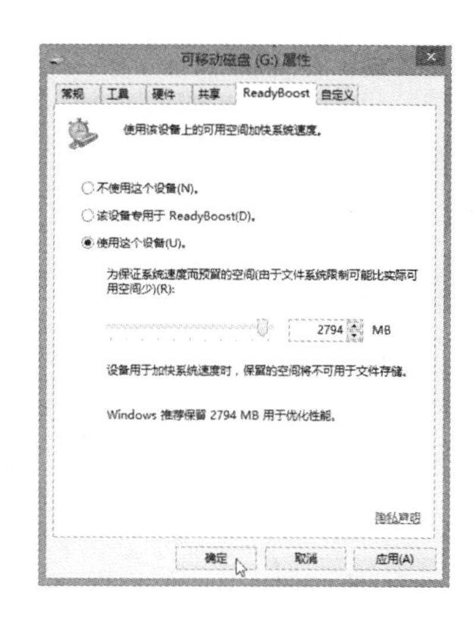

图17.22 ReadyBoost选项卡

2 选中“使用这个设备”单选按钮，然后输入用于系统加速的容量，单击“确定”按钮。

17.6.2 调整虚拟内存的大小

用户在安装Windows系统时会自动生成一个用于辅助物理内存的虚拟内存页面文件，不过，该文件的大小不固定并且容易产生碎片，这样就会导致系统分区的磁盘性能下降。因此，建议用户将系统虚拟内存页面文件设置在其他分区并限制其大小。具体操作步骤如下：

1 打开“文件资源管理器”窗口，在左侧导航窗格的“计算机”上单击鼠标右键，在弹出的快捷菜单中选择“属性”命令。

2 弹出“属性”窗口后，单击左侧的“高级系统设置”文字链接，在“系统属性”对话框中切换到“高级”选项卡，然后单击“性能”组中的“设置”按钮，如图17.23所示。

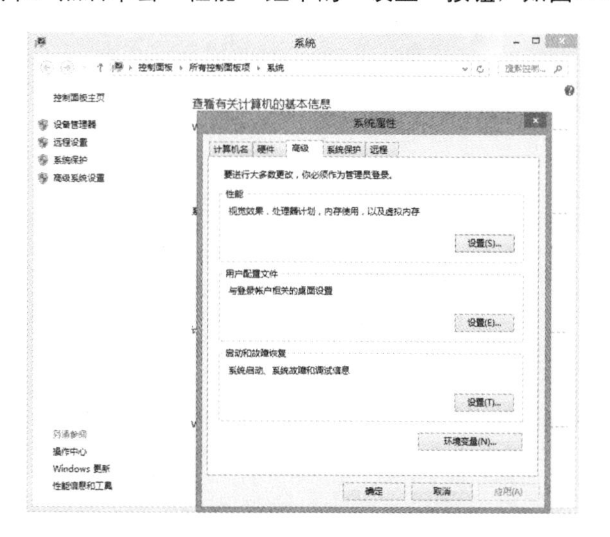

图17.23 “系统属性”对话框

3 在弹出的“性能选项”对话框中切换到“高级”选项卡，单击“虚拟内存”组中的“更改”按钮，如图17.24所示。打开“虚拟内存”对话框，撤选“自动管理所有驱动器的分页文件大小”复选框，先在“驱动器”列表框中选择系统分区，然后选中“无分页文件”单选按钮，单击“设置”按钮，如图17.25所示。

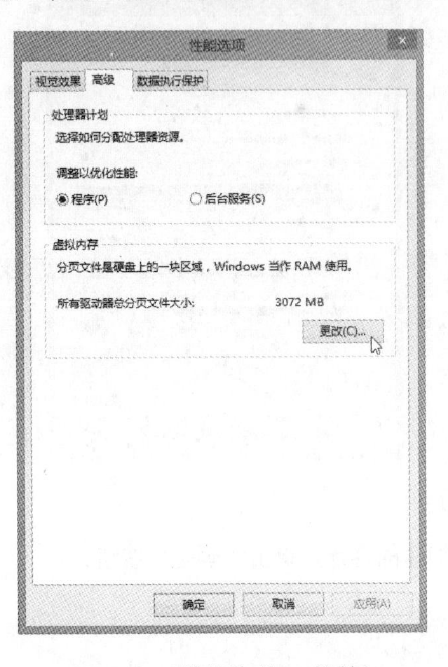

图17.24 “性能选项”对话框

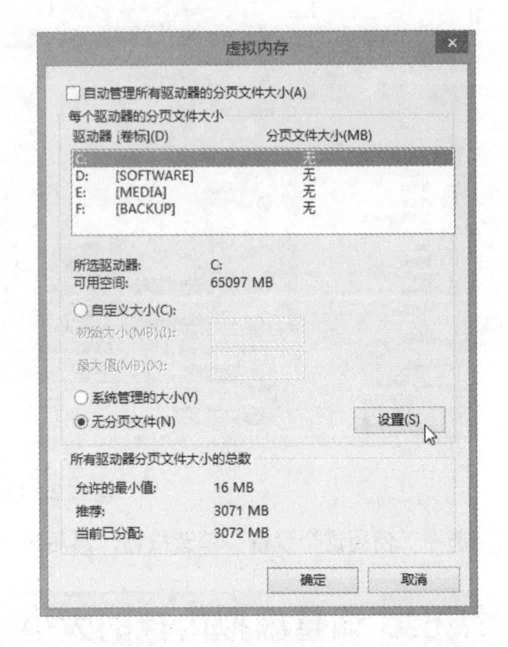

图17.25 “虚拟内存”对话框

4 接下来，选择存放分页文件的分区，并设置分页文件的大小，如图17.26所示。

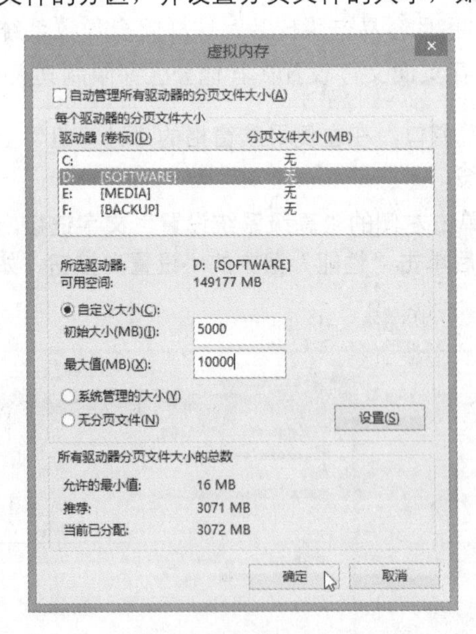

图17.26 设置分页文件大小

5 依次单击“确定”按钮，关闭所有打开的对话框。需要重新启动操作，使设置生效。

17.6.3 减少随系统启动的程序以节省内存

用户在启动Windows时会发现不少软件也跟着启动，这是因为安装这些软件时会产生对应的启动项目，然后跟随系统一起启动。事实上，用户并不是每次登录系统后都需要使用这些程序，如果随系统启动的程序太多，将会影响系统的启动速度并占用内存。因此，建议删除一些不需要的启动程序，以节省系统资源。具体操作方法如下：

1 在任务栏的空白处单击鼠标右键，在弹出的快捷菜单中选择“任务管理器”命令，打开“任务管理器”窗口，单击“详细信息”按钮以展开窗口，切换到“启动”选项卡，如图17.27所示。

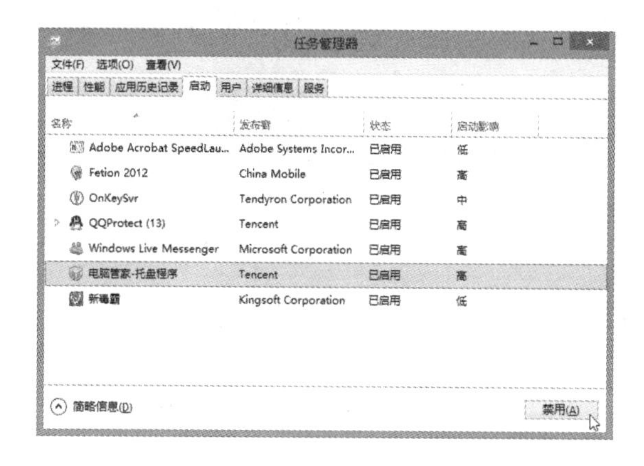

图17.27 “启动”选项卡

2 选择要禁用的程序，然后单击“禁用”按钮。

17.7 使用 Windows 优化大师优化系统

Windows优化大师是一款功能强大的系统辅助软件，它提供了全面有效且简便安全的系统检测、系统优化、系统清理、系统维护4大功能模块及数个附加的工具软件。使用Windows优化大师，能够有效地帮助用户了解自己的计算机软硬件信息；简化操作系统设置步骤；提升计算机运行效率；清理系统运行时产生的垃圾；修复系统故障及安全漏洞；维护系统的正常运转。

用户可以登录Windows优化大师软件的官方网站，然后从网上下载并进行安装。

17.7.1 自动优化

如果用户是一个电脑初学者，或者工作比较忙，那么可以使用“Windows优化大师”的自动优化功能，快速完成对系统的优化。具体操作步骤如下：

1 双击桌面上的“Windows优化大师”图标，打开“Windows优化大师”窗口，如图17.28所示。

2 单击“一键优化”按钮，系统自动开始优化，如图17.29所示。下方的状态栏会显示当前优化的状态。

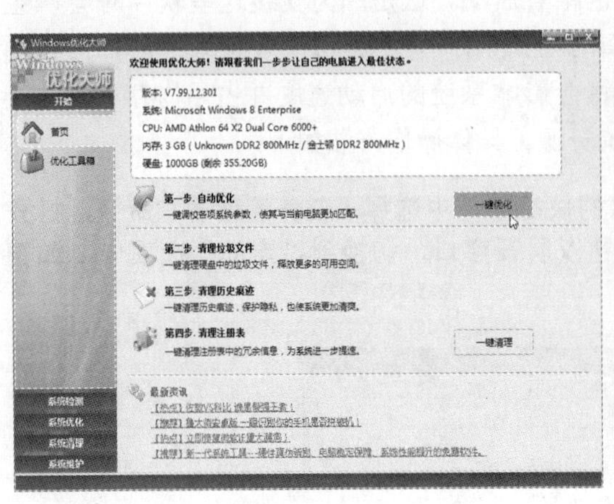

图17.28 “Windows优化大师”窗口

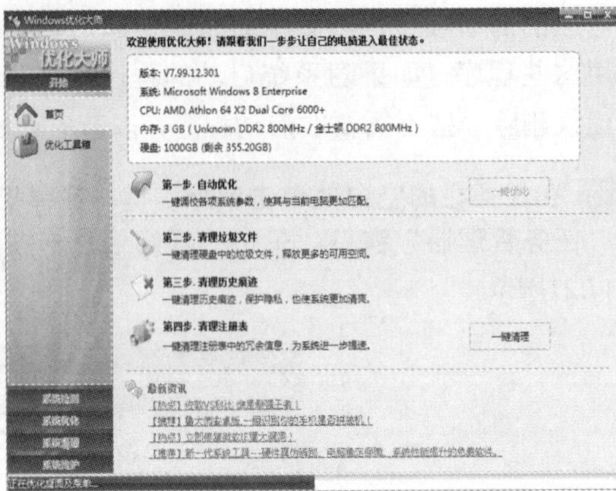

图17.29 自动优化

17.7.2 手动优化

除了自动优化之外，还可以根据自己的实际需求分别对磁盘缓存、桌面菜单、文件系统、网络系统、开机速度等进行优化。

1. 磁盘缓存优化

磁盘缓存优化主要是缓存、内存性能、虚拟内存等，单击左侧的“系统优化”分类，再单击“磁盘缓存优化”按钮，画面将转到对应的窗口，如图17.30所示。在该窗口中，可以通过调节滑块对磁盘缓存最小值、磁盘缓存最大值及缓冲区读写单元进行调节。

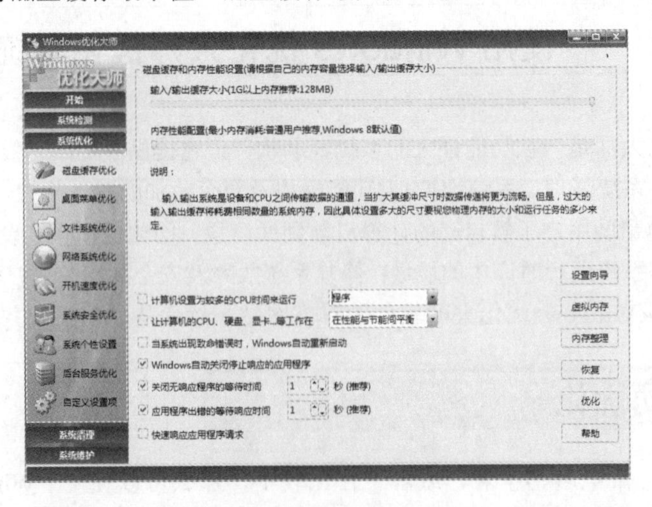

图17.30 磁盘缓存优化窗口

另外，还可以自行选择内存性能配置，只需选中相应优化选项前的复选框，单击“优化”按钮即可。

2. 文件系统优化

Windows系统在搜索文件时要访问文件分配表，而Windows优化大师可以通过保存已访问的文件路径和名称，加快下一次访问的速度，达到优化文件系统的目的。

单击“文件系统优化”按钮，画面将转到对应的窗口，如图17.31所示。

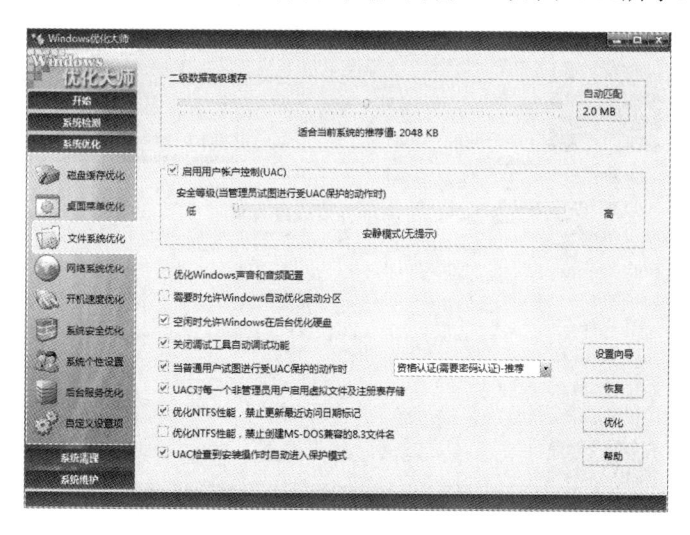

图17.31 文件系统优化画面

设置“安全等级”为Windows优化大师推荐值，选中“空闲时允许Windows在后台优化硬盘”复选框，单击“优化”按钮完成优化。

3. 网络系统优化

网络系统优化包括上网方式选择、IE、网卡设置、域名解析等，如图17.32所示。通过选择上网方式、自动设置好最大传输单元、最大数据段长度、单元缓冲区等，还可以通过“域名解析”按钮把经常访问的网址进行域名解析，然后自动将网址和IP地址一一对应的存放起来。今后，访问这些网址就无需进行域名解析了。

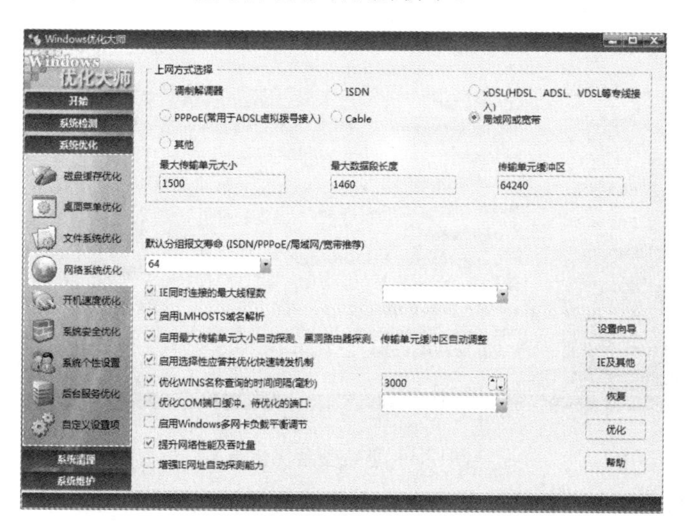

图17.32 网络系统优化画面

4. 开机速度优化

开机速度优化主要优化启动速度停留时间、快速开机、开机不运行的程序等。在该窗口中，可以对引导信息的停留时间进行修改和选择多操作系统的启动顺序。另外，还可以禁止一些程序在开机时的运行，选中不想运行的程序前的复选框即可，如图17.33所示。

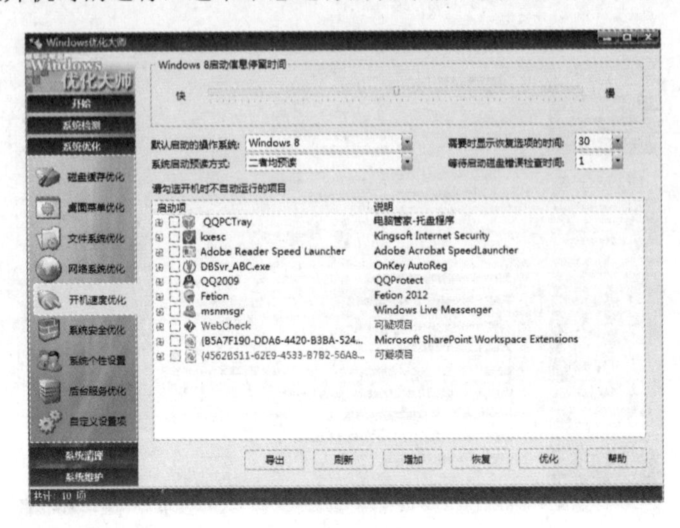

图17.33 开机速度优化画面

5. 系统安全优化

这是Windows优化大师中相当有用的一类功能，为了保护计算机的安全，不妨尝试一下启用禁止Windows自动登录、开机自动进入屏幕保护、退出系统后自动清除文档历史记录等功能，如图17.34所示。

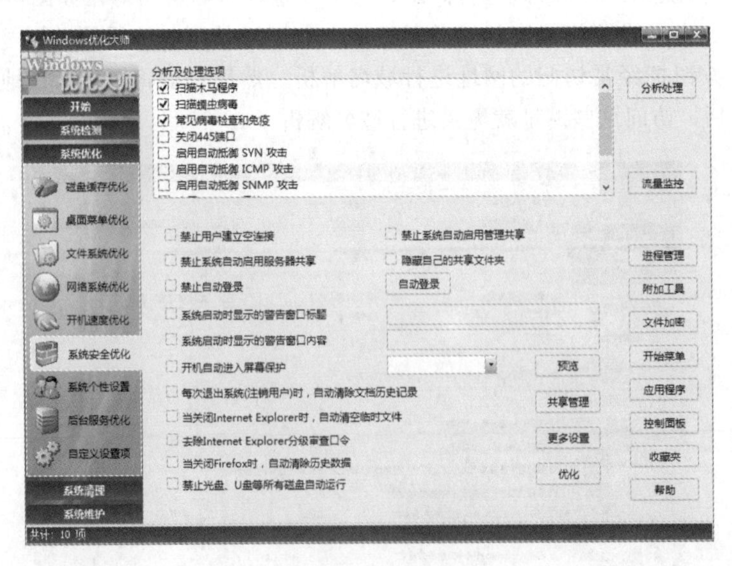

图17.34 系统安全优化画面

另外，还可以通过该窗口对Windows系统的常见漏洞进行防范，并且能够搜索系统中是否有黑客程序和蠕虫病毒。

6. 后台服务优化

开机进入Windows操作系统时自动启动的服务项目，有一部分是操作系统所必须的，有一部分是允许停用或禁用的。因此，关闭不必要的服务可以释放部分被占用的资源，提高系统的运行速度，如图17.35所示。

图17.35 后台服务优化画面

17.8 高级应用的技巧点拨

技巧1：磁盘碎片整理无法完成

进行磁盘碎片整理时，可能会遇到无法完成的现象，其原因比较复杂，如磁盘出错、后台软件干扰等。用户可以尝试通过以下方法解决：

- 先检查磁盘，修复磁盘错误。
- 在磁盘碎片整理之前，关闭所有后台驻留程序，如杀毒软件、防火墙等。

如果仍然无法完成整理，可尝试使用TuneUp Utility等第三方磁盘碎片整理程序进行整理。

技巧2：对Metro界面的优化

当用户的电脑上又外接一个显示器时，Windows 8针对Metro界面在多显示器功能上做了优化，可以在两个显示器中分别使用桌面环境和Metro界面，互不影响。

另外，在每台显示器的屏幕中都可以打开超级按钮、切换Metro程序、分屏显示等。同时，使用鼠标可以在不同显示器间拖放Metro应用程序。

18

第 18 章

网络安全与防黑

网络是一把双刃剑，在提供资源共享和通信平台的同时，也为病毒和木马的传播、黑客的入侵提供了一个便利的渠道。为了提高电脑的安全性，Windows 8在网络安全与防黑方面推出了许多新功能，本章将介绍这些安全功能的方法。

学习提要

- 使用 Windows 8 防火墙保护计算机
- 实时监控外来的连接状态
- 允许某个程序通过防火墙
- 使用 Windows Defender 手动扫描恶意程序
- 还原 Windows Defender 误杀的程序
- 了解主流病毒 / 木马查杀软件简介
- 掌握查杀病毒和木马的技巧

18.1 使用 Windows 8 防火墙保护计算机

网络固然带来许多的便利与乐趣，但是黑客却也想借此机会趁虚而入。如果计算机不幸遭黑客入侵，可能就会被窃取重要资料，如个人账号、密码或信用卡号。因此，下面将介绍如何使用Windows防火墙避免黑客入侵。

18.1.1 防火墙的作用

所谓防火墙是指一种安全机制，用来防止计算机受到网络上其他计算机的入侵，就好比在你的计算机与 Internet之间建立一道防卫的城墙，让外部的计算机无法直接访问你的计算机。

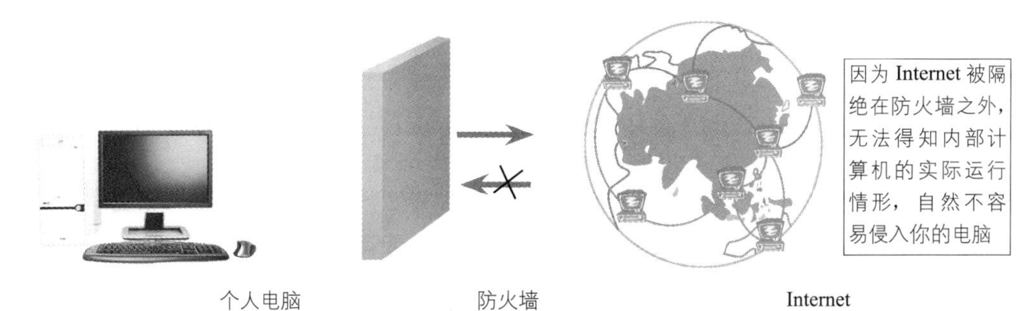

防火墙并不是单纯地隔绝内外网络之间的通信，否则干脆不要上网不就得了？事实上，防火墙必须能够“判断”与“筛选”内外网络之间传送的信息，放行特定的封包，阻挡来路不明的封包，让用户可以正常地在Internet中下载或上传数据，但是Internet上的电脑无法主动与你的计算机联系。

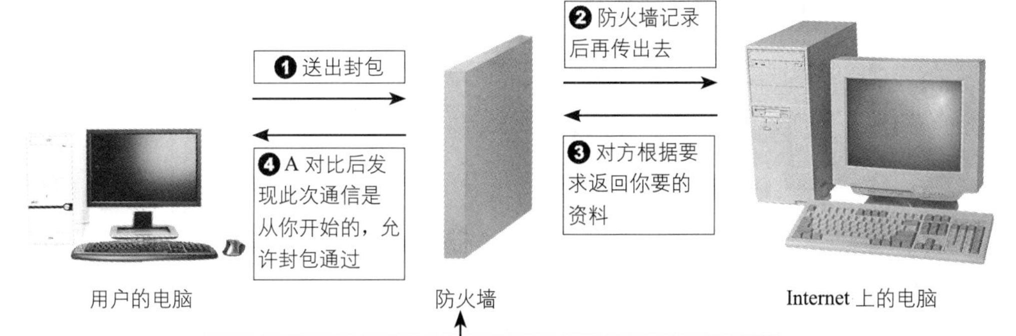

小提示

网络上所有的通信内容都是以“封包（Packet）”的形式来传输。传送封包的操作就像现实生活中寄信一样，上面会写明寄件人地址、收件人地址等相关信息，邮寄员才不会送错地方，对方要回信时也才知道要寄到哪里。

18.1.2 实时监控外来的连接状态

网络上危机重重，一不小心就可能成为黑客侵害的目标。因此，Windows内置Windows防火墙功能会实时监控你的电脑与网络间的通信，防止有人未经同意就尝试访问你的电脑。下面查看Windows防火墙如何过滤外来的连接情况。

Windows防火墙功能默认是打开的，当用户运行了需要打开固定连接端口的程序时，就会出现如图18.1所示的Windows安全警报对话框，询问是否要接受该程序的连接。

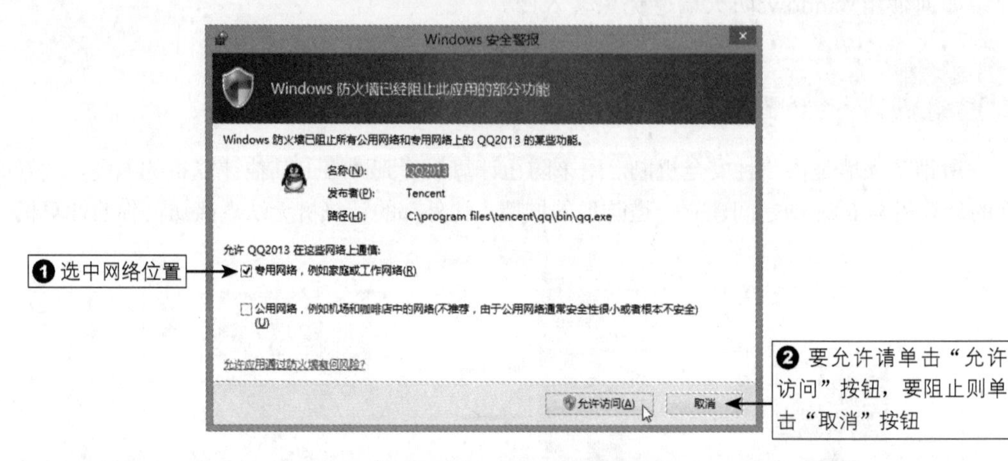

图18.1 检测到可疑连接时的通知信息

如果要检查Windows防火墙是否已经打开，可以打开“控制面板”窗口，单击“系统和安全”文字链接后，再单击“Windows防火墙”文字链接（如果“控制面板”窗口的查看方式是大图标或小图标，则直接单击“Windows防火墙”），即可在打开的窗口中查看当前的防火墙状态，如图18.2所示。

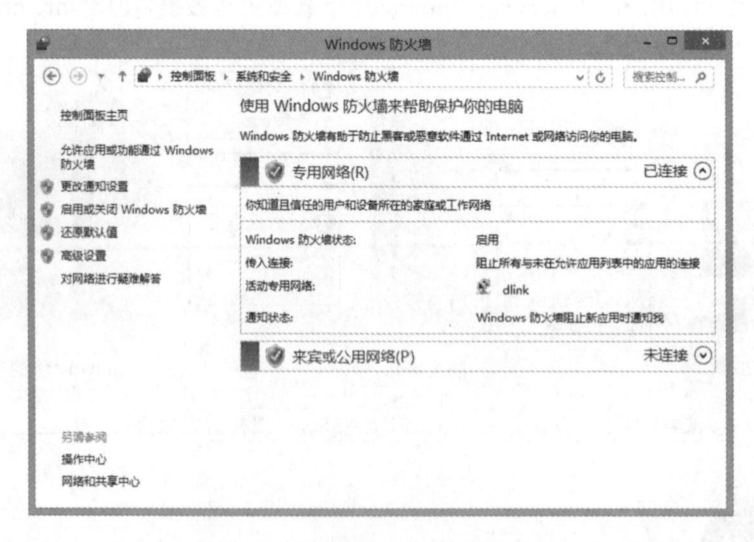

图18.2 检查Windows防火墙是否打开

18.1.3 允许某个程序通过防火墙

防火墙的作用就是限制电脑和网络间的通信，以减少电脑被入侵的风险。当然，用户还是可以自行决定要让哪些程序通过防火墙，以便使用更完整的服务或娱乐。例如，当其他电脑想要通过远程桌面功能来使用你的电脑时，对方电脑会弹出如图18.3所示的对话框，表示防火墙不允许执行此功能。

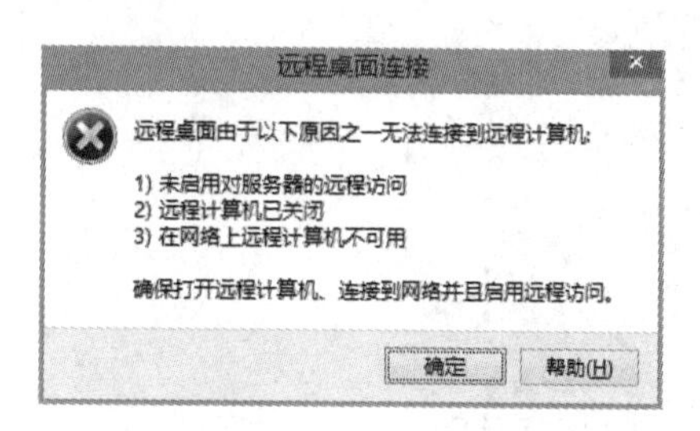

图18.3 未允许某个程序通过防火墙

如果要允许“远程桌面”功能通过防火墙，可以按照下述步骤进行设置：

1 打开“控制面板”窗口，单击“系统和安全”文字链接，再单击“允许应用通过Windows防火墙”文字链接，弹出如图18.4所示的“允许的应用”对话框。

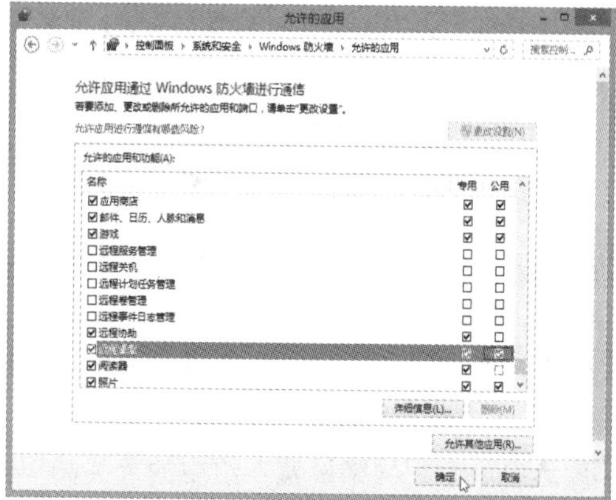

图18.4 “允许的应用”对话框

2 在“允许的应用”对话框中列出了Windows内置及曾经允许（或拒绝）的程序与功能让用户选择。如果列表呈现灰色不可使用状态，则单击“更改设置”按钮。接下来，允许选中要允许的程序和服务，并选中要应用的网络位置，然后单击“确定”按钮。

> **小提示**
>
> 如果要了解各个程序的功能，可以选择后单击“详细信息”按钮；如果要将程序从“允许的应用和功能”列表中删除，可以选择后单击“删除”按钮（Windows内置的程序无法删除）。

3 允许“远程桌面”功能通过防火墙后，其他人就可以通过“远程桌面”功能来使用你的电脑了，如图18.5所示。

图18.5 验证允许的程序是否可以通过防火墙

18.1.4 仅在对外连接上启用防火墙

Windows 8默认为所有连接启用防火墙，并根据网络类型自动配置防火墙，以满足不同的使用需求。然而，家庭网络或小型办公网络使用防火墙可能会妨碍资源共享，导致其他电脑无法发现自己的电脑等问题。这时可以关闭内部网络连接的防火墙，但仍保持外部连接的防火墙处于启用状态。

1 打开“控制面板”窗口，单击“系统和安全”文字链接，在打开的“系统和安全”窗口中单击“Windows防火墙”文字链接。

2 在打开的“Windows防火墙”窗口中，单击左侧的“启用或关闭Windows防火墙”文字链接，打开“自定义设置”窗口。

3 选中“专用网络设置”组中的“关闭Windows防火墙”单选按钮，以关闭内部网络的防火墙；选中“公用网络设置”组中的“启用Windows防火墙”单选按钮，以保持外部连接的防火墙仍保持启用状态，如图18.6所示。

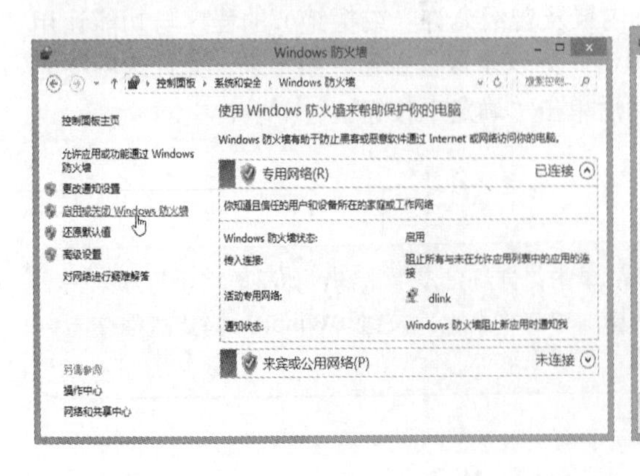

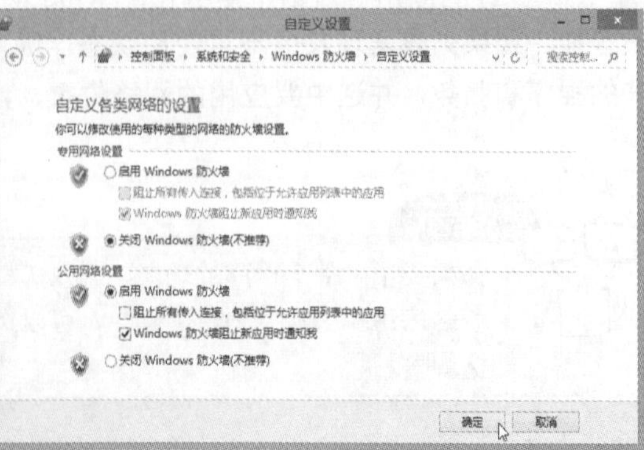

图18.6 仅在对外连接上启用防火墙

18.1.5 设置防火墙端口

如果用户的电脑直接连接到Internet，系统自带的防火墙可以轻易获知本机程序需要使用哪些端口，所以大多数程序都能正常工作，上网下载不会受到防火墙影响。

如果电脑充当着NAT服务器，为局域网其他电脑提供上网共享时，它无法获知其他电脑需要使用哪些端口，默认的端口设置可能造成共享上网的BT、eMule等下载软件下载缓慢。遇到这种情况，需要手动设置入站规则映射端口，具体操作步骤如下：

1 按照前面的方法打开“Windows防火墙”窗口，单击左侧的“高级设置”文字链接，打开“高级安全Windows防火墙”窗口，在左侧窗格中选择“入口规则”选项，如图18.7所示。

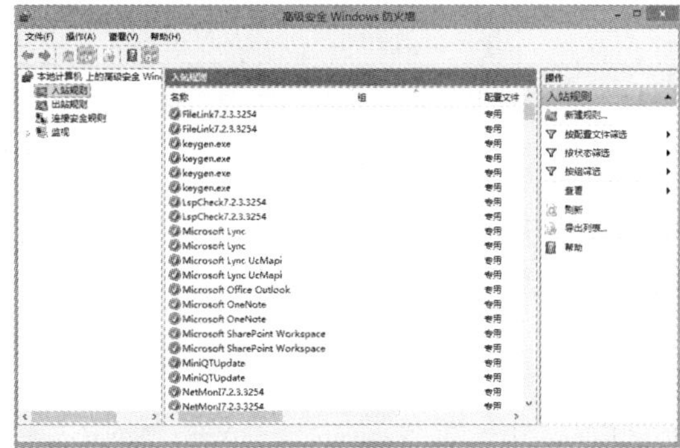

图18.7 “高级安全Windows防火墙”窗口

2 单击“操作”窗格中的“新建规则”选项，接下来根据新建入站规则向导的提示，指定规则类型，然后单击“下一步”按钮，如图18.8所示。

3 接下来选择协议和端口。例如，选中“TCP”单选按钮，选中“特定本地端口”单选按钮并输入端口号，然后单击“下一步”按钮，如图18.9所示。

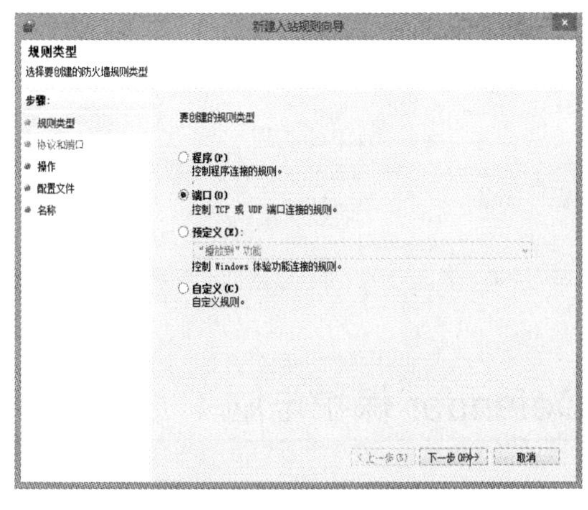

图18.8 选择要创建的规则类型

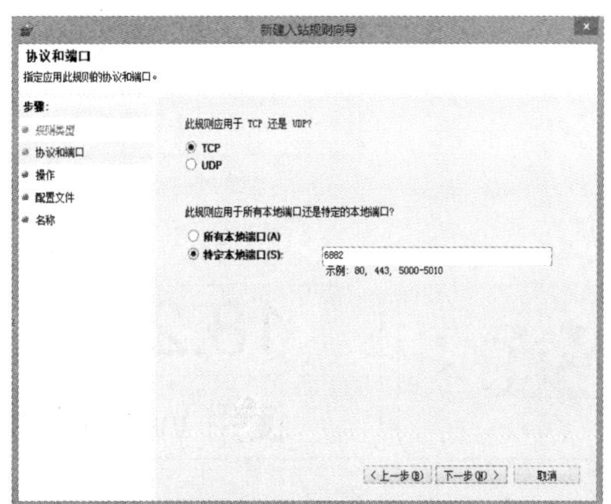

图18.9 选择协议和端口

4 指定操作类型，只需选中“允许连接”单选按钮，然后单击“下一步”按钮，如图18.10所示。

5 指定规则在哪些配置下使用，只需选中相应的复选框，然后单击“下一步”按钮，如图18.11所示。

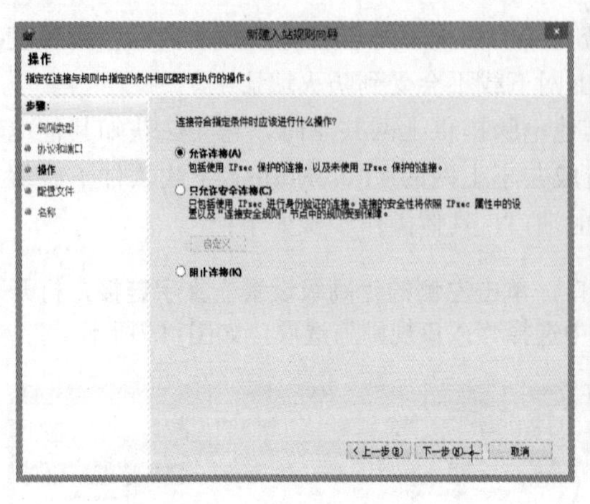

图18.10 选择操作类型

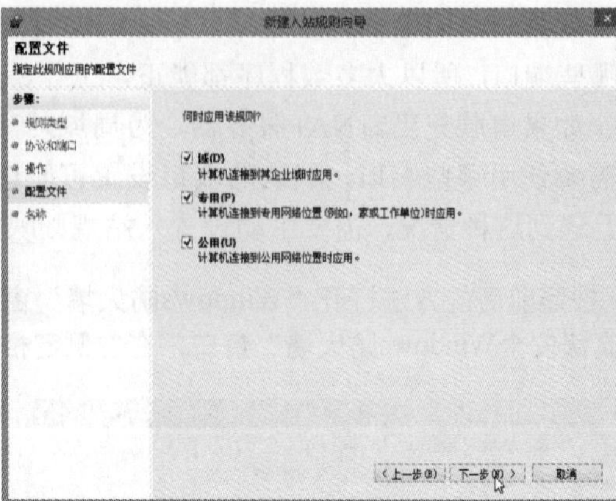

图18.11 指定规则配置

6 完成设置后，输入规则名称，规则立即生效。指定的端口被映射到公网IP，Internet的其他电脑也可以访问内部网络电脑的指定端口了，如图18.12所示。

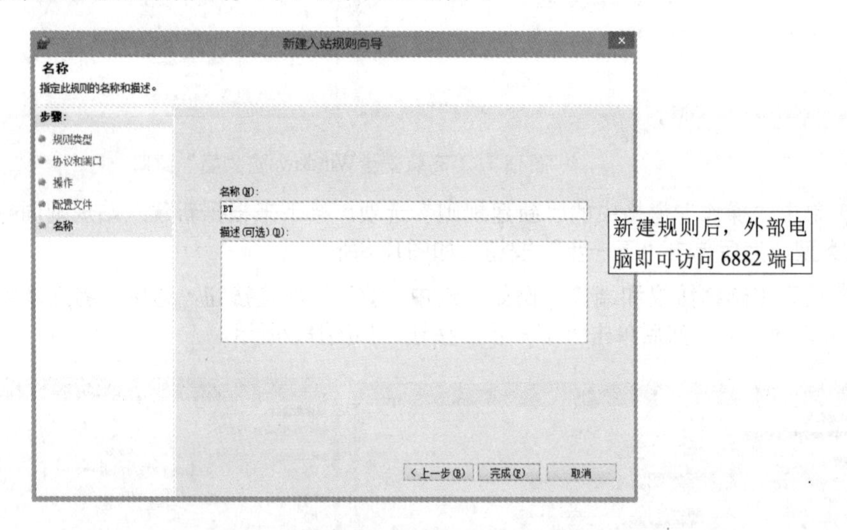

图18.12 指定规则名称

18.2 使用 Windows Defender 保护电脑

网络上充斥着许多间谍程序/插件，若不小心单击某个网页或链接，就可能把它安装到电脑中。间谍程序会在用户上网时不断弹出广告，或者任意更改电脑设置，严重影响用户正常使用电脑。为了解决此问题，Windows 8系统中整合了一个间谍软件清除工具——Windows Defender，利用它可以清除许多流行的严重程序。

18.2.1 启用与禁用 Windows Defender

如果用户没有安装任何杀毒软件，Windows Defender实时监控操作系统的运行，并每天自动扫描系统。当Windows系统检测到电脑已经安装了杀毒软件，就会自动禁用Windows Defender，避免与杀毒软件发生冲突。假如Windows无法自动识别安装的杀毒软件，就需要手动禁用Windows Defender。具体操作方法如下：

1 打开“控制面板”窗口，将“查看方式”更改为“大图标”或“小图标”，再单击Windows Defender图标，打开如图18.13所示的“Windows Defender”窗口。

图18.13 “Windows Defender”窗口

2 单击“设置”选项卡，在左侧窗格中选择“管理员”，然后在右侧撤选“启用Windows Defender”复选框，单击“保存更改”按钮，弹出提示对话框表明已关闭Windows Defender。

如果要启用Windows Defender，则只需选中“启用Windows Defender”复选框。

增强Windows Defender的防护能力

防病毒软件必须经常更新病毒特征，才能阻止新型的病毒入侵，而Windows Defender是使用更新升级的方式来增强对新型间谍程序和恶意软件防护能力。

在Windows Defender窗口中切换到“更新”选项卡，然后单击“更新”按钮，如图18.14所示。系统自动开始搜索和下载最新的版本。

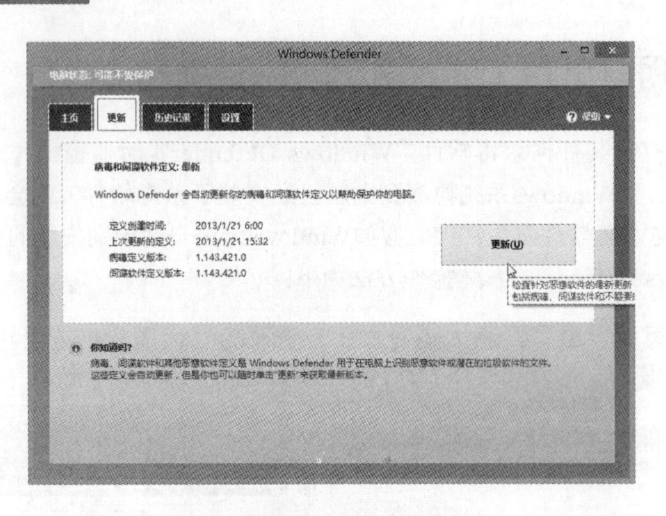

图18.14 更新Windows Defender

18.2.2 实时检测间谍程序

Windows Defender默认为系统启动自动运行，平时不会对Windows Defender的运行有所察觉。不过，如果正在安装或运行疑似的间谍程序，通知区域就会出现信息提醒注意，如图18.15所示。

图18.15 检测到间谍程序时的通知信息

单击通知信息会打开Windows Defender窗口，提示检测到一个潜在威胁，单击“显示详细信息”文字链接，在“Windows Defender警报”对话框中，可以选择处理方式。例如，要先备份起来，以后再决定删除或还原，可以选择“隔离”，然后单击“应用操作”按钮，如图18.16所示。

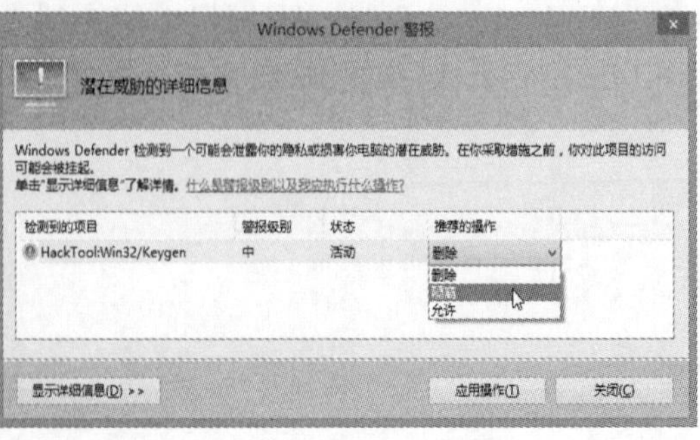

图18.16 检查与选择间谍程序的处理方式

警报级别为严重或高时建议立即删除，中、低等级则可以是误判，或者正常的软件会修改系统设置；如果确认安全无误，可以选择“允许”。

18.2.3 使用 Windows Defender 手动扫描恶意程序

虽然Windows Defender实时保护功能会在暗中保护系统，避免不小心安装或运行间谍程序。不过，如果用户怀疑电脑中早已隐藏了间谍程序，也可以手动进行扫描。

打开“Windows Defender”窗口，单击“主页”选项卡，在“扫描选项”类型中选择一种扫描方式，然后单击“立即扫描”按钮，如图18.17所示。

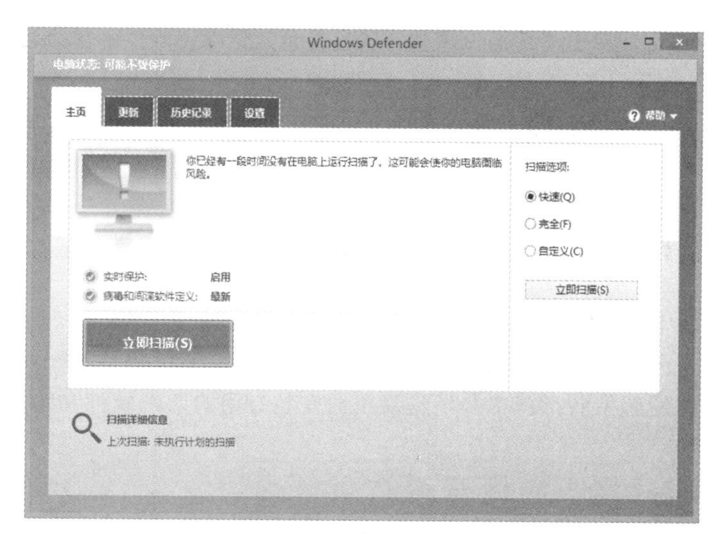

图18.17 选择扫描选项

- 快速：扫描恶意软件最可能入侵的系统目录、注册表等位置。如 Windows、Program Files 等文件夹下的文件进行扫描。扫描进度较快，所以默认是使用此扫描方式。
- 完全：全面扫描所有分区，彻底查杀恶意软件。因此，可以检测到隐藏在其他非系统文件夹的间谍程序，但相对需要花费较长时间才能完成扫描。
- 自定义：选中此单选按钮，可以让用户自行选择要扫描的硬盘或文件夹。

18.2.4 还原 Windows Defender 误杀的程序

有时，Windows Defender可能会将一些正常的程序误认为恶意程序，从而阻止并隔离它们。当出现这种情况时，管理员可以按照当前的状况决定如何还原这些误杀的正常程序。

1 打开“Windows Defender”窗口，单击“历史记录”选项卡，然后选中“隔离的项目”单选按钮，再单击“查看详细信息”按钮，如图18.18所示。

2 此时，可以查看被隔离的项目，从中找出误杀的程序，如图18.19所示。

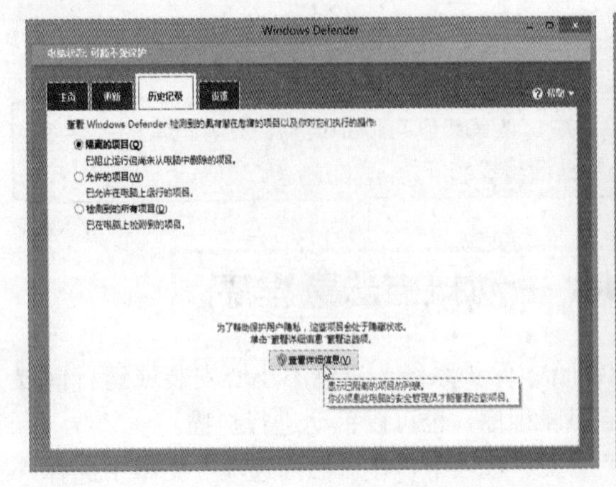

图18.18 “历史记录”选项卡

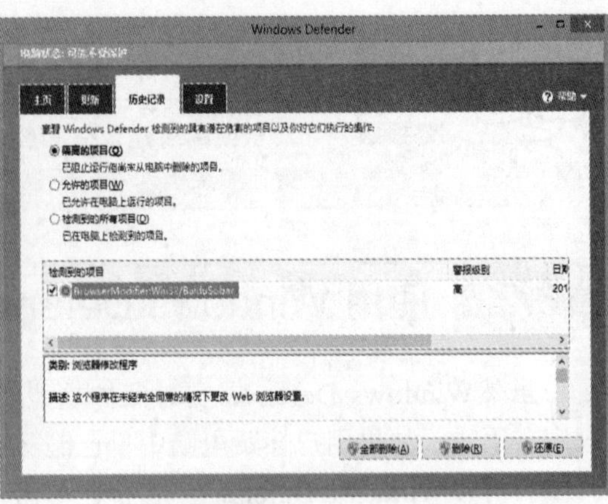

图18.19 选择被隔离的项目

3 选择误杀的程序后，单击“还原”按钮，弹出提示对话框让用户确认，单击“是”按钮。

18.3 查杀电脑病毒和木马

尽管Windows 8在安全方面有了很大的改进与提高，如使用Windows Defender能查杀恶意程序，但仍然无法完全摆脱病毒和木马的入侵。有时，无意登录某个网站或下载某个共享软件，电脑就可能感染病毒或木马，建议用户安装专用的杀毒软件和木马清除工具。

18.3.1 主流病毒/木马查杀软件简介

目前，国内较出名的杀毒软件有金山毒霸、360安全卫士、瑞星等，国际上较出名的杀毒软件有Nod32、卡巴斯基、诺顿、McAfee（麦咖啡）、AVG等，这些杀毒软件清除病毒的能力不相上下，各有其优缺点。下面推荐几款可供用户免费使用和升级病毒库且杀毒能力较强的杀毒软件：

- 360杀毒软件，这是国内的免费软件，拥有超大的百万级病毒库和云安全技术，免费杀毒、实时防毒、主动防御一步到位，保护电脑不受病毒侵害，官方网址为http://sd.360.cn/。
- AVG Anti-Virus Free，是捷克AVG杀毒软件的免费版，官方网址为http://www.avgsafe.com/。
- Microsoft Security Essentials，是微软开发的免费杀毒软件，通过Windows正版认证的Windows操作系统均可以到官方网址http://www.microsoft.com/SECURITY_ESSENTIALS/Default_zh_cn.aspx免费下载。

以上几款杀毒软件在各大软件下载网站均提供下载链接，用户可以自行下载并安装。需要注意的是，在同一个操作系统中最好不要安装两种或以上杀毒软件，否则会产生资源冲突，导致系统的运行速度变得缓慢。

由于使用杀毒软件清除木马和恶意程序的效果并不显著，因此，除了安装杀毒软件之外，建议额外安装专门的木马查杀工具。下面推荐几款流行的木马和恶意软件清除工具：

- 流氓软件清理助手，这是一款国内的免费软件，它可以清除国内绝大部分恶意程序和木马。
- 木马克星，可以查杀目前 Internet 上的大部分木马，不过，需要付费才拥有清除木马的功能。
- avg anti-spayware，一款国外的付费木马清除工具，它能有效地清除 Internet 上的绝大部分木马。

18.3.2 查杀病毒和木马的技巧

如果想更有效地查找并清除病毒和木马，在使用杀毒软件扫描电脑之前，最好先采取以下措施：

- 及时更新杀毒软件或木马清除工具。
- 关闭其他已启动的应用程序。

以正常模式登录系统并扫描电脑，有些病毒和木马可能会难以清除，具体表现在无法清除、隔离或删除已扫描到的病毒和木马，或者杀毒软件提示病毒和木马已清除，重新启动操作系统后，病毒和木马又开始发作。这时，建议用户以安全模式登录系统，然后尝试使用杀毒软件清除病毒和木马。

另外，有些病毒甚至会感染杀毒软件本身的文件，这样一来，使用该杀毒软件就不能有效地清除病毒。对于这种情况，如果电脑中安装多个操作系统，建议在其他系统中安装不同的杀毒软件，然后在该系统中启用杀毒软件扫描电脑；如果电脑只有一个操作系统，则准备其他杀毒软件的安装文件及最新的升级包，然后卸载已感染病毒的杀毒软件，全部清除系统的启动项目，接着重新启动系统，安装准备好的杀毒软件和升级包，并使用它来查杀病毒。

18.4 提高效率的应用技巧

技巧1：彻底清除顽固病毒绝招

可能遇到怎么也杀不掉的病毒，又不想重装系统。这时，可以尝试下面介绍的几个绝招。

1. 按照要求马上重启

不少病毒感染系统后会驻留在内存中，一般的杀毒软件会先查杀内存中的病毒，并清除硬盘上的病毒，然后要求立即重启，防止用户再次打开病毒文件。此时，最好按照要求操作，否则可能又重新感染。

2. 急救箱

国内各病毒杀毒软件纷纷推出“急救箱”软件。其主要目的就是清除顽固病毒、木马的，用户可以试着下载并使用。

3. 使用U盘杀毒

有些品牌软件有制作U盘杀毒工具的软件，可使用U盘开机启动进入Linux或DOS系统杀毒。

技巧2：解决网络防火墙引发的无法上网问题

在系统中安装网络防火墙后，有时会出现使用IE浏览器无法打开网页，但其他浏览器却可以打开网页，而且网络聊天软件（如QQ）可以联网的情况。

这种情况通常是防火墙阻止了IE浏览器连接Internet所致。管理员可以打开防火墙的设置界面，将IE浏览器加入允许连接Internet的列表中即可。

19

第 19 章 系统备份与还原

电脑系统用久了，难免会出现各种大大小小的问题，而彻底改善系统状况的最直接方法就是重装系统，但是重新安装Windows、驱动程序、应用软件的漫长过程确实让人受不了。其实，在系统正常使用时对其进行备份，一旦系统发生故障，就可以轻松地恢复到稳定的系统环境。

学习提要

- 了解备份与还原、系统还原、系统映像文件之间的关系
- 定时创建备份，让损失降到最低
- 利用备份救回丢失的文件或文件夹
- 使用系统还原功能让计算机回到问题发生前的状态
- 制作可修复 Windows 系统的光盘
- 使用 Windows 8 创建映像文件备份与还原系统

19.1 备份与还原、系统还原、系统映像文件之间的关系

Windows“控制面板”窗口中到处都会看到备份与还原、系统还原与系统映像文件等，它们到底有什么差别？很多人往往是看到却不懂，等到出问题才发现没有创建还原点、没有备份，根本无法还原。

其实，Windows主要是以备份与还原来备份文件、以系统还原让系统还原到先前的状态，使用系统映像文件来恢复硬盘到原始的状态。以下说明将帮助你理清各功能的使用时机，发生问题时用的对方法来解决问题。

- 备份与还原：备份数据文件

一台价值6000多元的电脑，其中的数据却可能高达几十万元的价值。如果平时没有为重要文件做好备份，等到哪天文件打不开了，那就真的什么都救不回来了。针对电脑中重要的文件、文件夹，建议要定时为文件进行备份，不幸遇到文件发生问题时才能进行补救。

- 系统还原：还原系统到先前状态

有时因为好奇随手安装了小工具，结果却造成 Windows整个不正常，应用程序卡住动不了、关不掉奇怪的窗口等，删除安装的程序也好不了，早知道就不装了。这时，可以利用系统还原功能，还原因为安装新程序而更改的系统和注册表设置，让系统恢复正常。

- 系统映像文件：恢复硬盘到原始状态

觉得电脑很慢、运行不正常了，可能会想要进行系统还原，但是压根儿不知道该还原到何时，是上周？还是上上周？不得已只好重装系统。但重装系统后还要重装十几个应用程序，想到就手软。如果之前有未雨愁缪为系统创建映像文件，就能够用最短的时间将系统恢复到正常状态。

19.2 备份与还原指定的文件

不少人可能遇到过这样的意外情况，由于硬盘发生故障，导致其中的重要文件损坏或丢失，再也救不回来。要避免这种情况，一定要养成定时备份文件的好习惯，以便在遇到硬盘损坏、文件丢失时，就能够轻松把文件还原到原来的位置。

19.2.1 定时创建备份，让损失降到最低

其实，备份普通文件很简单，对于经常的工作数据，可以利用“文件资源管理器”将这些数据复制到U盘中；对于更多的数据，也可以复制到移动硬盘中，这种方法对于备份分

散在不同的文件夹中的数据显得比较麻烦。

为此，可以利用Windows系统自带的文件备份工具，顺利备份电脑中指定的文件。具体操作步骤如下：

1 打开“控制面板”窗口，将“查看方式”更改为“大图标”，单击“Windows 7文件恢复”图标，打开“Windows 7文件恢复”窗口，如图19.1所示。

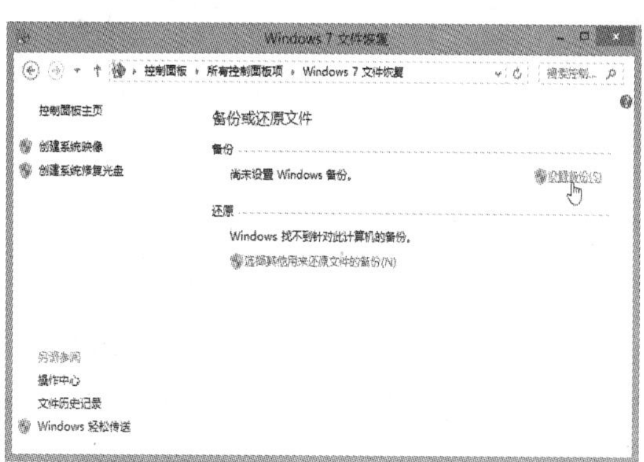

图19.1 “Windows 7文件恢复”窗口

2 在“Windows 7文件恢复”窗口中单击“设置备份”文字链接；如果曾经设置了备份，则单击“更改设置”文字链接。

3 打开“设置备份”对话框，选择备份文件的存放位置，然后单击“下一步”按钮，如图19.2所示。用户可以保存到移动硬盘或DVD光盘中，以便在硬盘毁损时，可利用存储在电脑外部的备份文件来还原。

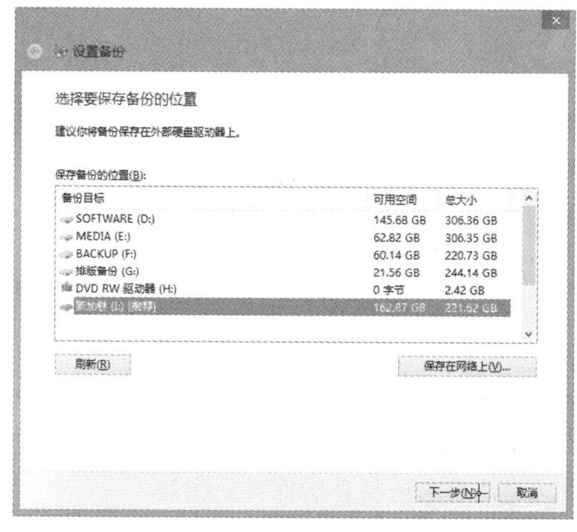

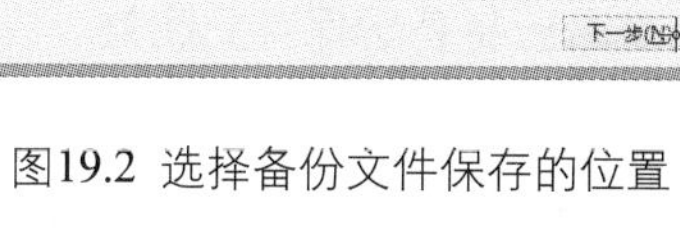

图19.2 选择备份文件保存的位置

4 如图19.3所示，选择要备份的内容。如果使用Windows的建议值，则备份系统文件（Windows文件夹）、桌面及库中全部的内容。如果要备份部分文件，则选中“让我选择”单选按钮，然后单击“下一步”按钮，选择要备份的内容。在备份的过程中，通常不需要同时备份系统映像，因此撤选“包括驱动器（C：）的系统映像”复选框。

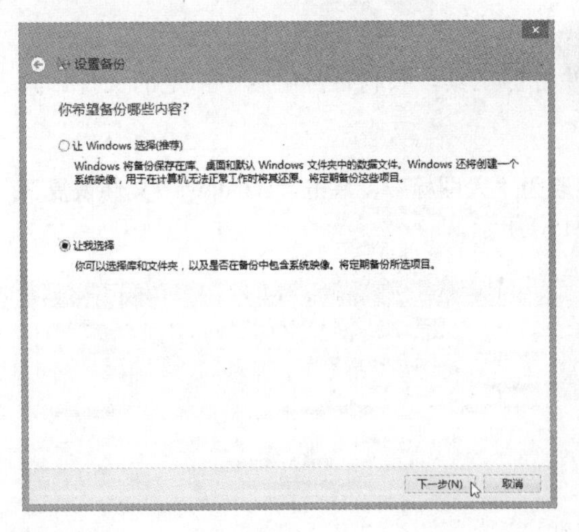
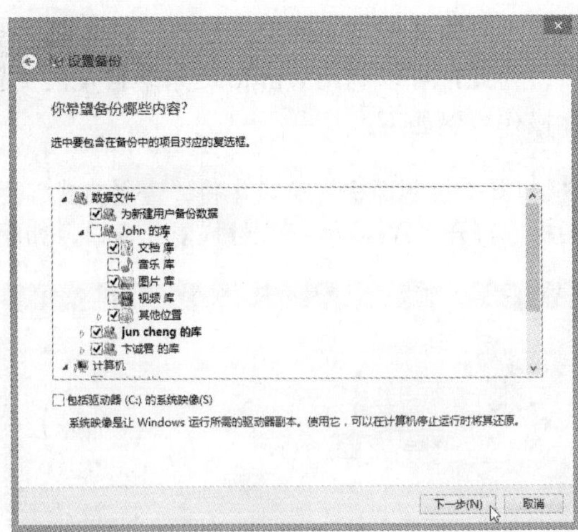

图19.3 选择备份内容

5 单击“下一步”按钮，会显示已指定备份的项目，如图19.4所示。如果要想定期备份这些文件夹，可以单击“更改计划”文字链接，可以指定备份的时间，然后单击“确定”按钮，如图19.5所示。

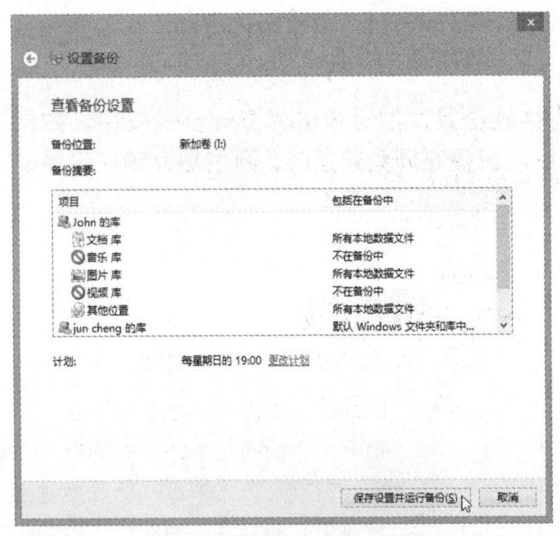

图19.4 查看备份设置

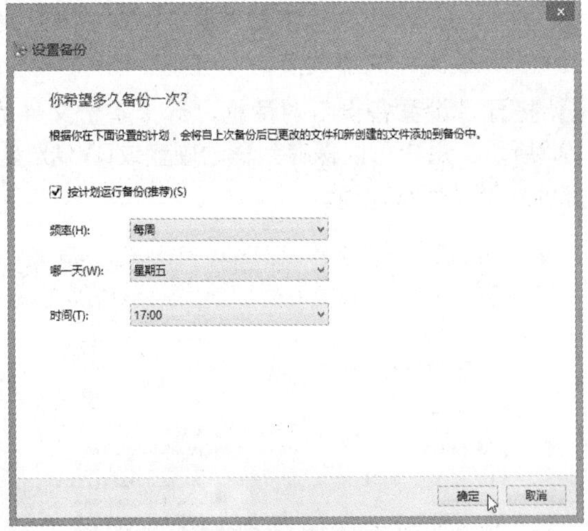

图19.5 设置备份的时间

6 单击“保存设置并运行备份”按钮，即可开始备份，如图19.6所示。备份的文件越多，所需的时间越长。首次备份所需的时间较长，再次备份时只备份修改过的内容，所需的时间会大大减少。备份完成后，可以打开保存文件的位置，确认是否已将备份保存到此处。

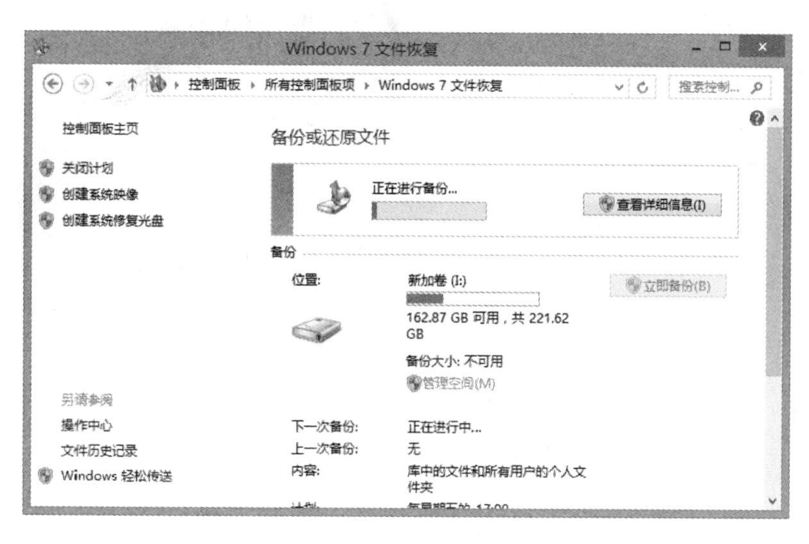

图19.6 正在备份

19.2.2 利用备份救回丢失的文件或文件夹

当文件丢失或无法打开时，就可以从上次保存的备份中将文件还原回来。例如，“我的文档”文件夹被删除了，如图19.7所示。好在之前已经备份“库”的内容，接下来看看如何把此文件夹找回来。

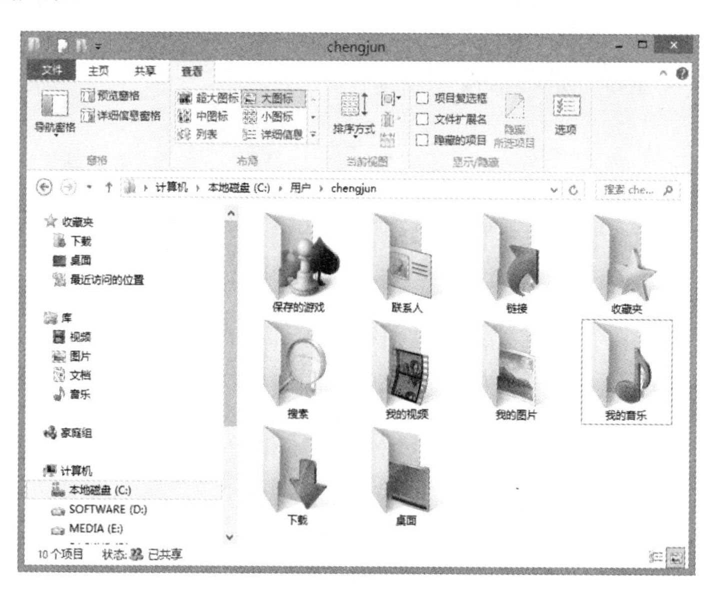

图19.7 “我的文档”文件夹不见了

1 将之前保存备份的移动硬盘连接到电脑上或将光盘放入光驱，然后按照前面的方法打开“Windows 7文件恢复”窗口，如图19.8所示。

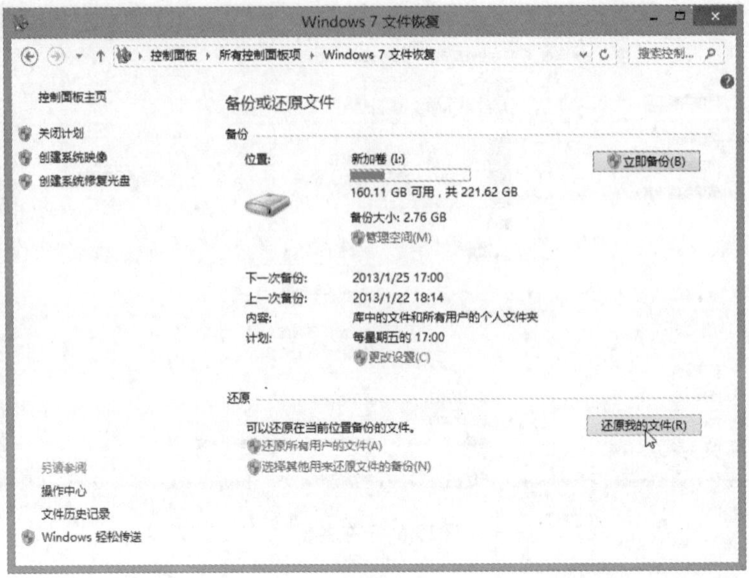

图19.8 “Windows 7文件恢复”窗口

2 单击“还原我的文件”按钮，打开“还原文件”对话框，如果还原单个文件，则单击“浏览文件”按钮；如果还原某个文件夹，则单击“浏览文件夹”按钮。本例示范还原“我的文档”文件夹，因此单击“浏览文件夹”按钮，如图19.9所示。

3 在弹出的对话框中选择之前备份的文件夹，并逐层深入选择要还原的文件夹，如图19.10所示。

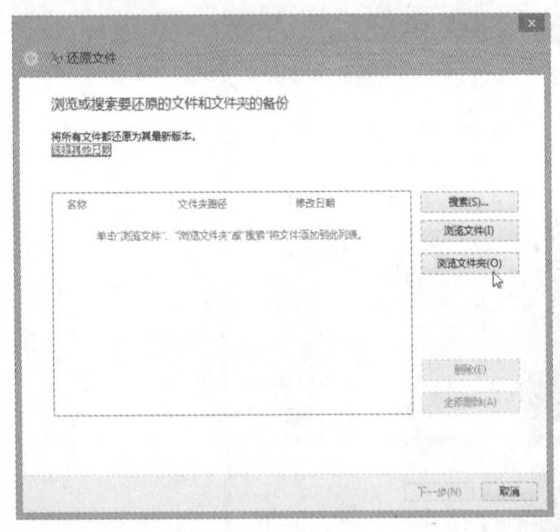

图19.9 “还原文件”对话框

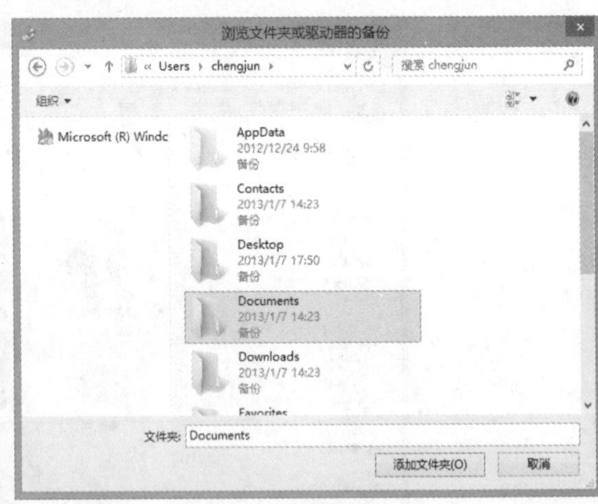

图19.10 选择要还原的文件夹

4 接着单击“添加文件夹”按钮返回上一级对话框，再单击“下一步”按钮，打开对话框让用户指定还原的位置，如图19.11所示。向导允许用户还原到原始位置，也可以还原到其他文件夹。例如，本例要将文件还原到原来的位置，则选中“在原始位置”单选按钮，然后单击“还原”按钮，如图19.12所示。

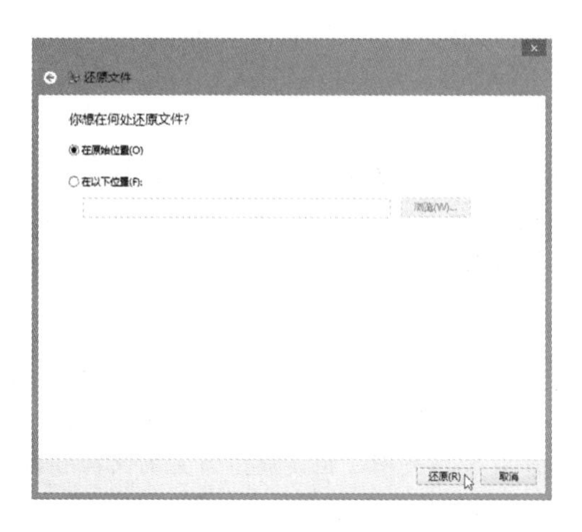

图19.11 指定还原的位置

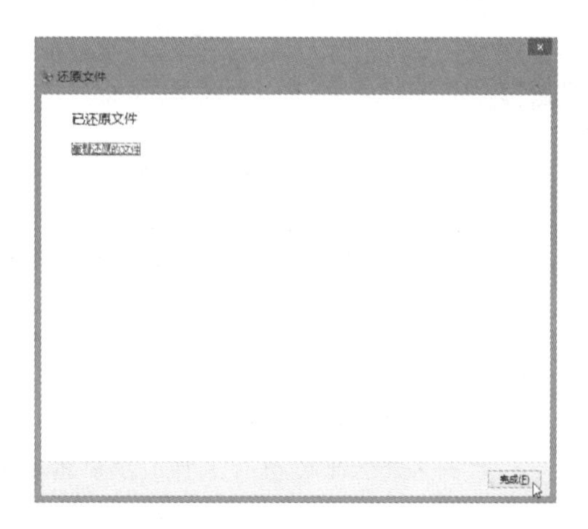

图19.12 还原完成

5 还原完成后，可以单击“查看还原的文件”文字链接查看还原的文件，如图19.13所示。确认无误后，单击“还原文件”对话框中的“完成”按钮。

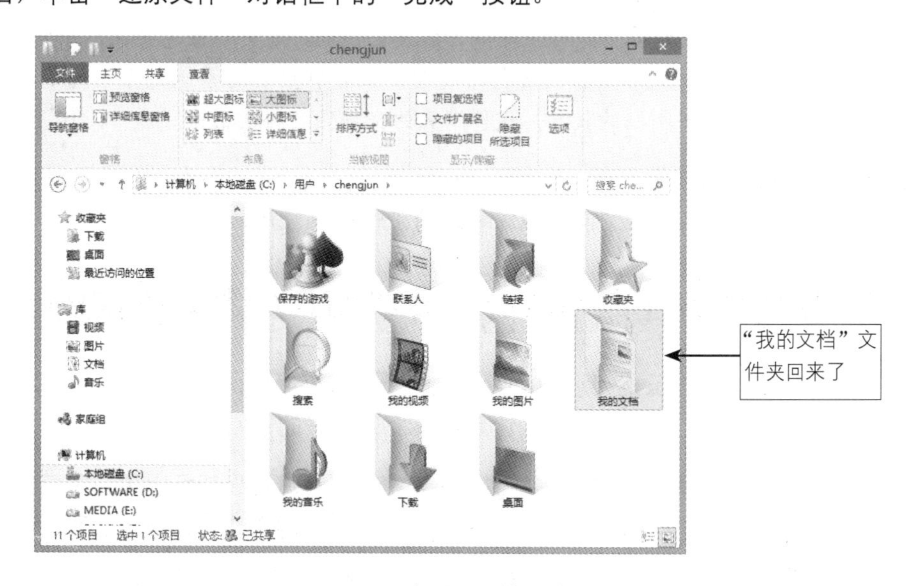

图19.13 查看还原的文件

19.3 使用“系统还原”备份与还原系统

用户是否遇到过因为安装来路不明的小软件、误装了驱动程序，或者不知修改了哪个用户设置，而导致Windows莫名其妙发生故障。即使将该软件卸载或将修改还原也解决不了，于是只好重装操作系统？别担心，因为Windows内置了系统还原功能，它就像一台时光机一样，可以让电脑回到尚未发生问题时的状态。

19.3.1 系统还原工具简介

“系统还原”是指安装、卸载程序之后，将系统程序、注册表等内容所做的修改进行还原。不过，如果是不小心将工作文档、某个文件删除的话，不能使用此功能将文件找回来（需要使用前一节介绍的方法或使用专用的文件恢复工具）。

Windows内置的系统还原工具有如下特色。

- 还原后不会丢失个人文件：当用户将系统还原到以前的状态时，个人文件仍会保持不动，并不会随着硬盘内容的还原而有变化。这些不受系统还原影响的“个人文件”包括用户名文件夹中的所有文件；虽然未放在用户名文件夹中，但是属于常见的文档和图片类型，如.docx、.xlsx、.htm、.jpg等；个人电子邮件、收藏夹、个人密码等。
- 可以创建多个还原点：在还原系统时，可以选择要让电脑回到哪一天、哪个时间点的状态，而这个特定的时间就称为“还原点”。除了Windows会定期帮助用户创建还原点（也就是将该时间的系统内容备份起来），还可以自行创建还原点。例如，要大幅度修改系统设置之前先创建还原点，即使遇到系统发生问题，也可以重新回到这个还原点。
- 可取消还原：万一还原的系统变得不稳定，或者有重要的系统文件不见了，可以取消还原，让电脑返回刚刚的状态，这样消失的文件又会再次回来了。

如果要以还原点来还原系统，则硬盘的可用空间必须要1GB以上才能运行，所以使用此功能前，先清出足够的硬盘空间，确保还原的工作顺利完成。

19.3.2 使用系统还原功能让计算机回到问题发生前的状态

当用户发现Windows虽然可以启动，但是却无法正常运行，如不能上网、某个软件无法运行等，此时就可以使用系统还原，让系统恢复为过去的正常状态。

1 打开“文件资源管理器”窗口，在左侧导航窗格的“计算机”图标上单击鼠标右键，在弹出的快捷菜单中选择“属性”命令，出现“系统”窗口后，单击“系统保护”文字链接。

2 弹出“系统属性”对话框后，单击“系统保护”选项卡，如图19.14所示。

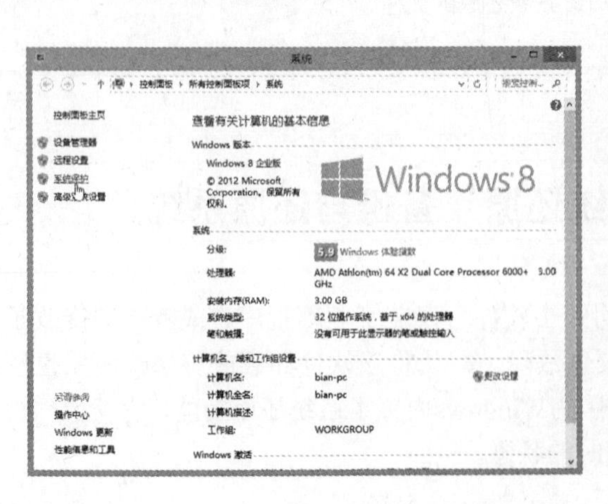

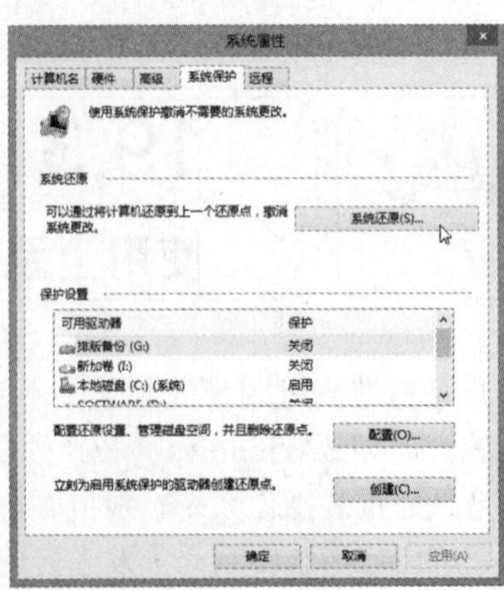

图19.14 “系统保护”选项卡

3 单击“系统还原”按钮，弹出“系统还原”对话框让用户选择还原点。如果推荐的还原时间点不符合要求，可以选中“选择另一还原点”单选按钮，然后单击“下一步”按钮，如图19.15所示。

4 出现“将计算机还原到所选事件之前的状态”对话框后，Windows会列出所有可选择的还原点，所有还原点都已注明时间与描述供用户判断，请选择一个想要还原的还原点，然后单击“下一步”按钮，如图19.16所示。

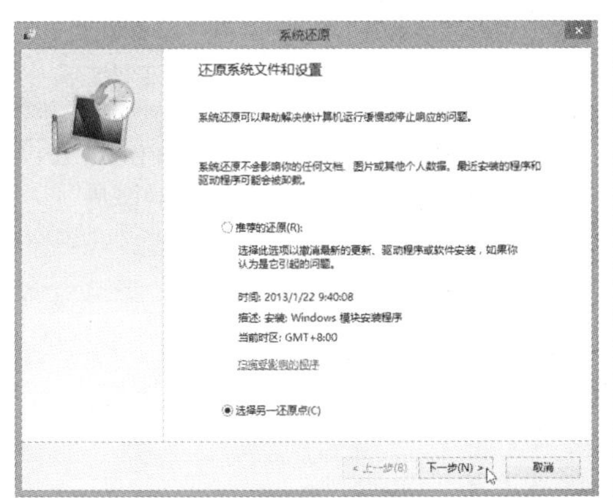

图19.15 “系统还原”对话框

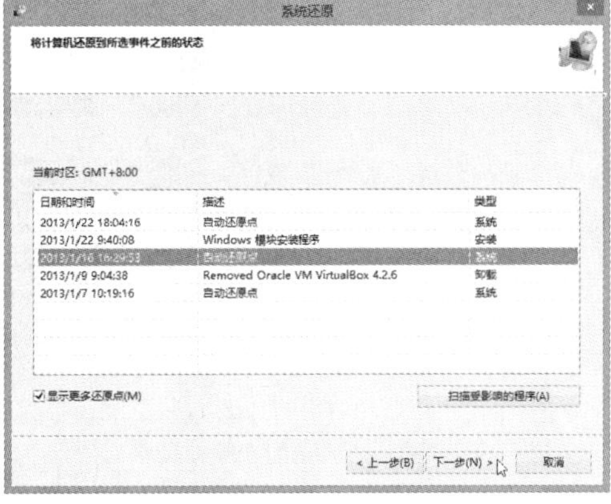

图19.16 选择还原点

5 在弹出的对话框中确认还原点，如果确认无误，单击“完成”按钮。在进行系统还原的过程中，会按顺序还原、重新启动等，并且无法中途停止。

6 当用户单击提示对话框中的“是”按钮，就开始还原系统，此时耐心等待，不要对电脑进行其他操作。最后系统会自动重新启动，当再次进入Windows时，会看到系统还原完成的提示对话框，表示还原工作已经成功了。

还原点的类型

前面并没有创建任何还原点，为什么刚才却已有还原点可用了呢？原来在安装好Windows时，系统就会开始自动创建还原点。用户在使用电脑的过程中，还会再次出现以下4种还原点类型。

- 系统检查点：Windows 每隔一段固定的时间就会自动创建还原点，并将其命名为“系统检查点”，以免用户忘记定期备份系统内容。
- 安装还原点：当用户安装应用程序时（包括使用 Windows Update 自动更新功能），系统就会将安装前的工作环境创建成一个还原点，并以该应用程序的名称命名，而卸载该程序时也会再次创建还原点。
- 手动还原点：由用户自行创建的还原点，名称可由自己定义。
- “还原操作”还原点：每次将电脑还原到某个时间点后，就会自动创建“还原操作”还原点。如果对还原后的情况不满意，可以借助此还原点回到执行还原操作前的状态。

19.3.3 取消还原

如果还原后的结果不是想要的状态，则可取消刚才的还原操作，回到尚未还原的环境。同样启动系统还原功能，就会看到“撤消系统还原”选项，选择此单选按钮，再根据向导一步步进行，重新启动后即可恢复到还原前的状态，如图19.17所示。

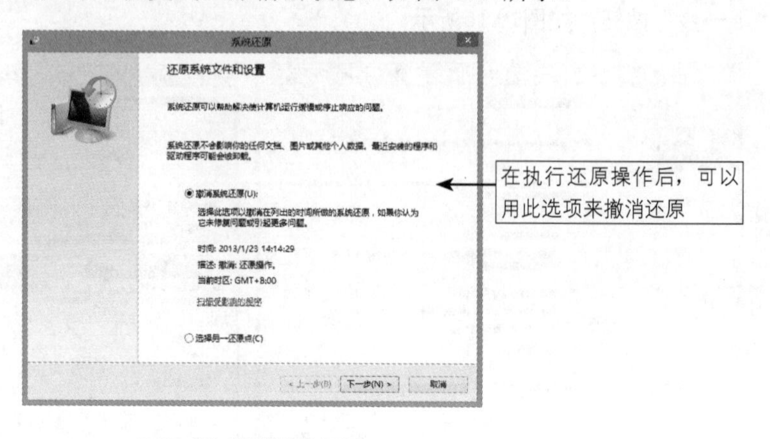

图19.17 撤消系统还原

19.3.4 手动创建系统还原点

当用户准备对系统进行大改动之前（如修改系统设置、安装测试版的软件或驱动程序），由于可能会对系统稳定性造成影响，因此最好事先手动创建还原点，这样一旦出现问题，可以迅速恢复所有的修改操作。

1 打开“文件资源管理器”窗口，在“计算机”图标上单击鼠标右键，在弹出的快捷菜单中选择“属性”命令。出现“系统”窗口后，单击“系统保护”文字链接。

2 在弹出的“系统属性”对话框中单击“系统保护”选项卡，然后单击“创建”按钮，在“创建还原点”对话框中输入还原点的名称，如图19.18所示。

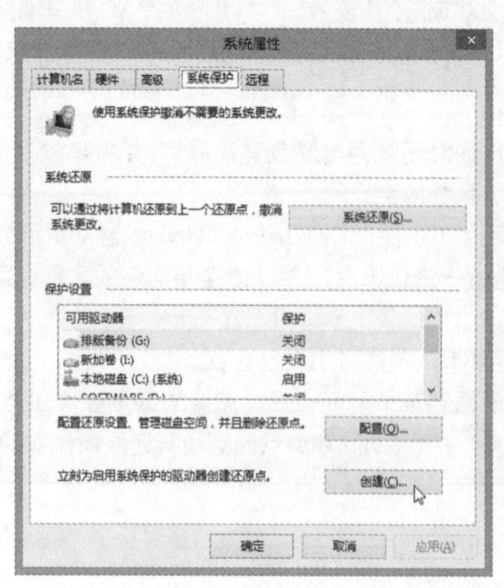

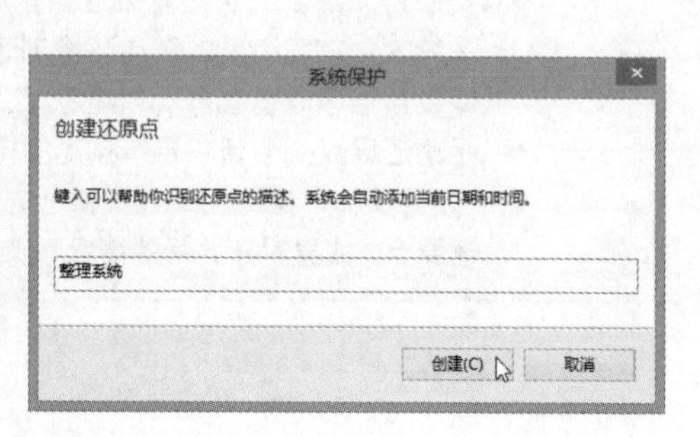

图19.18 创建还原点

3 单击“创建”按钮，经过一小段时间后，系统的内容就会备份完毕，自动弹出对话框提示已经成功创建还原点，单击“确定”按钮即可。

19.4 制作可修复 Windows 系统的光盘

当Windows系统发生问题无法关机时，可能会利用Windows安装光盘来修复Windows系统。如果手边没有安装光盘，可以自己制作“系统恢复光盘”以便不时之需。

1 准备一张空白的DVD光盘放入电脑的DVD刻录光驱，然后打开“控制面板”窗口，将“查看方式”更改为“大图标”，单击“Windows 7文件恢复”图标，进入如图19.19所示的“Windows 7文件恢复”窗口。

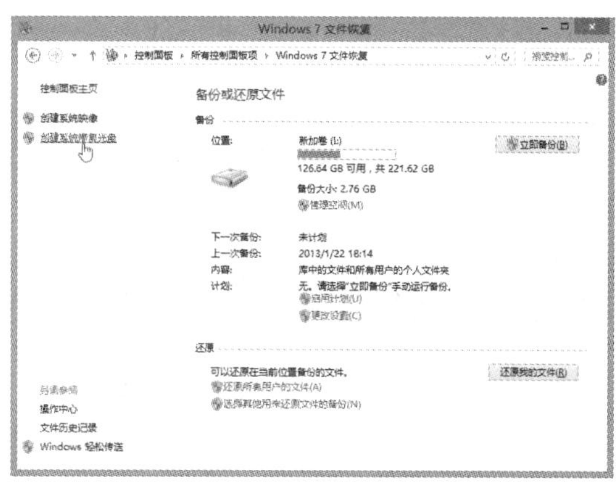

图19.19 “Windows 7文件恢复”窗口

2 单击“创建系统修复光盘”文字链接，弹出“创建系统修复光盘”对话框，单击“创建光盘”按钮，即可开始创建光盘，如图19.20所示。

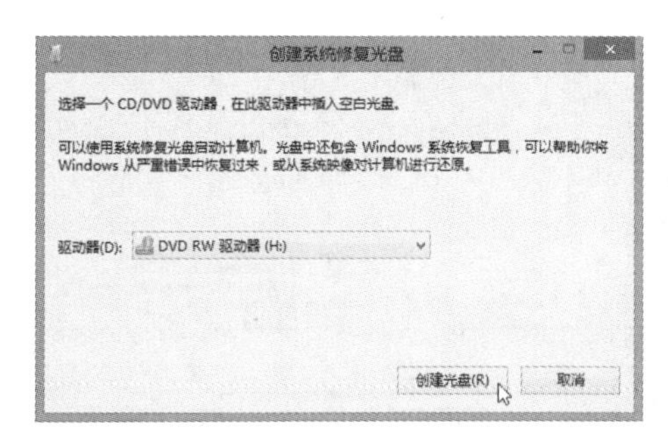

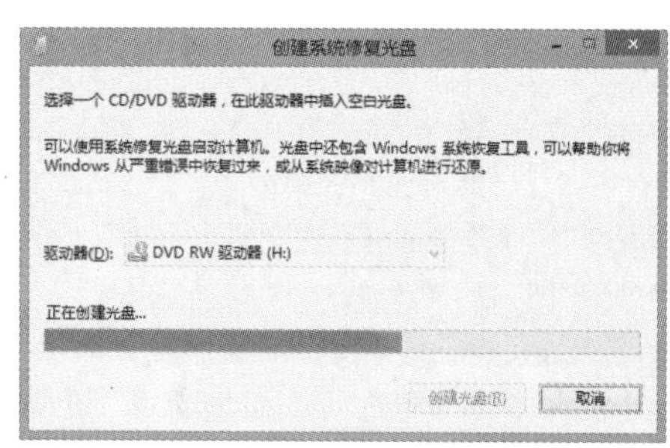

图19.20 创建系统修复光盘

3 制作完成时，会自动弹出对话框，提醒要在光盘正面标记内容，如图19.21所示。

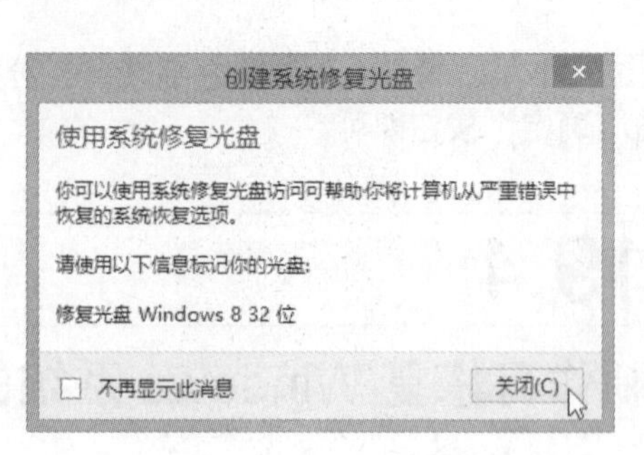

图19.21 制作完成修复光盘

19.5 使用 Windows 8 创建映像文件备份与还原系统

很多时候，用户遇到的故障都是Windows 系统根本无法启动运行，在这种状态下即使用户为Windows系统创建了系统还原点，也无法通过上面的方法将系统运行状态恢复正常。为了保护系统运行安全，用户可以先为Windows系统创建系统映像文件，然后使用系统映像文件进行恢复系统。

19.5.1 创建系统映像文件

由于整个磁盘分区的容量通常多达数十GB，如果要创建映像文件，先准备容量足够大的硬盘，以免操作失败，接着就可以开始创建映像文件，具体操作步骤如下：

1 打开“控制面板”窗口，将“查看方式”更改为“大图标”，单击“Windows 7文件恢复”图标，进入如图19.22所示的“Windows 7文件恢复”窗口。

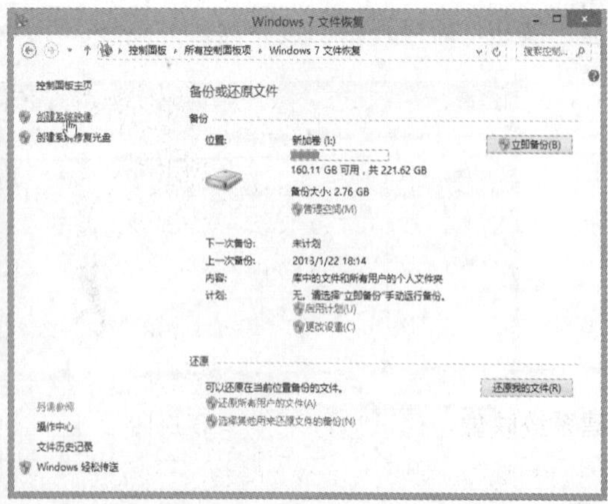

图19.22 “Windows 7文件恢复”窗口

2 单击左侧的“创建系统映像”文字链接，弹出“创建系统映像”对话框，让用户选择映像文件的保存位置，如移动硬盘、光盘或同一局域网的其他电脑，如图19.23所示。

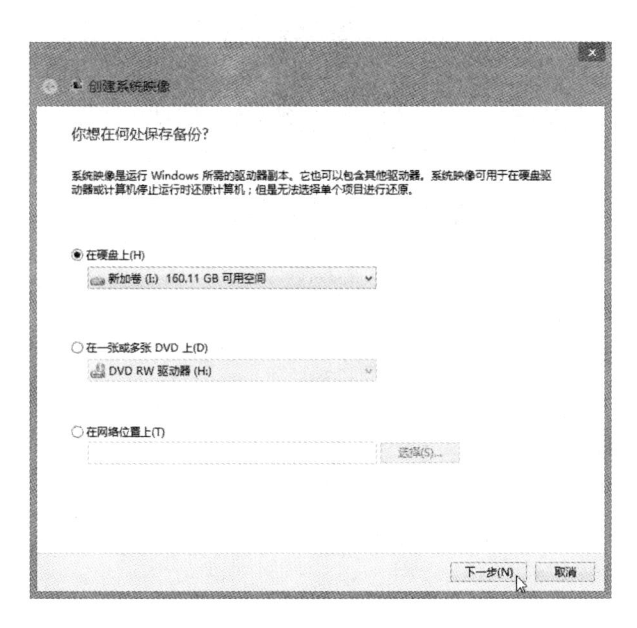

图19.23 “创建系统映像”对话框

3 单击“下一步”按钮，选择制作哪一个分区的映像文件（会自动选择Windows系统所在的分区，并且不可撤选），如图19.24所示。

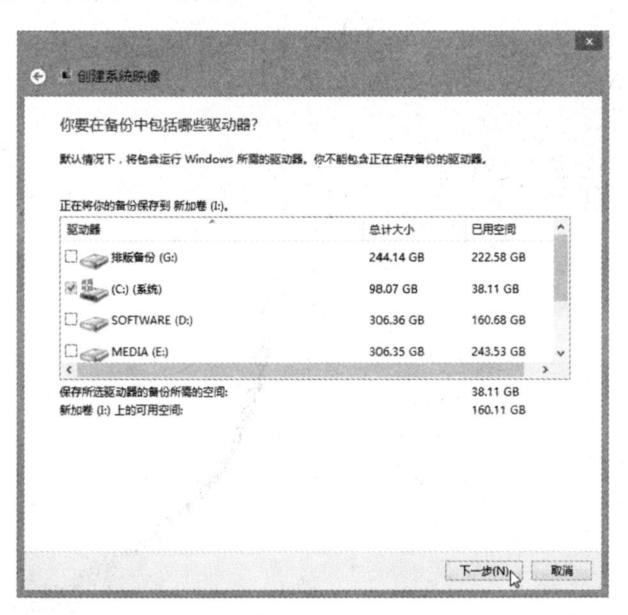

图19.24 选择要备份的驱动器

4 单击“下一步”按钮，系统会确认存储位置与备份对象，单击“开始备份”按钮，开始创建系统映像，这一过程可能需要一段时间，请耐心等待。

5 出现“备份已成功完成”对话框后，会弹出是否要创建系统修复光盘的提示对话框，如图19.25所示。用户可以根据需要，单击“是”或“否”按钮。

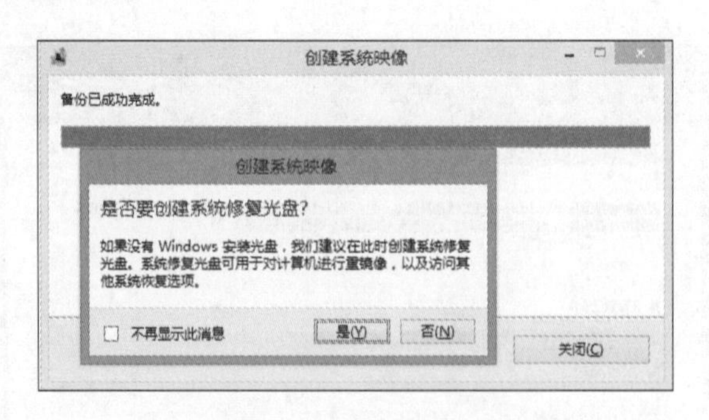

图19.25 提示是否要创建系统修复光盘

19.5.2 使用映像文件完整还原系统

要使用映像文件还原电脑时，也通过系统修复光盘来执行，并且还原方法也相同。将系统修复光盘放进DVD光盘，并接好保存映像文件的设备，然后按照下述步骤进行操作：

1 重新启动电脑，会出现如图19.26所示的画面，按键盘上的任意键从光盘启动。

图19.26 按任意键从光盘启动

2 接下来，选择键盘布局，如图19.27所示。

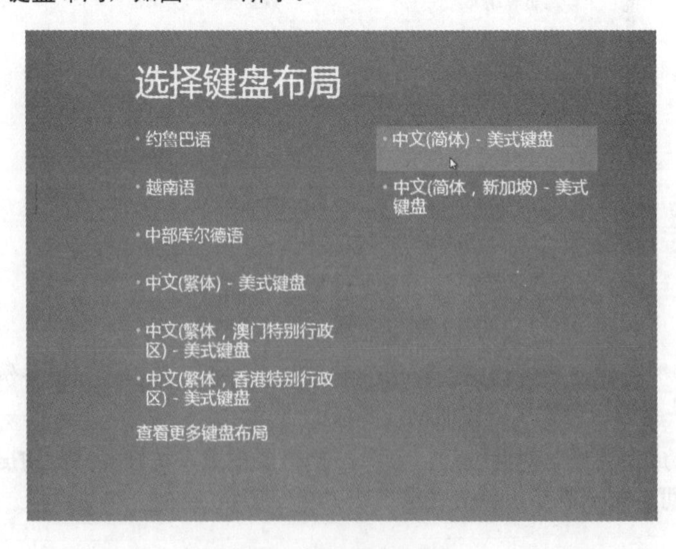

图19.27 选择键盘布局

3 弹出“选择一个选项”窗口，单击“疑难解答”，如图19.28所示。

图19.28 “选择一个选项”窗口

4 进入“疑难解答”窗口，单击“高级选项”，如图19.29所示。

图19.29 “疑难解答”窗口

5 进入“高级选项”窗口，可以单击“系统映像恢复”图标，如图19.30所示。接下来，按照屏幕提示选择目标操作系统、选择系统映像备份等操作步骤进行操作，即可顺利恢复系统。

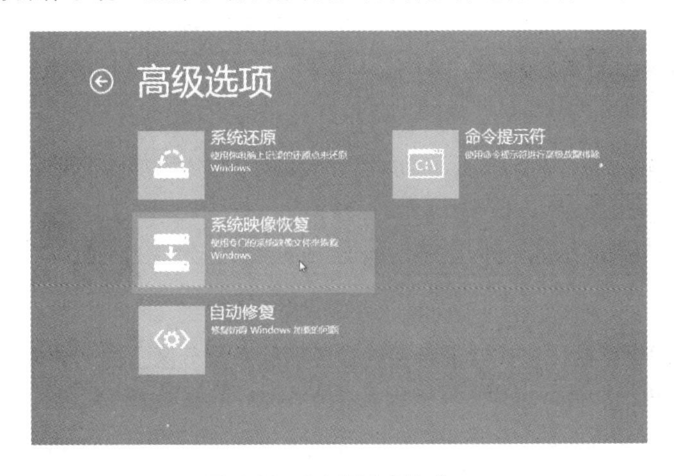

图19.30 “高级选项”窗口

19.6 高级应用的技巧点拨

技巧1：Windows 8的系统重置

通常情况下，当系统出现故障时，很多人想到的是还原系统到一个原始的状态。为此，Windows 8中引入了“系统重置”的概念，其功能相当于手机、路由器等设备中的“恢复出厂设置”功能。

如果用户使用的是品牌电脑，就会发现厂商在硬盘中设置隐藏分区，其中保存着用于系统重置的文件，当系统出现故障时可以一键恢复系统到出厂状态。当然，还有其他系统重置方法，如Windows系统镜像备份或通过安装光盘重新安装系统。

使用系统重置功能，系统会从电脑中移除个人数据、应用程序和设置，并且重新安装Windows 8。具体操作步骤如下：

1 插入Windows 8系统安装光盘或U盘。

2 单击超级按钮，单击“设置”｜“更改电脑设置”，打开“电脑设置”页面，单击左侧“常规”，在右侧窗格“删除所有内容并重新安装Windows”选项下单击“开始”按钮，如图19.31所示。

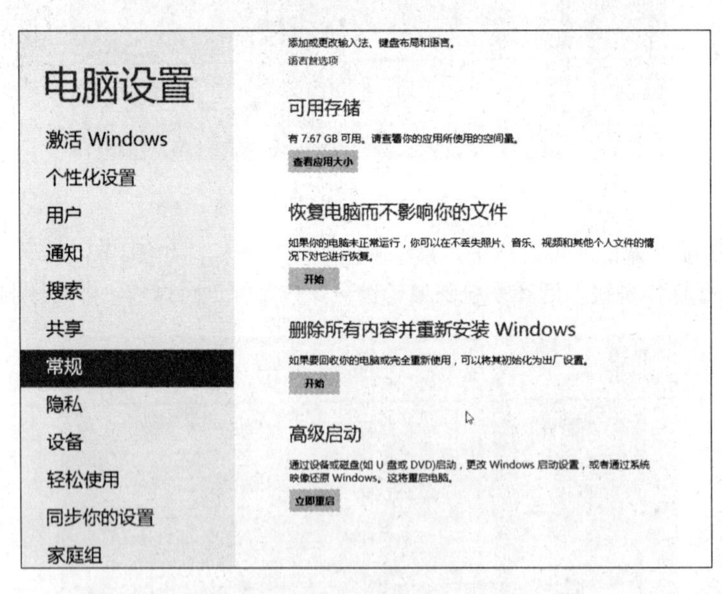

图19.31 “电脑设置”页面

3 启动系统重置程序之后，系统会提示并选择要删除系统分区上的文件或删除整个硬盘上的文件，对于大部分用户而言，选择“仅限安装了Windows的驱动器”选项，如图19.32所示。

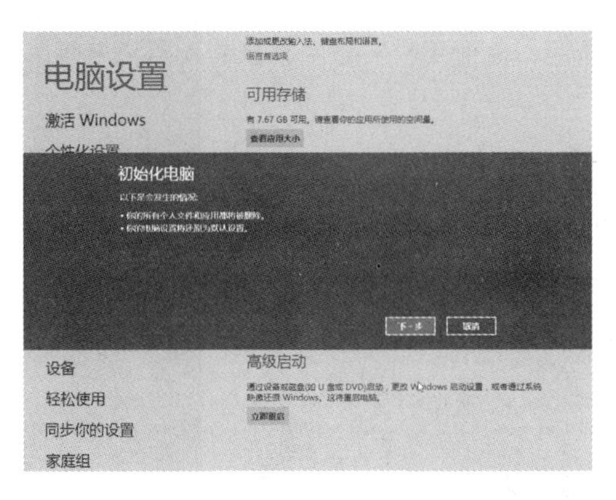

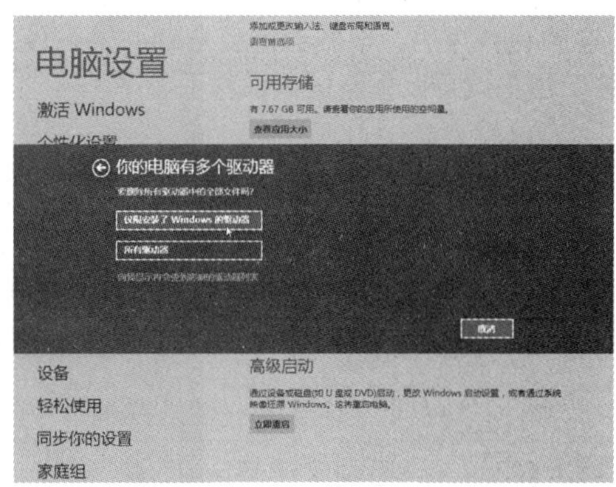

图19.32 选择要重置的驱动器

4 接下来，系统提示如何删除文件，如图19.33所示。选择“仅删除我的文件”选项，系统仅格式化系统分区；选择“完全清理驱动器”选项，系统将不再仅仅格式化系统分区，而是向分区的每个扇区随机写入数据。

5 选择清理文件的类型后，在随后出现的界面中单击“初始化”按钮，如图19.34所示。

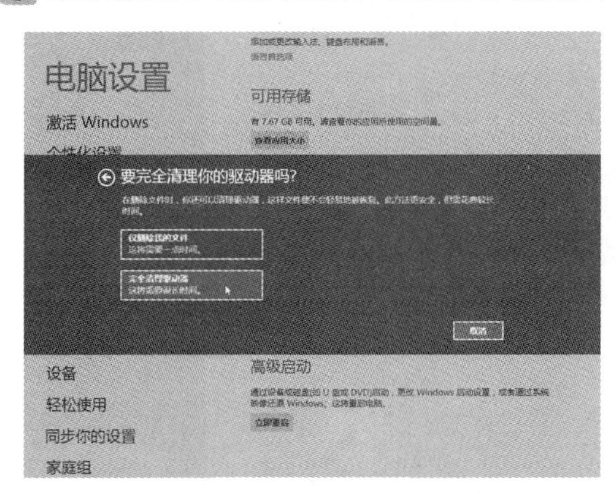

图19.33 格式化分区方式

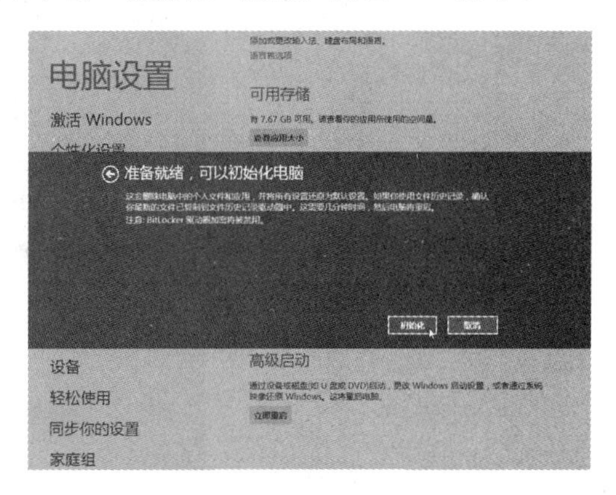

图19.34 准备初始化电脑

6 电脑重新启动并使用Windows恢复环境、格式化Windows和个人数据所在的系统分区，如图19.35所示。

图19.35 初始化电脑

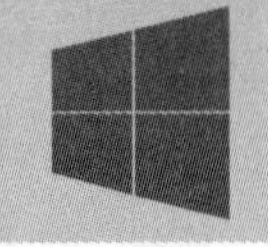

7 初始化结束后，电脑会重新启动并进入设置阶段，此时用户要做的就是输入用户名等基本配置，用户就可以重新进入操作系统了。

技巧2：Windows 8的系统恢复

“系统恢复”与“系统重置”过程一样，仍然需要重新安装Windows 8。不过，使用“系统恢复”会保留电脑个人数据、系统设置、Metro应用程序，无需再次进入Windows 8欢迎屏幕并重新设置。

系统恢复的操作步骤如下：

1 插入Windows 8系统安装光盘或U盘。

2 单击超级按钮，单击“设置”｜“更改电脑设置”，打开“电脑设置”页面，单击左侧“常规”，在右侧窗格“恢复电脑而不影响你的文件”选项下单击“开始”按钮，经过几个确认的操作后，在出现的页面中单击“恢复”按钮，如图19.36所示。接下来将重启电脑。

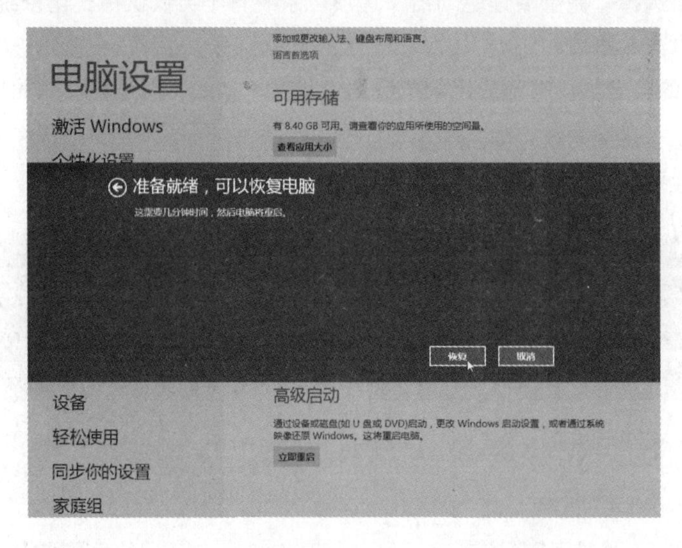

图19.36 恢复电脑

3 电脑重新启动后，会使用Windows恢复环境扫描硬盘中的个人数据、系统设置和Metro应用程序，并将其保存。接下来，重新安装Windows 8，并将保存的个人数据、系统设置和Metro应用程序恢复到新的Windows 8系统中。